U0945788

物理功能复合材料及其性能

赵浩峰　刘燕萍　张艳梅
卫爱丽　郭胜利　王　玲　编著

北　京
冶金工业出版社
2010

内容提要

本书结合近年来关于功能复合材料研究和实践，总结了功能复合材料及制备测试中的理论和实践问题，着重选取了功能复合材料的主要内容以及相关的理论基础和实践示例进行介绍和讨论。

全书共有5章：第1章物理功能复合材料基础，介绍了功能复合材料的概念、功能复合材料的结构基础、物理功能复合材料的复合效应和功能设计等。第2章电学复合材料，介绍了导电类复合材料和半导体复合材料。第3章磁学复合材料，介绍了软磁功能复合材料、永磁复合材料及电磁和磁电效应复合材料。第4章光学和声学复合材料，介绍了物质的光学功能概述、非线性光学和激光复合材料、发光复合材料、光波导复合材料、光存储复合材料、光电复合材料、光催化复合材料、透光和不透光材料、磁光效应及相应复合材料、液晶材料、着色复合材料和声学功能复合材料。第5章热学功能复合材料，介绍了导热、隔热和保温复合材料、相变储热复合材料、膨胀功能复合材料、热电和电热复合材料以及磁热效应的概念。

本书可以作为材料专业本科生或硕士研究生的参考学习用书。

图书在版编目（CIP）数据

物理功能复合材料及其性能/赵浩峰等编著. —北京：冶金工业出版社，2010.10

ISBN 978-7-5024-5113-4

Ⅰ.①物… Ⅱ.①赵… Ⅲ.①物理性质—功能材料：复合材料—高等学校—教学参考资料 Ⅳ.①TB3

中国版本图书馆CIP数据核字(2010)第019974号

出 版 人 曹胜利

地　　址 北京北河沿大街嵩祝院北巷39号，邮编100009

电　　话 (010)64027926 电子信箱 yjcbs@cnmip.com.cn

责任编辑 杨盈园 美术编辑 张媛媛 版式设计 葛新霞

责任校对 侯 瑂 责任印制 牛晓波

ISBN 978-7-5024-5113-4

北京兴华印刷厂印刷；冶金工业出版社发行；各地新华书店经销

2010年10月第1版，2010年10月第1次印刷

169mm×239mm；28印张；544千字；436页

68.00元

冶金工业出版社发行部 电话：(010)64044283 传真：(010)64027893

冶金书店 地址：北京东四西大街46号(100010) 电话：(010)65289081(兼传真)

（本书如有印装质量问题，本社发行部负责退换）

前 言

功能材料是指具有优良的电学、磁学、光学、热学、声学、力学、化学、生物医学功能，特殊的物理、化学、生物学效应，能完成功能相互转化，主要用来制造各种功能元器件而被广泛应用于各类高科技领域的高新技术材料。在全球新材料研究领域中，功能材料约占85%。功能复合材料是指除力学性能以外而提供其他物理性能的复合材料。如导电、超导、半导、磁性、压电、阻尼、吸波、透波、摩擦、屏蔽、阻燃、防热、吸声、隔热等凸显某一功能，统称为功能复合材料。功能复合材料主要由功能体和增强体及基体组成。功能体可由一种或一种以上功能材料组成。多元功能体的复合材料可以具有多种功能。同时，还有可能由于复合效应而产生新的功能。多功能复合材料是功能复合材料的发展方向。

功能复合材料是新材料领域的核心，是国民经济、社会发展及国防建设的基础和先导。它涉及信息技术、生物工程技术、能源技术、纳米技术、环保技术、空间技术、计算机技术、海洋工程技术等现代高新技术及其产业。功能材料不仅对高新技术的发展起着重要的推动和支撑作用，还对我国相关传统产业的改造和升级、实现跨越式发展起着重要的促进作用。

功能复合材料种类繁多，用途广泛，正在形成一个规模宏大的高技术产业群，有着十分广阔的市场前景和极为重要的战略意义。世界各国均十分重视功能材料的研发与应用，它已成为世界各国新材料研究发展的热点和重点，也是世界各国高技术发展中战略竞争的热点。我国从中央到地方的许多项目中均安排了多功能复合材料技术项目，并取得了大量研究成果。

本书作者以物理学、固体物理学、材料物理学、材料学、复合材料学为理论基础，根据近年来国内外关于功能复合材料研究和实践资料，总结了功能复合材料及制备测试中的一些理论和实践问题。由于功能复合材料所涉及的内容很多，难以在本书中讲述全部内容，因此本书仅选取了功能复合材料的主要内容以及相关的理论基础和实践示例进行介绍。全书共分为5章。第1章物理功能复合材料基础，介绍了功能复合材料的概念、功能复合材料的结构基础、物理功能复合材料的复合效应和功能设计等。第2章电学复合材料，介绍了导电类复合材料和半导体复合材料。第3章磁学复合材料，介绍了软磁功能复合材料、永磁复合材料和电磁和磁电效应复合材料。第4章光学和声学复合材料，介绍了物质的光学功能概述、非线性光学和激光复合材料、发光复合材料、光波导复合材料、光存储复合材料、光电复合材料、光催化复合材料、透光和不透光材料、磁光效应及相应复合材料、液晶材料、着色复合材料和声学功能复合材料。第5章热学功能复合材料，涉及导热、隔热和保温复合材料、相变储热复合材料、膨胀功能复合材料、热电和电热复合材料和磁热效应的概念。

本书可作为材料专业本科生或硕士研究生的参考教学用书。

本书由南京信息工程大学主编，由南京信息工程大学、广东工业大学和太原理工大学的老师共同撰写完成。其中第2章的2.1.3节至2.1.6节及2.2节由赵浩峰教授撰写，第5章以及第4章的4.7节和4.8节由张艳梅副教授撰写，第1章以及第4章的4.1节至4.6节由刘燕萍教授撰写，第3章以及第2章的2.1.1节和2.1.2节由卫爱丽副教授撰写。前言和参考文献由郭胜利教授及王玲教授撰写、整理。全书由南京信息工程大学的王玲教授、郭胜利教授统稿。

在本书撰写中采集了许多作者的工作。本书的出版得到江苏省教育厅和南京信息工程大学的支持。本书由南京师范大学刘荣博士及南京信息工程大学吴红艳博士做了最终详细的审阅，并提出了许多宝贵的建议。在此一并表示感谢。

作 者

2008年12月

目　录

1 物理功能复合材料基础

1.1 功能复合材料的概念

1.1.1 复合材料的定义

材料是指人类社会所能接受的、可经济地制造有用器件（或物品）的物质，是组成生产工具的物质基础。在人类的生活和生产中，材料是必需的物质基础。材料具有十分鲜明的应用目的，是人类进行生产的最根本的物质基础，也是人类衣、食、住、行及日常生活用品的原料。随着科技的发展，对材料的性能不断提出了更高的要求。材料科学是一门以材料为研究对象的科学，材料科学与工程是发展国民经济和实现国防现代化的具有全局性的重要科学技术领域之一。

材料的种类很多。按材料的物理性质分有导电材料、超导材料、半导体材料、绝缘材料、压电铁电材料、磁性材料、光电材料和敏感材料等。按照使用领域的不同，材料又可分为建筑材料、电子材料、医用材料、仪表材料、能源材料等。其中的电子材料按应用功能可分为微电子材料、电器材料、电容器材料、磁性材料、光电子材料、压电材料、电声材料等。按材料的化学键可分为金属、无机非金属和有机高分子材料三大类。

材料按发展时间划分，可分为新材料和传统材料。新材料是指那些新出现或已在发展中的、具有传统材料所不具备的优异性能和特殊功能的材料。新材料与传统材料之间并没有截然的分界，新材料在传统材料基础上发展而成；传统材料经过组成、结构、设计和工艺上的改进从而提高了材料性能，即出现新的性能都可发展成为新材料。人类过去的历史按传统材料划分，可分为石器时代、铜器时代、铁器时代。新材料的使用对人类历史的发展起了重要的作用。20 世纪 70 年代以来人们把材料、信息、能源、生物称为现代文明的四大支柱，把信息技术、生物技术、能源技术和新型材料作为新技术革命的重要标志。

在人类文明的进程中，材料大致经历了以下 5 个发展阶段：

(1) 使用纯天然材料的初级阶段。这一阶段，人类所能利用的材料都是纯天然的。在这一阶段的后期，虽然人类文明的程度有了很大进步，在制造物件方面有多种技巧，但都只是纯天然材料的简单加工和形成。

(2) 材料的火取阶段。这一阶段主要是人类利用火来对天然材料进行煅烧、冶炼和加工的时代。该阶段横跨人们通常所说的新石器时代、铜器时代和铁器时代。它们分别以人类的三大人造材料即陶、铜和铁为象征。人类用天然的矿土烧制陶器、砖瓦和陶瓷，以后又制出玻璃和水泥，并且从各种天然矿石中提炼铜、铁等金属材料。

（3）材料的合成阶段。随着物理学和化学等科学的发展以及相应检测技术的出现，人类开始从化学角度出发，研究材料的化学组成、化学键、结构及合成方法，并从物理学角度出发开始研究材料的物理性质。该阶段使用的原料有可能是天然原料，也有可能是合成原料。

（4）材料的复合化阶段。20 世纪 50 年代金属陶瓷的出现标志着复合材料时代的到来。从有意识的应用方面看，在飞机上采用复合材料较早，第一代航空复合材料是玻璃纤维增强塑料（玻璃钢），其弹性模量低，刚度不足。但在第二代，即高强度、高模量的硼纤维、碳纤维复合材料，其强度、疲劳特性与破损安全性等都比金属材料优越，能使飞机重量减轻，费用减少，且便于复杂型面的加工与组装。

（5）材料的智能化阶段。近年来，智能材料的研究取得了进展，但是离理想的目标还相距较远。该阶段的研究领域实际十分广泛，如涉及电子陶瓷薄膜、超晶格材料、纳米陶瓷材料及机敏材料等。

可见，复合材料和智能材料都属于新材料。材料的复合化是现代材料科学发展的趋势之一。通过不同结构、不同组成、不同功能的材料复合，可以使材料的基本特性得到互补、优化以及协同增强，产生新性能，形成新材料。

复合材料是由两种以上具有不同物理及化学性质、不同形态的物质经人工复合工艺制成的一种新的多相材料。复合材料包含 6 个方面的内容：

（1）复合材料的组元是人们有意选择和设计的；

（2）复合材料本身是人工制造的，而不是天然形成的；

（3）复合材料至少包括两种独立的不相同的化学相；

（4）复合材料的性能取决于每种具有相当含量的组元相（体积分数不小于 5%）；

（5）复合材料的组元应具有重复的几何形状，这样可在相当大的范围内可以把材料看成是均匀的；

（6）复合材料应具有单个组元没有的优良性能。

复合材料是一种不均匀的多相材料，它由增强相、基体相和它们的中间相即界面组成。三者都有自己独特的结构、性能与作用。而添加增强物可以根据其外观形态不同分成纤维（长纤维、短纤维）或晶须状（细小单晶）、片状及球状或颗粒状。这些添加增强物可以由各种材料如石墨、陶瓷及金属或半导体材料构成。图 1-1 为长纤维增强金属复合材料的断面组织。

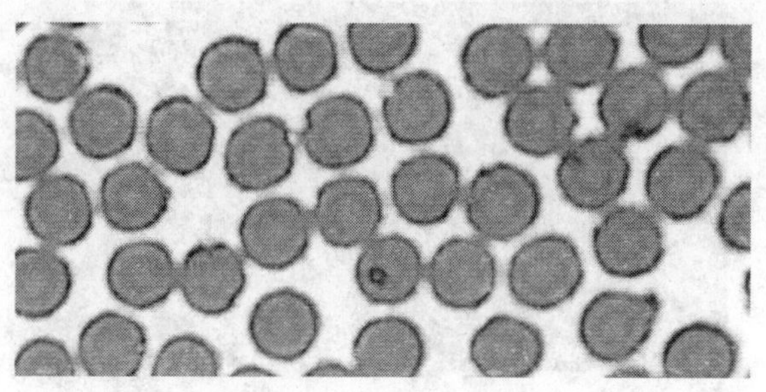

图 1-1 长纤维增强金属复合材料的断面组织

1.1.2 复合材料的界面

复合材料一般由基体和添加物两部分组成，连续的一相为基体，为基体所包围的相为添加物。起增强作用的添加粉也叫增强物，或叫增强体。实际上，基体和增强物的界面往往具有不同于基体和增强物的相结构，因此在复合材料中还应有第三个组元即界面相。界面是增强物和基体连接的桥梁，同时是应力及其他信息的传递者。复合材料中的增强体不论是晶须、颗粒还是纤维，与基体在成形过程中将会发生程度不同的相互作用和界面反应，形成各种结构的界面。因此，对界面进行深入研究，从而进行有效的控制，是获得高性能复合材料的关键。

复合材料中增强体材料与基体材料所接触构成的界面，是一层具有厚度（纳米以上）、结构随基体和增强体而异的、与基体有明显差别的新相，因此也称之为界面相或界面层。它是增强体相和基体相连接的“纽带”。界面是复合材料极为重要的微结构，其结构与性能直接影响复合材料的性能。这是因为复合材料中界面层的总面积在复合材料中很大，且复合材料的界面特征对复合材料的性能、破坏行为及应用效能有很大影响。所以，人们以极大的注意力开展对复合材料界面的研究。图 1-2 是复合材料中纤维和金属基体的界面。

界面的功能特性主要表现为三种：第一种是传递功能。界面是基体与增强体之间传递外力的桥梁。第二种是阻断功能。适当的黏接强度有阻断裂纹扩展的功能。第三种是吸收和散射效应。此效应主要是针对振动阻尼复合材料来说的。

复合材料通过界面使增强体与基体结合，其界面结合基本上分为 4 类：

（1）化学结合。界面依靠金属基体与增强体两相之间发生反应而结合；

（2）物理结合。以范德华力和氢键来结合；

（3）扩散结合。增强体和基体之间发生原子的相互扩散作用；

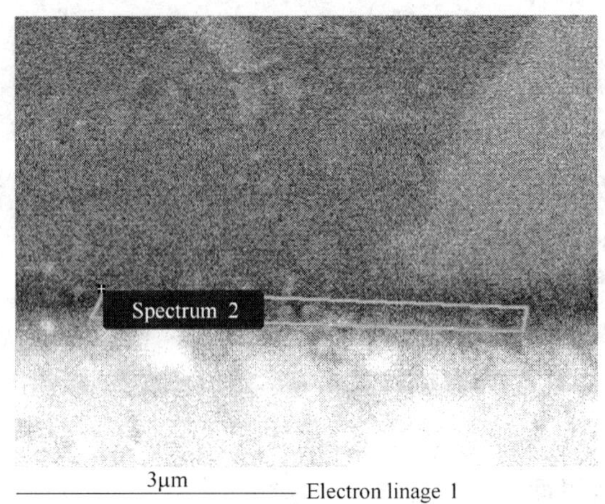

图 1-2 纤维作增强铝基复合材料中纤维和金属基体界面

（4）机械结合。增强体与基体靠表面粗糙度和摩擦力结合。

多数复合材料在制备过程中发生不同程度的界面反应。轻微的界面反应能有效地改善金属基体与增强体的浸润和结合，是有利的；严重的界面反应将造成增强体的侵蚀，易形成脆性界面相，十分有害。界面反应通常在一些局部区域发生，生成棒状或片状的反应物，只有存在严重的界面反应时，才可能形成界面反应层。在纤维增强金属基复合材料界面研究方面，有关碳纤维和铝的研究较多。碳（石墨）/铝复合材料是研究发展最早的性能优异的复合材料之一。但是使用碳纤维来增强铝合金，两者在500℃以上会发生界面反应，生成条状 Al_4C_3 碳化物，并且温度越高，两者之间反应程度就越激烈，碳化物的生成量也愈多。因此，有效地控制界面反应十分重要。

复合材料制备过程中会发生不同程度的界面反应，形成复杂的界面结构。这也是目前制约复合材料研制、应用和发展的主要障碍之一，也是复合材料所特有的问题。复合材料的制备由于大多在高温下进行，所以基体和增强体不可避免地发生不同程度的界面反应及元素扩散作用，因而界面反应和反应程度就决定了界面结构和特性。文献对界面反应行为进行了总结，大致如下：（1）界面反应增强了金属基体与增强体界面结合强度。界面结合强度受面反应程度的控制，强界面反应将造成强界面结合。（2）界面反应产生脆性的界面反应产物。金属基复合材料的界面反应通常形成脆性金属化合物（如 Al_4C_3），界面反应物在增强体表面上微观形貌呈棒状、针状、片状，严重时以反应层的形式存在。（3）界面反应造成增强体损伤和改变基体成分。如在制造纤维增强金属基复合材料时，严重的界面反应将侵蚀纤维表面，造成纤维的损伤，同时反应还可能改变基体的成分。

有人对界面表征做了很好的归纳。界面表征可分为两大类：一类是微观静态表征，另一类是宏观静态表征。用X射线衍射、电子衍射、正电子湮没、扫描电镜、透射电镜确定界面的反应物是微观静态表征的基本方法。可以用透射电镜对界面产物的形貌和数量进行观察，通过选区衍射和X射线能谱进行微区结构分析和成分分析。但是，用选区衍射确定微小界面相结构是困难的。采用高分辨电子显微技术可以在分子或原子尺度上对复合材料界面进行直接观察，并配合成分分析可得到界面原子种类及其排列分布情况。界面排列并不能直接反映界面结合状态。俄歇电子谱的微区分析能力高，它有高的横向及深度方向的分辨能力，可以确定界面元素及含量，但是难以获取化学信息。而X射线光电子能谱可以获取化学信息。电子能量损伤谱可以从原子内层电子结构和跃迁变化来确定界面元素状态以及与临近原子间距和原子配位数等结构信息。常用的宏观动态表征法可采用差热分析及示差扫描量热法。它们可以确定界面反应的温度范围。差热分析可以反映试样与参比物之间温差随温度及时间的变化关系，示差扫描量热法可以反映试样与参比物之间功率差随温度及时间的变化关系。在测量方面有直接法及间接法两大类。直接法有界面层厚度测量法、化学分析法及XRD法。厚度测量法可采用扫描电镜和透射电镜对界面层厚度进行测定。化学分析法的具体做法是：将复合材料的基体合金溶解，滤去增强相后，对基体合金滤液进行化学分析即可确定出反应产物的含量，通过与基体合金材料中该成分的对比判断出界面反应的程度。XRD法用测得的反应产物峰值强度计算反应物的含量，用以确定界面反应的程度。间接法包括相对强化法和液相线法两种。相对强化法是利用界面反应产物在界面与基体中所占比例不同来确定界面反应的程度。液相线法是采用示差扫描量热法或得到冷却曲线来测量液相线温度，并参比合金相图来确定基体中某些元素含量，从而确定反应速度。有人运用电镜对纤维进行SiC涂层的C/Al复合材料界面观察结果表明了碳纤维与铝基体界面上有较密集的反应相Al_4C_3，Al_4C_3相多呈棒状，且常以反应层的形式存在，SiC涂层纤维与基体的界面反应则明显减弱。复合材料的界面结合与该处的残余应力密切相关。目前对金属基复合材料来说，测定残余应力主要还是采用单一波长的特征X射线的$\sin2\psi$法。近年来又发展了用同步辐射连续X射线测定残余应力的新方法。Todd A等就采用高强度的同步辐射连续X射线，测定了金属基复合材料内部连续增强体附近的残余应变梯度，其精度可达$10^{-3}\sim10^{-4}$，取得了满意的效果，但这种方法的缺点是成本太高。界面结构的研究主要是采用高分辨观察，在分子和原子尺度上分析和揭示材料界面的原子种类及排布规律。有人用高分辨电镜和微衍射技术研究了压铸SiC_w/Al复合材料中晶须与铝界面晶体位向关系，分析了这种晶体位向关系的形成原因，建立了半共格界面结构模型，对材料界面结合良好的原因给出了很好的解释。

1.2　复合材料的类型

复合材料的种类有很多，可以从不同的角度进行分类。复合材料按功能包括结构复合材料和功能复合材料。结构复合材料主要是指具有高强、高韧、耐高温、耐腐蚀、耐磨损或结构功能一体化的新材料。它不仅对冶金、石化、能源动力、机械制造、交通运输等支柱产业的发展和航空航天等国防尖端起着关键性的作用，而且还可影响和带动一大批基础材料和传统产业的升级改造。功能复合材料是指在电、磁、光、声、热等方面具有特殊性质、表现出特殊功能的新型材料，是信息、生物、能源等高技术领域和国防建设的重要基础材料。特种功能材料种类繁多，用途广泛，有着十分广阔的市场前景，对我国高技术产业获得突破性和跨越性的发展具有重要的推动作用。材料利用其性能所发挥出来的功效称为材料的功能。材料的功能显示过程是指向材料输入某种能量，经过材料的传输或转换等过程，再作为输出而提供给外部的一种作用。物理功能材料按其功能的显示过程又可分为一次功能材料和二次功能材料。当向材料输入的能量和从材料输出的能量属于同一种形式时，材料起到能量传输部件的作用，材料的这种功能称为一次功能。以一次功能为使用目的的材料又称为载体材料。当向材料输入的能量和从材料输出的能量属于不同形式时，材料起到能量的转换部件作用，材料的这种功能称为二次功能或高次功能。一次功能主要有：（1）力学功能，如强度、塑性、刚度、韧性、疲劳寿命、惯性、黏性、流动性、润滑性、成形性、耐磨性、超塑性、恒弹性、高弹性、振动性和防震性；（2）电功能，如导电性、超导性、绝缘性和电阻等；（3）磁功能，如硬磁性、软磁性、半硬磁性等；（4）光功能，如遮光性、透光性、折射光性、反射光性、吸光性、偏振光性、分光性、聚光性等；（5）声功能，如隔音性、吸音性；（6）热功能，如传热性、隔热性、吸热性和蓄热性等；（7）化学功能，如吸附作用、气体吸收性、催化作用、生物化学反应、酶反应等。

按照制备方法可分为液态成形和固态成形复合材料。液态成形有铸造法包括原位反应复合材料法、原位生长复合材料法等。固态成形包括粉末冶金和塑性变形法等。为了克服合金化法制得的合金强度提高不大的不足，人们又广泛研究了人工加入第二相的颗粒、晶须、纤维对基体进行强化或依靠强化相本身强度来增加铜材料强度的人工复合材料法（粉末冶金和塑性变形法）和往金属中加入一定的合金元素，通过一定的工艺手段，使合金内部原位生成增强相，与基体铜一起构成复合材料，而在加工前就存在增强体与基体两种材料的自生复合材料法（塑性变形材料法、原位反应复合材料法、原位生长复合材料法）。原位复合材料法是指向合金中加入过量的合金元素，通过处理使过量的合金元素以单相形式存在于凝固态的合金中，此时单相合金元素一般以树枝状分布于基体中，然后对合金进行锻造、深拉，使合金的树枝相结构转变为纤维状结构，并与轧制方向平行排列，有效地阻止位错的移动，从而提高合金的强度。如Cu-15% Nb合金经处理后，抗拉强度可达1400MPa，导电率为75% IACS；Cu-20% Fe合金，加工后强度为1090MPa，电导率为54.9% IACS（IACS——international annealing copper standard）国际退火铜标准。

双层辉光离子渗金属技术也是复合材料的固态成形方法，因为这种方法可以形成表面复合层。因此，双层辉光离子渗金属技术也是形成广义复合材料的一种重要手段。刘燕萍和张艳梅在该领域做了大量的工作。双层辉光离子渗金属技术采用的工作气体介质为氩气。在辉光放电条件下，氩原子在与粒子的碰撞中将发生激化和电离。激化是氩原子的内层电子被激发跳跃到具有高能位的外层，成为不稳定的激发电子。当这种高能量电子由于不稳定而跳回低能位的内层时，该电子所释放的能量便以光的形式出现，这就是产生辉光的主要根源。电离是指氩原子和其他粒子碰撞而使其电子逸出氩原子，形成一个带正电的氩离子和一个自由电子，在电场的驱动下，氩的正离子向具有负电位的工件和源极轰击。工件因被轰击而加热至高温，源极因离子轰击而使合金元素被溅射出来。在辉光放电的空间里，被溅射出来的合金元素原子和氩原子一样，也同样会发生激化和电离。在直流电场中，不断被加速的正离子经过碰撞，还可以使其他中性粒子成为快速运动的粒子。在离子的轰击下，也可能在工件和源极材料中溅射出一些由少量原子构成的原子团。因此，在阳极/阴极（工件）和源极所构成的辉光放电空间，存在有氩的正离子，各种合金元素及基体元素的正离子/电子，各种元素的中性粒子与快速粒子以及各种带电或不带电的原子团等。辉光放电空间中的粒子种类和形态十分繁多，它们之间的相互作用也十分复杂。但在电场的作用下，凡带负电的粒子都向阳极作定向运动，而带正电的粒子都向工件和源极作定向运动，中性粒子则作无规则的自由运动。然而，高能量高速运动的带正电的离子和粒子，在其作定向运动的过程中，还会进行多次碰撞并带动其他粒子作快速运动。试验测定已证明，辉光放电条件下的离化率（正离子数与所有粒子数之比）很低，大部分都是中性粒子与粒子团。但在高速定向运动的正离子的带动下，中性粒子和原子团的运动也会受其影响而改变速度与方向。氩的正离子轰击源极，一方面加热源极，另一方面使源极材料中的合金元素被溅射出来，经过辉光放电空间，向工件方向运动并吸附在工件表面。

1.2.1 金属做基体的材料

金属基复合材料的基体一般是金属及其合金，合金既含有不同化学性质的组成元素和不同的相，同时又具有较高的熔化温度。这样就使得复合材料的制备需在接近或超过金属基体熔点的高温下进行。由于高温下物质的活性增强，金属基体就容易与增强体发生程度不同的界面反应；金属基体在冷却、凝固以及热处理过程中还会发生元素偏聚、扩散、相变等，这些变化导致了金属基复合材料界面区结构十分复杂，使界面区的组成、结构有别于基体和增强体，从而在金属基复合材料界面区表现出材料物理性质（如弹性模量、线膨胀系数、电阻率等）和化学性质的不连续性。因此，界面的结构和性能直接影响到金属基复合材料的应力和应变分布，导热、导电及热膨胀，有效载荷传递和断裂行为，并在一定程度上对材料性能起着决定性作用。

金属基复合材料的基体常选用金属合金，合金中的某些元素与基体金属生成金属间化合物析出相，如铝合金中加入 Cu、Mg 等元素会生成细小的 AlCuMg 等时效强化相。这些析出时效强化相往往会在增强体的表面富集，有时将相邻的增强体连接在一起。有关研究已表明在碳纤维增强铝或镁复合材料中均可发现界面上有 Al_2Cu 等化合物析出相存在。

由金属材料学表明，铝是一种低密度、较高强度和具有耐腐蚀性能的金属。铝合金应用十分广泛，分为形变铝合金和铸造铝合金。铝硅合金是广泛应用的一种铸造铝合金，含硅 11% ~13%，俗称硅铝明。在实际使用中，纯铝中常加入锌、铜、镁、锰等元素形成合金，由于加入的这些元素在铝中的溶解度极为有限，因此，这类合金被称为沉淀硬化合金，如 Al-Cu-Mg 和 Al-Zn-Mg-Cu 等沉淀硬化合金。近年来，开发出的 Al-Li 系列合金，进一步提高了铝的弹性模量，降低了材料的密度。连续纤维增强金属基复合材料一般选用纯铝或含合金元素少的单相铝合金；而颗粒、晶须增强金属基复合材料则选择具有高强度的铝合金。

镁是一种比铝更轻的金属，但镁的力学性能较差。因此，通常是在镁中加入铝、锌、锰、锆及稀土元素而形成镁合金。目前常用的镁合金主要包括 Mg-Mn，Mg-Al-Zn，Mg-Cr 等耐热合金，可作为连续或不连续纤维复合材料的基体。对于不同类型的复合材料应选用合适的铝、镁合金基体。锌只有合金化即加入强化元素，才能提高力学性能，达到应用的要求。常用的强化元素有铝、铜、镁、锆、硅和稀土元素等。铝是锌合金的主要强化元素。由 Al-Zn 二元相图可以看出，锌和铝在液态下无限互溶，而在固态下有限互溶。锌在铝中的最大溶解度为 1.14%（质量分数）。在共晶温度（382℃）时锌在铝中的最大固溶度可达 84%（质量分数），而在低温下固溶度却又急剧缩小，在室温时已降至 2%（质量分数）左右。因此在铸造条件下 Zn-Al 合金即能“自动淬火”，合金中大部分锌均过饱和固溶于 α 固溶体中。随后此合金又能在室温下自然时效，使合金强化。铝可以提高锌合金的流动性，细化晶粒，改善铸件的力学性能。锌铝合金中随着铝含量的增加，强度提高，韧性下降。

由金属材料学表明，钛有两种晶形，α-钛具有六方密堆积排列结构，低于 885℃时稳定；β-钛是体心立方结构，高于 885℃时稳定。钛合金具有密度小、耐腐蚀、耐氧化、强度高等特点，是一种可在450~700℃温度下使用的合金，主要用于航空发动机等零件上。金属铝能提高钛由α向β相转变的温度，所以铝是α相钛的稳定剂。而大多数其他合金元素（Fe、Mn、Cr、Mo、V、Nb、Ta）能降低钛由α向β相转变的温度，所以是β相钛的稳定剂。钛在较高的温度中能保持高强度、优良的抗氧化和抗腐蚀性能。它具有较高的强度/质量比和模量/质量比，是一种理想的航空、宇航应用材料。用高性能碳化硅纤维、碳化钛颗粒、硼化钛颗粒增强钛合金，可以获得更高的高温性能。

金属铜也可以作为基体材料。铜是优良的导体，其电导率为银的94%。铜的塑性好，强度和弹性模量不高，线膨胀系数大，容易铸造和加工。铜在复合材料中的主要用途是作为铌基超导体的基体材料。最常用的铜合金为黄铜（Cu—Zn合金）及青铜（Cu—Sn合金）。

铁和铁合金是在一定温度范围内使用的金属基体。在金属基复合材料中使用的铁，主要是铁合金。按加工工艺可分为变形高温合金和铸造高温合金。其中，铁基变形高温合金是奥氏体可塑性变形高温合金，主要组成为15%~60%铁，25%~55%镍和11%~23%铬。此外，根据不同的使用温度，分别加入钨、钼、铌、钒、钛等合金元素进行强化。

用于1000℃以上的高温金属基复合材料的基体材料主要是镍基耐热合金和金属间化合物。其中，研究较为成熟的是镍基高温合金，金属间化合物基复合材料尚处于研究阶段。按照加工工艺不同，可形成镍基变形高温合金和镍基铸造高温合金。镍基变形高温合金以镍为基体（含量一般大于50%），加入钨、钼、钴、铬、铌等合金元素，使用温度在650~1000℃，具有较高的强度、良好的抗氧化和抗燃气腐蚀能力，用于制造燃气涡轮发动机的燃烧室等。镍基铸造高温合金是以镍为基体，用铸造工艺成形的高温合金，能在600~1100℃的氧化和燃气腐蚀气氛中承受复杂压力，并能长期可靠地工作，主要用于制造涡轮转子叶片和导向叶片及其他在高温条件下工作的零件。另外，用钨丝、钍钨丝增强镍基合金还可以大幅度提高其高温性能。如高温持久性能和高温蠕变性能，一般可提高1.3倍，主要用于高性能航空发动机叶片等重要零件。

1.2.2 无机物质作基体的材料

无机非金属材料又称陶瓷材料，它包括的范围非常广泛。陶瓷材料可分为传统陶瓷材料和精细陶瓷材料。前者主要成分是各种氧化物；后者的成分除了氧化物外，还有氮化物、碳化物、硅化物和硼化物等。由陶瓷材料学表明，传统无机非金属材料的主要成分是硅酸盐，自然界存在大量天然的硅酸盐，如岩石、砂子、黏土、土壤等，还有许多矿物如云母、滑石、石棉、高岭石、锆英石、绿柱石、石英等，它们都属于天然的硅酸盐。此外，人们为了满足生产和生活的需要，生产了大量人造硅酸盐，主要有玻璃、水泥、各种陶瓷、砖瓦、耐火砖、水玻璃以及某些分子筛等。硅酸盐制品性质稳定，熔点较高，难溶于水，有很广泛的用途。硅酸盐制品一般都是以黏土（高岭土）、石英和长石为原料。黏土的化学组成为 $Al_2O_3 \cdot 2SiO_2 \cdot 2H_2O$，石英为 SiO_2，长石为 $K_2O \cdot Al_2O_3 \cdot 6SiO_2$（钾长石）或 $Na_2O \cdot Al_2O_3 \cdot 6SiO_2$（钠长石）。这些原料中都含有 SiO_2，因此在硅酸盐晶体结构中，硅与氧的结合是最重要的。硅酸盐中除了 SiO_2 外，还含有 Al_2O_3。由于 Al^{3+} 的半径与 Si^{2+} 相近，所以 Al^{3+} 可以置换硅氧四面体中的 Si^{4+}，形成铝氧四面体［AlO_4］。由于铝是正 3 价的，因此置换后必然要引进其他阳离子以保持电荷平衡。传统陶瓷产品如陶瓷器、玻璃、水泥、耐火材料、建筑材料和搪瓷等，主要是烧结体，而新型的精细陶瓷产品可以是烧结体，还可以做成单晶、纤维、薄膜和粉末，具有强度高、耐高温、耐腐蚀，并可有声、电、光、热、磁等多方面的特殊功能，是新一代的特种陶瓷，所以它们的用途极为广泛，遍及现代科技的各个领域。

氧化物陶瓷的强度随环境温度升高而降低，但在 1000℃ 以下降低较小。因此，氧化物陶瓷基复合材料应避免在高应力和高温环境下使用。这是由于 Al_2O_3 和 SiO_2 的抗热震性较差，SiO_2 在高温下容易发生蠕变和相变。虽然莫来石具有较好的抗蠕变性能和较低的线膨胀系数，但使用温度也不宜超过 1200℃。氧化铝陶瓷包括高纯氧化铝瓷，99 氧化铝瓷，95 氧化铝瓷和 85 氧化铝瓷等品种，其氧化铝含量（质量分数）依次为 99.9%、99%、95% 和 85%，烧结温度依次为 1800℃、1700℃、1650℃ 和 1500℃。以 α-Al_2O_3 和 $3Al_2O_3 \cdot 2SiO_2$ 为主晶相的称为刚玉-莫来石瓷，主要原料为高岭土、氧化铝和少量膨润土，烧结温度为 1350℃左右。α-Al_2O_3 被氧化锆粉体增韧近年来发展较为普遍。

非氧化物陶瓷是指不含氧的氮化物、碳化物、硼化物和硅化物。它们的特点是耐火性和耐磨性好，硬度高，但脆性也很强。碳化物和硼化物的抗热氧化温度约 900～1000℃。氮化物略低些，硅化物的表面能形成氧化硅膜，所以抗热氧化温度达1300～1700℃。

以氮化硅（Si_3N_4）为主要成分的陶瓷称氮化硅陶瓷。由陶瓷材料学表明，氮化硅陶瓷有两种形态，即 α 和 β 两种六方晶型，由于氮化硅中 Si—N 键结合强度高，属难烧结物质。氮化硅陶瓷主要制备技术有烧结氮化硅，热压氮化硅（HPSN），反应化合氮化硅（RBSN），化学气相沉积（CVD）氮化硅等。各种制备技术所需的工艺条件各不相同，所得氮化硅的性能也有所差异。如反应化合氮化硅比热压氮化硅有较低的抗氧化性。另外，在 HPSN 制备技术中，MgO 作为通常的烧结助剂加入后与 α-Si_3N_4 表面含有的 SiO_2 形成液相的硅化镁，这些硅化镁渗透在 Si_3N_4 颗粒中间，成为 α-Si_3N_4 渗析的通道。从微观结构的 HPSN 颗粒中可以看到，少量硅化镁表层的存在是导致 1200℃ 以上氮化硅强度降低的主要原因。

在 HPSN 制备技术中，除了加入 MgO 外，还可以加人 Y_2O_3、CeO_2 和 ZrO_2 等作为烧结助剂。为了提高陶瓷的致密程度，常添加 MgO、Y_2O_3、B、C、Al 等能够降低晶界能的粉末以促进烧结。SiC 是一种非常硬和抗磨蚀的材料，以热压法制造的 SiC 可以用来作为切割钻石的刀具。氮化硅还具有线膨胀系数低，优异的抗冷热聚变能力，能耐除氢氟酸外的各种无机酸和碱溶液。此外，还可耐熔融的铅、锡、镍、黄铜、铝等有色金属及合金的侵蚀且不黏留这些金属液。氮化硅可用多种方法合成，工业上普遍采用高纯硅与纯氮在1300℃反应后获得

$$3Si + 2N_2 \xrightarrow{1300℃} Si_3N_4 \tag{1-1}$$

也可用化学气相沉积法，使 $SiCl_4$ 和 N_2 在 H_2 气氛保护下反应，产物 Si_3N_4 沉积在石墨基体上，形成一层致密的 Si_3N_4 层。此法得到的氮化硅纯度较高，其反应如下：

$$3SiCl_4 + 2N_2 + 6H_2 \longrightarrow Si_3N_4 + 12HCl \tag{1-2}$$

高温结构陶瓷除了氮化硅外，还有碳化硅（SiC）、二氧化锆（ZrO_2）及氧化铝等。

以碳化硼（B_4C）为主要成分的陶瓷称为碳化硼陶瓷。B_4C 是一种低密度、高熔点、高硬度陶瓷。碳化硼粉体是由 B_2O_3 和 C 在电弧炉中发生下列反应所得：

$$2B_2O_3 + 7C \longrightarrow B_4C + 6CO \tag{1-3}$$

B_4C 粉末可以通过无压烧结、热压等制备技术形成致密的材料。

以氮化硼（BN）为主要成分的陶瓷称为氮化硼陶瓷。氮化硼具有类似石墨的六方结构，在高温（1360℃）和高压作用下可转变成立方结构的 β-氮化硼，耐热温度高达2000℃，硬度极高，可作为金刚石的代用品。氮化硼是共价键化合物，有立方和六方两种晶型结构。

由陶瓷材料学表明，氮化硼可以分为3种：（1）α-BN，这是一种六方晶型，层状结构类似于石墨，理论密度为2.27g/cm^3。（2）β-BN，它是一种立方晶型，结构和硬度都类似于钻石，理论密度为3.48g/cm^3。（3）γ-BN，它也是一种六方晶型，理论密度为3.48g/cm^3。由于六方晶型 BN 具有类似于石墨的结构，具有润滑性好和硬度低等特点，所以称“白石墨”，在热压陶瓷过程中主要被当作脱模剂使用。BN 与石墨不同，是绝缘体，六方晶型 BN 的莫氏硬度为2，无明显熔点，升华分解温度为3000℃，理论密度2.27g/cm^3。BN 的抗氧化性能优异，可在900℃以下的氧化气氛中和2800℃以下的氮气和惰性气氛中使用。如果把 BN 粉末加入到氮化硅和氧化铝中，则混合物热导率（20℃）为15.07～28.89W/(m·K)，且随温度变化不大；线膨胀系数约为$(5\sim7)\times10^{-6}$/K，热稳定性好。高纯 BN 电阻率为1011Ω·m（1000℃高温下为$10^2\sim10^4$Ω·m），介电常数为3.0～5.3，介

电损耗因子为(2 ~ 8) × 10^{-4}，击穿电压为950kV/cm，高温下也能保持绝缘性，耐碱、酸、金属、砷化镓和玻璃熔渣侵蚀，对大多数金属和玻璃熔体不润湿，也不反应。

由陶瓷材料学表明，玻璃是通过无机材料高温烧结而成的一种陶瓷材料。与其他陶瓷材料不同，玻璃在熔体后不经结晶而冷却成为坚硬的无机材料，即具有非晶态结构是玻璃的特征之一。以 SiO_2 为主要成分的玻璃统称为硅酸盐玻璃。在 SiO_2 中加入 Na_2O、CaO 等网络修饰体（即调整剂）使熔点下降，使其容易熔化及成形，易于熔化与成形是工业玻璃生产的必要条件。容器玻璃及平板玻璃等实用玻璃的大部分，都是以 SiO_2-Na_2O-CaO 为主要成分的硅酸盐玻璃。另外，Al_2O_3 含量多的玻璃称为铝硅酸盐玻璃，这种玻璃的软化点高，所以作为高温玻璃应用。在玻璃坯体的烧结过程中，由于复杂的物理化学反应产生不平衡的酸性和碱性氧化物的熔融液相，其黏度较大，并在冷却过程中进一步迅速增大。一般当黏度增大到一定程度（约 10.12Pa · s）时，熔体硬化并转变为具有固体性质的无定形物体即玻璃。此时相应的温度称为玻璃化转变温度（T_g）。当温度低于 T_g 时，玻璃表现出脆性。加热时玻璃熔体的黏度降低，在达到某一黏度（约 10.8Pa · s）所对应的温度时，玻璃显著软化，这一温度称为软化温度（T_f）。T_g 和 T_f 的高低主要取决于玻璃的成分。含有 B_2O_3 的代表性硼硅酸盐玻璃为耐热玻璃，它属于 SiO_2-Na_2O-B_2O_3 系玻璃，其中 Na_2O 为4.4 %，B_2O_3 为12 %。另外，还有含 Al_2O_3 及 CaO 的玻璃。以此为基础并添加其他成分制作各种化学用硬质玻璃，这些硬质玻璃具有优良的耐化学腐蚀性和耐热性。在 SiO_2 中加 20% B_2O_3（质量分数）和 5% Na_2O（质量分数）所制成的玻璃可作为多孔玻璃和耐热玻璃的原料。将这种玻璃成形后再于 500 ~ 600℃ 加热时，使分离成富 SiO_2 相及富 $Na_2B_3O_{13}$ 相双相组织。再将其放入酸中加热浸渍，把富 $Na_2B_3O_{13}$ 浸出，便可得到由富 SiO_2 相形成的多孔玻璃。再将这种多孔玻璃于 900 ~ 1000℃ 加热进行致密化处理，则形成透明的耐热玻璃。这种玻璃含 B_2O_3、Na_2O、Al_2O_3 的量虽少，但熔化成型要比纯 SiO_2 玻璃容易得多，因而用途特别广泛。含有 B_2O_3-PbO 及 B_2O_3-ZnO-PbO 的硼酸盐玻璃，软化温度低，因而用来作为玻璃与玻璃或玻璃与金属之间连接用的连接玻璃。

1.2.3　有机高分子做基体材料

1.2.3.1　分类

用于复合材料的聚合物基体有多种分类方法。高分子复合材料的基体材料，主要是起黏合作用的胶黏剂，如不饱和聚酯树脂、环氧树脂、酚醛树脂、聚酰亚胺等热固性树脂及苯乙烯、聚丙烯等热塑性树脂。从分子的形状分类，基体有杆线形和体形两种高聚物。从合成方法上分类，有加聚高聚物和缩聚高聚物。根据使用性质可分为塑料、橡胶、纤维、黏合剂、涂料等类。根据高分子化合物的主链结构可分为碳链—C—C—C—、杂链—C—N—C ═O—C—O—C—、元素高聚物三类。根据热习性分类又可分为热塑性、热固性及热稳定性高聚物三类。热塑性基体如聚丙烯、聚酰胺、聚碳酸酯、聚醚砜、聚醚醚酮等，它们是一类线形或有支链的固态高分子，可溶可熔，可反复加工成形而无任何化学变化。热塑性聚合物是指具有线形或支链形结构的有机高分子化合物。这类聚合物可以反复受热软化（或熔化），而冷却后变硬。如果按照材料的用途，又可分为高分子结构材料、高分子电绝缘材料、耐高温高分子材料、导电高分子、高分子建筑材料、生物医用高分子材料、高分子催化剂、包装材料等多种品种。按聚集态结构不同，这类固态高分子有非晶（或无定形）和结晶两类，而后者的结晶也是不完全的，通常的结晶度在20%～85%范围。热固性基体如环氧树脂、酚醛树脂、双马树脂、不饱和聚酯等，它们在制成最终产品前，通常为分子量较小的液态或固态预聚体，经加热或加固化剂发生化学反应固化后，形成不溶不熔的三维网状高分子，这类基体通常是无定形的。聚合物基体按树脂特性及用途分为：一般用途树脂、耐热性树脂、耐候性树脂、阻燃树脂等。按成形工艺分为：手糊用树脂、喷射用树脂、胶衣用树脂、缠绕用树脂、拉挤用树脂等。由于不同的成形工艺对树脂的要求不同，如黏度、适用期、凝胶时间、固化温度、增黏等，因而不同工艺应选用不同型号树脂。根据使用性质看，塑料是最为基本的极重要的一类高分子复合材料，除树脂外，塑料还含有增塑剂、填料、防老剂、固化剂等各种添加剂。通常可按热性能或使用性能将塑料分类，例如按热性能可分为热塑性聚合物和热固性聚合物两种。

1.2.3.2　热塑性聚合物和热固性聚合物

由高分子材料学表明，热塑性聚合物在软化或熔化状态下，可以进行模塑加工，当冷却至软化点以下能保持模塑成形的形状。属于热塑性聚合物的有：聚乙烯、聚丙烯、聚氯乙烯、聚苯乙烯、聚酰胺、聚碳酸酯、聚甲醛、聚砜、聚苯硫等。在这些聚合物中，有一些已用于玻璃纤维增强塑料，但是用作碳纤维复合材料基体的目前还不多。热塑性聚合物基复合材料与热固性树脂基复合材料相比，在力学性能、使用温度、老化性能方面处于劣势，但是它具有工艺简单、工艺周期短、成本低、密度小等方面占优势。当前汽车工业的发展为热塑性聚合物基复合材料的研究和应用开辟了广阔的天地。热塑性基体的最重要优点是其高断裂韧性（高断裂应变和高冲击强度），这使得FRP具有更高的损伤容限。此外，热塑性树脂基体复合材料，还具有成形周期短、可再成形、易于修补、废品及边角料可再生利用等优点。热塑性基体的缺点：热塑性基体的熔体或溶液黏度很高，纤维浸渍困难，预浸料制备及制品成形需要在高温高压下进行；聚碳酸酯或尼龙这样一些工程塑料，因耐热性、抗蠕变性或耐药品性等方面问题而使应用受到限制。热固性基体（主要是不饱和聚酯树脂、环氧树脂、酚醛树脂）一直在连续纤维增强树脂基复合材料中占统治地位。饱和聚酯树脂、酚醛树脂主要用于玻璃增强塑料，其中聚酯树脂用量最大，约占总量的80%，而环氧树脂则一般用作耐腐蚀性或先进复合材料基体。表1-1为常用的热固性树脂的物理性能。

表1-1 常用热固性树脂的物理性能

性能	酚醛	聚酯	环氧	有机硅
密度/$g \cdot cm^{-3}$	1.30～1.32	1.10～1.46	1.11～1.23	1.70～1.90
吸水率24h/%	0.12～0.36	0.15～0.60	0.10～0.14	少
热变形温度/℃	78～82	60～100	120	
线膨胀系数/$℃^{-1}$	$(60 \sim 80) \times 10^{-6}$	$(80 \sim 100) \times 10^{-6}$	60×10^{-6}	308×10^{-6}
洛氏硬度（M）	120	115	100	45
收缩率/%	8～10	4～6	1～2	4～8
对玻璃、陶瓷、金属黏结力	优良	良好	优良	较差

和树脂相对应，塑料也可分为热塑性塑料和热固性塑料。热塑性塑料具有线型高分子链结构；在受热、受压时能保持其化学本性，加热后能软化或熔化，冷却后硬化定形，这个过程可以反复进行。它们具有多种用途，可制成板材、管材、薄膜，包装材料等，所以又称为通用塑料。热固性塑料在加工过程中从线型高分子变成交联的体型高分子，具有不溶、不熔的特性，经加工成形后，不能用加热的方法使它软化，形状一经固定不再改变，若加热则分解。例如酚醛树脂、脲醛树脂等。若按使用性能可将塑料分为以下三种：通用塑料、特种塑料和工程塑料。通用塑料通常指产量大、成本低、通用性强的塑料，大量用在杂货、包装，农用等方面。通用塑料是指产量大、用途广、价格低的一类塑料，主要包括六大品种：聚乙烯、聚氯乙烯、聚苯乙烯、聚丙烯、酚醛塑料和氨基塑料。工程塑料具有较高的力学性能，耐热、耐腐蚀性也比较好，有良好的尺寸稳定性，可以代替金属材料用作工程材料或结构材料的一类塑料。常见的工程塑料有耐冲击的ABS（丙烯腈-丁二烯-苯乙烯共聚体）、聚酰胺（尼龙）、聚甲醛、聚碳酸酯，聚苯醚和聚对苯二甲酸二丁酯等。工程塑料一般是指具有高强度、高模量并能在较高温度下长期使用的塑料，如拉伸强度大于49MPa，拉伸和弯曲模量超过2GPa，并能在一定载荷作用下于100℃以上长期使用的塑料。特种塑料是具有某些特殊性能的塑料，如耐高温、耐腐蚀等。这类塑料产量少，价格较贵，只用于特殊需要场合。

1.2.3.3 不饱和聚酯树脂

高分子材料学叙述了不饱和聚酯树脂的特点及添加剂。

A 不饱和聚酯树脂及其特点

由高分子材料学表明，不饱和聚酯树脂是指有线型结构的，主链上同时具有重复酯键及不饱和双键的一类聚合物。不饱和聚酯的种类很多，按化学结构分类可分为顺酐型、丙烯酸型和丙烯酸环氧酯型聚酯树脂。不饱和聚酯的主要优点是：工艺性能良好，如室温下黏度低，可以在室温下固化，在常压下成形，颜色浅，可以制作彩色制品，有多种措施来调节其工艺性能等；固化后树脂的综合性能良好，并有多种专用树脂适应不同用途的需要；价格低廉，其价格远低于环氧树脂，略高于酚醛树脂。不饱和聚酯的主要缺点是：固化时体积收缩率较大，成形时气味和毒性较大，耐热性、强度和模量都较低，易变形，因此很少用于受力较强的制品中。不饱和聚酯树脂在热固性树脂中是工业化较早，产量较多的一类，它主要应用于玻璃纤维复合材料。由于树脂的收缩率高且力学性能较低，因此很少用它与碳纤维制造复合材料。但近年来由于汽车工业发展的需要，用玻璃纤维部分取代碳纤维的混杂复合材料得以发展，价格低廉的聚酯树脂可能扩大应用。

B 交联剂、引发剂和促进剂

由高分子材料学表明，不饱和聚酯分子链中含有不饱和双键，因而在热的作用下通过这些双键，大分子链之间可以交联起来，变成体型结构。但是，这种交联产物很脆，无实用价值。因此，在实际中经常把线型不饱和聚酯溶于烯类单体中，使聚酯中的双键间发生共聚合反应，得到体型产物，以改善固化后树脂的性能。烯类单体在这里既是溶剂，又是交联剂。已固化树脂的性能，不仅与聚酯树脂本身的化学结构有关，而且与所选用的交联剂结构及用量有关。同时，交联剂的选择和用量还直接影响着树脂的工艺性能。应用最广泛的交联剂是苯乙烯，其他还有甲基丙烯甲酯、邻苯二甲酸二丙烯酯、乙烯基甲苯、三聚氰酸三丙酯等。

引发剂一般为有机过氧化物，它的特性通常用临界温度和半衰期来表示。临界温度是指有机过氧化物具有引发活性的最低温度。在此温度下，过氧化物开始以可察觉的速度分解形成游离基，从而引发不饱和聚酯树脂以可以观察的速度进行固化。半衰期是指在给定的温度条件下，有机过氧化物分解一半所需要的时间。一些常见的过氧化物特性如表 1-2 所示。

促进剂的作用是把引发剂的分解温度降到室温以下。促进剂种类很多，各有其适用性。对过氧化物有效的促进剂有二甲基苯胺、二乙基苯胺、二甲基甲苯胺等。对氢过氧化物有效的促进剂大都是具有变价的金属钴，如环烷酸钴、萘酸钴等。为了操作方便，配制准确，常用苯乙烯将促进剂配成较稀的溶液。

表 1-2 几种有机过氧化物的特性

名 称	物 态	临界温度/℃	半衰期温度/℃	半衰期时间/h
过氧化二异丙苯 $[C_6H_5C(CH_3)_2]_2O_2$	固	120	115 130 117 145	12 1.8 10 0.3
过氧化二苯甲酰 $(C_6H_5CO)_2O_2$	固	70	70 85 72 100	13 2.1 10 0.4
过氧化环己酮 （混合物）	固	88	85 102 91 115	20 3.8 10 1.0
过氧化甲乙酮 （混合物）	固	80	85 105 100 115	81 10 16 3.6

C 不饱和聚酯树脂的固化特点

不饱和聚酯树脂的固化是一个放热反应，其过程可分为三个阶段：从加入促进剂后到树脂变成凝胶状态的一段时间称为胶凝阶段。这段时间对于玻璃钢制品的成形工艺起决定性作用，是固化过程最重要的阶段。影响胶凝时间的因素很多，如阻聚剂、引发剂和促进剂的加入量、环境温度和湿度、树脂的体积和交联剂蒸发损失等。硬化阶段是从树脂开始胶凝到一定硬度，能把制品从模具上取下为止的一段时间。完全固化通常是在室温下进行，并用后处理的方法来加速，在室温下，这段时间可能要几天至几星期。如在80℃保温3h。但在后处理之前，室温下至少要放置24h，这段时间越长，制品吸水率越小，性能也越好。

D 不饱和聚酯树脂的增黏特性

在碱土金属氧化物或氢氧化物（例如 MgO，CaO，$Ca(OH)_2$，$Mg(OH)_2$）等作用下，不饱和聚树脂很快稠化，形成凝胶状物，这种能使不饱和聚酯树脂黏度增加的物质，称为增黏剂。增黏剂可使起始黏度为0.1~1.0Pa·s的黏性液体状树脂，在短时间内黏度剧增至10^3Pa·s以上，直至成为能流动的、不黏手的类似凝胶状物，这一过程称为增黏过程。树脂处于凝胶状时并未交联，在合适的溶剂中仍可溶解，加热时有良好的流动性。

1.2.3.4 环氧树脂

由高分子材料学表明，凡是含有两个以上环氧基的高聚物统称为环氧树脂。按原料组分而言，有双酚型环氧树脂、非双酚型环氧树脂以及脂肪族环氧化合物等新型环氧树脂。环氧树脂是线型结构的，必须加入固化剂使它变为不溶不熔的网状结构的树脂才有用处。环氧树脂的固化剂，按固化工艺历程可分为三大类：(1) 含有活泼氢的化合物，它仍在固化时发生加成聚合反应；(2) 离子型引发剂，它们可进一步分为阴离子和阳离子两种；(3) 交联剂，它们能与双酚A型环氧树脂的氢氧基进行交联。凡能与环氧树脂中环氧基发生反应、使树脂固化的物质统称为固化剂或硬化剂；发生反应的过程叫做固化、硬化或变定。固化剂的种类很多，通常有胺类固化剂、酸酐类固化剂、咪唑类固化剂、潜伏性固化剂，以及其他类型的固化剂。由于固化剂的使用，对环氧树脂的性能有重要的影响，因此，对固化剂的研究越来越引起人们的重视，新品种不断出现，改善了环氧树脂的性能，扩大了它的应用范围。

1.2.3.5 酚醛树脂

由高分子材料学表明，酚醛树脂系酚醛缩合物，它广泛应用于工业技术部门。酚醛树脂的含碳量高，因此用它制造耐烧蚀材料，做宇宙飞行器载入大气的防护制件，它还被用做制造碳/碳复合材料的碳基体的原料。它主要应用于胶黏剂、涂料及布、纸、玻璃布的层压复合材料等。酚醛树脂的优点是比环氧树脂价格便宜，但有吸附性不好、收缩率高、成形压力高、制品空隙含量高等缺点。因此较少用酚醛树脂来制造碳纤维复合材料。酚醛树脂随酚类和醛类配比用量不同和使用的催化剂不同所得到的酚醛树脂分热固性和热塑性两大类。在国内，作为纤维增强塑料基体用的酚醛树脂大多采用热固性树脂。钠酚醛树脂用苯酚和甲醛的摩尔比为1∶1.4，在 Na_2CO_3 存在下，经缩聚反应后制成的酚醛树脂。如牌号为2180 酚醛树脂等。616 酚醛树脂所用的原材料与 2124 相同，只是苯酚和甲醛配比不同而已。镁酚醛树脂用苯酚与甲醛的摩尔比为1∶1.33，和少量苯胺在氧化镁催化下，经缩聚、脱水而制成的酚醛树脂，如牌号为 351 酚醛树脂等。钡酚醛树脂用苯酚和甲醛为原料，在 $Ba(OH)_2$ 的催化下，经缩聚、中和、过滤及脱水而制成的一种热固性酚醛树脂。它的主要特点是黏度小，固化速度快，适合于低压成形和缠绕成形工艺。氨酚醛树脂2124 用苯酚与甲醛的摩尔比为1∶1.2，在氨水存在下经缩聚、脱水而制成的酚醛树脂，以乙醇为溶剂配制成溶液。1184 酚醛树脂：用苯酚与甲醛的摩尔比为1∶1.5，在氨水存在下经缩聚反应、脱水而制得的酚醛树脂，以乙醇为溶剂配制成溶液。

1.2.3.6 其他热固性树脂

凡是含有呋喃环结构的树脂统称为呋喃树脂。由高分子材料学表明，这类树脂是以杂环为主链，因此具有较高的热稳定性和耐腐蚀等优良性能，而且原材料取之于农副产物，其来源方便。一般包括糠醇、糠醛和糠酮及其衍生物糖醛丙酮树脂、糠醇改性酚醛树脂等。呋喃树脂缺点是力学性能较差，特别脆，成形需要加压加热固化等条件，影响它的使用和推广。呋喃树脂只有在要求耐高温和耐酸又耐碱制品中才使用。单独使用它的情形不多，通常与环氧树脂等混用，制造防腐蚀地坪等。

乙烯基酯树脂是环氧丙烯酸酯类树脂或称不饱和环氧树脂，是国外 20 世纪60 年代初开发的一类聚合物，它通常是由低分子量环氧树脂与不饱和一元酸通过开环加成反应而制得的化合物。由高分子材料学表明，这类化合物可单独固化，但一般都把它溶解在苯乙烯等反应性单体的活性稀释剂中来使用，把这类混合物称为乙烯基酸树脂，典型化学结构式1-4：

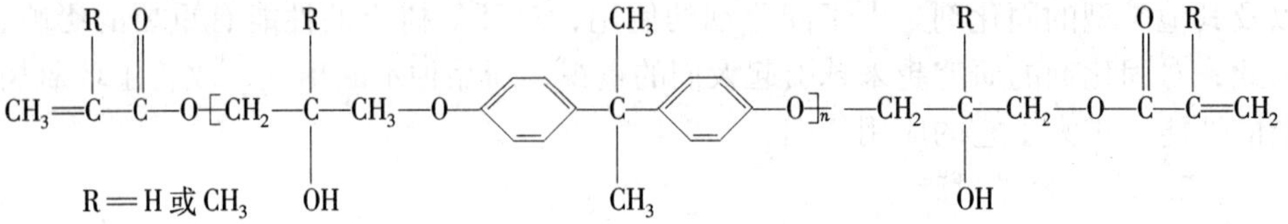

$$CH_2{=}\underset{R}{C}-\overset{O}{\overset{\|}{C}}-O\left[CH_2-\underset{OH}{\overset{R}{C}}-CH_3-O-C_6H_4-\underset{CH_3}{\overset{CH_3}{C}}-C_6H_4-O\right]_n-CH_2-\underset{OH}{\overset{R}{C}}-CH_2-O-\overset{O}{\overset{\|}{C}}-\overset{R}{C}{=}CH_2 \quad (1\text{-}4)$$

$R = H$ 或 CH_3

从结构式中可以看出，该类树脂保留了环氧树脂的基本链段，又有不饱和聚酯树脂的不饱和双键，可以室温固化。

由于汇集了环氧树脂和不饱和聚酯树脂这两种树脂双重特性，使其性能更趋完善。这就是该树脂最大的特点之一。

有机硅树脂是一类由交替的硅和氧原子组成骨架，不同的有机基再与硅原子联结的聚合物的统称。由高分子材料学表明，如果原料单体的官能度不大于2，则制得的聚有机硅烷为线型结构；如果原料的单体的官能度大于2，则可制得热固性有机硅树脂。加热热固性有机硅树脂到200～250℃或存在催化剂时，加热即可能转变为不溶不熔的三维网状结构。硅树脂可分为硬硅树脂的和柔软弹性的硅树脂两大类别。作为纤维增强塑料及涂料用的硅树脂属于硬硅树脂。

1.2.3.7 聚酰胺

聚酰胺是具有许多重复的酰胺基的一类线型聚合物的总称，通常称为尼龙。

1.2.3.8 聚碳酸酯

工业生产的聚碳酸酯平均相对分子量为25000～70000。聚碳酸酯有下述的化学结构，为

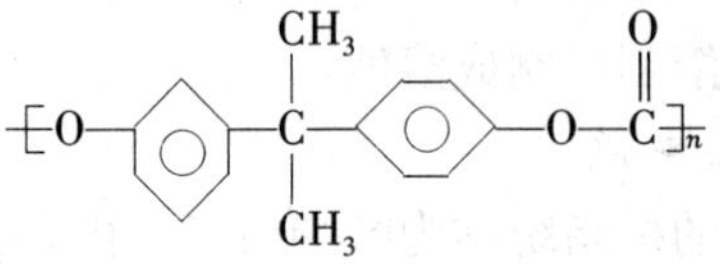

$$\left[O-C_6H_4-\underset{CH_3}{\overset{CH_3}{C}}-C_6H_4-O-\overset{O}{\overset{\|}{C}}\right]_n \quad (1\text{-}5)$$

式中，n 在100～500的范围内。

1.2.3.9 聚砜

聚砜是指主链结构中含有—SO_2—链节的聚合物。它的突出性能是可在100～150年下长期使用。它的结构式如下

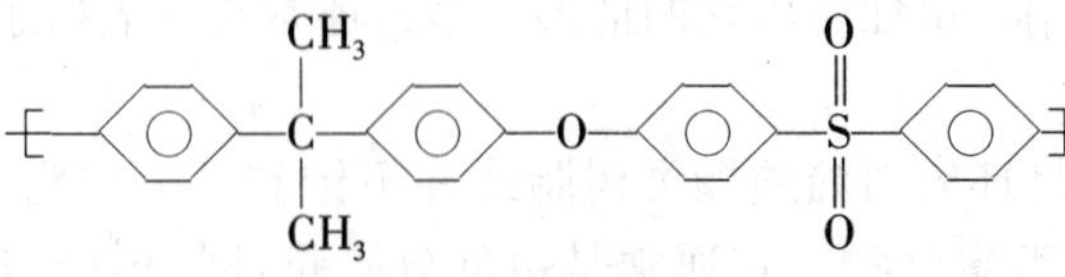

$$\left[C_6H_4-\underset{CH_3}{\overset{CH_3}{C}}-C_6H_4-O-C_6H_4-\underset{O}{\overset{O}{\overset{\|}{\underset{\|}{S}}}}-C_6H_4\right]_n \quad (1\text{-}6)$$

$n = 50 \sim 10000$

1.3　功能复合材料的组织结构基础

材料的结构可分为3个层次，第一层次为原子（或离子）的结构，即原子中电子围绕原子核运动的结构，第二层次为原子（或质子）在空间的排列，第三层次为材料的显微结构，即显微镜下所观察到构成材料的各相的组合图像。

1.3.1　原子结构

原子结构直接影响原子间的结合方式。原子由原子核和若干个电子构成。原子核由质子和中子组成。质子带正电，电子带负电，中子不带电。若核的正电荷等于核外电子的负电荷，则称为中性原子，否则称为离子。最初，核外电子的运动被看成是在一个固定的轨道上围绕原子核运动的，直到20世纪随着量子力学的发展，人们逐渐认识到微观世界的运动规律是和宏观世界不一样的。近年来，利用扫描隧道显微镜（STM）已能清楚地看到原子的形象。原子的大小可用原子半径表示，同理离子的大小也可用离子半径表示。哥希密特（Goldschmidt）、鲍林（Pauling）等人先后从金属单质的结构数据中推引出金属的原子半径。表1-3为鲍林的金属原子半径。

表1-3　鲍林的金属原子半径

配位数	Li	Be											
12	1.58	1.12											
8	1.52	1.07											
	Na	Mg											Al
12	1.92	1.60											1.43
8	1.86	1.55											1.39
	K	Ca	Sc	Ti	V	Cr	Mn	Fe	Co	Ni	Cu	Zn	Ga
12	2.38	1.97	1.66	1.47	1.36	1.30	1.27	1.26	1.25	1.25	1.28	1.37	1.53
8	2.31	1.91	1.60	1.42	1.31	1.26	1.24	1.23	1.22	1.22	1.24	1.32	1.48
	Rb	Sr	Y	Zr	Nb	Mo	Tc	Ru	Rh	Pd	Ag	Cd	In
12	2.53	2.15	1.82	1.60	1.47	1.39	1.35	1.34	1.34	1.37	1.44	1.54	1.67
8	2.43	2.07	1.76	1.54	1.43	1.36	1.32	1.31	1.31	1.34	1.40	1.49	1.62
	Cs	Ba	稀土	Hr	Ta	W	Re	Os	Ir	Pt	Au	Hg	Tl
12	2.72	2.24	1.86	1.62	1.49	1.41	1.37	1.35	1.36	1.39	1.46	1.57	1.71
8	2.62	2.17	1.80	1.57	1.44	1.37	1.33	1.31	1.32	1.35	1.42	1.52	1.66

1.3.2　晶体结构

原子或分子堆砌形成晶体。由于晶体中格点上微粒的种类和它们之间作用力的不同，晶体可分为四种基本类型。离子晶体为晶格结点上交替排列着正、负离子，以离子键结合构成的晶体。原子晶体为格点上排列的微粒为原子，原子间以共价键结合构成的晶体。分子晶体为晶格结点上排列的微粒是分子（共价型分子或单原子分子），结点间的作用力是分子间力和氢键。金属晶体晶格点上排列的微粒是金属原子或正离子，微粒间的作用力是金属键。金属晶体物质分为金属单质和合金。半径越小，提供的价电子数越多，金属键越强。金属键越强，熔点和沸点越高，硬度差异也越大。反之越低。

图 1-3 为钛酸钡 $BaTiO_3$ 晶体结构。$BaTiO_3$ 在 120℃以上为立方结构，120℃以下晶体结构稍有畸变，为四方结构，Ba^{2+} 和 Ti^{4+} 相对于 O^{2-} 发生一个位移，由此产生一个偶极矩（后面要提到）。

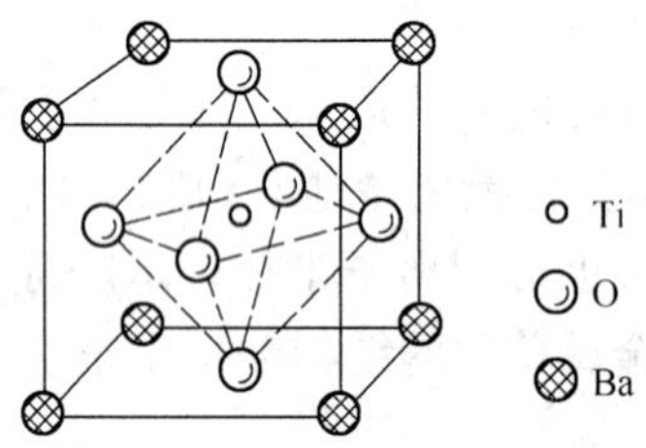

图 1-3　钛酸钡晶体结构

尖晶石 $MgAl_2O_4$ 结构见图 1-4，为立方晶系，面心点阵，空间群：Oh7(F3dm)（注：对称性符号，空间群为 F3dm，最高对称型为 Oh7），每一晶胞

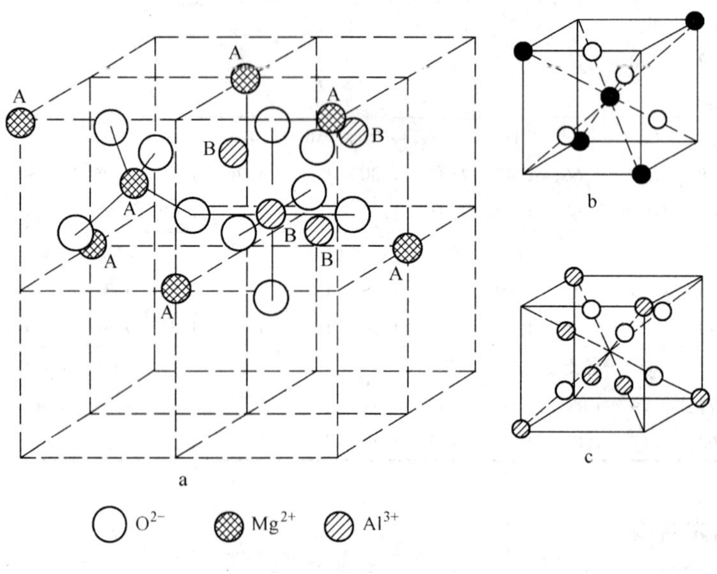

图 1-4　尖晶石的晶体结构

容纳：24 个阳离子，32 个阴离子，相当于 8 个分子。通常把氧四面体空隙位置称为 A 位，八面体空隙位置称为 B 位。如果两价离子都处于四面体 A 位，如 $Zn^{2+}(Fe^{3+})_2O_4$，称为正尖晶石；如果二价离子占有 B 位，三价离子占有 A 位及其余的 B 位，则称为反尖晶石，如 $Fe^{3+}(Fe^{3+}M^{2+})O_4$。

Sm-Co 之间可形成 5 种金属间化合物（Sm_2Co_{17}、$SmCo_5$、Sm_2Co_7、$SmCo_3$、Sm_4Co_{19}）（见图 1-5 相图）；RCo_5 型稀土永磁材料具有 $CaCu_5$ 型晶体结构（见图 1-6），属六角晶系，由 Co 原子层和 Co、R 混合原子层相间重叠而成。

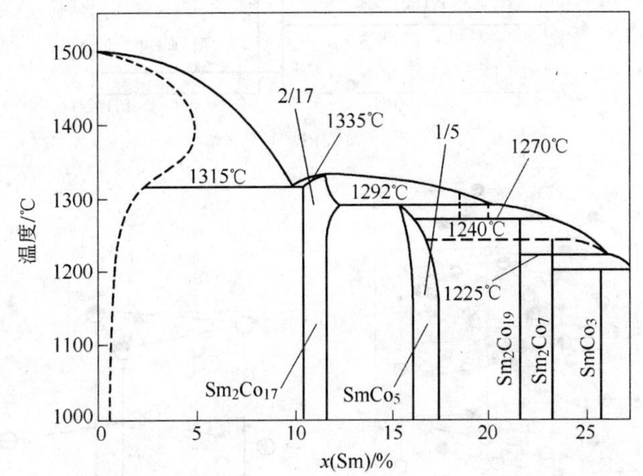

图 1-5 Sm-Co 相图

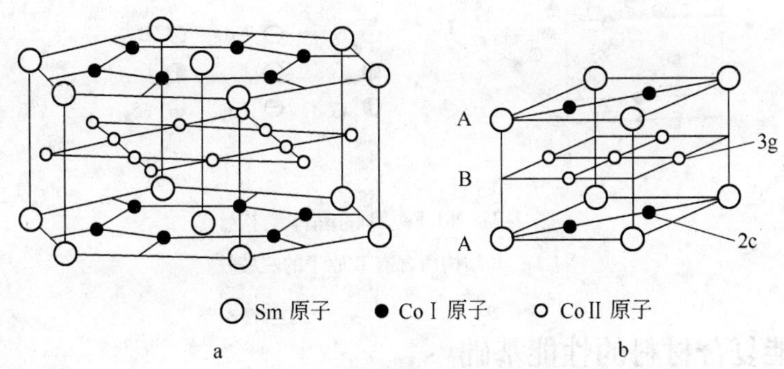

图 1-6 $SmCo_5$ 的晶体结构

Nd-Fe-B 永磁以 $Nd_2Fe_{14}B$ 化合物为基，并富 B 和富 Nd。$Nd_2Fe_{14}B$ 为四方相。$Nd_2Fe_{14}B$ 化合物的一个单胞中由 4 个分子组成，有 68 个原子；它们构成四方结构（见图 1-7）。

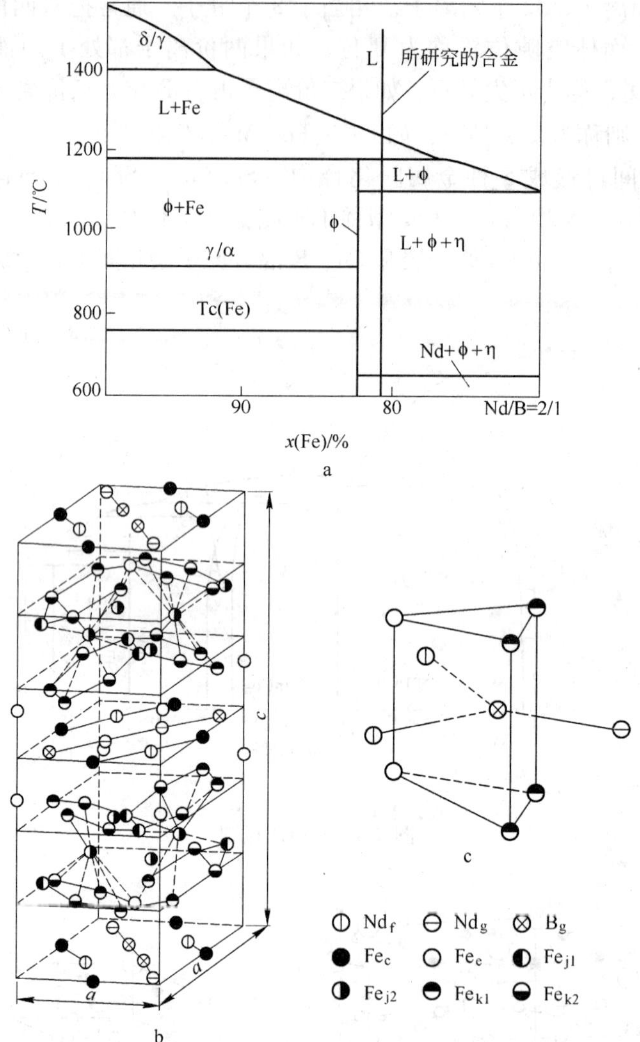

图 1-7　$Nd_2Fe_{14}B$ 的晶体结构

$Nd_2Fe_{14}B$ 结构内含有 B 原子的三棱柱

1.4　功能复合材料的性能基础

1.4.1　材料性能的概念

材料的性能是外界作用于材料时材料表现出的行为。复合材料的性能可分为工艺性能（又称为可加工性能）和使用性能。

工艺性能称过渡性能或中间性能，是材料形成过程需要的性能。如金属材料的工艺性能（加工性能）包括：铸造性能、锻造性能、焊接性能、切削加工性能、弯曲及热处理性能等。金属的可锻性指材料承受热压力加工时的成形能力，即在压力加工时，金属材料改变形状的难易程度和不产生裂纹的性能。金属材料的可锻性与温度的关系很大。顶锻性是指金属材料承受一定程度的锤击而不破裂的能力。深冲性又称为冲压性。它包括延性、展性和冷冲压性。延性指在外力作用下可以被拉伸的性能。展性指可以被锤击或碾压成薄箔的性能。冷冲压性指材料在冷状态下受冲压成形时，所表现出来的变形能力。铸造性指金属浇注成铸件时反映出来的难易程度。铸造性能包括流动性、收缩性、偏析性等。弯曲性指金属材料受弯曲变形作用而不破裂的能力。铸造方法是液态成形的一种很重要的方法。可焊性又称为焊接性，是把两块金属局部加热并使其接缝部分迅速呈熔化或半熔化状态，从而使之牢固地连接起来，而不发生裂纹的性能。切削加工性又称为机械加工性或可切削性，是指被工具切削加工成符合要求工件的难易程度。切削加工性能与金属材料的化学成分、硬度、韧性、导热性、金相组织、加工硬化程度、切削刀具的几何形状、耐磨程度、切削速度等因素有关系。

使用性能称目标性能或终极性能，是材料使用过程或服役过程需要具有的性能。材料的使用性能包括力学性能、物理性能和化学性能（耐腐蚀性、耐氧化性等）等。

化学性能主要是指耐腐蚀性。广义的化学性指材料与环境间发生的化学或电化学相互作用而导致材料功能受到反应的现象。利用材料的化学性质可形成化学功能材料，如离子交换树脂、高吸水性树脂、高分子絮凝剂等。

材料的力学性能是指金属材料在不同环境（温度、介质）下，承受各种外加载荷（拉伸、压缩、弯曲、扭转、冲击、交变应力等）时所表现出的力学特征。在工业生产中，衡量材料力学性能的指标有：弹性、刚度、硬度、抗拉强度、屈服强度、塑性、硬度、冲击值（冲击韧性）、断裂韧度和疲劳强度。结构材料是指能承受一定压力和重力，并能保持尺寸和大部分力学性质（强度、硬度及韧性等）稳定的一类材料。

材料的物理性能包括密度、熔点、导电性、导热性、热膨胀性、磁性等。密度为单位体积中的质量，常用 ρ 表示。如有色金属按密度分有：（1）轻金属（$\rho < 4.5 g/cm^3$）如铝、镁、钛、钠、钙等。铝、镁、钛金属的密度，分别为 $2.7 g/cm^3$、$1.7 g/cm^3$ 和 $4.5 g/cm^3$。因此，这几种金属通常被称为轻金属，其相应的铝合金、镁合金和钛合金则称为轻合金。（2）重金属（$\rho > 4.58 g/cm^3$）有铜、镍、铅、锌等。固体状态向液体状态转变时的熔化温度叫做熔点。有机材料的熔点低，耐热性差。无机材料的熔点都较高，有良好的耐热性。但也有例外，如二水石膏在120℃发生热解，氧化硅系统的结晶质矿物（长石、石英等）在较低温度（560～570℃）发生相变，表现出剧烈的膨胀，耐热性较差，石灰石在900℃发生热分解，这些均使材料的耐热性降低。玻璃纤维耐热性较高，软化点为 550 ~ 580℃，其线膨胀系数为 4.8×10^{-6}/℃。玻璃纤维是一种无机纤维，不会引起燃烧。将玻璃纤维加温，直到某一强度界限以前，强度基本不变。玻璃纤维的耐热性是由化学成分决定的。

1.4.2　电学性能

1.4.2.1　欧姆定律

材料在电场中的行为由欧姆定律用正比的关系把试样两端的电势差 V 和沿试样流动的电流强度 I 联系起来，即

$$V = IR \tag{1-7}$$

式中　R——比例常数，表示试样的特性称作电阻。电阻与导体的长度 L 成正比，与导体的截面积 A 成反比。

人们早已经发现，物质的导电性能通常用电阻率 ρ 来表征。电阻率与材料的几何尺寸无关，是材料本身的特性。电阻率越大，材料的导电性越差。电阻率的单位为 $\Omega \cdot mm^2/m$。它与材料的长度 L 成反比，与材料的横截面积 A 和电阻值 R 则成正比，即

$$\rho = \frac{RA}{L} \tag{1-8}$$

式中　A——垂直于电流方向的横截面面积；

　　　L——加载电压的两端的距离。

不同材料的 ρ 不同。但是多数液态物质均是导电的，而大多数气体却是不导电的绝缘体。对于固态物质的导电性分析，研究导电性差别的内在原因，形成了导电的理论。工业纯铁电阻率为 $0.1\Omega \cdot mm^2/m = 10\mu\Omega \cdot cm$。金属的电阻率从银的 $1.46\mu\Omega \cdot cm$ 到锰的 $260\mu\Omega \cdot cm$。锰的高电阻率与其具有反常的晶体结构有关。各种材料导电性的比较表明，像石英、金刚石这些绝缘体的电阻比任何导体的电阻要大 10^{22} 倍。这主要是和金属和绝缘体的电子能带结构不同。固体的电阻定律则是研究和测量这些物理性能的基础。表 1-4 为空气温度对玻璃布电阻率的影响。

表 1-4　空气湿度对玻璃布电阻率的影响

玻璃布种类	空气相对湿度下的不同电阻率/$\Omega \cdot cm^{-1}$				
	20/%	40/%	60/%	80/%	100/%
无碱玻璃布	2×10^{15}	6×10^{14}	7×10^{13}	9×10^{12}	3.4×10^{11}
有碱玻璃布	4×10^{12}	1.8×10^{12}	7.5×10^{11}	9.8×10^{10}	2.8×10^{4}

衡量金属导电性能的另一指标是电导率 σ（又称为导电系数）。电导率与电阻率互成反比，电导率越大，则电阻率越小。电导率、电阻率或电阻都可用来表示材料的导电性能。电导率与电阻率之间的关系为

$$\sigma = \frac{1}{\rho} \tag{1-9}$$

单位面积通过的电流量称作电流密度，用 J 表示，单位为 A/cm^2。对于形状规则的均匀材料，各处的电流密度 J 是相同的。所以，总电流强度为

$$I = AJ \tag{1-10}$$

式中　A——材料的面积。

若是非均匀导体，有关系为

$$J = \frac{1}{\rho} \cdot E \tag{1-11}$$

图 1-8 是测定的电阻随温度的变化曲线。图中所示的箭头表示出以 2℃/s 加热或冷却的方向。直径为 1mm 的氧化铝复合铝线的电阻一旦超过 300℃ 基本不再变化。而碳纤维铝线在加热到 300℃ 后电阻会降低。

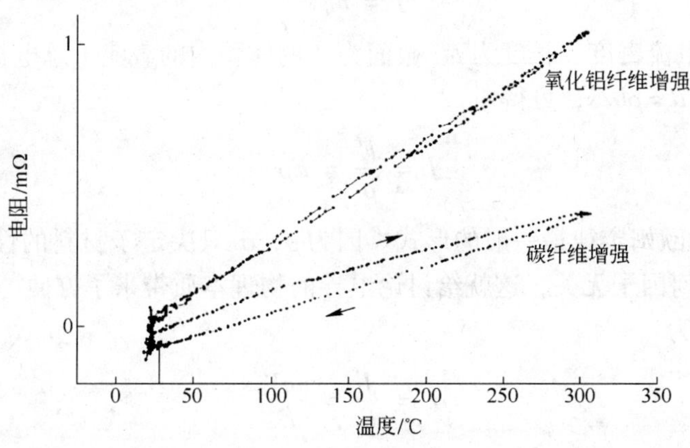

图 1-8　复合丝的电阻随温度的变化

1.4.2.2　载流子

材料的电性质是材料处在电源的两极之间的静电场或交变电场中表现出的行为。在没有外电场的作用时，电子通常沿所有方向运动，金属中的自由电子沿各个方向运动的几率相同，不产生电流。但在电场作用下，将向逆电场方向运动，使金属产生电流。材料传导电流的性能叫做导电性。电子称为电流的载流子。

除电子外，产生电流的载流子还有空穴、正离子及负离子。电流是电荷在空间的定向运动。任何一种物质，只要存在电荷的自由粒子即载流子，就可以在电场作用下产生导电电流。载流子为离子或空格点的电导称为离子电导，载流子为电子或空穴的电导称为电子电导。电子电导和空穴电导同时存在，称为本征电导。金属导体中的载流子是自由电子。当给金属施加外电场后，自由电子获得加速度，沿外电场方向发生定向的迁移，从而形成了电流。当电流通过材料时，电

子可以通过两种方式在晶格中运动来完成电荷输运过程。一种是电子脱离原子成为自由电子，在晶格中运动，形成电子导电；另一种是电子与原子核一起移动产生离子导电。对金属来说，电子导电是其导电的主要方式，离子电导是活化能比较低的一些材料中的主要导电方式。高分子材料和无机非金属材料中的载流子可以是两类载流子同时存在。

1.4.2.3 迁移率和电导率的一般表达式

根据材料物理学理论，设单位截面积为 $A(1\text{cm}^2)$，在单位体积（1cm^3）内载流子数为 $n(\text{cm}^{-3})$，每一载流子的荷电量为 q，则单位体积内参加导电的自由电荷为 nq。如果介质处在外电场中，则作用于每一个载流子的力等于 qE。在这个力的作用下，每一载流子在 E 方向发生漂移，其平均速度为 $V(\text{cm/s})$。容易看出，单位时间（1s）通过单位截面 A 的电荷量为

$$J = nqV \tag{1-12}$$

式中，J 即为电流密度。长度为 l、截面为 A 的体积内的载流子总电荷量 nqV。根据欧姆定律及 $R=\rho h/s$，可得

$$J = \frac{E}{\rho} = E\sigma \tag{1-13}$$

式 1-13 为欧姆定律最一般的形式。因为 ρ，σ 只决定于材料的性质，所以电流密度 J 与几何因子无关，这就给讨论电导的物理本质带来了方便。由式 1-13 可以得到电导率为

$$\sigma = \frac{J}{E} = \frac{nqV}{E} \tag{1-14}$$

令 $\mu=V/E$，并定义其为载流子的迁移率。其物理意义为载流子在单位电场中的迁移速度。

$$\sigma = nq\mu \tag{1-15}$$

电导率的一般表达式为

$$\sigma = \sum_i \sigma_i = \sum_i n_i q_i \mu_i \tag{1-16}$$

式 1-16 反映电导率的微观本质，即宏观电导率 σ 与微观载流子的浓度 n，每一种载流子的电荷量 q 以及每种载流子的迁移率的关系。电子电导和离子电导具有不同的物理效应，由此可以确定材料的电导性质。

1.4.2.4 离子电导

离子晶体中的电导主要为离子电导。对于晶体的离子电导可以分为两类：一是源于晶体点阵的基本离子的运动即固有离子电导（或本征电导）。其特点为：离子自身随着热振动离开晶格形成热缺陷。这种热缺陷无论是离子或者空位都是

带电的，因而都可作为离子电导载流子。显然固有电导在高温下特别显著。二是固定较弱的离子的运动造成的（主要是杂质离子）即杂质电导。其特点为：杂质离子是弱联系离子，所以在较低温度下杂质电导表现得显著。对电导有贡献的载流子是氧化物或卤化物，这类晶体材料中的离子，如：NaCl，KCl，AgCl，$CaCl_2$，AgBr，BaF_2，CuCl，KBr 及 CaO，Na_2O 等。这类离子迁移引起的电导在无机材料中是重要的，对于这种电导的分析要求确定载流子的浓度和迁移率，已在公式 1-15 至式 1-16 中指出。

1.4.2.5 电子电导

电子电导主要发生在导体和半导体中。电子在晶体中的运动状态用量子力学理论来描述。在绝对零度下，在具有严格周期性电场的理想晶体中的电子和空穴的运动像理想气体分子在真空中的运动一样，电子运动时不受阻力，迁移率为无限大。只有当周期性受到破坏时，才产生阻碍电子运动的条件。电场周期破坏的来源是：（1）晶格热振动；（2）杂质的引入；（3）位错；（4）裂缝等。根据材料物理学理论，在电子电导的材料中，电子与点阵的非弹性碰撞引起电子波的散射是电子运动受阻的原因之一。在本征半导体中，有两种电荷携带者，即电子和空穴，因此电导率应该由这两者组成。

$$\sigma = nq\mu_e + pq\mu_h \tag{1-17}$$

式中 n，p——分别是每立方米的电子数和空位数；

μ_e，μ_h——分别是电子和空穴的迁移率，$m^2/V \cdot s$；

q——载流子的电荷，1.6×10^{-19} C。

对本征半导体而言，每个跨过能隙的电子都在价带中留下一个空穴，所以电子数和空穴数相等，即 $p = n$。所以有

$$\sigma = nq(\mu_e + \mu_h) \tag{1-18}$$

实际上，所有的商业半导体都是非本征半导体，也就是说，导电行为决定于杂质，即使杂质含量很少，也能产生多余的电子或空位。

由于 n-型半导体中起导电作用的是电子，由于 $n \gg p$，因此空穴的贡献可忽略不计，从而得到电导率为

$$\sigma \cong nq\mu_e \tag{1-19}$$

而 p-型半导体中起导电作用的是空穴，从而得到电导率为

$$\sigma \cong pq\mu_h \tag{1-20}$$

1.4.2.6 霍尔效应

电子电导的特征具有霍尔效应。霍尔效应的产生是由于电子在磁场作用下，产生横向移动的结果，离子的质量比电子大得多，磁场作用力不足以使它

产生横向位移，因而纯离子电导不呈现霍尔效应。利用霍尔效应可检验材料是否存在电子电导。电子电导和离子电导具有不同的物理效应，由此可以确定材料的电导性质。电子电导的特征是具有霍尔效应。霍尔效应是霍尔器件的理论基础。当把通有小电流的半导体薄片置于磁场中时，半导体内的载流子受洛伦兹力的作用而发生偏转，使半导体两侧产生电势差，该电势差即为霍尔电压 V。这个电压 V 与磁感应强度 B 及控制电流 I 成正比，经过理论推算得到如下等式关系

$$V = \left(\frac{R_H}{d}\right)BI \tag{1-21}$$

式中　V——霍尔电压；

B——磁感应强度；

I——控制电流；

R_H——霍尔系数；

d——半导体片的厚度。

在式 1-21 中，若保持控制电流 I 不变，在一定条件下，可通过测量霍尔电压推算出磁感应强度的大小，由此建立了磁场与电压信号的联系。根据这一关系式，人们研制了用于测量磁场的半导体器件即霍尔器件。可见，霍尔效应的产生是由于电子在磁场作用下，产生横向移动的结果。离子的质量比电子大得多，磁场作用力不足以使它产生横向位移。

沿试样 x 轴方向通入电流 I（电流密度 J_x），z 轴方向加一磁场 H_z，那么在 y 轴方向将产生一电场 E_y，这一现象称为霍尔效应。所产生的电场

$$E_y = R_H J_x H_z \tag{1-22}$$

式中　R_H——霍尔系数。

若载流子浓度为 n_i，则

$$R_H = \pm \frac{1}{n_i e} \tag{1-23}$$

其正负号同载流子带电符号相一致。根据电导率公式 $\sigma = n_i e \mu_i$，则

$$\mu_H = R_H \sigma \tag{1-24}$$

式中　μ_H——霍尔迁移率。

在测量过程中，为防止外界干扰，通常加以屏蔽。为了消除直流电中热效应以及磁阻效应所带来的误差，测量时可以改变电流或磁场方向以及采用交流法等。

1.4.2.7　电解效应

离子电导的特征是存在电解效应。离子的迁移伴随着一定的质量变化，离子

在电极附近发生电子得失，产生新的物质。法拉第电解定律指出：电解物质与通过的电量成正比，即

$$q = CQ = Q/F \tag{1-25}$$

式中 q——电解物质的量；

Q——通过的电量；

C——电化当量；

F——法拉第常数。

当在 MX 型化合物中通过电量 Q 进行电解时，其总电流可以分为迁移数为 t_{e^-}，t_{X^-}，t_{M^+}三部分电流。由此可以检验陶瓷材料是否存在离子电导，并且可以判定载流子是正离子还是负离子。

1.4.2.8 超导理论

超导性是指当温度一旦低于超导体材料的某一特征温度（临界温度）T_c 时，其电阻率就跃变为零的性质。有些导体的直流电阻率，在某一低温陡降为零，被称为零电阻或超导电现象。临界温度依赖于作用于导体的磁场强度。尽管许多材料具有超导性，但它们都需要极低的温度。

根据材料物理学理论，对于一种超导材料，当它处于一个低于临界温度 T_c 的温度 T 时，其临界磁场强度 $H_c(T)$ 与温度有关，具体关系为

$$H_c(T) = H_c(0)\left(1 - \frac{T^2}{T_c^2}\right) \tag{1-26}$$

式中，$H_c(0)$ 是 0K 时的临界磁场强度。

超导体有电阻时被称为“正常态”，而处于零电阻时被称为“超导态”。导体由正常态转变为超导态的温度，即电阻突变为零的温度称为超导转变温度或临界温度 T_c。由于超导态的电阻小于目前所能测量的最小值（$10^{-25}\Omega \cdot cm$），因此，可以认为超导态无电阻。

纯金属的导电性取决于原子的电子结构。但是，载流子电子的移动速率也会影响材料的导电性。当载流子电子与材料中的缺陷碰撞时，其移动速率自然就会降低。从式 1-26 可知，随着温度的降低，电阻率会逐渐降低。一般导体材料，不管导电性如何良好，总是有一点电阻。电流流经这一电阻时就会产生热量，因而消耗一部分电力。

超导体在临界温度 T_c 以下，不仅具有完全导电性（零电阻），还具有完全抗磁性，即置于外磁场中的超导体内部的磁感应强度恒为零。超导体所显示的磁学性能同它们的电学性能同样地引人注目。零电阻及完全抗磁性是超导体的两个基本特征。

一个大块超导体在弱磁场中的表现有如一个理想抗磁体，在它的内部磁感应

强度为零。如果把试样放到磁场中，然后冷却到超导转变温度以下，原来存在试样中的磁通就要从试样中被排出，这个现象称为迈斯纳 Meissner 效应。迈斯纳效应的发现表明，完全抗磁性是超导态的基本性质。

根据迈斯纳效应，一块大超导体在外加磁场中的行为如同试样内部 $B=0$ 一样。可以忽略退磁场对 D 的影响，因而有

$$B = \mu_0(H + M) = 0 \tag{1-27}$$

或

$$-M = H \tag{1-28}$$

因此，物质处于超导态的条件：一是材料的电阻为零；二是具有完全抗磁性，即 Meissner 效应。此外，某些超导体还具有一定宽度的能隙。

温度是决定超导态的重要因素。在温度 T 一定时，足够强的外加磁场也能破坏材料的超导态，这个使超导态转变成正常态的最小磁场称为该温度下超导体的临界磁场 H_c。T_c 和 H_c 是相互依存、相互关联的；随着温度的降低，临界磁场逐渐增大。除了受温度和磁场强度影响外，当超导体里流过的电流密度大于临界值 J_c 时也会失去超导性。另外，如果给超导体通上电流，那么它所承受的有效磁场将是电流产生的磁场与外加磁场的矢量和，当有效磁场超过临界磁场时，超导态就会被破坏，这个在一定温度和一定磁场下导致材料的超导态破坏的最大电流称为临界电流 I_c。

超导体的超导性能只有在由 T_c、H_c 和 J_c 组成的三维区域内才会呈现超导性。I_c、H_c 和 T_c 是超导体的 3 个重要指标，三者越高，则材料的应用价值越高。

人们通过氧化物超导体的超导性能与晶体结构的研究，发现了一些影响氧化物超导体 T_c 的结构因素。氧化物超导主体的主要特征是它们均含有混合价态的正离子，有些正离子甚至以三种氧化态存在，如 Cu^{1+}，Cu^{2+}，Cu^{3+} 和 Bi^{3+}，Bi^{4+}，Bi^{5+}。高温超导性仅出现在共价性很强的氧化物中，它们可以提供具有金属性的能带，反之，很宽的导带只会出现低 T_c 的超导体。带有近似直线型的结构对超导性能起主要作用。对超导体$(B^{3+})_2(A^{2+})_2Ca_{n-1}Cu_nO_{2+xn}$（其中 B 为 Bi 或 Ae，A 为 Ba 或 Sr）体系的研究表明，连续堆叠的 CuO_2 网格层的存在数目 n 和 T_c 的数值有关，n 愈大，T_c 愈高。Ba^{2+}、Y^{3+} 及 La^{2+} 等正离子的存在可帮助氧化物超导体的形成。其作用可能有下列几方面：容易形成具有直线型 Cu—O—Cu 连接的 CuO_2 网格层，增加 Cu—O 键的共价性以及使高氧化态的 Cu^{3+} 和 Bi^{5+} 等稳定性增加。

1.4.2.9　介质的极化

介质最重要的性质是在外电场作用下能够极化。在外电场作用下，电介质中带电质点的弹性位移引起正负电荷中心分离或极性分子按电场方向转动。这种电

介质在电场作用下产生感应电荷的现象称为电介质的极化。图 1-9 为一平行板电容器。如果在一真空平行板电容器上加以直流电压 V，在两个极板上将产生一定量的电荷 Q_0，这个真空电容器的电容为

$$C_0 = \frac{Q_0}{V} \tag{1-29}$$

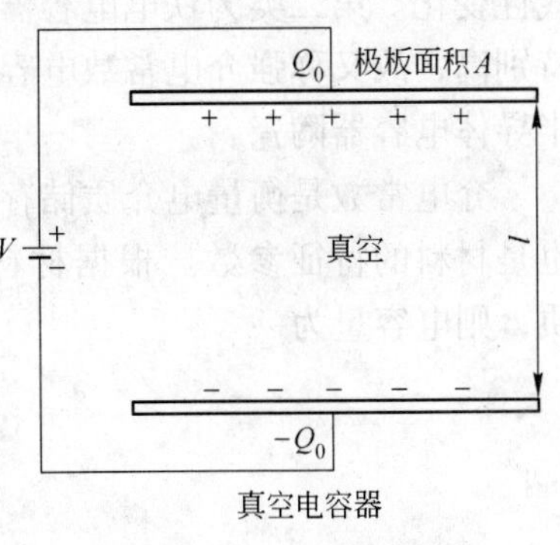

图 1-9 平行板电容器

电容 C_0 与所加电压的大小无关，而决定于电容器的几何尺寸。极化就是介质内质点（原子、分子、离子）正负电荷重心分离，从而转变成偶极子。根据材料物理学理论，当在一个真空平行板电容器的电极板间嵌入一块电介质时，如果在电极之间施加外电场，则可发现在介质表面上感应出了电荷，即正极板上附近的介质表面上感应出了负电荷，负极板附近的介质表面上感应出正电荷，这种电荷称为感应电荷，也称束缚电荷，如图 1-10 所示。在电容器两极板间填入电介质，即为介质电容器。根据材料物理学理论，介质的极化指在电场作用下，能建立极化的一切物质，主要以电场感应而不是以电子或离子传导的方式来传递电的作用和影响的媒质。一般电介质如空气、变压器油、陶瓷、玻璃、橡胶、石蜡、云母等。在交变电场作用下都引起介电损耗，其值随频率、温度而变。电容器陶瓷材料按性质可分为四大类。第一类为非铁电电容器陶瓷，这类陶瓷最大的特点是高频损耗较少，在使用温度范围内介电常数随温度呈

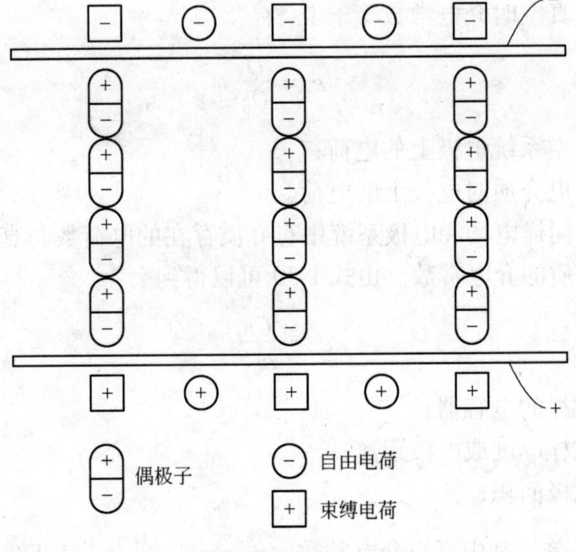

图 1-10 感应电荷

线性变化。第二类为铁电电容器陶瓷，它的主要性能是介电常数呈非线性，而且特别高，故又称强介电常数电容器陶瓷，第三类为反铁电电容器陶瓷。第四类为半导体电容器陶瓷。

介电常数是衡量电介质储存电荷能力的参数，通常又称介电系数或电容率，也是材料的特征参数。根据材料物理学理论，如果在电容器两极板间填入电介质，则电容量为

$$C = C_0 \times \frac{\varepsilon}{\varepsilon_0} = C_0 \varepsilon_r$$

$$\varepsilon = \varepsilon_r \cdot \varepsilon_0$$

$$\varepsilon_r = \frac{C}{C_0} = \frac{1}{\varepsilon_0} \times \frac{Cd}{A}$$

式中，ε_r 为相对介电常数，是介质电性质的一个主要参数，反映了介质极化的能力。有些书上常将相对电介常数称为介电常数。ε_r 的大小是表征电荷在介质中作用力减弱的程度，ε_r 小，绝缘性好，作为高频绝缘材料，ε_r 要小，而在制造电容器时，则要求 ε_r 要大。

根据材料物理学理论，陶瓷的介电常数应尽可能的高。介电常数越高，陶瓷电容器的体积可以做得越小。陶瓷材料在高频、高温、高压及其他恶劣环境下，应能可靠、稳定地工作，介电损耗要小。这就可在高频电路中充分发挥作用，对于高功率陶瓷电容器，能提高无功功率和介电强度。陶瓷电容器在高压和高功率条件下，往往由于击穿不能工作，所以提高其耐压性能，对充分发挥陶瓷的功能有重要作用。设真空时介电常数等于 1，有

$$\varepsilon = \frac{Q}{Q_0} \tag{1-30}$$

式中　Q_0——真空系统电极上的电荷；

Q——有电介质时电极上的电荷。

该式表示，同样电场和电极系统中有介质存在的电荷数与真空下电极上的电荷数之比等于介质的介电常数。由式 1-30 可以得到

$$\varepsilon = \frac{Ch}{\varepsilon_0 S} \tag{1-31}$$

式中　C——试样的电容器；

h——试样厚度或电极距离；

S——电极面积；

ε_0——SI 单位制中真空介电常数，$\varepsilon_0 = \frac{1}{4\pi \times 9 \times 10^{11}}$，F/cm。

各种电子陶瓷室温时的介电常数如表1-5所示。从表中数据可以看出，电子陶瓷的介电常数的数值范围很大，这种差异是由于材料内部存在不同的极化形式。

表1-5 各种电子陶瓷室温下的介电常数

种 类	介电常数/F · cm^{-1}	种 类	介电常数/F · cm^{-1}
装置瓷、电阻瓷及电真空瓷	2 ~ 12	Ⅱ型电容器瓷	200 ~ 30000
		Ⅲ型电容器瓷	7000至二十几万
Ⅰ型电容器瓷	6 ~ 1500	压电瓷	50 ~ 20000

到目前为止，钛酸钡基陶瓷仍然是构成电容器陶瓷的基础。以铁电陶瓷电容器材料为例，近十年来取得了较大的发展，通过细晶粒化可控制晶界层，获得高介电常数的陶瓷材料；通过添加低熔点组分实现液相烧结，以降低陶瓷烧结温度，节约能源，采用便宜的电极材料，如银或富银的银基合金，降低成本。根据材料物理学理论，纯钛酸钡陶瓷的介电常数在室温时约1400，而在居里点（120℃）附近，介电常数增加很快，可高达6000 ~ 10000。室温下 ε_r 随温度变化比较平坦，这可以用来制造小体积大容量的陶瓷电容器。所以，对钛酸钡的介电性能的研究一直受到人们的关注，并且想通过各种途径，如掺杂，达到“移峰”和“压峰”的作用，进一步提高电容器的性能。介电性能主要是在交流阻抗分析仪上测试，主要测量室温下的电容值和介电损耗，进而计算出介电常数。正负电荷的平均中心不相重合的带电系统，如图1-11所示。

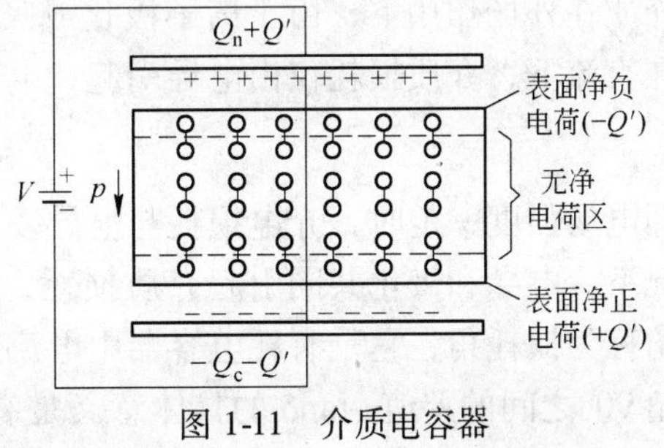

图1-11 介质电容器

设正电荷与负电荷的位移矢量为 l，则可定义此偶极子的偶极矩为

$$\mu = ql \tag{1-32}$$

偶极矩的方向是从负电荷指向正电荷，即电偶极矩的方向与外电场 E 的方向一致。如果介质中含有极性分子（有正、负两极的分子），则这些极性分子都可看成是偶极子。在外电场作用下，这些极性分子发生转向，转向的结果是每一个极性轴趋于电场方向，所以每一个偶极子的电偶极矩 μ 应看作原极性分子偶极矩在电场方向的投影。

根据材料物理学理论，单位电场强度下，质点电偶极矩的大小称为质点的极化率 α 为

$$\alpha = \frac{\mu}{E_{loc}} \tag{1-33}$$

式中　E_{loc}——作用在微观质点上的局部电场（即原子、离子、分子上的有效内电场）；

α——表征材料的极化能力，只与材料的性质有关，其单位：$F \cdot m^2$（法拉·米^2）。

介质单位体积内的电偶极矩总和（P），单位：C/m^2（库仑/米^2）

$$P = \frac{\Sigma\mu}{V} \tag{1-34}$$

极化强度表示了电介质极化而引起的电容器表面电荷密度的增加。如果单位体积中的极化质点数等于 n，由于每一偶极子的电偶极矩具有同一方向（电场方向），所以有

$$P = \mu n = n\alpha E_{loc} \tag{1-35}$$

对于一定材料而言，n 和 α 一定，则 P 与 E（宏观电场）成正比，有

$$P = \varepsilon_0\chi E \tag{1-36}$$

式中，χ 称为电介质极化系数，它将介质的宏观电场和宏观物理量 P 联系起来。

电介质在电场作用下因发热而造成的电能耗散。这种电能的损耗实质上是电介质在外场作用下，由于离子极化或吸收现象，使得电能转化为热能而损耗掉。在直流下，介质损耗仅由电导引起，电导率就能表示介质损耗的大小

$$p = \gamma E^2 \tag{1-37}$$

即电场强度一定时，介电损耗与电导率成正比。根据材料物理学理论，在交流情况下，电导和极化共同引起介质损耗，经常用 $\tan\delta$ 来表示介质损耗大小的量，δ 角称为损耗角，它是有耗电容器中电流超前电压的相位角 φ 与无耗电容器的相位角 90°之间的差值。$\tan\delta$ 的具体意义是有耗电容器每周期消耗的电能与其所储存电能的比值。应该注意的是，用 $\tan\delta$ 表示介质损耗时必须同时指明测量（或工作）频率。因为，单位体积的介质损耗为

$$p = \omega\varepsilon\tan\delta E^2 \tag{1-38}$$

与频率有关。频率高时，$\omega\varepsilon\tan\delta$ 乘积增大，介质损耗增大，因此，工作在高频率下的介质，要求损耗小，必须控制 $\tan\delta$ 很小。介质的 $\tan\delta$ 对湿度很敏感。受潮的试样 $\tan\delta$ 急剧增大，试样吸潮越严重，$\tan\delta$ 增大越厉害，工艺上利用此性质判断瓷体烧结的好坏。介质损耗对化学组成、相组成、结构等因素敏感，凡是影响电导和极化的因素都影响介质损耗。

根据材料物理学理论，电介质在恒定电场作用下所损耗的能量与通过其内部的电流有关。加上电场后通过介质的全部电流包括：（1）由样品的几何电容的充电所造成的电流；（2）由各种介质极化的建立所造成的电流；（3）由介质的

电导（漏导）造成的电流。根据材料物理学理论，第一种电流简称电容电流，不损耗能量；第二种电流引起的损耗称为极化损耗；第三种电流引起的损耗称为电导损耗。极化损耗主要与极化的弛豫（松弛）过程有关。电介质在恒定电场作用下，从建立极化到其稳定状态，一般说来要经过一定时间。建立电子位移极化和离子位移极化，到达其稳态所需时间约为 $10^{-16} \sim 10^{-12}$s，这在无线电频率（5×10^{12}Hz 以下）范围仍可认为是极短的，因此这类极化又称为无惯性极化或瞬时位移极化。这类极化几乎不产生能量损耗。另一类极化，如偶极子转向极化和空间极化，在电场作用下则要经过相当长的时间（10^{-10}s 或更长）才能达到其稳态，所以这类极化称为有惯性极化或弛豫极化。考虑一个在真空中的容量为 $C_0 = \varepsilon_0 S/d$ 的平行平板式电容器，如果把交变电压 $U = U_0 e^{i\omega t}$ 加在这个电容器上，则在电极上出现电荷 $Q = C_0 U$，并且与外电压同相位。该电容上的电流为

$$I_0 = Q' = i\omega C_0 U \tag{1-39}$$

电流与外电压相差 90°的相位，如图 1-12 所示，是一种非损耗性的电流。

当两电极间充以非极性的完全绝缘的材料时，$C = \varepsilon_r C_0$（$\varepsilon_r > 1$，为介质的相对介电常数），则电流变为比 I_0 大，但与外电压仍相差 90°相位。没有损耗

$$I = Q' = i\omega CU = \varepsilon_r I_0 \tag{1-40}$$

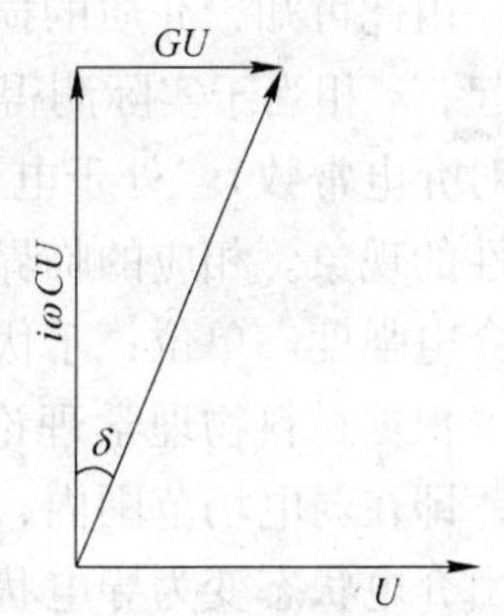

图 1-12　电容器上的电流

如果试样材料是弱导电性的或是极性的，或兼有此两种特性时，那么电容器不再是理想的，电流与电压的相位不恰好相差 90°。这是由于存在一个与电压相位相同的很小的电导分量 GU，它来源于电荷的运动。如果这些电荷是自由的，则电导 G 实际上与外电压频率无关。如果这些电荷是被符号相反的电荷束缚，如振动偶极子的情况，则 G 为频率的函数。根据材料物理学理论，在上述两种情况下，合成电流为

$$I = (i\omega C + G)U \tag{1-41}$$

根据材料物理学理论，设 G 是自由电荷的纯电导，则 $G = \sigma S/d$，由于 $C = \varepsilon S/d$，故电流密度 j 为

$$j = (i\omega\varepsilon + \sigma)E \tag{1-42}$$

$i\omega\varepsilon E$ 项为位移电流密度 D，σE 项为传导电流密度，ε 为绝对介电系数。

于是可以由 $J = \sigma^* E$ 定义复电导率 σ^*

$$\sigma^* = i\omega\varepsilon + \sigma \tag{1-43}$$

也可以由 $j = i\omega\varepsilon^* E$ 定义复介电常数 ε^*

$$\varepsilon^{*}=\frac{\sigma^{*}}{i\omega}=\varepsilon-i\frac{\sigma}{\omega} \tag{1-44}$$

损耗角 δ 由下式定义

$$\tan\delta=\frac{\text{损耗项}}{\text{电容项}}=\frac{\sigma}{\omega\varepsilon} \tag{1-45}$$

只要电导（或损耗）不完全由自由电荷产生，也由束缚电荷产生，那么电导率 σ 本身就是一个依赖于频率的复量，所以 ε^{*} 的实部不是精确地等于 ε，虚部也不是精确地等于 $\frac{|\sigma|}{\omega}$。复介电常数最普通的表示式如下

$$\varepsilon^{*}=\varepsilon'-i\varepsilon''$$

这里，ε'和 ε''是依赖于频率的量。所以

$$\tan\delta=\frac{\varepsilon''}{\varepsilon'} \tag{1-46}$$

由此可知，介质的损耗由复介电常数的虚部 ε''引起，通常电容电流由实部 ε'引起，ε'相当于实际测得介电常数 ε（即绝对介电常数。以下如不说明，ε 系指绝对介电常数）。处于电场中的介质，当电压增大到某一临界值时，将丧失其绝缘性的现象。相应的临界电压值为击穿电压，相应的电场强度，称为击穿强度，即介电强度。单位：千伏/毫米，即 kV/mm。

根据材料物理学理论，电介质能绝缘和储存电荷，是指在一定的电压范围内，即在弱电场范围内，介质保持介电状态。当电场强度超过某一临界值时，介质由介电状态变为导电状态，这种现象称为介质的击穿。击穿时的电压称击穿电压 U_{j}，相应的电场强度称击穿电场强度、绝缘强度、介电强度、抗电强度等，用 E_{j} 表示。在电场均匀时

$$E_{\mathrm{j}}=\frac{U_{\mathrm{j}}}{h} \tag{1-47}$$

介质击穿有电击穿和热击穿。由陶瓷内部气孔引起的内电离，由电化学效应引起的介质老化，以及由强电场作用下的应力电致应变、压电效应和电致相变引起的变形和开裂，最终导致电击穿或热击穿，是电子陶瓷比较特殊的击穿形式。

1.4.2.10 陶瓷的铁电性研究

A 铁电性

铁电性是指在一定温度范围内具有自发极化，在外电场作用下，自发极化能重新取向，而且电位矢量与电场强度之间的关系呈电滞回线现象的特性。铁电体是在一定温度范围内含有能自发极化，并且自发极化方向可随外电场作可逆转动的晶体。很明显，铁电晶体一定是极性晶体，但并非所有的极性晶体都具有这种

自发极化可随外电场转动的性质，只有某些特殊的晶体结构，在自发极化改变方向时，晶体构造不发生大的畸变，才能产生以上的反向转动。铁电体就是这些特殊的晶体结构。根据材料物理学理论，所有这些极化都是介质在外加电场中的性质。没有外加电场时，这些介质的极化强度等于零。有外电场时，介质的极化强度与宏观电场 E 成正比，所以这类介质又称线性介质。另外有一类介质，其极化强度和外施电压的关系是非线性的，叫非线性介质。铁电体就是一种典型的非线性介质。在铁电体中存在另外一种极化机构——自发极化。自发极化即这种极化状态并非由外电场所造成，而是由晶体的内部结构特点造成的，晶体中每一个晶胞里存在固有电偶极矩。这类晶体通常称为极性晶体。在铁电态下，晶体的极化与电场的关系见图 1-13。这个回线称为电滞回线，它是铁电态的一个标志。同铁磁体具有磁滞回线一样，人们把这类晶体称作“铁电体”。

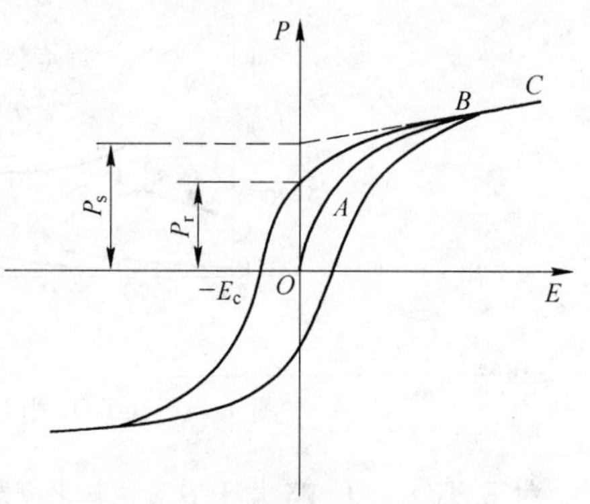

图 1-13 铁电电滞回线

（P_s 为自发极化强度，E_c 为矫顽力）

根据材料物理学理论，铁电晶体可区分为两大类：有序-无序型铁电体和位移型铁电体。前者的自发极化同个别离子的有序化相联系，后者的自发极化同一类离子的亚点阵相对于另一类亚点阵的整体位移相联系。典型的有序-无序型铁电体是含有氢键的晶体。这类晶体中质子的有序运动与铁电性相联系，例如 KH_2PO_4 就是如此。资料表明，位移型铁电体的结构大多同钙钛矿结构及钛铁矿结构紧密相关。钛酸钡是典型的钙钛矿型的铁电体（图 1-3）。$BaTiO_3$ 在 120℃以上为立方结构，晶体无铁电性（无自发极化），120℃以下晶体结构稍有畸变，为四方结构，Ba^{2+} 和 Ti^{4+} 相对于 O^{2-} 发生一个位移，由此产生一个偶极矩（自发极化）。上面和下面的氧离子可能稍稍向下移动。通常把这种转变温度称为居里温度或居里点。居里点以上晶体无铁电性，处于顺电态，居里点以下，晶体处于铁电态。可以看出，铁电相的晶体结构对称性要比顺电相的对称性低。$BaTiO_3$ 的自发极化强度 P_s 与温度的关系可由实验得出。120℃以上晶体为立方晶系，无自发极化；120～5℃为四方晶系，自发极化沿 c 轴［001］方向；5～－80°为斜方晶系，自发极化沿［011］方向；－80℃以下为菱形结构。自发极化沿［111］方向。资料表明，铁电体中自发极化的突变引起介电系数的显著变化，尤其在居点处。$BaTiO_3$ 晶体的介电常数与温度的关系见图 1-14。

资料提供的实验发现，当温度高于居里点 120℃时，介电常数随温度的变化遵从居里-外斯定理：

$$\varepsilon_r = \frac{C}{T - \theta_0} + \varepsilon_\infty \tag{1-48}$$

式中　C——居里常数；

θ_0——特征温度。

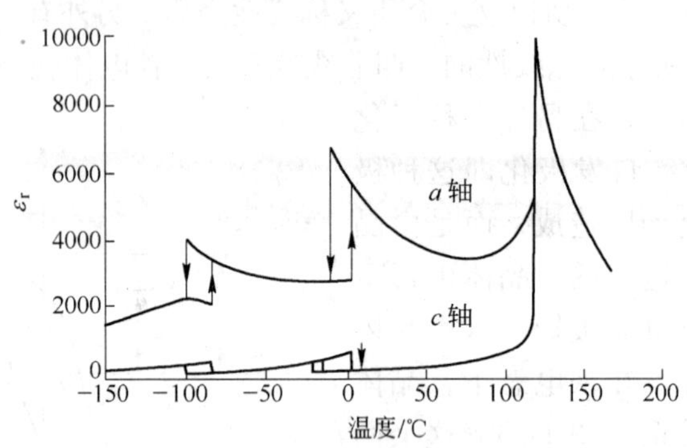

图 1-14　$BaTiO_3$ 相对介电常数与温度的关系

对 $BaTiO_3$，T_c 略大于 θ_0。$C = 1.7 \times 10^5$K。ε_∞ 代表电子位移极化对介电常数的贡献。由于 ε_∞ 的数量级为 1，故在居里点附近 ε_∞ 可忽略，上述可写为

$$\varepsilon_r = \frac{C}{T - \theta_0} \tag{1-49}$$

一些铁电晶体的性质列于表 1-6 中。

表 1-6　一些铁电晶体的性质

化学式	相转变温度/℃	自发极化 P_s/C · m^{-2}
$BaTiO_3$	120，5，−90	26×10^{-2}
$PbTiO_3$	490	57×10^{-2}
$KNbO_3$	435，225，−10	30×10^{-2}
$LiNbO_3$	1210	71×10^{-2}
$LiTaO_3$	665	50×10^{-2}
$BiFeO_3$	850	约 60×10^{-2}
$Ba_2NaNb_5O_{15}$	560，300	40×10^{-2}
KH_2PO_4（KDP）	−150	4.8×10^{-2}

B　电滞回线

判定铁电体的依据是电滞回线。电滞回线的特性在实际中有重要的应用。由于它有剩余极化强度，因而铁电体可用来作信息存储、图像显示。资料表明，目前已经研制出一些透明铁电陶瓷器件，如铁电存储和显示器件、光阀，全息照相

器件等，就是利用外加电场使铁电畴作一定的取向，使透明陶瓷的光学性质变化。铁电体在光记忆应用方面也已受到重视，目前得到应用的是掺镧的锆钛酸铅（PLZT）透明铁电陶瓷以及 $Bi_4Ti_3O_{12}$ 铁电薄膜。电滞回线由介电实验得出。根据前述分析，它是材料内部电畴运动的宏观表现。

根据材料物理学理论，铁电材料在外加交变电场作用下都能形成电滞回线，然而不同材料和不同工艺条件对电滞回线的形状都有很大的影响，因而应用也各不相同，所以掌握电滞回线及其影响因素，对研究铁电材料的特性是十分重要的。铁电畴在外电场作用下的“转向”，使得陶瓷材料具有宏观剩余极化强度，即材料具有“极性”。通常把这种工艺过程称为“人工极化”。极化温度对电滞回线的形状有影响，因为极化温度的高低影响到电畴运动和转向的难易。不难理解，矫顽场强和饱和场强随温度升高而降低。所以在一定条件下，极化温度较高，可以在较低的极化电压下达到同样的效果。由实验可以看出，极化温度较高的，其电滞回线形状比较瘦长。这是因为温度高时电畴运动容易，因而矫顽场强和饱和场强都小，即要达到饱和极化强度只需要较低的极化电压。环境温度对电滞回线的影响不仅表现在电畴运动的难易程度上，而且对材料的晶体结构有影响，因而其内部自发极化发生改变，尤其是在相界处（晶型转变温度点）变化最为显著。例如，$BaTiO_3$ 在居里温度附近，电滞回线逐渐闭合为一直线（铁电性消失）。电畴转向需要一定的时间，时间适当长一点，极化就可以充分些，即电畴定向排列完全一些。实验表明，在相同的电场强度 E 作用下，极化时间长的，具有较高的极化强度，也具有较高的剩余极化强度。极化电压对电畴转向有类似的影响。极化电压加大，电畴转向程度高，剩余极化变大。

资料表明，同一种材料，单晶体和多晶体的电滞回线是不同的。图 1-15 反映 $BaTiO_3$ 单晶和陶瓷电滞回线的差异。单晶体的电滞回线很接近于矩形，P_s 和 P_r 很接近，而且 P_r 较高；陶瓷的电滞回线中 P_s 和 P_r 相差较多，表明陶瓷多晶体不易成为单畴，即不易定向排列。

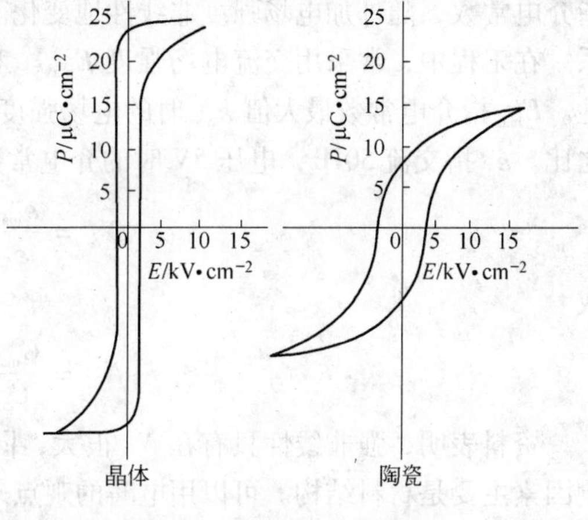

图 1-15　$BaTiO_3$ 的电滞回线

由于铁电体的极化随 E 而改变。因而晶体的折射率也将随 E 改变。这种由于外电场引起晶体折射率的变化称为电光效应。利用晶体的电光效应可制作光调制器、晶体光阀、电光开关等光器件。目前应用到激光技术中的晶体很多是铁电晶体，如 $LiNbO_3$，$LiTaO_3$，KTN

（钽铌酸钾）等。

C　介电特性

根据材料物理学理论，像 $BaTiO_3$ 一类的钙钛矿型铁电体具有很高的介电常数。纯钛酸钡陶瓷的介电常数在室温时约1400；而在居里点（120℃）附近，介电常数增加很快，可高达 6000 ~ 10000。由图 1-16 可以看出，室温下 ε_r 随温度变化比较平坦，这可以用来制造小体积大容量的陶瓷电容器。为了提高室温下材料的介电常数，可添加其他钙钛矿型铁电体，形成固溶体。在实际制造中需要解决调整居里点和居里点处介电常数的峰值问题，这就是“移峰效应”和“压峰效应”。

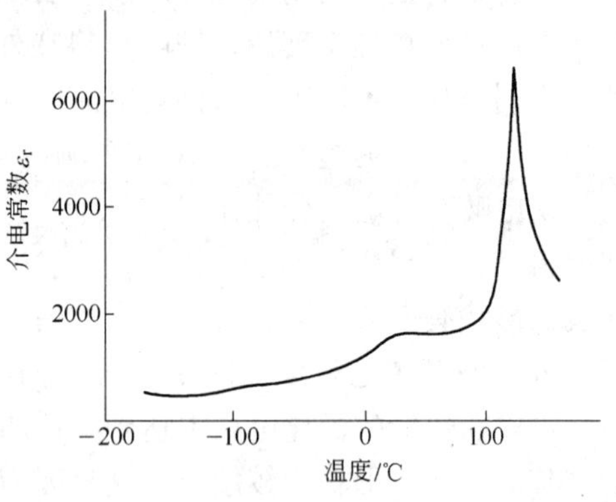

图 1-16　$BaTiO_3$ 陶瓷介电常数与温度的关系

根据材料物理学理论，在铁电体中引入某种添加物生成固溶体，改变原来的晶胞参数和离子间的相互联系，使居里点向低温或高温方向移动，这就是“移峰效应”。移峰的目的是为了在工作情况下（室温附近）材料的介电常数和温度关系尽可能平缓，即要求居里点远离室温温度，如加入 $PbTiO_3$ 可使 $BaTiO_3$ 居里点升高。“压峰效应”是为了降低居里点处的介电常数的峰值，即降低 ε-T 非线性，也使工作状态相应于 ε-T 平缓区。例如在 $BaTiO_3$ 中加入 $CaTiO_3$ 可使居里峰值下降。常用的压峰剂（或称展宽剂）为非铁电体。如在 $BaTiO_3$ 中加入 $Bi_{2/3}SnO_3$，其居里点几乎完全消失，显示出直线性的温度特性可认为其机理是加入非铁电体后，破坏了原来的内电场，使自发极化减弱，即铁电性减小。铁电体的非线性是指介电常数 ε 随外加电场强度非线性地变化。从电滞回线也可看出这种非线性关系。在工程中，常采用交流电场强度 E_{max}。和非线性系数 $N_{\sim}$ 来表示材料的非线性。E_{max} 指介电常数最大值 ε_{max} 时的电场强度，$N_{\sim}$ 表示 ε_{max} 和介电常数初始值 ε_5 之比。ε_5 指交流 50Hz，电压 5V 时的介电常数。

$$N_{\sim} = \frac{\varepsilon_{max}}{\varepsilon_5} \tag{1-50}$$

或

$$N_{\sim} = \frac{C_{max}}{C_5} \tag{1-51}$$

资料表明，强非线性只有在 $N_{\sim}$ 很大，同时 E_{max} 较低时才出现。非线性的影响因素主要是材料结构。可以用电畴的观点来分析非线性。电畴在外加电场下能沿外电场取向，主要是通过新畴的形成、发展和畴壁的位移等实现的。当所有电畴都沿外电场方向排列定向时，极化达到最大值。所以为了使材料具有强非线性，就必须使所有的电畴能在较低电场作用下全部定向，这时 ε-E 曲线一定很陡。在低电场强度作用下，电畴转向主要取决于90°和180°畴壁的位移。但畴壁通常位于晶体缺陷附近。缺陷区存在内应力，畴壁不易移动。因此要获得强非线性，就要减少晶体缺陷，防止杂质掺入，选择最佳工艺条件。此外要选择适当的主晶相材料，要求矫顽场强低，体积电致伸缩小，以免产生应力。强非线性铁电陶瓷主要用于制造电压敏感元件、介质放大器、脉冲发生器、稳压器、开关、频率调制等方面。已获得应用的材料有 $BaTiO_3$-$BaSnO_3$，$BaTiO_3$-$BaZrO_3$ 等。

1.4.2.11 压电性及压电材料

压电性是某些晶体材料按所施加的机械应力成比例地产生电荷的能力。当对石英晶体在一定方向上施加机械应力时，在其两端表面上会出现数量相等、符号相反的束缚电荷；作用力反向时，表面荷电性质也反号，而且在一定范围内电荷密度与作用力成正比。反之，石英晶体在一定方向的电场作用下，则会产生外形尺寸的变化，在一定范围内，其形变与电场强度成正比。前者称为正压电效应，后者称为逆压电效应，统称为压电效应。具有压电效应的物体称为压电体。

根据材料物理学理论，晶体的压电效应的本质是因为机械作用（应力与应变）引起了晶体介质的极化，从而导致介质两端表面内出现符号相反的束缚电荷。其机理可用图1-17加以解释。图1-17a表示压电晶体中质点在某方向上的投影。此时晶体不受外力作用，正电荷重心与负电荷重心重合，整个晶体总电矩为0（这是简化了的假定），因而晶体表面不载电。但是当沿某一方向对晶体施加机械力时，晶体由于形变导致正、负电荷重心不重合，即电矩发生变化，从而引起晶体表面载电；图1-17b所示为晶体在压缩时荷电的情况；图1-17c所示是拉伸时的荷电情况。在后两种情况下，晶体表面电荷符号相反。如果将一块压电晶体置于外电场中，由于电场作用，晶体内部正、负电荷重心产生位移。这一位移又导致晶体发生形变，这个效应即为逆压电效应。在正压电效应中，电荷与应力是成比例的，用介质电位移 D（单位面积的电荷）和应力 T 表达如下。

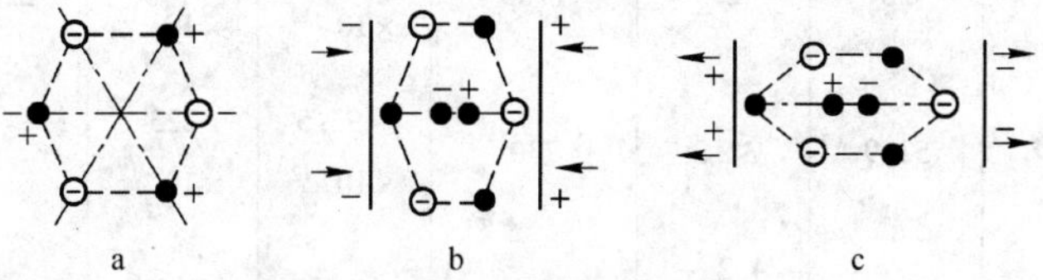

图1-17 压电效应机理示意图

$$D = dT \tag{1-52}$$

式中　D——单位面积的电荷，C/m^2；

T——应力，N/m^2；

d——压电常数，C/N。

对于逆压电效应，其应变 S 与电场强度 E(V/m) 的关系为

$$S = dE \tag{1-53}$$

对于正和逆压电效应，压电常数 d 在数值上是相同的，d 为

$$d = D/T = S/E$$

实际在以上表示式中，D，E 为矢量；T，S 为张量（二阶对称）。完整地表示压电晶体的压电效应中其力学量（T，S）和电学量（D，E）关系的方程式叫压电方程。下面简单介绍只有一个力学量或电学量作用的情况（即只有一个自变量）。自 20 世纪 40 年代中期出现了 $BaTiO_3$ 陶瓷以后，压电陶瓷的发展较快。当前，晶体和陶瓷是压电材料的两类主要分支，柔性材料则是另一个分支，它是高分子聚合物。几种压电材料的主要性能列于表 1-7 和表 1-8。近年来，压电陶瓷得到了广泛的应用。例如，用于电声器件中的扬声器、送话器、拾声器等；用于水下通讯和探测的水声换能器和鱼群探测器等；用于雷达中的陶瓷表面波器件；用于导航中的压电加速度计和压电陀螺等；用于通讯设备中的陶瓷滤波器、陶瓷鉴频器等；用于精密测量中的陶瓷压力计、压电流量计、压电厚度计等；用于红外技术中的陶瓷红外热电探测器；用于超声探伤、超声清洗、超声显像中的陶瓷超声换能器；用于高压电源的陶瓷变压器。这些压电陶瓷器件除了选择合适的瓷料以外，还要有先进的结构设计。

表 1-7　几种压电材料的主要性能

材　料	耦合系数/%		相对介电常数 T	压电常数 /$C \cdot N^{-1}$		频率常数 /$Hz \cdot m^{-1}$	
	k_p	k_{31}	$\varepsilon_{33}/\varepsilon_0$	d_{31}	d_{33}	$f_{r31}L$	$f_{r33}L$
$BaTiO_3$ 单晶		31.5	168	-34.5×10^{-12}	85.6×10^{-12}		
$BaTiO_3$ 陶瓷	36	21	1700	-79×10^{-12}	191×10^{-12}	2200	2520
$Pb(Zr_{0.52}Ti_{0.48})O_3$	52.9	31.3	730	-93.5×10^{-12}	223×10^{-12}		
$PbTiO_3$ 陶瓷	7～9.6	4.2～6.0	～150			约 2000	约 2000

表 1-8 几种压电材料的主要类型

结 构	晶系	点群	实 例	类 型	T_c/K
氢键型	单斜	2	TGS（硫酸三甘肽）	热电晶体	322
铋层状化合物型	单斜	m	$Bi_4Ti_3O_{12}$	电光晶体	648
石英型	三方	32	水 晶	压电晶体	850
铌酸锂型	三方	3m	LN（铌酸锂）	高温铁电晶体	1483
钙钛矿型	四方	4mm	BT（钛酸钡）	铁电晶体	393
钨青铜型	斜方	mm2	BNN（铌酸钛钡）	非线性光学晶体	833
烧绿石型	斜方	mm2	$Sr_2Nb_2O_7$	高温电光晶体	1615
纤锌矿型	六方	6mm	CdS	压电半导体	—
—	—	∞	极化后铁电陶瓷	压电铁电陶瓷	393 ~ 1483

必须指出，不同应用领域对压电参数也有不同的要求。例如高频器件要求材料介电常数和高频损耗小；滤波器材料要求谐振频率稳定性好，k_p 值则取决于滤波器的带宽；电声材料要求 k_p 加高，介电常数高等。

1.4.3 磁学性能

1.4.3.1 *磁化强度和磁矩*

物质在磁场中，由于受到磁场作用而呈现一定磁性的现象称为磁化现象。在一定温度和一定外磁场下，磁介质都将表现出一定的宏观磁性，这就是磁化。这种宏观磁性都可以用磁化强度矢量来表征。物质的磁性来源于内部的磁矩，物质只有当其内部磁矩同向有序排列时才对外显示强磁性。

磁化强度也是描述磁质被磁化后其磁性强弱的一个物理量用 M 表示。磁化强度是在外磁场 H 的作用下材料中因磁矩沿外场方向排列而使磁场强化的量度，其值等于单位体积材料中感应的磁矩大小。磁质的磁化过程实质上是其内部原子磁矩取向的过程，所以定义磁化强度为单位体积内原子磁矩的总和，单位为 A/m。

磁矩是表示磁体本质的一个物理量。根据磁物理学理论，任何一个封闭的电流都具有磁矩 m。其方向与环形电流法线的方向一致，其大小为电流与封闭环形的面积的乘积 $I\Delta A$（图 1-18）。在均匀磁场中，磁矩受到磁场作用的力矩 J

$$J = m \times B \tag{1-54}$$

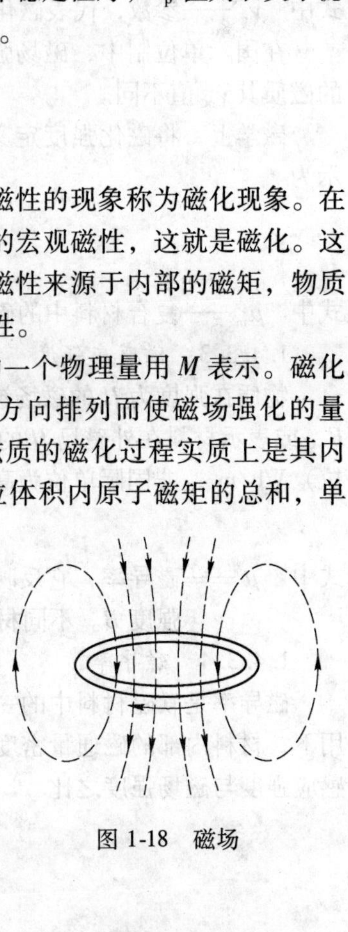

图 1-18 磁场

式中 J——矢量积；

B——磁感应强度，其单位为 $[B]=\left[\frac{J}{m}\right]=\frac{N \cdot m}{A \cdot m^2}=\frac{V \cdot s}{m^2}=\frac{Wb}{m^2}$，其中 Wb（韦伯）是磁通量的单位。

为了求得磁矩在磁场中所受的力，对一维情况可以写出

$$F_x = m \times \frac{dB}{dx} \tag{1-55}$$

所以，磁矩是表征磁性物体磁性大小的物理量。磁矩愈大，磁性愈强，即物体在磁场中所受的力愈大。磁矩只与物体本身有关，与外磁场无关。

磁矩的概念可用于说明原子、分子等微观世界产生磁性的原因。电子绕原子核运动，产生电子轨道磁矩；电子本身自旋，产生电子自旋磁矩。以上两种微观磁矩是物质具有磁性的根源。

1.4.3.2　*磁化率或磁化系数*

在物体外部，电子磁矩对外场的响应产生一个感应磁化强度 M，即为

$$M = \chi_m H \tag{1-56}$$

式中　χ_m——参数，代表磁化率。

在国际单位制中，磁场强度和磁化强度的单位都是 A/m（安培/米）。不同的磁质其 χ_m 值不同。

磁学上，将磁化强度定义为单位体积磁体内具有的磁矩矢量和。用式子表示为

$$M = \frac{\Sigma \mu_m}{V} \tag{1-57}$$

式中　μ_m——复合材料中的磁矩矢量。

1.4.3.3　*磁感应强度*

物质在强度为 H 的磁场被磁化后，物质内磁场强度的大小就称为磁感应强度 B，或表示材料在外磁场 H 的作用下在材料内部的磁通量密度。单位为 T（特斯拉）Wb/m^2，非国际单位为高斯（Gs）。

$$B = \mu H \tag{1-58}$$

式中　μ——磁导率，它反映了介质的特性，磁场 H 在其中通过并产生磁感应强度 B。不同材料的磁导率不同。

1.4.3.4　*磁导率*

磁导率是软磁材料中的一个重要参数。表示材料在单位磁场强度的外磁场作用下，材料内部的磁通量密度，是材料的特征常数。磁性材料的磁导率定义为磁感应强度与磁场强度之比

$$\mu = B/H \tag{1-59}$$

式中 μ——绝对磁导率，H/m。

根据磁物理学理论，在真空中磁感应强度 B 与磁场强度 H 间的关系为

$$B = \mu_0 H \tag{1-60}$$

在磁性材料中有

$$B = \mu_0(H + M) \tag{1-61}$$

在均匀的磁性材料中，上式的矢量和可改成代数和

$$B = \mu_0 H + M \quad \text{（MKS 单位制）} \tag{1-62}$$

$$B = \mu_0(H + M) \quad \text{（SI 单位制）} \tag{1-63}$$

$$B = H + 4\pi M \quad \text{（CGS 单位制）} \tag{1-64}$$

上式同时给出磁学应用中多采用的 MKS 单位制，国际单位制（SI），以及物理学领域中广泛采用的 CGS 单位制下所表示的关系式。

电磁学的单位由于历史的原因曾有过多种，有静电制（CGSE）、静磁制（CGSM）、高斯制以及目前规定通用的国际单位制（MKSA）。到目前为止，虽多数文献采用了国际单位制，但仍不时有使用高斯单位制出现的情况。两种单位制之间的换算见表 1-9，磁学和电学基本物理量的比较见表 1-10。

表 1-9 两种单位制之间的换算

磁学量	符 号	SI 单位制	高斯单位	emu→SI
磁场强度	H	$A \cdot m^{-1}$	Oe	$\times 10^3/4\pi$
磁感应强度	B	T	Gs	$\times 10^{-4}$
磁化强度	M	$A \cdot m^{-1}$	Gs	$\times 10^3$
磁通量		Wb	Mx	$\times 10^{-8}$
磁 矩		$A \cdot m^2$	emu	$\times 10^{-3}$
磁偶极矩	jm	$Wb \cdot m$	emu	$\times 4\pi \times 10^{-10}$
磁化率				$\times 4\pi$
磁导率				$\times 1$

表 1-10 磁学和电学基本物理量的比较

磁学基本物理量		电学基本物理量	
名 称	单 位	名 称	单 位
磁极强度 q	韦伯 Wb	电荷量 q	C（库仑）
磁矩 m	$Wb \cdot m$	电偶极矩 p	$C \cdot m$
磁化强度 M	Wb/m^2（特斯拉 T）	极化强度 P	C/m^2
磁通量 Φ	Wb	电流强度 I	A

续表 1-10

磁学基本物理量		电学基本物理量	
名　称	单　位	名　称	单　位
磁通密度 B	Wb/m^2	电流密度 J	A/m^2
磁场强度 H	A/m	电场强度 E	V/m
磁导率 μ	H/m（亨利/米）	电导率 σ	1/Ω · m
磁　阻	1/H	电　阻	Ω
磁势 V_m	A · turns	电动势 V	V

绝对磁导率 μ 与真空磁导率 μ_0 之比，称为相对磁导率 μ_r，即

$$\mu_r = \frac{\mu}{\mu_0} \tag{1-65}$$

与直流磁化不同，在交流磁化条件下，由于 B 和 H 间存在位相差，即 $H = H_m e^{i\omega t}$，$B = B_m e^{i(\omega t - \delta)}$ 因此磁导率须采用复数形式表示，这就是复数磁导率。复数磁导率定义为

$$\mu = \frac{B}{H} = \left(\frac{B_m}{H_m}\right)\cos\delta - i\left(\frac{B_m}{H_m}\right)\sin\delta = \mu_1 - i\mu_2 \tag{1-66}$$

式中，μ_1 为实数部分，它的物理意义和静态磁导率相同，表示导磁能力，也表示磁体中能量的存储：$\mu_1 = (B_m/H_m)\cos\delta\mu_2$ 为虚数部分，$\mu_2 = (B_m/H_m)\sin\delta$，它表示能量的损耗；$\delta$ 为滞后角。

1.4.3.5　磁性分类

A　抗磁性

当磁化强度 M 为负时，固体表现为抗磁性。Bi，Cu，Ag，Au 等金属具有抗磁性。在外电场中，这类磁化的介质内部，B 小于真空中的 B_0。抗磁性物质的原子（离子）的磁矩应为零，即不存在永久磁矩。当抗磁性物质放入外磁场中，外磁场使电子轨道改变，感生一个磁矩。按照楞次定律，其方向应与外磁场方向相反，表现为抗磁性。所以抗磁性来源于原子中电子轨道状态的变化。抗磁性物质的抗磁性一般很微弱，磁化率 χ 一般约为 -10^{-6}，χ 为负值。陶瓷材料大多数是抗磁性的。周期表中前 18 个元素主要表现为抗磁性。这些元素构成了陶瓷材料中几乎所有的阴离子，如 O^{2-}，F^-，Cl^-，S^{2-}，N^{3-}，OH^- 等。在这些阴离子中，电子填满壳层，自旋磁矩平衡。

B　顺磁性

顺磁性物质的主要特征是，不论外加磁场是否存在，原子内部存在永久磁矩。但在无外加磁场时，由于顺磁物质的原子做无规则的热运动，宏观看来，没有磁性，在外加磁场作用下，每个原子磁矩比较规则地取向，物质显示极弱的磁

性。磁化强度 M 与外磁场方向一致，M 为正，而且 M 严格地与外磁场 H 成正比。

顺磁性物质的磁性除了与 H 有关外，还依赖于温度。其磁化率 χ 与绝对温度 T 成反比。

$$\chi = C/T \tag{1-67}$$

式中 C——居里常数，取决于顺磁物质的磁化强度和磁矩大小。

顺磁性物质的磁化率一般也很小，室温下 χ 约为 10^{-6}。一般含有奇数个电子的原子或分子，电子未填满壳层的原子或离子，如过渡元素、稀土元素、锕系元素，还有铝铂等金属，都属于顺磁物质。

C 铁磁性

以上两种磁性物质，其磁化率的绝对值都很小，因而都属弱磁性物质。另有一类物质如 Fe，Co，Ni，室温下磁化率可达 10^3 数量级，属于强磁性物质。这类物质的磁性称为铁磁性。

铁磁性物质和顺磁性物质的主要差异在于：即使在较弱的磁场内，前者也可得到极高的磁化强度，而且当外磁场移去后，仍可保留极强的磁性。

铁磁体的磁化率为正值，而且很大，但当外场增大时，由于磁化强度迅速达到饱和，其 χ 变小。各类磁性物质的 M-H 曲线示于图 1-19。

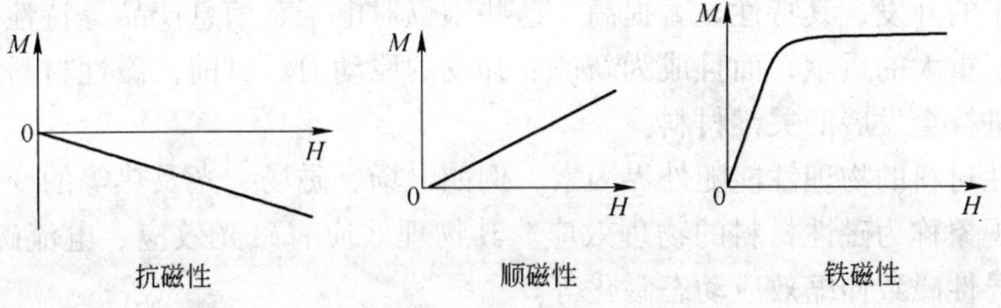

图 1-19 M 与 H 的关系

铁磁体的铁磁性只在某一温度以下才表现出来，超过这一温度，由于物质内部热运动破坏电子自旋磁矩的平行取向，因而自发磁化强度变为 0，铁磁性消失。这一温度称为居里点 T_c。在居里点以上，材料表现为强顺磁性，其磁化率与温度的关系服从居里-外斯定律

$$\chi = \frac{C}{T - T_c} \tag{1-68}$$

式中 C——居里常数。

D 反铁磁性

在同一子晶格中有自发磁化强度，电子磁矩是同向排列的；在不同子晶格

中，电子磁矩反向排列。两个子晶格中自发磁化强度大小相同，方向相反，整个晶体 $M=0$。反铁磁性物质大多是金属化合物，如 MnO。

不论在什么温度下，都不能观察到反铁磁性物质的任何自磁化现象，因此其宏观特性是顺磁性的，M 与 H 处于同一方向，磁化率 χ 为正值。温度很高时，χ 极小；温度降低，χ 逐渐增大。在一定温度 T_n 时，χ 达最大值 χ_n。称 T_n（或 θ_n）为反铁磁性物质的居里点或尼尔点。对尼尔点存在 χ_n 的解释是：在极低温度下，由于相邻原子的自旋完全反向，其磁矩几乎完全抵消，故磁化率 χ 几乎接近于 0。当温度上升时，使自旋反向的作用减弱，χ 增加。当温度升至尼尔点以上时，热运动的影响较大，此时反铁磁体与顺磁体有相同的磁化行为。

1.4.3.6　*磁性材料及物理效应*

磁性材料是指具有可利用的磁学性质的材料。磁性材料按其功能可分为几大类：易被外磁场磁化的磁芯材料；可发生持续磁场的永磁材料；通过变化磁化方向进行信息记录的磁记录材料；通过光或热使磁化发生变化进行记录与再生的光磁记录材料；在磁场作用下电阻发生变化的磁致电阻材料；因磁化使尺寸发生变化的磁致伸缩材料；形状可以自由变化的磁性流体等。利用这些功能，磁性材料已用于器件和设备，如变压器、阻尼器、各类传感器、录像机等。

近年来，磁性材料在非晶态、稀土永磁化合物、超磁致伸缩、巨磁电阻等新材料相继发现的同时，由于组织的微细化、晶体学方位的控制、薄膜化、超晶格等新技术的开发，其特性显著提高。这些不仅对电子、信息产品等特性的飞跃提高作出了重大的贡献，而且成为新产品开发的原动力。目前，磁性材料已成为支持并促进社会发展的关键材料。

磁性材料的物理性能随外界因素，例如电场、磁场、光及热等的变化而发生变化的现象称为磁性材料的物理效应。其物理效应有磁光效应、电流磁气效应、磁各向异性磁致伸缩效应动态磁化等。

材料的磁化有难易之分，对于晶体来说，不同的晶体学方向其磁化也有所不同，即存在易磁化的晶体学方向和难磁化的结晶学方向，分别称为易磁化轴和难磁化轴。如体心立方结构的 Fe，其［100］的 3 个轴为易磁化轴，［111］的 4 个轴为难磁化轴。磁性材料在不同方向上具有不同磁性能的特性称为磁各向异性。软磁材料磁各向异性系数 K 要低是使在任何结晶方向都容易磁化。根据其来源不同，该性质可分为磁晶各向异性、形状各向异性、感生各向异性和应力各向异性等。

用单轴各向异性的磁性材料，切成薄片（50μm）或用晶体外延法生长制成薄膜，使易磁化轴垂直于表面，当未加外磁场时，薄片由于自发磁化，产生带状磁畴，当在外磁场的作用下，反向磁畴局部缩成分立的圆柱形磁畴，在显微镜下，它很像气泡，所以称为磁泡，直径约为 1～100μm。磁泡存储器就是利用某一区域磁泡的存在与否表示二进制码“1”和“0”的信息，实现信息的存储和处理。这种材料比磁矩铁氧体具有存储器体积小、容量大的优点。经过研究，原则上磁泡材料可获得每平方英寸百万位以上的容量，这对增大计算机容量和缩小体积具有很大的意义。磁泡材料有：铁氧体 $ReFeO_3$，Re 是 Y，Er，Sm 等稀土元素；稀土石榴石型铁氧体，例如 $Gd_{2.54}Tb_{0.46}Fe_5O_{12}$、$Eu_1Er_2Ga_{0.7}Fe_{4.3}O_{12}$ 等；新近发展出的 Gd-Co，Gd-Fe 等非晶态薄膜，具有很高的单轴各向异性性质。

使消磁状态的铁磁体磁化，一般情况下其尺寸、形状会发生变化。磁性材料在磁化过程中发生沿磁化方向伸长或缩短，这种现象称为磁致伸缩效应。长度为 L 的棒沿轴向磁化时，若长度变化为 ΔL，则磁致伸缩率 $\lambda = \Delta L/L$，磁致伸缩率在强磁场的作用下达到饱和的值 λ_s 称为磁致伸缩常数，作为铁磁体的特性参数经常使用。在发生缩短的情况下，ΔL 为负值，因而 λ 也为负值。在一定的磁场范围内，一些材料（如 Fe）的 λ_s 为正值，称为正磁致伸缩；反之，一些材料（如 Ni）的 λ_s 为负值，称为负磁致伸缩。测试表明，物体磁化时，不但磁化方向上会伸长（或缩短），在偏离磁化方向的其他方向上也同时伸长（或缩短），只是随着偏离角度的增大其伸长（或缩短）比逐渐减小，直到接近垂直于磁化方向反而要缩短（或伸长）。利用磁致伸缩可以使磁能（实际上是电能）转换为机械能，而利用磁致伸缩的逆效应可以使机械能转变为电能。

1.4.4 光学性能

1.4.4.1 光在界面的反射和折射

介质材料可以看作许多线性谐振子的集合，在光波场的作用下，极化的原子或分子辐射的次波与入射光波的相互干涉决定了光在介质中的传播规律。

光投射到材料表面时一般产生反射、透过和吸收。可见光和材料间的相互作用主要是指光入射材料时光的折射、透射、吸收和反射。这三种基本性质都与折射率有关。

$$m(\%) + A(\%) + T(\%) = 100\% \tag{1-69}$$

A 折射

根据物理学，光是具有一定波长的电磁波，光的折射可理解为光在介质中传播速度的降低而产生的（以真空中的光速为基础）。当光从真空进入较致密的材料时，其速度是降低的。当光线以一定角度入射透光材料时，光线发生弯折的现象就是折射。光在真空和材料中的速度之比即为材料的折射率

$$n = \frac{v_{真空}}{v_{材料}} = \frac{C}{v_{材料}} \tag{1-70}$$

折射指数 n 的定义是

$$n = \frac{C_{vac}}{C} = \frac{\sin\theta_i}{\sin\theta_r} \tag{1-71}$$

C_{vac}和 C 分别是光在真空和在被入射材料中的速度，θ_i 和 θ_r 分别是光的入射和反射角。

材料相对于真空中的折射率称为绝对折射率，一般将真空中的折射率定为1。由于在实际工作中使用绝对折射率不方便，因此使用相对折射率的概念。相对于空气的折射率称为相对折射率，为

$$n' = \frac{v_a}{v_{材料}} \tag{1-72}$$

表1-11列出了一些材料的折射指数。图1-20为纤维内平面偏振光的分解与双折射现象。当一束平面偏振光 E 以电矢量振动方向与纤维轴夹角 θ 入射纤维后，可被分解为两组相互正交的平面偏振光，有下式

$$\Delta n = n_{max} - n_{min} \tag{1-73}$$

$n_{/\!/}$和 $n_{\perp}$ 分别为光波振动方向平行于纤维轴的平面偏振光传播时的折射率 $n_{/\!/}$ 和垂直于纤维轴的平面偏振光传播时的折射率 $n_{\perp}$。

表 1-11　一些陶瓷、玻璃和高分子材料的折射指数

材料		折射率	双折射	材料	折射率	双折射
玻璃	正长石($KAlSi_3O_8$)组成	1.51		钠钙硅玻璃	1.51～1.52	
	钠长石($NaAlSi_3O_8$)组成	1.49		硼硅酸玻璃	1.47	
	由霞石正长石组成	1.50		重燧石光学玻璃	1.6～1.7	
	石英玻璃	1.458		铅玻璃	2.60	
	高硼硅酸盐玻璃(SiO_2 90%)	1.458		硫化钾玻璃	2.66	
晶体	四氯化硅	1.412		金红石 TiO_2	2.71	0.287
	氟化锂	1.392		碳化硅	2.68	0.043
	氟化钠	1.326		氧化铅	2.61	
	氟化钙	1.434		硫化铅	3.912	
	刚玉（Al_2O_3）	1.76	0.008	方解石 $CaCO_3$	1.65	0.17
	方镁石（MgO）	1.74		硅	3.49	
	石　英	1.55	0.009	碲化镉	2.74	
	尖晶石 $MgAl_2O_4$	1.72		硫化镉	2.50	
	锆英石 $ZrSiO_4$	1.95	0.055	钛酸锶	2.49	
	正长石 $KAlSi_3O_8$	1.525	0.007	铌酸锂	2.31	
	钠长石 $NaAlSi_3O_8$	1.529	0.008	氧化钇	1.92	
	钙长石 $CaAl_2Si_2O_8$	1.585	0.008	硒化锌	2.62	
	硅线石 $Al_2O_3 \cdot SiO_2$	1.65	0.021	钛酸钡	2.40	
	莫来石 $3Al_2O_3 \cdot 2SiO_2$	1.64	0.010			
有机材料	聚氯乙烯	1.54～1.55		聚氟乙烯	1.35～1.38	
	环氧树脂	1.55～1.60		尼龙66	1.53	

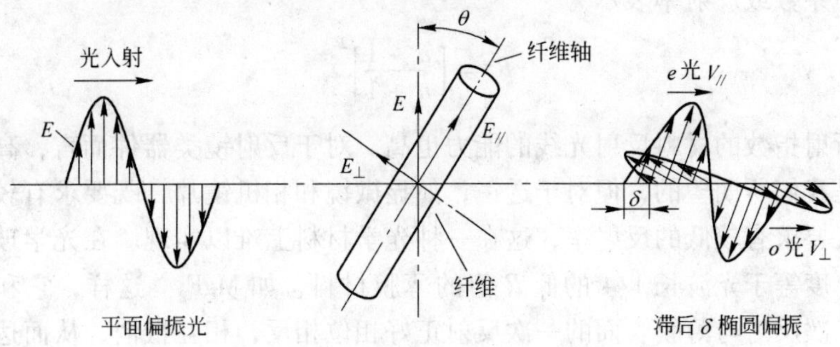

图 1-20 纤维内平面偏振光的分解与双折射现象

B 反射

根据物理学，入射光发生反射时，光的反射角等于入射角。光线入射透光材料时，只有部分光被反射，部分光透过并产生折射。光波在物体中的传输速度与在真空中的速度的比值即为物体的折射率，用 n 表示。根据物理学，当光线由介质 1 入射到介质 2 时，光在介质面上分成了反射光和折射光，如图 1-21 所示。这种反射和折射，可以连续发生。例如当光线从空气进入介质时，一部分反射出来了，另一部分折射进入介质。当遇到另一界面时，又有一部分发生反射，另一部分折射进入空气。由于反射，使得透过部分的强度减弱。对于透明材料，希望光能够尽可能多地透过。因此需要知道光强度的这种反射损失，使光尽可能多地透过。

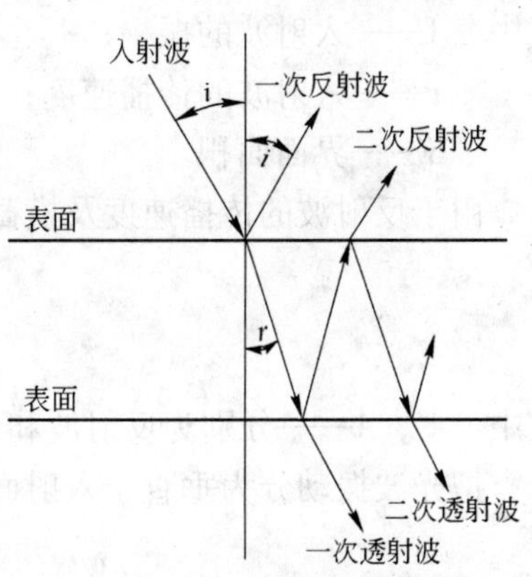

图 1-21 反射光和折射光

设光的总能量流 W 为

$$W = W' + W'' \tag{1-74}$$

式中 W, W', W''——分别为单位时间通过单位面积的入射光、反射光和折射光的能量流。

则反射系数（反射率）

$$m = \frac{W'}{W}$$

或

$$m = \frac{\text{被反射的光强度}}{\text{入射光强度}} = \frac{L}{I_0}$$

反射系数或反射率表示为

$$R = \left[\frac{n-1}{n+1}\right]^2 \tag{1-75}$$

高折射指数的材料反射光线的能力也高。对于反射镜类器件而言，高反射率的材料是我们所期望的，但对于透镜，如显微镜和相机镜片，既要求有较高的折射率，又要求有较低的反射率，这在一种光学材料上难以实现。在光学玻璃表面镀一层厚度等于光波长 1/4 的低 R 值的薄膜材料，如 MgF_2。这样，它和玻璃界面上的二次反射与薄膜表面的一次反射正好相位相反，相互抵消，从而达到消除或减少反射的目的。

根据波动理论

$$W \propto A^2 vS \tag{1-76}$$

式中　A——入射波的振幅；

v——入射波的传播速度；

S——界面面积。

由于反射波的传播速度及横截面积都与入射波相同，所以

$$\frac{W'}{W} = \left(\frac{A'}{A}\right)^2 \tag{1-77}$$

式中　A'，A——分别为反射波和入射波的振幅。

把光波振动分为垂直于入射面的振动和平行于入射面的振动，Fresnel 推导出

$$\left(\frac{W'}{W}\right)_{\perp} = \left(\frac{A'_S}{A_S}\right)^2 = \frac{\sin^2(i-r)}{\sin^2(i+r)} \tag{1-78}$$

$$\left(\frac{W'}{W}\right)_{/\!/} = \left(\frac{A'_r}{A_r}\right)^2 = \frac{\tan^2(i-r)}{\tan^2(i+r)} \tag{1-79}$$

根据物理学，自然光在各方向振动的机会均等，可以认为一半能量属于同入射面平行的振动，另一半属于同入射面垂直的振动，所以总的能量流之比为

$$\frac{W'}{W} = \frac{1}{2}\left[\frac{\sin^2(i-r)}{\sin^2(i+r)} + \frac{\tan^2(i-r)}{\tan^2(i+r)}\right] \tag{1-80}$$

当角度很小时，即垂直入射时：

$$\frac{\sin^2(i+r)}{\sin^2(i-r)} = \frac{\tan^2(i-r)}{\tan^2(i+r)} = \frac{(i-r)^2}{(i+r)^2} = \frac{\left(\frac{i}{r}-1\right)^2}{\left(\frac{i}{r}+1\right)^2}$$

因为介质 2 对于介质 1 的相对折射率 $n_{21} = \dfrac{\sin i}{\sin r}$，故

$$n_{21} = \frac{i}{r} \tag{1-81}$$

$$\frac{W'}{W} = \left(\frac{n_{21} - 1}{n_{21} + 1}\right)^2 = m \tag{1-82}$$

式中，m 称为反射系数。由此可见，光波投射到材料表面的反射率取决于材料的折射率。

作为一种波动，光在两种介质界面上的行为除了传播方向可能改变外，还有能流的分配、位相的跃变和偏振态的变化等问题，这些问题可根据光的电磁理论，由电磁场的边界条件求得全面的解决。反射率和透射率是由两种介质的折射率决定的，如果 n_1 和 n_2 相差很大，那么界面反射损失就严重。这意味着在光学系统中当折射率增大时，反射损失增大。以玻璃为例，设其折射率为 $n_2 = 1.5$，光从空气正入射时，$r_p = 20\%$，$r_s = -20\%$，$R_p = 4\%$，$t_p = t_s = 80\%$，$T_p = 96\%$。

介质的折射率与波长有关，因此同一种材料对不同波长的有不同的反射率。如金对绿光的垂直反射率为 50%，而对红外光的反射率达到了 96% 以上。由于陶瓷、玻璃等材料的折射率较空气的大，所以反射损失严重。如果透镜系统由许多块玻璃组成，则反射损失更可观。为了减少这种界面损失，常常采用折射率和玻璃相近的胶将它们黏起来，这样，除了最外和最内的表面是玻璃和空气的相对折射率外，内部各界面都是玻璃和胶的较小的相对折射率，从而大大减小了界面的反射损失。相反，对于雕花玻璃“晶体”，则在强折射的基础上企求高的反射性能，这种玻璃含铅量高，折射率高，因而反射率约为普通钠钙硅玻璃的两倍。同样宝石的高折射率使得它具有所需的强折射作用和高反射性能。玻璃纤维作为照明和通讯的光导管时，有赖于光束的总的内反射。这是用一种具有可变折射率的玻璃或涂层来实现的。对于光学工程的应用，希望强折射和低反射相结合。这可以在镜片上涂一层中等折射率、厚度为光波长的 1/4 涂层，这种光波通常在可见光谱的中部（即 0.60μm 左右），这样的一次反射波刚好被大小相等位相相反的二次反射波所抵消。在大多数显微镜和许多其他光学系统都采用这种涂层的物镜，同样的系统被用来制作“不可见”的窗口。

C 透射

根据物理学，当光波投射到物体上时，有一部分在它的表面上被反射，其余部分经折射进入到该物体中，其中有一部分被吸收变为热能。剩下的部分透过。吸收和透射过程紧密相关，光线被吸收得愈多，透射光便愈弱，材料便出现半透明的现象。

光线被反射后的入射光线如全部被吸收，材料不透明。非金属对光子的吸收

作用与电子被激发有关。不同的是，在非金属中，价带和导带之间存在一定能宽度的能隙（E_g），光子的能量必须大于 E_g 才能使电子跃迁到导带，即

$$E_{光子} = h\nu = \frac{hc}{\lambda} \geqslant E_g \tag{1-83}$$

设入射光的强度为 I_0、吸收光的强度为 I_A、反射光强度为 I_R、透射光的强度为 I_T。它们之间关系表示如下

$$I_0 = I_T + I_A + I_R \tag{1-84}$$

其中

$$I_T = I_0(1 - R)^2 e^{-l\beta} \tag{1-85}$$

式中　β，l——分别为吸收系数和样品厚度。

透光材料呈现不同颜色与不同材料对不同波长光波选择吸收有关。不同波长透射光的组合决定了它们的颜色。如果所有波长的可见光能均匀透过，材料为无色，如单晶。玻璃纤维成形方法和成形条件对强度也有很大影响。如玻璃硬化速度越快，拉制的纤维强度也越高。玻璃是优良的透光材料，但制成玻璃纤维制品后，其透光性远不如玻璃。玻璃纤维制品的光学性能以反射系数、透光系数和亮度系数来表示。反射系数 P 是指玻璃布反射的光强度与入射到玻璃布上的光强度之比，即

$$P = \frac{I_p}{I_0} \tag{1-86}$$

式中　P——反射系数；

I_p——反射光强度；

I_0——入射光强度。

在一般情况下，玻璃布的反射系数与布的织纹特点、密度及厚度有关，平均为40%～70%；如将透光性较弱的半透明材料垫在下边，玻璃布的反射系数可达87%。透过系数是指透过玻璃布的光强度与入射光强度之比，即

$$\tau = \frac{I_\tau}{I_0} \tag{1-87}$$

式中　τ——透光系数；

I_τ——透过光强度；

I_0——入射光强度。

玻璃布的透光系数与布的厚度及密度有关。密度小而薄的玻璃布，透光系数可达65%；密度大而厚的玻璃布，透光系数只有18%～20%。亮度系数是用试样的亮度与绝对白的表面亮度（标准器）之比来测得。不同织纹玻璃布的光学性能如表1-12所示。

表 1-12 不同织纹玻璃布的光学性能

织 纹	系 数 /%		
	透 光	反 射	亮 度
平 纹	54.0	45.0	1.66
缎 纹	32.6	60.0	2.46
蔓草花纹	26.5	65.0	1.15

由于玻璃纤维具有优良的光学性能，因而可以制成透明玻璃钢，进而制成各种采光材料、导光管以传送光束或光学物像。这在现代通信技术等方面也得到了广泛应用。

由于外加电场使折射率变化的现象称为电光效应。磁场使折射率变化的现象称为磁光效应。应力的作用使折射率变化的现象称为光弹性。

D 介质的表面光泽

要对光泽下个精确的定义是困难的，但它与镜反射和漫反射的相对含量密切相关。上面所分析的光的反射，是指材料表面粗糙度非常低的情况下的反射。根据物理学理论，反射光线具有明确的方向性，一般称之为镜面反射。在光学材料中利用这个性能达到各种应用目的。在无机材料系统中大多数材料的表面并不是完全光滑的，因此当光照射到粗糙不平的材料表面时，发生相当大的漫反射。漫反射的原因是由于材料表面粗糙，在局部地方的入射角参差不一，反射光的方向也各不相同，致使总的反射能量分散在各个方向上，形成漫反射，材料表面越粗糙，镜反射所占的能量分数越小。

已经发现表面光泽与反射影像的清晰度和完整性，也就是与镜反射光带的宽度和它的强度有密切的关系。根据物理学理论，这些因素主要由折射率和表面光洁度决定。为了获得高的表面光泽，需要采用铅基的釉或搪瓷成分，烧到足够高的温度，使釉铺展而形成完整的光滑表面。为了减小表面光泽，可以采用低折射率的玻璃相或增加表面粗糙度，例如采用研磨或喷沙的方法，表面化学腐蚀的方法以及由悬浮液、溶液或者气相沉积一层细粒材料的方法产生粗糙表面。获得高光泽的釉和搪瓷的困难通常是由于晶体形成时造成的表面粗糙、表面起伏或者气泡爆裂造成的凹坑。

1.4.4.2 光在各向异性介质中的传播

根据物理学理论，在晶体介质中，由于构成分子本身的各向异性，或分子排列的各向异性，作用在电子上的束缚力是各向异性的。因此光在各向异性介质中传播时，它的偏振状态会发生变化，主要出现双折射现象，在某些晶体中还会出现旋光现象。

A 双折射

根据物理学理论，当光束通过平整光滑的表面入射到各向同性介质中去时，它将按照折射定律沿某一方向折射，这是常见的折射现象。当光束通过各向异性介质表面时，折射光会分成两束沿着不同的方向传播。这种由一束入射光折射后分成两束光的现象称为双折射。许多晶体具有双折射性质，但也有些晶体（例如岩盐）不发生双折射。双折射的两束光中有一束光的偏折方向符合折射定律，所以称为寻常光（或 o 光）。另一束光的折射方向不符合折射定律，被称为非常光（或 e 光）。一般地说，非常光的折射线不在入射面内，并且折射角以及入射面与折射面之间的夹角不但和原来光束入射角有关，还和晶体方向有关。当光沿晶体的光轴方向入射时，不产生双折射，只有 n_0 存在。当与光轴方向垂直入射时，n_e 最大，表现为材料特性。例如，石英的 $n_0=1.543$，$n_e=1.552$。一般来说，沿晶体密堆积程度较大的方向，其 n_e 较大。一束光线与细晶透明铁电陶瓷斜交并沿此方向传播时，会产生双折射，即光线被分解为两束线偏振光。这种双折射率可借助于外加电场的变化或陶瓷剩余极化强度的变化来进行控制，这便是电控双折射效应。利用电控双折射效应制成的光调制器。由左侧进入的入射光波为圆偏振光，通过偏振器后成为线偏振光。进而线偏振光射入在外加调制电场控制下的透明铁电陶瓷中，由于陶瓷的电控双折射效应，把入射的线偏振光分成两束振动方向相互垂直、沿同一方向传播的偏振光。经过陶瓷的光束产生了一个相对延迟后射入检偏器，该光束通过检偏器后成为所需要的特定成分的出射光束。显然，此出射光束是受外加调制电场控制的。

B　旋光

在某一单轴晶体内沿着垂直于光轴方向切出一块平行平面晶片，当线偏振光从晶片透射出来的线偏振光，振动面向左或向右旋转了一个角度，这种现象称为旋光。正如用人工的方法（应力、电场等）可以产生双折射一样，用人工的方法也可以产生旋光效应，其中最重要的是磁致旋光效应，通常也称法拉第旋转效应。法拉第效应是光和原子磁矩相互作用而产生的现象。当一些透明物质透过直线偏光时，若同时施加与入射光平行的磁场，透射光将在其偏振面上旋转一定的角度射出。称此效应为法拉第效应。

根据物理学理论，法拉第效应具有如下规律：

(1) 对于给定的介质，振动面的转角 φ 与样品的长度 L 和磁感应强度 B 成正比

$$\varphi = FLB \tag{1-88}$$

式中，F 为法拉第旋转系数((°)/cm)。对于所有透明物质来说都会产生法拉第效应，但一般物质的法拉第旋转系数都很小，在已知的法拉第旋转系数大的磁性体中主要是稀土石榴石系物质，目前，在光通讯及光学计测等方面，研究、开发及应用都相当的活跃。

(2) 光的传播方向反转时，法拉第旋转的左右方向互换。当线偏振光通过

磁性体时，如果沿磁场方向传播，振动面向右旋；当光束沿反方向传播时，迎着传播方向看去振动面将向左旋。所以，如果光束由于反射一正一反两次通过磁光介质后，振动面的最终位置与初始位置比较，将旋转 2φ 的角度。而自然旋光的物质没有这一特点。即无论光束沿正反方向传播，迎着传播方向看去，振动面总是向右旋转。因此如果透射光沿原路返回，其振动面将回到初始位置。利用法拉第效应的这一特性，即允许光从一个方向通过而不能从相反方向通过的“光活门”，可制成光隔离器。这在激光的多级放大装置中往往是必要的，因为光学放大系统中有许多界面，它们都会把一部分光反射回去，这对前级的装置会造成干扰和损害。装了光隔离器就可避免这一点。

1.4.4.3 光的吸收、色散和散射

一束平行光照射材料时，一是部分光的能量被吸收，其强度将被减弱；二是介质中光的传播速度比真空中小，且随波长而变化产生色散现象；三是光在传播时，遇到结构成分不均匀的微小区域，有一部分能量偏离原来的传播方向而向四面八方弥散开来，即发生散射现象，其中光的吸收和散射都会导致原来传播方向上的光强减弱。这些现象与光和物质的相互作用有更多的联系。

A 光的吸收

光作为一种能量流，在穿过介质时，使介质的价电子受到光能而激发，在电子壳能态间跃迁，或使电子振动能转变为分子运动的能量，即材料将吸收光能转变为热能放出；介质中的价电子吸收光子能量而激发，当尚未退激而发出光子时，在运动中与其他分子碰撞，使电子的能量转变成分子的动能亦即热能。从而构成了光能的衰减。这就是光的吸收。即使在对光不发生散射的透明介质，如玻璃、水溶液中，光也要会有能量的损失，即光的吸收。

根据物理学理论，设有一块厚度为 x 的平板材料，入射光的强度为 I_0，通过此材料后光强度为 I'。选取其中一薄层，并认为光通过此薄层的吸收损失 $-\mathrm{d}I$，它正比于在此处的光强度和薄层的厚度 $\mathrm{d}x$，即

$$-\mathrm{d}I = \alpha I \mathrm{d}x$$

$$\int_0^I \frac{\mathrm{d}I}{I} = -\alpha \int_0^x \mathrm{d}x$$

$$\ln \frac{I}{I_0} = -\alpha x$$

$$I = I_0 e^{-\alpha x} \tag{1-89}$$

由式 1-89 表明，光强度随厚度的变化符合指数衰减规律，此式称为朗伯特定律。式中 α 为物质对光的吸收系数，其单位为 cm^{-1}。α 取决于材料的性质和光的波长。α 越大材料越厚，光就被吸收得越多，因而透过后的光强度就越小。

不同的材料 α 差别很大，空气的 $\alpha \approx 10^{-5}\text{cm}^{-1}$，玻璃的 $\alpha = 10^{-2}\text{cm}^{-1}$。金属具有不透明性和高反射率。这是由于金属导带中已填充的能级的上方紧接着就有许多空着的电子能态。当电磁波入射时均可以激发电子到能量较高的未填充态，从而被吸收。结果是光线射进金属表面不深即被完全吸收，只有非常薄的金属膜才显得一些透明。电子一旦被激发后，又会衰减到较低的能级。从而在金属表面发生光线的再反射。因此，金属的强反射是由吸收和再反射综合造成的。金属的 α 则达几万到几十万，所以金属实际上是不透明的。

B　色散

材料的折射率随入射光频率的减小（或波长的增加）而减小的性质，称为折射率的色散。在给定入射光波长的情况下，材料的色散为

$$\text{色散} = \frac{\mathrm{d}n}{\mathrm{d}\lambda} \tag{1-90}$$

通常色散的表示方法有以下几种：平均色散用 $n_F - n_C$，有时用 Δ 表示。其中 n_F 是指用氢光谱中的 F 线（$\lambda_F = 486.1\text{nm}$，蓝色）为光源测出的折射率。$n_C$ 是指用氢光谱中的 C 线（$\lambda_C = 656.3\text{nm}$，红色）为光源测出的折射率；部分色散用两种不同波长的折射率之差来表示，如 $n_D - n_C$，$n_F - n_D$；色散系数 γ：也叫阿贝数、色散倒数或倒数相对色散，这是最常用的数值。$\gamma = \dfrac{n_D - 1}{n_F - n_C}$ 相对色散 $\gamma = \dfrac{n_D - n_C}{n_F - n_C}, \gamma = \dfrac{n_F - n_D}{n_F - n_C}$。

阿贝数是光学玻璃的重要性质之一，例如光学玻璃就是按阿贝数的大小分成两大类：冕牌玻璃（γ 大）和火石玻璃（γ 小，$n_F - n_C$ 大，n_D 变化范围大）。阿贝数也是光学系统中消色差经常使用的参数。由于光学玻璃一般都或多或少具有色散现象，白光可以被棱镜分解成七色光谱，若入射光不是单色光，当通过棱镜时，由于色散，将使屏上出现模糊的彩色光斑，使成像失真。所以光学系统中往往采用复合透镜来消除色差。即用不同牌号的光学玻璃，分别磨成凸透镜和凹透镜组成复合镜头，可以消除色差，这称为消色差镜头（所以光学系统中不用单片透镜）。

由于光学玻璃一般都或多或少具有色散现象，因而使用这种材料制成的单片透镜，成像不够清晰，在自然光的透过下，在像的周围环绕了一圈色带。克服的方法是用不同牌号的光学玻璃，分别磨成凸透镜和凹透镜组成复合透镜，就可以消除色差，这称为消色差镜头。

C　光的散射

a　散射的一般规律

光波遇到不均匀结构产生次级波，与主波方向不一致，使光偏离原来的方向

而引起散射，从而减弱光束强度。所以材料中如果有光学性能不均匀的结构，例如含有小粒子的不透明介质、光性能不同的晶界相、气孔或其他夹杂物，都会引起一部分光束被散射。因而散射现象也是由于介质中密度的均匀性的破坏而引起的。根据物理学理论，由于散射，光在前进方向上的强度减弱了，对于相分布均匀的材料，其减弱的规律与吸收规律具有相同的形式

$$I = I_0 e^{-Sx} \tag{1-91}$$

式中，I 为在光前进方向上的剩余强度。S 为散射系数，与散射（质点）的大小、数量以及散射质点与基体的相对折射率等因素有关。其单位为 cm^{-1}。当光的波长约等于散射质点的直径时，出现散射的峰值。根据物理学理论，如果将吸收定律与散射规律的式子统一起来，则可得到

$$I = I_0 e^{-(\alpha+S)x} \tag{1-92}$$

由于散射质点和基体的折射率的差别，当光线碰到质点与基体的界面时，就要产生界面反射和折射。由于连续的反射和折射，总的效果相当于光线被散射了。对于这种散射，可以认为散射系数正比于散射质点的投影面积：

$$S = KN\pi R^2 \tag{1-93}$$

式中 N——单位体积内的散射质点数；

R——散射质点的平均半径；

K——散射因素，取决于基体与质点的相对折射率。

当两者相近时，由于无界面反射，$K \approx 0$。

由于 N 不易计算，设散射质点的体积含量为 V，则

$$V = \frac{4}{3}\pi R^3 N \tag{1-94}$$

则式 1-93 变为

$$S = \frac{3KV}{4R} \tag{1-95}$$

将上式代入式 1-91，有

$$\frac{I}{I_0} = e^{-Sx} = e^{-3KV\frac{x}{4R}} \tag{1-96}$$

由式中可见，$d > \lambda$ 时，R 越小，V 越大，则 S 愈大。这符合实验规律。同时 S 随相对折射率的增大而增大。

散射前后，光的波长（或光子能量）不发生变化的散射称为弹性散射。根据物理学理论，这个过程被看成光子和散射中心的弹性碰撞。散射结果只是把光子碰到不同的方向上去，并没有改变光子的能量。弹性散射的规律除了波长

（或频率）不变之外，散射光的强度与波长的关系可因散射中心尺度的大小而具有不同的规律。假如以 I_s 表示散射光强度，λ 表示入射光的波长，一般有关系

$$I_s \propto \frac{1}{\lambda^{\sigma}} \tag{1-97}$$

式中，参量 σ 与散射中心尺度大小 a_0 有关。按 a_0 与 λ 的大小比较，弹性散射又可分三种情况。当 $a_0 \gg \lambda$ 时，$\sigma \to 0$，即当散射中心的尺度远大于光波的波长时，散射光强与入射光波长无关。例如，粉笔灰颗粒的尺寸对所有可见光波长均满足这一条件，所以，粉笔灰对白光中所有单色成分都有相同的散射能力，看起来是白色的。当 $a_0 \sim \lambda$ 时，即散射中心尺度与入射光波长可以比拟时，σ 在 0 ~ 4 之间，具体数值与散射中心尺寸有关。这个尺度范围的粒子散射光性质比较复杂，例如存在散射光强度随 a_0/λ 值的变化而波动和在空间分布不均匀等问题。当 $a_0 \ll \lambda$ 时，$\sigma = 4$。换言之，当散射中心的线度远小于入射光的波长时，散射强度与波长的4次方成反比（$I_s = 1/\lambda^4$）。这一关系称为瑞利散射定律。当光束通过介质时，从侧向接收到的散射光主要是波长（或频率）不发生变化的瑞利散射光，属于弹性散射。除此之外，使用高灵敏度和高分辨率的光谱仪器，可以发现散射光中还有其他光谱成分。它们在频率坐标上对称地分布在弹性散射光的低频和高频侧，强度一般比弹性散射微弱得多。这些频率发生改变的光散射是入射光子与介质发生非弹性碰撞的结果，称为“非弹性散射”。研究非弹性散射通常是对纯净介质进行的。

b　散射的物理机制

材料对光的散射是光与物质相互作用的基本过程之一。根据物理学理论，当光波入射在介质上时，将激起其中的电子作受迫振动，从而发出球面次波。也就是讲，当光波的电磁场作用于物质中具有电结构的原子、分子等微观粒子时将激起粒子的受迫振动。这些受迫振动的粒子就会成为发光中心，向各个方向发射球面次波。空气中的分子就可以作为次波源，把阳光散射到人们眼里，使人们看得见蔚蓝色的天空。各种烟尘、云雾微粒，无论是固态还是液态，都由许多原子或分子组成，它们在光照下都会发出次波。由于固态和液态粒子结构的致密性，微粒中每个分子发出的次波位相相关联，合作发射形成一个大次波。由于各个微粒之间空间位置排列毫无规则，这些大次波不会因位相关系而互相干涉，因此微粒散射的光波从各个方向都能看到。这是白天看得见明亮天空的又一个原因。理论上可以证明，只要分子的密度是均匀的，次波相干叠加结果，只剩下遵从几何光学规律的光线，沿其余方向的振动完全抵消。如对于纯净的液态和结构均匀的固态其分子结构排列很致密，彼此之间结合力很强，各分子的受迫振动互相关联，合作形成共同的等相面，因而合成的次波主要沿着原来光波的方向传播，其他方

向非常微弱，通常把发生在光波前进方向上的散射归入透射。如果介质中存在尺度达到波长数量级的在光学性质上与其有较大差异的结构区域，如对于多晶材料，微粒中每个分子发出的次波位相相关联，合成一个大次波。由于各个微粒之间空间位置排列毫无规则，这些大次波不会因位相关系而互相干涉，除了按几何光学规律传播的光线外，其他方向或多或少也有光线的存在，因此微粒散射的光波从各个方向都能看到，这就是散射光。如果把散射与衍射、反射和折射联系起来，则尺度与波长可比拟的不均匀性引起的散射，可看作是它们的衍射作用。如果介质中不均匀性的尺度达到远大于波长的数量级，散射又可看成是在这些不均匀性的团块上反射和折射了。在散射前后，根据光子的能量变化与否，可以区分为弹性散射和非弹性散射两大类。散射前后，光的波长不发生变化的散射称为弹性散射。从经典理论的观点，这个过程被看成光子和散射中心的弹性碰撞。散射结果光子仅发生方向的改变，并没有引起能量的变化。与弹性散射相比，通常非弹性散射要弱几个数量级，常常被忽略。

c 影响散射系数的因素

根据物理学理论，散射系数与散射质点的大小、数量及散射质点与基体的相对折射率等因素有关。例如光波觉察不出晶体结构的电子分布不均匀性，而用X射线就能产生出一种特殊形式的散射即衍射。弹性散射光的强度与波长的关系可因散射中心尺度 d 与波长 λ 的相对大小而具有不同的规律。σ 与散射中心尺度 d 和波长 λ 的相对大小有关。当 $d \gg \lambda$ 时，$\sigma \to 0$，即当散射中心的尺度远大于光波的波长时，散射光强与入射光波长无关。诸如粉笔灰、白云等对白光中的所有单色成分都有相同的散射能力，因此看起来都是白色的。这就是廷德尔（Tyndall）散射。当 $d \sim \lambda$ 时，即散射中心的尺度与入射光波的波长可比拟时，σ 在 $0 \sim 4$ 之间，具体数值与二者的相对大小有关。这一散射为米氏（Mie）散射。当 $d \ll \lambda$ 时，$\sigma = 4$，即当散射中心的尺度远小于光波的波长时，假定异相的密度大于介质的密度，则前者由于光波的作用而产生的电偶极矩大于后者，即前者的电偶极子大于后者，因此散射就是这些异相区域多出的电偶极子受光波的强迫振动而发出的二次光波。而微粒中多出的电偶极矩的总和可以比作一个电偶极子的振动。按照光的电磁理论，电偶极子所发射出光波的振幅是和电子加速度成正比，也是电子有加速度运动时才会产生变化的电磁场和出现电磁波。电子在光波的作用下的运动遵守简谐运动 $S = a\sin\omega t$，电子的加速度为 $-a\omega^2\sin\omega t$，因此二次光波的振幅是和它的振动频率的平方成正比，而强度又和振幅的平方成正比，或者说，散射强度和波长的4次方成反比。散射光强与入射光波长的4次方成反比。这就是瑞利（Rayleigh）散射。所以当白光通过含有微小微粒的混浊体时，散射光呈淡蓝色，因为波长较短的蓝色比黄光和红光散射强烈。通过混浊体后的白光呈浅红色，因为它由于散射短波长光的缘故。

1.4.4.4　光谱

光波是一种电磁波。根据其波 *K* 的不同可分成红外线、可见光和紫外线 3 个波段。物理学告诉人们，可见光是超短波 γ 射线（波长在 10^{-12}m 左右）到无线电波（波长在 10^2m 左右）这个电磁辐射波谱的一个波段，波长在 400nm 到 700nm 范围内。因此，和所有电磁辐射波一样，可见光在传播时，存在呈周期变化的电场和磁场分量，且电场、磁场和传播方向三者之间相互垂直，如电磁辐射波动画所示。电磁波波谱如图 1-22 所示。可看出在可见光波段中，不同颜色的光也有一个略有差别的波长范围。

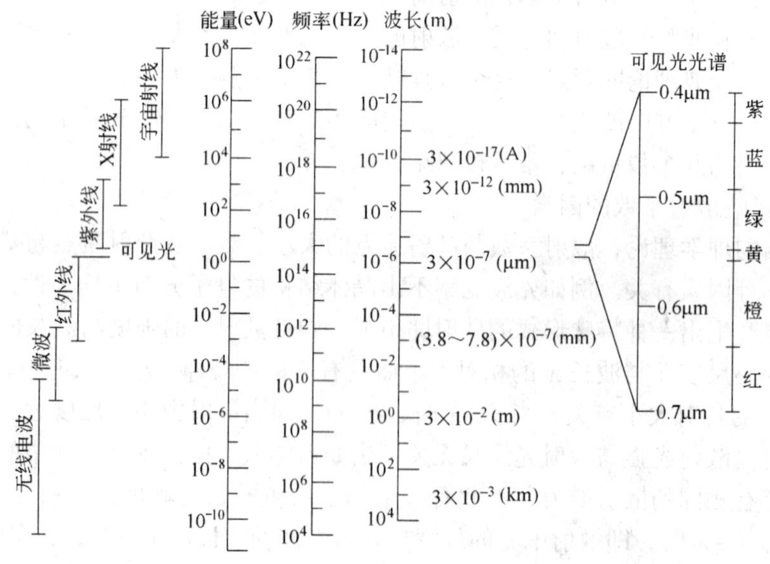

图 1-22　电磁波波谱

现代分子光谱或波谱大致包括了由 X 射线区到射频区的电子能谱、紫外-可见光谱、红外光谱、微波谱、磁共振谱等吸收光谱，也包括荧光、磷光的发射光谱及 Raman 散射光谱，见图 1-23。

紫外吸收光谱是分子中最外层价电子在不同能级轨道上跃迁后产生的，它反映了分子中价电子跃迁时的能量变化与化合物所含发色基团之间的关系。红外光谱是一种分子振动-转动光谱，它是由分子的振动-转动能级间的跃迁而产生的。IR 光谱反映整个分子的特性，由 IR 谱图中显示的特征吸收谱带的位置，可以鉴别分子中所含有的特征官能团和化学键的类型。

核磁共振波谱的原理是分子中具有核磁矩的原子核在外加磁场中，通过射频电磁波的照射，吸收一定频率的电磁波能量，又低能量的能级跃迁到高能量的能级，并产生核磁共振信号。由 NMR 图谱可以确定相互作用的磁性核的数目、类

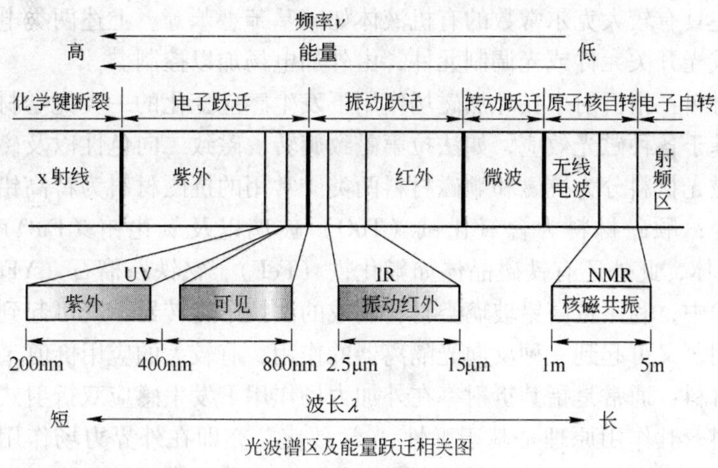

图 1-23 光波谱区

型和相对位置等结构信息。

质谱分析法是用具有一定能量的电子流去轰击被分析物质的气态分子，使之电离成正离子，部分正离子会进一步碎裂成不同质核比的粒子，在外加电场和磁场作用下，按质量大小将它们逐一分离和检测。在质谱图上，由各碎片离子的质核比和其相对丰度，可推断被测物的分子结构，并确定其分子量、构成元素的种类和分子式。

1.4.4.5 光学功能材料

在外场（电、光、磁、热、声、力等）作用下，利用材料本身光学性质（如折射率或感应电极化）发生变化的原理，去实现对入射光信号的探测、调制以及能量或频率转换作用的光学材料的统称。按照具体作用机理或应用目的不同，尚可把光功能材料进一步区分为电光材料、磁光材料、弹光材料、声光材料、热光材料、非线性光学材料以及激光材料等多种。光学功能材料按照材质分为光学玻璃、光学晶体、光学塑料等；按用途可分为固体激光器材料、信息显示材料、光纤、隐形材料等。

电光材料：通常是指折射率在外界电场（直流或交变场）作用下发生感应双折射式变化的材料。其作用原理一种是基于线性电光效应（泡克耳斯效应），另一种是基于二次电光效应（光学克尔效应）。线性电光效应的特点是感应折射率变化正比于外界电场强度的一次方，因而要求产生该效应的材料必须是不具对称中心的各向异性晶体；克尔效应的特点是感应折射率变化正比于外加电场强度的二次方，产生该效应的材料可以是具有任意对称性质的晶体或各向同性介质。常用的线性电光效应的材料有磷酸二氢钾（KDP）、磷酸二氢铵（ADP）、铌酸锂（LiNbO）、碘酸锂（LiIO）等不具有中心对称性的晶体；常用的二次电光效应的材料是一些具有较大克尔常数的有机液体如硝基苯、苯等。上述两类电光材料通常用来制成光开关元件或光调制元件，由外加电场加以控制。

磁光材料：指折射率在外加磁场作用下发生感应变化的一类光学材料。其作用原理是基于各种磁光效应，如法拉第磁致旋转、磁致二向色性以及磁致双折射效应等。磁光材料分为抗磁和顺磁材料两类。常用的抗磁材料为特高铅玻璃、硫化砷玻璃等；顺磁材料为含氧化铽（TbO）玻璃以及氧化铕（EuO）、硒化铕（EuSe）晶体，此外还有铁磁晶体如氟化铁（FeF）、钇铁石榴石（YFeO*）等。在激光技术中，利用特高铅玻璃类材料制成的法拉第旋转器，既可起到一种快速光开关作用，又可起到一种反向光隔离器的作用，有较大的应用价值。

弹光材料：通常是指其折射率在外加力场作用下发生感应双折射式变化的一类光学材料，其作用原理是基于弹性-光学效应，亦即在外界力场作用下，材料本身产生弹性力学应变，从而导致折射率的感应变化。常用的弹光材料是一些具有较大弹光系数的透明光学介质，如玻璃、晶体、塑料等，它们多用在光测弹性力学研究中。

声光材料：是指其折射率特性在声波场作用下发生感应变化的一类透明光学介质。在声波场作用下，材料内部的密度发生周期性起伏变化，从而引起折射率的周期性起伏变化，这使介质本身相当于一种相位光栅，从而可对定向入射光束产生衍射作用。对声光材料的要求，是应具有较高的声光作用的品质因数，以及较小的声损耗与光损耗。常用的声光材料有熔石英、高铅玻璃以及钼酸铅（PbMoO）、二氧化碲（TeO）和磷化镓（GaP）晶体等。声光材料通常制成声光开关，用来对光进行调制；或者制成声光偏转器，用来对光速指向进行控制（见声光作用）。

非线性光学材料：通常是指其本身的电极化强度特性在强光场作用下能发生感应非线性变化的一类光学介质。其作用原理、分类和用途可参见非线性光学和非线性光学材料。

激光材料：通常是指在一定泵浦方式作用下，专门用来实现粒子数反转并产生激光发射或放大作用的光学介质（见激光器）。表 1-13 是光学功能材料的一些特性及应用。

表 1-13　光学功能材料的特性及应用

光功能效应	应　用	复合材料组成	形　状
非线性光学效应	光开关、光集成、短波光调制器	SiO_2：有机分子，SiO_2/PMMA：有机分子	涂　层
发　光	可调谐激光器	SiO_2：有机染料，SiO_2/PMMA：有机染料，Al_2O_3：有机染料	块材，涂层
	太阳能浓集器	SiO_2：有机染料	涂　层

续表 1-13

光功能效应	应　用	复合材料组成	形　状
光化学烧孔	存　储	SiO_2：有机染料	块　材
光致变色	显示、记录	SiO_2 : spiropyranc, SiO_2/PMMA : spiropane	块材，涂层

在无机基质中光学均匀掺杂有机光活性物质以获得复合光功能材料是近年来的研究热点，复合光功能材料的溶胶-凝胶低温合成技术为其在非线性光学、固态可调谐染料激光器、发光显示、光致变色、光化学烧孔等领域的应用提供了可能。

1.4.5　声学性能

1.4.5.1　*声波*

声波是振动在介质（如空气、水等）中的传播。我们研究在一根无限长均匀管的一端，安装一个平面活塞，此活塞在一个周期力的作用下来回运动的情况，见图 1-24。当活塞来回运动时，将带动管中紧贴活塞的空气层质点产生运动。当活塞向右运动时，使空气层质点产生压缩，空气层的密度增加，压强增大，使空气层处于“稠密”状态；活塞向左运动时，则空气层质点膨胀，空气层的密度将减小，压强亦将减小，使空气层处于“稀疏”状态。活塞不断地来回运动，将使空气层交替地产生疏密的变化。由于空气分子之间的相互作用，这种交替的疏密状态，将由近及远地沿管子向右传播。这种疏密状态的传播，就形成了声波。声音是在气体、液体或固体介质里传播的一种机械振动。因此，声音以频率、幅值和相位来表征。声音最简单的形式为纯音，它是正弦波。日常生活中所遇到的绝大多数声音是波形复杂的复合声音，可看作是由纯音复合而成的。

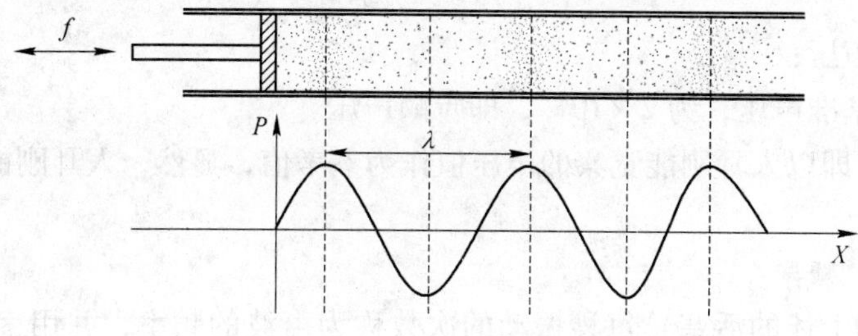

图 1-24　声波形成

1.4.5.2　*声压*

大气静止时的压强即为大气压强。根据物理学理论，当有声波存在时，局部空气产生稠密或稀疏。在稠密的地方，压强将增加，在稀疏的地方压强将减小；这样，就在原有的大气压上又附加了一个压强的起伏。这个压强的起伏是由于声波的作用而引起的，所以称它为声压；用 p 表示。声压的大小与物体（如前述的活塞）的振动状态有关；物体振动的振幅愈大、则压强的起伏也愈大，声压也就愈大。然而，声压与大气压强相比，是及其微弱的。

存在声压的空间，称为声场。声场中某一瞬时的声压值，称为瞬时声压。在一定的时间间隔中最大的瞬时声压值，称为峰值声压。如果，声压随时间的变化是按简谐规律的，则峰值声压就是声压的振幅。瞬时声压对时间取方均根值，即

$$p_e = \sqrt{\frac{1}{t}\int_0^t p^2 \mathrm{d}t} \tag{1-98}$$

式中　p_e——声压的有效值或有效声压；

t——取平均的时间间隔，它可以是一个周期或比周期大得多的时间间隔。

一般用电子仪器所测得的声压值，就是声压的有效值；而习惯上所指的声压值，也是声压的有效值。

声压的大小，表示了声波的强弱，声压的单位采用帕（Pa），也用微巴作为单位。在声学中普遍采用对数标度来度量声压、声强、声功率等。因为对数的标量是一个无量纲的量，所以通常把一个物理量的两个数值之比的对数，称为这个物理量的“级”，那个被比的量则称为参考量。有时又觉得取对数后的数值过小，而不方便，往往再乘以 10 倍来定级，并以“分贝”表示考虑到人对声音响度感觉与声音强度的对数成比例，所以引用了声压比的对数来表示声音的强弱，即声压级。声压级 L_p（单位：dB）表达式为

$$L_p = 20\lg\frac{p}{p_0} \tag{1-99}$$

式中　p——声压；

p_0——基准声压，为 2×10^{-5}，即听阈声压。

其中，p_0 即以人耳刚能觉察的声压值作为参考值，显然，人耳刚能觉察的声压级为 0dB。

1.4.5.3　频率

声源（如上述的活塞）每秒振动的次数称为声波的频率，并用字母 f 表示，其单位为赫兹（Hz）1/秒。根据物理学理论，虽然在自然界中能产生单频率的声源很少，大多数声源的振动是一个很复杂的过程，产生的大多为复合音。但是，可以用频谱分析的方法，把一个复合音分解为一系列幅值不同的单频声的组合。因此研究单频声具有基础性的意义，而频率则是描述单频声的一个重要物理

量。频率的倒数则称为周期。单位为 s（秒）。

1.4.5.4 声速

声波在介质中传播的速度称为声速，单位为 m/s（米/秒）。根据物理学理论，声速的大小，与声波借以传播的介质有关。不同的介质声速不同。固体介质、液体介质和气体介质三者之中，固体介质中的声速最大，液体次之，气体最小。即使在空气介质中，声速还与空气的压强和温度有关。在理论上，有

$$c = \sqrt{\gamma RT} \tag{1-100}$$

式中 c——声波在空气中的传播速度；

γ——热容；

R——普适气体常数；

T——热力学温度。

在温度为0℃的空气中的声速为313.3m/s。

1.4.5.5 波长

声波在传播过程中相邻的同相位的两点之间（如相邻的两稠密或两稀疏之间）的距离称为波长，用字母 λ 表示，单位为 m（米）。波长与频率 f 及声速 c 之间，有如下关系

$$c = f \times \lambda \tag{1-101}$$

1.4.5.6 声强

在单位时间内，通过垂直于声传播方向的单位面积的平均能量，称为声强，用字母 I 表示，单位为 W/m^2（瓦/米^2）。应当指出，声强是一个有大小和方向的物理量，即是一个矢量，它表示着声音传播的方向和强度。对于平面波和球面波，在声波的传播方向上，声强与声压的关系为

$$I = P^2/\rho c \tag{1-102}$$

式中 ρ——大气密度；

c——声波空气中的传播速度。

1.4.5.7 声功率

声源在单位时间内所辐射的总的声能量，称为声源辐射功率，简称声功率。通常用字母 ω 表示，单位为 W（瓦）。一般声功率不能直接测量，而要根据测量的声压级来换算。设一个点声源在自由空间辐射声波（此情况下辐射无指向性），则在与声源等距离的球面上，任何一点的声强，都是相同的，且与声源声功率之间，有如下关系

$$\omega = I \times S \tag{1-103}$$

式中 ω——声源的声功率；

I——声强；

S——离声源的距离。

1.4.6　热学性能

1.4.6.1　晶格热振动

A　构成材料的质点的晶格热振动

固体材料的各种热学性能就其物理本质而言，均与构成材料的质点（原子、离子）的晶格热振动有关。固体材料由晶体或非晶体组成，晶体点阵中的质点（原子、离子）总是围绕其平衡位置作微小振动，这种振动称为晶格热振动。

晶格热振动是三维的，即可以根据空间力系将其简单分解成3个方向的线性振动。设每个质点的质量为 m，在任一瞬间该质点在 x 方向的位移为 X_n。其相邻质量的位移为 X_{n-1}，X_{n+1}。根据牛顿第二定律，该质点的运动方程为

$$m \times \frac{d^2 X_n}{dt^2} = \beta(X_{n+1} + X_{n-1} - 2X_n) \tag{1-104}$$

式中　β——微观弹性模量。

上述方程是简谐振动方程，其振动频率随 β 的增大而提高。对于每个质点，β 不同即每个质点在热振动时都有一定的频率。某材料内有 N 个质点，就有 N 个频率的振动组合在一起。温度高时动能加大，所以振幅和频率均加大。

各质点热运动时动能的总和，即为该物体的热量，即

$$\sum_{i=1}^{N} (\text{动能})_i = \text{热量} \tag{1-105}$$

B　弹性波

晶格振动的弹性波称为格波。材料中质点间有着很强的相互作用，因此一个质点的振动会使邻近质点随之振动。因相邻质点间的振动存在着一定的位相差，使晶格振动以弹性波的形式（又称格波）在整个材料内传播。弹性波是多频率振动的组合波。由实验测得弹性波在固体中的传播速度 $V = 3 \times 10^3 \text{m/s}$，晶格的晶格常数 a 约为 10^{-10}m 数量级，而声频振动的最小周期为 $2a$，所以它的最大振动频率为

$$\gamma_{max} = \frac{v}{2a} = 1.5 \times 10^{13} (\text{Hz})$$

C　声频支振动与光频支振动

根据固体物理学，格波中频率甚低的振动波，质点彼此之间的位相差不大时，格波类似于弹性体中的应变波，称为“声频支振动”。

图1-25表示晶胞中包含了两种不同的原子，各有独立的振动频率，即使它们的频率都与晶胞振动频率相同，由于两种原子的质量不同，振幅也不同，所以两原子间会有相对运动。声频支振动可以看成是相邻原子具有相同的振动方向。

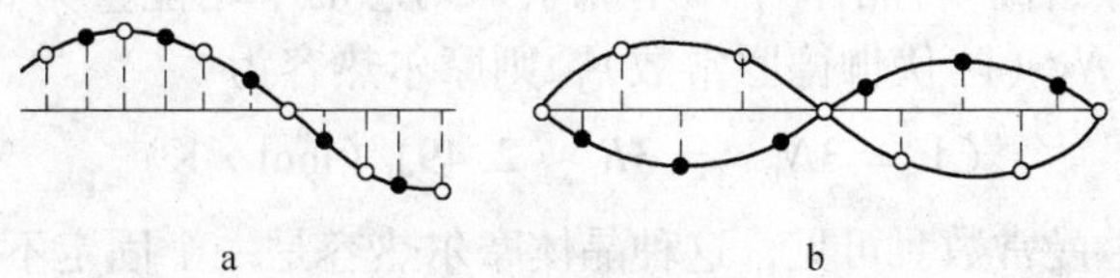

图 1-25 格波

如图 1-25a 所示；格波中频率甚高的振动波，质点间的位相差很大，邻近质点的运动几乎相反时，频率往往在红外光区，称为“光频支振动”。

光频支振动可以看成相邻原子振动方向相反，形成了一个范围很小，频率很高的振动。如果是离子型晶体，就是正、负离子间的相对振动，当异号离子间有反向位移时，便构成了一个偶极子，在振动过程中此偶极子的偶极矩是周期性变化的。据电动力学可知，它会发生电磁波，其强度决定于振幅大小。在室温下，所发射的这种电磁波是微弱的，如果从外界辐射入相应频率的红外光，则立即被晶体强烈吸收，从而激发总体振动。这表明离子晶体具有很强的红外光吸收特性，这也就是该支格波被称为光频支的原因。由于光频支是不同原子相对振动引起的，所以如果一个分子中有 n 个不同的原子，则会有（$n-1$）个不同频率的光频波。如果晶格有 N 个分子，则有 $N(n-1)$ 个光频波。

1.4.6.2 热容

热容是指材料从周围环境中吸收热量的能力，即使材料温度升高一个单位所需的能量。物体在温度升高 1K 时所吸收的热量称作该物体的热容，所以在温度 t 时物体的热容可表达为：

$$C = \frac{\mathrm{d}Q}{\mathrm{d}T} \quad \text{或} \quad C_t = \left(\frac{\partial Q}{\partial T}\right)_T \text{(J/K)} \tag{1-106}$$

式中 dQ——使物体升高 dT 所需的能量。

热容表示 1mol 物质温度升高 1K 时所吸收的热量。热容通常是用摩尔热容 J · mol · K来表征。通常，单位质量的金属温度升高或降低 1/℃时，所吸收的热量，用符号 C 表示（单位为千卡/(kg · ℃)或卡/(g · ℃)）。热容即单位质量的材料升高一度（K）所需的能量（焦耳），单位用 J/(kg · K)。

通常工程上所用的平均热容是指物体从温度 T_1 到 T_2 所吸收的热量的平均值

$$C_{均} = \frac{Q}{T_2 - T_1} \tag{1-107}$$

平均热容是比较粗略的，$T_1 \sim T_2$ 的范围愈大，精确性愈差，而且应用时还特别要注意到它的适用范围（$T_1 \sim T_2$）。

早在 19 世纪，杜隆-珀替把气体分子的热容理论直接用于固体，并用经典统计力学处理晶体热容。若晶体有 N 个原子，则总的平均能量为 $3NkT$，对于一摩尔晶体，N 等于 N_0（阿伏伽德罗常数），则摩尔热容为

$$CV = 3N_0k = 3R \approx 2.49\text{J/(mol·K)} \tag{1-108}$$

式中，k 为玻耳兹曼常数。可见，这种晶体摩尔热容是一个固定不变的与温度无关的常量，称之为杜隆-珀替定律。恒压下元素的原子热容约等于 25J/(mol·K)。实际上大部分元素的原子热容都接近 25J/(mol·K)，特别在高温时符合得更好。

由于恒压加热过程中，物体除温度升高外，还要对外界做功，所以温度每提高 1K 需要吸收更多的热量，即 $C_p > C_v$。

$$C_p = \left(\frac{\partial Q}{\partial T}\right)_p = \left(\frac{\partial H}{\partial T}\right)_p$$

$$C_v = \left(\frac{\partial Q}{\partial T}\right)_v = \left(\frac{\partial E}{\partial T}\right)_v \tag{1-109}$$

式中　Q——热量；
E——内能；
H——焓。

C_p 的测定比较简单，但 C_v 更有理论意义，因为它可以直接从系统的能量增量计算。根据热力学第二定律可以导出 C_p 和 C_v 的关系如下

$$C_p - C_v = \alpha^2 V_0 T/\beta \tag{1-110}$$

式中　$\alpha = \mathrm{d}V/V\mathrm{d}T$，体积膨胀系数；
$\beta = -\mathrm{d}V/V\mathrm{d}p$ 是压缩系数；
V_0——摩尔容积。对于物质的凝聚态 C_p 和 C_v 的差异可以忽略，但在高温时，两者的差别就增大了。

1.4.6.3　热传导的宏观规律

对在某一温度下处于热运动状态的质点。由外部再加上能量更大的热振动时，会依次引起邻接质点的热振动状态升高，如此热振动状态高的波峰向低温方向移动，最初引入的大的热振动以质点为媒介不断传下去，即由于材料相邻部分间的温差而发生的能量迁移。如一块材料温度不均匀或两个温度不同的物体互相接触，热量便会自动地从高温度区向低温度区传播，这种现象称为热传导。

当固体材料一端的温度比另一端高时，热量就会从热端自动地传向冷端，这个现象就称为热传导。假如固体材料垂直于 x 轴方向的截面积为 ΔA，沿 x 轴方向材料内的温度变化率为$\frac{\mathrm{d}T}{\mathrm{d}x}$，在 Δt 时间内沿 x 轴正方向传过 A 截面上的热量为 ΔQ，则实验指出，对于各向同性的物质具有如下的关系式：

$$\Delta Q = -\lambda \frac{\mathrm{d}T}{\mathrm{d}x}\Delta A\Delta t \tag{1-111}$$

式中的比例常数 λ 称为热导率(或导热系数),单位为 W/(m · K)或 J/(m · K · s),它反映了该材料的导热能力。热导率 λ 的物理意义是指单位温度梯度下单位时间内通过单位垂直面积的热量，它的单位为 W/(m · K)或 J/(m · S · K)。$\frac{dT}{dx}$也称作 x 方向上的温度梯度。式中负号是表示传递的热量 ΔQ 与温度梯度$\frac{dT}{dx}$具有相反的符号，即$\frac{dT}{dx}<0$ 时，$\Delta Q>0$，热量沿 x 轴正方向传递。$\frac{dT}{dx}>0$ 时，$\Delta Q<0$，热量沿 x 轴负方向进行传递。该式称为简化的傅里叶导热定律。它只适用于稳定传热的条件下，即传热过程中，材料在 x 方向上各处的温度 T 是恒定的，与时间无关，即$\frac{\Delta Q}{\Delta t}$是一个常数。

热导率可表示为

$$\lambda = \frac{dq/dt}{A(dT/dx)} \tag{1-112}$$

式中，dT/dx 为介质的温度梯度，dq/dt 为单位时间内通过垂直热流方向面积 A 的热量。

假如是不稳定传热过程，即物体内各处的温度随时间是有改变的。例如一个与外界无热交换，本身存在温度梯度的物体，当随着时间的改变，温度梯度趋于零的过程，就存在热端处温度的不断降低和冷端处温度的不断升高，以致最终达到一致的平衡温度，此时物体内单位面积上温度随时间的变化率为

$$\frac{\partial T}{\partial t} = \frac{\lambda}{\rho C_p} \cdot \frac{\partial^2 T}{\partial x^2} \tag{1-113}$$

式中 ρ——密度；

C_p——恒压热容。

1.4.6.4 膨胀系数

物体的热胀冷缩是一种普遍现象。材料温度升高时，产生体积胀大的现象，称为热膨胀性。而膨胀系数就是表示物体这一特性的一个参数。

物体的体积或长度随着温度的升高而增大的现象称为热膨胀。假设物体原来的长度为 l_0，温度升高 Δt 后长度增量为 Δl，实验指出它们之间存在如下的关系：

$$\frac{\Delta l}{l} = \alpha_l \Delta t \tag{1-114}$$

式中 α_l——线膨胀系数。

线膨胀系数 α_l 可表示成

$$\alpha_l = \frac{dL}{LdT} \tag{1-115}$$

式中　dL, dT——分别为长度和温度变化。

通常，膨胀系数指的是温度变化 1K 时材料单位长度的变化量，故也称为线膨胀系数。它的单位是：毫米/(毫米·℃)或 1/℃，即金属温度每升高 1℃其单位长度所伸长的长度（毫米）。对于各向同性的材料来说，体积膨胀系数 $\alpha_v = 3\alpha_l$，但有一些材料不是各向同性的，则

$$\alpha_v = \frac{dV}{V_0 dT} \tag{1-116}$$

式中　V_0——原来的体积。

了解材料的膨胀特性的意义在于：在工程应用中常常要了解材料在不同温度下尺寸的变化。例如，在金属表面喷涂陶瓷材料时，希望它们膨胀系数尽可能一致，不容易在温度变化时剥离；又如一种双金属片元件靠温度升高因膨胀量不同而弯曲，来执行切断电路的动作。温度升高原子热振动增大的结果就使相临原子的平均距离增大，这就是热膨胀的本质。

物体体积随温度的增长可表示为

$$V_t = V_0(1 + \beta\Delta t) \tag{1-117}$$

式中　β——体膨胀系数，相当于温度升高 1K 时物体体积相对增大。

必须指出，由于膨胀系数实际并不是一个恒定值，而是随温度而变化的，所以上述的 α、β 都是具有在指定的温度范围 Δt 内的平均值的概念，因此与平均热容一样，应用时还要注意它适用的温度范围。它们的精确值应表达为

$$\alpha = \frac{\partial l}{l \partial t}$$

$$\beta = \frac{\partial V}{V \partial t} \tag{1-118}$$

玻璃的导热系数是指通过单位玻璃传热面积 $1m^2$、温度梯度为 1 度/m、时间为 1 小时所通过的热量。玻璃的导热系数为 0.6 ~ 1.1 千卡/(米·度·时)，但拉制成玻璃纤维后，其导热系数只有 0.03 千卡/(米·度·时)。产生这种现象的原因，主要是纤维间的空隙较大，容重较小所致；容重越小，其导热系数越小，主要是因为空气导热系数低所致；导热系数越小，隔热性能越好。温度的变化对玻璃纤维的导热系数影响不大。例如，当玻璃纤维的使用温度升高到 200 ~ 300℃，其导热系数只升高 10%。因此，玻璃纤维是一种优良的绝热材料。当玻璃纤维受潮时，导热系数增大，隔热性能降低。

1.4.6.5　热震性

A　概念

热稳定性是指材料承受温度的急剧变化而不致破坏的能力，所以又称为抗热

震性。抗热震性是指材料承受的急剧变化而抵抗破坏的能力，所以也称之为耐温度急变抵抗性或热稳定性等。一般无机材料和其他脆性材料一样，热稳定性是比较差的。由于无机材料在加工和使用过程中，经常会受到环境温度起伏的热冲击，因此，热稳定性是无机材料的一个重要性能。

抵抗热冲击损坏有两种性能：（1）材料抵抗发生瞬时断裂这类破坏的性能，称为抗热冲击断裂性；（2）材料抵抗在热冲击循环作用下，材料表面开裂、剥落，并不断发展，最终碎裂或变质这类破坏的性能，称为抗热冲击损伤性。一般以承受的温度差来表示。但材料不同表示方法不同。同时由于应用场合的不同，对材料热稳定性的要求各异。例如对于一般日用瓷器，只要求能承受温度差为200K左右的热冲击，而火箭喷嘴就要求瞬时能承受高达3000～4000K的热冲击，而且要经受高温高速气流的机械和化学作用。

目前对于热稳定性虽然有一定的理论解释，但尚不完善，还不能建立反映实际材料或器件在各种场合下热稳定性的数学模型。因此，实际上对材料或制品的热稳定性评定，一般还是采用比较直观的测定方法。日用瓷通常是以一定规格的试样，加热到一定温度，然后立即置于室温的流动水中急冷，并逐次提高温度和重复急冷，直至观测到试样发生龟裂，以刚产生龟裂的前一次加热温度来表征其热稳定性。对于普通耐火材料，常将试样的一端加热到1123K并保温40min，然后置于283～293K的流动水中3min或在空气中5～10min，并重复这样的操作，直至试件失重20%为止，以这样操作的次数来表征材料的热稳定性。

高温陶瓷材料是以加热到一定温度后，在水中急冷，然后测其抗折强度的损失率来评定它的热稳定性。如制品具有较复杂的形状，则在可能的情况下，可直接用制品来进行测定，这样就免除了形状和尺寸带来的影响。如高压电瓷的悬式绝缘子等，就是这样来考核的。测试条件应参照使用条件并更严格一些，以保证实际使用过程中的可靠性。总之，对于无机材料尤其是制品的热稳定性，尚需提出一些评定的因子。从理论上得到的一些评定热稳定性的因子，对探讨材料性能的机理显然还是有意义的。不改变外力作用状态，材料仅因热冲击造成开裂和断裂而损坏，这必然是由于材料在温度作用下产生的内应力，超过了材料的力学强度极限所致。

B　热震性产生的原因

有机械压缩力时，设有一长为l的各向同性的均质杆件，当它的温度从T_0升到T'后，杆件膨胀Δl，若杆件能自由膨胀，则杆件内不会因膨胀而产生应力；若杆件的两端是完全刚性约束的，则热膨胀不能实现，杆件与支撑体之间就会产生很大的应力。杆件所受的抑制力，相当于把样品自由膨胀后的长度（$l+\Delta l$）仍压缩为l时所需的压缩力，因此，杆件所承受的压应力，正比于材料的弹性模量E和相应的弹性应变$-\Delta l/l$，因此，材料中的内应力σ可由下式计算

$$\sigma = E\left(-\frac{\Delta l}{l}\right) = -E\alpha(T' - T_0) \tag{1-119}$$

上述情况是发生在冷却过程中，即 $T_0 > T'$，则材料中内应力为张应力（正值），这种应力才会使杆件断裂。材料受热产生不均膨胀时，具有不同膨胀系数的多相复合材料，可以由于结构中各相膨胀收缩的相互牵制产生热应力。各向同性的材料，当材料中存在温度梯度时也会产生热应力。

C　热应力因子

材料中允许存在最大温差 ΔT_{max} 为

$$\Delta T_{max} = \frac{\sigma(1-\mu)}{\alpha E} \tag{1-120}$$

显然 ΔT_{max} 值愈大，说明材料能承受的温度变化愈大，即抗热震性愈好，定义 $R \equiv \frac{\sigma(1-\mu)}{\alpha E}$ 为表征材料抗热震性的因子，也称为第一热应力因子。材料是否出现热应力断裂，固然与热应力 σ_{max} 密切相关，但还与材料中应力的分布、产生的速率和持续时间，材料的特性（例如塑性、均匀性、弛豫性）以及原先存在的裂纹、缺陷等有关。因此，R 虽然在一定程度上反映了材料抗热冲击性的优劣，但并不能简单地认为就是材料允许承受的最大温度差，R 只是与 ΔT_{max} 有一定的关系。

热应力引起的材料断裂破坏，还涉及材料的散热问题，散热使热应力得以缓解。与此有关的因素包括：材料的热导率 λ 愈大，传热愈快，热应力持续一定时间后很快缓解，所以对热稳定有利；传热的途径，即材料或制品的厚薄，薄的传热通道短，容易很快使温度均匀；材料表面散热速率。

对于通常在对流及辐射传热条件下观察到的比较低的表面传热系数，S. S. Manson 发现 $[\sigma^*]_{max} = 0.31\beta$，即

$$[\sigma^*]_{max} = 0.31\frac{r_m h}{\lambda} \tag{1-121}$$

然而实际的情况又要复杂得多，只能看作 ΔT_{max} 与 R 有一定的关系

$$\Delta T_{max} = f(R) \tag{1-122}$$

根据实验的结果可以整理出如下的形式

$$\Delta T_{max} = f(R) + f'\left[\frac{\sigma(1-\mu)}{E\alpha} \cdot \frac{\lambda}{bh}\right] \tag{1-123}$$

定义 $R' \equiv \frac{\sigma(1-\mu)\lambda}{\alpha E}$ 为第二热应力因子。由于 b 和 h 不属于材料本身的特性，因此不计入 R' 中。

对于制品的厚度 b（或半径 r）和 h 很大而 λ 很小时，式中 $f'\left(\frac{R'}{bh}\right)$ 项就很小，可以略去，这时材料的抗热冲击断裂性，可由 R 来评定。相反的情况如 b（或 r）和 h 都很小，而 λ 很大时，则相比较的结果 $f(R)$ 项可以忽略，而由 R' 来评定。只有在适中的情况下，必须同时结合 R 和 R' 来考虑。

在一些实际场合中往往关心的是材料所允许的最大冷却（或加热）速率 $\frac{\mathrm{d}T}{\mathrm{d}t}$，对于厚度为 $2b$ 的平板，$\left(\frac{\mathrm{d}T}{\mathrm{d}t}\right)_{\max}$ 表达式为

$$\left(\frac{\mathrm{d}T}{\mathrm{d}t}\right)_{\max} = \frac{\sigma(1-\mu)}{\alpha E}\cdot\frac{\lambda}{\rho C}\cdot\frac{3}{b^2} \tag{1-124}$$

式中　ρ——材料的密度，$\mathrm{g/cm^3}$；

　　C——热容。

定义 $R'' \equiv \frac{\sigma(1-\mu)}{\alpha E}\cdot\frac{\lambda}{\rho C} = \frac{R'}{C\rho} = Ra$ 为第三热应力因子。

1.4.6.6　热电材料

电子晶体-声子玻璃在热传导方面如同玻璃，有很小的热导率。Slack G. A. 等人提出应设计一种化合物半导体。在这种化合物中，一个原子或分子以弱束缚状态存在于由原子构成的笼状超大型空隙中，这种原子或分子在空隙中能产生一种局域化程度很大的非简谐振动，被称为震颤子。这种震颤子同样有降低材料热导率的作用。在某一特定温度区间内材料热导率降低的程度受震颤子浓度、质量百分比及其震颤频率等参数的直接影响，调节这些参数可以调节材料的热导率。由于这种震颤仅降低热导率的声子导热部分，而对材料的电子输运状况影响较小，所以使得这类材料有一个很高的 ZT 值。最为典型的电子晶体—声子玻璃材料是 Skutterudite（方钴矿）材料，如 $CoAs_3$ 是典型的 Skutterudite 晶体结构。

超晶格化合物是一种新型结构的半导体化合物，是由两种极薄的不同材料的半导体单晶薄膜周期性地交替生长而成的多层异质结构，每层薄膜一般含几个以至几十个原子层，由于这种特殊结构，半导体超晶格中的电子（或空穴）能量将出现新的量子化现象，以致产生许多新的物理性质。纳米超晶格热电材料区别于块体热电材料的两个重要特性是存在许多界面和结构的周期性。这些特性有助于增加费米能级附近的状态密度，导致 Seebeck 系数增大，有助于增加声子散射，同时又并不显著地增加表面的电子散射，由此在降低材料热导率的同时并不降低电导率。当满足量子限制条件时，在载流子浓度不变的情况下，可显著增大载流子的迁移率，从而方便地调节掺杂。

功能梯度热电材料是在大温差范围内，只有沿温度梯度方向选用具有不同最佳工作温度的热电材料。使之各自工作于具有最大 ZT 值的温度附近，才能有效地提高其温差发电效率。按照这种设想制成的材料称为功能梯度式材料（FGM）。由于制备成分连续递变的材料较为困难，目前多采用不同材质沿温度梯度方向叠层放置，或采用相同材质但各段材料中载流子浓度递变的设计方法。Yuchenko V. B. 等人对温差为200℃时的叠层 $IrSb_3$ 基材料的结构进行了计算，发现当层数为 2 时，转换效率比单层材料提高 12%，当层数为 3 时，提高 15%。Anatychuk L. I. 及 Snowden D. P. 等人也发现随着冷热端温差的增大（或层数增多）热电转换效率（T1）随之提高的现象。对于选定材料的 p-n 热电单体，随着界面温度的升高，η 从由 250℃时的 6.7% 上升到 16.9%。关于梯度结构的另一个概念是沿温度梯度方向微观结构的递变。Kajikawa T. 等人采用区域移动烧结制备装置曾获得具有这种结构的材料，通过沿样品长度方向切取片段材料进行测试分析表明，经良好烧结的材料内部形成各种超结构，沿长度方向组织实现连续变化，材料电导率和迁移率也实现连续递变。

Half-Heusler 化合物具有 MgAgAs 型结构，由两个相互穿插的面心立方和位于中心的简单立方构成，其结构式为 MNiSn 或 MCoSb（M = Zr、Hf、Ti）。这类化合物及合金有优良的电学性能，室温 Seebeck 系数可达 400μV/K。

金属氧化物热电材料是目前一些较有潜力的氧化物，如 $LaO0.1Ba0.9TiO_3$、$La0.05Ca0.97MnO_3$、$(R_{1-x}Ca)MnO_3$（R = Tb、Ho、Y）和 $Ba_{1-x}Sr_xPbO_3$ 等其热电优值可达 10^{-4}/K。Fonstad 等发现 SnO_2 单晶具有较高的载流子迁移率（在 300K 时可达 150 ~ 260$cm^2 \cdot V^{-1} \cdot s^{-1}$），比 ReO_3 的迁移率 30$cm^2 \cdot V^{-1} \cdot s^{-1}$高出许多，并且这些材料的烧结体制备容易，直到 1400℃仍然具有表面防氧化功能。层状金属氧化物也是一种较有前景的热电材料。Yakabe H. 等人对 NaCo204 材料掺 Ag、Ba、Ca、La 等重金属元素的热电性能进行了研究，发现在掺入 Ba、Ca、La 等金属元素后，$NaCo_2O_4$ 材料的电阻率和 Seebeck 系数同时增大；掺入 Ag 使$NaCo_2O_4$ 材料的电阻率下降而 Seebeck 系数增加。这种现象用目前经典的半导体理论无法给出合理的解释，公认的说法是因为电子间的强相关性导致了这种现象的发生。层状金属氧化物不足的是电导率仍然太低，如果能够解决这一问题，则金属氧化物作为高温用热电材料前景广阔。

1.5　复合材料的功能设计

1.5.1　复合效应的概念

复合材料的最大特点在于它的可设计性。因此，在给定的性能要求、使用环境及经济条件限制的前提下，利用复合材料的复合效应，从材料的选择途径和工艺结构途径上进行设计。复合效应的是组分材料及其所形成的界面相互作用、相互依存、相互补充显示出的结果。例如，利用线性效应的混合法则，通过合理铺设可以设计出某一温度区间膨胀系数为零或接近于零的构件。又如 XY 平面是压电，XZ 平面呈电致发光性，通过铺层设计可以得到 YZ 平面压致发光的复合材料。另外，模仿生物体中的纤维和基体的合理分布，通过数据库和计算机辅助设计可望设计出性能优良的仿生功能材料。

1.5.2 复合方式

1.5.2.1 原子间的复合

原子间的复合主要靠化学键来完成的，一般是由几个单一原子聚集起来以物理接触状态（结合状态）形成的。合金是原子间复合的最古老形式。例如高熔点、高硬度的水晶 SiO_2，其结构主要是在每个 Si 原子周围以共价键结合 4 个氧原子，同时每个氧原子跟 2 个硅原子结合其中硅氧原子个数比为 1∶2，从而形成空间网状结构晶体。

1.5.2.2 分子间或原子与分子的复合

掺杂是原子与分子的典型复合。如 Ge 和 Si 都是金刚石结构的四价半导体，Ge 作为掺杂剂引入到 Si 中，对硅材料性能的影响已引起越来越多的人的极大兴趣。SiGe 是一种新型半导体材料，具有许多独特的物理特性，如：载流子迁移率高、能带可调、可容易地通过改变 Ge 组分对其禁带宽度加以精确调节等。而且利用 SiGe 材料制造半导体器件的工艺与目前通用的 Si 的微电子技术兼容，为利用 SiGe 材料制造电子器件提供了极为有利的条件。

SiGe 材料的出现使硅材料进入到人工设计微结构材料的时代，使硅器件进入到异质结构、能带工程时代，SiGe 材料在微电子和光电子半导体器件中的应用得到了人们的关注。同时，SiGe 单晶体还可用来制作温差电池，低温热敏电阻；在光电子领域，SiGe 单晶体作为衬底材料可制作光探测器，如 γ 探测器和 IR 探测器等；还可以被用作红外滤波器和透镜；在太阳电池应用方面，它可以进行 IR 响应和载流子放大的数字模拟等。由于 SiGe 材料与器件具备某些硅材料与器件所不能达到的功能，所以有人又将其称为第二代半导体材料。

再如导电材料是在 20 世纪 70 年代中后期快速发展的新型功能材料，世界上第一个导电有机聚合物是 1977 年发现的掺杂型聚乙炔，它具有类似金属的电导率。结构型导电材料中，只有聚氮化硫可算是纯粹的结构型导电材料，其他许多种导电材料几乎都采用氧化还原、离子化或电化学方法进行掺杂后才具有较高的导电性。目前研究较多的结构型导电材料有聚乙炔、聚苯硫醚、聚吡咯、聚噻吩等，它们由于在水和空气中不稳定，不溶于一般溶剂，可加工性差，导电性也不稳定，至今未大规模生产。具有最好导电性的聚合物是掺杂型聚乙炔，其电阻率

可达 $2\times10\Omega\cdot m$ 以下。虽然掺杂提高了导电材料的导电性，但它往往会使材料的稳定性变差，成膜性降低，故通过分子设计，从材料链的结构着手，研究和开发具有高而稳定的导电性，易于成形加工，可代替金属作为导线与电缆的结构材料，是该领域的主要研究方向，主要包括在蓄电池和微波吸收材料方面的研究工作。

添加离子化合物可以减少材料的电阻，是分子间的复合。这些离子会迁移到材料的表面而吸附潮气，进而消除静电。也可以通过添加炭黑等导电性填充物来减少材料的静电。但是，有机导体和有机超导体的发现，扩展了导电材料的范围。导电塑料的发现还获得了2000年诺贝尔化学奖。

1.5.2.3　物相间的复合

A　纳米相或亚微米相之间的复合

纳米相之间的复合有三种。一种是0—0 复合，即不同成分、不同相或者不同种类的纳米粒子复合而成的纳米固体。第二种是0—3 复合，即把纳米粒子分散到常规的三维固体中，用这种方法获得的纳米复合材料由于它的优越性能和广泛的应用前景，成为当今纳米材料科学研究的热点之一。第三种是0—2 复合，即把纳米粒子分散到二维的薄膜材料中，这种0—2 复合材料又可分为均匀弥散和非均匀弥散两大类：均匀弥散是指纳米粒子在薄膜中均匀分布；非均匀弥散是指纳米粒子随机地、混乱地分散在薄膜基体中。此外，有人把纳米层状结构也归结为纳米材料，由不同材质构成的多层膜也称为纳米复合材料。近年来引人注目的凝胶材料（也称介孔固体），同样可以作为纳米复合材料的母体，通过物理或化学的方法将纳米粒子填充在介孔中（孔洞尺寸为纳米或亚微米级），这种介孔复合体也是纳米复合材料。

B　宏观物相之间的混合定律

宏观物相之间的复合如我们常说的纤维（或晶须）之间、第二相颗粒如无机化合物 SiC 颗粒与基体的复合增强。首先来分析连续纤维在基体内定向排列的条件下，复合材料承受与纤维排列方向一致的载荷（纵向）时的行为。设基体和增强体都是弹性体，彼此间的黏结强度足够高，二者形同一体，可以通过界面传递作用力。因此在复合材料受力时二者同时产生变形，载荷在它们之间分配。于是有

$$F_C = F_m + F_f \tag{1-125}$$

式中　F_C，F_m，F_f——分别为复合材料整体、基体和纤维所承受的载荷。

于是有

$$A_c\sigma_c = A_m\sigma_m + A_f\sigma_f \tag{1-126}$$

式中　A——承载的面积；

σ——应力，下标 c、m 和 f 分别代表复合材料整体、基体和纤维。

于是复合材料内的平均应力为

$$\sigma_c = \sigma_m \frac{A_m}{A_c} + \sigma_c \frac{A_f}{A_c} \tag{1-127}$$

式中，面积比 A_m/A_c 等于二者的体积比，也就是基体的体积分量 V_m。同理，A_f/A_c 等于纤维的体积分量 V_f。于是有

$$\sigma_c = \sigma_m V_m + \sigma_f V_f \tag{1-128}$$

$$V_m + V_f = 1,\ V_m = 1 - V_f$$

故

$$\sigma_c = \sigma_m(1 - V_f) + \sigma_f V_f \tag{1-129}$$

如果式中 σ_m 和 σ_f 代入的是基体和纤维的强度值，则此式得到的是复合材料的纵向强度 σ_c。式（1-129）是复合材料的一个最重要的关系式，称为混合法则（Rule of mixture）。表明复合材料的纵向强度取决于：强化相的体积分量 V_f，V_f 愈多（必须有 $\sigma_f > \sigma_m$ 的前提），复合材料强度愈高；强化相的强度 σ_f 愈高，复合材料的强度愈高，增强体承担的载荷份额愈大。混合法则同样适用于某些其他性能参量，如：密度、弹性模量等。

C 纳米相、微米相和宏观物相之间的复合

纳米颗粒的尺寸极小，比表面极大（具有小尺寸效应、表面与界面效应及量子尺寸效应等）；其表面能很高，表面活性很大，极不稳定；纳米颗粒容易吸附其他物质或粒子，颗粒间相互吸引团聚，从而降低其表面能和表面活性，使其许多优异特性丧失。

为了有效地避免单一纳米粒子的团聚问题，以便充分发挥纳米颗粒的优异特性，提高其使用效果，有关资料提出了纳米/微米粒子复合的概念。因为，复合粒子除了具有单一超细粒子所具有的表面效应、体积效应、及量子尺寸效应外，还具有复合协同多功能效应，并且改善了单一颗粒的表面性质，增大两种或多种组分的接触面积，使其使用性更好。资料提供的纳米/微米粒子的复合结构示例如图 1-26 所示。

纳米/微米复合粒子的类型分类方法目前尚不统一，按粒子成分分为有机/有

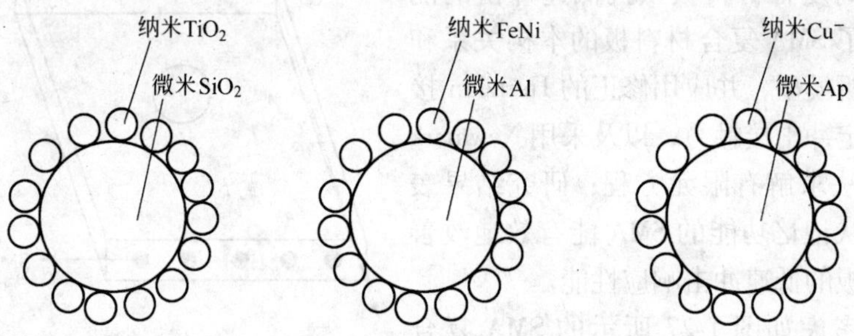

图 1-26 纳米微米粒子复合结构示例图

机、有机/无机及无机/无机等类型；按组分数目分为两组分复合及多组分复合等类型；按粒子尺寸大小分为微米/微米、微米/亚微米、纳米/纳米、纳米/亚微米、纳米/微米等类型；按复合方式分为包覆式与混合式两种类型，包覆式复合粒子又分为层包覆型、粒子包覆沉积型和粒子包覆嵌入型两种。

宏观物相是从尺度上区别于纳米相/微米相的。纳米/微米复合粒子在以某种方式聚集/团聚时超过纳米/微米尺度时,这种复合就转化成了宏观物相间的复合了。

1.5.2.4　复合材料的结构与功能的复合

结构材料通过复合，在保证具有特定功能的条件下，明显改善材料的力学性能，主要用于结构零件。这类材料以纤维增强复合材料为主。材料力学性能的各因素之间是相互联系又相互制约的。有些材料强度较高，但它的伸长率及冲击韧性却很低。因此，选材时不能只看其单一的性能指标，而应对材料力学性能的诸因素作全面分析。相比于金属材料及其结构产品，复合材料及其结构产品可大大降低能源消耗，减少材料消耗和装配工作量，大幅度地减少腐蚀损失和磨耗，缩短生产周期，提高部件和产品的性能，延长使用寿命等，在航空航天及机械领域获得日益广泛的应用。然而，复合材料也存在着对冲击载荷比较敏感，抗低速冲击能力差，在冲击载荷作用下易发生各种形式的损伤的缺点；同时，由于低速冲击损伤一般发生在材料内部、不易察觉，使得复合材料的这一缺点更为显著。

近年来，国内外科学家研究将形状记忆合金加入到复合材料中去以提高复合材料的抗冲击能力，并取得了显著的效果。Paine 和 Rogers 用实验的方法研究了低速冲击下含 SMA 纤维复合材料梁的动力响应问题，发现尽管 SMA 的体积含量仅为 2.8%，却能大大提高梁的抗冲击破坏的能力。Birman 等人研究了低速冲击下复合材料板的整体变形问题，结果表明含 SMA 纤维的碳/环氧层合板的挠度比不含 SMA 纤维的碳/环氧层合板要几乎减少 1/3。有人开展了利用 SMA 的拟弹性性质提高复合材料梁低速冲击响应性能的研究，研究结果表明具有拟弹性特性的 SMA 能有效提高复合材料结构的低速冲击响应性能。有人应用有限元方法研究了利用 SMA 的特性提高复合材料板抵抗低速冲击的能力，建立了 SMA 复合材料板的本构关系和有限元分析模型，并应用修正的 Hertzian 接触定律确定冲击接触力，以及采用 Newmark 直接积分法求解有限元方程；研究结果表明具有形状记忆功能的 SMA 能有效地改善复合材料板的低速冲击响应性能。

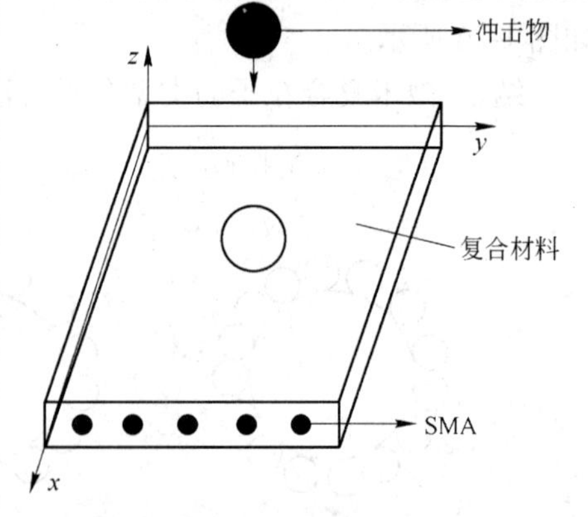

图 1-27　SMA 复合材料板

有人考虑如图 1-27 所示的 SMA 复合材料板，将预先施以一定塑性应变的 SMA

纤维沿板的纵向埋入复合材料板中，并将纤维的两端固定，作为基体材料的复合材料板假设为横观各向同性。在加热激活的情况下具有形状记忆功能的 SMA 会发生奥氏体相变，将恢复其原有的形状（塑性变形消失），从而在约束作用下的 SMA 纤维中会产生一种恢复应力。取材料主轴的方向为坐标轴的方向、板的中面为 XOY 坐标面，考虑到恢复应力和热效应的作用，可以导出 SMA 复合材料板的本构关系

$$\begin{Bmatrix}\sigma_1\\ \sigma_2\\ \sigma_3\end{Bmatrix}=\begin{pmatrix}Q_{11} & Q_{12} & 0\\ Q_{21} & Q_{22} & 0\\ 0 & 0 & Q_{33}\end{pmatrix}\begin{Bmatrix}\varepsilon_1\\ \varepsilon_2\\ \varepsilon_3\end{Bmatrix}+\begin{Bmatrix}\sigma_r\\ 0\\ 0\end{Bmatrix}k_x-\begin{pmatrix}\overline{Q_{11}} & \overline{Q_{12}} & 0\\ \overline{Q_{21}} & \overline{Q_{22}} & 0\\ 0 & 0 & \overline{Q_{33}}\end{pmatrix}\begin{Bmatrix}\sigma_1^c\\ \sigma_2^c\\ 0\end{Bmatrix}k_c\Delta T \tag{1-130}$$

式中，Q_{ij} 和 $\overline{Q}_{ij}$ 中的 i，j 取 1，2，3 分别是 SMA 增强复合材料和复合材料基体的缩减刚度矩阵的分量，σ_i^c（$i=1$，2）是复合材料基体的热膨胀系数，k_s、k_c 分别为 SMA 纤维和复合材料基体的体积含量，ΔT 为 SMA 激活前后的温差。σ_r 是 SMA 纤维中产生的恢复应力，它的大小不仅与塑性预应变有关，也与激活温度有关，恢复应力与温度及预应变之间的关系既可采用解析法计算也可采用实验的方法得到。

1.5.3 功能设计

功能设计就是根据复合效应原理、采取合适的复合方式赋予材料特殊功能的方法。其主要途径如下：

（1）通过分子设计合成功能材料。这里包括材料结构设计和官能团设计。为此目的，必须掌握材料结构与功能性之间的关系。例如，在材料结构中引入感光功能基团，就可以合成感光材料，分子设计完成后，就是选择合适的合成方法。合成主要有两种途径，一是含有功能基的单体经过加聚或缩聚等反应制备，二是利用现有的材料，通过材料化学反应引入预期的功能基。

由功能基单体制备功能材料的优点是功能基含量高，（每一个链节都含有功能基），功能基在分子链上分布均匀。但带功能基的单体合成比较困难，功能基和可聚合的基团都有活性，在合成过程中要注意保护，因此这些单体比较贵。利用材料化学反应制取功能材料，优点是材料骨架是现成的，可选择的材料固体多、价格低、来源广。但在进行材料化学反应时，反应不可能百分之百完成，尤其在多步化学反应中，功能基含量低，在分子链上分布也不均匀。尽管如此，目前功能材料大多还是通过材料化学反应制备。

（2）通过特殊加工赋予材料功能特性，如材料通过薄膜化可制得各种分离

膜，而这些分离膜可广泛应用于渗透、透析、超滤等分离工艺中，还有一些材料通过纤维化可制光学纤维等。

（3）通过两种或两种以上具有不同功能的材料进行复合，制成复合型功能材料，这是目前制备功能材料使用最广泛的方法。这种方法工艺简单、材料来源丰富、成本低。例如在绝缘材料中加入导电填料（炭黑、金属粉末或金属丝）可制得导电材料。如果加入磁性填料（如铁氧体或稀土类磁粉）则可制成磁性材料。

2 电学复合材料

2.1 导电类复合材料

2.1.1 固体电子和电子流动的基本理论

2.1.1.1 固体电子基本理论概况

晶体的结构、晶体中原子或分子的结合、晶格振点的振动、晶体的热学性质以及晶体的缺陷与质点的扩散，都涉及固体中原子（或离子）的状态及运动规律，属于固体的原子理论。要深入地认识固体，首先要了解固体电子理论中的电子状态及电子运动规律。

固体电子理论有许多基本模型。

A 经典的自由电子气模型

固体电子理论的发展是从金属电子理论开始的。很早人们就研究了金属具有良好的导热和导电性的原因。20 世纪以前，人们已经掌握了有关金属导电的一些经验规律（如欧姆定律、维德曼-夫兰兹定律等），1897 年 J. J. 汤姆生发现电子。特鲁德早在 1900 年左右首先提出：金属中的价电子可以在金属体内自由运动，如同理想气体中的粒子，电子与电子、电子与离子之间的相互作用都可以忽略不计。特鲁德为了解释金属的特性提出了能够利用微观概念计算实验观测量的第一个固体理论模型——特鲁德自由电子气模型。特鲁德把金属中的电子看成自由电子气，并服从玻耳兹曼统计，这一理论成功地证明了欧姆定律和维德曼-夫兰兹经验规律。他通过引入电子平均自由程的概念，借助分子运动论计算出了电子的热导率

$$\kappa = \frac{\pi^2}{3}knlv$$

式中 κ——玻耳兹曼常数；

l——平均自由程；

n——电子密度；

v——电子的速度。同时得出的电导率为

$$\sigma = \frac{e^2}{kT}nlv$$

于是电导率与热导率之比

$$k/\sigma = 3(k/e)^2 T$$

即为与实验一致的维德曼-夫兰兹定律。讨论该模型时需要注意以下内容：

（1）在经典自由电子论中，自由电子的运动遵守经典力学的运动规律，遵守气体分子运动理论。根据经典自由电子理论，金属是由原子点阵组成的，价电子是共有化的，不属于某一个原子，价电子是完全自由的，可以在整个金属中自由运动。价电子就好像气体分子能在一个容器内自由运动一样，因此把价电子看成“电子气”。

（2）这些电子在一般情况下可沿所有方向运动。在电场作用下自由电子将沿电场的反方向运动，从而在金属中产生电流。

自由电子在定向迁移过程中，因不断与正离子发生碰撞，电子与原子的碰撞妨碍电子的继续加速从而使电子的迁移受阻。

实际上导体都有电阻，因而电子不会无限地被加速，速度不会无限大。所以假定了电子由于和声子、杂质、缺陷相碰撞而散射，从而失去前进方向上的速度分量。这就是材料有电阻的原因。由于电子发生碰撞瞬间向四面八方散射，因而对大量电子平均而言，电子在前进方向上的平均迁移速度为0。然后在电场作用下，电子被电场加速，获得定向速度。设每两次碰撞之间的平均时间为2 τ，则电子的平均速度为

$$\bar{v} = \tau eE/m_e$$

可以求出自由电子的迁移率为

$$\mu_e = \bar{v}/E$$

$$\mu_e = \tau e/m_e \tag{2-1}$$

τ 为松弛时间，则 $1/2\tau$ 为单位时间平均散射次数。τ 与晶格缺陷及温度有关。温度越高，晶体缺陷越多。电子散射几率越大，τ 越小。如在外电场 E 作用下，材料中的自由电子可被加速，其加速度为

$$a = eE/m_e \tag{2-2}$$

式中　e——电子电荷；

m_e——电子质量。

（3）自由电子理论成功地导出了欧姆定律，并推导出金属的电导率 σ 和电阻率 ρ 的关系。

（4）自由电子模型理论可以较成功的定性甚至定量的描述金属的许多物理和化学性质，如自由电子能吸收多种波长的光并能立即放出，使金属不透明、有金属光泽；由于自由电子的胶合作用，当晶体受到外力作用时，原子间容易进行

滑动，所以能锤打成薄片，抽拉成细丝，表现出良好的延展性和可塑性。由金属键的性质决定金属间能形成各种组成的合金。

(5) 在“自由电子”模型中，金属键没有方向性，在每个原子中电子的分布基本上是球形对称的。自由电子的胶合作用，将使球形的金属原子作紧密堆积，形成能量较低的稳定体系。

(6) 尽管特鲁德模型经过改进，但由于其基础是经典的，因此无法单独确定热导率和电导率，不能说明电子平均自由程较长和电子对热容贡献小等实验现象。

经典自由电子理论忽略了电子之间的排斥作用和正离子点阵周期场的作用。由于自由电子理论利用的是自由电子近似、独立电子近似和弛豫时间近似，它一方面忽略了两次碰撞之间离子对电子的动力学影响，另一方面又忽略了离子本身对物理现象影响的可能性，同时也没有详细说明离子作为碰撞源究竟起什么作用，从而导致它存在着严重的缺陷。

B 自由电子论的量子理论

量子力学创立以后，约在1928年，索末菲提出金属自由电子论的量子理论。金属内的势场是恒定的，金属中的价电子在这个平均势场中彼此独立运动，如同理想气体中的粒子一样是“自由”的；每个电子的运动由薛定谔方程描述；电子满足泡利不相容原理，电子不服从经典的统计分布而是服从费米-狄拉克统计规律。

讨论金属自由电子论的量子理论时需要注意：

(1) 根据量子统计观点，自然界中微观粒子有两种，一种是遵守玻色—爱因斯坦统计规律，另一种是遵守费米-狄拉克统计规律。通常将适用于前一种统计规律的微观粒子称为玻色子（如光子和介子等），适用于后一种统计规律的微观粒子称为费米子（如电子、质子及中子等）。电子属于费米子，因此讨论电子的行为时涉及费米-狄拉克统计。

(2) 费米子所遵守的两个基本原理即泡利原理和全同性原理。把质量、电荷、自旋等一切固有性质都相同的粒子（如电子，质子等）称为全同性粒子。这些全同性粒子在同样的外场条件下，它们的行为是完全相同的，并且可以用一个全同粒子代换另一个粒子而不引起物理状态的改变。

(3) 根据这两个原理，N 个费米子分布于 n 个能级上所能实现的方法总数 P 表示为

$$P \approx \prod_{i=1}^{n} \frac{g_i}{N!(g_i - N_i)!} \tag{2-3}$$

式中 g_i——E_i 能级上的量子状态；

N_i——E_i 能级上电子的个数。

N个电子在n个能级中的方法是多种多样的。但体系处于平衡状的那种分布，是几率最大的分布。经过运算，得到电子的平衡态分布为

$$f(E)=\frac{1}{e^{\frac{E-E_F}{k_B T}}+1} \tag{2-4}$$

式中　$f(E)$——费米分布函数，表示单位量子态容纳的量子数，即表示在热平衡时电子处于能量为E的能级被两个电子所占满的几率；

E_F——费米能，代表体积不变时系统增加一个电子的自由能的增加，它为温度和电子数的函数。图2-1a为$f(E)$-E的关系曲线。

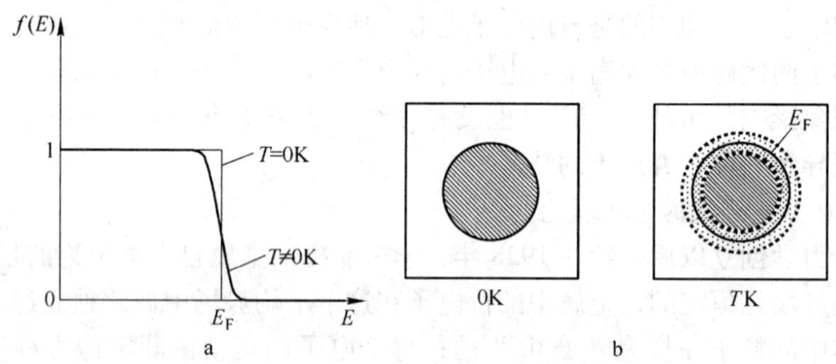

图2-1　$f(E)$-E的关系曲线（a），费米面和热激发（b）

C　固体能带论

能带理论是研究固体中电子运动规律的一种近似理论。固体由原子组成，原子又包括原子实和最外层电子，它们均处于不断的运动状态。为使问题简化，首先假定固体中的原子实固定不动，并按一定规律作周期性排列，然后进一步认为每个电子都是在固定的原子实周期势场及其他电子的平均势场中运动，这就把整个问题简化成单电子问题。能带理论就属这种单电子近似理论，它首先由F. 布洛赫和L. N. 布里渊在解决金属的导电性问题时提出。具体的计算方法有自由电子近似法、紧束缚近似法、正交化平面波法和原胞法等。前两种方法以量子力学的微扰理论作为基础，分别适用于原子实对电子的束缚很弱和很强的两种极端情形；后两种方法则适用于较一般的情形，应用较广。

2.1.1.2　材料导电率的固体物理本质

A　电子的能量状态和K空间

在固体物理理论中，根据量子自由电子模型，金属价电子在金属内的恒定势场中运动，其薛定谔方程表示为

$$\left[-\frac{\hbar^2}{2m}\nabla^2+V(r)\right]\psi(r)=E\psi(r) \tag{2-5}$$

式中 $\psi(r)$ ——电子的波函数；

r——位置矢量 E 是电子总能量；

m——电子的有效质量；

$V(r)$ ——电子的势能，在这里是一个常数，可取作零。

则上式可写为

$$-\frac{\hbar^2}{2m}\nabla^2\psi(r) = E\psi(r) \tag{2-6}$$

方程的解可写为

$$\psi(r) = Ae^{ik\cdot r} \tag{2-7}$$

式中，A 是归一化常数，由波函数的归一化性质可求

$$\int_V \psi^*(r)\psi(r)\mathrm{d}r = 1 \tag{2-8}$$

式 2-8 的积分区域 V 是晶体的体积。以式 2-7 代入式 2-8，并假设晶体是每边长为 L 的立方体，则可得到

$$A = L^{-\frac{3}{2}} = V^{-\frac{1}{2}} \tag{2-9}$$

即金属中自由电子的波函数和能量分别为

$$\psi(r) = V^{-1/2}e^{ik\cdot r} \tag{2-10}$$

$$E = \frac{\hbar^2 k^2}{2m} = \frac{\hbar^2}{2m}(k_x^2 + k_y^2 + k_z^2) \tag{2-11}$$

在固体物理理论中，为方便采用周期性边界条件，可以写出：

$$\begin{aligned}\psi(X,Y,Z) &= \psi(X+L,Y,Z)\\ &= \psi(X,Y+L,Z)\\ &= \psi(X,Y,Z+L)\end{aligned} \tag{2-12}$$

将式 2-11 代入式 2-12，得

$$e^{ik\cdot r} = e^{ik\cdot r}e^{ik_x\cdot L} = e^{ik\cdot r}e^{ik_y\cdot L} = e^{ik\cdot r}e^{ik_z\cdot L}$$

故有

$$e^{ik_x\cdot L} = e^{ik_y\cdot L} = e^{ik_z\cdot L} = 1$$

因此有

$$k_x = n_x\frac{2\pi}{L},\ k_y = n_y\frac{2\pi}{L},\ k_z = n_z\frac{2\pi}{L} \tag{2-13}$$

式中，n_x，n_y，n_z =0，±1，±2，±3，…。将式 2-13 代入式 2-11 可得

$$E = \frac{\hbar^2 k^2}{2m} = \frac{\hbar^2}{2m}(k_x^2 + k_y^2 + k_z^2) = \frac{\hbar^2}{2mL}(n_x^2 + n_y^2 + n_z^2) \tag{2-14}$$

式 2-14 即为自由电子的能量表达式，每一组量子数（n_x，n_y，n_z）确定电子

的一个波矢 k，从而确定了电子的一个状态 $\psi_k(r)$ 。处于这个态中的电子具有确定的动量 $\hbar k$ 及确定的能量 $\frac{\hbar^2 k^2}{2m}$ ，因而具有确定的速度 $v = \frac{\hbar k}{m}$ 。

在固体物理理论中，假如以 k_x，k_y，k_z 为坐标轴建立起波矢空间（k 空间），则每一个电子的本征态可以用该空间的一个点来代表，点的坐标由式2-13来确定。图2-2 为状态点在 k 空间中分布的示意图。图中示出，沿 k_x，k_y 及 k_z 轴的两个相邻代表点之间的距离是相同的，由式 2-13 可知，这个距离就是 $2\pi/L$。

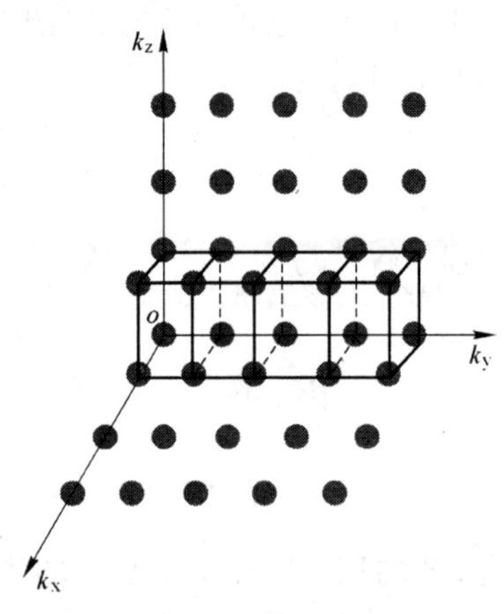

图 2-2　状态点在 k 空间中的分布

可以看出，状态代表点在 k 空间中的分布是均匀的，每个点所占的 k 空间体积是 $(2\pi/L)^3 = (2\pi)^3/V$ ，其中 V 是晶体的体积。在 k 空间的单位体积中含有的状态代表点数应为 $V/(2\pi)^3$ ，这就是 k 空间中状态点的密度。

B　自由电子的能态密度

在固体物理理论中，由自由电子能量表达式 2-14 可得

$$k_x^2 + k_y^2 + k_z^2 = \frac{2mE}{\hbar^2} \tag{2-15}$$

这是 k 空间中半径为 $k = \sqrt{\frac{2mE}{\hbar^2}}$ 的球面方程。对应于一定的电子能量 E，就有一个半径确定的球面存在。这些同心的球面称作电子的等能面。

当电子能量值在 $E \sim E + dE$ 之间时，k 空间中相应的等能面半径则取 $k \sim k + dk$ 之间的值。在这样两个球面之间的壳层所包含的状态点，就是相应于能量为 $E \sim E + dE$ 之间电子的所有本征态的数目，这个数目应等于状态点密度乘以球面壳层的体积。通过分析，图 2-3 球面壳层的体积是 $4\pi k^2 dk$。所以其中所包含的状态数目 dZ 是

$$dZ = \frac{V}{(2\pi)^3} 4\pi k^2 dk \tag{2-16}$$

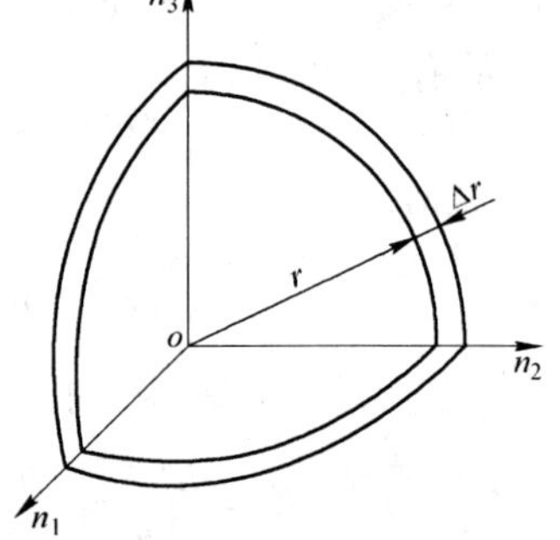

图 2-3　电子等能面

根据式 2-11 有

$$k^2\mathrm{d}k = \frac{(2\pi)^3}{2}\left(\frac{2m}{\hbar^2}\right)^{\frac{3}{2}} E^{\frac{1}{2}}\mathrm{d}E \tag{2-17}$$

因此得

$$\mathrm{d}Z = 2\pi V\left(\frac{2m}{\hbar^2}\right)^{\frac{3}{2}} E^{\frac{1}{2}}\mathrm{d}E \tag{2-18}$$

这里定义能态密度函数为

$$N(E) = \frac{\mathrm{d}Z}{\mathrm{d}E} \tag{2-19}$$

因而有

$$N(E) = 2\pi V\left(\frac{2m}{\hbar^2}\right)^{\frac{3}{2}} E^{\frac{1}{2}} \tag{2-20}$$

若考虑到每个状态可容纳两个相反的电子，则能态密度函数可表示为

$$N(E) = 4\pi V\left(\frac{2m}{\hbar^2}\right)^{\frac{3}{2}} E^{\frac{1}{2}} \tag{2-21}$$

C 基态费米能

根据固体物理理论，在式 2-19 中，将 $f(E)$ 乘以能量在 $E \sim E+\mathrm{d}E$ 之间的状态数 $N(E)\mathrm{d}E$，就得到能量在 $E \sim E+\mathrm{d}E$ 之间的电子平均数 $\mathrm{d}N$。这样，系统中电子的总数 N 就可表示为

$$\int_0^{\infty} f(E)N(E)\mathrm{d}E = N \tag{2-22}$$

将 $T=0\mathrm{K}$ 时的系统的费米能用 $E_{\mathrm{F}}^{\ominus}$ 来标记。在 $E < E_{\mathrm{F}}^{\ominus}$ 时，$f(E)$ 中的指数函数趋于零，即

$$e^{\frac{E-E_{\mathrm{F}}^{\ominus}}{k_{\mathrm{B}}T}} = e^{\frac{-|E_{\mathrm{F}}^{\ominus}-E|}{k_{\mathrm{B}}T}} \to 0 \tag{2-23}$$

所以，$f(E) = 1$。这表明所有能量低于 $E_{\mathrm{F}}^{\ominus}$ 的态都填满了电子。

在 $E > E_{\mathrm{F}}^{\ominus}$ 时，$e^{\frac{E-E_{\mathrm{F}}^{\ominus}}{k_{\mathrm{B}}T}} \to \infty$，所以有 $f(E) = 0$。即所有能量高于 $E_{\mathrm{F}}^{\ominus}$ 的状态都是空的。可见，$E_{\mathrm{F}}^{\ominus}$ 就是以绝对零度时，电子填充的最高能级（见图 2-1）。

当 $T=0\mathrm{K}$ 时，式 2-22 就变成

$$\int_0^{E_{\mathrm{F}}^{\ominus}} N(E)\mathrm{d}E = N\cdots \tag{2-24}$$

将自由电子的能态密度式 2-21 代入式 2-24，可得

$$N = \frac{8\pi}{3}\left(\frac{2m}{\hbar^2}\right)^{\frac{3}{2}} (E_{\mathrm{F}}^{\ominus})^{\frac{3}{2}} \tag{2-25}$$

从而有

$$E_F^{\ominus} = \frac{\hbar^2}{2m}\left(\frac{3n}{8\pi}\right)^{\frac{2}{3}} \tag{2-26}$$

式中，$n = N/V$ 是单位体积中的电子数，即电子浓度，一般约为 $10^{-28}/m^3$，$E_F^{\ominus}$ 约为几个到十几个电子伏。

电子的平均动能由下式给出

$$\overline{E}_0 = \frac{1}{N}\int_0^{\infty} E\mathrm{d}N = \frac{1}{N}\int_0^{E_F^{\ominus}} EN(E)\,\mathrm{d}E = \frac{3}{5}E_F^{\ominus} \tag{2-27}$$

分析结果表明，在绝对零度时，电子的平均动能与费米能 $E_F^{\ominus}$ 有相同的数量级。因此，电子的平均动能也具有几个到几十个电子伏的数量级。经典理论却得到电子的平均动能为零的结果。原因在于电子服从泡利原理，每个本征态只能由自旋相反的两个电子占据，因此，即使在绝对零度时，也不可能发生所有电子都集中在最低能态上的情况。

在 T 不等于 0K 时的费米能，有

$$E_F = E_F^{\ominus}\left[1 - \frac{\pi^2}{12}\left(\frac{k_B T}{E_F^{\ominus}}\right)^2\right] \tag{2-28}$$

由式 2-28 可知，费米能 E_F 随温度升高而略有下降。由于 $k_B T \ll E_F^{\ominus}$，所以，E_F 与 $E_F^{\ominus}$ 数值很接近。与费米能相应的温度称为费米温度，即 $T_F = \frac{E_F}{k_B}$，一般约为 $10^4 \sim 10^5$K。能量等于费米能 E_F 的等能面称为费米面。对于自由电子，费米面是球面，球半径为 $k_F = \frac{\sqrt{2mE_F}}{\hbar}$，这里 k_F 称为费米波矢。

2.1.1.3　固体物理理论的能带

A　3 个重要假设

根据固体物理理论，如果晶体由 N 个原子组成，每个原子都有 Z 个电子，那么薛定谔方程就包含了 $3(Z+1)N$ 个变量，这样，方程的变量数就高达 $10^{22} \sim 10^{24}$（或更高）的数量级。能带理论就利用 3 个近似假设，将多粒子问题简化为单电子在周期场中运动的问题。

（1）绝热近似。由于离子质量远大于电子质量，所以离子的运动速度远小于电子的运动速度。在考虑电子的运动时，可以认为离子实固定在其瞬时点，可把电子的运动与离子实际的运动分开处理，称玻恩—奥本哈莫近似或绝热近似。通过绝热近似，把一个多粒子体系问题简化为一个多电子体系。

（2）单电子近似。多电子体系仍然是一个很大的体系，直接求解薛定谔方程也有困难，需要进一步简化。认为一个电子在离子实和其他电子所形成的势场

中运动，称为哈特里（Hartree）—福克（Fock）自洽场近似，也称为单电子近似。单电子近似把一个多电子问题转化为一个单元电子问题。

（3）周期场近似。单电子近似使得相互作用的电子系统简化为无相互作用的电子系统。由于晶格的周期性，我们可以合理地假设所有电子及离子实产生的场都具有晶格周期性，即 $U(r) = U(r + R_n)$ ，其中 $R = n_1 a_1 + n_2 a_2 + n_3 a_3$ 。这个近似称为周期场近似。所以，能带理论有时被称为周期场理论。采用这些假设后，晶体中的电子状态问题变成一个电子在周期性势场中的运动问题，使问题大为简化，但却导致能带理论具有局限性。

B 布洛赫（Bloch）定理

在固体物理理论中，晶格的位置由 Bravais 格矢描述：$\vec{R} = k\vec{a} + l\vec{b} + m\vec{c}$，$k, l, m \in \mathbf{Z}$ 。在晶体中，除价电子以外在每个格点上有离子，这些离子组成的晶格会产生一个周期性的电场，电子在此电场中运动会受到一个周期性的电势能 $U(\vec{r})$ ，它满足 $U(\vec{r} + \vec{R}) = U(\vec{r})$ 的周期条件，其中 $\vec{R}$ 为任意 Bravais 格矢。Bloch 电子的薛定谔方程为

$$\hat{H} = -\frac{\hbar^2}{2m}\nabla^2 + U(\vec{r})\hat{H}\psi(\vec{r}) = E\psi(\vec{r}) \tag{2-29}$$

式中 $\psi(\vec{r})$ ——Bloch 电子的本征函数；

E——能量本征值。

显然，如果忽略周期势 $U(\vec{r})$ ，则 Bloch 电子就是自由电子。上述结论称为布洛赫（Bloch）定理。Bloch 电子的波函数满足以下两种等价的表述

$$\psi(\vec{r} + \vec{R}) = e^{i\vec{k}\cdot\vec{R}}\psi(\vec{r})$$

式中 $\vec{k}$——波矢；

$\vec{R}$——任意 Bravais 格矢。因此有

$$\psi(\vec{r}) = e^{i\vec{k}\cdot\vec{r}}u_{\vec{k}}(\vec{r}),\ u_{\vec{k}}(\vec{r} + \vec{R}) = u_{\vec{k}}(\vec{r}) \tag{2-30}$$

把周期性调幅的平面波称为布洛赫波，把用布洛赫描述的电子称为布洛赫电子。式 2-30 波函数中指数部分表明它是一个平面波，$u_k(r)$ 为平面波的振幅，它不是一个常数，与位置有关，并具有晶格周期性。波函数中，k 是平面波的波矢，也可看成是标志状态的量子数。

C 导体、绝缘体和半导体的划分

固体能带理论解决导体、绝缘体和半导体的划分问题。可以推算，每一支能带中可以容纳的电子态数是 $2\left(\frac{2\pi}{a}\right)^3\Big/\left(\frac{2\pi}{L}\right)^3 = 2N$，其中 N 是晶体中总原子数。假设每个原子拥有的价电子数为 n_v，根据独立电子假设及泡利（Pauli）不相容原理，如果 n_v 是偶数，晶体中价电子的电子态将排满 $n_v/2$ 能带；如果 n_v

是奇数，价电子还会将另外半个能带填充。下面将研究满带和半满带的导电性。

在固体物理理论中，布洛赫(Bloch)电子能带具有周期性，即对 $\vec{k} \longrightarrow \vec{k} + \vec{K}$ 的变换保持不变。这样，虽然每个电子的波矢随时间沿电场负方向移动，但是满带（Fully Filled Band）中所有电子的状态总和在外电场中保持不变。满带电子的总电流是

$$\vec{j} = -2e\int \frac{d^3\vec{k}}{(2\pi)^3} f(\vec{k})\vec{v}(\vec{k}) = 0,\ \vec{v}(\vec{k}) = -\vec{v}(-\vec{k}) \tag{2-31}$$

所以满带不导电。半满能带（Half Filled Band）中的电子波矢分布在外电场中会向外电场的负方向偏移（注意：这是电子的分布函数 $f(\vec{k})$ 在改变，不是速度函数的改变）。而且由于碰撞的存在，半满能带中的不对称性会保持在一个固定的尺度

$$\Delta k \approx \frac{eE}{\hbar}\tau \ll k_F \quad \frac{eE}{\hbar}\frac{l_0}{v_F} \ll k_F \quad eEl_0 \ll \varepsilon_F \tag{2-32}$$

这样，半满能带中的电流为

$$\vec{j} = -2e\int \frac{d^3\vec{k}}{(2\pi)^3} f(\vec{k})\vec{v}(\vec{k}) = \sigma\vec{E} \neq 0 \tag{2-33}$$

所以半满能带是导电的。

根据固体物理理论，讨论几种典型金属的费米面。

（1）碱金属。碱金属晶体具有 bcc 结构，其倒格点具有 fcc 的结构，因此它的第一布里渊区为正十二面体。其中心点记为 Γ，任意面的中心点记为 N，那么沿 Γ-N 方向的能谱就与一维能带结构完全相同。碱金属的第一布里渊区只有一半被填满，被填满的区域为球体，其表面即费米面。费米波矢为

$$k_F = \frac{(6\pi^2)^{1/3}}{\sqrt{2}\pi}k_N \approx 0.88k_N \tag{2-34}$$

（2）贵金属。贵金属晶体具有 fcc 结构，其倒格点具有 bcc 的结构，因此它的第一布里渊区为十四面体。其中心点记为 Γ，六角面中心记为 L，正方面中心点记为 X，角记为 W，边中心记为 K。能量与沿一定路径的波矢（$\Gamma \to X \to W \to L \to \Gamma \to K$）的关系可以用来表达贵金属和其他 fcc 金属的能带。贵金属的第一布里渊区只有一半被填满，被填满的区域基本上为球体，费米波矢 $k_F \approx 0.903k_L$。但是根据测定费米面的实验（de Haas-van Alphen Oscillation），铜的费米面在 8 个 L 点附近有瓶颈状的畸变，所以贵金属的费米面不完全是球体。

（3）二价金属。2A 和 2B 族的二价晶体有 hcp，fcc 和 bcc 三种结构。其中钙与贵金属一样还是 fcc 的结构。作为二价晶体，钙的价电子应该从 Γ 点排满到 W

点。但是，实际上在 L 点与 X 点附近，第二条能带的能量极小值要小于 W 点的能量。所以钙的价电子在没有排满第一条能带时，已经开始排第二条能带。这样钙的能量最高的能带是不满的。总之由于能带的重叠，钙和其他 2A 和 2B 族的二价晶体都是导电的，属于金属。

D　电子迁移率

根据量子力学，电子波的波包速度（群速）即为电子的前进速度，群速为

$$v_g = 2\pi \times \frac{d\gamma}{dk} \tag{2-35}$$

式中　γ——德布罗意波的频率；

k——波数。

由于 $E = h\gamma$，则

$$v_g = \frac{2\pi}{h} \times \frac{dE}{dk} \tag{2-36}$$

$$a = \frac{dv_g}{dt} = \frac{2\pi}{h} \times \frac{d}{dt}\left(\frac{dE}{dk}\right) = \frac{2\pi}{h} \times \frac{d^2E}{dk^2} \times \frac{dk}{dt} \tag{2-37}$$

设电子被电场 E_0 加速时，在 dt 时间内，能量增加 dE

$$dE = \frac{dE}{dk} \times dk = eE_0 dx = eE_0(v_g \times dt) \tag{2-38}$$

将式 2-36 代入式 2-38 得

$$\frac{dE}{dk} \times dk = \frac{2\pi eE_0}{h} \times \frac{dE}{dk} \times dt$$

$$\frac{dk}{dt} = \frac{2\pi}{h} \times eE_0 \tag{2-39}$$

式 2-39 代入式 2-37 得加速度 a 为

$$a = eE_0 \times \frac{4\pi^2}{h^2} \times \frac{d^2E}{dk^2} \tag{2-40}$$

对该式变形，得

$$m^* = \frac{h^2}{4\pi^2}\left(\frac{d^2E}{dk^2}\right)^{-1} \tag{2-41}$$

式中　m^*——定义为电子的有效质量，则晶体中电子的运动状态也可写成 $F = m^* a$ 的形式；

F——外力，这里是电场力 eE_0，对自由电子，$m^* = m_e$；对晶体中的电子，m^* 与 m_e 不同，m^* 决定于能态（电子与晶格的相互作用强度）。

图2-4 表示出 E 与 k 的关系。在第Ⅰ区，E 与 k 符合抛物线关系，属于自由电子的性质，即经典现象。资料表明，在这一区的底部附近，$m^* = m_e$。在第Ⅱ区，曲线的曲率 d^2E/dk^2 为负值，因而有效质量是负的，即价带（满带）顶部附近电子的有效质量是负的。第Ⅲ区为禁带，第Ⅳ区曲率是正的，因而有效质量是正的，而且由于Ⅳ区的曲率比Ⅰ区的大，所以有效质量比Ⅰ区小。大多数导体，由于价带只是一部分充满，所以 $m^* = m_e$，半导体和绝缘体以及部分导体，由于价带充满或几乎充满，因而 m^* 不等于 m_e。对于一定的材料结构，晶格场一定，则有效质量有确定的值，可通过实验测定。有了有效质量的概念之后，我们可以仿照自由电子的迁移率 μ_e 求法，计算出晶格场中的电子迁移率为

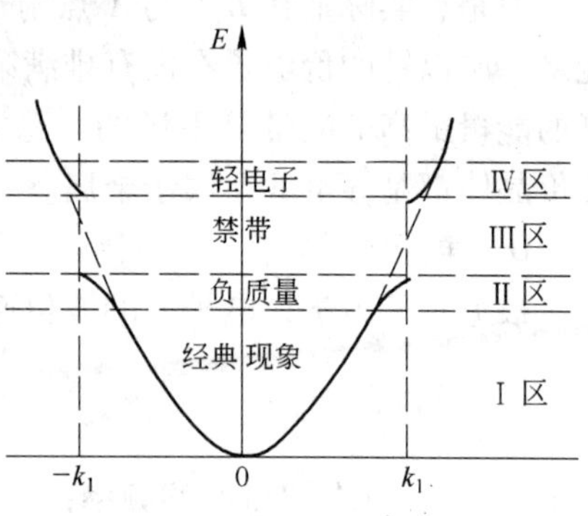

图 2-4　E 与 k 的关系

$$\mu = e\tau / m^* \tag{2-42}$$

式中，e 为电子电荷；τ 是载流子和声子碰撞的特征弛豫时间，m^* 决定于晶格，对氧化物 m^* 一般为 m_e 的 2～10 倍；对碱性盐 $m^* = 1/2m_e$。τ 除与晶格缺陷有关外，还决定于温度。通常电子与空穴的迁移率不相等，一般约为 1～100$cm^2/(s \cdot V)$，金属中 μ_e 为 20～50$cm^2/(s \cdot V)$。

2.1.2　金属基导电复合材料

2.1.2.1　金属基复合材料的电阻计算和测试

A　金属电子运动的本质

a　金属及合金的电子论概要

固体的多电子理论对合金是适用的。资料报告表明，对晶态的合金来说，能带论的原理基本适用。但是合金与纯元素相比有根本的区别，即它是由多种不同的原子组成。因此合金的电子理论必须分析处理由此而引起的一系列新问题。

资料表明，在二元稀固溶体的情况下，合金的点阵结构与一种元素 A 相同，且 A 原子占绝大多数，称为基质（或溶剂）原子。另一种元素 B 的原子在合金中很少，称为杂质（或溶质）原子。在这种合金中，电子运动的性质近似于纯元素 A，可以把合金电子看成是在 A 元素点阵的周期场中运动。但是在杂质原子占据的阵点附近，由于 B 与 A 不同，周期场受到扰动。这种势场的扰动引起一些新效应。首先，合金的传导电子在杂质附近受到弹性散射。B 与 A 的差异愈

大，散射截面也愈大。这种散射是合金在低温下的剩余电阻的重要来源。G. 夫里德耳在20世纪50年代用自由电子弹性散射的分波法处理过电子被杂质散射的问题，证明杂质弹性散射的分波相移遵守一个求和关系。这关系称夫里德耳求和律。资料表明，某些情况下，杂质引进的态可能是相当局域于杂质原子近旁的。杂质扰动势会受到电子气的屏蔽。但由于电子的波动性，杂质扰动势造成的电子散射，相当于在杂质原子附近产生某种驻波，所以，杂质原子周围的电子密度$\rho_e(r)$随距离r振荡式地变化。这种电子密度振荡已为核磁共振实验所证实，称夫里德耳振荡。因此，杂质的屏蔽势也和简单的经典图像不同，随距离作振荡变化。

合金的电子能谱是在一个假想的纯净晶体势场中运动电子的能谱，这个假想的纯净晶体势是基质原子A的势V_A和杂质原子B的势V_B的简单平均

$$V_0 = x_A V_A + (1 - x_A) V_B \tag{2-43}$$

式中，x_A是A原子的百分比。而把实际晶体势和V_0的偏离当作引起散射的根源。这种近似称虚点阵近似。在这个意义下，纯净晶体的能带、布里渊区、能带填充等概念对合金都可适用。W. 休谟—饶塞里曾经从布里渊区的填充情况成功地说明某些合金的结构与成分（平均电子浓度）的关系。但是，虚点阵近似只是零级近似。1967年以来发展了一种更普遍有效的方法，称“相干势近似”方法。根据这个方法，可以自洽地逐级造出一个假想的纯净晶体“势”（一般说这不是普遍意义上的势，而是一个算符），使不同的原子的无序分布所产生的散射效果逐级地统计相消。这种方法在研究合金的各种性质中得到广泛的应用。如果组成合金的两种或几种不同原子都是作有规则的周期排列，就成了“有序合金”。它实质上是一种金属间化合物。其传导电子的运动可用复式点阵的能带论方法处理。

b　材料的电导率

从微观上讲，材料之所以具有导电性是由于材料内部存在传递电流的自由电荷，这些自由电荷可以是电子、空穴，也可以是正负离子，这些载流子在外加电场的作用下，作定向运动，形成了电流。材料导电性的大小，与其含有的载流子数目及其运动速度有关。

根据固体物理理论，自由电子的动量与波矢k之间的关系为

$$m\vec{v} = \hbar\vec{k} \tag{2-44}$$

在电场$\vec{E}$的作用下，电子上所受的$\vec{F}$为$-e\vec{E}$，按牛顿第二定律得

$$\vec{F} = m\frac{\mathrm{d}v}{\mathrm{d}t} = \hbar\frac{\mathrm{d}\vec{k}}{\mathrm{d}r} = -e\vec{E} \tag{2-45}$$

在没有碰撞时，恒定的外电场使$\vec{k}$空间原点为中心的费密球，如果在$r=0$

的时刻给这一电子气施加一个电场，则在 r 时刻，费密球的中心移到新的位置

$$\delta \vec{k} = -e\vec{E}r/\hbar \tag{2-46}$$

如果两次碰撞之间的时间间隔为 Δt，则稳态下费密球的位移由上式给出。平均电子速度为

$$\vec{v} = -e\vec{E}\Delta r\vec{E}/m \tag{2-47}$$

若在单位体积内有 N 个电子，则电流密度为

$$\vec{j} = -Ne\vec{v} = Ne^2\Delta r\vec{E}/m \tag{2-48}$$

材料的电导率为

$$a = \frac{\vec{j}}{\vec{E}} = \frac{Ne^2\Delta r}{m} \tag{2-49}$$

可以利用 Boltzmann 输运理论以及弛豫时间近似来推导金属电导率

$$\sigma = \frac{ne^2}{m^*}\tau(k_F) \tag{2-50}$$

B　纤维增强金属基复合材料电阻率的计算

材料的导电性是用电导率 σ 或电阻率 ρ 来表示的。按电导率的大小，可以将材料分为导体、半导体及绝缘体。导体的电导率在 10^5S/m 以上。半导体是电导率在 $10^{-7}\sim10^5$S/m 之间的材料。绝缘体是电导率在 10^{-7}S/m 以下的材料。S 为电导单位西门子，m 为长度单位米。

有人提出复合材料的电阻率公式，对于纤维增强金属基复合材料，在纤维轴向方向的电阻率 ρ 为

$$\rho_{/\!/} = \frac{\rho_f\rho_m}{\rho_f + (\rho_m - \rho_f)v_f} \tag{2-51}$$

式中　v_f，v_m——分别为纤维和基体的体积分数；

ρ_f，ρ_m——分别为纤维和基体的电阻率。

如 Al/C 复合材料的电阻率可以表示为

$$\rho = \frac{\rho_c\rho_{Al}}{\rho_c + (\rho_{Al} - \rho_c)v_f} \tag{2-52}$$

垂直于纤维轴向的电阻率为

$$\rho_{\perp} = \frac{\rho_m(\rho_f + \rho_m)}{(\rho_f + \rho_m)(1 - 2V_f) + \rho_m v_f} \tag{2-53}$$

沿纤维轴向有一定角度 θ 的电阻率为

$$\rho = \rho_{/\!/}\cos^2\theta + \rho_{\perp}\sin^2\theta \tag{2-54}$$

在计算连续纤维增强铝的电导率 σ 时，当 $\sigma_m \gg \sigma_f$，复合材料的导电性简单依靠基体的导电性及纤维体积分数即可得到

$$\sigma_c = (1 - v_f)\sigma_m \tag{2-55}$$

C 两相合金的电阻率计算

当各组成相导电性相近时，两相（或多相）合金的导电性可以看作各相导电性的算术相加。在这种情况下，电导率与组元的体积浓度呈线性关系。

为了求出适用于等轴晶所组成的两相合金的通解，需要把多相系分成两种类型：基体型和统计型。属于基体型的，是在该系中有一个相形成统一的基体，而在基体中嵌入互不相连的第二相。属于统计型的，是由混乱分布的晶体所组成的体系，这些晶体的混合是不规则的。基体型的电导率为

$$\sigma = \sigma_0(1 + v_1/\{(v_2/3) - [\sigma_2/(\sigma_1 - \sigma_2)]\}) \tag{2-56}$$

式中 σ——合金的电导率；

σ_0——常数；

σ_2，σ_1——分别为基体和第二相的电导率；

v_1，v_2——分别为第二相和基体相的体积含量。

作为电导率倒数的电阻率应当按双曲线变化，其关系式为

$$\rho = \rho_1^{v_1}\rho_2^{v_2} \tag{2-57}$$

式中 ρ，ρ_1，ρ_2——分别为该体系合金及组元的电阻率。

两相片状组织中片状相的电阻计算时，如果它们都严格横向分布（理想的层状组织），则按相加规律计算电阻率 ρ 为

$$\rho = v_1\rho_1 + v_2\rho_2 \tag{2-58}$$

D 复合板及复合丝电阻的计算

复合板（带）及复合丝在电子电器工业中通常用作电接触材料或导体材料，资料提供了典型结构，如图 2-5 所示。

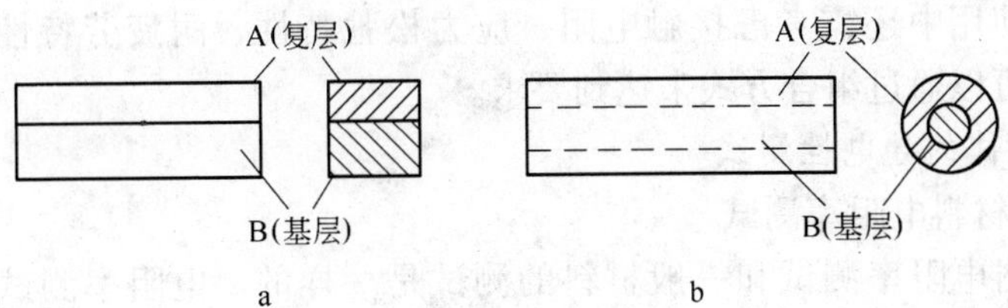

图 2-5 复合材料的两种典型结构

a—板（带材）；b—丝材

由资料提供的图 2-6 可知，材料的总电阻 R 为 R_A 和 R_B 的并联电阻

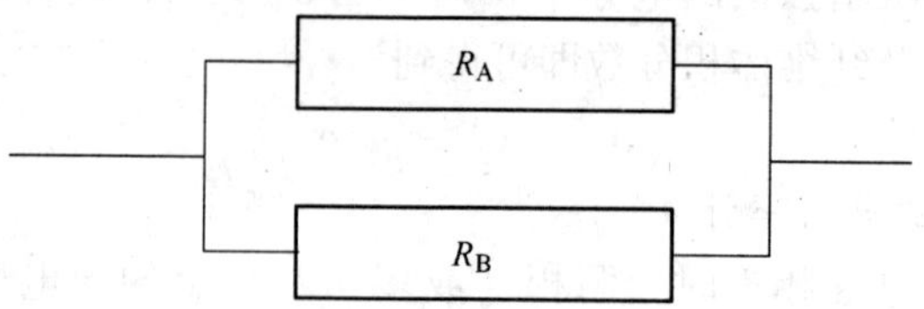

图 2-6　材料 A、B 组成双层复合材料后的等效电阻

$$R = \frac{\rho_A \cdot \rho_B}{\rho_A \cdot A_B + \rho_B \cdot A_A} \tag{2-59}$$

式中　ρ_A，ρ_B，A_A，A_B——分别为材料 A，B 的电阻率和横截面积。

若定义 ρ 为复合材料的电阻率，则

$$\rho = \frac{\rho_A \cdot \rho_B}{\rho_A \frac{A_B}{A} + \rho_B \frac{A_A}{A}} \tag{2-60}$$

式中，A 为复合材料的总横截面积，且 $3A = A_A + A_B$。

根据材料并联导电性质，复合材料的电阻率等于各组元层电阻率的并联，抗拉强度、伸长率等力学性能则遵循按组元比例叠加的规律，即

$$\begin{aligned} \frac{1}{\rho} &= \frac{D_1}{\rho_1} + \frac{D_2}{\rho_2} + \frac{D_3}{\rho_3} \\ \delta &= D_1 \times \delta_1 + D_2 \times \delta_2 + D_3 \times \delta_3 \\ \sigma_b &= D_1 \times \sigma_{b1} + D_2 \times \sigma_{b2} + D_3 \times \sigma_{b3} \end{aligned} \tag{2-61}$$

式中　ρ，δ，σ_b——分别表示复合材料总的或组元的电阻率、伸长率、抗拉强度；

D_i——系数。

由于在使用中还需考虑接触电阻、应力松弛特性、耐疲劳特性及磁性等因素，因此，可以通过组合方式来达到要求。

E　复合体的导电性测试

a　复合材料电阻率测试

复合材料电阻率测试和一般材料的测试是一样的。电阻率测试可按如下公式

$$\frac{1}{\rho} = \left(\frac{L}{\pi d^2/4}\right)\left(\frac{I}{U}\right) \tag{2-62}$$

式中　ρ——电阻率；

I——电流；

U——电压；

L——复合丝的长度；

d——纤维丝直径。

对于具有中、高电导率的材料，为减小测量误差，通常采用直流四端电极法测量试件的电导率。图 2-7 为资料提供的四端电极法测量方式。

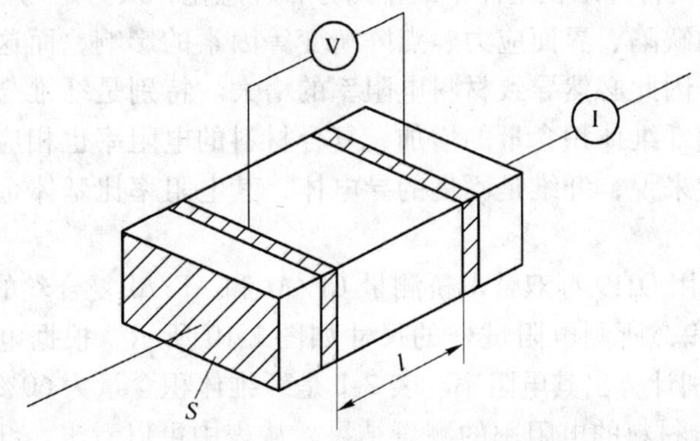

图 2-7 四端电极法测量用试样

资料提供，若内侧两电极间的电压为 V，电极间距为 l，试样截面积为 S，则其电导率为

$$\sigma = \frac{l}{S} \times \frac{I}{V}$$

在室温下测量电导率通常采用简单的四探针法，如图 2-8 所示为资料提供的四探针法测试方式。四根探针直线排列，并以一定的荷载压附于试样表面。若流经 1 和 4 探针间的电流为 I，探针 2 和 3 间的测量电压为 V，探针间的距离分别为 l_1，l_2，l_3，则其电导率为

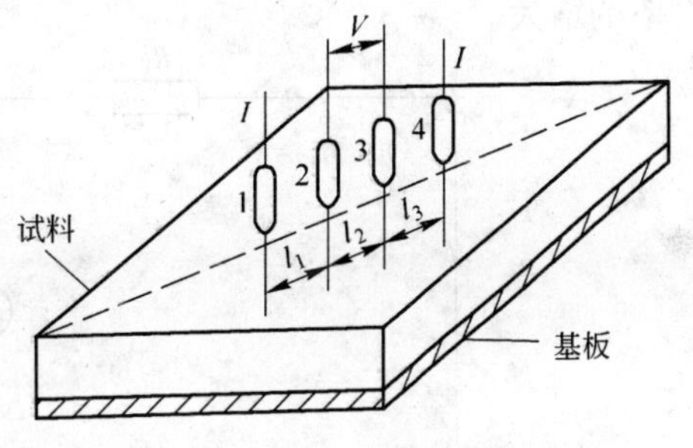

图 2-8 四探针法

$$\sigma = \frac{I}{2\pi V}\left(\frac{1}{l_1} + \frac{1}{l_3} - \frac{1}{l_1 + l_2} - \frac{1}{l_2 + l_3}\right) \tag{2-63}$$

如果 $l_1 = l_2 = l_3 = l$，则

$$\sigma = I/2\pi lV \tag{2-64}$$

式 2-63 和式 2-64 在试样尺寸比探针间距近似无限大的情况下成立。资料指

出，若测量薄膜等试样，其结果必须进行修正。采用双臂电桥，用四点接线法测量 Al/CF 和 Al/AF 复合丝的电阻。室温下的电阻测量值对 Al/CF-30% 为 $0.0480\times10^{-6}\Omega\cdot m$，Al/CF-50% 为 $0.0802\times10^{-6}\Omega\cdot m$，Al-60%/CF 为 $0.0892\times10^{-6}\Omega\cdot m$。利用式（2-58）可以计算出不同纤维体积份额时的电阻率。和前面对应，计算的理论值分别为 $0.0412\times10^{-6}\Omega\cdot m$，$0.0542\times10^{-6}\Omega\cdot m$ 和 $0.0692\times10^{-6}\Omega\cdot m$。可以看出，纤维复合丝的电阻率与理论计算值相近，但普遍高于理论值，这是因为混合规则将纤维在基体中的排列分布理想化，认为是均匀分布，并且忽略了复合材料的缺陷、界面应力、点阵畸变等因素的影响，而这些因素将会阻碍电子的运动，因此必然导致材料电阻率的增大。特别是纤维与基体之间存在界面过渡区。随纤维体积含量的增加，复合材料的电阻率也相应地增大，这是因为相对于基体来说，纤维是不良的导电体，其电阻率比基体金属要大一个数量级。

本书作者采用 QJ19 型双臂电桥测量 CF/Al 和 AF/Al 复合丝的电阻，测量电路原理图见图 2-9，所测电阻试样的尺寸如图 2-10 所示。根据电阻率计算公式 $\rho=\pi Rd^2/4L$ 分别计算出其电阻率。表 2-1 是纤维体积含量为 60%，纤维取向为 $\theta=0°$的纤维复合材料的电阻率的测量结果。从表中可以看出，纤维复合丝的电阻率与理论计算值相近，但普遍高于理论值，这是因为混合规则将纤维在基体中的排列分布理想化，认为是均匀分布，并且忽略了复合材料的缺陷、界面应力、点阵畸变等因素的影响，而这些因素将会阻碍电子的运动，因此必然导致材料电阻率的增大。

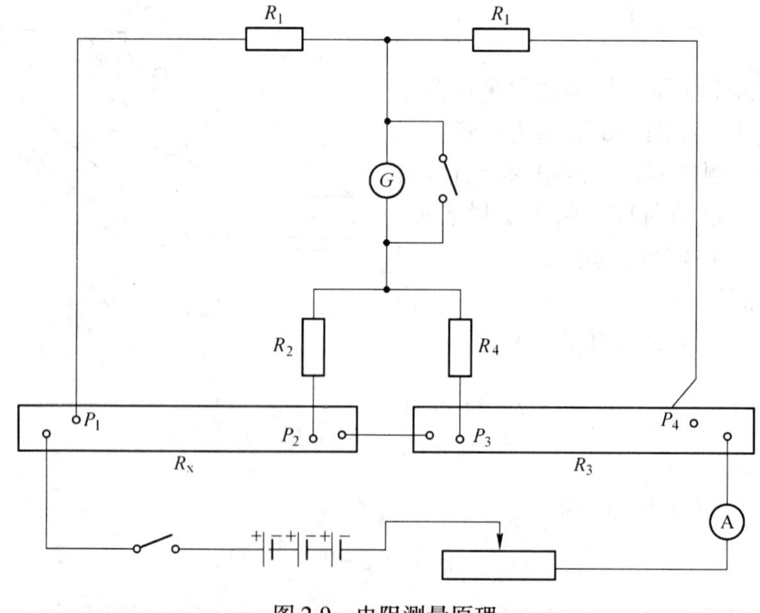

图 2-9　电阻测量原理

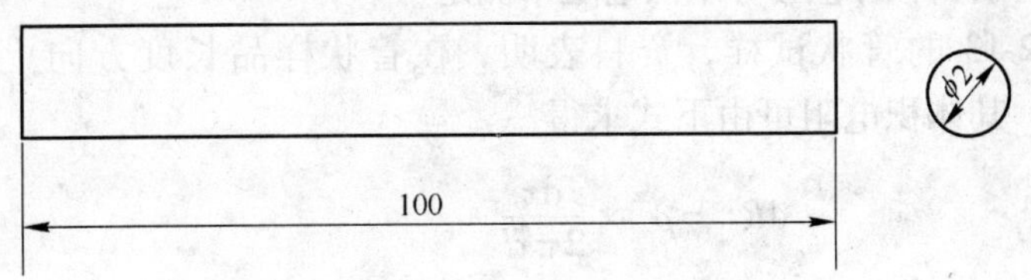

图 2-10 试样尺寸

表 2-1 复合丝的电阻率

材 料	电阻率 $\rho/\Omega\cdot m$			
	测 量 值			理论计算值
Al/CF	0.0794×10^{-6}	0.0802×10^{-6}	0.0789×10^{-6}	0.0725×10^{-6}
Al/AF				0.07×10^{-6}

纤维排列方向角 $\theta=0°$时，纤维复合材的电阻率可以简化为并联模型（见图 2-11），电阻率的计算式由混合规则得

$$\rho_{/\!/}=\rho_f\cdot\rho_m/[\rho_f-(\rho_f-\rho_m)\cdot V_f] \tag{2-65}$$

图 2-12 是不同纤维含量的复合丝的理论值曲线，可以预测随纤维体积含量的增加，复合材料的电阻率也相应地增大，主要是因为纤维相比基体来说，它是不良导体，其电阻率比基体金属要大一个数量级，此外纤维与基体之间的界面增多也是其电阻率增大的原因。

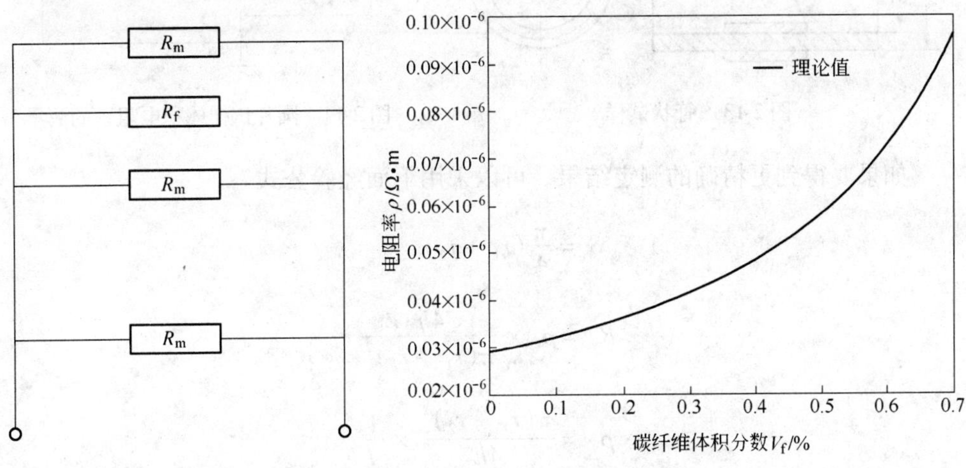

图 2-11 $\theta=0°$并联模型

图 2-12 $\theta=0°$复合丝电阻率

b　异形构件体积电阻与体积电阻率测定

对于图 2-13 的管状试样，资料表明，在管状样品长度方向上取一个微元（半径为 dx）其体积电阻可由下式求得

$$dR_v = \rho_v \times \frac{dx}{2\pi xl} \tag{2-66}$$

$$R_v = \int_{v_1}^{v_2} \frac{\rho_v}{2\pi l} \times \frac{dx}{x} = \frac{\rho_v}{2\pi l} \ln \frac{r_2}{r_1}$$

对于图 2-14 的圆片试样，资料表明，两环形电极 a，g 间为等电位，其表面电阻可以忽略。设主电极 a 的有效面积为 S，则

$$S = \pi r_1^2 \tag{2-67}$$

那么体积电阻

$$R_v = \frac{V}{I} = \rho_v \times \frac{h}{S} = \rho_v \times \frac{h}{\pi r_1^2} \tag{2-68}$$

$$\rho_v = \left(\frac{\pi r_1^2}{h} \times \frac{V}{I} \right) \tag{2-69}$$

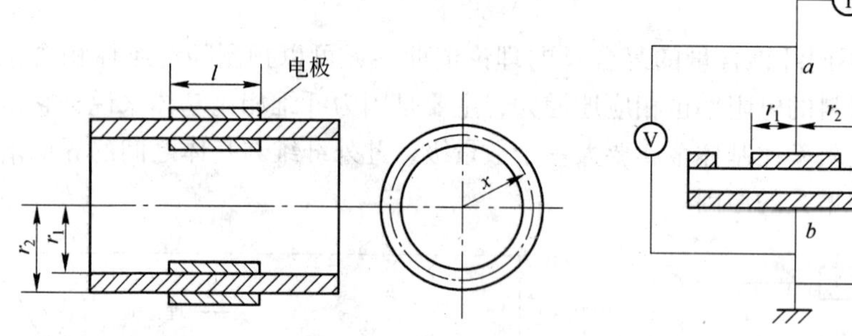

图 2-13　管状试样　　　图 2-14　圆片试样体积电阻率的测量

如果要得到更精确的测定结果，可以采用下面经验公式

$$S = \frac{\pi}{4}(r_1 + r_2)^2$$

$$R_v = \rho_v \times \frac{4h}{\pi (r_1 + r_2)^2}$$

$$\rho_v = \frac{\pi (r_1 + r_2)^2}{4h} \times \frac{V}{I}$$

c　表面电阻与表面电阻率

资料表明，如图 2-15 所示，试样表面放置两块长条电极，两电极间的表面电阻 R_S 由下式决定

$$R_S = \rho_S \times \frac{l}{b} \tag{2-70}$$

式中 l——电极间的距离；

b——电极的长度；

ρ_S——样品的表面电阻率。

ρ_S 和 R_S 的单位相同，均为欧姆。对于圆片试样，设环形电极的内外半径分别为 r_1，r_2（图 2-16），则两环形电极间的表面电阻 R_S 为

$$R_S = \int_{r_1}^{r_2} \rho_S \times \frac{dx}{2\pi x} = \rho_S \times \frac{\ln \frac{r_2}{r_1}}{2\pi} \tag{2-71}$$

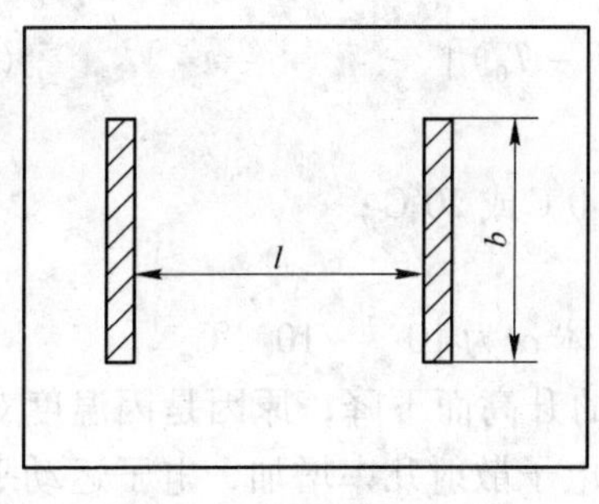

图 2-15 板状试样

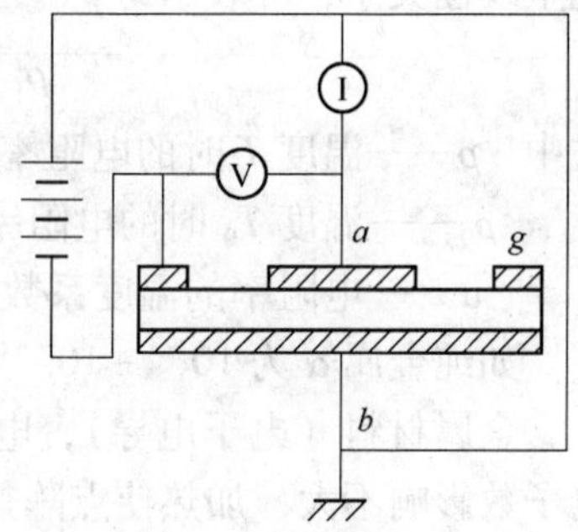

图 2-16 测量线路

ρ_S 不反映材料性质，它决定于样品表面状态，可用实验得出。

2.1.2.2 金属导电材料的类型和导电性规律

资料表明，常用的金属导电材料可分为：金属元素、合金（铜合金、铝合金等）、复合金属以及不以导电为主要功能的其他特殊用途的导电材料 4 类。

（1）金属元素（按电导率大小排列）有：银(Ag)、铜(Cu)、金(Au)、铝(Al)、钠(Na)、钼(Mo)、钨(W)、锌(Zn)、镍(Ni)、铁(Fe)、铂(Pt)、锡(Sn)、铅(Pb)等。

（2）合金，铜合金有：银铜、镉铜、铬铜、铍铜、锆铜等；铝合金有：铝镁硅、铝镁、铝镁铁、铝锆等。

（3）复合金属，可由 3 种加工方法获得：利用塑性加工进行复合；利用热扩散进行复合；利用镀层进行复合。高机械强度的复合金属有：铝包钢、钢铝电车线、铜包钢等；高电导率复合金属有：铜包铝、银复铝等；高弹性复合金属有：铜复铍、弹簧铜复铜等；耐高温复合金属有：铝复铁、铝黄铜复铜、镍

包铜、镍包银等；耐腐蚀复合金属有：不锈钢复铜、银包铜、镀锡铜、镀银铜包钢等。

（4）特殊功能导电材料是指不以导电为主要功能，而在电热、电磁、电光、电化学效应方面具有良好性能的导体材料。它们广泛应用在电工仪表、热工仪表、电器、电子及自动化装置的技术领域。如高电阻合金、电触头材料、电热材料、测温控温热电材料。重要的有银、镉、钨、铂、钯等元素的合金，铁铬铝合金、碳化硅、石墨等材料。

影响金属电阻率的因素有温度、杂质含量、冷变形、热处理等。资料表明，温度的影响常以导电材料电阻率的温度系数表示。在温度变化不大时，电导率与温度关系符合指数式。在迁移率 $\mu = e\tau/m^*$ 的公式中，τ 是载流子和声子碰撞的特征弛豫时间。它除了与杂质有关外，主要决定于温度。τ 与温度关系决定了迁移率的温度关系。除接近熔点和超低温以外，在一般温度范围，电阻率随温度变化呈线性关系，可表示为

$$\rho = \rho_0[1 + \alpha(T - T_0)] \tag{2-72}$$

式中　ρ——温度 T 时的电阻率；

ρ_0——温度 T_0 时的电阻率，T_0 通常取 0℃或 20℃；

α——电阻率的温度系数。

如纯金属 α 为 $10^{-3} \sim 10^{-4}$℃$^{-1}$，合金导体 α 为 $10^{-4} \sim 10^{-5}$℃$^{-1}$。

金属材料（电子电导），电导率随温度的升高而下降；原因是因温度对有效电子数影响不大，加热使点阵热振动加剧，电子散射几率增加，电子运动平均自由程减小。加热出现相变、回复、空位退火、再结晶、合金相成分和组织的变化。电阻是这些现象较敏感的方法。

若金属中含有少量杂质，其杂质原子使金属正常的结构发生畸变，它对电子波产生额外的散射，因而电阻率增加。设 μ 为散射系数，它与电阻率的关系为

$$\rho = \frac{m^* v_F}{n_{ef} e^2}\mu \tag{2-73}$$

此时散射系数由两部分组成，即

$$\mu = \mu_T + \Delta\mu \tag{2-74}$$

因此电阻率形成两部分

$$\rho = \rho' + \rho_L(T) \tag{2-75}$$

这就是马西森定律。根据马西森定律，在极低温度下，纯金属电阻率主要由其内部缺陷（包括杂质原子）决定，即由剩余电阻率决定。因此，研究晶体缺陷对电阻率的影响，对于估价单晶体结构完整性有重要意义。大量的实验结果表明，点缺陷所引起的剩余电阻率的变化远比线缺陷的影响大。对于固溶体的导电

性而言，高导电性金属溶入低导电性溶剂中也使固溶体电阻增高；二元合金最大电阻率在50%处；铁磁性和强顺磁性固溶体有异；贵金属（Cu，Ag，Au）与过渡族金属组成固溶体，电阻也异常高（价电子转移到过渡族金属的d-或f-壳层中）。有效导电电子数减少；有序化有利于改善离子电场的规整性，减少电子散射。一般化合物导电性能下降的原因是：金属键部分地改换为共价键或离子键；硅化物的结合随硅原子的增多，硅原子间形成共价结合的倾向增大。

资料表明，冷变形影响常以电阻率的应力系数来表示，在弹性压缩或拉伸时，金属电阻率一般按下式规律变化

$$\rho = \rho_0(1 + K\sigma) \tag{2-76}$$

式中 σ——应力；

K——应力系数。

压缩时 K 为负值，ρ 降低，拉伸时 K 为正值，ρ 增加，因此导体经拉伸后电阻率增加。冷加工形变使金属电阻增大。如：冷加工变形使金属如（Fe，Cu，Ag，Al等）的电阻率增加2%～6%，只有W、Mo、Sn可分别增加30%～50%，15%、20%、90%；一般单相固溶体经冷加工可增加10%～20%，而有序固溶体则增加100%甚至更高。而Ni-Cr、Ni-Cu-Zn、Fe-Cr-Al等合金形成 K 状态。

热处理所产生的影响是导电金属经冷拉变形后强度和硬度增加，导电性和塑性下降。退火后晶粒发生回复、再结晶，晶粒缺陷减少，晶格畸变减少，内应力消除，电阻率降低。退火产生回复和再结晶可使电阻下降。但退火温度高于再结晶温度时，再结晶生成很细小晶粒，晶界面缺陷反而使 R 增大。淬火产生缺陷使 R 增大。不均匀固溶体回火使电阻升高，冷加工使电阻明显降低，原因是原子偏聚尺寸与电子平均自由程可以比拟，产生附加散射使电阻增大。碳钢的电阻随热处理工艺而变（淬火态比退火态电阻高。淬火态组织是碳在α-铁中的固溶体，含碳量越高，淬火后马氏体和残余奥氏体中固溶的碳就越多）。

2.1.2.3 典型金属基导电复合材料

A 普通膜导电复合材料

金属复合膜是目前应用最广的薄膜导体，它是用不同金属膜所构成的多层薄膜导体，如CrAu膜、TiPdAu膜及TiCuNiAu膜等。

复合薄膜导体的结构一般包括底层和顶层两部分。底层又称为黏附层，主要作用是使顶层导体膜牢固地附着在基片上，它是易氧化的金属，以便与基片中的氧形成结合牢固的共价键。顶层则由导电性好、可焊性好和化学稳定性高的金属薄膜构成，主要目的是起导电和焊接作用。

Cr、NiCr及Ti等薄膜是典型的底层材料，厚度约20～50nm；顶层则通常为导电性好、抗电迁移能力比Al强、化学稳定性高、可热压焊、超声焊及锡焊的Au膜，其典型的厚度为1000nm。有时为了阻止黏附层与顶层Au膜之间的互扩散

及提高稳定性和增强抗蚀能力，在底、顶层之间加入一层厚度为100~300nm的阻挡层。如果加入Cu膜则可减少金的用量，从而降低阻值，降低高频损耗和成本。

薄膜导体材料的发展方向一是高温薄膜导体，导体可在400~500℃稳定工作的TiWAu薄膜等；二是贱金属薄膜导体，如Ni、NiCrNi或NiCrCu薄膜等。

B 导体布线复合材料

导体布线材料可分为厚膜和薄膜两种。厚膜布线导体又有Au、Ag、Pt、Pd的贵金属系和Cu、Ni、Al、Cr等贱金属系两种。铂金等贵金属厚膜导体采用导体浆料丝网印刷后烧结而成，它们膜层致密，附着力强，可用非活性焊剂焊接，抗焊熔性好，丝网印刷性能好，与多种电阻及介质材料兼容等。同贵金属厚膜导体相比，新型的Cu等贱金属厚膜导体具有材料价格低廉、膜电阻小、可焊性和抗焊熔性好、无离子迁移等优点，其缺点是工艺要求较高，老化性能尚不如贵金属厚膜导体好。

对薄膜导体布线材料，则要求它具有导电性好、附着力强、化学稳定性高、可焊性和耐焊性均好、成本低等特点。薄膜导体布线材料大体上可分为单元膜和复合膜两大类。前者是指用单种金属形成的单层薄膜导体，如Al膜。它有良好的导电性，易于成膜，不需其他金属作底层就可获得良好的附着性、可超声焊和热压焊、成本低，薄膜表面容易生成的那层氧化物有利于提高薄膜多层布线时层间的绝缘性；缺点是铝薄膜表面的氧化层给锡焊造成困难，与金所形成的脆性金属化合物造成焊点脱开，抗电迁移能力弱。

C 电子浆料

集成电路是现代电子技术发展成果的结晶，主要包括厚膜混合集成电路、薄膜混合集成电路与半导体集成电路。其各有优势：半导体集成电路在数字电路方面占有优势，适合大批量生产；薄膜混合集成电路在微波、高频电路方面优势明显；而厚膜混合集成电路则在高温、高压、大功率电路方面有其不可替代性。资料对电子浆料做了如下叙述。

厚膜混合集成电路简称厚膜电路或厚膜混合电路，是指通过丝网印刷、烧成等工序在基片上制作互连导线、电阻、电容、电感等，满足一定功能要求的电路单元。由于具有体积小、功率大、性能可靠、设计灵活、成本低和性价比高等优点，厚膜电路适应了发展趋势的要求，在混合电路产业中占据80%以上的市场份额，日益凸显统治地位。厚膜电子材料是厚膜电路的物质基础，主要包括基片和厚膜电子浆料。基片是厚膜电路的载体，其材料性能对厚膜电路的质量具有重要影响。厚膜电子浆料是厚膜电路的核心和关键，其质量的好坏直接关系到厚膜元件性能的优劣。

厚膜电子浆料作为制造厚膜元件的基础材料，电浆料的分类方法很多。根据用途不同，可分为电阻浆料、导体浆料和介质浆料三大类。按导电相的价格高低，可分为贵金属电子浆料和贱金属电子浆料。贵金属电阻浆料具有代表性的体系有钯-银电子浆料和钌系电子浆料。贱金属电子浆料的代表有二硅化钼电阻浆料。虽然贵金属浆料具有高稳定性和可靠性、高精度和长寿命等突出优点，在电子技术中处于绝对优势地位，但降低成本，减少贵金属的用量，使用贱金属是电子浆料发展的方向。

按烧结制度不同，可分为高温烧结电子浆料、中温烧结电子浆料和低温烘干性电子浆料。电阻浆料的烧结制度对性能影响极大。烧结制度的确立，不但与浆料的组成有关，而且与基片的种类关系重大。高温烧结电子浆料烧成温度一般为850℃左右。中温烧结电子浆料的烧成温度一般在500～700℃的范围内。有机树脂配制的系列电子浆料属烘干型电阻浆料，烘干温度为120～250℃。

按用途不同，可分为通用电子浆料和专用电子浆料。通用电子浆料工艺适应性和兼容性好，包括高性能电子浆料和片式电子浆料，广泛用于高可靠性集成电路、精密分立元器件及片式电阻元件。专用电子浆料主要包括热敏电阻浆料、浪涌电阻浆料及大功率电子浆料等，分别用于各种热敏传感控制元件、浪涌保护电路和大功率厚膜元件。

按所用基片种类不同，可分为陶瓷基片、聚合物基片、玻璃基片和复合基片电子浆料等。目前陶瓷基片电子浆料应用最为普遍，其中 Al_2O_3 陶瓷基片电阻浆料发展最早、技术成熟、用量最大。AlN 基片等新型陶瓷基片电子浆料符合厚膜电路大功率化的发展要求，应用领域不断拓展，在陶瓷基片电子浆料中占的比例越来越大。聚合物基片、玻璃基片和复合基片电子浆料的代表分别为聚酯及聚酰亚胺基片、钠钙视窗玻璃基片和被釉金属绝缘基片电子浆料，均是随着厚膜电路应用领域不断拓宽而发展起来的新型电子浆料，分别在低、中、高温下烧成，因其各自的专业性和不可替代性，市场份额日益扩大。

D 印制电路板

印制电路 PCB（Printed Circuit Board）板，又称印刷电路板、印刷线路板，是多种材料复合而成的电子部件，是电子元器件的支撑体，是电子元器件电气连接的提供者。由于它是采用电子印刷术制作的，所以被称为“印刷”电路板。覆铜板是以环氧树脂等为融合剂将玻纤布和铜箔压合在一起的产物，是印制电路板的直接原材料，在经过蚀刻、电镀、多层板压合之后制成印刷电路板。玻纤布是覆铜板的原材料之一，由玻纤纱纺织而成，约占覆铜板成本的40%（厚板）和25%（薄板）。玻纤纱由硅砂等原料在窑中煅烧成液态，通过极细小的合金喷嘴拉成极细玻纤，再将几百根玻纤缠绞成玻纤纱。铜箔是占覆铜板成本比重最大的原材料，约占覆铜板成本的30%（厚板）和50%（薄板）。资料对印制电路板做了如下详细叙述。

常见印制电路板分为软性、刚性或刚挠性。通常，用软性绝缘基材制成的印制电路板称为软性印制电路板或挠性印制电路板，刚挠复合型的印制电路板称刚挠性印制电路板。单面软性印制电路板，只有一层导体，表面可以有覆盖层或没有覆盖层。所用的绝缘基底材料，随产品的应用的不同而不同。一般常用的绝缘材料有聚酯、聚酰亚胺、聚四氟乙烯、软性环氧-玻璃布等。单面软性印制电路板又可进一步分为如下几类：无覆盖层单面连接的软性印制电路板的导线图形在绝缘基材上，导线表面无覆盖层。像通常的单面刚性印制电路板一样。这类产品是最廉价的一种，通常用在非要害且有环境保护的应用场合。其互连是用锡焊、熔焊或压焊来实现。它常用在早期的电话机中。有覆盖层单面连接的和前类相比，只是根据客户要求在导线表面多了一层覆盖层。覆盖时需把焊盘露出来，简单的可在端部区域不覆盖。要求精密的则可采用余隙孔形式。它是单面软性印制电路板中应用最多、最广泛的一种，在汽车仪表、电子仪器中广泛使用。无覆盖层双面连接的连接盘接口在导线的正面和背面均可连接。为了做到这一点，在焊盘处的绝缘基材上开一个通路孔，这个通路孔可在绝缘基材的所需位置上先冲制、蚀刻或其他机械方法制成。它用于两面安装元、器件和需要锡焊的场合，通路处焊盘区无绝缘基材，此类焊盘区通常用化学方法去除。有覆盖层双面连接的与前类不同处是表面有一层覆盖层。但覆盖层有通路孔，也允许其两面都能连接，且仍保持覆盖层。这类软性印制电路板是由两层绝缘材料和一层金属导体制成。被用在需要覆盖层与周围装置相互绝缘，并自身又要相互绝缘，末端又需要正、反面都连接的场合。双面软性印制电路板，有两层导体。这类双面软性印制电路板的应用和优点与单面软性印制电路板相同，其主要优点是增加了单位面积的布线密度。软性多层印制电路板如刚性多层印制电路板那样，采用多层层压技术，可制成多层软性印制电路板。最简单的多层软性印制电路板是在单面印制电路板两面覆有两层铜屏蔽层而形成的三层软性印制电路板。这种三层软性印制电路板在电特性上相当于同轴导线或屏蔽导线。最常用的多层软性印制电路板结构是四层结构，用金属化孔实现层间互连，中间两层一般是电源层和接地层。多层软性印制电路板的优点是基材薄膜重量轻并有优良的电气特性，如低的介电常数。用聚酰亚胺薄膜为基材制成的多层软性印制电路板，比刚性环氧玻璃布多层印制电路板的质量约轻1/3，但它失去了单面、双面软性印制电路板优良的可挠性，大多数此类产品是不要求可挠性的。

资料表明，多层软性印制电路板可进一步分成如下类型：（1）挠性绝缘基材上构成多层印制电路板，其成品规定为可以挠曲：这种结构通常是把许多单面或双面微带可挠性印制电路板的两端黏结在一起，但其中心部分并未黏结在一起，从而具有高度可挠性。为了具有所希望的电气特性，如特性阻抗性能和它所互连的刚性印制电路板相匹配，多层软性印制电路板部件的每个线路层，必须在接地面上设计信号线。为了具有高度的可挠性，导线层上可用一层薄的、适合的涂层，如聚酰亚胺，代替一层较厚的层压覆盖层。金属化孔使可挠性线路层之间的 z 面实现所需的互连。这种多层软性印制电路板最适合用于要求可挠性、高可靠性和高密度的设计中。（2）在软性绝缘基材上构成多层印制电路板，其成品未规定可以挠曲：这类多层软性印制电路板是用软性绝缘材料，如聚酰亚胺薄膜，层压制成多层板。在层压后失去了固有的可挠性。当设计要求最大限度地利用薄膜的绝缘特性，如低的介电常数、厚度均匀介质、较轻的质量和能连续加工等特性时，就采用这类软性印制电路板。例如，用聚酰亚胺薄膜绝缘材料制造的多层印制电路板比环氧玻璃布刚性印制电路板的质量大约轻1/3。（3）在软性绝缘基材上构成多层印制电路板，其成品必须可以成形，而不是可连续挠曲的：这类多层软性印制电路板是由软性绝缘材料制成的。虽然它用软性材料制造，但因受电气设计的限制，如为了所需的导体电阻，要求用厚的导体，或为了所需的阻抗或电容，要求在信号层和接地层之间有厚的绝缘隔离，因此，在成品应用时它已成形。多层软性印制电路板部件具有做成所要求的形状的能力，并在应用中不能再挠曲。在航空电子设备单元内部布线中应用，这时，要求带状线或三维空间设计的导体电阻低、电容耦合或电路噪声极小以及在互连端部能平滑地弯曲成90°。用聚酰亚胺薄膜材料制成的多层软性印制电路板实现了这种布线任务。因为聚酰亚胺薄膜耐高温、有可挠性、而且总的电气和机械特性良好。为了实现这个部件截面的所有互连，其中走线部分进一步可分成多个多层挠性线路部件，并用胶黏带合在一起，形成一条印制电路束。

资料表明，刚性-软性多层印制电路板通常是在一块或两块刚性印制电路板上，包含有构成整体所必不可少的软性印制电路板。软性印制电路板层被层压在刚性多层印制电路板内，这是为了具有特殊电气要求或为了要延伸到刚性电路外面，以增强平面电路装连能力。这类产品在那些把压缩重量和体积作为关键，且要保证高可靠性、高密度组装和优良电气特性的电子设备中得到了广泛的应用。刚性-软性多层印制电路板也可把许多单面或双面软性印制电路板的末端黏合压制在一起成为刚性部分，而中间不黏合成为软性部分，刚性部分的 Z 面用金属化孔互连。可把可挠性线路层压到刚性多层板内。这类印制电路板越来越多地用在那些要求超高封装密度、优良电气特性、高可靠性和严格限制体积的场合。

E 电接触复合材料

用于开关、继电器、电气连接及电气接插元件的电接触材料，又称电触头材料。一般分强电用触头材料和弱电用触头材料两种。根据使用对象的不同，对触头材料提出不同的要求。这些要求与触头的工作条件和在操作过程中产生的各种物理现象有关。

开关、继电器触头用来接通和分断电路。自动化电路对电器的触头有很多的要求，例如对操作寿命（动作次数）的要求高。当电路的电压和电流达到一定值并通断电路时，触头间会产生电弧或火花，对触头会产生腐蚀作用。电气连接器及接插元件一般是在不带电情况下接通与分断电路，操作过程中接触部分不产生电弧或火花。由于它们在运行时不经常插拔，接通与分断次数不多（一般在数百次以下），因此它们与开关、继电器的触头有不同的要求。用于低电压、弱电流电路的电气接插元件的接触材料，为了保证接触的可靠性，一般在接触表面上镀以银、金或钯等贵重金属的镀层。

为提高触头工作的可靠性，资料提出对触头材料的基本要求是：(1) 触头材料的电导率与热导率要高，以降低触头通过电流时的热损耗，减轻触头表面的氧化；(2) 触头材料的熔化温度与沸点高、熔化与蒸发潜热高，以减少在电弧或火花作用下触头的磨损量和不易使触头发生熔焊；(3) 触头材料对周围环境的化学性能要稳定，触头受环境污染后接触电阻的变化小，接触电阻稳定；(4) 触头材料的硬度与弹性要适当，硬度太大时，接触的面积小，弹性较大的材料在触头闭合时，由于触头间的弹跳使磨损加大；(5) 触头材料易于加工和焊接；(6) 触头材料的价格要低。

对强电用触头材料主要要求是：(1) 具有低的接触电阻，防止通过额定电流时过热；(2) 电磨损率和机械磨损率小，具有较长的使用寿命；(3) 抗熔焊性能好，在故障情况下能顺利分断电路；(4) 剩余电流小，灭弧能力强,分断大电流时能迅速灭弧,而且不会引起电弧重燃或持续电流。对弱电用触头材料的要求是：(1) 低而稳定的接触电阻和小的电磨损率，较长的使用寿命；(2) 具有较高的最小起弧电压和最小起弧电流，使触头尽可能在无电弧情况下操作；(3) 这种触头闭合力小,故机械磨损不是重要问题。对直流触头,要求在直流操作条件下,从触头的一方到对方的材料转移要小。

根据资料，触头材料可分为如下纯金属、合金和金属陶瓷复合材料3类。

(1) 纯金属。如铜、银、金、铂、钯、镍、钨等。铜是电器中最广泛采用的触头材料之一。它有良好的导电与导热性能，良好的加工工艺性，价格也不高。但铜触头在受热情况下，触头表面易产生氧化。铜的硬度较低，抗电弧能力不强，在电弧作用下较容易熔焊，使触头发生相互焊接。银有高的导电与导热性能。氧化银的电阻率很低，银触头的容许工作温度较高。但纯银材料抗电弧作用能力不强，硬度和力学强度较低，因此，只适用于小容量的触头和不经常通断的触头和连接器。金、铂等材料属贵重金属，它们有很高的化学稳定性，触头电阻特别稳定，但由于价格很高，因此仅用于弱电的触头材料。钯的价格比铂低，其电阻率和硬度与铂差不多，它是铂的代用材料。镍、钨材料有较高的熔点与沸点，有较好的抗电弧作用。它们和它们的合金常用于灭弧触头。

(2) 合金。采用不同的合金材料可改善纯金属触头材料性能的不足，如银-铜、银-金、银-镍、银-镉、铂-铑、金-钯等等。

(3) 金属陶瓷复合材料。是将不同的金属材料粉末混合在一起，压制成形后经烧结而成。与熔炼而成的合金不同，它保留了原混合材料的各自性能，以充分发挥它们原有的互不相同的性能。例如银-钨制成的金属陶瓷材料，钨的微粒烧结后形成坚硬的骨架，骨架中含有银。当受到电弧作用时，银被熔化但不能流出骨架，因而材料的抗电弧耐磨损性能得到提高。钨骨架内铸入的银是导电的良好通路，材料的电阻率不大。金属陶瓷材料可以直接压制成所需的触头形状，不再进行机械加工，提高了材料的利用率。常用的金属陶瓷材料有：铜-石墨、铜-钨、银-镍、银-氧化镉、银-氧化钨、银-氧化锡、还有多元材料的银-碳化钨-石墨等等。

F 复合材料法制备的高导电性铜合金

为了进一步得到具有高导电性、高强度特别是高温强度的铜材料，近年来迅速发展了氧化物弥散强化铜。采用塑性变形法制备纤维增强高强度高导电性材料的研究，成为近年来继合金化法及氧化物弥散强化法之后又一引人注目的方法。此研究大多是用熔铸法或粉末冶金法制得 Cu-X(Ta、Nb、Cr 等) 两相复合体，在真应变高达12%以上的塑性变形下，使强化相在铜基体中呈丝带或纤维状分布，从而得到了强度可达1400MPa以上，电导率可达90%IACS的高强度、高导电性铜复合材料。目前，由于塑变过程中铜基体产生大量的晶格缺陷，变形过程中高强度第二相进一步加剧缺陷的产生而影响强度和导电率的问题尚未解决，塑性变形制备 Cu-X 复合材料的研究处于初始阶段，有待进一步地深入研究。

资料表明，这种材料通过在铜基体中引入均匀分布的微细的具有良好热动态稳定性的氧化物颗粒，如 ThO_2、Y_2O_3、ZrO_2、Al_2O_3 等，不但提高了材料的室温强度和硬度，而且可以阻滞再结晶的发生，从而使铜材料在高温下仍具有良好的力学性能。氧化铝强化铜即 ODS 铜可以简单地用铜金属粉末和氧化物粉末按机械混合方法制取，也可以采用熔盐共沉淀法、机械合金法及内氧化法等制备工艺。其弥散程度及成本随制备工艺不同现时有显著差异，采用内氧化法时氧化物颗粒最小，分布最均匀。内氧化法的基本过程是铜铝雾化粉末在高温及氧气气氛下发生内氧化，铝转变为 Al_2O_3，然后在氢气气氛下把被氧化了的铜还原出来，形成铜和 Al_2O_3 的混合体，最后在一定压力下烧结成形。目前，内氧化法制备的 ODS 铜已进入工业规模的生产阶段，主要应用在制造电阻焊焊条、白炽灯引线、继电器刀闸及触头支承、某些高性能集成电路的引线框架等一些小型件上。

2.1.3 高分子基导电复合材料

2.1.3.1 导电高分子的概念

A 高分子材料的导电性

通常高分子材料或高聚物的体积电阻率都非常高，约在 $10^{10} \sim 10^{20}\Omega\cdot cm$ 之间，作为电气绝缘材料的使用无疑是非常优良的。但是，随着科学技术的进步，特别是电子工业、信息技术等的迅速发展，对于具有导电功能的高分子材料的需求愈来愈迫切。

一般是将体积电阻率ρ_v小于$10^{10}\Omega \cdot cm$的高分子材料通称为高分子导电材料。其中又将ρ_v在$10^6 \sim 10^{10}\Omega \cdot cm$之间的复合材料称为高分子抗静电材料；将$\rho_v$在$10^0 \sim 10^6\Omega \cdot cm$之间的称为高分子半导电材料；将$\rho_v$小于$10^0\Omega \cdot cm$的称为高分子导电材料。不同导电性能的高分子材料的功能见表2-2。

表 2-2　高分子导电材料的定义及功能

材　料	体积电阻率/$\Omega \cdot cm$	功　能
高分子抗静电材料	$10^6 \sim 10^{10}$	防止静电消除静电
高分子半导电材料	$10^0 \sim 10^6$	发热、电极、电阻
高分子导电材料	$<10^0$	导电、电磁波屏蔽

导电过程是载流子在电场下作定向运动的过程。因此高分子材料要能导电，必须具备两个条件：一是能产生足够数量的载流子（电子、空穴或离子等）；二是在分子链内要能形成导电通道。在高聚物中，载流子可以是电子、空穴，也可以是正负离子。按载流子可分为以下3类：一是载流子为自由电子的电子导电聚合物；二是载流子为能在聚合物分子间迁移的正负离子的离子导电聚合物；三是氧化-还原反应为电子转移机理的氧化-还原型聚合物。在电场作用下，对聚合物的掺杂过程实际上是一个氧化-还原过程。第一种属于本征导电。后两种属于复合导电的范畴。

许多具有大共轭双键的化合物，聚合物中的电荷转移络合物，聚合物的离子自由基络合物和金属有机络合物等则有很强的电子电导。含有大共轭体系的聚合物导电，主要是π电子轨道互相交迭，使π电子具有类似于金属中自由电子的特征，可以在共轭体系内自由运动。一般说，大多数高聚物都存在离子导电，首先是那些带有强极性原子或基团的化合物，由于本身解离，可以产生导电离子。此外，在合成、加工和使用过程中，进入高聚物材料中的催化剂、各种添加剂、填料及水分和其他杂质的解离，都可以提供导电离子，特别是在没有共轭双键的电导率很低的那些非极性高聚物中这些外来离子是导电的主要载流子，这些高聚物导电主要是离子导电。

按导电原理分，高聚物可分为结构型导电高分子和复合型导电高分子。结构型导电高分子指分子结构本身能提供载流子、从而显示导电性的聚合物。复合型导电高分子是以绝缘聚合物为基体、与导电性颗粒或细丝（如银、铜、铝、石墨等）通过共辊或层压等复合手段而产生的导电高分子材料，在复合型导电高分子材料中，高分子本身并不导电，它的导电过程是靠掺入的导电微粒或细丝来实现的，即由导电微粒或细丝提供载流子。复合型导电高分子材料的研究方向是提高性能，降低成本。与金属相比较，导电性高分子材料具有加工性好、工艺简单、耐腐蚀、电阻率可调范围大及价格低等优点。与金属相比，导电高分子质轻、易成形、电阻率或电导率可调节。目前，复合型导电高分子材料已在能源、纺织、电子、宇航等部门得到广泛应用，而结构型高分子材料仍处于实验室研制或小型试验阶段。

假定高分子为立方体粒子，已被足够多的填料粒子覆盖，形成一个长为 L 的立方体层积模型；又假定复合材料的电阻是沿电流方向接触数与接触电阻的乘积，同时与电流方向垂直的同一网络数成反比，则复合材料的电导率 σ 表示为

$$\sigma = (3/R_0L)[(3L/d) - 2][v_f - (4d/3L)] \tag{2-77}$$

式中 d——填料粒子直径；

v_f——填料体积分数。

Kirkpatrick 等人应用有效介质近似理论计算出复合物的电阻为

$$\rho = (Z-2)\rho_c\rho_m\{A + B + [(A+B)^2 + 2(Z-2)\rho_c\rho_m]\} \tag{2-78}$$

其中

$$A = \rho_c\left[-1 + \left(\frac{Z}{2}\right)\left(1 - \frac{v}{f}\right)\right]$$

$$B = \rho_m\left[\left(\frac{Zv}{2f}\right) - 1\right]$$

式中 ρ，ρ_c，ρ_m——分别为复合物、导电粒子和基体的电阻率；

v——导电粒子的体积分数；

Z——格点中粒子的协调因子；

f——晶格中粒子的堆积常数。

从式 2-78 中可以得出粒子的临界体积分数 $v_C = 2f/Z$。当 $f = 1$ 和 $f = 0.52$ 时，计算出 v 分别为 0.333 和 0.173。对金属粒子，临界值处于此范围内，但对于聚集程度较高的炭黑，则此临界浓度要比实验值大得多。Bruggeman 应用有效介质理论推导出计算复合物的电阻率公式为

$$v_1[(\sigma_1 - \sigma_m)/(\sigma_1 + 2\sigma_m)] + v_2[(\sigma_2 - \sigma_m)/(\sigma_1 + 2\sigma_m)] = 0 \tag{2-79}$$

即

$$\sigma_m = [y + (r^2 + 8\sigma_1\sigma_2)^{1/2}]/4 \tag{2-80}$$

$$r = (3v_1 - 1)\sigma_1 + (3v_2 - 1)\sigma_2 \tag{2-81}$$

式中 σ_m——复合物的电导率；

σ_1，σ_2——分别为组成复合物两种物质的电导率，其体积分数分别为 v_1 和 v_2。

B 复合导电高分子材料的应用

工业用的导电塑料、导电涂料和导电橡胶均为复合导电高分子材料。

a 导电塑料

以聚烯烃或其共聚物如聚乙烯、聚苯乙烯、ABS 等为基料，加入导电填料、抗氧剂、润滑剂等经过混炼加工而成的聚烯烃类导电塑料，可做电线、高压电缆、低压电缆和半导体层、干电池的电极、集成电路和印刷电路板及电子元件的包装材料、仪表外壳、瓦楞板等。

以对苯二甲酸丁二醇酯（PBT）为基材加入碳纤维、金属纤维、炭黑可制得 PBT 导电塑料，主要用作一般导电塑料、电磁屏蔽材料、防静电材料等。

以炭黑、碳纤维为填料的导电尼龙主要用于消除静电和防静电材料。以高频振动切削法生产的金属纤维为填料制得的导电塑料（尼龙）已应用于许多新的工业领域，以黄铜纤维填充的导电尼龙具有优异的导电性、耐热性、耐久性、机械强度、耐摩擦性，可用于制造发动机外壳和高温下工作的仪器外壳等。

以聚苯硫醚、聚苯醚、酚醛塑料等材料为基料加入导电填料制得导电塑料具有密度小、耐热性高、尺寸稳定性好等特性，可以用作要求电磁屏蔽的仪器外壳。

b 导电涂料

导电涂料一般将合成树脂溶解到溶剂中，再加入导电填料、助剂等配制而成，涂料用的合成树脂主要有 ABS，聚苯乙烯、聚丙烯酸、环氧树脂、酚醛树脂、聚酰亚胺等。导电填料主要有 Au、Ag、Cu、Ni 合金、金属氧化物、炭黑等，在导电涂料的配方中，要尽力减少导电填料用量以保证涂膜的稳定性、力学性能和附着性，在配料时，要注意加料次序，以便形成导电通路，切忌导电粒子被包裹太紧而造成导电性能下降。导电涂料用途很广，主要用作电磁屏蔽材料，电子加热元件和印刷电路板用的涂料真空泵涂层，微波电视室内壁涂层、录音机磁头涂层、雷达发射机和接收机的导电涂层，另一个重要用途是做发热漆，以银粉、超细微粉石墨为填料的高温烧结型导电涂料可代替金属作加热管、加热片和电炉。

c 导电橡胶

导电橡胶一般是在通用橡胶或特种橡胶中加入导电填料，经混炼加工而成。产品有薄片、片材、棒材、泡沫体等。导电橡胶是将玻璃镀银、铝镀银等导电颗粒均匀分布在硅橡胶中，通过压力使导电颗粒接触，达到良好的导电性能。普通导电橡胶是以炭黑为填料，电阻率 $10^{-2} \sim 10^{-3}\Omega \cdot m$，主要用做防静电材料，如医用橡胶制品，导电轮胎，复印机用辊筒，如要求有更低的电阻时，则用金属做填料。资料表明，各向异性导电胶，其各个方向电阻率不同，主要用于液晶显示装置，电子仪器和精密机械方面。加压性导电橡胶与普通导电橡胶的区别在于加压时才出现导电性，而且仅在加压部位显示导电性，未受压部分仍显示绝缘性。加压性导电橡胶用途很广，如用作防爆开关，容量可变元件、各种敏压、敏感元件、高级自动仪器把柄等。此外，导电硅橡胶还用做医疗电极（高频外科用电极，心电图仪和脑电图仪的测量电极）和加热元件。

每种导电橡胶均是由硅酮、硅酮氟化合物、EPDM（三元乙丙橡胶，是乙烯、丙烯以及非共轭二烯烃的三元共聚物）或氟碳—氟硅等黏合剂及纯银、镀银铜、镀银铝、镀银镍、镀银玻璃、镀银铅或无镀层铅颗粒等填料组成。资料表明，导电橡胶具有良好的电磁密封和水汽密封能力，在一定压力下能够提供良好的导电性（抑制频率达到40GHz）。产品广泛地应用在航天、航空、舰船、兵器等军用电子设备中。应用范围有：机箱、机柜、方舱等电子和微波波导系统、连接器衬垫等。铝镀银导电橡胶具有优良的屏蔽性能和抗烟雾性能；铜镀银导电橡胶具有最优良的导电性；玻璃镀银导电橡胶具有最佳性价比；纯银导电橡胶具有良好的防霉菌性。导电橡胶必须受一定的压缩力才能良好导电，所以结构设计必须保证合适的压力又不过压。板材最佳高度压缩量在7%～15%；实心圆形、D形最佳高度压缩量在12%～30%；管状、P形最佳高度压缩量在20%～60%。资料表明，导电橡胶在很宽的温度范围内具有优良的抗压缩设定特性，连续使用年限长，全部满足MIL—STD—810标准对防酶的要求。除了用于电磁干扰（EMI）屏蔽，如果需要，这些材料将提供环境或压力密封。由于这些材料含有银，包装和储存条件应与其他含银元件，例如继电器或开关相似。它们应当储存在塑料中，例如聚酯或聚乙烯，远离含硫材料，例如硫化氯丁橡胶、纸板等，用水或含中性皂的酒精来祛除污物，不能使用芳香或氯化溶剂。

2.1.3.2 高分子基导电复合材料的导电机制

A 本征导电

分子结构是决定高聚物导电性的内在因素。按量子力学观点，具有导电性高聚物必须具备两个条件：第一，大分子的分子轨道能强烈的“离域”；第二，大分子的分子轨道间能相互混合（重叠）。能满足这两个条件的高聚物有：(1) 共轭链聚合物其分子链上整个共轭链的 π 电子完全可以离域，从而产生载流子（电子或空穴）和输送载流子；(2) 非共轭高聚物分子间 π 电子轨道互相重叠的；(3) 具有电子给予体和电子接受体的体系，后两种材料也可产生和输送载流子，从而显示出导电性。

饱和的非极性高聚物结构本身既不能产生导电离子，也不具备电子导电的结构条件，是最好的绝缘体。理论上计算，其电阻率可达 $10^{23}\Omega\cdot m$，比实际测出的高好几个数量级，如聚乙烯的电阻率为 $10^{16}\Omega\cdot m$。这说明高聚物绝缘体的载流子可能是结构以外因素，即杂质引起的，如果经过纯化，其电阻率有数量级的增加。极性高聚物的电阻率在 $10^{12}\sim10^{15}\Omega\cdot m$ 之间，如聚砜、聚酰胺、聚丙烯腈和聚氯乙烯等，也是绝缘体，这些聚合物中的强极性基团可以发生微量离解，提供载流子，同时，这些聚合物的介电子数较高，因此，杂质间的库仑引力将降低，使解离平衡移动，从而增加载流子的浓度，这可能是极性高聚物电阻率低于非极性高聚物的原因。

a　共轭链同聚物

目前，根据量子力学设计的由分子内导电或由分子间导电的聚合物都是受石墨结构的启发。因此，合成的导电聚合物，可以出现金属导电，也可以出现半导体电导，但合成的聚合物半导体电导率的上限，一般不会超过石墨电导率。石墨是典型的无阻共轭体系，它是由稠合苯环组成的平面网。在苯环中，碳与碳之间的 π 电子离域很强烈，而且在平面网内有非常多的 π 电子，因此在平面网上的电导率可达 $10^6 \sim 10^7 \Omega/m$，石墨中平面网之间的距离为 0.335nm，平面网的 π 电子可以重叠，于是在垂直于平面网的方向也构成一个电子通道，但这个方面电导率要小得多，只有 $10^2 \sim 10^3 \Omega/m$。

电子导电型聚合物的共同特征是分子内有大的 π-电子共轭体系，给载流子自由电子提供离域迁移的条件。可以看出，在共轭体系，长链中 π 键电子较为活泼，特别是与掺杂剂形成电荷转移配合物后，容易从轨道上逃逸出来而形成自由电子。大分子链内和链间 π 电子轨道重叠交盖所形成的导电能带为载流子的转移和跃迁提供了通道。在外加能量和大分子链振动的推动下便可传导电流。共轭导电聚合物具有正的温度系数，电导率随温度的增加而增加。资料表明，对高分子化合物来讲，一般将整个分子是共轭体系才叫共轭高聚物，在这样的体系中，碳—碳单键与碳—碳双键一般是交替排列的，另外还有碳—氮、碳—硫、氮—硫等共轭体系。如有聚 2，5-噻吩 *-[C₄H₂S]ₙ-*、聚吡咯 *-[C₄H₂N]ₙ-*、聚对苯撑 *-[C₆H₄]ₙ-*、聚苯撑硫 *-[C₆H₄—S]ₙ-*、聚苯胺 ═C₆H₄═N┄C₆H₄—N═C₆H₄═、聚氮化硫 —S—N═S—N═S—N═S—N═ 。其中聚氮化硫最为著名，这是一种无机聚合物，在室温下可显示出与水银相匹敌的电导率，在 0.2K 低温时，电阻为零是一种超导体。

资料表明，有些高聚物通过热裂解得到的含有梯形结构的聚合物电导率很高，这是由于它们热解后形成的扩展的芳族结构非常接近于石墨结构，例如将苯乙炔在 150℃氩气下不用引发剂进行热聚合，就可得到黑色可溶的聚苯乙炔，相对分子量 1100 ~ 1500。未经进一步热处理的聚苯乙炔，其 π 电子是非活性的，因此电阻率很高，若将它在不同温度下热处理 6h（减压 5.33 ~ 6.66Pa 条件下）则发现温度愈高，电阻愈低。在 700℃ 热处理之后，电阻率降至 $1.8 \times 10^{-2} \sim 1.8 \times 10^{-1} \Omega \cdot m$。产物由红外光谱分析及元素分析，证明 700℃ 热处理发生了裂解与交联反应，产生了多取代芳香环，并有低分子化合物析出，从而推测高温时发生了如下反应：

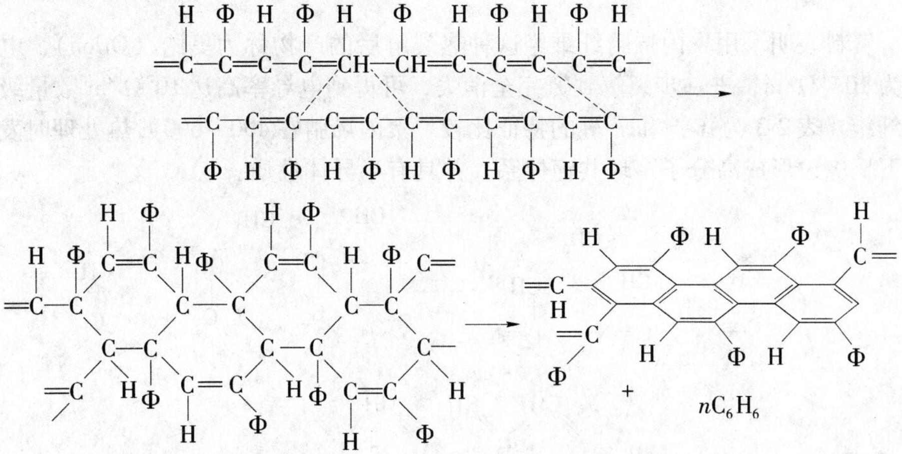

一般的共轭高分子由于共轭链较短、空间电阻很大等原因，在基态时电导率往往很低（通常小于 10^{-5}S/m），其中有些属于半导体，如聚乙炔，有些甚至是绝缘体，例如未经处理的聚苯乙炔，其电导率低于 10^{-2}S/m，但这些共轭高聚物经掺杂后，电导率会显著增加。

共轭聚合物具有 π 电子分子轨道，其主链共轭性越好，越有利于 π 电子的离域及载流子的迁移，聚乙炔是典型的共轭聚合物，其本身就有一定电导性。反式聚乙炔电导率为 10^{-3}Ω/m，是半导体。目前获得的数以百计的结构型半导性的聚合物，分子链大都含有共轭链，但并不是所有含有共轭链的聚合物都有电导性。如聚苯乙炔的电导率仍低于 10^{-2} Ω/m，属绝缘体，研究表明，共轭又分为“受阻共轭”与“无阻共轭”，受阻共轭链聚合物无半导性，而无阻共轭链聚合物才有半导性。

资料表明，受阻共轭是指共轭链的分子轨道上存在缺陷，这种缺陷使整个共轭链的 π 电子离域受到阻碍（或称中断），π 电子离域受到阻碍越大，分子链内电子导电性就越低，因此，受阻共轭聚合物分子不是半导体。如：聚苯并咪唑，电导率为 10^{-14} ~ 10^{-8} Ω/m。聚烷基乙炔的电导率为 10^{-3} ~ 10^{-8}Ω/m。

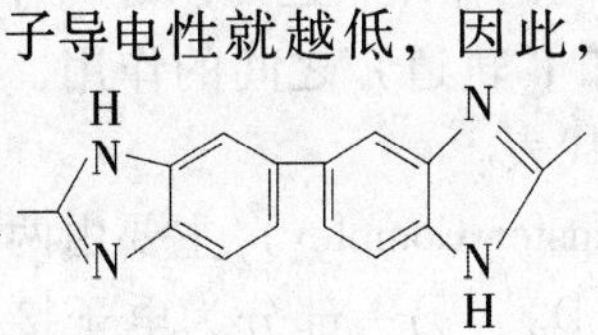

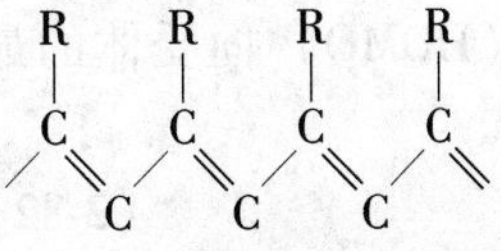

无阻共轭是指共轭链分子轨道上不存在缺陷，整个共轭链的 π 电子离域不受限制（即不中断），π 电子完全可以离域，因此，无阻共轭结构的聚合物是理想

的半导体材料。例如聚丙苯，电导率为 $10^{-1} \sim 10^{0}\Omega/m$。

资料表明，用聚丙烯腈纤维经这种热裂解后的产物称为奥纶（Orlon），电导率为 $10^{-1}\Omega/m$，进一步裂解到氮完全消失，可得到电导率高达 $10^{5}\Omega/m$ 数量级的碳纤维。表 2-3 为 σ 键和 π 键的特征比较。聚丙烯腈在 400 ~ 600℃热处理时发生如下反应，形成高分子多环共轭体系，并具有半导体性质：

表 2-3　σ 键和 π 键的特征比较

特　征	σ 键	π 键
原子轨道重叠方式	沿键轴方向"头碰头"重叠	沿键轴方向"肩并肩"重叠
原子轨道重叠部位	集中在两核之间键轴处，可绕键轴旋转	分布在通过键轴的一平面的上下方，键轴处为零，不可绕轴旋转
原子轨道重叠程度	大	小
键的强度	较　大	较　小
化学活泼性	不活泼	活　泼

b　非共轭高分子-具有分子间电子效应的络合物

对非共轭高分子，高分子的 π 键是隔断的，电导率极低，如果这类高分子分子间具有电子效应，即分子间形成了分子通道，就可能具有导电性，分子间的电子效应主要是相互堆砌起来的平面型 π 电子体系之间的作用，也可以是一种分子的平面大 π 电子轨道和另一种分子的其他轨道（如 P 轨道）之间的作用，电荷转移络合物就是分子间具有电子效应络合物的典型代表。

资料表明，电荷转移络合物（CTC，Charge Transfer Complex）主要由两部分构成，一部分能给出电子，称施主或电子给予体（D），另一部分为电子接受体称受主（A），CTC 形成是依靠电子给体的最高占有轨道（HOMO）向受体的最高空轨道（LUMO）移动而产生

$$D + A \rightleftharpoons D^{\delta+}—\cdots A^{\delta-} \tag{2-82}$$

电子的非定域化，使电子更易沿着结晶中的 D—A 分子叠层移动，$A^{\delta-}$ 的孤对电子在 A 分子间跃迁传递，加之在 CTC 中，由于 D—A 键长的动态变化，促进

了电子跃迁，因此，CTC 的电导率极为显著地提高了。根据电荷转移量 δ 的大小，不同 D 与 A 的组合可以得到从电荷转移比较小的非离子型络合物（$D^{\delta+}$、$A^{\delta-}$）直到完全的电荷转移络合物。（$D^{\delta+}$、$A^{\delta-}$）离子型络合物，电荷转移量 δ 主要取决于给体 D 的离子化电位 I_P 及受体的电子亲和力 E_A 之差（$I_P - E_A$）。

CTC 中的 D 和 A 可以都是小分子，也可以一个是小分子，也可以两个都是大分子。如离子型的 CTC，四氰代对二次甲基苯醌（TCNQ）是一种理想的电子受体，它能接受电子形成负离子或双负离子

$$\text{TCNQ} \underset{-e}{\overset{+e}{\rightleftharpoons}} \text{TCNQ}^{-} \underset{-e}{\overset{+e}{\rightleftharpoons}} \text{TCNQ}^{-2} \tag{2-83}$$

$TCNQ^-$ 负离子自由基具有很好的稳定性，可以与强电子给予体形成离子自由基盐型络合物。如在 TCNQ 溶液中，加入碘化锂，可发生如下反应

$$\text{TCNA} + \text{LiI} \rightleftharpoons \text{Li}^+ + \text{TCNQ}^- + \frac{1}{2}\text{I}_2 \downarrow \tag{2-84}$$

这种 TCNQ 盐可与高分子聚阳离子盐形成络合物，例 $TCNQ^-$ 与离子型聚合物反应，形成聚 TCNQ 离子自由基盐络合物，其电导率为 10^6S/m。如

$$-\overset{R_1}{\underset{R_1}{\overset{|}{\underset{+}{N}}}}\overset{Br^-}{-}R_2-\overset{R_1}{\underset{R_1}{\overset{|}{\underset{+}{N}}}}\overset{Br^-}{-}R_3 + \text{TCNQ}^- \longrightarrow -\overset{R_1}{\underset{R_1}{\overset{|}{\underset{+}{N}}}}\overset{\text{TCNQ}^-}{-}R_2-\overset{R_1}{\underset{R_1}{\overset{|}{\underset{+}{N}}}}\overset{\text{TCNQ}^-}{-}R_3 + \text{Br}^- \tag{2-85}$$

聚 TCNQ 离子型自由基盐络合物电导率大小，与离子型聚合物主链中是否有芳香环有关，一般含芳香环的电导率比脂肪基大。

B 分子复合的离子导电机制

图 2-17 是现在广泛接受的聚环氧乙烷 PEO 和金属离子复合物的导电机制结

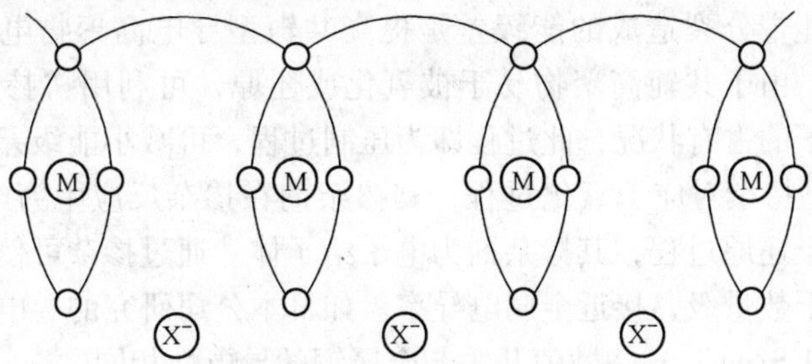

图 2-17 PEO 和金属离子复合物的导电机制结构示意图

构示意图。金属离子在 PEO 形成的螺圈形结构中移动而导电。但大分子复合物中所形成的通道，受两条不同链的特性影响，同时也受金属盐的特性影响。据图所示的结构，阳离子的性质对体系的电导率会有影响，阳离子的半径越大，其在复合物链中移动所受的阻力也越大，体系的电导率会越小。同时，若阳离子的电荷越多，其受聚酸的阴离子官能团的吸引也越大，移动的阻力也越大，体系的离子电导率也会越低。所以，有可能通过选择组分大分子和大分子的官能团及官能团的距离、金属盐，改进体系的离子导电性。再加上大分子复合物比 PEO 体系优异得多的力学性能，采用大分子复合的方法不失为研制聚合物固体电解质的一个有利途径。

有人合成了聚酸-聚己烯醇-金属复合物膜，研究了复合物的组成，聚酸的酸强度、金属离子的大小、温度对这种共聚高分子——金属复合物性能的影响。酸强度增加，离子导电性也增加。这是因为酸强度越增加，生成的大分子复合物中组分大分子链越伸展，结构越规整，离子在其中运动所需克服的位垒也越小，离子导电率也越高。

C 掺杂型结构复合材料的导电机制

a 掺杂的概念

π-电子共轭体系的成键和反键能带之间的间隙较小，为 1.5 ~ 3eV，接近无机半导体中导带-价带能隙。因此，该类聚合物大多具有半导体的特性，电导率在 $10^{-12} \sim 10^{-4}\Omega/cm$。因此共轭聚合物容易被氧化或还原而实现所谓“掺杂”，使其电导率增加若干个数量级，接近于金属的电导率。

这里所讲的掺杂与复合型导电高分子材料的掺杂不一样。资料认为，结构型导电聚合物掺杂过程实际上是掺杂剂对聚合物主链实施氧化或还原，使聚合物链失去或得到电子，产生带电缺陷，从而使聚合物与掺杂剂形成电荷转移络合物。此外，在结构型导电聚合物中掺杂用量也比复合导电高聚物中多，有时甚至超过聚合物本身用量，在有些共轭导电聚合物掺杂中，也常伴随扩链、交联等不可逆化学反应。由于一直沿用，人们习惯地仍把电子给予体或电子受体与结构型导电聚合物作用而使导电性显著增加的过程称掺杂。根据 Peierls 过渡理论（Peierls Transition），电子若要在共轭 π 体系中自由移动，首先要克服满带与空带之间的能级差，减少能带分裂造成的能级差是提高共轭型导电高聚物电导率的主要途径。资料认为，由于共轭高聚物易于被氧化或还原，可利用“掺杂”的方法来改变能带中电子的占有状况，此过程即为压制过程，可减小能级差，提高其电导率。其中，P-型掺杂对应于氧化过程，其掺杂剂在掺杂反应中为电子的接受体；N-型掺杂对应于还原过程，其掺杂剂为电子给予体。通过掺杂可使共轭高聚物的电导率提高若干数量级，接近金属电导率。如日本公司研究的导电聚乙炔的电导率达到 $5.8 \times 10^5 S/cm$，这一数值几乎与金属铜的导电性相同。

一般共轭高聚物在基态时，电导率都是很低的，但是共轭高聚物的能隙很小，与饱和高聚物相比，它们的离子化电位要小得多，而且电子亲和力非常大，这表明它们很容易与适当的电子受体或电子给体发生电荷转移，从而形成电荷转移络合物。资料认为，在聚乙炔、聚对苯撑、聚苯撑硫等高聚物中掺入 I_2、AsF 和碱金属等电子受体，其电导性提高了很多，有些甚至具有导体的性质。例如在反式聚乙炔 $^*\!\!-\!\!(CH=CH)_n\!\!-^*$ 中掺 $I_2$0.4%，电导率为 1.6×10^4S/cm。在聚苯撑 $^*\!\!-\!\!(C_6H_4)_n\!\!-^*$ 中掺 I_2 0.6%；电导率 5.5×10^4S/cm，掺 $AsF_5$0.42% 电导率为 5×10^4S/cm，掺 K0.57% 电导率为 7×10^2S/cm。

如果用 P 表示共轭高聚物的基本结构单元，例如聚乙炔、电子受体或给体仍然分别用 A 和 D 表示，则可用下述电荷转移反应来表示化学掺杂

$$P_x + XYA \rightarrow (P^{+Y}A_y^-)_x \qquad P_x + XYD \rightarrow (P^{+y}D_y^-)_x$$

式中，P_x 表示共轭性聚合物，虽然电子受体或给体分别给出或接受一个电子变成负离子 A^-，或 E 离子 D^+，但共轭聚合物中每个单元链节（P）都仅有 $Y(Y<1)$个电子发生迁移，这种部分电荷转移是共轭聚合物出现高导电性能极重要因素。

b　掺杂方式

掺杂实施方法主要有三种，一是掺杂剂与聚合物接触并反应的化学掺杂法；二是聚合物作为电极，掺杂剂作为电解质，在通电情况下，使聚合物发生氧化（或还原）并与掺杂剂反离子形成电荷转移络合物的电化学掺杂法；三是离子注入式掺杂法。广泛使用的是化学与电化学掺杂法。

化学掺杂法的特点是简便易行，有利于了解掺杂前后聚合物结构与性能的变化。电化学掺杂法特点是具有时间短、效率高、且往往是聚合物的合成与掺杂同时进行，易于得到导电性聚合物薄膜等。缺点是影响因素复杂，聚合物材料尺寸受电极面积限制。

在诸多共轭聚合物中，聚乙炔的掺杂效果是最显著的。资料认为，掺杂效果最好的是 AsF_5，I_2 次之，Br_2 效果最差。聚乙炔添加掺杂剂后，发生了电荷从聚乙炔分子向掺杂剂转移的反应，此反应类似于氧化还原反应，结果形成了沿着主链骨架出现电子离域的离子成聚合物，而在其近旁却是由掺杂剂衍生的抗衡离子，掺杂反应的结果，使聚合物的电导率迅猛提高。下面是聚乙炔掺杂化学反应，聚乙炔链节被氧化成离域的阳离子自由基，I_2 成为 I_3^-，AsF_5 成为 AsF_6^-

$$2^*\!-\!(CH=CH)\!-^* + 3I^2 \longrightarrow 2^*\!-\!(CH=\underset{H}{C})\!-^{\oplus *} + 2I_3^{\ominus}$$

$$2^*\!-\!(CH=CH)\!-^* + 3AsF_5 \longrightarrow 2^*\!-\!(CH=\underset{H}{C})\!-^{\oplus *} + 2AsF_6 + AsF_3 \qquad (2\text{-}86)$$

c　电化学法乙炔掺杂

资料介绍，电化学法乙炔掺杂中电解质采用季铵盐 $R_4N^+X^-$，但 X^- 的亲核

性不能太强，常用季铵盐中的 X 为 BF_4^-、SbF_6^-、$SbCl_6^-$、PF_6^-、I_3^-、ClO_4^- 等。将乙炔膜当阳极，$R_4N^+X^-$ 溶解在惰性溶剂中，（CH_2Cl_2 或 1，2 丙烯酸酯）工作电压 9V，电流 1 ~ 43mA。

阳极反应：

$$^*\!\leftarrow\!CH=CH\!\rightarrow_n\!^* + R_4\overset{\oplus}{N}\overset{\ominus}{X} \longrightarrow {}^*[\leftarrow\underset{H}{C}=C\rightarrow_n\overset{\ominus}{X}] + R_4\overset{\oplus}{N} + e$$

阴极反应：

$$^*\!\leftarrow\!CH=CH\!\rightarrow_n\!^* + R_4\overset{\oplus}{N}\overset{\ominus}{X} + e \longrightarrow {}^*\left[\leftarrow\underset{H}{C}=\overset{H}{C}\rightarrow_n^{\ominus}R_4\overset{\oplus}{N}\right]\!-\!\overset{\ominus}{X}$$

总反应式：

$$^*\!\leftarrow\!CH=CH\!\rightarrow_n\!^* + R_4\overset{\oplus}{N}\overset{\ominus}{X} \longrightarrow {}^*\left[\leftarrow\underset{H}{C}=\overset{H}{C}\rightarrow_n^{\oplus}\overset{\ominus}{X}\right]+\left[{}_*\leftarrow\underset{H}{C}=\overset{H}{C}\rightarrow_n^{\ominus}R_4\overset{\oplus}{N}\right] \tag{2-87}$$

d 化学反应法聚乙炔掺杂

资料介绍，化学反应法聚乙炔掺杂用碱金属或用萘钠、萘钾在四氢呋喃溶液中，可使聚乙炔还原成导电高分子，其反应为

$$^*\!\leftarrow\!CH=CH\!\rightarrow_n\!^* + [\,C_{10}H_8\,]^-\overset{+}{Na} \longrightarrow C_{10}H_8 + [\,^*\!\leftarrow\!CH=CH\!\rightarrow_n^-\,^*\,\overset{+}{Na}] \tag{2-88}$$

常用电子受体的掺杂剂有以下几类：卤素，如 Cl_2、路易斯酸 PF_5、质子酸 HCl 过渡金属卤化物 Nb_5、$ZrCl_4$；过渡金属化合物，如 $AgClO_4$、有机化合物，如四氰基乙烯。常用的电子给体掺杂剂为碱金属，如 Li、Na、K 等，在电化学掺杂中常用 R_4N^+、R_4P^+（$R=CH_3$，C_6H_5 等）等。

共轭导电聚合物中掺杂的离子在聚合物的分子链之间往往形成柱状阵列，随着掺杂浓度的提高，后继嵌入的掺杂离子可能进入此前形成的阵列中，也可能形成新的阵列，并导致大分子链相互分离。图 2-18 所示为碘掺杂聚乙炔的插入模式。

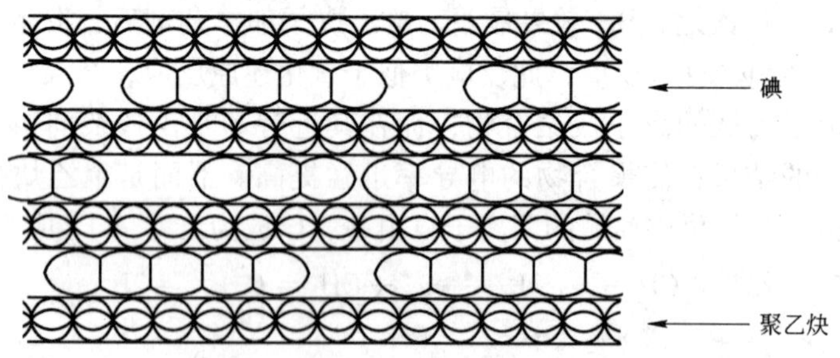

图 2-18 碘掺杂聚乙炔插入模式

D 复合型导电高分子基复合材料的导电机制

复合型导电高分子基复合材料是以高分子聚合物作基体，加入相当数量的导

电物质组合成的，其特点是有高分子材料的加工性和金属的导电性。复合型导电高分子材料是在通用树脂中加入导电性填料及填加剂，采用一定的成形方法而制得的。

a 导电现象和渗流理论

在导体/绝缘体复合体系中，随着导电相含量的不断增加，材料会经历从绝缘体向导体转变这一过程，而且这一转变是一种突变过程。亦即导体达到一定含量时，微小增加便可以使材料的电导率大幅增大，从而实现从绝缘体向导体转变。在经历这个转变时，复合体系中的导体体积含量便称为渗流阈值。研究这一过程的理论称渗流理论。

渗流理论是基于分形原理和自相似假设建立起来的。但在许多方面并未深入涉及材料的物理本质。在过去的几十年中，尽管人们对渗流理论进行了广泛的研究，但迄今为止，许多物理机理还不是十分清楚。尽管如此，基于渗流理论的导体/绝缘体复合材料，已经引起了人们的广泛研究。

以炭黑复合导电材料为例讨论导电规律。炭黑复合导电材料的电导率同材料中炭黑含量密切相关，见图2-19所示。随着体系炭黑含量的增加材料的电导率缓慢上升；但当炭黑含量达到某一临界值后，材料电导率急剧上升，而后趋平，几乎以一个恒指变化，此临界值又称为渗滤阈值。材料电导率急剧上升的区域称为渗滤区即B区。A区和C区分别被称为绝缘区和导电区。研究发现在A、B、C区的导电机理是各不相同的。

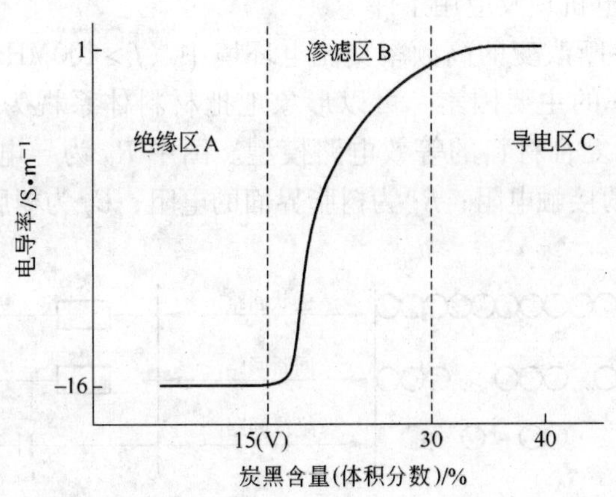

图2-19 炭黑复合导电材料的电导率同导电填料含量之间的关系

当炭黑在材料中的含量低于渗滤阈值时，相邻的炭黑粒子之间间距较大，复合材料表现出基体的绝缘性。正常条件下的大部分高分子聚合物都是绝缘的（电

导率通常在 $10^{-12} \sim 10^{-18}\Omega/cm$）。在绝缘区内，导电粒子间的距离较大（通常大于 10nm），因此无法在聚合物内形成导电通路。此种情况下，唯一可能应用的导电机理是杂质离子和空间传导来实现电子的传输。随着炭黑在复合材料中的含量逐步增加，炭黑粒子间的间距逐步缩短，当相邻的两个粒子间距缩短到1.5～10nm 时，炭黑粒子将导通，从而形成导电通路。此时温度、电场强度和频率对材料的导电性影响较绝缘区时要显著得多。

高分子导电复合材料的导电机理比较复杂。自从导电高分子复合材料出现后，人们对其导电机理进行了广泛的研究，目前比较流行的有几种理论：一是“导电通道学说”；二是“隧道效应学说”；三是“电场发射学说”。关键还有电容型导电理论等，即导电粒子相互连接成链，电子通过链移动产生导电现象；电场发射理论则是隧道效应导电机理中一种比较特殊的情况。隧道效应理论是应用量子力学来研究材料的电阻率与导电粒子间隙的关系，它与导电填料的浓度及材料环境的温度有直接的关系。只有当导电填料用量达到渗滤阈值时，复合材料的导电性能才会显著提高。

导电通道学说主要用来解释电阻率与填料浓度的关系，导电通道学说是一种比较直观的理论，它并不涉及导电的本质，只是从宏观角度来解释复合材料的导电现象。在复合材料中，只要导电粒子能相互接触或粒子间隙在1nm 以内形成电气上等价的键链，就可以形成导电通道。因此，导电粒子的接触电阻和粒子接触数是影响电导率的重要因素。

b　电容型导电机理及应用条件

在电场强度不断改变的高频率交流电环境中（$f>100$MHz），电容效应将成为影响材料电导率的主要因素。可以形象地把材料体系视为一个 LC 电路。图 2-20是高分子导电复合材料的等效电路模型。图中 R_P 为导电粒子本身的电阻；R_c 为导电粒子间的接触电阻；R_g 为树脂界面的电阻；C_g 为树脂界面层的电容。

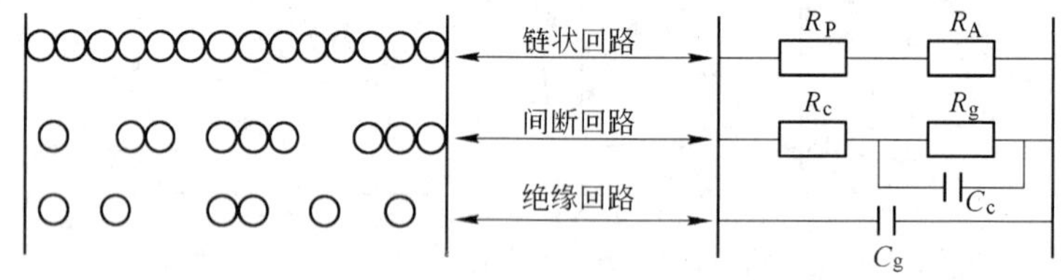

图 2-20　高分子导电复合材料的等效电路模型

大约从 10MHz 这个临界频率开始，材料的电导率将上升。随着频率的升高，电导率将稳步上升，直到接近于炭黑自身的电导率。当频率超过 1000MHz 时，电容效应将成为唯一影响导电机理的本质因素。当高频电流应用于材料体系时，

电容 C_c 的全电阻将远远低于 R_c 的接触电阻和炭黑聚集体 R_A 的电阻。此时体系的电阻将等同于 R_A 的电阻，且此时体系的电阻将远低于体系在低频电流作用下的电阻（R_C+R_A）。

c 电子隧道效应

在低电场强度环境（有研究认为通常 $E<104\text{V/m}$）或直流电环境中，影响材料电导率的主要因素将是电子隧道效应。因为在低频电流环境中，电流将无法通过 R_C（电容电阻），此时体系的电阻将等于 R_C+R_A。但电子的波动性不能完全被电容屏蔽影响。

当复合体系中导电填料含量较低、导电粒子间距较大时仍存在导电现象，该理论认为导电是电子迁移的结果。一旦当电子受到激发，通过位垒区时隧道效应便发生了。在二元组分导电复合材料中，当高导电组分含量较低时隧道导电效应对材料的导电行为影响较大。

在低温条件下，隧道电流密度满足以下关系式

$$j(\varepsilon)=j_o\exp[(-\pi\omega/2)(4\pi mV_0/h^2)^{1/2}][(IEe\omega/4V_0)-1]^2 \tag{2-89}$$

式中 E——导电粒子间隙的电场强度；

$j(\varepsilon)$——隧道电流密度；

j_o——间隙当量电导率；

ω——间隙宽度；

m——一个电子的质量；

h——普朗克常数；

V_0——间隙的势垒；

e——一个电子的电荷量；

I——和间隙大小有关的参数。

由此方程可见，隧道电流是间隙宽度的指数函数，所以隧道效应几乎仅发生在距离很接近的导电粒子之间，间隙过大的导电粒子之间无电流的传导行为。

隧道理论认为，材料导电依然有导电网络形成的问题，但不是靠导电粒子直接接触来导电，而是电子在粒子间的跃迁造成的。两相邻导电粒子发生隧道效应的平均距离为

$$S=2(3N/4\pi)^{1/3} \tag{2-90}$$

式中 N——单位体积的导电粒子数目。

在低温低压的条件下，隧道电导率与温度有如下关系

$$\sigma=\sigma_0\exp[-T_1/(T+T_0)] \tag{2-91}$$

式中 σ，σ_0——分别为复合材料不同状态的电导率；

T_1，T_0——与温度有关的参数。

随导电填料浓度的增加，材料电阻率和 T_1 都变小，同时电阻率对温度的敏感性也降低。

Aharoni 认为，在导电粒子形成网络结构过程中，当粒子之间的接触数 $M=1$ 时，开始形成导电网络；当 $M=2$ 时，导电网络已基本形成，粒子数的增加对电阻率的影响不大，并且有如下的关系

$$(v_2, v_c)^{\frac{M}{2}} = 2 \tag{2-92}$$

式中 v_2——$M=2$ 时的体积分数；

v_c——临界体积分数。

d　内场发射效应

粒子填充导电复合材料的导电行为是由隧道效应造成的，但有人认为这是导电粒子内部电场发射的特殊情况。虽然导电粒子之间存在绝缘体，但当导电粒子距离小于 10nm 时，这些粒子之间所具有的强大电场可诱使发射电场的产生，从而导致电流的产生。该理论认为，当复合体系中导电填料含量较低、导电粒子间距较大、导电粒子之间的内部电场很强时，电子将有很大的几率飞跃树脂界面势垒而跃迁到相邻的导电粒子上，产生场致发射电流，形成导电网络。内场发射实质描述的是电子穿越禁止区域的一系列过程。

在高温（指大于电子隧道理论定义的特征温度，通常 $T>150\text{K}$）和强电场强度（$E>105\text{V/m}$）的环境中，内场发射机理将成为炭黑复合材料导电的显著机理。研究认为，内场发射电流遵循以下规律

$$j = AE^n \exp(-B/E) \tag{2-93}$$

式中 j——电流密度；

E——电场强度；

B——复合材料的特征常数；

n——一般介于 1 ~ 3 之间，可取 $n=2$；

A——隧道频率，常数，其含义是电子每秒试图穿越/禁止 0 区的次数；

B/E——指数描述的是指定的电子穿越能带的可能性。

E　复合型导电高分子材料

最常见的复合型导电高分子材料是在聚合物基料中，混入炭黑、石墨，金属粉、导电纤维、导电填料而制得。根据电阻值可以分为：半导电体、除静电体、导电体和高导电体。根据导电填料不同可分为：碳系、金属系和抗静电系。根据树脂形态可分为：导电塑料、导电橡胶、导电薄膜、导电涂料和黏合剂。

a　炭黑添加型高分子材料

炭黑的品种对材料导电性的影响：根据制造方法不同，炭黑有多种品质，而能够赋予材料导电性的炭黑必须具有结构发达、粒度小、表面积大（细孔多）、

捕捉π电子的不纯物少（杂质少）及可进一步石墨化等五个基本特征。在五个基本特征中，粒度表面积和杂质三项是决定炭黑导电性好坏的关键，炭黑粒度越小，越容易均匀分散在高聚物中，粒子间距离变短，就能进一步起到导电作用，而炭黑中的杂质，如粒子表面有很多醌、羟基和羰基等含氢和氧原子结构的游离基，这些基团容易与起导电作用的π电子结合，从而使导电性下降，为了解决这一问题，可以对炭黑进行热处理，除去表面杂质。

炭黑含量对材料导电性的影响：填料炭黑通常可以起到三种作用，着色、吸收紫外线和导电，用于着色和吸收紫外线时，炭黑用量很小，一般2份，而用来制造导电材料时，炭黑用量很大，高达50份。

F. Buache 提出了一个无限网链理论来解释炭黑导电机制。该理论认为含有导电炭黑的聚合物体系当其炭黑浓度达到某一临界值时，体系内的导电炭黑微粒便会列阵，形成一个无限网链，这个网链起着导电作用，这种导电微粒列阵而形成的无限网链所起的作用，就好像是金属细丝从聚合物一端经过聚合物内部到另一端，使聚合物变成导体一样。

添加炭黑的导电性复合材料的导电性对外界电场强度,有极强烈的依赖性。另外,电导率对温度也有强烈依赖性,如在低电场中,电导率随温度的降低而降低。

从以上讨论可知，在应用这些材料时，应注意所处的外场（电场和温度）条件，并通过实验选择和调整材料，使之适合需要。

b 金属添加剂导电高分子材料

填加金属高聚物的电导性取决于金属的性质，含量及状态。

金属的性质、含量对材料导电性的影响：金属性质对电阻率起着决定性的作用，在金属微粒、形状、大小含量（体积分数）及在聚合物中的分散情况都相同时，若掺入金属的电阻率低，则材料的电阻率也低。反之，则材料的电阻率也高。但也有例外，如掺入200份铝粉的环氧树脂其电阻率仍高达 $10^{10} \sim 10^{12}\Omega \cdot m$，而掺有77份银的环氧树脂，其电阻率仅为 $3 \times 10^{-6}\Omega \cdot m$，原因是铝表面会形成一层不导电的氧化膜。

聚合物中掺入金属的含量对电阻率影响很大，一般情况下，金属含量越高，导电性能越好。

磁场对材料电阻率的影响：若聚合物中掺入顺磁性金属粉末时，若施工过程中，在聚合物硬化时，加上外磁场，则降低电阻率。

复合成形加工对材料性能的影响：金属填充型导电高分子材料，无论添加粉末、薄片还是纤维，在复合及成形加工上，都会有很大难度，必须有良好的工艺条件，才能保证良好的性能。

复合即是把金属填料添加到树脂中，通常要经过填料的表面处理，与树脂的混合以及造粒等工艺过程。金属填充型导电高分子材料常用铜纤维作填料，在复合过程中，为了使纤维的破损性小，在树脂中分散均匀，在造粒过程中，考虑到由于加入金属填料会降低树脂的流动性，因此要加入相应的助剂来调整粒度，以利加工。在金属纤维中，加工破损程度依次为：不锈钢纤维＜铜纤维＜锌片＜铝纤维。在成形时，黄铜、铝硬度都较小，注射机料筒和螺杆不需要特殊材料，一般注射机就可以生产，但在注射过程中，为了不使纤维破损，料筒和模具温度应比无机填料温度稍高，为了使塑化后的熔融料能顺利充满模具，一般要求喷嘴孔要大，注射速度要慢，注射压力要高。

F　复合型导电高分子复合材料的影响因素

影响复合型导电高分子材料导电性能的因素有许多，如填料种类、金属形状、树脂种类、填料分散状态及导电填料的用量。不同种类导电填料的导电性能各不相同，而对同一类型的导电填料来讲，由于生产方式和工艺条件的不同，各个品种的导电性能又各有差异。

a　添加物的种类

这里的添加物指的是导电填料。导电填料有如下要求：由于填料的添加能引起导电性的增加，而在混炼时电阻变化要小；复合材料的抗老化性要好；复合材料在成形适合性上有良好的配合；复合时安全性高；价格便宜。按功能分聚合物基导电功能复合材料所采用的导电填料有两类：一类是抗静电材料；另一类是各种导电填料。

按材料分导电填料包括金、银、铜、铝、镍等金属粉，铝纤维、黄铜纤维、铁纤维和不锈钢纤维等金属纤维以及炭黑、石墨、炭纤维、镀金属玻璃纤维、镀金属碳纤维、镀银中空玻璃微球、炭黑接枝聚合物、金属氧化物、金属盐等。仅从单一物质的导电性而言，使用金属粉末或金属片是既有效而又经济的选择。当需要特别高的电导率时，最好选用银粉或金粉作导电填料。但由于银粉或金粉价格昂贵，仅限于某些特殊场合下使用。

金属中铜是优良的导电体，且价格适中，但它容易被氧化而降低导电性能。为了解决这一问题，通常采用抗氧化剂对铜粉进行表面处理，抗氧化剂包括有机胺、有机硅、有机钛、有机磷等化合物；或用较不活泼的金属包覆铜粉表面，如在铜粉上敷一层镍或在铜粉上镀银，或采用铜粉和镍、银混合使用，均可达到理想的屏蔽效能。铝片则具有密度小、颜色浅、价格低等优点，并具有较大的长径比，容易在高分子基体中形成导电网络，但是铝的导电性不太高。

炭黑是一种天然的半导体材料，是一种由许多类似于石墨晶体结构的微晶体作无规则、紧密排列而形成的半结晶体，其体积电阻率约为0.1～10Ω·cm。它不仅原料丰富，导电性能持久稳定，而且可以大幅度调整复合材料的电阻率（$1 \sim 10^8$ Ω·cm）。它的生产厂家较多、价格低廉，除了能赋予材料优良的导电性能外，还兼有防老化、改性等多种功能，其缺点在于色彩单一、生产环境较差等。因此，由炭黑填充制成的导电聚合物复合材料是目前用途最广、用量最大的一种导电材料。

石墨具有类似黏土的片层结构。膨胀石墨片层可以以纳米级尺寸分散在橡胶基体中，其厚度在10~50nm，同炭黑微粒相比膨胀石墨片层具有更大的长径比和比表面积，故可有效提高纳米复合材料的导电性能。添加10份膨胀石墨时，纳米复合材料的表面电导率和体积电导率约为不含膨胀石墨的复合材料的100倍和43倍。

b 添加物形态

导电填料的形态对高分子导电复合材料的效能有显著的影响。按形状分它们有球状、薄片状、针状等各种形状。因为薄片状比球状更有利于增大导电粒子之间的相互接触，因此长径比越大，则导电性越好。一般来说，在得到低电阻复合材料的情况下，在添加量相同时，对导电效果的影响以短纤维状最大，其次为片状和粒子状。金属薄片填充的复合材料的导电性能好。金属薄片越薄，则复合材料的导电性能越好。

c 添加物尺寸和表面形态

导电填料的表面形态以及在高分子基体中的分散状况也会影响复合材料的效能。若采用多孔质、比表面大以及分散性好的导电填料,更容易获得较好的效能。

通常导电粒子越小越好，但必须有适当的分布幅度以获得紧密堆积、接触面积大、导电能力高的材料。如，炭黑粒子尺寸越小，炭黑比表面积越大，导电性能越好。同样，炭黑的结构性，即炭黑粒子与粒子之间形成链状结构的程度也同电导率密切相关。通常认为，炭黑聚集体的粒子越多，结构性越高，形成网状导电结构的几率越大，导电性越好。

由于炭黑生产时表面形成的亲水基团（如羟基、羧基、醌基等）数量越多，将增加炭黑表面的亲水性，不利于电子的迁移，从而降低电导性。为了改善聚合物-碳的界面黏结强度和促进碳颗粒分散，使碳在基体中形成较好的网络状导电结构，往往要对炭黑颗粒进行表面处理，对炭黑表面处理后，还可以有效防止炭黑表面氧基团增多，以减少炭黑颗粒间的接触电阻，提高导电性能。碳的粒径随偶联剂用量的提高而增大。这是因为高速混合机提供的分散力不足以将团聚的碳完全分散。因而偶联剂包裹的一般不是单颗的碳，而是碳的团聚体，同时多余的偶联剂渗入纳米碳颗粒间，起到架桥作用，使聚集体变得更加难以分散。因此，由于纳米颗粒表面处理不当，处理后碳的分散效果会更差。由导电性炭黑作为导电功能体组成的复合材料，对聚合物所要求的成形适合性比导电性更重要。

d 添加物含量

导电填料用量随填料种类、形状、基体树脂种类等变化，当填料与基体树脂的比例达到一个临界值时整个系统形成导电通路。随着炭黑含量的增加，试样的体积电阻率略有下降。当炭黑含量为某一值时，试样的体积电阻率升高到某值。

表明此时试样为导体。这说明在此含量之前体系已经发生了从绝缘体到导体的转变，即该值的炭黑含量已经超过了该体系的逾渗值。此时，复合体系中导电网络已形成。炭黑含量增加时，只能使导电网络更加密集，对体系的导电性能影响不是很大，导电性能只是稍有改善。

实验证明，炭黑的浓度对复合材料导电性的影响较大。炭黑的浓度对材料电阻率的影响可以用渗流理论解释。当炭黑的浓度较低时，炭黑颗粒在基体中的间距较大，不能形成导电网络，电阻率很高；随着浓度的增加，炭黑颗粒间的距离减少，当浓度达到阈值时，分散的炭黑在基体中靠化学作用形成网络状结构，这样在电场作用下，电子可以通过隧道效应导电形成电流，电阻率迅速下降，渗流转变发生；经过渗流区，随着炭黑浓度的进一步增加，增加的粒子进入导电网络，填料颗粒间的距离进一步减少，部分炭黑颗粒开始接触，导电通路导电替代隧道效应导电，电阻下降逐渐慢下来，最后达到饱和。

Scarisbrick 认为导电粒子在高分子基体中为无序分布，推出了导电网络的几率 P 和导电粒子含量 V 的关系。假定电流只能通过互相接触的导电粒子，则复合物的电导率 σ_A 导电粒子的电导率 σ_P 的比值为

$$\frac{\sigma_A}{\sigma_P} = V \cdot P \cdot C^2 \tag{2-94}$$

式中　V——导电粒子的体积分数；

P——形成导电网络的几率；

C 满足如下的关系式：

$$V = 3C^2 - 2C^3 \tag{2-95}$$

n 个粒子形成导电网络的几率为 v^n，导电链的平均长度为 D

$$D = d \cdot n^{1/2} \tag{2-96}$$

式中　d——导电粒子的直径。

因此 n 可以表示成 $n = (D/d)^2$。假定导电粒子为球形，如果研究 1 个球形复合物，其直径为 D，则有

$$\frac{P}{D} = (1/v)^{1/3},\ n = v^{-2/3},\ \ln P = V^{-2/3}\ln V \tag{2-97}$$

因此可以推导出

$$\ln\left(\frac{\sigma_A}{\sigma_P}\right) = \ln V + V^{-2/3}\ln V + 2\ln C \tag{2-98}$$

即

$$\ln P_A = \ln P_P - (\ln V + V^{-2/3}\ln V + 2\ln C) \tag{2-99}$$

由此关系式计算的临界值 v_e 比前几个模型的计算值皆大，并且电阻率在临界值处变化比较缓慢。

e 基体材料

聚合物基导电功能复合材料的组成主要包括：作为基体的有机高分子材料，以及作为导电功能体的各种导电添加剂。

高分子结构对材料导电性能产生极大的影响。从结构上看聚合物的主链规整度、柔顺性、聚合度、表面张力、黏度、结晶性等都会对复合材料导电性产生影响。

实验证明，聚合物结晶越大，电导率越高，在聚合物体系中导电填料先分散在无定型相中，当结晶相比例增大时，在相同分量填料的情况下，无定型相中的填料比例增大，从而复合材料电导率增大。不同种类的炭黑及其含量对复合材料在干燥空气中初始电阻值一样大。随着炭黑含量的增加，电阻值几乎不受影响；当炭黑的含量进一步增加达到阈值时，电阻强烈依赖于炭黑的含量，并随着炭黑含量的增加迅速减小。但是它们所需炭黑的用量均低于渗滤理论计算值，这是因为在结晶性聚合物基体中，炭黑仅分布在非晶区，使得低含量的炭黑就达到了阈值，而在晶区，由于其结构紧密，炭黑不能渗透进去，炭黑仅富集于晶区界面，使得更容易形成炭链导电网络，电阻减少。

聚合度越高，材料价带和导带间的能隙越小，导电性越好，但聚合度太高会影响体系的相容性。

聚合物链的柔顺性决定分子运动能力，链的运动又直接影响抗静电剂或炭黑等导电填料分子在聚合物的非晶部分靠布朗运动向表面迁移，在聚合物处于熔融状态温度以上时，这一运动是活跃的，因此导电的表面活性剂、导电填料等导电分子靠表面的迁移运动加快，导电性能提高。

对于以同一种类聚合物为基体的复合材料来讲，其导电性能随聚合物黏度降低而升高。并且采用结晶度高的聚合物牌号要比采用结晶度低的聚合物得到的导电性能要好。前者主要是因为聚合物的黏度越低，导电填料与聚合物基体的界面作用就越弱，导电填料在树脂基体中的分散性就越好，在较低添加量下就能达到足够的相互接触或彼此靠近；后者是因为导电填料在结晶性聚合物树脂基体中主要分布在非晶区，聚合物晶区的存在使得导电填料的可填充空间减少，因此聚合物的结晶度越高，则聚合物非晶区中导电填料的浓度就越高，粒子间的间距就越小，形成空间导电网络的概率就越大。以不同种类聚合物树脂为基体的复合材料的导电性能随聚合物表面张力减小而升高。

作为基体的高分子材料可以是橡胶、热固性树脂、热塑性树脂等。一般为了使电阻率稳定，减少电阻值的分散性，需要选用硬度大、热变形温度高的树脂，以使导电粒子不易迁移。对热固性树脂而言，在一定温度范围内，随着固化温度的提高，固化时间的延长，导电高分子的电阻值越小，稳定性越好。

f 环境

环境气氛及环境温度对复合材料的导电性有影响。当聚合物基体吸收有机溶剂蒸气时，聚合物晶区溶解，聚合物黏度降低，炭黑的导电网络容易被溶解的聚合物晶区切断，电阻急剧上升几个数量级。随后，有机溶剂蒸气的吸收仍继续缓慢地进行，而电阻却有稍微下降（或上升）的变化趋势，这时电阻是由两个竞争的过程决定的：一是溶解的晶区切断炭黑导电网络，导致电阻增加；二是复合材料的黏度降低，使得炭黑粒子更容易聚集，导致电阻下降。

有人得到复合材料对存在乙酸乙酯蒸气条件下的电阻响应程度与炭黑含量的关系曲线，见图 2-21。炭黑质量分数为 8.0% 处，在逾渗区域，复合材料的导电网络很不稳定，容易受外界条件的影响而被破坏，因此，复合材料的电阻响应程度随炭黑含量的升高而增大，当超过逾渗区域后，复合材料的电阻响应程度随炭黑含量的升高而减小，因为导电网络会随炭黑含量的升高更稳定。可见，复合材料在有机蒸气中的电阻响应不能仅仅由逾渗理论来解释。复合材料吸附有机蒸气而使电阻急剧升高，与初始电阻相比，响应倍数可高达 10^5 以上。因为复合材料会通过不断吸收有机蒸气而产生溶胀，使导电网络遭到破坏，复合材料的电阻显著上升。

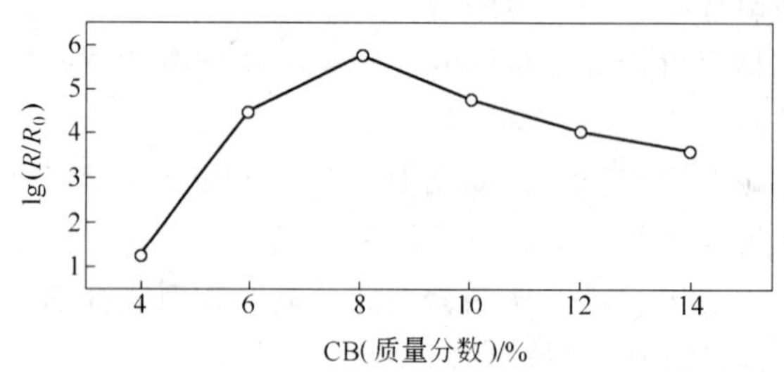

图 2-21 炭黑含量对 CB/PMMA 复合材料的电阻响应程度的影响

电阻率随温度升高而增大，但温度再继续增加，电阻率反而会下降。这是因为高分子基体在 40 ~ 140℃范围内，线膨胀系数远远大于炭黑粒子的线膨胀系数，导致炭黑形成的导电网络遭到破坏，使得在常温下形成的导电回路大量断路，使复合材料的电阻率急剧上升。而后随着温度继续升高，聚合物晶体熔融后，体系的流动性增强，导电粒子更容易迁移。于是原来已被隔开的粒子，在附着力下重新形成网络状导电结构。同时粒子的温度急剧升高，粒子中的电子受热得到足够的能量，而使其表面能增加，活性增加，而使材料导电性能提高。

g 复合技术

复合技术主要有以下几个方面：

（1）炭黑表面处理。为了提高炭黑的分散性和树脂的亲和力，需要采用适当的助剂进行表面处理，不同树脂处理方法不同。

（2）混炼。当选用的高聚物与炭黑及用量确定后，材料的导电性能就取决于炭黑的分散状态及链锁的形成情况。在进行混炼时，往往容易破坏炭黑的结构而影响导电性，这就需要选择适当的加工设备和手段，如对于可塑性差的材料、短时间的混合难以达到均匀分散的程度，可采取先将炭黑在溶液状态下进行混合的方法，这样可以减少因混炼带来的结构破坏，使导电性能显著增加。

(3) 熟化。经混炼后的半成品，一般并不立即制成成形制品，而是要经过一定时间的存放或高温处理后才能成形，这种混炼后的处理过程叫熟化。

(4) 成形时间。成形时间不仅是决定高分子材料物理性能的重要工艺因素，而且也是决定其导电性能的因素。在高温条件下，随时间延长、炭黑中的不纯物、水分不断除去，网状结构逐渐趋于完善，时间越长，效果越好，最终使导电性能变好，但当时间到一定值后，这种效应就减弱以至不变。

(5) 成形温度。一般升高温度缩短成形时间，降低温度则延长成形时间，时间一定时，随温度升高导电性能增加。

2.1.3.3 不同添加物的高分子基导电复合材料

A 以石墨为添加物的复合材料

聚合物/石墨复合材料作为电或热导体、电磁干扰屏蔽材料、自润滑材料等有着许多重要的用途。近年来，聚合物/膨胀石墨纳米复合材料逐渐受到关注。目前已成功合成了尼龙-6/膨胀石墨、聚丙烯/膨胀石墨、聚苯乙烯/膨胀石墨、聚甲基丙烯酸甲酯/膨胀石墨等纳米复合材料。

有人采用熔融插层法制备了丁腈橡胶/膨胀石墨纳米复合材料。研究发现：不含膨胀石墨的复合材料的表面电导率和体积电导率分别为 $111\times10^{-11}\Omega/m$ 和 $218\times10^{-11}\Omega/m$。随着膨胀石墨含量增加，纳米复合材料的表面电导率和体积电导率也随之增大，添加 10 份膨胀石墨时，纳米复合材料的表面电导率和体积电导率分别为 $111\times10^{-9}\Omega/m$ 和 $112\times10^{-9}\Omega/m$，约为不含膨胀石墨的复合材料的 100 倍和 43 倍。采用溶液插层法制备，膨胀石墨的原始结构基本未被破坏，因膨胀石墨具有大的比表面积，所以能大幅提高材料的电导率。

有人将酚醛树脂粉末和石墨粉末在 QIF216 型高能球磨机中以 380r/min 球磨 2～4h，过 200 目筛。为了提高固化速度与材料性能，采取混合料试样在同时保温保压的条件下固化成形。图 2-22 为他们研究的结果。可以看出，随着酚醛树脂用量的增加，复合材料的体积电阻率呈上升趋势。酚醛树脂是电绝缘材料，与石墨颗粒混合后，必然会导致复合材料电阻率的增加。石墨的导电性能取决于其晶格中导电载流子（电子和空穴）的浓度。酚醛树脂的含量越大，酚醛树脂固化过程中在石墨中越易形成不溶的三维网络骨架结构，这种三维网络结构的形成阻碍了导电载流子的流动。酚醛树脂含量越多，石墨颗粒之间及其表面所覆盖的胶层厚度越厚，而且在石墨颗粒间分布也越密集，因此导电载流子流动越困难，造成复合材料的体积电阻率随着酚醛树脂含量的增多而增大。

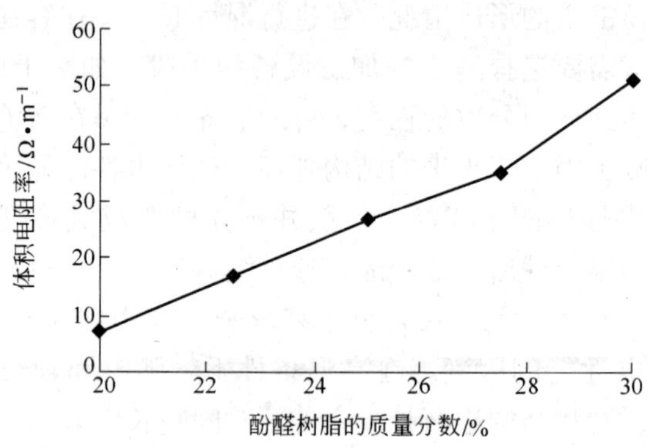

图 2-22　复合材料的电阻率曲线

有资料对溶液混合法（SM）和液相法（MM）制得的马来酸酐接枝 PE（gPE）/EG 或接枝 PP（gPP）/EG 复合材料和 PP/gPP/EG 复合材料进行研究。发现在使用 EG 和 gPE 或 gPP 的情况下，SM 法制得的复合材料实际上是纳米复合材料，导电逾渗阈值明显降低，导电性显著提高。当 SM 法复合材料中 EG 粒子形成导电通路网络后，因晶相熔化而破坏此网络的困难程度增大，同时因体积膨胀而引起粒子有效浓度降低的程度减小；所以 SM 法的 PTC 效应明显比 MM 法弱，PTC 强度明显低。表 2-4 是资料提供的复合材料的交流伏-安特性参数。从该表可看出，两种方法制得的复合材料的非线性指数 a 都在 W_{EG} 接近 W_c 时最大；随 W_{EG} 增加，a 减小。当 $W_{EG}-W_c$ 差值较小时，SM 法的 a 小于 MM 法的 a，这与 EG 粒子在 SM 法复合材料中的尺寸、形状比和占有体积比明显在 MM 法中大有关。SM 法复合材料由 EG 粒子构成的导电通路中，粒子间接触、产生接触导电的儿率更大；随 W_{EG} 进一步增大，EG 粒子内部插入的聚合物基体较少，能更快地实现非接触导电向欧姆接触导电的转变，故其 a 较小。当 $W_{EG}-W$ 差值较大时，则 SM 法的 a 大于 MM 法的 a。

表 2-4　复合材料的交流伏-安特性参数

方　法	W_{EG}/%	G^D	非线性指数 a
SM 法	6	8.00×10^{-4}	2.00
	9	1.00×10^{-3}	1.60
	12	2.89×10^{-2}	1.50
	15	7.18×10^{-2}	1.63
MM 法	12	5.50×10^{-6}	2.42
	15	3.00×10^{-5}	2.30
	18	2.40×10^{-3}	1.44
	21	9.54×10^{-3}	1.24

注：G 对应于材料的电阻率的倒数。

聚合物/石墨复合材料的用途很多。质子交换膜燃料电池（PEMFC）双极板目前广泛采用机加工石墨板，它占整个电堆质量的60% ~70%，其成本占总成本的46%。用复合材料双极板代替机加工石墨板，是目前最主要的一个研究方向，即由石墨或炭粉等导电填料与聚合物树脂或其他黏结剂复合，来制作双极板。为满足双极板的电导率要求，石墨的体积含量必须达到45%。为进一步缩短生产周期，对于采用热塑性高分子材料作为黏结剂的导电复合材料双极板，理想的制作工艺是采用注射成形，这就要求导电复合材料具有很好的流动性和成形加工性。因此，在满足双极板电导率的前提下，必须尽量使用少的导电填料，这样可提高双极板的力学强度。

B 以炭黑为添加物的复合材料

炭黑的导电性能与其结构性、比表面积和表面化学特性等因素有关。炭黑的结构性越高，比表面积越大（即粒径越小）、表面活性基团含量越少，则导电性能越好。

炭黑填充型导电聚合物复合材料的导电机理比较复杂，通常包括导电通道、隧道效应和场致发射三种机理。复合材料的导电性能是这三种导电机理作用的竞争结果。在炭黑填料用量少、外加电压较低时，由于炭黑粒子间距较大，形成导电通道的概率较小，这时隧道效应起主要作用；在炭黑用量少，但外加电压较高时，场致发射机理变得显著；而随着炭黑填充量的增加，粒子间距相应缩小，则形成链状导电通道的概率增大，这时导电通道机理的作用更为明显。

有人以高密度聚乙烯/炭黑(HDPE/CB)、线型低密度聚乙烯/炭黑(LLDPE/CB)复合体系为研究对象，探讨炭黑粒子在聚合物基体中的分布、导电逾渗链的形成过程，以及复合体系的导电机理。研究表明：当炭黑含量增加时，在晶界区炭黑粒子浓度增加，形成紧密接触的导电粒子层，此区域为接触导电；在非晶区内，粒子分布均匀，隧道效应占主要因素。一般的，当炭黑粒子的填充分数超过逾渗阈值后，体系的导电机理总是隧道导电与接触导电并存的结果。从上面的分析可以看出，炭黑填充聚合物体系中随着炭黑粒子填充体积分数的变化呈现不同的导电机理，但对复合体系的导电性来说，不同的导电机理对导电性的贡献是一致的。

作为导电复合材料还需注意的有，炭黑的分散性、混炼时材料的成形适合性以及炭黑中不纯物对网络形成的影响。有人讨论了导电炭黑填充半晶聚合物-聚乙烯复合体系中，炭黑在聚乙烯结晶区域分布。熔融共混时，由于高温和强剪切的作用，使炭黑粒子无规均匀分布在聚合物熔体中。当复合体系从熔融状态冷却时，炭黑粒子的尺寸与聚乙烯分子链段的折叠尺寸不匹配，在聚乙烯结晶过程中炭黑粒子被推挤到晶界区，造成晶界区中炭黑粒子富集。在非晶区中，熔体冷却时虽存在体积收缩，但程度很有限，炭黑在结晶前后分布状态变化不大。因此结晶的重新生成过程使原来在熔体中呈无规均匀分布的炭黑粒子变成了主要分布在晶界区和非晶区。

假设晶界区占结晶部分的 20%，那么原来分布在 60% 体积内的炭黑被最终聚集在体积约 12% 的小区域中。资料推算，晶界区的炭黑浓度约为非晶区的 5 倍。即炭黑在晶界区内的有效浓度最高，其次为非晶区，而在晶区分布极少。图 2-23 所示是聚合物/炭黑复合体系熔混及重新结晶后炭黑粒子的分布示意图。当少量的炭黑填充高密度聚乙烯时，由于浓度太低而无法形成连续的逾渗链；随填充量的增加，粒子在晶界区富集浓度增大，此区域内开始形成连续的逾渗通道，即逾渗通道最先沿粒子浓度最高的晶界区形成。进一步增加炭黑含量，晶界区粒子大量参与逾渗网络的形成，同时随着非晶区炭黑粒子间距的变小，使之参与逾渗网络的概率增大，体系中电阻率不断下降。

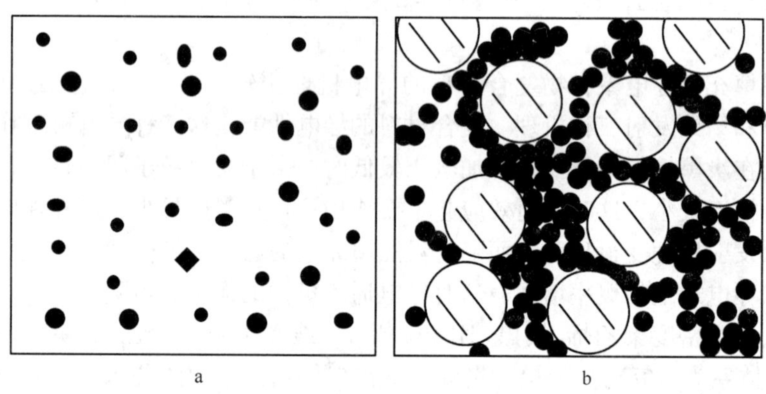

图 2-23　聚合物/炭黑复合体系熔混及重新结晶后炭黑粒子的分布示意图

a—熔融混合；b—熔体冷却，结晶形成

● —炭黑粒子；○ —结晶区

碳纳米管/橡胶复合材料的导电性能是另外一个研究热点。由于碳纳米管高长径比以及良好的导电性能，在添加量很少的时候，就可使橡胶复合材料从绝缘体变成抗静电材料。有人仅在硅橡胶中加入 2%（质量分数）的碳纳米管时，电阻率下降为 5 个数量级，复合材料的渗逾阈值约为 1.2%（质量分数）。另外有学者也研究了温度、压力对复合材料导电性能的影响，以及复合材料的非线性电学性能、场发射性能等。有人研究了拉力和温度对碳纳米管/硅橡胶导电性能的影响。结果表明，复合材料的电阻随着拉力增大而增大，随着温度升高而降低。有人对比碳纳米管与炭黑分别作为氟橡胶密封圈的填料，对密封圈各性能的影响。当碳纳米管作为填料时，少量添加即可使橡胶成为抗静电材料。碳纳米管含量低对橡胶弹性本质影响较小，且可减少燃油的渗透量，因此具有较好的密封效果。并且碳纳米管作为填料时,复合材料的电性能受外应力(拉伸或压缩)影响较小。

C 金属填充型导电功能复合材料

资料研究表明，将金属颗粒混入高分子聚合物，高分子聚合物的电阻率就会发生变化，然而这个变化并非依据加和法则，而是当金属填料浓度达到一临界体积 c 时，金属填充聚合物发生一个如图2-24 所示的突然转换，由绝缘体变成导电体。这一临界填料量称之为复合材料的“导电门槛”值。临界浓度值与金属填充颗粒的尺寸、分布、形状以及制造工艺有很大关系。如宽粒分布的铝粉末的临界体积分数为0.4，而窄颗粒分布的粉末临界体积分数为0.2。资料研究表明，一些绝缘性复合材料当承受电压达到临界值时，会变成高导电性材料。如果没有大的电流通过，则消除电压后样品仍保持较低的电阻率，尔后再恢复到样品的绝缘状态。复合材料电导率不仅与金属添加物体积分数有关，与温度也有密切关系，从而显现出正温度效应和负温度效应。在某一温度范围内，复合材料的电阻随着温度的升高而升高（正温度效应）。当超过某一温度时，其电阻值又随温度的升高而下降（负温度效应）。由于电阻的正温度效应、负温度效应的存在，使复合材料成为一种开关材料。因此，可用于制备各种电子开关器件。

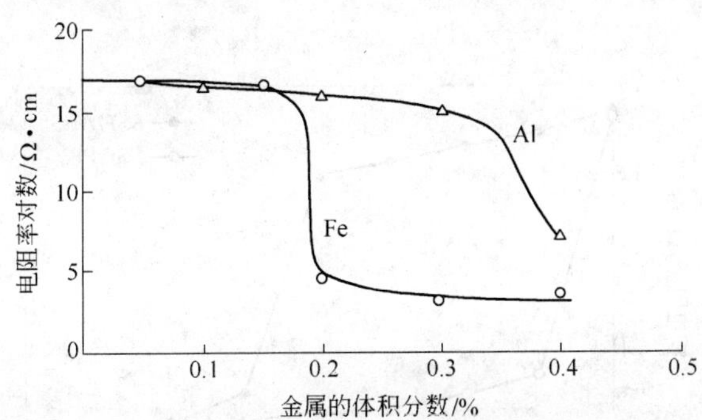

图2-24 苯乙烯—丙烯腈共聚物中 Al 粉和 Fe 粉的体积分数和电阻率的关系

采用金属纤维作为填料，填充到基体聚合物中，经适当混炼分散和成形加工后，可以制成导电性能优异的复合材料，体积电阻率为 $10^{-3}\sim10^{0}\Omega\cdot cm$。这种材料比传统的金属材料质量轻且易加工，因此被认为是最有发展前途的新型导电材料和电磁屏蔽材料。资料认为，金属纤维的填充量对导电性能的影响规律与炭黑填充的情形相类似，但由于纤维填料形成链状导电通道的概率更大，因此在填充量很少的情况下便可获得较高的导电率。金属纤维的长径比对复合材料的导电性能影响较大。长径比越大，导电性和屏蔽效果就越好。例如长径比为125 的金属纤维。填充量为1%(体积分数)时，屏蔽效果可达40dB；而长径比为250 的金属纤维，只需约 0.4%（体积分数）的用量便可得到同样的效果。这样既降低成本，又使复合材料密度下降，而力学性能大大提高。

目前，国外开发和应用较多的金属纤维是黄铜纤维，其次是不锈钢和铁纤维等。日本日立化成工业公司研制的黄铜纤维，其长度 2 ~ 15mm，直径 40 ~ 120μm，很容易与基体聚合物混炼。填充量为 10%（体积分数）时，体积电阻率小于 $10^{-2}\Omega \cdot cm$，屏蔽效果达 60dB。它与 ABS 树脂制成的导电聚合物复合材料不仅刚性好、冲击强度高、导电性能及屏蔽效果优异，而且由于丙烯酸取代了丁二烯，从而改善了对氧的稳定性，具有良好的耐热性。

有人将直径为 8μm 的不锈钢长纤维束剪成长度为 5 ~ 8mm 的短纤维。按一定配比与 ABS 或 PP 树脂一起加入到 XSS-300 型转矩流变仪中，在 200℃ 和 32 r/min的螺杆转速下混炼 10min 后出料。结果表明：当金属纤维填充量较小条件下，SSF/PP 复合材料的导电性比 SSF/ABS 复合材料的导电性要好，屏蔽效果也更好。从图 2-25 中他们的试验结果看，对于 SSF/PP 时，金属纤维间由于不能形成导电网络，复合材料体积电阻率与基体的接近。当金属纤维含量继续增加，导电网络一旦形成，复合材料体积电阻率突降十个数量级之多，出现与颗粒填料相同的渗滤现象。

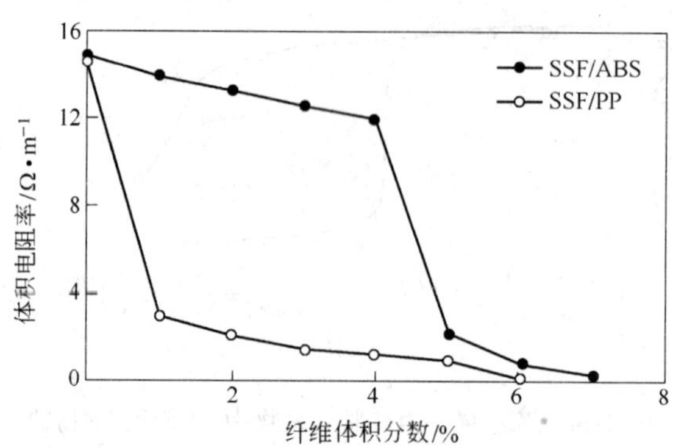

图 2-25　复合材料体积电阻率与不锈钢纤维含量的关系

SSF—不锈钢长纤维；ABS—塑料；PP—聚丙烯

2.1.3.4　其他

A　导电膜

导电膜是涂在热稳定、光学质量聚酯膜上的多层银氧化物基的薄膜涂层。导电膜提供高可视光传输性能和显著的红外反射。银涂层也提供很高电导率，使导电膜成为一种良好的、从 1MHz 到 1GHz 的 EMI 屏蔽材料，适合用在大多数的显示应用上和衰减分布，忽略缝隙效应的应用场合。导电膜是一种理想的 EMI 屏蔽介质，用在光学性能不确定的应用场合。器件中包括了高分辨率的 CRT 显示器、彩色显示器、LCD 和 EL 显示器。导电膜将反射热量，用在温度敏感的 LCD 使用中。涂层作为一种无载体的膜供货，长度达 150m（500ft），普通的厚度是 0.125mm/0.17mm，宽度为 762mm/1100mm，它能层压在聚丙乙烯、聚碳酸酯或玻璃内，并且和环形偏振镜、二色性的（彩色）滤光镜组合。

B 导电布

导电布是由化学纤维及天然纤维等构成的织物表面上覆上（金—银—铜—镍）等金属表层所构成的金属纤维所编织而成，可赋予导电性且没有纤维固有性质以外变化，可以确保裁剪及缝制的加工性能或透气性、柔软性、舒适感。导电布在遇到电波时，则会根据其物体的性质而进行反射、吸收、透过，提供极佳的屏蔽效果。导电布材料是在聚酯纤维上先电镀上金属镍，在镍上再镀上高导电性的铜层，在铜层上再电镀上防氧化及防腐蚀的镍金属，铜和镍结合提供了极佳的导电性和良好的电磁屏蔽效果，屏蔽范围在 100kHz ~ 3GHz。资料显示，Cu/Ni 导电布的表面电阻小于 0.08Ω（ASTM-D-991），压缩永久形变小于 20%（ASTM-D-3574），导电布撕裂强度（横/纵）为 15/11N（JISL1096），使用温度为 -40 ~ 85℃，阻燃等级为 Pass UL。

C 导电泡棉

导电泡棉是采用聚氨基甲酸乙酯作为海绵芯，具有优异的弹性和阻燃性（UL94—VO）。外包材料为含有镍铜金属镀层的结构，具有良好的导电性。导电泡棉适用于电磁屏蔽，防静电（ESD）和接地等场合，它的形式多样，广泛用于通讯设备、电子计算机、自动控制、移动电话和军用设备等领域的机架、机箱、屏蔽门、盖等器件。

2.1.4 陶瓷基导电复合材料

2.1.4.1 无机材料的电导基础

A 陶瓷的导电基础

通常陶瓷不导电，是良好的绝缘体。例如在氧化物陶瓷中，原子的外层电子通常受到原子核的吸引力，被束缚在各自原子的周围，不能自由运动。所以氧化物陶瓷通常是不导电的绝缘体。

陶瓷材料的电导在很大程度上决定于电子电导。这是由于与弱束缚离子比较，杂质半束缚电子的离解能很小，容易被激发，因而载流子的迁移率可随温度剧增。此外，电子或空穴的迁移率比离子迁移率要大许多数量级。某些氧化物陶瓷加热时，处于原子外层的电子可以获得足够的能量，以便克服原子核对它的吸引力，而成为可以自由运动的自由电子，这种陶瓷就变成导电陶瓷。现在已经研制出多种可在高温环境下应用的高温电子导电陶瓷材料：碳化硅陶瓷的最高使用温度为 1450℃，二硅化钼陶瓷的最高使用温度为 1650℃，氧化锆陶瓷的最高使用温度为2000℃，氧化钍陶瓷的最高使用温度高达2500℃。

在测量陶瓷电阻时，经常可以发现，加上直流电压后，电阻需要经过一定的时间才能稳定。切断电源后，将电极短路，发现类似的反向放电电流，并随时间减小到零，如图2-26，随时间变化的这部分电流称为吸收电流，最后恒定的电流称为漏导电流，这种现象称为吸收现象。

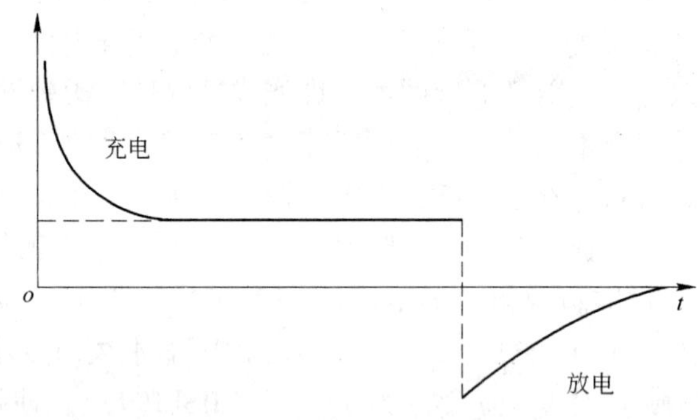

图2-26 电流吸收现象

吸收现象主要是因为在外电场作用下，瓷体内自由电荷重新分布的结果。当不加电场时，因热扩散，正负离子在瓷体内均匀分布，各点的密度、能级大致一致。但在电场作用下，正负离子分别向负、正极移动，引起介质内各点离子密度变化，并保持在高势垒状态。在介质内部，离子减少，在电极附近离子增加，或在某地方积聚，这样形成自由电荷的积累，称空间电荷，也叫容积电荷。空间电荷的形成和电位分布改变了外电场在瓷体内的电位分布，因此引起电流变化。

空间电荷的形成主要是因为陶瓷内部具有微观不均匀结构，因而各部分的电导率不一样。运动的离子被杂质、晶格畸变、晶界所阻止，致使电荷聚集在结构不均匀处；其次在直流电场中，离子电导的结果，在电极附近生成大量的新物质，形成宏观绝缘电阻不同的两层或多层介质；另外，介质内的气泡、夹层等宏观不均匀性，在其分界面上有电荷积聚，形成电荷极化，这些都可导致吸收电流产生。电流吸收现象主要发生在离子电导为主的陶瓷材料中。电子电导为主的陶瓷材料，因电子迁移率很高，所以不存在空间电荷和吸收电流现象。

此外，还有离子导电陶瓷和半导体陶瓷。离子导电是离子在电场下的扩散现象。离子导电的电导率和扩散系数 D 的关系符合能斯特—爱因斯坦方程

$$\sigma = D \times \frac{nq^2}{kT} \tag{2-100}$$

能斯特—爱因斯坦方程建立了在离子电导率和离子扩散系数间联系。一般来说温度升高，离子导体的电阻率下降，电导率升高。另外离子导电的机制可能发

生变化，导电载流子也可能变化。离子性质及晶体结构的影响通过改变导电激活实现的。离子晶体型陶瓷材料（离子电导），电导率随温度的升高而上升，原因是热缺陷增多。

具有质子导电性的陶瓷目前已发现许多种，但作为实用材料，要求在较宽的温度和湿度范围内具有稳定的物理和化学性能，电导率高、适于高温工作及成本低等。目前有实用价值的主要是 $SrCeO_3$ 系高温型质子导电陶瓷。

不仅离子电导，而且电子电导为主的瓷介材料都有可能发生电化学老化现象。电化学老化是指在电场作用下，由于化学变化引起材料电性能不可逆的恶化。

B　玻璃的导电基础

玻璃中的载流子主要是有移动能力的网络外离子（如 Na^+、K^+ 等）。硅氧骨架不能移动，因而固态玻璃在常温下几乎不导电。高温下，玻璃的阴离子团也参与电流的传递，并随着温度的提高，参与传递的离子数增多，电导率就增加。

在阳离子能动度相差很大的情况下，全部电流几乎由一种阳离子负载。如在 $NaO\text{-}CaO\text{-}SiO_2$ 系统中，可以认为电流全部由 Na^+ 传递而 Ca^{2+} 的作用可以忽略，Si^{4+} 和 O^{2-} 则保持不动。这些阳离子的迁移同样要克服能阱，但与晶体不同，玻璃中碱金属离子的能阱不是单一的数值，如图 2-27 所示。这些位垒的体积平均值就是载流子的活化能。

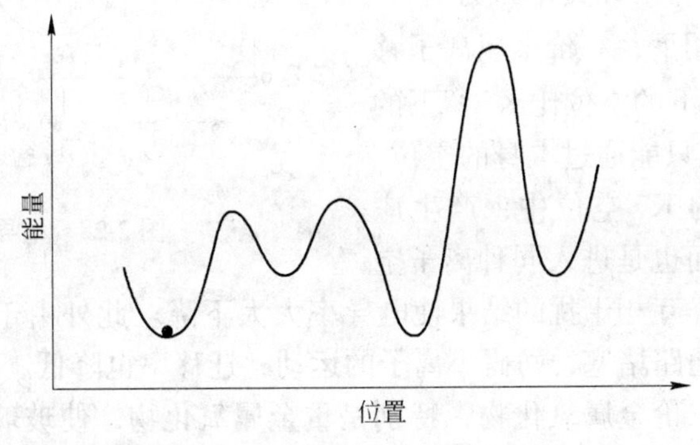

图 2-27　位垒

材料的导电性主要取决于化学组成、温度和湿度。纯净玻璃的电导一般较小，但如含有少量的碱金属离子就会使电导大大增加。这是由于玻璃的结构松散，碱金属离子不能与两个氧原子联系以延长点阵网络，从而造成弱联系离子，因而电导大大增加。在碱金属氧化物含量不大的情况下，电导率 σ 与碱金属离子浓度有直线关系。到一定限度时，电导率指数增长。这是因为碱金属离子首先填充在玻璃结构的松散处，此时碱金属离子的增加只是增加电导载流子数。当孔隙被填满之后继续增加碱金属离子，就开始破坏原来结构紧密的部位，使整个玻璃体结构进一步松散，因而活化能降低，电导率按指数式上升。例如玻璃纤维的无碱纤维的电绝缘性能比有碱纤维优越得多。这主要是因为无碱纤维中碱金属离子少的缘故。碱金属离子越多，电绝缘性能越差；玻璃纤维的电阻率随着温度的升高而下降。虽然玻璃纤维的吸附能力较小，但空气湿度对玻璃纤维的电阻率影响很大。湿度增加，电阻率下降，如表 1-1 所示。在玻璃纤维的化学组成中，加入大量的氧化铁、氧化铅、氧化铜、氧化银或氧化钒，会使纤维具有半导体性能。在玻璃纤维上涂敷金属或石墨，能获得导电纤维。

资料研究表明，利用双碱效应和压碱效应，可以减少玻璃的电导率，甚至可以使玻璃电导率降低 4～5 个数量级。双碱效应是指当玻璃中碱金属离子总浓度较大时（占玻璃组成25%～30%），碱金属离子总浓度相同的情况下，含两种碱金属离子比含一种碱金属离子的玻璃电导率要小。当两种碱金属浓度比例适当时，电导率可以降到很低（图 2-28）。K_2O、Li_2O 氧化物中，K^+ 和 Li^+ 占据的空间与其半径有关，因为 $r_{K}^{+} > r_{Li}^{+}$，在外电场作用下，一价金属离子移动时，Li^+ 离子留下的空位比 K^+ 留下的空位小，这样 K^+ 只能通过本身的空位。Li^+ 进入体积大的 K^+ 空位中，产生应力，不稳定，因而也是进入同种离子空位较为稳定。这样互相干扰的结果使电导率大大下降。此外由于大离子 K^+ 不能进入小空位，使通路堵塞，妨碍小离子的运动，迁移率也降低。压碱效应是指在含碱玻璃中加入二价金属氧化物，特别是重金属氧化物，使玻璃的电导率降低，相应的阳离子半径越大，这种效应越强。

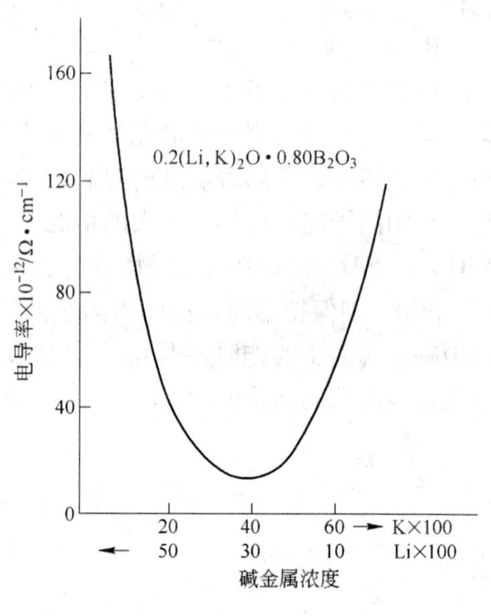

图 2-28　电导率

以前认为玻璃是离子导电，直到 20 世纪 50 年代出现半导体玻璃后，人们才了解到有些玻璃并非离子导电，而是电子导电。但在含有碱金属离子的玻璃中，基本上表现为离子电导。近几年，半导体玻璃作为新型电子材料非常引人注目。半导体玻璃其组成可分为：（1）金属氧化物玻璃（SiO_2 等）；（2）硫属化物玻璃（如 S、Se、Te 等与金属的化合物）；（3）Ge、Si、Se 等元素非晶态半导体。

C　无机材料的电导率的计算

陶瓷材料通常为多晶多相材料。因此陶瓷材料具有较复杂的显微结构、往往为多晶多相，含有晶粒、晶界、气孔等。因此，多晶多相材料的电导比起单晶和均质材料要复杂得多。陶瓷材料由晶粒、晶界、气孔等所组成的复杂的显微结构，给陶瓷电导的理论计算带来复杂的因素。为简化起见，假设陶瓷材料由晶粒和晶界组成，并且其界面的影响和局部电场的变化等因素可以忽略，则总电导率为

$$\sigma_T^* = V_G\sigma_G^n + V_B\sigma_B^n \tag{2-101}$$

式中 σ_G，σ_B——分别为晶粒、晶界的电导率；

V_G，V_B——分别为晶粒、晶界的体积分数。

$n=-1$，相当于图 2-29a 的串联状态，$n=1$ 为图 2-29b 的并联状态。图2-29c 相当于晶粒均匀分散在晶界中的混合状态，可以认为 n 趋近于零。将式2-101微分，有

$$n\sigma_T^{n-1}\mathrm{d}\sigma_T = nV_G\sigma_G^{n-1}\mathrm{d}\sigma_G + nV_B\sigma_B^{n-1}\mathrm{d}\sigma_B \tag{2-102}$$

因为 $n\to 0$，则

$$\frac{\mathrm{d}\sigma_T}{\sigma_T} = V_G\frac{\mathrm{d}\sigma_G}{\sigma_G} + V_B\frac{\mathrm{d}\sigma_B}{\sigma_B} \tag{2-103}$$

即

$$\ln\sigma_T = V_G\ln\sigma_G + V_B\ln\sigma_B \tag{2-104}$$

这就是陶瓷电导的对数混合法则。

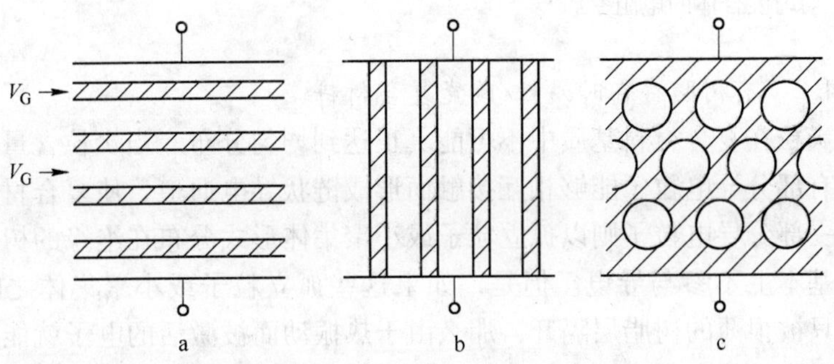

图 2-29 模式

a—串联；b—并联；c—混合

一般而言，微晶相、玻璃相的电导率较高。因为玻璃相结构松弛，微晶相缺陷多，活化能比较低。由于玻璃相几乎填充了坯体的晶粒间隙，形成连续网络，因而含玻璃相的陶瓷，其电导很大程度上决定于玻璃相。含有大量碱性氧化物的无定形相的陶瓷材料的电导率较高。实际材料中，作绝缘体用的电瓷含有大量碱金属氧化物，因而电导率较大，刚玉瓷（Al_2O_3）含玻璃相少，电导率就小。

多晶多相材料的固溶体和均匀混合体的电阻率如图 2-30 所示。

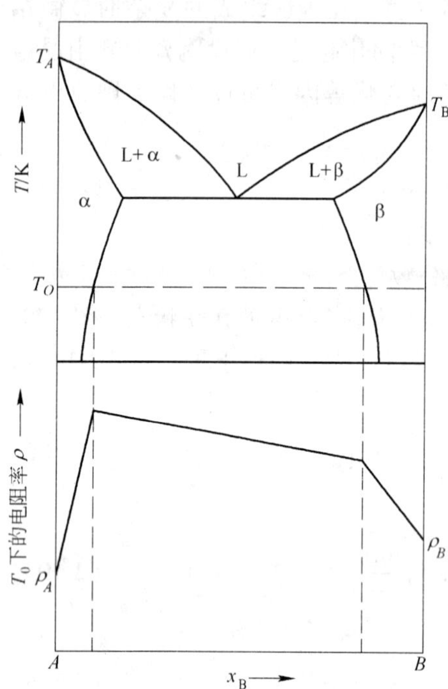

图 2-30　多晶多相材料的固溶体和均匀混合体的电阻率

图 2-31 为有人试验研究的结果，表示当 $\sigma_B/\sigma_G=0.1$ 及 $\sigma_B/\sigma_G=0.01$ 时，总电导率 σ_T 和 V_B 的关系。通常由于陶瓷烧结体中 V_B 的值非常小，所以总电导率 σ_T 随 σ_B 和 V_B 的值的变化较大。

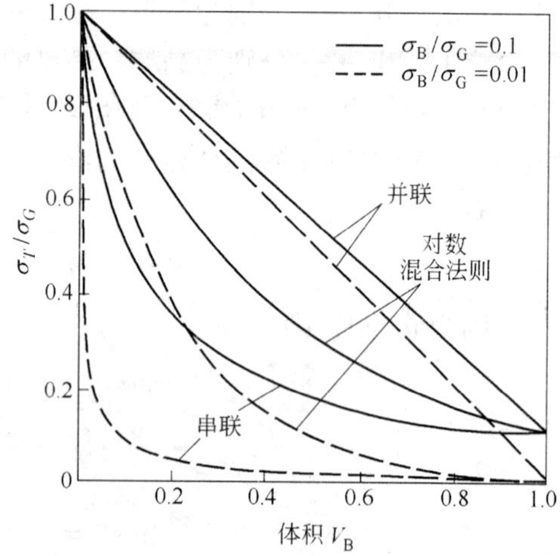

图 2-31　总电导率 σ_T 和 V_B 的关系

2.1.4.2　有树脂存在时炭粒/陶瓷复合材料

通常炭粒在复合材料基质中不可能真正达到均匀分布。当炭粒含量超过渗流阈值后总有部分导电粒子能够相互接触而形成链状导电通道，使复合材料得以导电；而另一部分导电粒子则以孤立粒子或小聚集体形式分布在绝缘的树脂与陶瓷基体中，基本上不参与导电。但是，如果这些孤立粒子或小聚集体之间相距很近，中间只被很薄的树脂层隔开，那么由于热振动而被激活的电子就能越过树脂界面层所形成的势垒而跃迁到相邻导电粒子上形成较大的隧道电流；或者是导电粒子间的内部电场很强时，电子将有很大的几率飞跃树脂界面层势垒而跃迁到相邻导电粒子上，产生场致发射电流。这时树脂界面层起着相当于内部分布电容的作用。为了便于说明，有人假设炭粒为球形来描述其等效电路模型，见图 2-32。因此，低温处理得到的炭/陶瓷复合导电耐火材料存在着导电通道、隧道效应和场致发射三种导电机理，复合材料的导电性能是这三种导电机理相互竞争的结果。在低碳含量、低外加电压下，导电粒子间的间距较大，形成链状导电通道的几率较小，这时隧道效应机理起主要作用；在低碳含量、高外加电压下，场致发射机理变得显著；在高碳含量下，导电粒子间的间距小，形成链状导电通道的几率大，这时导电通道机理的作用更明显。

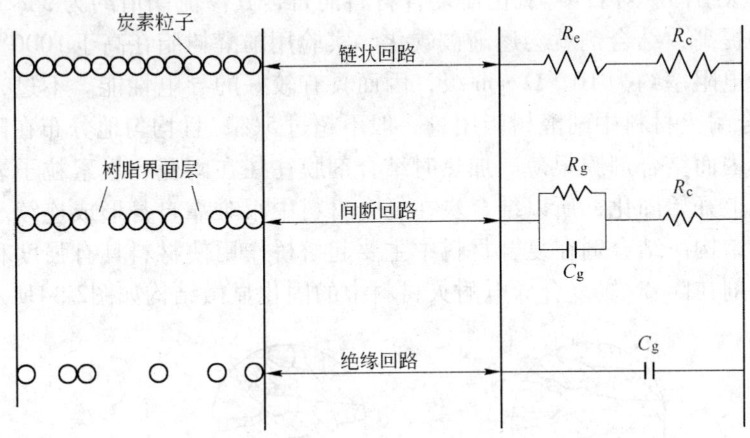

图 2-32 炭素粒子为球形描述等效电路模型

R_e—导电粒子本身的电阻；R_g—树脂界面层的电阻；

R_c—导电粒子间的接触电阻；C_g—树脂界面层的电容

2.1.4.3 石墨/氧化镁复合材料

资料认为炭/陶瓷复合导电耐火材料能够导电是靠导电网络的形成，但对网络如何形成、其构成和特性如何还不清楚。炭/陶瓷复合导电耐火材料是一种非均质材料，在电性能研究中可以把其视为由绝缘的陶瓷相与导电的炭素相组成的二相复合材料。随着炭素体积分数的增加，复合材料将会有弥散结构、聚集结构、渗流状结构三种形貌，见图 2-33。其中弥散结构有两种情况：一是当炭素粒子的含量相当低时，炭素粒子是统计弥散在陶瓷基体相中；二是当炭素粒子含量并不很低，但其颗粒可较均匀地分散在基体相中。当炭粒含量较高时，少量颗粒

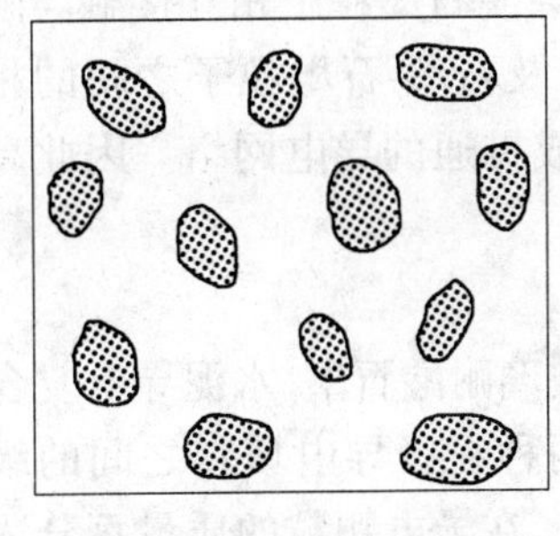

弥散结构

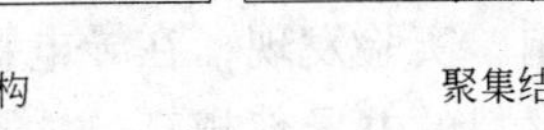

聚集结构

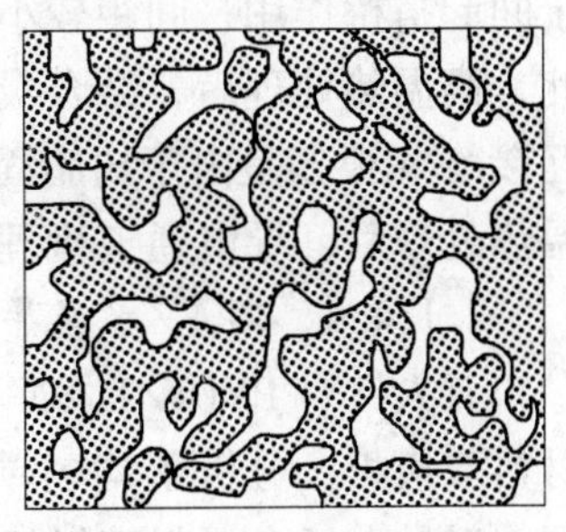

渗流状结构

图 2-33 炭/陶瓷复合导电耐火材料典型显微结构模型

会团聚在一起，如无规则链状和密堆积团聚，形成聚集结构。当炭素粒子含量大于某一个临界值（渗流阈值）时，炭粒间相互连接形成一个连续的无规则网络，此即渗流状结构。对石墨/氧化镁复合材料而言，其渗流阈值约为5%。随热处理温度的提高，结合剂就会逐渐被碳化，实验用酚醛树脂在高于1000℃时形成的结合炭电阻率约为$10^{-3}\Omega \cdot m$级，因而具有较好的导电性能。不过，由于炭/陶瓷复合耐火材料中酚醛树脂用量一般不超过5%，且均匀地分布在陶瓷与炭素表面，因而结合剂膜很薄。加热时结合剂膜往往在陶瓷和炭素粒子表面的某些成核点上开始固化，所以结合炭在复合材料中很难靠自身形成连续、任意缠绕的框架结构。结合剂在复合材料中主要起搭桥作用使材料具有强度和导电性能。结合剂在陶瓷/炭复合导电耐火材料中的固化显微结构如图2-34所示。

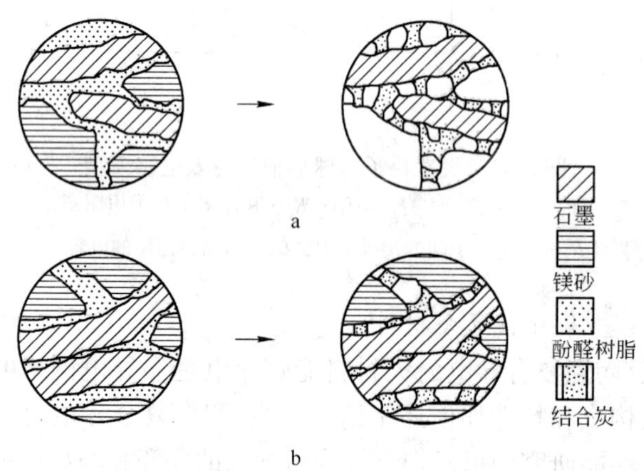

图2-34　结合剂在复合材料中的固化示意图

a—间距较大；b—间距较小

资料表明，炭素粒子间距较大时，结合剂对导电性能的贡献主要靠在石墨粒子间起搭桥作用；间距较小时，由于固化引起的收缩会使石墨粒子相互接触。因此，高温热处理后，结合炭在石墨粒子之间的搭桥以及石墨-石墨粒子之间的相互接触（很多是由于树脂固化收缩引起），使材料形成贯通的导电网络。因此高温热处理后，导电通道机理起主要作用。

2.1.4.4　石墨/水泥导电复合材料双极板

有人针对PVDF/Ti_3SiC_2、高铝石墨/水泥和钠水玻璃耐酸石墨/水泥导电复合材料双极板，分析了均匀单一颗粒粒径导电填料、两种粒径导电填料之间的级配，对导电复合材料双极板电导率的影响。实验发现，在导电颗粒的质量百分浓度一定的情况下，颗粒粒径越大，复合材料的电导率越高。这不能用材料中的孔隙率大小来解释，因为根据最紧密堆积理论，对于均匀粒径颗粒堆积体的堆积密度（孔隙率）只与排列方式（正方形或三角形）有关，与粒径大小无关。主要原因是粒径越大，相同质量的石墨颗粒数量越少，即颗粒之间的接触点会减少，同时颗粒之间的接触面积增加，使得接触电阻减小；而高含量导电颗粒填充的复合材料，颗粒之间的接触电阻占有很大的比重，因此导电填料颗粒粒径越大，复合材料的电导率越高。

对于大小两种粒径之间的颗粒双级配填充体系，设大颗粒直径为 D，在堆积排列时，允许自由填充到大颗粒之间空隙的小颗粒直径为 d，通过理论计算可得到，自由排列时允许自由填入大颗粒之间孔隙的小颗粒直径 $d=0.414D$；在紧密排列时，$d=0.154D$。也就是说，为了进一步降低均匀单一颗粒粒径堆积体的孔隙率，小颗粒直径不能大于 $0.414D$。根据此理论，小颗粒与大颗粒的直径比应该在 0.154～0.414。试验选用了粒径分别为大于 0.090mm 和 0.045mm 的两种石墨进行级配，讨论了小粒径石墨与大粒径石墨之间的质量配比对高铝水泥/石墨和钠水玻璃耐酸水泥/石墨导电复合材料电导率的影响。

有人实验发现，当小粒径石墨/石墨总含量（质量分数）为 10% 时，高铝水泥/石墨复合材料的电导率比采用均匀单一颗粒粒径石墨（大于 0.090mm）制备的复合材料的电导率（467.61S/cm，见表 2-5）高，这说明向大粒径石墨颗粒中加入适量的小粒径石墨，能进一步提高复合材料的电导率，从而可降低石墨的加入量，改善复合材料的可加工成形性，提高其力学强度。但是随着小粒径石墨含量的增加，高铝水泥/石墨、钠水玻璃、耐酸水泥/石墨复合材料的电导率，比采用均匀单一颗粒粒径石墨（大于 0.090mm）制备的复合材料的电导率低，这是因为当大粒径石墨所形成的孔隙被小粒径石墨填满后，再加入小粒径石墨会使大粒径石墨彼此分开，使材料的孔隙率增加，从而电导率降低。

表 2-5 导电填料粒径对导电复合材料电导率的影响

复合材料名称	填料		电导率/$S \cdot cm^{-1}$
	种类	粒径/mm	
$PVDF/Ti_3SiC_2$①	Ti_3SiC_2	0.045	92.6
		0.065	235
		0.090	316
		>0.090	337.6
高铝水泥/石墨②	石墨	0.045	367.54
		0.065	386.98
		0.090	428.17
		>0.090	467.61

①$TiSiC_2$ 含量 70%（体积分数）；

②石墨含量 60%（质量分数）。

2.1.4.5　炭黑/$LiFePO_4$复合正极材料

橄榄石型磷酸铁锂 $LiFePO_4$ 被认为是极有应用潜力的锂离子电池正极材料，特别是锂离子动力电池的正极材料之一，但纯 $LiFePO_4$ 的离子传导率和电子传导率均较低，而且在充放电时，Li^+在 $LiFePO_4$-$FePO_4$ 两相之间的扩散系数也不大。国外的研究工作主要是改善该材料的导电性能。

有人研究了在 $LiFePO_4$ 制备过程中添加导电炭黑对其导电性能的影响。以 $FeC_2O_4 \cdot 2H_2O$、Li_2CO_3 和$(NH_4)_2HPO_4$(均为分析纯)为原料，乙炔黑和葡萄糖作碳添加剂，采用高温固相法制备 $LiFePO_4$ 和 $LiFePO_4/C$ 正极材料。按物质的量比为1∶1∶0.5分别称取3份一定量的 $FeC_2O_4 \cdot 2H_2O$、$(NH_4)_2HPO_4$ 和 Li_2CO_3，其中一份用来制备纯的 $LiFePO_4$(样品编号为A)，在另两份中分别加入一定量的乙炔黑和葡萄糖（样品编号为B、C)，原料经球磨机球磨混合均匀后，在氮气气氛中于300℃下加热12h，使之分解，冷却后充分研磨，在一定压力下压成块，在氮气氛中于650℃下煅烧24h，冷却、研磨后得样品。以样品为正极活性物质，组装成双电极实验电池。正极膜的组成为 m 活性物质：m 乙炔黑：m 聚四氟乙烯 = 80：15：5，厚度≤0.1mm，将正极膜滚压在不锈钢网上制成正极片；以金属锂片作为负极；隔膜为进口聚丙烯微孔膜（Celgard 2300)；电解液为1 mol/L的 $LiPF_6$/碳酸乙烯酯（EC）+碳酸二甲酯（DMC）（体积比1∶1），在相对湿度小于2%的手套箱中组装成实验电池。电池的充、放电性能测试在室温或60℃下进行，充、放电循环测试表明：样品以小电流恒流充、放电时，充电电压平台在3.45~3.50V之间，放电电压平台在3.4V左右，并且充、放电电压变化非常平缓。样品A（纯 $LiFePO_4$）的首次放电比容量为128.4mA·h/g，样品B和C的首次放电比容量分别为148.3mA·h/g、156.5mA·h/g，说明添加碳所形成的 $LiFePO_4/C$ 复合材料的放电比容量得到明显的提高。且各个样品的充、放电循环可逆性都很好。以1C进行充、放电时，尽管3种材料的放电比容量均有不同程度的下降，但 $LiFe_2PO_4/C$ 复合材料的大电流充、放电性能明显优于纯的 $LiFePO_4$；其中样品C的大电流充、放电性能和循环可逆性都最佳，以1C倍率循环充、放电10次，平均放电比容量不小于145mA·h/g，而且容降率很小。

2.1.4.6　金属/陶瓷复合导电材料

A　金属/ZrO_2 无机物复合材料

常见的导电陶瓷有 $LaNiO_3$、BN复合材料及 ZrO_2 等。有人用超高电阻测试装置在室温下测试了不同组分的 Ni/ZrO_2 金属陶瓷的电导率。金属陶瓷的电导率可在很大范围内变化，它的最大值约为最小值的40倍。ZrO_2 具有单斜、四方和立方等三种晶型，在一定的温度时可以相互转变：

$$\text{单斜} \longrightarrow \text{四方}(1170℃) \longrightarrow \text{立方}(2370℃) \longrightarrow \text{液态}(2680℃)$$

立方相稳定存在于2370~2680℃之间，具有萤石型结构。其中的Zr^{4+}占据在氧八面体中心，与各O^{2-}等距离，而O_2则处在锆四面体的中心。由于Zr^{4+}仅占据了一半的氧八面体位置，大量的氧八面体空穴使结构保持松弛状态，因此O^{2-}可以扩散迁移。由于纯的立方相ZrO_2仅在高温是存在，因而实用价值不大。通过添加适当的二价或三价离子可以获得室温下稳定存在的立方相ZrO_2，常用的稳定剂离子为Ca^{2+}，Mg^{2+}，Y^{3+}以及其他三价稀土离子等。低价离子的掺入不仅起到了相稳定的作用，同时提高了ZrO_2中可迁移氧空位的浓度，并降低了材料的熔点及相应晶型的相变温度。如果稳定剂的量太少不足以使材料完全稳定成立方相，或者完全稳定的立方相经过适当退火处理后，材料中除立方相外，还会存在一定量的四方相或单斜相。这类材料称为部分稳定的ZrO_2(PSZ)。四方相稳定存在于1170~2370℃，稳定剂可使其亚稳态存在于室温下。亚稳四方相仅在临界尺寸（约为30nm）以下的晶粒中存在，晶粒一旦长大到临界尺寸以上，亚稳四方相即转变为单斜相。单斜和四方ZrO_2的相变温度为1170℃，由单斜相变为四方相时产生约7%的体积收缩；当再冷却时发生逆反应则发生体积膨胀。相应地在热膨胀曲线上也有突变，因而使陶瓷制品开裂。因此，稳定剂对于ZrO_2导电陶瓷是必不可少的。

有实验表明，随着含Ni量的增加，微米量级的金属Ni颗粒在纳米量级的ZrO_2基体中聚集长大，先是单个颗粒与单个颗粒结合成串，然后串与串结合成团，团与团结合成体，最后块与块连通成无限大集团。在含w(Ni)为50%的复合材料中，电子已经能够非常自由地运动，使复合材料几乎达到纯Ni的导电能力。在Ni/ZrO_2金属陶瓷中出现导电现象的根本原因是和复合材料的微观结构及导电机制的差别相关的。当w(Ni)小于80%时，金属Ni颗粒能阻止ZrO_2的颗粒的聚集和长大。同样ZrO_2颗粒也能阻止金属Ni颗粒的聚集和长大，使大部分的金属Ni和部分的ZrO_2颗粒的尺寸处于亚微米量级；当w(Ni)超过80%时，ZrO_2颗粒的相对含量少，不足以阻止金属颗粒的聚集和长大。因此w(Ni)少于80%的Ni-ZrO_2金属陶瓷烧结体可以认为是亚微米复合材料。材料导电主要靠自由电子来进行，当加上适当的电场后，电子能击穿电介质；而且当两个金属Ni颗粒的间距小于或等于电子的波长时，电子具有量子隧道穿透效应。因此可以认为：当w(Ni)为30%时，虽然金属Ni颗粒、团、体和块之间还没有直接接触，具有一定的间隙，但电子已能借助介质击穿效应甚至量子隧道穿透效应很容易穿过间隙而引起导电；当w(Ni)为50%时，金属Ni颗粒、团、体和块之间相互靠近，间隙很小，自由电子穿越和运动十分流畅，电导率达到最高值。当w(Ni)为30%时，金属Ni颗粒、团、体和块之间相互靠拢，电子已经能够穿越其间的ZrO_2介质、微洞和晶面而发生电的渗流现象。总之，在Ni-ZrO_2亚微米复合材料中，由于电子具有介质击穿效应和量子隧道效应而使其渗流值较小。

B　银/导电陶瓷（$LaFe_{0.25}Ni_{0.75}O_3$）复合电极材料

有人采用电阻网络模型对银-导电陶瓷（$LaFe_{0.25}Ni_{0.75}O_3$）复合电极材料的电阻特性进行了计算机模拟。首先通过材料的照片分析了材料的结构，并在此基础上建立了电阻网络物理模型。然后利用计算机编程的方法对模型进行了求解，并与实验结果进行了比较分析。材料的电阻率只与材料本身有关，而与两端所加的电压无关。如果是同种单一组分的材料其电阻率相同，当有电流通过时，单位长度的压降相同，就可以忽略其横向电流，其模型可视为各导电单元串联后，在两端并联。但实际上银-导电陶瓷复合电极材料是由银和导电陶瓷两种不同电阻率的导电物质组成的。当有电流通过时，单位长度的压降会由于导电材料的不同而不同。因此，不能把它看成简单的串并联模型。

C　$Ba_{1-x}Sr_xPbO_3$ 导电陶瓷

对于 $BaPbO_3$ 导电陶瓷已有报道，其室温电阻率为（5.0 ~ 8.0）$\times 10^{-4}$ $\Omega\cdot cm$，可以用于以 Cr_2O_3 陶瓷的基片的湿度传感器电极和陶瓷电容器电极材料；用 Sr^{2+} 替代部分 Ba^{2+} 后，就构成 $Ba_{1-x}Sr_xPbO_3$ 系导电陶瓷。用四探针法测量了 $Ba_{1-x}Sr_xPbO_3$ 系导电陶瓷的室温电阻率与组分 x 的关系。可知，烧结温度 T_s 高的样品的室温电阻率相对要低一些。还可以得出，室温电阻率随 Sr 含量 x 的增加而变大，但是变化幅度较小。还可以得出，$BaPbO_3$ 导电陶瓷的电阻率随温度 T 的升高而略有降低。含 Sr 的导电陶瓷的阻温特性明显优于 $BaPbO_3$ 导电陶瓷的阻温。

资料研究表明，对于 $Ba_{1-x}Sr_xPbO_3(0\leqslant x\leqslant 0.3)$样品，由于是同价的 Sr^{2+} 对 A 位置的 $BaPbO_3$ 的取代，不会破坏晶格的电中性条件，也不会破坏晶格的氧八面体结构，仍为钙钛矿型结构，仅使晶格略有畸变，点阵参数发生变化。随着 x 的增加，样品的电阻率也增大；当 $x=0.5$ 时，$Ba_{1-x}Sr_xPbO_3$ 陶瓷样品的导电性从金属行为向半导体行为转变。这说明样品的载流子的迁移率与样品的组分有关，A 位不同粒径的离子出现的几率严重影响导带中的电子迁移率，当 Ba^{2+} 被 Sr^{2+} 取代后，由于 Sr^{2+} 离子半径小于 Ba^{2+} 离子半径，引起晶格收缩，使 PbO_6 氧八面体的对称性也发生相应的变化，影响了 Pb 的 6s 轨道与 O 的 2p 轨道的相互作用。因此，不同粒径离子在 A 位置的替代会影响导带中的电子迁移率。由于 Sr—O 比 Ba—O 有强的离子相互作用，导致有强的共价键，因而 Sr—O 强共价键削弱了 Pb6s—O2p 键使导带变窄，引起费米能级表面的态密度变化，而 Ba 被 Sr 取代后，减小了钙钛矿型结构向更低的对称性转变。由于晶格结构的变化，Sr^{2+} 的增加，产生 Sr^{2+} 与 Ba^{2+} 离子争夺 A 位，引起样品的导电性减弱。

D　导电膜玻璃

它是将普通玻璃加热，然后在其表面热喷易气化的物质（四氯化锡）。由于四氯化锡在高温下分解为锡和氧化锡，于是玻璃表面上就附着一层锡和氧化锡，从而玻璃表面就能导电了。导电膜玻璃的主要用途：把发光材料涂在玻璃的导电膜上，电极通电后发光材料就可发出均匀的光，如将一部分腐蚀掉，就能作为显示器的材料。电子表、比赛场上的记分牌等都是由两处导电膜玻璃组成一个盒子，内放液晶，在上面按数字要求引出不同的线，每条线上引出一个头，由一块集成块控制，就可显示数字。导电膜玻璃用于飞机、船只驾驶窗的窗玻璃，在海上，当气温降低，玻璃上易结露变模糊，影响驾驶员的视线，用导电膜玻璃作为窗用玻璃，并在上面装一热敏电阻，通过一个控制盒来控制电路的通断，从而调节玻璃表面的温度，当外面温度偏低时，电源就自动接通并加热，这样玻璃表面就不易结露了。

2.1.5 电阻复合材料

2.1.5.1 膜电阻复合材料

电力和电子方面应用的电阻元件大都是阻抗性质为欧姆型的纯电阻，它应有小的电阻温度系数和范围在 $10^3 \sim 10^8 \Omega$ 的高电阻值。但具有这种合适电性质的材料的电阻率却要低于 $10\Omega \cdot m$，因此人们通常采用下面两个原理来制造这些电阻元件：（1）把很薄的导电层沉积在绝缘基片上，而后刻蚀成合适的图形以达到大的长宽比；（2）在导电材料中掺入绝缘相。膜电阻材料由于有体积小、质量轻、性能好、可靠性高、便于混合集成化等优点，是电子应用方面的首选材料。

膜电阻材料分薄膜电阻材料和厚膜电阻材料。这两类材料在电子线路工艺上的主要区别并不在于它们的厚度，而主要是它们的成膜工艺方法。厚膜电阻是指用厚膜杂化制造加工技术制成的膜电阻；而薄膜电阻则是采用如溅射、蒸发等真空镀膜工艺制成的膜电阻。

A 厚膜电阻材料

厚膜电阻材料由导体粉料、玻璃粉料和有机载体三部分组成。主要用于通用电阻、大功率电阻、高温高压电阻或高电阻器件。厚膜电阻材料统称为厚膜电阻浆料，一般由 0.2 ~ 2.0μm 粒度的导体粉料、0.5 ~ 10μm 粒度的玻璃粉料和有机载体等三部分组成。导体粉料如金属、金属氧化物、金属盐类、合金等的作用是在电阻浆料经高温烧结后能保证电阻膜体的导电性能；玻璃粉料一般采用硼硅铅系玻璃，它在烧结时熔融，使导体粉料均匀分散于其中并保证形成的电阻膜体与基体之间的粘附；有机载体或称有机黏结剂，由松油醇等溶剂、硝化纤维素等增稠剂、对苯二酸等流动性控制剂和甲苯等表面活性剂组成，其作用是把导体粉料和玻璃粉料或其他固体粉料均匀混合并分散成膏状浆料，以便达到所要求的丝网印刷性能。厚膜电阻材料一般用作通用电阻、较大功率电阻、高温与高压以及高阻值电阻，如广泛用于电阻网络、阻容功能模块、混合集成电路等各种元器件。

B　薄膜电阻材料

Ni-Cr、Cu-Ni、Mn-Cu 和金属基板或陶瓷基板可构成复合材料。金属薄膜电阻一般是把 Cr、Ni、Nb、Ti、Pd、Ta、W 等纯金属或它们的合金蒸镀沉积在玻璃或陶瓷基片上而成。薄膜电阻通也采用如溅射真空镀膜工艺制成。通常分成 Ni-Cr 系、Ta 系（如 Ta_2Ni 薄膜）和金属陶瓷系（Cr-SiO_2 薄膜）三大类。

资料表明，薄膜电阻的膜越薄，其电阻率愈高，即产生所谓的尺寸效应。这是由于膜的厚度减小，导致薄膜电阻的电子平均自由程也变小的缘故。有效平均自由程比电子的平均自由程要小。

由于金属薄膜电阻愈薄，电阻率愈大，而电阻温度系数愈小，故利用薄膜更易使高电阻元件小型化，它们的优越性能在精密耐热电子线路中被广泛应用。NiCr 薄膜是最常用的薄膜电阻材料之一，其电阻温度系数小。若通过添加 Al、Si、Be、Au、O 等其他元素形成改性 NiCr 薄膜，可进一步改进母膜的性能，如扩大电阻范围，提高高温稳定性和减小 TCR 等。Ta 系薄膜则具有自钝化性、可用阳极法调整阻值、能用同种材料制作薄膜电阻和电容使二者的温度系数相互补偿等优点，这类精密薄膜电阻通常采用溅射工艺制造。

另一类薄膜电阻就是所谓的氧化物薄膜电阻，这种金属陶瓷薄膜是由金属和氧化物绝缘体的混合物所构成的，如 Cr-SiO_2、Ti-SiO_2、Au-SiO_2 等薄膜，它们具有电阻率高和高温稳定性好等优点。随 Cr 含量的减少，薄膜的电阻率增大，TCR 则从正值逐渐变为负值。

C　电阻箔复合材料

国外对电阻箔复合材料已进行了大量的开发研究。资料表明，我国从 1999 年历时多年的研究，成功地开发出了符合用户要求的电阻箔复合材料。这种材料可广泛用于人造卫星、雷达、导航、计算机、汽车发动机系统、摄像系统、高清晰度电视等电子产品中，目前主要用于汽车电子和一些军工电子产品中。也可用于精密测量、数据转换、航空航海惯导系统、计算机接口电路及一些特殊要求的系统中（制作精密电阻器、直插式电子元器件）。也可将其压制在多层板中，取代部分电阻器件。

电阻箔复合材料是由基板材料、绝缘介质黏结层和箔电阻三种材料构成。资料表明，箔电阻复合材料结构的优点是导体直接和基板接触，正是基于这种结构，用电阻箔复合材料制作的电阻器具有装配空间小、阻值精度高、低噪声、低电动势、低成本等优点。其性能要求如下：（1）电阻温度系数为 $\pm 70 \times 10^{-6}$/℃（-55℃/25℃/125℃）；（2）绝缘层电阻率 $\geq 1 \times 10^5 M\Omega \cdot m$；（3）抗剥强度 $\geq$ 1.6N/mm。（4）耐浸焊性：288℃，10s 不分层，不起泡。（5）湿热循环后直流电阻变化率不大于 0.2%。在装有温度计、搅拌器、冷凝管的反应器中，加入配比量的高分子弹性体和溶剂，于 50～60℃水浴中充分搅拌 8h 左右，待完全溶解后，再依次加入环氧树脂、酚醛树脂固化剂，充分搅拌、熟化。调节树脂浓度为15 ±2%，黏度 200s ±20s(20℃)。

在电阻箔复合材料的主要性能指标中，电阻温度系数、湿热循环后直流电阻变化率和剥离强度等，是研制中最难解决的关键。因此研制方案主要围绕上述性能指标进行。电阻温度系数与所选用的各种材料的性能密切相关，而剥离强度又与胶黏剂、绝缘介质层紧密相关，因此必须选择一种综合性能优良的材料，同时研制一种合适的胶黏剂及相匹配的绝缘介质层。

电阻箔复合材料用来制作平面电阻线路、直插式电子元器件或将其压制在多层板中，取代部分电子器件等。这就要求箔电阻材料必须具有一定的电阻率；另一方面，在较宽的温度范围内，随着温度变化，其电阻值要求相对稳定，即电阻温度系数要小。因此对于电阻箔的选择主要从电阻率和电阻温度系数等方面考虑。结合国内电阻合金的生产情况，以 Ni-Cr、Cu-Ni、Mn-Cu 为主的复合合金箔是目前相对较理想的选择对象。其特点为：（1）具有一定的电阻率，且阻值均匀性好；（2）电阻温度系数小；（3）耐热性好，耐腐蚀性更佳；（4）良好的加工工艺性能和力学性能。将电阻箔用一种特殊的方法进行氧化处理，使其表面形成一层具有均匀粗糙度的微观结构，但其对电阻箔材料的电阻率和电阻温度系数影响不大；然后将胶黏剂涂敷于箔表面或用增强材料与胶黏剂制作成半固化片，来制作绝缘介质层。经过特殊表面处理电阻箔、绝缘介质层和基板叠合，推入压机，升温至 160 ~ 170℃，压力为 504.9MPa(kg/cm^2)条件下，压制成形。资料表明，用于箔电阻复合材料的胶黏剂不仅要具有优良的黏结力，而且还必须具有良好的电性能和耐热性。环氧树脂虽然具有优异的电器绝缘性，良好的黏结性、耐热性及化学稳定性，但是其质脆、韧性差。这是因为环氧固化后，脆性大、韧性差，不利于刚性大的电阻箔和基板黏结。若用柔性聚合物与环氧共混交联形成一种互穿网络结构的胶黏剂，将这种胶黏剂用于电阻箔复合材料中，则剥离强度可达到 1.75N/mm。由于电阻箔复合材料是一种新型材料，采用普通的压型工艺，其电阻箔荷叶边现象严重，表面鼓泡多，为了改变这种现象，提高产品的质量和产量，在压制中，采用一些特殊的方法，如裁边释放应力、冷压、放气等。使产品的质量和产量均大幅度提高。在电阻箔复合材料中，电阻温度系数是解决的难点，也是关键。而电阻温度系数除了与材料的性能有关外，还与材料的热处理有着密切的关系。于是从选材和热处理等条件入手，并进行了 30 多批电阻温度系数的测定。电阻箔在热处理前，其复合材料的电阻温度系数均大于指标要求，但经过一次处理后，其复合材料的电阻温度系数已满足我们的要求，而经过二次处理后，其复合材料的电阻温度系数会变得更小（$\leqslant \pm 15 \times 10^{-6}$/℃）。资料表明，平面电阻之所以具有电阻温度系数自动补偿功能，是由制作平面电阻用箔电阻复合材料的特殊构成所赋予的。平面电阻具有形状随外力变化的特点，这种变形被称为“应变”。温度能使平面电阻产生应力和应变，从而使其具有在较宽的温度范围内电阻温度系数自动补偿功能。电阻箔复合材料就是借应力作用补偿箔电阻自然的阻值对温度变化特性设计的，或者说是借助电阻温度系数补偿原理设计的。

电阻箔复合材料的电阻温度系数实际上是合金箔在自由状态下的电阻温度系数（TCR_1）与应力-应变引起的电阻温度系数（TCR_2）的代数和，可用下式表示

$$TCR = TCR_1 + TCR_2 = TCR_1 + k(\alpha_m - \alpha_c) \tag{2-105}$$

式中　TCR——电阻箔复合材料的电阻温度系数；

TCR_1——电阻箔在自由状态下的电阻温度系数；

TCR_2——电阻箔在应力-应变作用引起的电阻温度系数；

α_m——电阻箔的线膨胀系数；

α_c——绝缘介质黏结层的线膨胀系数；

k——比例常数。

由此式可见，对于给定的电阻箔复合材料，k、α_m、α_c 为定值，要调整其电阻温度系数，可利用电阻温度系数自动补偿原理，采用以下的途径使 TCR_1 更接近于 TCR_2。总之，不管升温还是降温，箔电阻复合材料的电阻变化都与箔电阻在自由状态下的电阻变化趋势相反。因此实现了箔电阻复合材料在一定的温度范围内电阻温度系数的自动补偿。

2.1.5.2　电阻型热双金属

电阻型热双金属，又称三金属，由三层材料组成。作为中灵敏的电阻型热双金属，主动层选用 Ni20Mn6 或 Ni22Cr3，被动层用 Ni36。中间层（即分流层）材料的选择是关键。有人选用 TU1（无氧铜）、Cu62Zn38，Cu65Ni15Zn20，Ni 作中间层，进行了 Ni20Mn6（Ni22Cr3）/TU1/Ni36、Ni20Mn6（Ni22Cr3）/Cu62Zn38/Ni36、Ni20Mn6（Ni22Cr3）/Ni/Ni36、Ni20Mn6（Ni22Cr3）/Cu65Ni15Zn20/Ni36 作性能研究和冷轧复合工艺试验，表明不同牌号的电阻型热双金属极为重要的是应选相应的分流层材料。

热双金属，不管有多少个组元层，其电阻等于各组元层电阻的并联值。经推算，三层金属的电阻率 ρ 与各组元层材料的电阻率、厚度 h 关系为

$$\frac{h}{\rho} = \frac{h_1}{\rho_1} + \frac{h_2}{\rho_2}\frac{h_3}{\rho_3} \tag{2-106}$$

电阻型热双金属的系列化不仅要求电阻率按一定级差从低到高，而且要求比弯曲值高及不同牌号的比弯曲值基本相近。

2.1.6 超导复合材料

2.1.6.1 包覆复合材料

超导材料被誉为第三代电子技术的核心，它在导弹与航天器跟踪、制导、通信与防御以及激光武器电源上都具有广泛的应用潜力，可用于高性能高速计算机、远红外探测器、光通信，(远) 红外成像以及磁悬浮列车等。然而，高临界转变温度的氧化物超导材料脆性大，虽有一定抵抗压缩变形的能力，但其拉伸性能极差，成形性不好，使得超导体大规模实用受到了限制。用碳纤维增强锡基复合材料通过扩散黏结法（成形压力为 4MPa，150～170℃，保温 15min）将 YBa2Cu3O7 超导体包覆于其中，从而获得良好的力学性能、电性能和热性能的复合材料。试验发现，随着碳纤维体积含量增加，碳纤维/锡钇氧钡铜复合材料的拉伸强度不断提高。由于碳纤维基本承担了全部的拉伸载荷，所以在断裂点之前，碳纤维/锡材料包覆的超导体一直都保持超导性能。铜基复合材料也常用于超导复合材料的包覆材料。

2.1.6.2 化合物掺杂超导功能复合材料

高 T_c 超导功能复合材料是一种具有高临界转变温度（T_c），能在液氮温度条件下工作的超导材料。因主要是氧化物材料，所以又称高温氧化物超导材料。高温超导材料不但超导转变温度高，而且成分多以铜为主要元素的多元金属氧化物，氧含量不确定，具有陶瓷性质。氧化物中的金属元素（如铜）可能存在多种化合价，化合物中的大多数金属元素在一定范围内可以全部或部分被其他金属元素所取代，但仍不失其超导电性。除此之外，高温超导材料具有明显的层状二维结构，超导性能具有很强的各向异性。

已发现的高温超导材料按成分分为含铜的和不含铜的。含铜超导材料有镧钡铜氧体系（T_c = 35～40K）、钇钡铜氧体系（按钇含量不同，T_c 发生复化。最低为 20K，高可超过 90K）、铋锶钙铜氧体系（T_c = 10～110K）、铊钡钙铜氧体系（T_c = 125K）、铅锶钇铜氧体系（T_c 约 70K）。不含铜超导体主要是钡钾铋氧体系（T_c 约 30K）。已制备出的高温超导材料有单晶、多晶块材，金属复合材料和薄膜。高温超导材料的上临界磁场高，具有在液氦以上温区实现强电应用的潜力。

美国杜克大学一科研小组发现一种“三明治”结构的锂硼化合物超导材料，其超导转变温度超过 39K，刷新了现今最先进超导材料的纪录。这种超导材料是一种电阻很小或没有电阻的材料，是由两层硼原子及其中间所夹的锂原子组成的化合物，超导转变温度超过 39K，预计作为超导材料的综合性能要比目前的至少提高 10%。目前实际应用的产品有磁悬浮列车和核磁共振成像扫描仪中的超导磁等。超导材料输电时不会像传统电线那样因发热而损失大量电能，因而可显著减少电力损耗。不过，超导材料零电阻的特性只能在很低的温度下才能体现。此前，这一转变温度为38K。科学家们几十年一直致力于提高超导转变温度，追求设计出在室温情况下零电阻的新超导材料，以便使超导材料能得到更广泛的应用。

2.1.6.3　金属/化合物超导体和铜等金属复合

使用金属间化合物超导体和铜等金属复合而成的具有超导功能的复合材料。资料表明，由于金属间化合物超导体自身力学性能很差且不易加工成具有实用性的线材、带材，必须用铜等金属包套支撑，才能进行加工成形，并使之具有一定的力学性能。Ni-Ti、Nb_3Sn和V_3Ga等金属间化合物的复合超导体已经实用化，但它们的临界温度T_c约在20K以下，其成形工艺采用固相扩散工艺。经改进的多次冷加工与热处理交替进行的工艺，使NbTi复合超导材料的临界电流J_c达到$3.5 \times 10^5 A/cm^2$(5T，4.2K)，才发展出的新型超导材料如Nb_3(Al，Ge)，和Nb_3Al，其T_c分别为20.7K和18.7K,而且用一种新的带材制备方法,即将Nb粉与Al粉按Nb_3Al比例混合,填入Nb的套管内加工成带,再以电子束焊接使内部形成Nb_3Al,最后在600~800℃作有序化处理,其T_c为18.5K,$J_c > 2 \times 10^4 A/cm^2$(4.2K，24T)。

2.1.6.4　硅橡胶/化合物复合材料

有人研究将高温超导材料YBa2Cu3O7+δ与硅橡胶复合，制备了一种电阻对压力敏感的超导-高分子复合材料，并对不同温度下材料的物理性质进行了测量。结果表明这种材料的电阻率随压强的增加呈指数衰减，在10MPa压力作用下，材料的电阻率降低10个数量级，复合材料的电阻率及其对压力的敏感性随组分比例的不同而变化。研究发现这种超导-高分子复合材料的电阻率及其对压力的敏感性可以通过添加第3种金属组分来有效地调节；超导-金属-高分子复合材料的电阻率在150K以下有　个突然下降。

2.2　半导体复合材料

2.2.1　复合材料的半导体基础

导电能力介于导体与绝缘体之间的物质称为半导体。半导体材料作为信息科学技术物质基础的主体，推动着信息光电技术向可再生、超快响应、超高容量和高集成度方向发展。近年来随着能源危机的凸显和环保意识的普及，对半导体材料及相关器件的制造过程提出了简化工艺、降低能耗等方面的要求。但现有半导体材料已难以胜任，因此发展半导体复合材料势在必行。如人们在半导体复合光功能材料与器件的基础性研究时发现的，它所依赖的材料不是通常的元素半导体或者化合物半导体，而是研究人员自己设计研制的、由两种或两种以上材料组成的复合半导体材料。这些复合半导体材料在可见光照射下出现正的光伏极性，在近红外光照射下则出现负的光伏极性。目前已经在能级匹配的多个有机半导体复合材料中观察到类似现象，并在系统研究的基础上，提出了“光伏极性反转”新概念。有关专家认为：这一新现象的发现和新概念的提出，对于衍生和发展一类新概念材料并开发相应的新型光控电子器件具有重要的理论意义。

2.2.1.1 半导体材料类型

半导体材料的电学性质对光、热、电、磁等外界因素的变化十分敏感，在半导体材料中掺入少量杂质可以控制这类材料的电导率。正是利用半导体材料的这些性质，才制造出功能多样的半导体器件。半导体材料是半导体工业的基础，它的发展对半导体技术的发展有极大的影响。半导体材料是一类具有半导体性能、可用来制作半导体器件和集成电路的电子材料，其电导率在 $10^{-3} \sim 10^{-9}\,\Omega/\text{cm}$ 范围内。资料认为，半导体材料按化学成分和内部结构，大致可分为以下几类：

（1）元素半导体。元素半导体是由单一元素制成的，半导体材料有锗、硅、硒、硼、碲、锑等。20 世纪 50 年代，锗在半导体中占主导地位，但锗半导体器件的耐高温和抗辐射性能较差，到 60 年代后期逐渐被硅材料取代。用硅制造的半导体器件，耐高温和抗辐射性能较好，特别适宜制作大功率器件。因此，硅已成为应用最多的一种半导体材料，目前的集成电路大多数是用硅材料制造的。

（2）化合物半导体。化合物半导体是由两种或两种以上的元素化合而成的，半导体材料有砷化镓、磷化铟、锑化铟、碳化硅、硫化镉及镓砷硅等。其中砷化镓是制造微波器件和集成电路的重要材料。碳化硅由于其抗辐射能力强、耐高温和化学稳定性好，在航天技术领域被广泛的应用。资料认为，化合物半导体分为二元系、三元系、多元系和有机化合物半导体。二元系化合物半导体有Ⅲ-Ⅴ族（如砷化镓、磷化镓、磷化铟等）、Ⅱ-Ⅵ族（如硫化镉、硒化镉、碲化锌、硫化锌等）、Ⅳ-Ⅵ族（如硫化铅、硒化铅等）、Ⅳ-Ⅳ族（如碳化硅）化合物。三元系和多元系化合物半导体主要为三元和多元固溶体，如镓铝砷固溶体、镓锗砷磷固溶体等。有机化合物半导体有萘、蒽、聚丙烯腈等，还处于研究阶段。

（3）无定形半导体材料。用作半导体的玻璃是一种非晶体无定形半导体材料，分为氧化物玻璃和非氧化物玻璃两种。这类材料具有良好的开关和记忆特性和很强的抗辐射能力，主要用来制造阈值开关、记忆开关和固体显示器件。

（4）有机半导体材料。已知的有机半导体材料有几十种，包括萘、蒽、聚丙烯腈、酞菁和一些芳香族化合物等，目前尚未得到应用。

半导体材料的导电性对某些微量杂质极敏感。纯度很高的半导体材料称为本征半导体，常温下其电阻率很高，是电的不良导体。某材料属于哪一种类型的半导体，可以用霍尔效应或温差电动势效应来判断。在高纯半导体材料中掺入适当杂质后，由于杂质原子提供导电载流子，使材料的电阻率大为降低。这种掺杂半导体常称为杂质半导体。

此外，还有非晶态和液态半导体材料，这类半导体与晶态半导体的最大区别是不具有严格周期性排列的晶体结构。

2.2.1.2 本征半导体

能带理论表明，晶体中并非所有电子，也并非所有的价电子都参与导电，只有导带中的电子或价带顶部的空穴才能参与导电。半导体物理学表明，这种导带中的电子导电和价带中的空穴导电同时存在，称为本征导电。本征导电的载流子电子和空穴的浓度是相等的。这类载流子只由半导体晶格本身提供，所以叫本征半导体。从图 2-35 可以看出，导体中导带和价带之间没有禁区，电子进入导带不需要能量，因而导电电子的浓度很大。在绝缘体中价带和导带隔着一个宽的禁带 E_g，电子由价带到导带需要外界供给能量，使电子激发，实现电子由价带到导带的跃迁，因而通常导带中导电电子浓度很小。半导体和绝缘体有相类似的能带结构，只是半导体的禁带较窄（E_g 小），电子跃迁比较容易。一般绝缘体禁带宽度约为 6～12eV，半导体禁带宽度小于 2eV。陶瓷材料中电子电导比较显著的主要是半导体陶瓷。

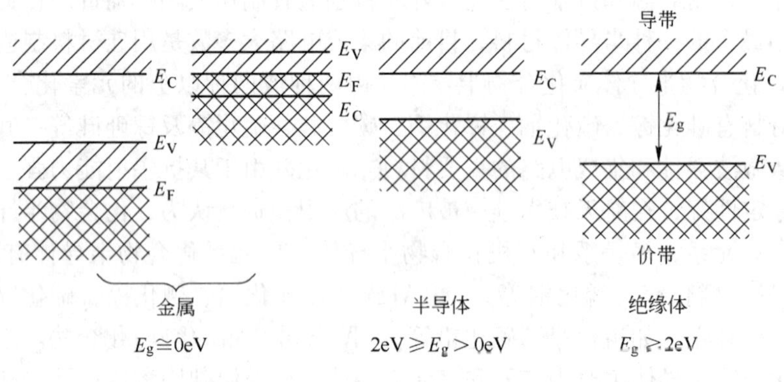

图 2-35 能带

资料表明，半导体的价带和导带中隔着一个禁带 E_g，在绝对零度下，无外界能量，价带中的电子不可能跃迁到导带中去。如果存在外界作用（如热、光辐射），则价带中的电子获得能量，可能跃迁到导带中去。这样，不仅在导带中出现了导电电子，而且在价带中出现了这个电子留下的空位，称为空穴。如图 2-36 所示。在外电场作用下，价带中的电子可以逆电场方向运动到这些空位上来，而本身又留下新的空位。换句话说，空位顺电场方向运动，所以称此种导电为空穴导电。空穴好像一个带正电的电荷，因此空穴导电也是属于电子导电的一种形式。

资料表明，本征半导体的载流子是由热激发产生的，其浓度与温度成指数关系。根据前述费米统计理论，可以计算出导带中电子浓度以及价带中的空穴浓度。在某一能带（E_1 和 E_2 之间），存在的电子浓度 n_e 可以表示为

$$n_e = \int_{E_1}^{E_2} G(E) F_e(E) \mathrm{d}E \tag{2-107}$$

式中，$G(E)$ 为电子允许状态密度，$F_e(E)$ 为电子存在的几率。根据费米—狄拉克分布函数，$F_e(E)$ 为

$$F_e(E) = \frac{1}{1 + \exp[(E - E_f)/kT]} \tag{2-108}$$

式中，E_f 为费米能级，也就是电子存在几率为 1/2 的能级。室温下（$kT = 0.025\mathrm{eV}$），$E - E_f \gg kT$，则电子分布函数能近似为

$$F_e(E) = \exp[-(E - E_f)/kT] \tag{2-109}$$

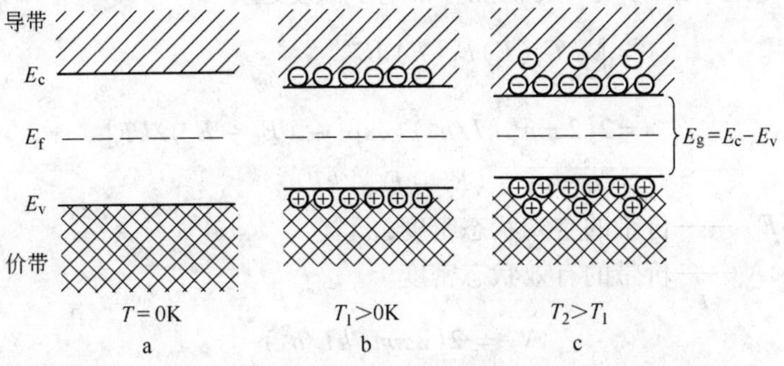

图 2-36 本征半导体中的能带结构

在图 2-36 的能带构造中，E_c、E_v、E_f 分别为导带底部能级、价带顶部能级和费米能级。由式 2-107 导带中存在的导电电子浓度 n_e 为

$$n_e = \int_{E_c}^{\infty} G_c(E) F_e(E) \mathrm{d}E \tag{2-110}$$

式中，$G_c(E)$ 为导带的电子状态密度，其值为

$$G_c(E) = \frac{1}{2\pi^2}\left(\frac{8\pi^2 m_e^*}{h^2}\right)^{3/2} (E - E_c)^{1/2} \tag{2-111}$$

式中 m_e^*——电子有效质量；

h——普朗克常数。

将式 2-109 和式 2-111 代入式 2-110，得到

$$\begin{aligned} n_e &= \int_{E_c}^{\infty} G_c(E) F_e(E) \mathrm{d}E \\ &= \frac{1}{2\pi^2}\left(\frac{8\pi^2 m_e^*}{h^2}\right)^{3/2} e^{E_f/kT} \int_{E_c}^{\infty} (E - E_c)^{1/2} e^{-E/kT} \mathrm{d}E \end{aligned} \tag{2-112}$$

经过积分，得出

$$n_e = 2(2\pi m_e^* kT/h^2)^{3/2}\exp[-(E_c - E_f)/kT] \tag{2-113}$$

令 $N_c = 2(2\pi m_e^* kT/h^2)^{3/2}$ 为导带的有效状态密度，则

$$n_e = N_c\exp[-(E_c - E_f)/kT] \tag{2-114}$$

资料表明，在本征半导体中，价带中的空穴和导带中的电子浓度相等，空穴的分布函数 F_h 和电子的分布函数 F_e 之间的关系是 $F_h = 1 - F_e$，只要$(E_f - E) \gg kT$，便有

$$F_h(E) = 1 - \frac{1}{1 + e^{(E-E_f)/kT}} = \frac{1}{1 + e^{(E_f-E)/kT}} \doteq e^{(E-E_f)/kT} \tag{2-115}$$

价带中的空穴的浓度，可仿照导带电子浓度运算

$$\begin{aligned} n_h &= \int_{-\infty}^{E_v} G_v(E)F_h(E)\mathrm{d}E \\ &= 2(2\pi m_h^* kT/h^2)^{\frac{3}{2}}\exp[-(E_f - E_v)/kT] \\ &= N_v\exp[-(E_f - E_v)/kT] \end{aligned} \tag{2-116}$$

式中　$G_v(E)$——价带的空穴状态密度；

N_v——价带的有效状态密度。

$$N_v = 2(2\pi m_h^* kT/h^2)^{\frac{3}{2}}$$

能带理论表明，在本征半导体中，$n_e = n_h$，由式2-114、式2-116可以求出费米能级 E_f

$$E_f = \frac{1}{2}(E_c + E_v) - \frac{1}{2}kT\ln\frac{N_c}{N_v} \tag{2-117}$$

代入式2-114和式2-116得到

$$\begin{aligned} n_e = n_h &= 2(2\pi kT/h^2)^{\frac{3}{2}}(m_e^* m_h^*)^{\frac{3}{4}}\exp\left[-\frac{E_c - E_v}{2kT}\right] \\ &= 2(2\pi kT/h^2)^{\frac{3}{2}}(m_e^* m_h^*)^{\frac{3}{4}}\exp(-E_g/2kT) \\ &= N\exp(-E_g/2kT) \end{aligned} \tag{2-118}$$

式中　N——等效状态密度。

$$N = 2(2\pi kT/h^2)^{\frac{3}{2}}(m_e^* m_h^*)^{\frac{3}{4}}$$

2.2.1.3　杂质半导体

半导体物理学表明，实际晶格中，总是存在着偏离理想情况的各种复杂现象。首先，原子并不是静止在具有严格周期性的晶格格点位置上，而是在其平衡位置附近振动；其次，材料并不纯净，而是含有若干杂质。杂质对半导体的导电性能影响极大，例如在硅单晶中掺入十万分之一的硼原子，可使硅的导电能力增加一千倍。杂质和缺陷的存在使禁带中引入允许电子存在的状态。氧化物中存在

不同于被取代离子价态的杂质缺陷和气氛引起的各种组分缺陷，从而出现新的局部能级。用不同于晶格离子价态的杂质取代晶格离子，形成局部能级，使绝缘体实现半导化而成为导电材料。例如：$BaTiO_3$ 的半导化通过添加微量的稀土元素，在其禁带间形成杂质能级，实现半导化。非化学计量配比的化合物中，由于晶体化学组成的偏离，形成了离子空位或间隙离子等晶格缺陷，即组分缺陷。这些晶格缺陷的种类、浓度将给材料的电导带来很大的影响。

杂质半导体分为 n 型半导体和 p 型半导体。杂质半导体靠导带电子导电的称 n 型半导体，靠价带空穴导电的称 p 型半导体。不同类型半导体间接触（构成 p-n结）或半导体与金属接触时，因电子（或空穴）浓度差而产生扩散，在接触处形成位垒，因而这类接触具有单向导电性。利用 p-n 结的单向导电性，可以制成具有不同功能的半导体器件，如二极管、三极管、晶闸管等。此外，半导体材料的导电性对外界条件（如热、光、电、磁等因素）的变化非常敏感，据此可以制造各种敏感元件，用于信息转换。

例如在四价的半导体硅单晶中掺入五价的杂质砷，一个砷原子在硅晶体中取代了一个硅原子，由于砷原子外层有 5 个价电子，其中 4 个同相邻的 4 个硅原子形成共价以后，还多出一个电子，这个“多余”的电子能级离导带很近（图 2-37），只差 $E_1=0.05\text{eV}$，大约为硅的禁带宽度的 5%，因此它比满带中的电子容易激发得多，这种“多余”电子的杂质能级称为施主能级。这类掺入施主杂质的半导体称为 n 型半导体。

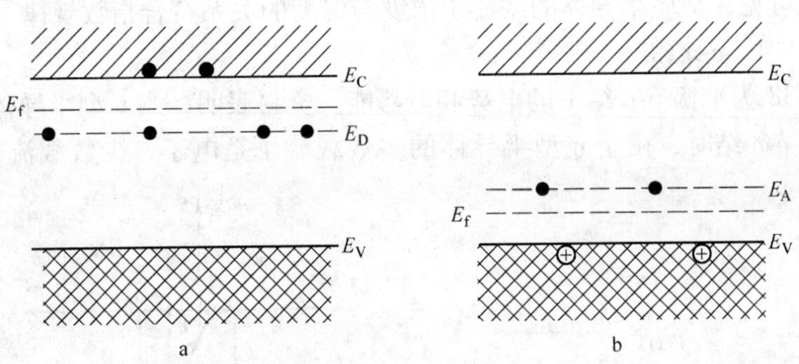

图 2-37 n 型半导体和 p 型半导体中的能带结构

a—n 型半导体；b—p 型半导体

若在半导体硅中掺入第三族元素（如硼），因为这类元素的外层只有 3 个价电子，这样它和硅形成共价键就少了一个电子，或者说出现了一个空穴能级。此能级距价带很近，$E_1=0.045\text{eV}$，如图 2-37 所示。显然价带中的电子激发到空穴能级上比越过整个禁带（1.1eV）到导带要容易得多。这个空穴能级能容纳由价带激发上来的电子，所以称这种杂质能级为受主能级，掺入受主杂质的半导体称为 p 型半导体或空穴型半导体，因为其中的载流子为空穴。

资料表明，n 型半导体的载流子主要为导带中的电子。设单位体积中有 N_D 个施主原子，施主能级为 E_D，具有电离能 $E_i = E - E_D$。当温度不很高时，即 $E_i \ll E_g$，导带中的电子几乎全部由施主能级提供。按照上述的推导，将 E_V、N_V，换为 E_D、N_D，则导带中的电子浓度 n_e 和费米能级便为

$$n_e = (N_C N_D)^{\frac{1}{2}} \exp[-(E_C - E_D)/2kT] \tag{2-119}$$

$$E_f = \frac{1}{2}(E_C + E_D) - \frac{1}{2}kT\ln\frac{N_C}{N_D} \tag{2-120}$$

p 型半导体的载流子主要为空穴，仿照上式，在温度不很高时，同样可以写出

$$\begin{aligned} n_h &= (N_V N_A)^{\frac{1}{2}} \exp[-(E_A - E_V)/2kT] \\ &= (N_V N_A)^{\frac{1}{2}} \exp(-E_i/2kT) \end{aligned} \tag{2-121}$$

$$E_f = \frac{1}{2}(E_V + E_A) - \frac{1}{2}kT\ln\frac{N_A}{N_V} \tag{2-122}$$

式中　N_A——受主杂质浓度；

E_A——受主能级；

E_i——电离能，$E_i = E_A - E_V$。

由此可见，杂质半导体的载流子浓度与温度的关系符合指数规律。

2.2.1.4　p-n 结

图 2-38 为平衡 p-n 结中的电势和电势能。资料表明，当 p 型半导体与 n 型半导体形成 p-n 结时，由于 n 型半导体的多数载流子是电子，少数载流子为空穴，

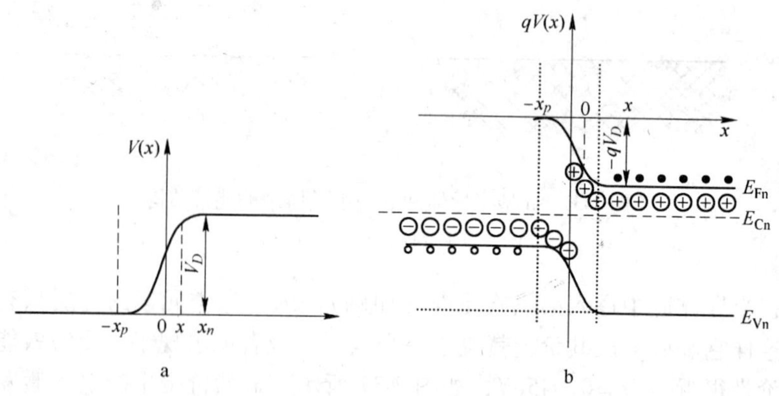

图 2-38　平衡 p-n 结中的电势和电势能

a—电势；b—电势能

相反 p 型半导体的多数载流子是空穴，少数载流子为电子，因此在 p-n 结处存在载流子空穴或电子的浓度梯度，导致了空穴从 p 区到 n 区、电子从 n 区到 p 区的扩散运动。对于 p 区，空穴离开后，留下了不可动的带负电的电离受主，没有正电荷与之保持电中性。因此在 p-n 结附近区一侧出现了一个负电荷区。同理，在 p-n 结附近区一侧出现了一个正电荷区，把在 p-n 结附近的这些电离施主和电离受主所带电荷称为空间电荷。它们所在的区域称为空间电荷区。此时 p-n 结中有统一的费米能级 E_F，p-n 结处于平衡状态。

资料研究表明，费米能级随着能带一起向上或向下移。能带相对移动的原因是 p-n 空间电荷区中内建电场的作用结果。在 p-n 结的空间电荷区中能带发生了弯曲，这是空间电荷区电势能变化的结果。空间电荷区内电势由 n→p 区不断下降，空间电荷区内电子的电势能由 n→p 区不断升高，所以电子从势能低的 n 区向势能高的 p 区运动时，必须克服这一势能高坡，才能到达 p 区，同理空穴的运动也是如此，这一势能高坡称为势垒。故空间电荷区也叫势垒区。在 p-n 结空间电荷区两端的电势差为 V_D，相应的电子电势能之差为 qV_D，也称为势垒高度。由于势垒高度正好补偿了 n 区和 p 区的费米能级之差。因此，势垒高度为

$$qV_D = E_{Fn} - E_{Fp} \tag{2-123}$$

当两块半导体结合形成 p-n 结时，按照费米能级的意义，电子将从费米能级高的 n 区流向费米能级低的 p 区，空穴则相反，结果使 E_{Fp}不断上移，E_{Fn}不断下移，直至 $E_{Fp} = E_{Fn}$。

在平衡 p-n 结处载流子的分布有一定的规律。电子的浓度分布服从波尔兹曼分布

$$n(x) = n_{n0}\exp \tag{2-124}$$

同理空穴的浓度分布

$$p(x) = p_{n0}\exp \tag{2-125}$$

式中，n_{n0}，p_{n0}——分别为 n 区中的多数载流子电子和 p 区中的多数载流子空穴，平衡结中载流子的分布。

在平衡 p-n 结中，存在着具有一定的宽度和势垒高度的势垒区，其中的净电流为零。如果对半导体施加外界作用（外加电压、光照），破坏了平衡状态，此时的 p-n 结处于非平衡状态。资料表明，在一定温度下，半导体中由于热激发产生的载流子成为平衡载流子。由于施加外界条件（外加电压、光照），人为地增加载流子数目，比热平衡载流子数目多的载流子称为非平衡载流子。用能量等于或大于禁带宽度的光子照射 p-n 结；p、n 区都产生电子-空穴对，产生非平衡载流子，非平衡载流子破坏原来的热平衡；非平衡载流子在内建电场作用下，n 区空穴向 p 区扩散，p 区电子向 n 区扩散，能带发生变化。资料表明，加入正偏压

V，n 区的电势比 p 区的电势高 $V_D - V$，势垒下降，空间电荷区变薄，载流子扩散增强，多数载流子产生净电流。加入负偏压 V，n 区的电势比 p 区的电势高 $V_D + V$，势垒上高，空间电荷区变厚，载流子扩散减弱，少数载流子产生净电流，电流极小。负压过大，势垒很大，能带弯曲变大，空间电荷区变薄，p-n 结产生隧道效应，即 n 区的导带和 p 区的价带具有相同的能量量子态。

电子和空穴的有效质量的大小是由半导体材料的性质所决定的。所以不同的半导体材料，电子和空穴的有效质量也不同。平均自由运动时间的长短是由载流子的散射的强弱来决定的。资料表明，散射越弱，τ越长，迁移率也就越高。掺杂浓度和温度对迁移率的影响，本质上是对载流子散射强弱的影响。电离杂质散射的影响与掺杂浓度有关。掺杂越多，载流子和电离杂质相遇而被散射的机会也就越多。电离杂质散射的强弱也和温度有关。温度越高，载流子运动速度越大，因而对于同样的吸引和排斥作用所受影响相对就越小，散射作用越弱。这和晶格散射情况是相反的，所以在高掺杂时，由于电离杂质散射随温度变化的趋势与晶格散射相反，因此迁移率随温度变化较小。散射主要有以下两方面的原因：（1）晶格散射。半导体晶体中规则排列的晶格，在其晶格点阵附近产生热振动，称为晶格振动。由于这种晶格振动引起的散射叫做晶格散射。温度越高，晶格振动越强，对载流子的晶格散射也将增强。在低掺杂半导体中，迁移率随温度升高而大幅度下降的原因就在于此。（2）电离杂质散射。杂质原子和晶格缺陷都可以对载流子产生一定的散射作用。但最重要的是由电离杂质产生的正负电中心对载流子有吸引或排斥作用，当载流子经过带电中心附近，就会发生散射作用。如图 2-39 所示。

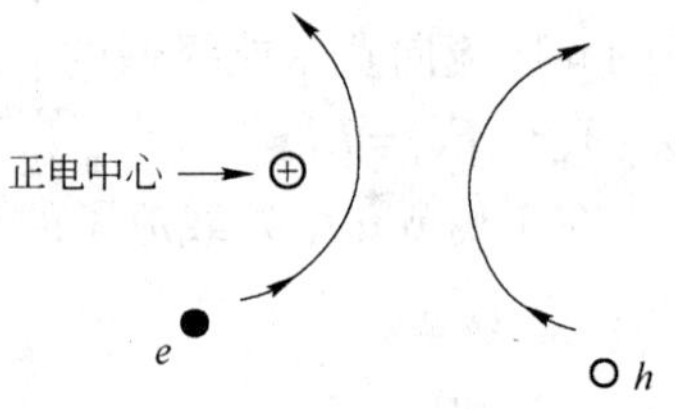

图 2-39　电离杂质散射

2.2.1.5　半导体材料的特性参数

半导体材料的特性参数有禁带宽度、电阻率、载流子迁移率、非平衡载流子寿命和位错密度。

禁带宽度由半导体的电子态、原子组态决定，反映组成这种材料的原子中价电子从束缚状态激发到自由状态所需的能量。

电阻率、载流子迁移率反映材料的导电能力。非平衡载流子寿命反映半导体材料在外界作用（如光或电场）下内部载流子由非平衡状态向平衡状态过渡的弛豫特性。

位错是晶体中最常见的一类缺陷。位错密度用来衡量半导体单晶材料晶格完整性的程度，对于非晶态半导体材料，则没有这一参数。半导体材料的特性参数不仅能反映半导体材料与其他非半导体材料之间的差别，更重要的是能反映各种半导体材料之间甚至同一种材料在不同情况下，其特性的量值差别。

2.2.1.6 半导体器件及制备

不同的半导体器件对半导体材料有不同的形态要求，包括单晶的切片、磨片、抛光片、薄膜等。半导体材料的不同形态要求对应不同的加工工艺。常用的半导体材料制备工艺有提纯、单晶的制备和薄膜外延生长。所有的半导体材料都需要对原料进行提纯，要求的纯度在6个“9”以上，最高达11个“9”以上。提纯的方法分两大类，一类是不改变材料的化学组成进行提纯，称为物理提纯；另一类是把元素先变成化合物进行提纯，再将提纯后的化合物还原成元素，称为化学提纯。物理提纯的方法有真空蒸发、区域精制、拉晶提纯等，使用最多的是区域精制。化学提纯的主要方法有电解、络合、萃取、精馏等，使用最多的是精馏。由于每一种方法都有一定的局限性，因此常使用几种提纯方法相结合的工艺流程以获得合格的材料。

绝大多数半导体器件是在单晶片或以单晶片为衬底的外延片上作出的。成批量的半导体单晶都是用熔体生长法制成的。直拉法应用最广，80%的硅单晶、大部分锗单晶和锑化铟单晶是用此法生产的，其中硅单晶的最大直径已达300mm。在熔体中通入磁场的直拉法称为磁控拉晶法，用此法已生产出高均匀性硅单晶。在坩埚熔体表面加入液体覆盖剂称液封直拉法，用此法拉制砷化镓、磷化镓、磷化铟等分解压较大的单晶。悬浮区熔法的熔体不与容器接触，用此法生长高纯硅单晶。水平区熔法用以生产锗单晶。水平定向结晶法主要用于制备砷化镓单晶，而垂直定向结晶法用于制备碲化镉、砷化镓。用各种方法生产的单晶体再经过晶体定向、滚磨、作参考面、切片、磨片、倒角、抛光、腐蚀、清洗、检测、封装等全部或部分工序以提供相应的晶片。

在单晶衬底上生长单晶薄膜称为外延。外延的方法有气相、液相、固相、分子束外延等。工业生产使用的主要是化学气相外延，其次是液相外延。金属有机化合物气相外延和分子束外延则用于制备量子阱及超晶格等微结构。非晶、微晶、多晶薄膜多在玻璃、陶瓷、金属等衬底上用不同类型的化学气相沉积、磁控溅射等方法制成。

2.2.2 半导体微粒聚合物纳米复合材料

目前有机复合半导体主要用酞普类、偶氮类、方酸类以及菲类等有机半导体光导材料作为光生载流子材料，与腙类、四苯基联苯胺类、吡哇啉类等有机传输材料相匹配，进行层状复合，组成功能分离型双层结构的有机光导体。由于发挥了不同材料的优点而提高了光导性，满足了实际应用，这方面已有了较好的综述。但到目前为止的研究工作均表明：采用单一的OPC材料与双层结构的有机光导体，因其光谱响应范围狭窄，不能满足静电复印和激光打印感光器件的共用要求，更难满足数字化、智能化复印系统发展的需要。所以研制快速、高密度、长寿命、低成本，而且在静电复印和激光打印二类机器上共用的新型 OPC 材料与器件，已成为当前国际信息科学与材料科学研究的热点之一，这就为具有优越光导性能与综合性能的可以人工设计的有机半导体复合光导材料，以及将材料与器件交叉渗透结合为一体的新型单层有机光导体的崛起，提供了极为有利的时机。1992 年 Akimov 等在聚乙烯醇（PVA）、聚乙烯吡咯酮（PVP）中合成了 2 ~ 50nm 的 CdS 纳米颗粒，即使在很高的 CdS 含量(50%(质量分数))也没有团聚现象发生。复合材料表现出良好的光敏和光电导性能。非线性光学材料可用于多种光学转化和波长变换过程。纳米半导体颗粒具有较强的非线性光学性质，但是其较差的稳定性、加工性使其应用受到极大的限制。研究表明，纳米半导体/聚合物复合材料是一个很好的解决途径。1987 年，Wang 等人报道了观察到纳米 CdS/Nafion 树脂复合材料的非线性光学性质。1988 年，Hillinski 等人合成了粒径为 5.5nm 的 CdS 颗粒/Nafion 树脂复合材料，具有较大的三阶非线性光学系数为 $-6.1\times10^{-7}cm^2/W$，并指出这与纳米颗粒表面存在大量的缺陷有关。之后，Wang 等在表面修饰的 CdS 纳米颗粒/Nafion 树脂复合膜中测得了更高的三阶非线性光学系数，为 $-8.3\times10^{-7}cm^2/W$。Lin 等人利用表面活性剂的自组装性质合成了二氧化钛/表面活性剂分子纳米复合材料。X 射线衍射分析表明，其为高度有序的二维层状结构，层间距为 3nm。该复合材料在室温下具有较强的光致发光，发光光谱最大强度在 475nm，而体相的二氧化钛只有在 77K 以下才能观察到最大强度在 500nm 的光致发光现象。作者认为室温下产生强的光致发光是由于二氧化钛与表面活性剂分子间的作用导致的，而光谱的蓝移则是由于量子尺寸效应。

一般在半导体微粒聚合物纳米复合材料中，主要功能组分是半导体微粒，而聚合物起支持、稳定半导体颗粒及对复合材料性能的进一步改进作用。因为半导体纳米颗粒的大小对复合材料的性质有决定性作用，所以控制其粒度及在复合相中的分布就显得至关重要。麻省理工学院的 Cummins 等利用嵌段共聚物的相分离现象在聚合物中合成了稳定的 PbS、CdS 及 ZnS 等半导体纳米颗粒，随后他们用类似的过程合成了层状的 ZnS 聚合物纳米多层复合结构，纳米 ZnS 层和聚合物层厚度均为纳米级，其中 ZnS 纳米簇约为 2nm，带隙能约 6.3eV。

2.2.3　纳米复合半导体

人们发现,将两种或两种以上的半导体纳米微粒进一步有效地结合起来,会导致许多新性质的出现,这就是复合半导体纳米微粒。虽然,复合纳米微粒的合成、结构以及应用研究还不够成熟,但这一新的领域已经引起了人们极大的关注。

半导体纳米粒子主要应用在以下几个方面：（1）由于其具有较好的光电转换特性，可用于纳米晶光伏电池；（2）半导体纳米粒子的高比表面、高活性的特性使之成为应用于传感器方面最有前途的材料；（3）半导体光催化剂可应用在抗菌除臭、治污、净化等方面；（4）半导体纳米粒子是纳米尺度原子和分子的集合体，是一个介于宏观和微观的范围，具有许多新的特性。研究这个领域有助于介观物理和混沌物理的发展。资料表明，复合半导体纳米微粒主要包括以下四种模型结构即复合型、耦合型、核壳型和掺杂型。

2.2.3.1 耦合型半导体复合材料

耦合型纳米微粒主要指由宽带隙、低能导带的半导体微粒和窄带隙、高能导带的半导体纳米微粒复合而成。

光载流子从一种半导体注入另一种半导体微粒，有效地降低了电子空穴的复合通路，提供了利用窄带半导体敏化宽带半导体的机会，导致了有效的和较长时间的电荷分离。这使得此种复合半导体纳米微粒在光电转换和光催化等方面具有很好的应用前景。到目前为止，已经有一些纳米微粒的复合体系得到了深入的研究，例如：CdS/TiO_2、Cd_3P_2/ZnO，AgI/TiO_2 等。这类复合微粒的合成方法是通过胶体化学法分别制备两种不同的半导体纳米微粒，然后将它们按照一定的比例混合起来。

这种制备方法的缺点是很难得到具有清晰微观结构的复合微粒；两种微粒在混合时容易产生聚集现象。目前，这类复合微粒的合成方法与结构研究还很不完善，寻求可靠的合成方法在这一领域是一个新的挑战。

2.2.3.2 核壳型半导体复合材料

核壳型半导体纳米微粒是指以一种以半导体微粒为核，并在其表面包覆另外的一种半导体材料形成壳的结构。

核壳微粒可以有效地钝化核微粒表面的非辐射复合中心，从而显著提高微粒的发光效率，降低荧光寿命，提高光稳定性。以小带隙半导体材料为核，在其表面包覆大带隙半导体材料钝化壳，可以更好的钝化微粒表面，实现光电性质的优化。这种复合微粒的发展是建立在纳米微粒表面钝化的基础上的。由于纳米微粒存在着大的比表面积，纳米微粒的表面态对微粒的化学、物理性质有着重要的影响。利用各种有机和无机材料对纳米微粒表面进行修饰，可有效地消除表面缺陷，从而实现对纳米微粒性质的微观调控。通过两亲性有机分子（表面活性剂）修饰的纳米微粒可以避免微粒产生聚集，且对微粒表面具有一定的钝化作用。

有人采用两步合成法合成核壳型 GaP/GaN 纳米复合材料，即先合成核材料，除去副产物后，再合成 GaN，使其包覆在纳米 GaP 表面形成核壳结构。其中纳米 GaP 是通过有机溶剂（二甲苯）热的方法合成，具体的反应为：$Na_3P+2GaCl_3 = GaP+3NaCl$ 反应温度为 70℃，反应时间为 1.5～2h。其中 Na_3P 和 $GaCl_3$ 用如下方法制备，Na_3P 是通过金属钠和白磷（剧毒）反应制备而成，反应为：$3Na+P = Na_3P$，$GaCl_3$ 是通过金属镓与氯气反应制备而成，并置于苯溶液中待用。在合成核材料纳米 GaP 的基础上，采用两步溶剂热的方法制备核壳型纳米复合材料，将得到的纳米 GaP 溶于 $GaCl_3$，经过超声波分散后加入 NaN_3 和 Li_3N，置于反应釜中，加热至350℃，反应48h，除去副产物后，得到核壳纳米复合材料粉体样品。

根据半导体能带的相对位置，核壳微粒可分为两个主要类型：type Ⅰ由具有宽带隙的半导体（绝缘体）为壳材料、窄带隙的半导体为核材料构成，例如 CdSe/CdS、CdSe/ZnS 等。type Ⅱ以窄带隙的半导体为壳、宽带隙的半导体微粒为核，例如 CdS/PbS 及 CdS/HgS 等。当然，还有多层结构的核壳微粒，如 CdS/HgS/CdS。

2.2.3.3　掺杂型半导体复合材料

A　纳米微粒掺杂型

随着粒径减小，比表面积大大增加，使表面原子数增加、无序度增加、键态严重失配，出现许多活性中心；表面台阶和粗糙度增加，表面出现非化学平衡、非整数配位的化学价。这就是导致纳米体系的化学性质和化学平衡体系出现很大差别的原因。

通常半导体纳米微粒都存在许多表面缺陷，这些缺陷会在能量禁阻的带隙中引入许多表面态，严重地影响了纳米微粒的化学和物理性质。然而，半导体微粒在光电方面的应用往往要求消除与表面相关的电子空穴非辐射复合。为消除由表面态引起的电子空穴非辐射复合，往往需要将微粒表面处理和对聚合物材料进行表面钝化。Bhargava R. N. 等人最早报道了掺杂型纳米微粒（Mn doped ZnS nanocrystals）的制备及其发光性质。通过在半导体纳米微粒中引入过渡金属或稀土离子杂质，也可以有效降低由表面态引起的电子空穴非辐射复合通道，导致了杂质诱导发光的出现和发光效率的明显提高，这使得掺杂型微粒在发光领域具有广阔的应用前景。

B　化合物掺杂半导体

常见的超晶格半导体材料有 GaAs 掺杂 AlGaAs、InGaAs/GaAs、CdTe/HCdTe 和 ZnSe/ZnTe 等多层膜，它们因在电子波长、平均自由程以及在此微观势场变化中，电子状态的量子化和穿越势垒的隧道效应，使超晶格材料具有各种半导体器件所需的独特物理性质。这些器件包括光电器件、平面型掺杂势垒光探测器、量子阱激光器、调制发光管、电子器件、高电子迁移率晶体管、超晶格雪崩二极管和双势垒器件等。

对 ZnS 等 n 型半导体在生长时掺入或生长后用扩散方法掺入 p 型杂质会在半导体中不断产生起施主作用的晶格缺陷，这些缺陷中和掉了所掺入的 p 型杂质，使 ZnS 等不能用掺杂的方法形成 p 型半导体；反之，ZnTe 等 p 型半导体材料也不能通过掺杂形成 n 型半导体。

对 $SrTiO_3$ 系复合功能陶瓷仅采用掺杂的方法难以获得理想的晶粒电导率，所以有人采用掺杂和埋碳还原法来完成晶粒的半导化。$SrTiO_3$ 具有典型的 ABO_3 型钙钛矿结构，结构致密，因而掺杂离子进入晶格时总是置换 A 位或 B 位的离子而形成固溶体。Ta^{5+} 离子半径为 0.073nm，Ti^{4+} 离子半径为 0.064nm，所以 Ta^{5+} 掺杂时，置换同其离子半径相近的 Ti，固溶进入 $SrTiO_3$ 晶格而形成高价施主掺杂。Ta 置换 Ti 形成高价掺杂，过剩的价电子为部分 Ti^{4+} 所捕获成为弱束缚电子，这部分 Ti^{4+} 变价为 Ti^{3+}，由于弱束缚电子易于被激发，因此提高了晶粒的电导率。在 Ta^{5+} 掺杂的同时，采用了流动 N_2 保护下的埋碳还原法，以降低烧结时的氧分压，促进 $SrTiO_3$ 晶格中的氧挥发而形成氧空位，进一步提高晶粒半导化程度。该样品晶粒电导率达到几个 Ω/cm 水平，表明同时采用掺杂和流动 N_2 保护下的埋碳还原法，可获得较理想的半导化效果。

在高纯度 $BaTiO_3$ 原料中添加微量稀土元素（例如 La），用普通陶瓷工艺烧成，可得到室温下体电阻率为 $10\sim10^3\Omega\cdot cm$ 的半导体陶瓷。这是因为像 La^{3+} 这样的三价离子，占据晶格中 Ba^{2+} 的位置。每添加一个 La^{3+} 离子便多余了一价正电荷，为了保持电中性，Ti^{4+} 俘获一个电子。这个电子只处于半束缚状态，容易激发，参与导电，因而陶瓷具有 n 型半导体的性质。另一类型的 $BaTiO_3$ 半导体陶瓷不用添加稀土离子，只把这种陶瓷放在真空中或还原气氛中加热，使之失氧，材料也会具有弱 n 型半导体特性。

随着技术的进步，人们还能利用分子束外延化学气相沉积膜交替生长，制成周期性多层结构的超晶格半导体材料，它们分别称为调制掺杂超晶格或组分超晶格半导体材料。由于制备技术可控制在一个原子层的厚度，故可任意改变材料的周期性，从而控制材料中电子的波函数，产生特殊的物理特性，如高的电子迁移率和长的二维电子寿命，因电子隧道效应在材料界面的垂直方向产生负的有效质量而引起负阻现象等。

2.2.4 金属和半导体接触时形成复合材料

金属和半导体接触时形成复合材料的最简单的势垒为

$$e\Phi_{BO} = e\Phi_W - e^x e\Phi_S = e\Phi_{BO} - (E_C - E_F) \qquad (2\text{-}126)$$

式中 $e\Phi_W$，E_F——分别为金属功函数和费米能级；

Φ_W——真空能级；

E_C——半导体带底能级；

e^x——电子亲和势。

当金属和半导体接触处于热平衡时，两者具有同一的费米能级，建立起一个无外场势垒 $e\Phi_{BO}$。电子从金属向半导体运动必须通过这一势垒，费米能级的一致使得半导体中产生空间电荷区，并在金属半导体界面附近形成势垒 $e\Phi_S$，半导体内的电子必须通过 $e\Phi_S$ 才能进入金属，如图 2-40 所示。

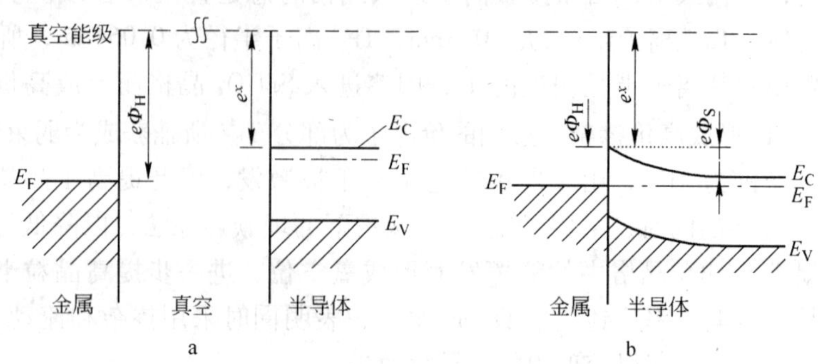

图 2-40　金属与半导体的能带图（a）被真空隔离形成金属半导体接触（b）

2.2.5　有机/无机复合半导体材料的研究发展

20 世纪 80 年代发展起来的有机/无机复合半导体材料通过结构复合、功能复合而兼具了有机材料的设计多样性、柔性、易加工性和无机材料的高载流子迁移率、高稳定性两者的优点，并产生协同优化效应，是一类含有两种及两种以上有机和无机组分并具有半导体性质的新型复合功能材料，成为信息和能源未来发展的关键材料之一。而由复合带来的新现象、新结构、新效应等一系列新的科学问题亟待解决，以推动材料科学自身的发展。有机/无机复合半导体材料的研究具有大跨度的多学科交叉特点，是材料科学中最活跃、最具创新潜力和发展空间的研究方向之一，有很强的前瞻性，属于《国家中长期科学和技术发展规划纲要(2006~2020 年)》和《国家自然科学基金“十一五”发展规划》中优先发展的信息、能源和新材料领域。

2008 年和 2009 年，国家自然科学基金两年提出了对有机/无机复合半导体材料的重点基础研究，要求研究力争实现如下科学目标：在有机/无机复合半导体材料的复合原理、复合界面结构与特性、光电转换过程、载流子在有机/无机复合材料中的传输机理和结构稳定化等相关理论问题上有重要创新，注重有机/无机复合而产生的新现象、新结构、新效应的发现；在有机/无机复合半导体材料的高载流子迁移率的实现途径与低成本可控制备等关键技术上有重大突破，注重新原理、新功能、新机制的探索；在具有重大应用背景的薄膜晶体管、非染料敏化型薄膜太阳能电池等方面获得处于世界领先水平的创新成果。具体研究内容有：（1）有机/无机复合半导体材料的设计与结构可控的简易制备加工：研究设计、制备过程中材料微结构的调控。鼓励引入创新性的复合手段及其简易制备与加工方法。（2）有机/无机复合半导体材料的表面与界面性质研究：结合理论计算模拟，研究复合体系表面与界面结构与特性、光电转换过程，以及载流子在不同界面、界面过渡层及体相中的注入、输运规律等。(3) 有机/无机复合半导体材料结构稳定性研究：研究有机/无机复合半导体材料在光、热等外场作用下结构的演化与控制以及稳定化途径。(4) 高载流子迁移率的有机/无机复合半导体材料的研究：研究有机/无机复合半导体材料结构与载流子长程输运性能的关系以及高载流子迁移率的实现途径。注重新原理、新功能、新机制的探索。(5) 有机/无机复合半导体器件的设计与制备：研究有机/无机复合半导体材料薄膜的形态结构和器件性能之间的关系、探明其工作原理以及器件设计与制造的主要工艺。鼓励研究材料与器件一体化的设计与制造。

2.2.6 高频光电导衰减法测量 Si 中少数载流子寿命

半导体中的非平衡少数载流子寿命是与半导体中重金属含量、晶体结构完整性直接有关的物理量。它对半导体太阳电池的换能效率、半导体探测器的探测率和发光二极管的发光效率等都有影响。因此，掌握半导体中少数载流子寿命的测量方法是十分必要的。

测量少数载流子寿命的方法有许多种，分别属于瞬态法和稳态法两大类。瞬态法是利用脉冲电或闪光在半导体中激发出非平衡载流子，改变半导体的体电阻，通过测量体电阻或两端电压的变化规律直接获得半导体材料的寿命。这类方法包括光电导衰减法和双脉冲法。稳态法是利用稳定的光照，使半导体中非平衡少数载流子的分布达到稳定的状态，由测量半导体样品处在稳定的非平衡状态时的某些物理量来求得载流子的寿命。例如：扩散长度法、稳态光电导法等。

光电导衰减法有直流光电导衰减法、高频光电导衰减法和微波光电导衰减法，其差别主要在于是用直流、高频电流还是用微波来提供检测样品中非平衡载流子的衰减过程的手段。直流法是标准方法，高频法在 Si 单晶质量检验中使用十分方便，而微波法则可以用于器件工艺线上测试晶片的工艺质量。

当能量大于半导体禁带宽度的光照射样品时，在样品中激发产生非平衡电子和空穴。若样品中没有明显的陷阱效应，那么非平衡电子（Δn）和空穴（Δp）的浓度相等，它们的寿命也就相同。样品电导率的增加与少数载流子浓度的关系为

$$\Delta\sigma = Q\mu_p\Delta p + Q\mu_n\Delta n \tag{2-127}$$

式中 Q——电子电荷；

μ_p, μ_n——分别为空穴和电子的迁移率。

当去掉光照，少数载流子密度将按指数衰减，即

$$\Delta p \propto e^{-\frac{t}{\tau}} \tag{2-128}$$

式中，τ 为少数载流子寿命，表示光照消失后，非平衡少数载流子在复合前平均存在的时间。

因此导致电导率为

$$\Delta\sigma \propto e^{-\frac{t}{\tau}} \tag{2-129}$$

也按指数规律衰减。单晶寿命测试仪正是根据这一原理工作的。

单晶少数载流子寿命测试可用高频光电导测量装置，主要由光学和电学两大部分组成。光学系统主要是脉冲光源系统，电学系统主要有 30MHz 的高频电源（送出等幅的 30MHz 正弦波）、宽频带前置放大器，以及显示测试信号的脉冲示波器等。测量要求高频源内阻小且恒压，放大系统灵敏度高、线性好，示波器要有一标准的时间基线。高频源（石英谐振器，振荡频率 30MHz）提供的高频电流流经被测样品，当红外光源的脉冲光照射样品时，单晶体内产生的非平衡光生载流子使样品产生附加光电导，从而导致样品电阻减小。由于高频源为恒压输出，因此流经样品的高频电流幅值增加 ΔI，光照消失后，ΔI 逐渐衰减，其衰减速度取决于光生载流子在晶体内存在的平均时间，即寿命。在小注入条件下，当光照区复合为主要因素时，ΔI 将按指数规律衰减，此时取样器上产生的电压变化 ΔV 也按同样的规律变化，即

$$\Delta V = \Delta V_0 e^{-\frac{t}{\tau}} \tag{2-130}$$

此调幅高频信号经检波器调解和高频滤波，再经宽频放大器放大后输入到脉冲示波器，在示波器上可显示如图 2-41 所示的指数衰减曲线，由曲线就可获得寿命值。

实验使用 DSY-Ⅱ单晶少数载流子寿命测试仪测量 Si 单晶的少数载流子寿命。由于表面复合及光照不均匀等因素的影响，衰减曲线在开始的一小部分可能不是呈现指数衰减形式，取指数衰减部分读数。设示波器荧光屏上最大讯号为 n 格（一格为 1cm），在衰减曲线上获得纵坐标为 $\frac{n}{e} = \frac{n}{2.718} = 1.48$ 格对应的 x 值（横坐标 2.4 格）。若水平扫描时间为 t，则寿命 τ = 横坐标（格数）× t。图 2-42 为示波器荧光屏信号。

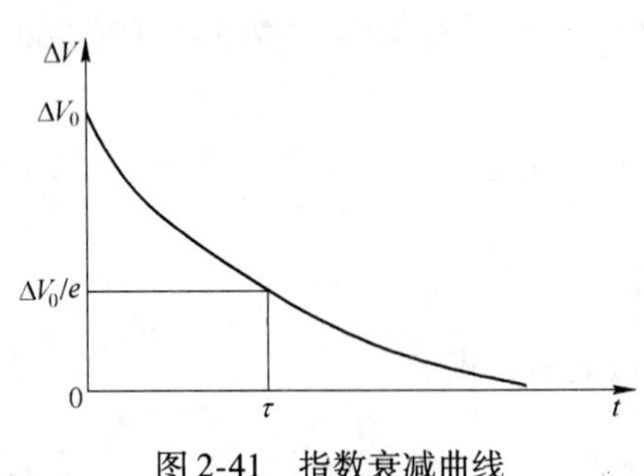

图 2-41　指数衰减曲线

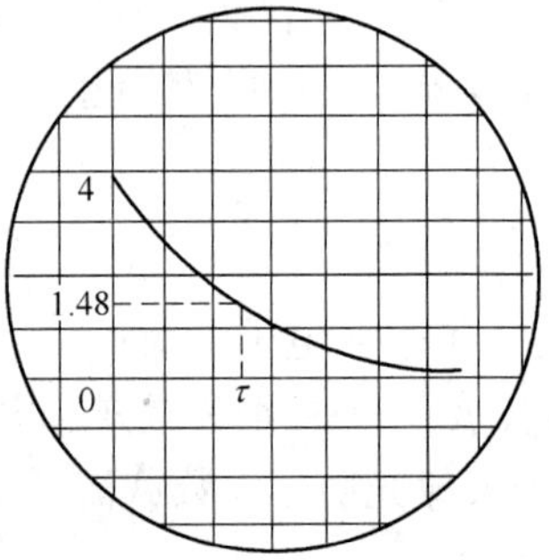

图 2-42　示波器荧光屏信号

3 磁学复合材料

经过近百年的发展，磁性复合材料已经形成了一个新材料领域。磁性复合材料是电子工业的重要基础功能材料，是新兴的基础功能材料，在计算机、电子器件、通讯、汽车和航空航天等工业领域和家用电器、儿童玩具等日常生活用品中有重要的应用前景。

3.1 软磁功能复合材料

按材料的功能分有软磁材料和硬磁材料。软磁材料主要应用于电感线圈、小型变压器、脉冲变压器、中频变压器等的磁芯以及天线棒磁芯、录音磁头、电视偏转磁轭、磁放大器等。软磁材料要求磁导率高、饱和磁感应强度大、电阻高、损耗低、稳定性好等，其中尤以高磁导率和低损耗最重要。因而必须严格控制材料成分和生产工艺。表 3-1 列出了各种磁介质的磁导率。表 3-2 列出了常用铁磁性物质、铁氧体的磁性能。

表 3-1　磁介质的磁导率

顺磁性		抗磁性	
物质	$(\mu_r-1)/10^{-6}$	物质	$(1-\mu_r)/10^{-6}$
氧（1 大气压）	1.9	氢	0.063
铝	23	铜	8.8
铂	360	岩盐	12.6
		铋	176

表 3-2　常用铁磁性物质、铁氧体的磁性能

物质	μ_0（起始）	居里温度/℃
Fe	150	1043
Ni	110	627
Fe_3O_4	70	858
$NiFe_2O_4$	10	858
$Mn_{0.65}Zn_{0.35}Fe_2O_4$	1500	400

随着电子信息技术迅猛发展，电子元件高频化、微型化、表面贴装化，带来

了严重的 EMI（电磁干扰）问题。软磁材料广泛应用于滤波、噪声抑制以及近、远场吸波。软磁材料可以分为软磁铁氧体和软磁合金。由于受到 Snoek 极限的限制，铁氧体的共振频率较低，过了共振频率点其磁导率急剧下降；而对于软磁合金虽然有高的饱和磁化强度、大的起始磁导率，但是其电导率高，受趋肤深度的限制，单独作为块体使用时高频磁导率差。通过软磁合金粉末扁平化的方式，与热塑性树脂混合制成柔性的复合材料，能有效地抑制高频涡流的产生，提高高频磁导率，应用于电磁兼容领域。

为了拓宽软磁材料的应用范围发展了软磁复合材料。软磁复合材料是将磁性微粒均匀分散在非磁性物中形成的。磁粉芯是软磁复合材料的典型例子。现在已在 20kHz 至 100kHz 甚至 1MHz 的电感器中取代了部分软磁铁氧体。与传统的金属软磁合金和铁氧体材料相比，它有很多独特的优点，如：磁性金属粒子分散在非导体物件中，可以减少高频涡流损耗，提高应用频率；既可以采取热压法加工成粉芯，也可以利用现在的塑料工程技术，注塑制造成复杂形状的磁体；具有密度小，质量轻，生产效率高，成本低，产品重复性和一致性好等优点。缺点是由于磁性粒子之间被非磁性体分开，磁路隔断，磁导率现在一般在 100 以内。不过，采用纳米技术和其他措施，国外已有磁导率超过 1000 的报导，最大可达 6000。软磁复合材料的磁导率受到很多因素的影响，如磁性粒子的成分、粒子的形状、尺寸、填充密度等。因此，根据工作频率可以进行调整。

3.1.1 软磁复合材料的磁学基础

3.1.1.1 磁化过程

A 磁性的本质

磁现象和电现象有着本质的联系。因此物质的磁性和原子、电子有着密切的关系。

a 电子的自旋和磁矩

自旋是电子的一种固有属性。磁性物理学表明，如果将电子想象成为一个电荷均匀分布的小球，由于电子的半径约为 2.8×10^{-13}cm，要想使它的磁矩由于自转而达到一个玻尔磁子，则它的表面旋转速度将超过光速。这当然是不可能的。电子自旋是一个新的自由度，与电子的空间运动完全无关。电子自旋是电子的内禀属性。电子的自旋磁矩是内禀磁矩。自旋自由度是除时空自由度外的第一个新发现。电子围绕原子核的轨道运动，产生一个非常小的磁场，形成一个沿旋转轴方向的磁矩，即轨道磁矩。每个电子本身有自旋运动产生一个沿自旋轴方向的磁矩，即自旋磁矩。图 3-1 为电子的自旋示意图。

电子磁矩由电子的轨道磁矩和自旋磁矩组成。实验证明，电子的自旋磁矩比轨道磁矩要大得多。在晶体中，电子的轨道磁矩受晶格场的作用，其方向是变化

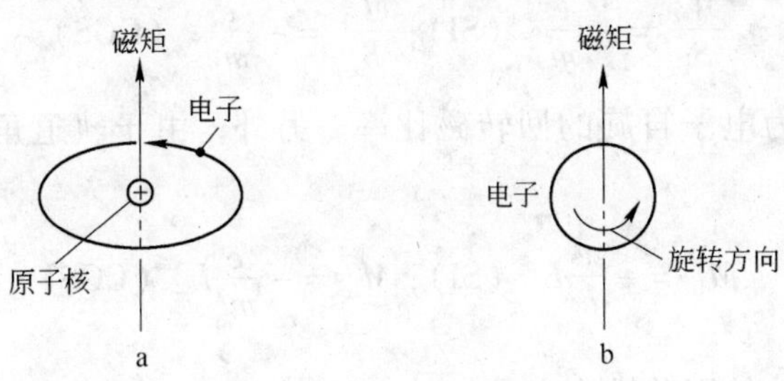

图 3-1　电子的自旋

a—轨道磁矩；b—自旋磁矩

的，不能形成一个联合磁矩，对外没有磁性作用。因此，物质的磁性不是由电子的轨道磁矩引起，而是主要由自旋磁矩引起。每个电子自旋磁矩的近似值等于一个波尔因子 μ_B。μ_B 是原子磁矩的单位，是一个极小的量，即

$$\mu_B = \frac{eh}{4\pi m} = 9.27 \times 10^{-24}\ \mathrm{A \cdot m^2}$$

原子中每个电子的自旋磁矩为

$$\pm \mu_B (+ 为自旋向上，- 为自旋向下)$$

轨道磁矩大小则为：$m_s\mu_B$（m_s 为磁量子数）。因为原子核比电子重 1000 多倍，运动速度仅为电子速度的几千分之一，所以原子核的自旋磁矩仅为电子自旋磁矩的千分之几，因而可以忽略不计。

乌伦贝克（Uhlenbeck）和哥德斯密脱（Goudsmit）提出了电子具有自旋角动量的理论。

（1）每个电子都具有自旋角动量 S，S 在空间任何方向上的投影只能取两个值，若将空间的任意方向取为 z 方向，则

$$S_z = \pm \hbar/2 \tag{3-1}$$

（2）每个电子均具有自旋磁矩 M_s，它与自旋角动量之间的关系是

$$M_s = -\frac{e}{m}S \quad (\mathrm{SI}) \quad 或 \quad M_s = -\frac{e}{mc}S \quad (\mathrm{CGS}) \tag{3-2}$$

式中，（SI）表示国际单位，（CGS）表示 CGSE 单位。由于在许多量子力学参考书及文献中常用 CGSE 单位。式 3-2 中，电子带的电荷是 $-e$，质量是 m。由于 s 取值量子化，因此，M_s 在空间任意方向上的投影也只能取两个值。

$$M_{sz} = \pm\frac{e\hbar}{2m} = \pm M_B \quad (\mathrm{SI}) \quad 或 \quad M_{sz} = \frac{e\hbar}{2mc} = \pm M_B \quad (\mathrm{CGS}) \tag{3-3}$$

式中，M_B 是波尔磁子。由式 3-2 可见，电子自旋磁矩和自旋角动量之比是

$$\frac{M_{sz}}{S_z} = -\frac{e}{m} \quad (SI); \quad \frac{M_{sz}}{S_z} = -\frac{e}{mc} \quad (CGS) \tag{3-4}$$

这个比值称为电子自旋的回转磁比率。另外，由于轨道角动量和轨道磁矩满足

$$M_L = -\frac{e}{m}L \quad (SI); \quad M_L = -\frac{e}{mc}L \quad (CGS) \tag{3-5}$$

因而轨道运动的回转磁比率是 $-\frac{e}{2m}$(SI)，或 $-\frac{e}{2mc}$(CGS)。自旋回转磁比率是轨道运动回转磁比率的两倍。

原子磁矩为原子中各电子磁矩总和。原子中每个电子都可以看作是一个小磁体，具有永久的轨道磁矩和自旋磁矩。一个原子的净磁矩是所有电子磁矩的相互作用的矢量和，又称为本征磁矩或固有磁矩。

孤立原子可以具有磁矩，也可以没有。这决定于原子的结构。原子中如果有未被填满的电子壳层，其电子的自旋磁矩未被抵消（方向相反的电子自旋磁矩可以互相抵消），原子就具有“永久磁矩”。例如，铁原子的原子序数为26，共有26个电子，电子层分布为：$1s^22s^22p^63s^23p^63d^64s^2$。可以看出，除3d子层外各层均被电子填满，自旋磁矩被抵消。根据洪特法则，电子在3d子层中应尽可能填充到不同的轨道，并且它们的自旋尽量在同一个方向上（平行自旋）。因此5个轨道中除了有一条轨道必须填入2个电子（自旋反平行）外，其余4个轨道均只有一个电子，且这些电子的自旋方向平行，由此总的电子自旋磁矩为$4\mu_B$。某些元素，例如锌，具有各层都充满电子的原子结构，其电子磁矩相互抵消，因而不显磁性。电子对的轨道磁矩相互对消，自旋磁矩也可能相互对消，所以当原子电子层或次层完全填满：磁矩为零，如He、Ne、Ar以及某些离子材料。

b　“交换”作用

像铁这类元素，具有很强的磁性。这种磁性称为铁磁性。铁磁性除与电子结构有关外，还决定于晶体结构。根据键合理论可知，原子相互接近形成分子时，电子云要相互重叠，电子要相互交换。处于不同原子间的、未被填满壳层上的电子发生特殊的相互作用。这种相互作用已不再局限于原来的原子，而是“公有化”了。原子间好像在交换电子，故称“交换”作用。对于过渡族金属，原子的3d态与s态能量相差不大，因此它们的电子云也将重叠，引起s、d状态电子的再分配。这种交换便产生一种交换能E_{ex}（与交换积分有关），此交换能有可能使相邻原子内d层未抵消的自旋磁矩同向排列起来。由这种“交换”作用产生的交换能对单电子系统表示为

$$E_{ex} = -2A\sum_{邻近} S_i \cdot S_j \tag{3-6}$$

式中 A——相邻原子间的交换积分；

S_i，S_j——相邻原子的自旋角动量算符。

对多电子系统有

$$E_{ex} = -2\sum_{i<j}^{N} A_{ij} S_i \cdot S_j \tag{3-7}$$

$$E_{ex} = -2A\sum_{\text{邻近}}^{N} S_i \cdot S_j \tag{3-8}$$

量子力学计算表明，当磁性物质内部相邻原子的电子交换积分为正时（$A>0$），相邻原子磁矩将同向平行排列，从而实现自发磁化。这就是铁磁性产生的原因。这种相邻原子的电子交换效应，其本质仍是静电力迫使电子自旋磁矩平行排列，作用的效果好像强磁场一样。理论计算证明，交换积分 A 不仅与电子运动状态的波函数有关，而且强烈地依赖于原子核之间的距离 R_{ab}（点阵常数），如图 3-2 所示。由图可见，只有当原子核之间的距离 R 与参加交换作用的电子核的距离（电子壳层半径）r_a 或 r_b 之比大于 3，交换积分才有可能为正。铁、钴、镍以及某些稀土元素满足自发磁化的条件。铬、锰的 A 是负值，不是铁磁性金属，但通过合金化作用，改变其点阵常数，使得 R/r_a 或 R/r_b 大于 3，便可得到铁磁性合金。

交换能与晶格的原子间距有密切关系。当距离很大时，J 接近于零。随着距离的减小，相互作用有所增加，J 为正值，就呈现铁磁性。交换能 E_{ex} 用 J 表示，如图 3-3 所示，当原子间距 a 与未被填满的电子壳层直径 D 之比大于 3 时，交换能为正值；小于 3 时，交换能为负值，为反铁磁性。

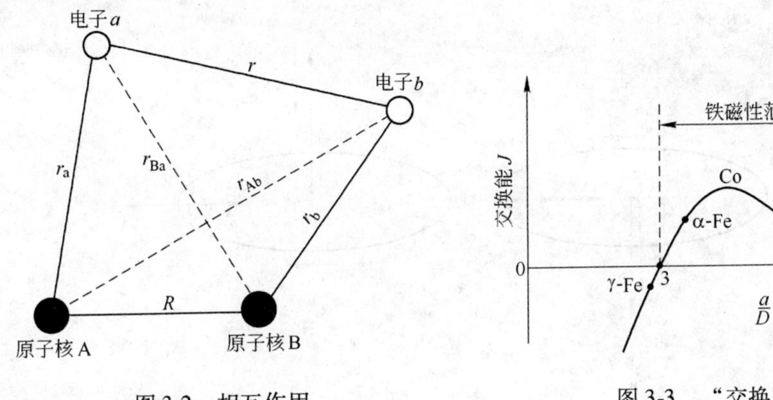

图 3-2 相互作用　　　图 3-3 “交换”作用

c 物质磁性特征及理论

每一种材料至少表现出其中一种磁性，这取决于材料的成分和结构。

（1）抗磁性。由于外磁场使电子的轨道运动发生变化而引起的，方向与外磁场相反的一种磁性称抗磁性。它是一种很弱的、非永久性的磁性，只有在外磁场存在时才能维持。原子的抗磁性来源于电子的轨道磁矩。产生条件为电子壳层被填满。

根据固有原子磁矩和相互作用，物质磁性特征为：没有固有原子磁矩，原子的本征磁矩为零，外磁场作用使电子的轨道运动发生变化而引起的。所感应的磁矩很小，方向与外磁场相反，即磁化强度 M 为很小的负值。相对磁导率 $\mu_r<1$，磁化率 $\chi<0$（为负值）。在抗磁体内部的磁感应强度 B 比真空中的小。抗磁体的磁化率 χ 约为 -10^{-5} 数量级。所有材料都有抗磁性。因为它很弱，只有当其他类型的磁性完全消失时才能被观察，如 Bi、Cu、Ag、Au 等。

取两个轨道平面与磁场 H 方向垂直而循轨运动方向相反的电子为例来研究。当无外磁场时，电子循轨运动产生的轨道磁矩为

$$P_e = \frac{1}{2}e\omega r^2 \tag{3-9a}$$

电子受到的向心力为 $K=mr\omega^2$。当加上外磁场后，电子必将又受到洛伦兹力的作用，从而产生一个附加力 $\Delta K=Her\omega$。由于洛伦兹力 ΔK 使向心力 K 或增（见图 3-4a）或减（见图 3-4b），对 a 图，向心力增为 $K+\Delta K=mr(\omega+\Delta\omega)^2$。根据朗之万理论，认为 m 和 r 是不变的，故当 K 增加时，只能是 ω 变化，即增加一个 $\Delta\omega=eH/2m$（解上式并略去 $\Delta\omega$ 的二次项），称为拉莫尔角频率，电子的这种以 $\Delta\omega$ 围绕磁场所作的旋转运动，称为电子进动。从而由式 3-9a 可得磁矩增量（附加磁矩）

$$\Delta P = -\frac{1}{2e}\Delta\omega r^2 = -\frac{e^2r^2}{4m}\cdot H \tag{3-9b}$$

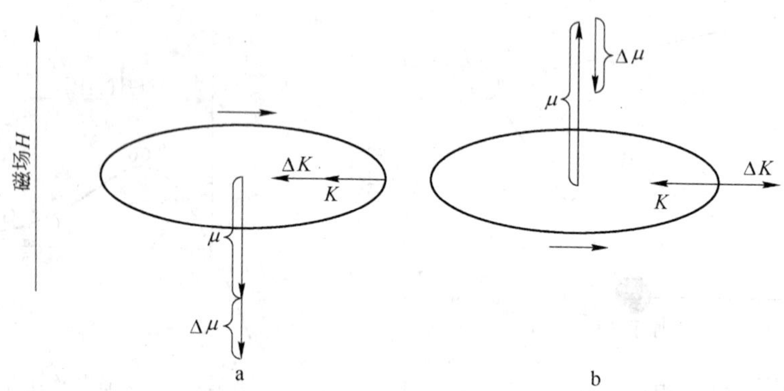

图 3-4　产生抗磁矩的示意图（沿圆周箭头指电流方向）

式中的符号表示附加磁矩 ΔP 总是与外磁场 H 方向相反，这就是物质产生抗磁性的原因。显然，物质的抗磁性不是由电子的轨道磁矩和自旋磁矩本身所产生

的，而是由外磁场作用下电子循轨运动产生的附加磁矩所造成的。由式 3-9b 还可看出，ΔP 与外磁场 H 成正比，这说明抗磁磁化是可逆的。即当外磁场去除后，抗磁磁矩即行消失。

上面讨论的仅是一个电子产生的抗磁磁矩 ΔP。对于一个原子来说，常常有 z 个电子。这些电子又分布在不同的壳层上，它们有不同的轨道半径 r，且其轨道平面一般与外磁场方向不完全垂直，故一个原子的抗磁磁矩经计算为

$$\Delta P_{\alpha} = -\frac{e^2 H}{6m}\sum_{i=1}^{z} r_i^2 \tag{3-10}$$

对于每摩尔的抗磁磁矩应为 $N\Delta P$，这里 $N = 6.023\times10^{23}\,\mathrm{mol}^{-1}$ 为阿伏伽德罗常数，故其抗磁磁化率 χ 为

$$\chi = \frac{N\Delta P_{\alpha}}{H} = -\frac{e^2 N}{6m}\sum_{i=1}^{z} r_i^2 \tag{3-11}$$

但上式对金属内的自由电子不适用，因自由电子的 $\sum_{i=1}^{z} r_i^2$ 无确定值。由此可见，式 3-11 仅表达了离子的抗磁性。因此不含过渡元素离子和稀土离子的一般玻璃，表现出抗磁性，且磁化率的绝对值非常小，例如石英玻璃的 $\chi = 0.5\times10^{-6}$。抗磁性物质的磁化率与所含离子或原子的数量成正比，各种离子的抗磁性极化率见表 3-3。它们符合加和关系，与温度无关。新型玻璃材料中法拉第旋转玻璃就是利用了它的抗磁性。这种玻璃大多数都含有较多的铅或 Bi^{3+}、Ti^{+}、Sb^{3+} 等。抗磁性体中最为突出的例子是超导体，它表现出完全的抗磁性。金属玻璃中有许多组成表现为超导性，如：$Mo_{89}P_{10}B_{10}$、$Mo_{64}Ru_{16}P_{20}$、$Nb_{80}Si_{12}B_8$ 等。氧化物玻璃与金属玻璃不同，氧化物玻璃本身不呈现超导性，但通过微晶化可制成 T_c 大于 100K 的 Bi(Pb)-Sr-Ca-Cu-O 系高温超导体。因此超导微晶玻璃具有较大的抗磁性。

表 3-3　离子的抗磁性磁化率

离子	$-\chi$	离子	$-\chi$	离子	$-\chi$	离子	$-\chi$	离子	$-\chi$
Au^{2+}	36×10^{-6}	F^{-}	11×10^{-6}	S^{2-}	38×10^{-6}	Cl^{-}	26×10^{-6}	P^{5+}	1×10^{-6}
Ag^{2+}	31×10^{-6}	Ge^{4+}	7×10^{-6}	Sb^{3+}	17×10^{-6}	Cr^{6+}	3×10^{-6}	Si^{4+}	1×10^{-6}
Al^{3+}	2×10^{-6}	K^{+}	13×10^{-6}	Se^{2-}	48×10^{-6}	Mg^{2+}	3×10^{-6}	Sr^{2+}	15×10^{-6}
As^{3+}	9×10^{-6}	Li^{+}	0.6×10^{-6}	Ba^{2+}	32×10^{-6}	Na^{+}	5×10^{-6}	Ti^{4+}	5×10^{-6}
B^{3+}	0.2×10^{-6}	Pb^{2+}	28×10^{-6}	Ca^{2+}	8×10^{-6}	O^{2-}	12×10^{-6}	Zn^{2+}	10×10^{-6}
Cu^{0}	9×10^{-6}	Rb^{+}	20×10^{-6}						

磁性物理认为，对抗磁性的影响因素有温度、磁场强度、熔化和范性形变。温度和磁场强度对抗磁性的影响甚微，但当金属熔化凝固、范性形变、晶粒细化

和同素异构转变时，电子轨道的变化和原子密度的变化，将使抗磁磁化率发生变化。熔化时抗磁体的磁化率值一般都减小，铊熔化时降低 10%。铋降低 1/12.5。但锗、金、银不同，它们的磁化率值在熔化时增高。范性形变使铜和锌的抗磁性减弱，经高度加工硬化后的铜可由抗磁性变为顺磁性，而退火则使铜的抗磁性恢复。

（2）顺磁性。有些固体的原子具有本征磁矩；无外磁场作用时，材料中的原子磁矩无序排列，材料表现不出宏观磁性；受外磁场作用时，原子磁矩能通过旋转而沿外场方向择优取向，表现出宏观磁性，这种磁性称为顺磁性。原子的顺磁性来源为固有磁矩。产生条件为含点阵缺陷或原子含奇数个电子，内壳层未被填满（过渡族金属和稀土族金属）。根据固有原子磁矩和相互作用，物质磁性特征为：有固有磁矩，没有相互作用。在该材料中，原子磁矩沿外磁场方向排列，磁场强度获得增强，磁化强度为正值，相对磁导率 $\mu_r > 1$，磁化率为正值。磁化率 $\chi > 0$，也很小，只有 $10^{-5} \sim 10^{-2}$。

1905 年朗之万在经典统计理论基础上，首先给出了第一个顺磁性理论，其理论要点涉及顺磁物质中每个原子（或磁离子）的固有磁矩（而且原子之间没有相互作用）：当外磁场 $H = 0$，各原子磁矩受热扰动的影响，在平衡态时，其方向是无规分布的，所以体系的总磁矩 $M = 0$；外加磁场 H 时，原子磁矩趋近于磁场 H 方向，磁化强度正比于外磁场。设第 i 个原子的磁矩为 μ_J，单位体积内有 N 个原子，外加磁场为 H，则根据磁性物理学可推导出磁化强度与磁场强度、温度的关系式为

$$M = N\mu_J \cdot L(\alpha)$$

式中

$$L(\alpha) = cth\alpha - \frac{1}{\alpha}$$

$$\alpha = \frac{\mu_J H}{k_B T},\ cth\alpha = \frac{e^{\alpha} + e^{-\alpha}}{e^{\alpha} - e^{-\alpha}} \tag{3-12}$$

上式即为顺磁性朗之万方程。在高温下，$k_B T \gg \mu_J H$，所以 $\alpha \ll 1$，有

$$M = \frac{N\mu_J^2}{3k_B T}H = \frac{C}{T}H \tag{3-13}$$

式中 C——居里常数。

顺磁材料的居里定律为

$$\chi = \frac{N\mu_J^2}{3k_B T} = \frac{C}{T} \tag{3-14}$$

根据 χ-T 实验曲线斜率的倒数，便可从实验上测出居里常数，再代入居里常数的定义式，就得到每个原子磁矩的大小。低温情况下或在磁场非常强的条件

下，有

$$\mu H \gg kT$$

因而得到

$$M = N\mu_J = M_s(\text{饱和磁化强度}) \tag{3-15}$$

朗之万最早从理论上推导出居里定律。他从微观出发，用统计方法研究物质磁性。然而，他的理论没有考虑到磁矩在空间的量子化，因而与实验结果相比，在定量上有较大的差别。

含过渡金属和稀土离子的氧化物表现为顺磁性。磁性物理认为，在Cu、Ag、Au、Zn、Cd、Hg等金属中，由于它们的离子所产生的抗磁性大于自由电子的顺磁性，因而它们属抗磁体。所有的碱金属和除Be以外的碱土金属都是顺磁体。虽然这两族金属元素在离子状态时有与惰性气体相似的电子结构，似应成为抗磁体，但是由于自由电子产生的顺磁性占据了主导地位，故仍表现为顺磁性。稀土金属的顺磁性较强，磁化率较大且遵从居里-外斯定律。这是因为它们的4f或5d电子壳层未填满，存在未抵消的自旋磁矩所造成的。关于过渡族金属，在高温基本都属于顺磁体，但其中有些存在铁磁转变（如Fe、Co、Ni），有些则存在反铁磁转变（如Cr）。这类金属的顺磁性主要是由于它们的3d~5d电子壳层未填满，d和f态电子未抵消的自旋磁矩形成了晶体离子的固有磁矩，从而产生了强烈的顺磁性。非金属中除氧和石墨外，都是抗磁性（它们与惰性气体相近）的。如Si、S、P以及许多有机化合物，它们基本上是以共价键结合的，由于共价电子对的磁矩互相抵消，因而它们都成为抗磁体。在元素周期表中，接近非金属的一些金属元素，如Sb、Bi、Ga、Sn等，它们的自由电子在原子价增加时逐步向共价结合过渡，故表现出异常的抗磁性。由于玻璃基体具有抗磁性，因此顺磁性离子的浓度超过定值时，才能表现出顺磁性。一般研究较多的是过渡元素铁离子在玻璃中析出铁化合物晶相而表现出的磁性。可形成顺磁性玻璃的稀土元素有Nd^{3+}、Er^{3+}、Ce^{3+}、Tb^{3+}。含稀土离子的顺磁性玻璃作为新型玻璃受到人们的重视。含Nd^{3+}玻璃已开始在核聚变大功率激光玻璃上应用。除Nd^{3+}以外，涂覆Er^{3+}等其他稀土离子的激光玻璃也正在积极开发。含Ce^{3+}和Tb^{3+}稀土金属离子的顺磁性玻璃已开始应用于法拉第旋转玻璃。

抗磁体和顺磁体对于磁性材料应用来说都视为无磁性。它们只有在外磁场存在下才被磁化，且磁化率极小。金属是由点阵离子和自由电子构成的，所以金属的磁性要考虑到点阵结点上正离子的抗磁性和顺磁性，自由电子的抗磁性与顺磁性。正离子的抗磁性源于其电子的轨道运动，正离子的顺磁性源于原子的固有磁矩。而自由电子的磁性可简述为：其顺磁性源于电子的自旋磁矩，在外磁场作用下，自由电子的自旋磁矩转到了外磁场方向；自由电子的抗磁性源于共在外磁场中受洛伦兹力而作的圆周运动，这种圆周运动产生的磁矩同外磁场反向。这四种磁性可能单独存在，也可能共同存在，要综合考虑哪个因素的影响最大，从而确定其磁性的性质。

晶粒细化可使铋、锑、硒、碲的抗磁性减弱，在晶粒高度细化时可由抗磁性变为顺磁性。显然，熔化、加工硬化和晶粒细化等因素都能使金属晶体趋于非晶化，且都是因变化时原子间距增大、密度减小所致，因此其影响效果也类似。

同素异构转变时，白锡→灰锡是由顺磁性变为抗磁性；锰的同素异构转变，无论是α→β，还是β→γ会使顺磁磁化率增大。前者是因转变时原子间距增大，自由电子减少，故金属性减弱，顺磁性减弱。而后者则与其恰恰相反。当α-Fe在A2点（678℃）以上变为顺磁状态，在910℃和1401℃发生同素异构转变时顺磁磁化率发生突变。可见，γ-Fe的χ比α-Fe和δ-Fe都低，且几乎与温度无关。而α-Fe和δ-Fe的χ随T升高而急剧下降，这乃是强顺磁质的一般特性。有趣的是，α-Fe和δ-Fe的χ曲线互为延长线，这说明了它们点阵结构的一致性，其物理性能的变化规律往往相同。

磁性物理认为，合金的相结构及组织对磁性的影响比较复杂。当低磁化率的金属，如Cu、Ag、Mg、Al等形成固溶体时，其磁化率与成分呈平滑的曲线关系。这说明形成固溶体时原子之间的结合键发生了变化。如果在抗磁性金属Cu、Ag、Au中溶入过渡族的强顺磁性的元素，如Pd，则将会使其磁性发生复杂变化。虽然Pd为强顺磁金属，但在含Pd量小于30%时，却使合金的抗磁性增强（有人认为这是由于合金的自由电子填充了d电子壳层而使Pd没有离子化造成的），只有当含量Pd相当高的时候磁化率才变为正值，并且很快上升到Pd所持有的高顺磁值。与Pd同族的元素Ni和Pt溶入Cu中，也会使磁化率降低，但仍保持着微弱的顺磁性。而Cr、Mn与Pd却大不相同，它们溶入Cu中将使固溶体的磁化率急剧增加，甚至比它们处于纯金属状态时的顺磁性还强。

如果在抗磁性金属中加入Fe、Co、Ni等铁磁性金属，则可使合金的χ剧增，甚至在低浓度时就能成为顺磁性的。研究合金化对金属磁性的影响，不但对了解固溶体中结合键的变化有重要意义，而且对某些要求弱磁性的仪器仪表有现实意义。

当固溶体产生有序化时，其原子间结合力要发生变化，从而引起原子间距变化和磁性的变化。在形成CuAu有序合金时抗磁性减弱，但形成Au、Cu_3Pd等合金时抗磁性却增强。金属形成中间相与化合物时的特征是在磁化率与成分的关系曲线上将出现极大或极小值。在Cu-Zn合金中γ相有很高的抗磁磁化率，这是因为γ相Cu_5Zn_8的原子是中性的（可能是γ相中电子的顺磁性不存在或小于抗磁性）。化合物的抗磁性在液态时比固态时为弱，这时由于熔化时化合物部分分解而使金属键得到了加强的缘故。

(3) 铁磁性。铁磁性材料的磁性是自发产生的。有些磁性材料在外磁场作用下产生很强的磁化强度。外磁场除去后仍保持相当大的永久磁性，这种磁性称为铁磁性。过渡金属铁、钴、镍和某些稀土金属如钆、钇、钐、铕等都具有铁磁性。此材料的磁化率可高达 10^3，$M \gg H$

$$B \approx \mu_0 M \tag{3-16}$$

材料是否具有铁磁性取决于两个因素：(1) 原子是否具有未成对电子，即自旋磁矩贡献的净磁矩（本征磁矩）；实验证明，铁磁质自发磁化的根源是原子(正离子) 磁矩，而且在原子磁矩中起主要作用的是电子自旋磁矩。与原子顺磁性一样，在原子的电子壳层中存在没有被电子填满的状态是产生铁磁性的必要条件。例如铁的 3d 状态有 4 个空位，钴的 3d 状态有 3 个空位，镍的 3d 态有两个空位。如果使填充的电子自旋磁矩按同向排列起来，将会得到较大磁矩，理论上铁有 $4\mu_B$，钴有 $3\mu_B$，镍有 $2\mu_B$。可是对另一些过渡族元素，如锰在 3d 态上有 5 个空位，若同向排列，则它们自旋磁矩的应是 $5\mu_B$，但它并不是铁磁性元素。因此，在原子中存在没有被电子填满的状态（d 或 f 态）是产生铁磁性的必要条件，但不是充分条件。(2) 原子在晶格中的排列方式。产生铁磁性不仅仅在于元素的原子磁矩是否高，而且还要考虑形成晶体时，原子之间相互键合的作用是否对形成铁磁性有利。这是形成铁磁性的第二个条件。根据固有原子磁矩和相互作用，物质磁性特征为：有固有磁矩，直接交换相互作用。铁磁性的交换积分 $A>0$：原子波函数在核附近的数值应该很小，这意味着两个近邻原子的“电子云”在中间区域有可能重叠很多。近邻原子间距 R(即晶格常数 a)应适当地大于电子的轨道平均半径。

常见的强磁性玻璃是用液体急冷法制作的过渡元素（FeCoNi）-半金属（BCSiP）系金属玻璃。与强磁性金属玻璃相比，氧化物玻璃中有强磁性的例子还不多，目前还未涉及到实用材料。在玻璃形成体 P_2O_5、Bi_2O_3、SiO_2 中添加尖晶石型铁氧体结晶，在 1350～1400℃温度下熔融，用双辊超急冷法制作的玻璃呈现强磁性。但这些玻璃室温时的饱和极化率都在 5×10^{-4} 以下，与原来的铁氧体的值(如 $CoFe_2O_4$ 约为 80×10^{-4}) 相比小得多。原因是氧化物晶体经玻璃化后，原子的规则排列受到了破坏，饱和磁化率和居里温度急剧下降。

铁磁性和铁电性有相似的规律，但应该强调的是它们的本质差别：铁电性是由离子位移引起的，而铁磁性则是由原子取向引起的；铁电性在非对称的晶体中发生，而铁磁性发生在次价电子的非平衡自旋中；铁电体的居里点是由于熵的增加（晶体相变)，而铁磁体的居里点是原子的无规则振动破坏了原子间的“交换”作用，从而使自发磁化消失引起的。

(4) 反铁磁性。在有些材料中，相邻原子或离子的磁矩呈反方向平行排列，结果总磁矩为零，叫反铁磁性。反铁磁性物质有某些金属如 Mn 和 Cr 等，某些陶瓷如 MnO 和 NiO 等以及某些铁氧体如 $ZnFe_2O_4$ 等。以氧化锰（MnO）为例，它是离子型陶瓷材料，由 Mn^{2+} 和 O^{2-} 离子组成，O^{2-} 离子没有净磁矩，因为其电子的自旋磁矩和轨道磁矩全都对消了；Mn^{2+} 离子有未成对 3d 电子贡献的净磁矩。在 MnO 晶体结构中，相邻 Mn^{2+} 离子的磁矩都成反向平行排列，结果磁矩相互对消，整个固体材料的总磁矩为零。根据固有原子磁矩和相互作用，物质磁性特征为：有磁矩，直接交换相互作用。反铁磁性：$A<0$，相邻原子磁矩反向排列，大小相等。

结晶状态下不呈现强磁性的反强磁性氧化物晶体 $ZnFe_2O_4$ 和 $BiFeO_3$，两者混合熔融后超急冷，却形成了强磁性玻璃，如 $(Bi_2O_3)_{0.3}(ZnO)_{0.2}(Fe_2O_3)_{0.5}$ 玻璃。另外，还出现了不含铁的强磁性玻璃，如 $0.5(La_{1-x}Sr_xMnO_3)\cdot 0.5B_2O_3$，$La_{1-x}Sr_xMnO_3$ 等。

（5）亚铁磁性。根据固有原子磁矩和相互作用，物质磁性特征为：有磁矩，间接交换相互作用。亚铁磁性：$A<0$，相邻异类离子磁矩反向排列，大小不等，二者之差表现为宏观磁矩。

为了解释铁氧体的磁性，尼尔认为铁氧体中 A 位与 B 位的离子的磁矩应是反平行取向的，这样彼此的磁矩就会抵消。但由于铁氧体内总是含有两种或两种以上的阳离子，这些离子各具有大小不等的磁矩（有些离子完全没有磁性），同时占 A 位或 B 位的离子数目也不相同，因此晶体内由于磁矩的反平行取向而导致的抵消作用通常并不一定会使磁性完全消失而变成反铁磁体，往往保留了剩余磁矩，表现出一定的铁磁性，称为亚铁磁性或铁氧体磁性。图 3-5 形象地表示在居里点或尼尔点以下时铁磁性，反铁磁性及亚铁磁性的自旋排列。

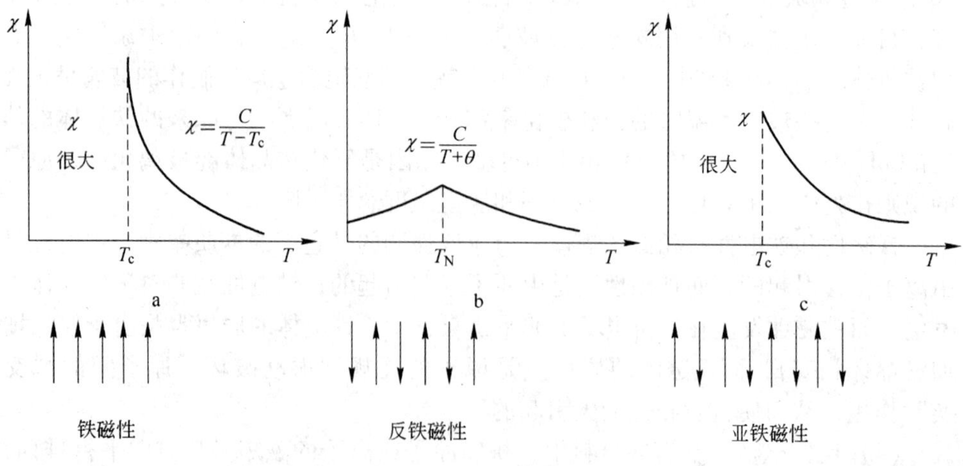

图 3-5　三种磁化状态

以立方铁氧体为例说明亚铁磁性的本质。立方铁氧体的用化学式 MFe_2O_4，其中的 M 为某种金属元素。磁铁矿 Fe_3O_4 就是一种亚铁磁体。Fe_3O_4 可以写成 $Fe^{2+}O^{2-}(Fe^{3+})_2(O^{2-})_3$。其中二价铁离子和三价铁离子的比例为1∶2。每个 Fe^{2+} 和 Fe^{3+} 都具有净自旋磁矩，分别为4和5。O^{2-} 是无磁矩的。例如磁铁矿属反尖晶石结构，一个元晶胞含有8个 Fe_3O_4 “分子”，8个 Fe^{2+} 占据了8个B位，16个 Fe^{3+} 中有8个占A位，另有8个占B位。对于任一个 Fe_3O_4 “分子”来说，两个 Fe^{3+} 分别处于A位及B位，它们是反平行自旋的，因而这种离子的磁矩必然全部抵消，但在B位的 Fe^{3+} 离子的磁矩依然存在。Fe^{2+} 有6个3d电子分布在5条d轨道上，其中只有一对处在同一条d轨道上的电子反平行自旋，磁矩抵消。其余尚有4个平行自旋的电子，因而应当有4个 μ_B，亦即整个“分子”的波尔磁子数为4。实验测定的结果为 $4.2\mu_B$ 与理论值相当接近。

铁氧体亚铁磁性的来源是金属离子间通过氧离子而发生的超交换作用。由于 O^{2-} 离子上2p电子分布呈哑铃形，因而在 O^{2-} 两旁成180°的两个金属离子的超交换作用最强，而且必定是反向平行。在尖晶石结构中存在A-A、B-B及A-B三种交换作用。因A、B在 O^{2-} 两旁近似成180°，而且距离较近，所以A-B型超交换作用占优势，而且A、B位磁矩是反向排列的。即A-B型的超交换作用导致了铁氧体的亚铁磁性。

B 磁畴

磁畴就是物质中所包含的许多自发磁化的小区域，每个磁畴中原子或离子的磁矩是平行排列的，但不同磁畴的磁矩取向不同，因而铁磁体的净磁化强度为零。材料是否具有自发磁化形成磁畴的倾向与晶格中原子间距与它的3d轨道直径之比有关。比值在1.4~2.7之间的材料，如铁、钴、镍等有形成磁畴的倾向，是铁磁性材料。比值在1.4~2.7之外的材料，如锰、铬等虽然也有未成对的3d电子贡献的净磁矩，但由于没有自发磁化形成磁畴的倾向，故成为非铁磁性材料。铁磁性材料所能达到的最大磁化强度叫做饱和磁化强度，用 M_s 表示。

磁性物理认为，在磁性材料中，由于电子的交换作用，要求原子磁矩平行排列，以使交换作用能最低。原子间电子交换耦合作用很强，促使其自旋磁矩平行排列形成自发的磁化区域。由此形成的每一个磁矩取向一致的自发磁化区域即磁畴。每个磁畴大约为 10^{17}~10^{21} 个原子/$10^{-18}m^3$。

磁畴结构总是要保证体系的能量最小，各个磁畴之间彼此取向不同，首尾相接，形成闭合的磁路，使磁体在空气中的自由静磁能下降为0，对外不显现磁性，见图3-6。磁畴之间彼此被畴壁隔开。畴壁实质是相邻磁畴间的过渡层。为了降低交换能，在这个过渡层中，磁矩不是突然改变方向，而是逐渐地改变，因此过渡层有一定的厚度。这个过渡层称为磁畴壁。

磁性物理认为，铁磁体在外磁场中的磁化过程主要是畴壁的移动和磁畴内磁矩的转向。这一磁化过程使铁磁体在很弱的外磁场中就能得到较大的磁化强度。畴壁的形成满足体系的内能达到极小的条件。两个磁畴间磁矩方向的变化不是以跃变的方式实现，而是经过许多原子面才完成的。这种方式可以大大降低交换能。然后，由于磁矩偏离了晶体的易磁化方向，将使磁晶各向异性能增加。因此，畴壁的厚度取决于畴壁 $\sigma_w = \sigma_{ex} + \sigma_a$ 的极小条件。σ_{ex} 和 σ_a 分别为畴壁中的交换能和磁晶各异性能。即畴壁的厚度取决于交换能和磁晶各向异性能平衡的结果，见图 3-7，一般为 10^{-5}cm。

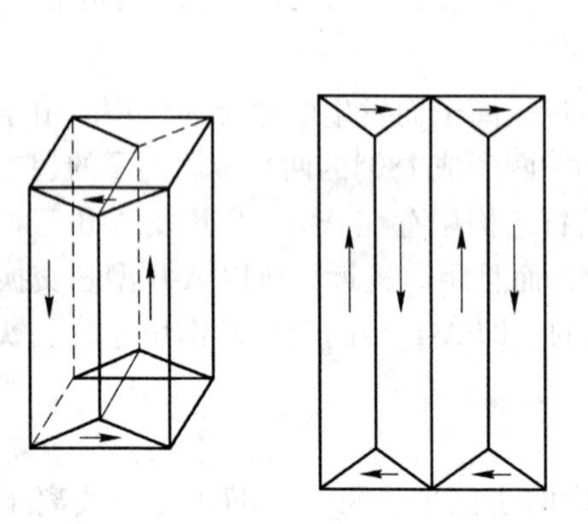

图 3-6　磁畴

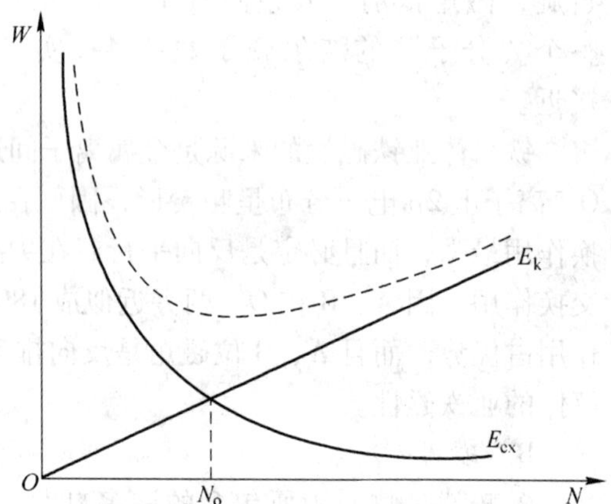

图 3-7　畴壁能和畴壁厚的关系

铁磁性体另一个非常重要的特性是磁各向异性。以 Fe 为例，若在立方晶 Fe 单晶的三个晶向［100］、［110］、［111］分别施加磁场，发现［100］方向的磁化比其他两个方向［110］、［111］更容易。在不同的晶体学方向上，存在易磁化方向和难磁化方向的特性称为磁各向异性。沿铁磁体的难、易磁化轴磁化时所需要的磁化能的大小是不同的。在易磁化方向需要的磁化能最小，而难磁化方向需要的磁化能最大。晶体未受外场作用时，原子磁矩沿晶体的易磁化方向排列。在外场作用下，原子磁矩发生偏转，趋于沿外磁场方向排列。这种同磁化方向有关的能量称为磁各向异性能。磁各向异性能定义为饱和磁化强度矢量在铁磁体中取不同方向而改变的能量。磁晶各向异性能是与磁化强度矢量在晶体中相对晶轴的取向有关。磁晶各向异性能表示为

$$E_k = K_0 + K_1(\alpha_1^2\beta^2 + \alpha_2^2\gamma^2 + \alpha_3^2\alpha^2) + K_2\alpha^2\beta^2\gamma^2 \tag{3-17}$$

式中　α_1，α_2，α_3——分别为磁化的方向；

K_0，K_1，K_2——磁晶各向异性常数。

对于不同材料，畴壁厚度不同。下面以180°畴壁为例，估计一下畴壁厚度的数量级。设晶格常数 a，畴壁中的原子层数 N，则单位面积的180°畴壁能为

$$\gamma_w \approx \pi^2 JS^2/Na^2 + |K_1|Na \tag{3-18}$$

式中，J 为交换积分；S 为自旋磁矩；K_1 为磁晶各向异性常数。当畴壁能达到极小，满足 $\frac{\partial \gamma_w}{\partial N} = 0$ 时，可以得到

$$N \approx (\pi^2 JS^2/|K_1|a^3)^{1/2}$$

$$\gamma_w \approx 2\pi(|K_1|JS^2/a)^{1/2} \tag{3-19}$$

磁性材料和磁畴结构及磁畴壁的移动有密切的关系。但是当晶粒粒度减小到临界尺寸，即一个细小的颗粒只能形成一个单畴时，材料的磁性质会发生很大的变化，矫顽力急速增大，这是由于缺乏磁壁，各个颗粒仅仅依靠自旋磁矩矢量的同时旋转来改变磁化，而这个过程又由于晶体磁各向异性的反抗变成很困难。此外，纤维状晶粒，还有形状各向异性来反抗它的旋转，造成矫顽力增大。例如15μm的铁纤维的矫顽力比通常的甚至高达一万倍。但是颗粒太小，又由于热起伏作用超过了交换力的作用，而丧失铁磁性质，这时的状态称超顺磁体。

C 磁化过程

磁化过程（又称感磁或充磁）只不过是把物质本身的磁性显示出来，而不是由外界向物质提供磁性的过程。在无外磁场作用的条件下，磁场内的原子磁矩总是排列在易磁化方向上。铁磁体在外磁场中的磁化过程主要为畴壁的移动和磁畴内磁矩的转向。这就使得铁磁体只需在很弱的外磁场中就能得到较大的磁化强度。磁化矢量的方向按外磁场的磁畴体积扩大，但方向不变；反之，则体积缩小，这称为壁移过程。畴内的磁化强度矢量转向外磁场方向，磁畴体积不变这称为转动过程。

技术磁化的本质是磁畴壁的迁移和磁畴的转动。一般情况下可分为3个阶段：弱磁场范围内的可逆畴壁迁移；中等磁场范围内的不可逆畴壁迁移；较强磁场范围内的可逆磁畴转动。磁畴壁位移阻力来自内应力和杂质。

整个磁化过程按磁场由弱到强可大致分为4个阶段：

（1）可逆过程。外磁场较弱时，多数情况下发生可逆的畴壁位移过程。

（2）不可逆过程。随磁场增加，畴壁移动发生不可逆的跳跃，称为巴克豪

爽（Bar-khausen）跳跃，磁化强度急剧增加。对于某些材料，也可能同时发生不可逆转动和可逆转动。

（3）趋近饱和阶段。这时畴壁基本消失，在外磁场作用下磁矩逐步转向磁场的方向。在这个阶段，多晶体的磁化曲线可以用趋近饱和定律来描述

$$M = M_s\left(1 - \frac{a}{H} - \frac{b}{H^2} - \cdots\right) \tag{3-20}$$

经过理论计算，可以得到系数 b 与磁晶各向异性常数的关系为

对于单轴晶体有 $$b = \frac{4}{15}\frac{K_{u1}^2}{\mu_0^2 M_S^2}$$

对于立方晶体有 $$b = \frac{8}{105}\frac{K_1^2}{\mu_0^2 M_S^2} \tag{3-21}$$

（4）顺磁过程。样品基本磁化到饱和，只有个别磁矩尚未取向。这些少量的孤立磁矩在强场中的行为类似于顺磁性。

D 磁化曲线、退磁曲线和磁滞回线

如果在由电流产生的磁场中放入铁磁物质，则磁场将明显增强，此时铁磁物质中的磁感应强度比没放入铁磁物质时电流产生的磁感应强度增大百倍，甚至在千倍以上。铁磁物质内部的磁场强度 H 与磁感应强度 B 有如下的关系

$$B = \mu H \tag{3-22}$$

对于铁磁物质而言，磁导率 μ 并非常数，而是随 H 的变化而变化的物理量，即 $\mu = f(H)$，为非线性函数。所以 B 与 H 也是非线性关系，如图 3-8 所示。铁磁材料的磁化过程为：其未被磁化时的状态称为去磁状态，这时若在铁磁材料上加一由小到大变化的磁化场，则铁磁材料内部的磁场强度 H 与磁感应强度 B 也随之变大。但当 H 增加到一定值（H_s）后，B 几乎不再随着 H 的增加而增加，说明磁化达到饱和，如图 3-8 中的 OS 段曲线所示。从未磁化到饱和磁化的这段磁化曲线称为材料的起始磁化曲线。当铁磁材料的磁化达到饱和之后，如果将磁场减小，则铁磁材料内部的 B 和 H 也随之减小。但其减小的过程并不是沿着磁化时的 OS 段退回。显然，当磁化场撤销，$H=0$ 时，磁感应强度仍然保持一定数值 $B=B_r$，称为剩磁（剩余磁感应强度）。图 3-9 中的 Oa 段曲线称起始磁化曲线，所形成的封闭曲线 $abcdefa$ 称为磁滞回线。由图 3-9 可知，若要使铁磁物质完全退磁，即 $B=0$，必须加一个反向磁场 H_c，这个反向磁场强度 H_c 称为该铁磁材料的矫顽力。

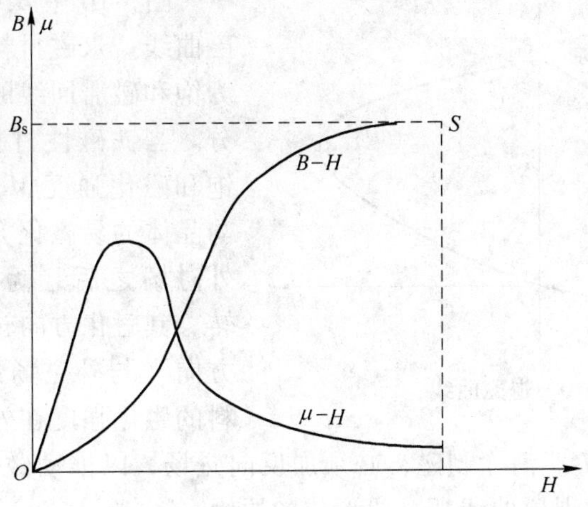

图 3-8 磁化曲线和 μ-H 曲线

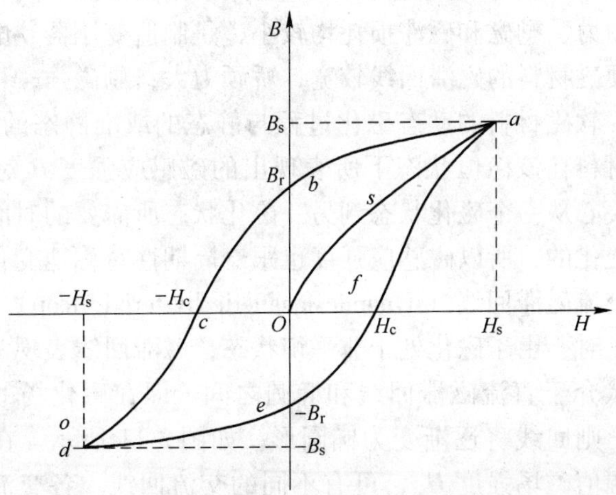

图 3-9 起始磁化曲线和磁滞回线

有些磁性材料的磁滞回线近似矩形。并且有很好的矩形度。可用剩磁比 B_r/B_m 来表征回线的矩形。因为 B_r/B_m 在开关元件中是重要的参数，因此又称为开关矩形比；B_r/B_m 在记忆元件中是重要的参数，故也可称为记忆矩形比。利用 $+B_r$ 和 $-B_r$ 的剩磁状态，可使磁芯作为记忆元件、开关元件或逻辑元件。如以 $+B_r$ 代表"1"，$-B_r$ 代表"0"，就可得到电子计算机中的二进制逻辑元件。对磁芯输入讯号，从其感应电流上升到最大值的 10% 时算起，到感应电流又下降到最大值的 10% 时的时间间隔定义为开关时间 t_s。它与外磁场 H_a 之间的关系如下：$(H_a - H_0)t_s = S_w$。式中，$H_a \approx H_c$（矫顽力），S_w 称为开关常数，对常用的矩磁铁氧体材料，S_w 为 $2.4\times10^{-5} \sim 12\times10^{-5}$（c/m）。

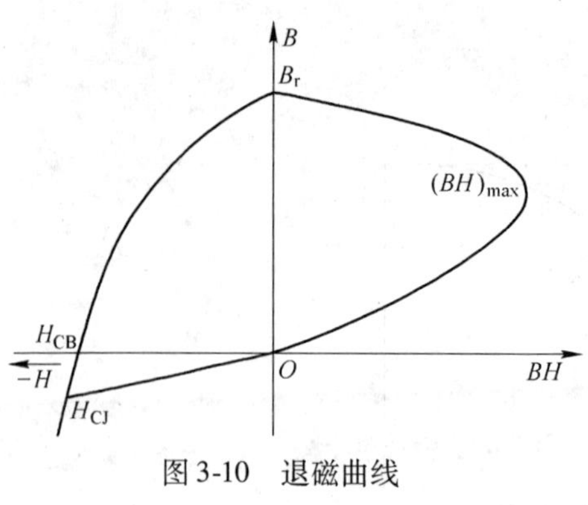

图 3-10　退磁曲线

图 3-10 中 B_r-H_{CB} 曲线段称为退磁曲线。永磁材料的退磁曲线定义为饱和磁滞回线的第二、四象限部分。当铁磁性材料磁化到饱和后，饱和磁化强度 M_s 的方向，一般不与晶体的易磁化方向重合。当取消外磁场之后，就要发生磁畴的旋转，其磁化方向转向晶体的易磁化方向（与外磁场最近的）。此时材料的磁化强度在外磁场方向的投影就是所谓的剩磁 M_s。消除剩磁，必须加反向磁场，以推动磁畴壁的反向迁移。这就是磁滞回线中退磁曲线那一段形成的原因。

磁化曲线和磁滞回线是铁磁材料分类和选用的主要依据，其中软磁材料的磁滞回线狭长、矫顽力、剩磁和磁滞损耗均较小，是制造变压器、电机和交流磁铁的主要材料。而硬磁材料的磁滞回线较宽，矫顽力大，剩磁强，可用来制造永久磁体。资料表明，软磁材料的动态磁化过程与静态的或准静态的磁化过程不同。静态过程只关心材料在该稳恒状态下所表现出的磁感应强度 B 对磁场强度 H 的依存关系，而不关心从一个磁化状态到另一磁化状态所需要的时间。由于磁场强度是周期性对称变化的，所以磁感应强度也跟着周期性对称地变化，变化一周期构成一曲线称为交流磁滞回线（dynamic magnetic hysteretic loop）。铁磁材料在交变磁场中反复磁化时，由于磁化处于非平衡状态，磁滞回线表现为动态特性。交流磁滞回线的形状介于直流磁滞回线和椭圆之间，即在磁化场的振幅不变情况下，若提高频率，则回线将逐渐变为椭圆形，如图 3-11 所示。在交流磁化过程中，不同的交流幅值磁场强度 H_m，可有不同的交流回线，各交流回线顶点的轨迹，称为交流磁化曲线或简称 B_m-H_m 曲线，B_m 称为幅值磁感应强度，如图 3-12 所示。交流幅值磁场强度达到饱和磁场强度 H_s 时，B_m 不再随 H_m 明显变化，B_m-H_m 关系呈现为一条趋于平直的可逆曲线，交流回线的面积不再随 H_m 变化，这时的回线，称为极限交流回线。由极限交流回线，可确定材料的饱和磁感应强度 B_s、交流剩余磁感应强度 B_{ra} 和交流饱和矫顽力 H_{cs}。

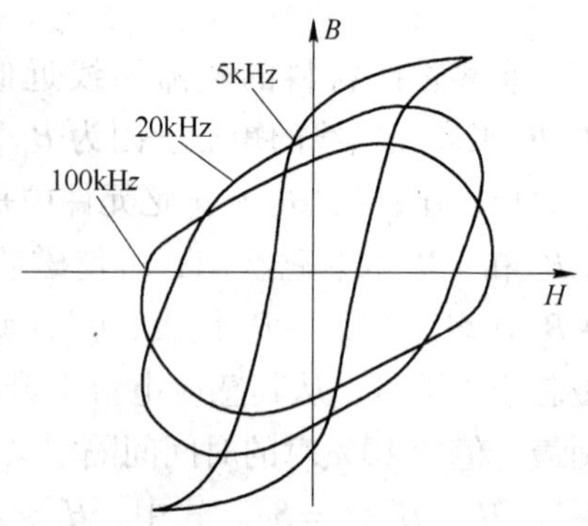

图 3-11　频率提高时的磁化曲线

E　铁磁状态的能量

（1）外磁场能。磁极化强度为 J 的磁体，

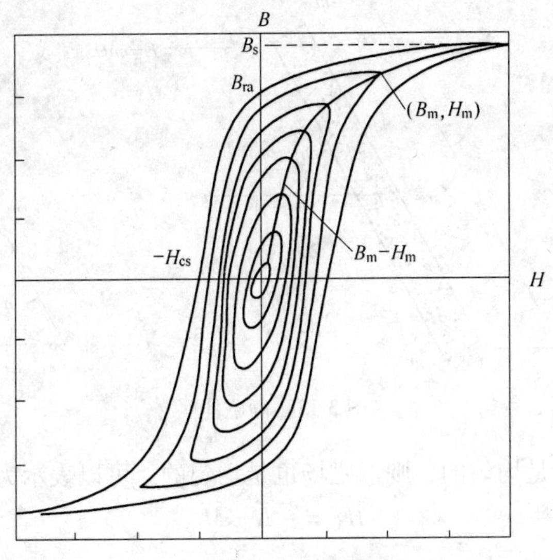

图 3-12 磁化曲线和磁滞回线

处在外磁场 H 中，将受到一个力矩作用。该力矩的作用是使磁极化强度和外磁场同向。如果把磁体转动，使 J 和 H 的夹角 θ 增加，就要对磁体做功，因而磁体的能量增加，假定磁性体在外力作用下使其夹角由 θ_0 到 θ，它所增加的磁势能为

$$\Delta F_H = \int_{\theta_0}^{\theta} L\mathrm{d}\theta = \int_{\theta_0}^{\theta} JH\sin\theta\mathrm{d}\theta = -JH\cos\theta + JH\cos\theta_0 \tag{3-23}$$

为方便使用，取 $\theta_0 = \dfrac{\pi}{2}$ 为零点，于是磁性体在外磁场中，单位体积的能量为

$$F_H = -JH\cos\theta = -\vec{J}\cdot\vec{H} = -\mu_0\vec{M}\cdot\vec{H} \tag{3-24}$$

静磁能（图 3-13）为

$$E_H = -\mu_0 M\cdot H = -\mu_0 MH\cos\theta \tag{3-25}$$

（2）退磁场与退磁能。被磁化的非闭合磁体将在磁体两端产生磁荷，如果磁性体内部磁化不均匀，还将产生体磁荷，面磁荷和体磁荷都会在磁性体内部产生磁场，其方向和磁化强度方向相反，有减弱磁化的作用，我们称这一磁场为退磁场。如果磁性体还同时受到外磁场的作用，这时磁性体内部的有效磁场为

$$\vec{H}_{eff} = \vec{H}_{ex} + \vec{H}_d \tag{3-26}$$

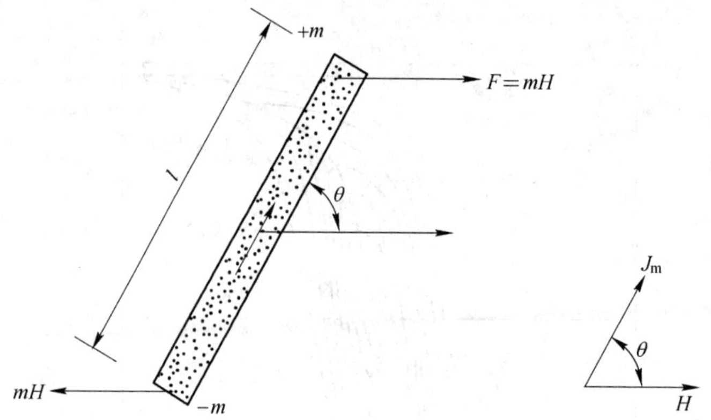

图 3-13　静磁能

若磁性体磁化是均匀的，则退磁场也是均匀的，可以表示为

$$\vec{H}_{d} = -\vec{N} \cdot \vec{M} \tag{3-27}$$

退磁能为

$$E_{d} = \frac{1}{2}\mu_0 NM^2 \tag{3-28}$$

式中，N 为退磁因子，与铁磁体形状有关，它的大小与 M 无关，只依赖于样品的几何形状及所选取的坐标，一般情况下它是一个二阶张量。总的来说铁磁体形状越粗短，N 越大。

根据热力学平衡原理：稳定的磁状态与铁磁体内总自由能为极小状态相对应。退磁场能要求最小是形成磁畴的根本原因。减少退磁能是分畴的基本动力。

3.1.1.2　软磁复合材料的性能参数

一般要求软磁材料具有高的饱和磁感应强度、高的最大磁导率、低的剩余磁退密度、低的矫顽力、高的居里温度、高的温度稳定性、低的损耗和零磁致伸缩等。剩余磁通密度(B_r)低和饱和磁感应强度(M_s)高,可以节省资源,使构件轻薄短小,可迅速响应外磁场极性(N-S 极)的反转。矫顽力(H_c)小,可以提高高频性能。除了剩余磁通密度、矫顽力之外,软磁复合材料还需注意以下性能参数。

(1) 温度系数。

温度稳定性用温度系数表示为

$$\alpha_{\mu} = \frac{\mu_{e} - \mu_{ref}}{\mu_{ref} \cdot (\theta - \theta_{ref})} \tag{3-29}$$

式中　μ_{ref}——温度为参考温度 θ_{ref}时的磁导率；

μ_{e}——温度为实际温度 θ_{e}时的磁导率；

θ_{ref}——参考温度；

θ_{e}——实际温度。

在低于居里温度的条件下，各类铁磁和亚铁磁性均随温度升高而有所下降，直到居里点温度附近，有一个急剧下降。

(2) 磁损。

磁心的损耗通常称作铁损，用 W 表示。此外，电动机与变压器发热损耗的能量中还包括导线的发热，这部分损耗称为铜损。降低软磁材料的铁损可提高功能效率。因软磁材料多用于交流磁场，动态磁化会造成各种模式的能量损失，必须设法降低。软磁材料在弱交变场，一方面会受磁化而储能，另一方面由于各种原因造成 B 落后于 H 而产生损耗，即材料从交变场中吸收能量并以热能形式耗散。

交流损耗是动态磁性的一个重要参数，与磁性材料的应用关系极为密切。交流损耗可分为三部分，即涡流损耗、磁滞损耗及剩余损耗。金属磁性材料主要应用于较低频率范围。在低频弱场中，它们可用列格公式表示

$$\frac{2\pi\tan\delta}{\mu'} = ef + aB_m + c \tag{3-30}$$

式中，右端第一、二、三项分别为涡流损耗、磁滞损耗及剩余损耗。e、a、c 分别为这三种损耗的系数。

磁滞损耗是指材料在循环磁化条件下，每循环磁化一周所消耗的能量，它也以热的形式表现出来，其大小与静态磁滞回线的面积呈正比，即软磁材料在交变场中存在不可逆磁化而形成磁滞回线，所引起材料损耗，即

$$W_h = \int H\mathrm{d}B \tag{3-31}$$

当磁化强度沿回线变化时，单位体积的铁磁体在磁化一周时磁场所做的功，若频率为 f，则 W_h 可表示为

$$W_h = f\int H\mathrm{d}M \tag{3-32}$$

当外磁场的振幅不大（磁化基本上为可逆）时，得到在原点附近具有正负对称变化的磁滞回线称为瑞利磁滞回线，如图 3-14 所示。由于瑞利磁滞回线可用解析式表达，所以利用它可以求出回线所包围的面积——磁滞损耗为

$$W_h = \frac{4}{3}f\eta H_m^3 \tag{3-33}$$

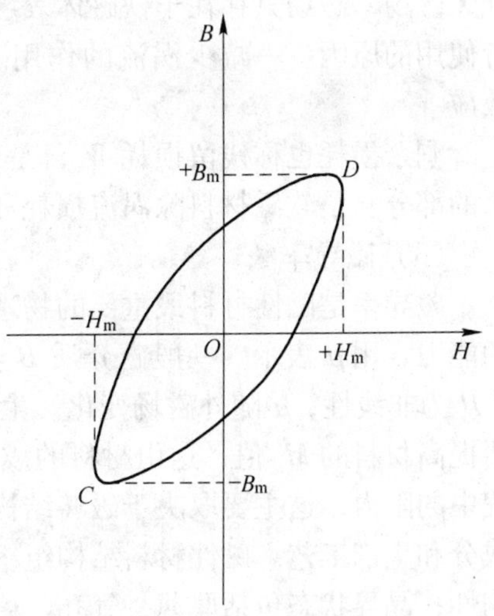

图 3-14 瑞利磁滞回线

由式 3-33 知，由壁移引起的磁滞损耗 W_h 不但与磁化场的频率 f 成正比，与磁化场振幅 H_m 的三次方成正比，还和瑞利常数 η 成正比，瑞利常数的物理意义表示磁化过

程中能量不可逆部分的大小。相关手册给出一些铁磁材料的瑞利常数。

当铁磁材料进行交变磁化时，铁磁导体内的磁通量也将发生相应变化，根据电磁感应定律，这种变化将在铁磁导体内产生垂直于磁通量的环形感应电流——“涡流”。这种涡流产生的损耗称涡流损耗。铁磁体在交变场中，由于其磁通量随时间变化产生感应电动势，从而产生涡流。涡流在铁磁体中的焦耳损耗就是涡流耗损。因此涡流损耗与铁磁体的电阻率、频率及磁感强度有关。对于金属磁性材料，由于其电阻率低、涡流损耗十分严重，限制了它在高频中的应用。为了降低涡流损耗，经常将金属软磁材料制成薄片或薄带，以提高叠片样品的平均电阻率。均匀磁化时，其单位体积内的损耗为

$$P = \frac{r_0^2}{8\rho}\left(\frac{\mathrm{d}M}{\mathrm{d}t}\right)^2 \tag{3-34}$$

非均匀磁化时

$$P = \frac{r_0^2}{2\rho}\left(\frac{\mathrm{d}M}{\mathrm{d}t}\right)^2 \tag{3-35}$$

由式 3-35 可见，涡流大小与材料的电阻率成反比。可见，金属材料涡流比铁氧体要严重得多。除了宏观的涡电流以外，磁性材料的磁畴壁处，还会出现微观的涡电流。涡电流的流动，在每个瞬间都会产生与外磁场产生的磁通方向相反的磁通，越到材料内部，这种反向的作用越强，致使磁感应强度和磁场强度沿样品界面严重不均匀，即这种涡流又将产生一个磁场来阻止外磁场引起的磁通变化。因此，铁磁体内的实际磁场总是要滞后于外磁场，这就是涡流对磁化的滞后效应。若交变磁场的频率很高，而铁磁导体的电阻率又较小，则可能出现材料内部无磁场，磁场只存在于铁磁体表层的趋肤效应。这就是金属软磁材料要轧成薄带使用的原因——减少涡流的作用。正是这种趋肤效应产生了所谓的涡流屏蔽效应。

剩余损耗也称残留损耗 W_r，是指从总损耗中扣除涡流损耗和磁滞损耗所剩余的部分。是软磁材料除涡流损耗和磁滞损耗以外的一切损耗。

（3）磁导率。

磁导率是磁性材料最重要的物理量之一，是表示磁性材料传导和通过磁力线的能力，用 μ 表示。一般磁介质 $B=\mu H$，μ 不变，B-H 为线性关系；对铁磁体，B-H 为非线性，μ 随外磁场变化。生产上为了获得高磁导率的磁性材料，一方面要提高材料的 M_s 值，这由材料的成分和原子结构决定；另一方面要减小磁化过程中的阻力，这主要取决于磁畴结构和材料的晶体结构。因此必须严格控制材料成分和生产工艺。磁性材料结构组织包括：结晶状态包括晶粒大小、完整性和均匀性；晶界状态包括厚薄、气孔、第二相；晶粒内气孔即大小、多少和分布。优质磁材要求晶粒大小均匀，晶界厚薄也要均匀。晶内气孔含量、杂质含量要低。

以铁为例，除钴以外，绝大多数合金元素都将降低饱和磁化强度。对固溶体型磁合金中间隙固溶体的磁性比置换固溶体差。

资料表明，铁磁材料在交变磁场作用下的磁性与它在静磁场作用下的磁性有很大不同。首先，材料在静磁场中的磁导率是一常数，但在交变磁场中存在磁滞效应、涡流效应、磁后效应和畴壁共振等，使材料在交变磁场中的磁感应强度落后于外加磁场一个相位角，因而交变（动态）磁化时的磁导率为一复数。其次，各向同性的铁磁材料在交变磁场（尤其是高频场）中，往往处于交变磁场和交变电场的同时作用下，而铁磁材料往往又是电介质（如铁氧体），因而处在交变电磁场中的铁磁材料常常同时显示其铁磁性和介电性。设样品在弱交变场磁化，且 B 和 H 具有正弦波形，振幅为 H_m，角频率为 ω 的交变磁场为

$$H = H_m e^{iwt} \tag{3-36}$$

当该磁场加在各向同性的铁磁材料上时，由于上述各种阻碍作用，B 落后于 H 一个相位角 ϕ 称为损耗角。则

$$B = B_m e^{i(wt-\varphi)} \tag{3-37}$$

所以，由式3-36 和式3-37 可得材料在交变磁场中的复数磁导率（complex magnetic peamittivity）为

$$\dot{\mu} = \frac{1}{\mu_0}\frac{B}{H} = \frac{B_m}{\mu_0 H_m} e^{-i\varphi} = \mu' - i\mu'' \tag{3-38}$$

其中

$$\mu' = \frac{B_m}{\mu_0 H_m}\cos\varphi \tag{3-39}$$

$$\mu'' = \frac{B_m}{\mu_0 H_m}\sin\varphi \tag{3-40}$$

由上述公式知，$\dot{\mu}$ 的实部μ'是与 H 同相位的，而虚部μ''是比 H 落后90°。复数磁导率的模为 $|\mu| = \sqrt{(\mu')^2 + (\mu'')^2}$，称为总磁导率或振幅磁导率（也称幅磁导率）。除振幅磁导率外还把μ'定义为弹性磁导率，代表了磁性材料中储存能量的磁导率；把μ''称为损耗磁导率（或称黏滞磁导率），它与磁性材料磁化一周的损耗有关。由于μ''的存在，B 落后于 H，引起铁磁材料在动态磁化过程中不断地耗能。处于均匀交变磁场中的单位体积铁磁体，单位时间的平均能耗（或磁损耗功率密度）为

$$P_{耗} = \frac{1}{T}\int_0^T H\mathrm{d}B = \pi f\mu_0\mu'' H_m^2 \tag{3-41}$$

可见，铁磁体单位体积内的磁损耗功率与复数磁导率的虚部成正比，而与实部无关。此外，还与外磁场的频率和振幅的平方成正比。另一方面，交变磁场在铁磁体内的储能密度为

$$W_C = \frac{1}{T}\int_0^T HB\mathrm{d}t = \frac{1}{2}\mu_0\mu' H_m^2 \tag{3-42}$$

复数磁导率 $\dot{\mu}$ 的实部 μ' 与铁磁材料在交变磁场中的储能密度有关，而其虚部 μ'' 与铁磁材料在单位时间内的能耗有关。

（4）品质因子 Q。

铁磁材料的品质因子 Q 定义为

$$Q = 2\pi f \frac{\text{铁磁体内储能密度}}{\text{单位体积损耗功率}} = \frac{\mu'}{\mu''} \tag{3-43}$$

可见，铁磁材料的 Q 值乃是复数磁导率的实部与虚部的比值。Q 值的倒数称为材料的磁损耗系数或损耗角的正切，即

$$\tan\varphi_n = \frac{1}{Q} = \frac{\mu''}{\mu'} \tag{3-44}$$

（5）截止频率。

磁谱是软磁材料在弱交变磁场中，复磁导率 $\mu_r = \mu' - \mu''$ 随频率变化的曲线。式中 μ' 及 μ'' 表示为

$$\mu' = \frac{L}{2N^2 h\ln\left(\frac{D_o}{D_i}\right)} \times 10^7 \tag{3-45}$$

$$\mu'' = \frac{R \times 10^9}{\overline{\omega} N^2 h\ln\frac{r_2}{r_1}} \tag{3-46}$$

式中　L——电感量；

R——电阻；

h、D_i、D_o——分别为样品高、内径和外径。

截止频率是由于畴壁或自然共振迅速下降所对应的频率点，衡量材料应用频率的上限。

大多数铁磁材料（包括亚铁磁体）都是在磁路中起传导磁通的作用，即作为通常所说的“铁芯”或“磁芯”。例如，电机和电力变压器使用的铁芯材料在工频范围工作，是一个交流磁化过程。磁性材料在交变磁场，甚至脉冲磁场作用下的性能统称磁性材料的动态特性。由于这种材料用量很大，又常工作在高磁通密度的条件下，因此工程上必须考虑节能指标，而消耗的电能一大部分是铁芯的

损耗，称为“铁耗”。对高频条件下工作的磁芯材料而言，能量损耗本不是件大不了的事情，但能量损耗会引起磁芯品质因子 Q 值的降低。因此，在高频条件下工作的磁芯材料也必须考虑磁芯的高频损耗问题。损耗低，自然要求电阻率高，也要求尽可能小的矫顽力和高的截止频率 f_c。但磁导率和截止频率的要求往往是矛盾的，在不同频段和不同器件上使用时又有不同要求，因此通常根据不同频段下的使用情况选用系统、成分、性能不同的铁氧体。如在音频、中频和高频范围选用的尖晶石铁氧体，基本上是含锌的尖晶石，最主要的是 Ni-Zn，Mn-Zn，Li-Zn 铁氧体。在超高频范围（大于 108Hz），则用磁铅石型六方铁氧体。

3.1.1.3 复合材料的磁性能计算

资料表明，虽然复合材料可以具有较高的磁性能，但材料的电阻率较低；或者提高复合材料的电阻率，但往往复合材料的磁性能很低，都不适合在高频外场中使用。一般认为，对于复合软磁材料，由于磁荷在金属软磁粉末的表面聚集，从而在粉末的内部产生了很大的退磁场，限制了复合材料磁性能的提高。近年来，研究适合在高频条件下使用的软磁复合材料受到了普遍重视。为了将金属软磁材料应用于交流外场中，可以采用粉末冶金法制备复合软磁材料，即将绝缘介质包覆于金属软磁粉末的表面，通过粉末冶金的方法制得软磁材料。

有人研究了金属/介电质复合软磁材料的磁化强度，认为磁化强度表示为

$$M_{com} = \sum_i M_i V_i \tag{3-47}$$

式中 M_{com}——复合软磁材料的磁化强度；

M_i——复合软磁材料中各磁性相的磁化强度；

V_i——复合软磁材料中各磁性相所占的体积分数。

同时，材料的磁化强度与受到的磁场强度以及磁感应强度满足 $B = H + 4\pi M$，代入等式 3-47

$$B_{com} - H_{com} = \sum_i (B_i - H_i) V_i \tag{3-48}$$

式中 H_{com}——复合材料受到的外场大小；

H_i——各金属组元受到的磁场强度。

由于组元受到退磁场 H_d 的影响

$$H_i = H_{com} - H_d \tag{3-49}$$

另外，根据磁性材料的磁导率定义复合材料的磁导率有

$$B_{com} = \mu_{com} \times H_{com}$$

$$B_i = \mu_i \times H_i = \mu_i \times (H_{com} - H_d) \tag{3-50}$$

则等式 3-48 两边同时除以 H_{com}，并将式 3-49 和式 3-50 代入可以得到

$$\mu_{com} = 1 + \sum_{i} (\mu_i - 1) \frac{(H_{com} - H_d)}{H_{com}} V_i \tag{3-51}$$

在金属/介电质复合软磁材料中，由于退磁场的出现，当复合材料受到 H_{com} 外加磁场作用时，金属组元受到的实际外场为（$H_{com} - H_d$）。对于各金属组元的磁感应强度有

$$\begin{aligned} B_i &= 4\pi M_i + H_i = 4\pi M_i + (H_{com} - H_d) \\ &= \mu_i \times H_i = \mu_i \times (H_{com} - H_d) \end{aligned} \tag{3-52}$$

将退磁场 H_d 的关系 $M_i = \frac{H_d}{N}$ 代入上式并化简，得到 H_{com} 与（$H_{com} - H_d$）之间的关系式，有

$$H_{com} = \frac{4\pi + N(\mu_{com} - 1)}{4\pi}(H_{com} - H_d) \tag{3-53}$$

将上式代入等式 3-51，即可得到复合材料的磁导率表达式

$$\mu_{com} = 1 + \sum_{i} \frac{4\pi \times (\mu_i - 1)}{4\pi + N(\mu_i - 1)} V_i \tag{3-54}$$

下面对等式 3-54 进行分析。假设复合材料由一种金属软磁组元组成，则等式 3-54 又可写为

$$\mu_{com} = 1 + \frac{4\pi \times (\mu_i - 1)}{4\pi + N(\mu_i - 1)} V_i$$

磁性相所占的体积百分比 $V_i \leqslant 1$，因此有

$$\mu_{com} \leqslant 1 + \frac{4\pi \times (\mu_i - 1)}{4\pi + N(\mu_i - 1)}$$

取 $V_i = 1$，则上式写成

$$\mu_{com} = 1 + \frac{4\pi \times (\mu_i - 1)}{4\pi + N(\mu_i - 1)} \tag{3-55}$$

假设金属粉末为球形，N 取 1/3，这些研究工作者得到 μ_{com} 与 μ_i 的关系曲线，如图 3-15 所示。

从图 3-15 的曲线中可以看到，复合材料的磁导率 μ_{com}，随着金属组元磁导率 μ_i 的增加而增加且同时趋向于稳定值，其中，复合软磁材料所能达到的最大值为 38.70。结合等式 3-55，并且考虑复合材料中金属组元所占的体积百分数 V_i，可

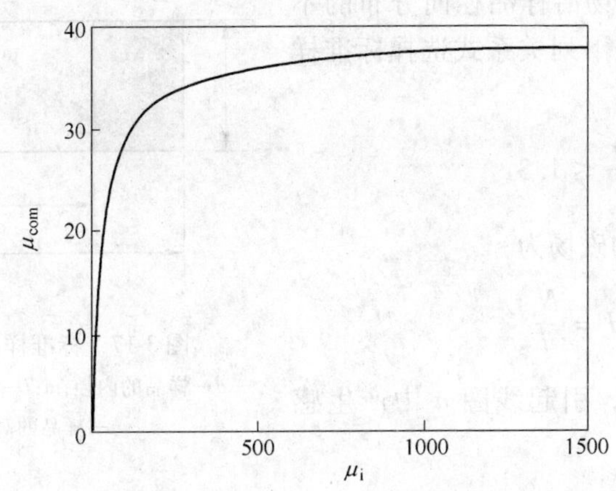

图 3-15 复合材料中 μ_{com} 与 μ_i 的关系曲线

以看到，理论值与实验结果有较好的吻合，也就是说，考虑到复合材料所受到的退磁场的影响后得到的等式 3-55 与实验结果较一致，等式 3-51 较好地解释了金属/介电质复合材料磁导率低下的原因。同时，由等式 3-55 还可以看到，要提高复合材料的磁导率，仅仅通过提高金属软磁粉末的磁导率并不能有效地提高复合材料的磁导率，最根本的方法是减少复合材料中退磁场的影响，即减少金属软磁粉末所受到的退磁场。目前，可采用减少复合材料中绝缘介质含量的办法来实现，但这样同时会减少复合材料的电阻率，复合材料的磁导率与电阻率之间的相互关系将影响复合材料的综合性能。

3.1.1.4 软磁材料交流磁特性测试

冲击法的测量磁特性，见图 3-16。标准样品形状为环形，截面是矩形，见图

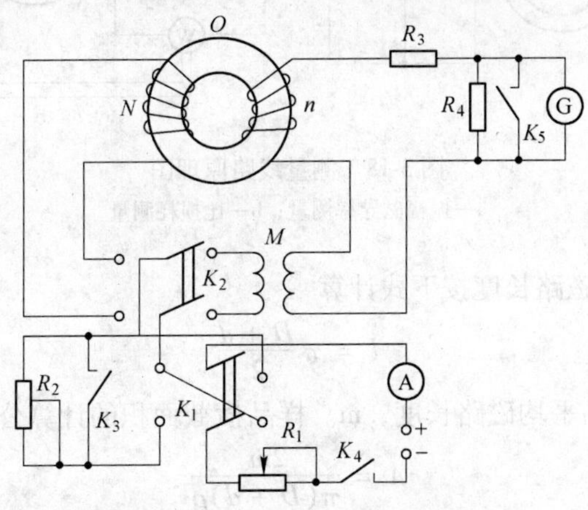

图 3-16 冲击法的测量磁特性

3-17。为减小磁化场沿样品径向分布的不均匀性，原则上按下列关系式选择标准样品尺寸，即

$$\frac{D}{d} \leqslant 1.3$$

线圈 N 产生的磁场为

$$H = \frac{N_i}{l}$$

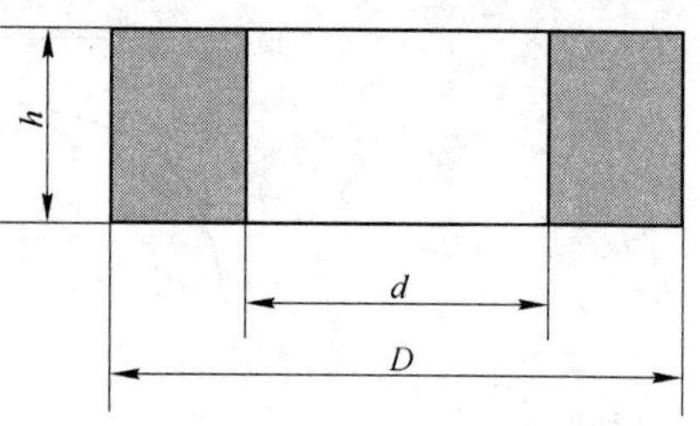

图 3-17　标准样品的示意图
d—样品的内径，m；D—样品的外径，m；
h—样品的高度，m

利用 K_1 换向，引起线圈 n 中产生感生电动势

$$\varepsilon = -n\mathrm{d}\Phi/\mathrm{d}\tau = -nS\mathrm{d}B/\mathrm{d}\tau \tag{3-56}$$

检定装置由数字信号发生器、功率放大器、数字电压表、宽频电压电流功率表、工频退磁仪等设备组成。直接测量的参数是磁场强度峰值 $\hat{H}$、磁感应强度峰值 $\hat{B}$ 和总损耗 P_t，导出幅值磁导率 μ_a 和比总损耗 P_s。测量原理图见图 3-18，图中，E 为稳压电源，由数字信号发生器和功率放大器组成；A 为峰值电流表，在检定装置中是宽频电压电流功率表的电流部分；V_1 为平均值电压表，在检定装置中是数字电压表的平均值显示；V_2 为有效值电压表，在检定装置中是数字电压表的有效值显示；W 为功率表，在检定装置中是宽频电压电流功率表的功率部分。

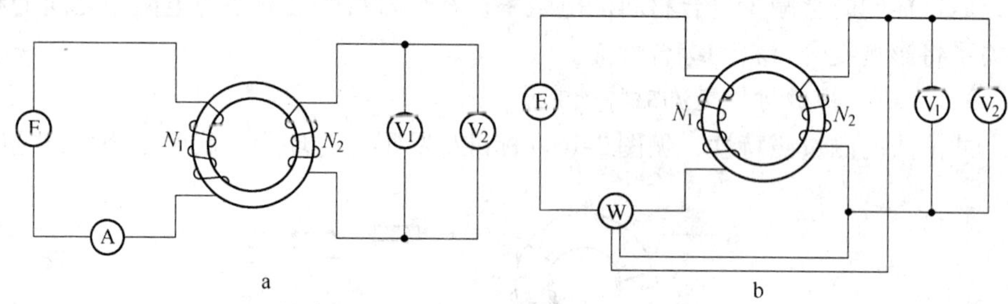

图 3-18　测量线路原理图
a—振幅磁导率测量；b—比损耗测量

标准样品平均磁路长度按下式计算

$$l = \pi\frac{D + d}{2} \tag{3-57}$$

式中，l 为标准样品平均磁路长度，m。样品横截面积的计算公式为

$$A = \frac{2m}{\pi(D + d)\rho} \tag{3-58}$$

式中　A——样品的横截面积，m^2；

m——样品的质量，kg；

ρ——样品的密度，kg/m^3。

标准样品的次级绕组 N_2，宜用线径为 0.1 ~ 0.3mm 的高强度漆包线，紧贴样品保护盒外，沿周长均匀绕制，引出线应绞合，N_2 匝数按下式估算

$$N_2 \geqslant \frac{\overline{U}_{2\min}}{4fA\hat{B}_{\min}} \tag{3-59}$$

式中 $\overline{U}_{2\min}$——保证测量准确度平均值电压表所需要的最小输入电压值，V；

$\hat{B}_{\min}$——给定测量的磁感应强度峰值的最小值，T；

f——励磁信号的频率，Hz。

标准样品的初级绕组 N_1，宜用线径为 0.6mm 的高强度漆包线，紧贴样品次级绕组 N_2 的外面，沿周长均匀绕制，引出线应绞合。初级绕组 N_1 需满足下列要求，即能在给定的最大磁场强度峰值下对样品激磁；能在给定的测量范围内，保证次级感应电压符合规定，并保证磁场强度峰值的测量有一定的准确度情况下，用下式估算 N_1 的匝数

$$N_1 \geqslant \frac{l\hat{H}_{\max}}{\hat{I}} \tag{3-60}$$

式中 $\hat{H}_{\max}$——给定的最大磁场强度峰值，A/m；

$\hat{I}$——初级电流峰值，A。

振幅磁导率的计算公式为

$$\mu_a = \frac{\hat{B}}{\mu_0\hat{H}} \tag{3-61}$$

比总损耗 P_s 的测量采用功率表法。功率表的电流回路串联在样品初级绕组 N_1 中，电压回路并联在样品次级绕组 N_2 上，便可利用功率表的读数来计算出功耗。计算公式为

$$P_s = \left(\frac{N_1 P}{N_2} - \frac{(1.111 \cdot \overline{U}_2)^2}{R}\right) \Big/ m \tag{3-62}$$

式中 P——功率表测量结果，W；

R——次级所连接的仪器的等效输入电阻，Ω。

测量磁化曲线时，磁场强度峰值应保证平稳单调的增加，若测量过程中，磁场强度峰值超过给定值，则样品应重新退磁和测量。在测量很多组磁场强度峰值和磁感强度峰值后，便可画出交流磁化曲线和振幅磁导率曲线。在振幅磁导率曲线中的最大值即是最大磁导率。

3.1.2 铁氧体/无机材料构成的复合材料

3.1.2.1 铁氧体基础

铁氧体是含铁酸盐的陶瓷磁性材料。铁氧体磁性与铁磁性相同之处在于有自

发磁化强度和磁畴，因此有时也被统称为铁磁性物质。其和铁磁物质不同点在于：铁氧体一般都是多种金属的氧化物复合而成，因此铁氧体磁性来自两种不同的磁矩。一种磁矩在一个方向相互排列整齐；另一种磁矩在相反的方向排列。这两种磁矩方向相反，大小不等，两个磁矩之差，就产生了自发磁化现象。因此铁氧体磁性又称亚铁磁性。

按材料结构分，目前已有尖晶石型、石榴石型、磁铅石型、钙铁矿型、钛铁矿型和钨青铜型等6种。工业生产的软磁铁氧体材料按晶体结构分主要有：Mn-Zn、Ni-Zn系等尖晶石型和平面型六角晶系两大类（也有分为三类的）。

从应用角度讲铁氧体磁性材料主要有两类：一类是具有尖晶石结构，化学结构式为MFe_2O_4的铁氧体，材料结构式中M在锰锌铁氧体中代表Mn、Zn和Fe的结合，而在镍锌铁氧体中镍代替了锰。铁氧体材料主要用于通讯变压器、电感器、偏置磁轭、阴极射线管用变压器以及制作微波器件等。另一类是石榴石磁性结构，其化学式为$R_3Fe_5O_{12}$，其中R代表铱或稀土元素，也用于微波器件，比尖晶石结构铁氧体的饱和磁化强度低，用于1~5GHz频率范围。在非磁性基片上外延生长薄膜石榴石铁氧体作为磁泡记忆材料。几种代表性软磁铁氧体材料性能如表3-4所示。

表3-4　几种软磁铁氧体材料性能

材料体系	其实磁导率μ_i	B_s/T	H_c /A·m^{-1}	T_c/K	电阻率 /Ω·cm	适用频率 /MHz
Mn-Zn系	>15000	0.35	2.4	373	2	0.01
	4500	0.46	16	573	—	0.01~0.1
	800	0.40	40	573	500	0.01~0.5
Ni-Zn系	200	0.25	120	523	5×10^4	0.3~10
	20	0.15	960	>673	10^7	40~80
Cu-Zn系	50~500	0.15~0.29	30~40	313~523	10^6~10^7	0.1~30

Mn-Zn和Ni-Zn软磁铁氧体是应用广泛的磁头材料，其硬度达600~700HV，耐磨性高，主要用于制作录像机、数字磁带机、磁盘机和磁鼓的磁头铁心。其中应用最多最普遍的是多晶热压铁氧体。有人详细研究过一种添加CaO和SiO_2的锰锌铁氧体在10MHz以下的损耗机制，进行了详细的测量和分析。这种锰锌铁氧体的最佳工作频率在1MHz左右，极限工作频率在3MHz左右。图3-19为-60℃和0℃下Mn-Zn铁氧体的减落曲线。资料表明，铁磁材料即使经完全退火，放于无机械和热干扰的环境中，其起始磁导率也会随时间的推移而下降。如Mn-Zn铁氧体受磁场作用或机械冲击后，起始磁导率将随时间发生降落，即出现磁导率减落。设材料在完全退磁后时刻t_1(s)测得的起始磁导率为μ_{i1}，时刻t_2(s)测得的为μ_{i2}，则减落系数D_A定义为

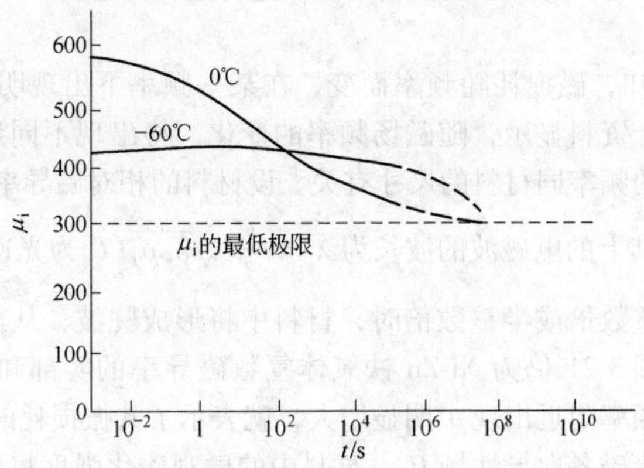

图 3-19　-60℃和0℃下 Mn-Zn 铁氧体的磁导率减落曲线

$$D_A = \frac{\mu_{i1} - \mu_{i2}}{\mu_{i1}^2 \lg(t_2/t_1)} \tag{3-63}$$

资料表明，在实际应用中通常希望减落系数尽可能小，且为方便起见常将 t_1 和 t_2 定义为 10min 和 100min，并采用交流退磁使材料达到磁中性化。图 3-20 所示为 Mn-Zn 铁氧体的减落系数 D_A 随温度的变化。由图可知，磁导率减落与温度的关系密切。目前，人们认为磁导率随时间的减落，是由铁磁材料中电子或离子的扩散所造成的。电子或离子扩散后效的弛豫时间为几分钟到几年，其激活能为几个电子伏特。由于磁性材料退磁时处于亚稳状态，随时间的推移，为使磁性体的自由能达到最小值，电子或离子将不断向有利的位置扩散，把畴壁稳定在势阱中，导致了铁氧体起始磁导率随时间的减落。若时间足够长，扩散趋于完成，起始磁导率也趋于稳定值。不同温度下电子或离子的扩散速度不同，温度越高扩散速度越快，起始磁导率 μ_i 随时间的减落也就越快。考虑到以上的减落机制，在

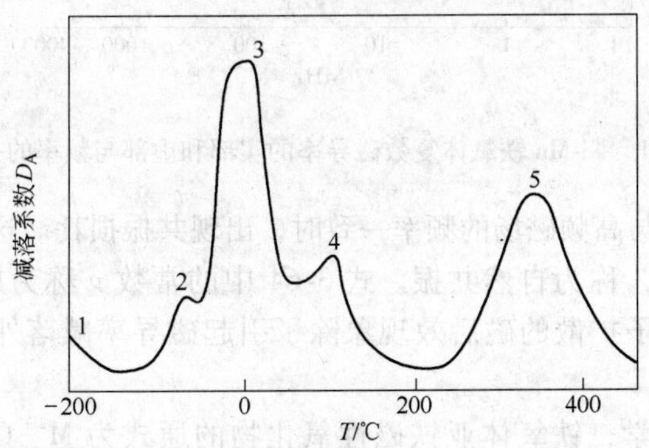

图 3-20　Mn-Zn 铁氧体的减落系数 D_A 随温度 T 的变化

应用这类软磁材料时，除在使用前要对材料进行老化处理外，还必须尽量减少对材料的机械冲击。

由式 3-32 可知，磁损耗随频率而变，在某一频率下出现明显增大的损耗就是一种共振损耗。资料显示，随磁场频率的变化，将出现不同形式的共振损耗。首先，共振损耗的频率同材料的尺寸有关。设材料的相对磁导率为 μ_r，相对介电系数为 ε_r，加在其上的电磁波的波长为 $\lambda = \frac{C}{f}\sqrt{\varepsilon_r \mu_r}$（$C$ 为光速）。当磁性材料的尺寸为波长的整数倍或半整数倍时，材料中将形成驻波，从而发生共振损耗，称为尺寸共振。图 3-21 仍为 Ni-Zn 铁氧体复数磁导率的实部和虚部与频率的关系。图中在某个频率附近出现 μ'' 明显增大，就表示了共振损耗的存在。在铁磁材料中一般都存在着磁各向异性场 H_k，材料中的微观磁化强度将绕着 H_k 运动。其运动的频率为

$$f = |\nu| H_k / 2\pi \tag{3-64}$$

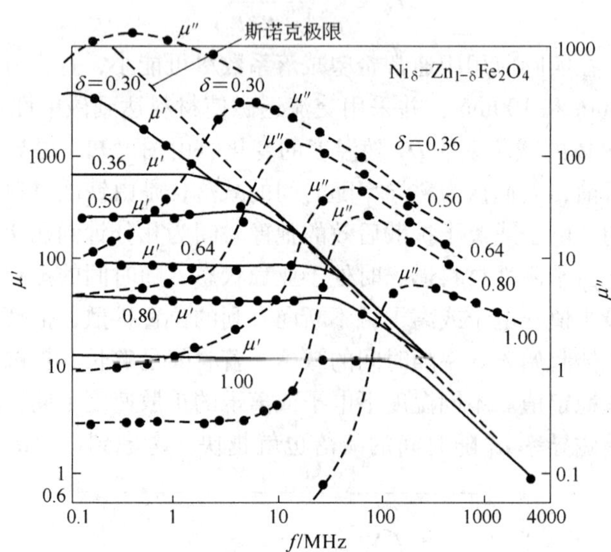

图 3-21　Ni-Mn 铁氧体复数磁导率的实部和虚部与频率的关系

当运动的频率与高频磁场的频率一致时，出现共振损耗。这种由磁各向异性场形成的共振现象，称为自然共振。式 3-64 中的常数 ν 称为旋磁系数。另外，铁氧体中电子或离子扩散的磁后效现象除了引起磁导率减落外，也要引起共振损耗。

根据材料物理学，铁氧体亚铁磁性氧化物的通式为 $M^{2+}O \cdot Fe_2^{3+}O_3$，其中 M^{2+} 是二价金属离子，如 Fe^{2+}，Ni^{2+}，Mg^{2+} 等。复合铁氧体中二价阳离子可以是

几种离子的混合物（如 $Mg_{1-x}MnFe_2O_4$），因此组成和磁性能范围宽广。它们的结构属于尖晶石型，其中氧离子近乎密堆立方排列（图 3-22）。

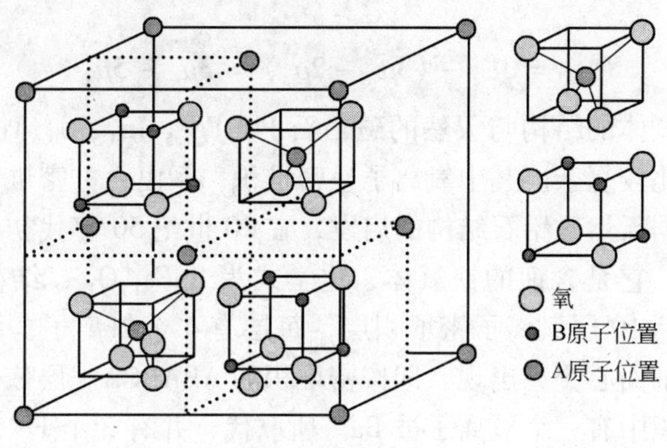

图 3-22 铁氧体

所有的亚铁磁性尖晶石几乎都是反型的。可设想由于较大的二价离子趋于占据较大的八面体位置。A 位离子与反平行态的 B 位离子之间，借助于电子自旋耦合而形成二价离子的净磁矩，即

$$Fe_a^{3+}\uparrow Fe_b^{3+}\downarrow M_b^{2+}\downarrow \tag{3-65}$$

阳离子出现于反型的程度，取决于热处理条件。一般来说，提高正尖晶石的温度会使离子激发至反型位置。所以在制备类似于 $CuFe_2O_4$ 的铁氧体时，必须将反型结构高温淬火才能得到存在于低温的反型结构。锰铁氧体约为 80% 正型尖晶石，这种离子分布随热处理变化不大。

稀土石榴石也具有重要的磁性能，其通式为 $M_3^cFe_2^aFe_3^dO_{12}$，式中 M 为稀土离子或钇离子，都是三价。上标 c，a，d 表示该离子所占晶格位置的类型。晶体是立方结构，每个晶胞包括 8 个化学式单元，共有 160 个原子。a 离子位于体心立方晶格上，c 离子和 d 离子位于立方体的各个面（图 3-23）。每个晶胞有 8 个子单元。每个 a 离子占据一个八面体位置，每个 c 离子占据十二面体位置，每个 d 离子处于一个四面体位置。

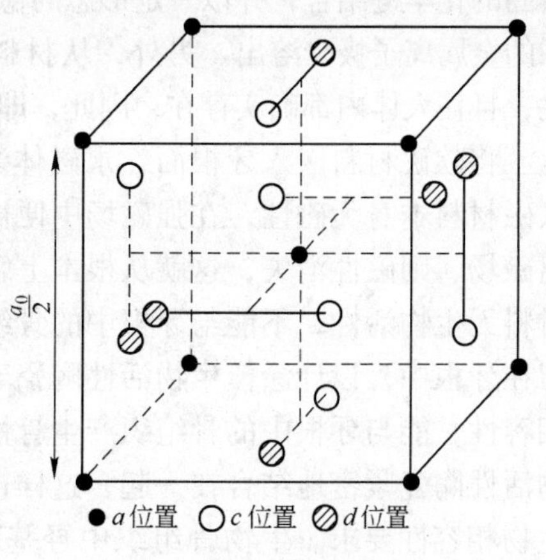

图 3-23 石榴石

与尖晶石类似，石榴石的净磁矩起因

于反平行自旋的不规则贡献：a 离子和 d 离子的磁矩是反平行排列的，c 离子和 d 离子的磁矩也是反平行排列的。如果假设每个 Fe^{3+} 离子磁矩为 $5\mu_B$，则对 $M_3^cFe_2^aFe_3^dO_{12}$

$$\mu_{净} = 3\mu_c - (3\mu_d - 2\mu_a) = 3\mu_c - 5\mu_B \tag{3-66}$$

磁铅石型铁氧体的结构与天然的磁铅石 $Pb(Fe_{7.5}Mn_{3.5}Al_{0.6}Ti_{0.5})O_{19}$ 相同，属六方晶系，结构比较复杂。其中氧离子呈密堆积，系由六方密堆积与等轴面心堆积交替重叠。根据天然磁铅石结构的启发，在 20 世纪 50 年代初制成了称为钡恒磁的永磁铁氧体。它是含钡的铁氧体，化学式为 $BaFe_{12}O_{19}$，结构与天然磁铅石相同。元晶胞包括 10 层氧离子密堆积层，每层有 4 个氧离子，两层一组的六方与四层一组的等轴面心交替出现，即按密堆积的 ABABCA…层依次排列。在两层一组的六方密堆积中有一个氧离子被 Ba^{2+} 所取代，并有 3 个 Fe^{3+} 填充在空隙中。四层一组的等轴面心堆积中共有 9 个 Fe^{3+} 分别占据 7 个 B 位和 2 个 A 位，类似尖晶石的结构。故这四层一组的又叫尖晶石块。因此，一个元晶胞中共含有 O^{2-} 为 $4\times10-2=38$ 个，Ba^{2+} 2 个，Fe^{3+} 为 $2\times(3+9)=24$ 个，即每一元晶胞中包含了两个 $BaFe_{12}O_{19}$ “分子”。

3.1.2.2　铁氧体/生物无机材料构成的复合材料

软磁铁氧体是一种容易磁化和退磁的铁氧体。生物活性陶瓷是一种具有优异生物相容性，能与骨形成骨性结合界面，结合强度高，稳定性好，有诱导骨细胞生长趋势的陶瓷材料，它具有良好的力学性能及化学稳定性，作为种植材料可在体内长期稳定地存在，故研究选用生物活性陶瓷涂层材料。

软磁铁氧体及其复合体的生物学稳定性都决定于材料本身的结构稳定性。从软磁铁氧体、生物活性陶瓷本身来看，它们同属陶瓷类材料，材料内部各原子之间以牢固的化学键结合，并以一定形态的稳定的晶格形式存在，结构致密。因此，材料中的金属离子极少溶出。另外，从材料的成分看，材料中的金属元素都不具放射性，且在人体内都确实存在，因此，即使有微量溶出，也不会对机体产生危害。

将软磁材料嵌入牙根面，永磁体装入齿底部，并配以软磁材料制备的套筒。软磁材料本身无磁性，在强磁场中便被磁化，与永磁体共同构成磁回路，一旦脱离磁场，则磁性消失，这就从根本上解除了外磁场对人体的可能影响。由于软磁材料无生物活性，不能与牙根中的骨组织亲和，为了使软磁材料能长期稳定地保留在牙根中，设计涂覆生物活性陶瓷于软磁材料上。生物活性陶瓷有良好的生物相容性，能与牙根中的骨组织产生骨性结合。采用一定的工艺，使软磁材料与生物活性陶瓷紧密地结合在一起，这样，既能满足口腔修复的功能要求，也能满足生物相容性要求。生物骨组织中羟基磷灰石占 77%，如果生物活性陶瓷中也含有磷灰石矿相，就会有利于晶体之间的生长，这就要求生物活性陶瓷中应含有

Ca 及 P 的成分，且数量之比要有利于磷灰石的生成。经计算及实验筛选，有人确定生物活性陶瓷主要成分为：SiO_2 15% ~25%，CaO 25% ~40%，P_2O_5 15% ~30%，B_2O_3 6% ~12%。外加少量 F 元素（以化合物形式加入）。采用分析纯原料，经配料—熔融—淬冷—粉碎—筛分晶化—筛分等工艺，制成生物活性陶瓷粉备用。

有人将一种软磁铁氧体与一种优良的种植材料生物活性陶瓷，通过一个中间过渡层底釉，经高温烧结融成一个兼具软磁特性和生物活性的陶瓷复合体，即复合体采用三层结构：软磁铁氧体基体、底釉中间过渡层、生物活性陶瓷表面涂层。目的是解决金属材料的易腐蚀问题，同时，可简化临床操作。烧结涂层法是先将涂层材料涂附于底层材料表面，然后放入高温炉中，在大气或真空条件下熔烧，冷却后形成结合紧密的复合体，该方法操作简便，涂层后的复合体界面结合强度高，是较为理想的涂层方法。但是，生物活性陶瓷的线膨胀系数与软磁材料不匹配，当基体与涂层的线膨胀系数不相匹配时，则易产生涂层龟裂、剥脱等问题，不能产生良好的结合，故不能直接涂烧在软磁材料表面，必须首先涂烧中间过渡层——底釉。

有人研究表明，涂层比基体的线膨胀系数小 10% 左右时，可获得最大的结合强度。因此，研究选用了一种中间过渡材料底釉，以缓解软磁铁氧体与生物活性陶瓷的线膨胀系数的差异，降低来自两者的应力，同时避免高温熔烧过程中，软磁铁氧体中的金属离子向生物活性陶瓷中的扩散。各材料的线膨胀系数分别为：软磁铁氧体 $68.73 \times 10^{-7}/℃$、底釉 $62.81 \times 10^{-7}/℃$、生物活性陶瓷 $132.78 \times 10^{-7}/℃$。他们通过 SEM 及剪切强度实验结果证明，各层材料之间结合紧密，烧结涂层与基体软磁铁氧体间的剪切强度为 27.1MPa。X 射线衍射分析表明，软磁铁氧体的晶相为（Zn、Mn、Fe）、$(Fe、Mn)_2O_4$，即该软磁铁氧体为尖晶石型 Mn-Zn 铁氧体，属立方晶系；热处理后的生物活性陶瓷，析出羟基磷灰石主晶相及硅灰石晶相；底釉析出的晶相为方石英。涂层材料生物活性陶瓷所含主晶相为磷灰石和硅灰石，含硅灰石的玻璃陶瓷溶解度较大，材料的溶解度越大，界面反应宽度就越大，即材料的生物活性就越大。羟磷灰石晶相则能直接促进骨的代谢，加速骨钙化，新骨的磷灰石晶体在羟磷灰石晶核上成粒，并向界面生长，从而使生物活性陶瓷与骨产生牢固的化学结合。SEM 研究表明，软磁铁氧体晶粒均匀，气孔少，生物活性陶瓷表面为多孔，最大孔径 1027.8μm，最小孔径 32.46μm，平均孔径 327.18μm，平均气孔率 21.32%；底釉表现致密，铺展均匀；复合体的横断面可见，底釉与生物活性陶瓷融为一整体，两者间无界限，底釉与软磁铁氧体也结合紧密，界限存在。在扫描电镜下清楚地看到新骨的形成，能谱分析亦证实 CaP 在材料与骨界处浓度明显增加。他们的实验表明，复合体具有良好的磁学性能及生物活性，可与骨组织产生良好的骨性结合。从所测磁滞回线可知，本研究烧制的复合体具有良好的软磁特性，溶血实验及溶出实验证明该材料性能稳定，细胞毒及全身急性毒实验表明材料无毒，其与铵铁硼（直径4mm，高3mm）间的最大脱载力可达372g，符合磁性固位种植系统最佳固位力范围在250～750g的标准，且各层材料之间结合紧密，表面涂层具有良好的生物活性。动物实验表明，种植3个月即与骨组织产生了骨性结合。

3.1.2.3 NiCuZn铁氧体和堇青石微晶玻璃复合材料

特高频多层片式电感（MLCI）介质材料，除应具有尽量高的起始磁导率外，还应具有低的介电常数以保证高的截止频率。铁氧体的截止频率与晶粒尺寸成反比，因此，纳米铁氧体陶瓷应具有更高的截止频率，但传统方法因晶粒生长难以获得纳米晶粒的陶瓷材料。如果将纳米晶“镶嵌”于某种材料的基质中，形成纳米复合材料，可望满足高截止频率的要求。鉴于NiCuZn铁氧体和堇青石微晶玻璃分别具有优异的磁性能和介电性能，有人将二者复合可望获得电磁性能优异的特高频MLCI介质材料。资料表明，这种复合材料粉末为具有尖晶石结构的单相铁氧体，并且X射线衍射峰明显展宽，利用线展宽法并借助谢乐公式计算粉末的一次粒径为42nm（已扣除仪器展宽效应）。NiCuZn铁氧体含量增加，复合体的磁导率增大，当铁氧体的含量为30%和50%时，在10MHz～1GHz频率范围内磁谱很平坦，表现出优异的频率稳定性，其截止频率高于2GHz，而同组分NiCuZn铁氧体陶瓷（晶粒尺寸为1～2μm）的截止频率为40MHz，可见，将纳米铁氧体粉末分散于微晶玻璃中形成复合材料后，其截止频率明显提高。截止频率的提高可认为起因于两个方面：一方面，铁氧体颗粒保持纳米尺寸，截止频率提高；另一方面，磁性颗粒被基质隔离，粒子—粒子相互作用减弱，使磁导率减小，截止频率提高。当铁氧体含量达70%时，由于磁性粒子—粒子间相互作用加强，磁导率提高，截止频率增高。

由介电频谱可见，将NiCuZn铁氧体复合到堇青石微晶玻璃介质中，其介电常数明显降低，而相对于MAS微晶玻璃，随铁氧体含量增加，介电常数提高，即复合体的介电常数介于两起始组元之间。实际上，在由导电相和绝缘相构成的复合材料体系中，因导电颗粒表面的电荷分布，会使内电场增大，致使介电常数增大，相对堇青石相，铁氧体相的电阻率较低，可视为导电相，因此随铁氧体相含量增多，复合体的介电常数应增大。

3.1.3 金属/无机非金属软磁复合材料

3.1.3.1 FeSiAl/B_2O_3 氧化物金属复合材料

电器元件的小型化，导致磁路中追求更高的驱动频率，为此应用的软磁材料，除在静态磁场下经常要求的高饱和磁化强度和高磁导率外，还要求它们具有低的交流损耗 P_L。通常较大尺寸的金属软磁材料，其相对磁导率 r 随驱动频率的增大而急速下降。Fe-Si-Al 合金的典型代表为仙台斯特合金（Sendust），仙台斯特合金的成分为 Fe-9.5Si-5.5Al，磁致伸缩常数 $\lambda_s \approx 0$，磁各向异性常数 $K \approx 0$ 同时成立，且能得到高磁导率和低矫顽力。由于又使用高价的 Co 和 Ni，故其成本率低，而且电阻率高、耐磨性好，作为磁头磁芯材料比较理想。但其综合性能指标要与铁氧体不相上下或优于铁氧体。另外，存在的问题还有电阻率低，加工性（价格，切削、研磨性等）差，有些性能如耐磨性、高频特性、磁致伸缩控制等有待提高。

有人把软磁材料（例如 Fe-Si-Al 合金）制成粉末，表面被极薄的 Al_2O_3 层或高聚物分隔绝缘，然后热压或模压固化成块状软磁体，则从图 3-24 中 A、B、D 曲线看出，它的 r 值在相当宽的驱动频率范围内不随交变场频率的升高而下降，从而保持在一个较平稳的恒定值。

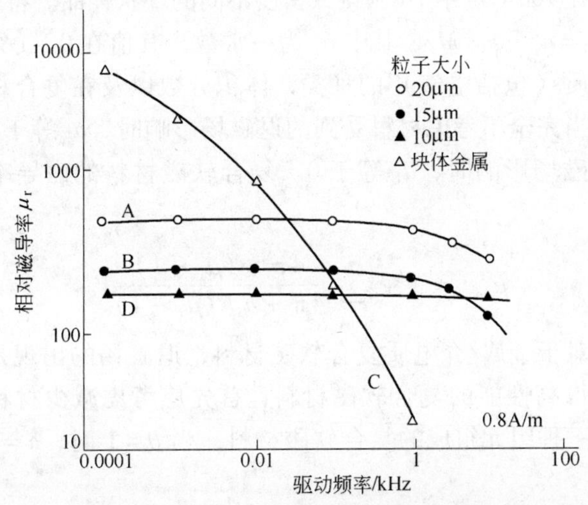

图 3-24　FeSiAl 粉末颗粒复合体相对磁导率随驱动频率的变化

这种复合软磁材料的相对磁导率 μ_r 值可由下式描述

$$\mu_r = (\mu_c d)/(d + 2\mu_c \delta) \tag{3-67}$$

式中，d、μ_c 和 δ 分别表示金属粒子尺寸、块状金属相的磁导率和包覆层厚度。显然，选择合适的金属粒子尺寸和包覆层厚度即可获得所需的相对磁导率 μ_r 值，这对电感器和轭源圈的设计是十分重要的。由于绝缘物质的包覆，这类材料的电阻率比其母体合金高得多（高 1011 倍），因此在交变磁场下具有低的磁损耗 P_L。有人研究的结果可从图 3-25 看出，在 1MHz 高频下复合材料磁损耗与粉末颗粒尺

寸 d 的关系。损耗与软磁粉粒度的关系从图 3-25 中可看出，粉末尺寸越小，损耗越低。因此，可以通过调整磁性粉末颗粒的尺寸来调节损耗 P_L 值。有人探讨退磁场的出现对于复合软磁材料的磁导率的影响。将 FeSiAl 金属软磁粉末在 800℃下空气中氧化 1h，得到氧化的 FeSiAl 金属软磁粉末。再将氧化的金属粉末与 5% B_2O_3 介电质混合，使 B_2O_3 介电质均匀地包覆于氧化金属粉末的表面，然后将包后的金属软磁粉末压制成环状样品。环状样品在 700℃烧结 1h 制得致密度不同的环状样品。将金属粉末所受到的退磁场写成 $H_d = a_i \cdot N \cdot M_1$，其中 a_i 为一常数，其值在 0 ~ 1 之间，并且与复合材料中绝缘介质（包括空气）的种类，体积分数以及在复合材料中的分布状态等因素有关。当完全不考虑材料受到的退磁场影响时，a_i 等于 0；当完全考虑材料所受到的退磁场影响时，a_i 等于 0。复合软磁材料的磁导率公式可以重新写为

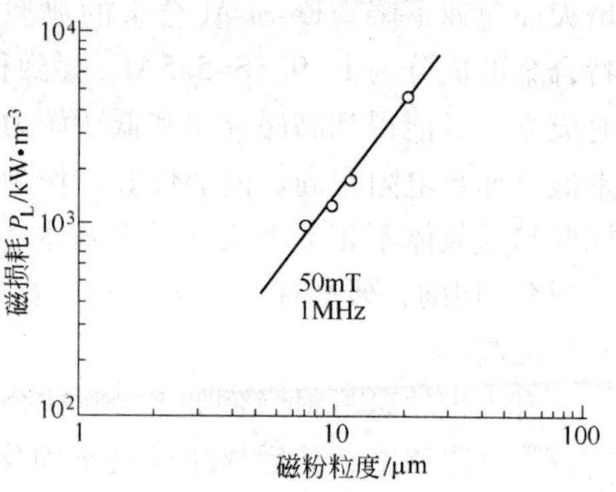

图 3-25　磁损耗与软磁粉粒度的关系

$$\mu_{com} = 1 + \sum_i \frac{4\pi \times (\mu_i - 1)}{4\pi + a_i N(\mu_i - 1)} V_i \tag{3-68}$$

资料表明，对于金属/介电质复合软磁材料，退磁场的出现是制约材料性能重要因素。要获得高性能的复合软磁材料，首先应考虑减少材料中退磁场的影响。此时，对于一种组元组成的复合软磁材料，当 $\theta = 1$ 时，$a = 0$，则等式可以写成

$$\mu_{com} = \mu_i \tag{3-69}$$

3.1.3.2　金属/SiO_2 纳米复合软磁材料

金属/非金属纳米软磁性材料是在 SiO_2、Al_2O_3 等绝缘体相的基体中析出 Co、Fe 等纳米磁性结构的组织，其特点是同时具有软磁性和高电阻。与传统的金属软磁合金和铁氧体材料相比，它有很多独特的优点，如磁性金属粒子分散在非导体物件中，可以减少高频涡流损耗，提高应用频率；既可以采取热压法加工成粉芯，也可以利用现在的塑料工程技术，注塑制造成复杂形状的磁体；具有密度小、质量轻、生产效率高、成本低、产品重复性和一致性好等优点。但缺点是由于磁性粒子之间被非磁性体分开，磁路隔断，磁导率现在一般在 100 以内。已经有人对大功率电源的电感器用软磁复合材料-磁粉芯进行了开发研究。在 20kHz 以下，磁导率基本不变。在 1.0T 下，磁导率为 100 左右。50Hz ~ 20kHz 损耗小，

可制成100kg以上的大型的磁芯，而且在20kHz音频范围，噪声比环形铁氧体磁芯降低10dB。可以在大功率电源中代替硅钢和软磁铁氧体。有人用钴/二氧化硅（Co/SiO_2）纳米复合软磁材料制作不同于薄膜的大尺寸磁芯。钴粒子平均尺寸为30μm，填充度40%～90%，经过搅拌后，退火形成Co/SiO_2纳米复合粉，然后压制成环形磁芯。在300MHz以下磁导率都可达到16。镍锌铁氧体的磁导率为12，而且在100MHz以后迅速下降。

3.1.4 金属/塑料复合软磁材料

3.1.4.1 铁粉/塑料复合软磁材料

高分子有机磁性材料应用范围较宽。高分子有机磁性材料是一种性能良好的电介质材料。在开关电源中必须使用大的电解电容，如用高分子有机磁性材料做介质膜，可使膜厚度增大，使电容大大增高，降低开关电源的成本。

软磁复合材料是将磁性微粒均匀分散在非磁性物中形成的。早在1886年，Fritts就提出了制造各向同性软磁材料的一种方法：用绝缘材料包覆铁粉颗粒。瑞典、美国开发出这种塑料包覆的铁粉。有人通过将铁粉包覆使其具有绝缘颗粒表面，成功地制造出软磁复合材料（SMC）。通常采用流化床工艺给铁粉颗粒包覆上塑料膜。其做法是：将黏结剂溶解于挥发性溶剂中，然后喷涂到颗粒表面上。两个具体操作要点：一是铁粉要有合适的粒度分布，二是塑料黏结剂的浓度要低。在较低的频率下，总铁耗主要是由磁滞损耗造成的，硅钢片的铁耗比塑料包覆铁粉压块的铁耗低，塑料包覆铁粉在压制过程中的冷加工，提高了材料的磁滞损耗。铁粉颗粒上的塑料包覆层，经受不住消除冷加工应力所需的退火温度，因而限制了塑料包覆铁粉压块低频性能的提高。但随着频率的增高，涡流开始主导总铁耗。由于塑料包覆铁粉压块的涡流损耗低，因而在某一频率以上，塑料包覆铁粉压块的总铁耗开始低于硅钢片的总铁耗。

不过SMC的磁性能并不能直接与传统叠层材料相比较。SMC材料受益于它的一系列不同性能，并不在于单个性能水平。利用三维磁路（在铁芯结构所有方向上磁导率不变）的可能性，开辟了新的前程，特别是在永磁马达的设计上。设计与制造的SMC制品具有光滑的弯曲部分与很高的表面质量。SMC粉末技术也可用于提高制造的一体化水平，铁芯与线圈可一次组装，无需在复杂铁芯结构上绕线。目标是在某些应用上取代叠层材料，用于与叠层材料相结合的特殊部件，基于SMC材料构思发现新的设计。新材料与新改进以及为成功应用所做的新工具与技术开发，都不断提高SMC技术。

非磁性基体及非磁性相的比例直接影响到材料的饱和磁化强度及剩余磁化强度，它可用下述关系式来表达

$$M_{r} \propto (M_{s}\beta)\left[\frac{\rho}{\rho_{0}}(1-\alpha)\right]^{2/3} \times f \tag{3-70}$$

式中　M_r——复合磁体的剩余磁化强度；

M_s——磁性组元的饱和磁化强度；

ρ——复合磁体密度；

ρ_0——磁性组元的理论密度；

α——复合物中的非磁性相的体积分数；

f——铁磁性相在外磁场方向的取向度。

很显然，与高密度的金属磁体或陶瓷磁体（铁氧体）相比，复合磁体的优良加工性能是以牺牲一部分磁性能为代价的。

3.1.4.2　FeSiAl/塑料

各向异性材料在设计与制作部件时受到各种限制，因而多年来一直在寻求各向同性磁性材料。磁粉芯是软磁复合材料的典型例子。粉芯材料包括铁粉芯材料和氧化物粉芯材料。铁粉芯材料包括羰基铁粉、MoNiFe 合金粉、FeAlSi 粉等。在高温高压下，使 Fe 和 CO 发生反应，可以制成羰基铁 $Fe_2(CO)_5$，然后在 350℃使其分解，可以得到尺寸均匀的球状纯铁颗粒；加以适当的绝缘剂并压制成形，可作相对初始磁导率为 5 ~ 20 的高频低磁导率的铁芯使用。在高频和超高频下，软磁复合材料也可取代部分铁氧体市场。

现在已在 20kHz 至 100kHz 甚至 1MHz 的电感器中取代了部分软磁铁氧体。例如铁硅铝磁粉芯，硅含量为 8.8%，铝为 5.76%，剩余全为铁。粒度为 90 ~ 45μm，45 ~ 32μm 和 32 ~ 30μm。用硅树脂作黏结剂，1% 左右硬脂酸作润滑剂，在 $2t/cm^2$ 压力下，制成 13mm × 8mm × 5mm 的环形磁芯，在氢气中用 673℃，773℃，873℃退火，使磁导率达到 100，300，600。在 100kHz 下损耗低，已经代替软磁铁氧体和 MPP 磁粉芯用于电感器中。

有人研究了退火前后不同球磨时间的 FeSiAl 软磁合金复合材料微波磁导率和相结构的变化，分析了微波磁导率的变化因素。在常温下，用 Agilent4396B 矢量网络分析仪和 Agilent16454 磁导率测试夹具，测量该软磁复合材料在 50MHz ~ 1.2GHz 的阻抗值，并根据阻抗与磁导率的关系，用软件计算得到磁导率。由他们的实验结果看出，通过气雾化制粉，然后对粉末进行球磨和球磨后的退火能够提高复合材料的微波磁导率，微波磁导率随着粉末平均尺寸的减小而增大，退火后有序结构的出现有利于提高微波磁导率，见图 3-26。因此可以控制工艺，使材料更利于用作抗电磁干扰材料。粉末经退火，其结构将由无序的 BCCα-Fe(SiAl)结构转变为具有铁磁性的面心立方的 DO_3 有序结构，有利于提高微波磁导率。

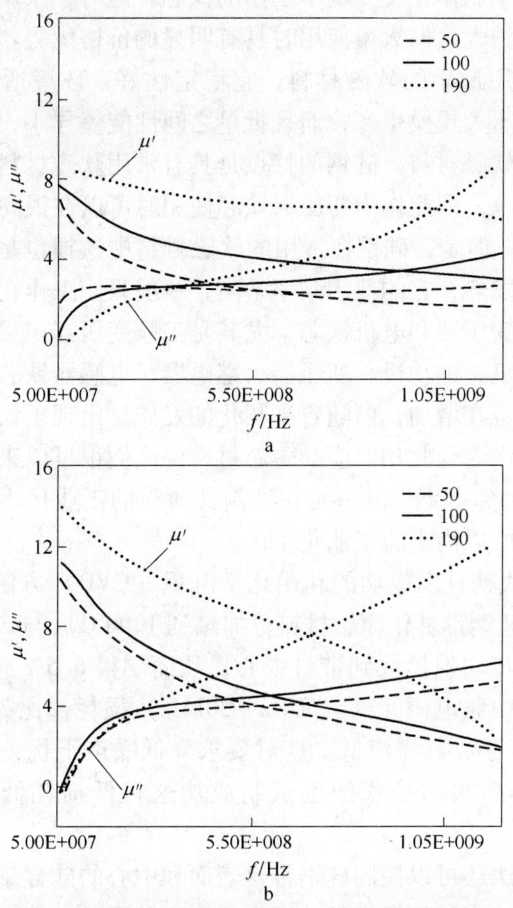

图 3-26 退火前（a）和退火后（b）不同球磨时间复磁导率曲线

3.1.5 合金/金属复合材料

3.1.5.1 梯度硅钢复合材料

工业纯铁为 C 低于 0.04% 的 Fe-C 合金。工业应用的电工纯铁最常见的是电磁纯铁。早在 1890 年热轧纯铁就用于制造电机和变压器铁芯。是工业上应用最早的软磁材料。纯铁在直流技术中是非常重要的高磁饱和材料。

工业纯铁的饱和磁化强度高（适于能量转换场合）、磁导率高（适合信息处理场合），B_s 达 2.15T。居里温度高、资源丰富、价格低廉，具有良好的可加工性。但电阻率低，有集肤效应，涡流损失大。另外，电阻率低，使用时产生很大的涡流损耗，不适于制作在交变场中工作的铁芯。但对于家用电器中小型电动机铁芯材料，铁损虽稍大，但大量使用时具有明显的价格优势。

硅钢是电源使用最早的软磁材料，它稳定性好，环境适应性强，磁通密度高，成本低，适用于大规模生产，而且批量之间性能差异小，是在工频和中频范围内使用量最大的软磁材料。硅钢的特点是具有常用软磁材料中最高的饱和磁感应强度（2.0T 以上），因此作为变压器铁芯使用时可以在很高的工作点工作（如工作磁感值 1.5T）。但是，硅钢在常用的软磁材料中铁损也是最大的，为了防止铁芯因损耗太大而发热，它的使用频率不高，一般只能工作在 20kHz 以下。硅钢片大量用于中低频变压器和电机铁芯，尤其是工频变压器。可制造电力、配电和通信工程中的发电机、电动机、变压器、继电器、电感器铁芯。

近年来高频设备在增加，但随着高频化的发展，出现了铁损增加及磁致伸缩带来的噪声问题。作为与此相对应的磁芯材料，人们很早以来就察知了阻抗高且磁致伸缩为零的 6.5% 硅钢，并一直在试制其薄板的工业化生产。但由于增加硅后其加工性降低，所以尚不能工业化生产。

20 世纪 90 年代初开发成功的利用化学沉积（CVD）方法生产 6.5% 硅钢的制造工艺，用 3% 硅钢带材作原始材料，加热到 1200℃ 后与 SiC14 气体进行反应而形成高硅层，逐步均匀扩散到带材中心，从而制得 6.5% 硅钢带材。用 6.5% 硅钢制造的工频和中频电磁元件（50Hz ~ 20kHz）损耗都比 3% 硅钢小，同时由于磁致伸缩系数 λ_s 小，其噪声低。这对要求降低噪声干扰，重视环境保护的地方特别重要。值得高兴的是我国也试制成功这种低损耗低噪声的 6.5% 硅钢带材。

利用化学沉积法还可以控制硅钢带材表面和中心的硅含量，从而得到性能特殊的硅钢，例如高、中频超低损耗硅钢和低剩磁硅钢。高、中频超低损耗硅钢带材表面硅含量高，磁导率高，磁通集中，涡流也集中在表面（再加上集肤效应）。但是表面层硅含量比中心层高，呈梯度分布。这种梯度分布的高含量硅钢（牌号 NKSuperHF）的损耗比均匀分布的高含量硅钢低，可以用于 20kHz 以下的电源变压器和电抗器中。低剩磁硅钢也是控制表面层和中心层的硅含量而得到的（牌号 NKSuperBR），B_r 为 0.35T，而取向硅钢的 B_r 为 1.28T，这样 ΔB 从 0.4T 可以上升到 1.2T，可用于电源中的单向激磁脉冲变压器和开关电源变压器中。

3.1.5.2 合金内的晶相和非晶相耦合复合材料

最近十多年以来，许多种类的铁基纳米晶软磁合金得到了迅猛发展。这些合金有着极为优良的综合软磁性能，并且在电力和电子工业领域得到广泛的使用。高频铁损行为的研究对铁基纳米晶合金的实际运用有相当重要的指导意义。为此，有人研究了新近开发的纳米晶 Fe72.5Cu1Nb1.5Mo1.5V1Si13.5B9 合金在高频情况下的铁损行为。

软磁性的“纳米复合交换耦合”复合材料主要由非晶晶化法得到。非晶态软磁合金（amorphous soft magnetic alloy）的出现，为软磁材料的应用开辟了新领域。资料表明，材料主要有添加 Cu 和 Nb(或 Mo)元素的 FeBSi 系与添加 Cu 和 Si 等元素的 FePC 系和 FeZrB 系材料。FeBSi 系、FePC 系和 FeZrB 系是非晶材料。例如 Fe80-P16-C3-B1 相和 Fe40-Ni40-P14-B6。它的矫顽力和饱和磁化强度，虽然与 50Ni-Fe 合金相当，但含有质量比低于 20% 的非金属成分。不但比电阻高、交流损失很小，而且，制造工艺简单，成本也低，还有高强度、耐腐蚀等优点。其中铁基非晶态软磁合金饱和磁感应强度高，矫顽力低，耗损特别小，但磁致伸缩大；钴基非晶态软磁合金饱和磁感应强度较低，磁导率高，矫顽力低，损耗小，磁致伸缩几乎为 0；铁镍基非晶态软磁合金基本上介于上两者之间。部分非晶态磁性合金性能如表 3-5 所示。制备“纳米复合交换耦合”复合材料时，先用单辊快淬法制备出非晶带，然后进行热处理，使材料中析出 α-相（α-Fe 或 α-Fe(Si)）。α-相为软磁相，其晶粒的大小在 10～20nm 之间。剩余的非晶基体相也是软磁相。这样就最终形成了 α-相＋剩余非晶基体相的软—软双相结构。

表 3-5 一些非晶态磁性合金的性能

合金		B_s /T	H_c /A·m^{-1}	λ	ρ /μΩ·cm	T_c /℃	芯损	
							60Hz, 1.4T /W·kg^{-1}	20kHz, 0.2T /mW·cm^{-3}
铁基	Fe18B13.5C2	1.61	3.2	30×10^{-6}	130	370	—	300
	Fe78B13Si9	1.56	2.4	27×10^{-6}	130	415	0.3	—
	Fe67Co18B14Si1	1.80	4.0	35×10^{-6}	130	415	0.23	—
	Fe79B16Si3	1.58	8.0	27×10^{-6}	125	405	0.55	58
Fe-Ni 基	Fe40Ni38Mo4B18	0.88	1.2	12×10^{-6}	160	353	—	200
Co 基	Co67Ni3Fe4Mo2B12Si12	0.72	0.4	0.5×10^{-6}	135	340	—	43

FeSiCuNbB 非晶带在 550℃ 退火得到 α-Fe(Si)晶粒，晶粒中 Si 的含量为 20%。晶粒所占的体积分数为 70% 左右，其余的为富 Nb 的非晶基体相。这里要特别指出 Cu 和 Nb 的作用，由于 Cu 和 Fe 不相溶，在退火过程的初期，Cu 和 Fe 首先分离，Cu 原子聚集成一些小的原子团从而在这些小原子团周围形成 Fe 的富集区，这有利于 α-Fe 的形核，提高了 α-Fe 的形核率。而 Nb（或 Mo）则能有效地阻止 α-相晶粒的进一步长大。所以 Cu 和 Nb 相互促进，都起到细化晶粒的作用。对软磁性纳米复合交换耦合材料，α-Fe 相晶粒间通过剩余非晶相发生交换

耦合作用，使材料的有效磁晶各向异性大为减小，从而降低了矫顽力，提高了起始磁导率，改善了材料的软磁性能。

有人研究发现，这种 FeSiCuNbB 软磁合金在晶化过程中，首先形成 Cu 原子的团簇，由于 bcc-Fe 的 {011} 面与 fcc-Cu 的 {111} 面有很好的晶格匹配性，因此随后 α-Fe 在 Cu 的 {111} 面上异质形核长大，使 α-Fe 的晶化温度降低，并使晶化后的纳米晶更细小。上述现象只有利用 3DAP 才能观察到，由此可见 3DAP 在研究双相纳米复合永磁材料非晶晶化过程中的重要性。

交换耦合作用的一个重要参量是铁磁交换长度 L_0 为

$$L_0 = \sqrt{\frac{A}{K_1}} \tag{3-71}$$

式中　A——交换强度常数；

K_1——晶粒的磁晶各向异性常数；

L_0——决定了能发生交换耦合作用颗粒大小的上限，表示靠铁磁交换作用使原子磁矩平行排列的最大限度。

在 FeSiCuNbB 合金中，含 Si 为 20% 的 α-Fe(Si)，$K_1 = 8\text{kJ/m}^3$，$A = 10^{-11}$ J/mA得到 $L_0 = 35\text{nm}$。只要 α-Fe(Si)晶粒尺寸小于 35nm 左右，晶粒间可以发生交换耦合作用。交换耦合作用的结果是，各晶粒的磁矩不能沿其本身的易轴形成无序分布，那么材料的有效各向异性常数（K_e）就被几个晶粒所平均，从而减小了其大小，例如 α-Fe(Si)晶粒度为 10nm，所占体积分数为 70% 左右，计算表明材料的有效各向异性常数（K_e）约为 2.3J/m^3 和 α-Fe(Si)的 $K_1 = 2.3\text{kJ/m}^3$ 相比几乎可以忽略。晶粒越小，在交换长度内所包含的晶粒数就越多，有效各向异性常数（K_e）就越小。

由于材料的矫顽力 H_c 和 K_e 成正比，而起始磁导率 μ_i 和 K_e 成反比。那么随着晶粒减小，K_e 减小，H_c 就会减小，μ_i 增大，从而使材料的软磁性能得以提高。可以看出，对软磁材料来讲，交换耦合作用主要指的是 α-相晶粒间的交换耦合作用，它的中介物是剩余非晶相，它导致材料的有效各向异性常数减小，H_c 的减小和 μ_i 的增大，这些都和硬磁材料的情况不同。对软磁性材料来说，当晶粒度小于交换作用长度 L_0 时，其有效各向异性常数 K_e 和晶粒直径的六次方成正比，相应的矫顽力也就随晶粒直径的减小而以六次方的速度减小，起始磁导率以六次方的速度增大。

3.1.5.3　(Fe，Ni，Co)/NbC 共晶合金

坡莫合金（Permalloy）是指具有高导磁率的合金、成分为 Fe(w(Fe)为 35% ~80%)-Ni 的合金，具有面心立方点阵。高导磁合金主要是高镍含量的铁镍合金。坡莫合金由镍、铁和添加的钼、铜、钨等组成。高导磁合金是指初始导磁率和最大导磁率高的铁镍合金。通过添加 Mo、Cr、Cu 等开发多元系坡莫合金，出

现了以超坡莫合金为代表的坡莫合金。在20世纪40年代坡莫合金已基本定型，到70年代和80年代大量使用，形成了几十种型号，一般根据镍含量多少来分类。和硅钢、软磁铁氧体一样，坡莫合金近十年来也在迅猛的发展。Fe-Ni合金一般可分为高导磁材料、恒导磁率材料、中磁饱和中磁导率材料等。

纯铁中加入钴后，B_s 明显提高，达2.5T。是迄今 B_s 最高的磁性材料。在合金中加入少量的V和Cr可显著提高其电阻率。工业生产中实际应用的铁钴合金主要有Fe64Co35V1、Fe64Co35Cr1、$(Fe50Co50)_{98.7}V_{1.3}$ 等。由于铁钴合金的 B_s 高，在较强磁场下具有高的磁导率，故适用于小型化、轻型化以及有较高要求的飞行器及仪器仪表元件的制备。此外，合金还用于制造电磁铁极头和高级耳膜震动片等。因其电阻率较低，只适于作小型轻量电动机和变压器。

表3-6列出了对（Fe，Ni，Co）/NbC共晶合金测量的室温饱和值与其基体成分的函数关系，并且与纯的基本材料所报道的数值进行了比较。由于饱和磁化强度是一个结构不敏感的量，所以其数值是由磁性相的体积分数和非磁组元在固溶体中的作用来确定的。非磁元素的溶解可以降低居里温度和饱和磁化强度。由共晶合金初期的起始成分以及假定碳化物在基体中不是固溶体并且反之亦然等，考虑所计算的饱和磁化强度的比较表明，其数值都在实验误差之内。这些结果说明，共晶合金的饱和磁化强度降到基本材料以下主要是由于简单的体积分数的作用。对于所示的各种合金系，数据表明，(Co,10% Fe)/NbC共晶合金的碳化物具有最高的体积分数为0.136，而(Fe,50% Ni)/NbC最低，为0.063。

表3-6 (Fe,Ni,Co)-NbC共晶合金与纯的基体材料的室温磁特性

成 分	饱和磁化强度/KGS		矫顽力/Oe	
	共晶合金	纯的材料	共晶合金	纯的材料
Fe	19.8	21.5	1.5//	1.0
Fe(质量分数)50% Co	22.2	24.5	8.2//	2.0
Fe(质量分数)90% Co	16.3	18.9	2.2//	
Co	15.8	17.9	40//,50⊥	10
Fe(质量分数)50% Ni	15.0	16.0	1.4//,7.0⊥	0.05
Fe(质量分数)45% Ni (质量分数)25% Co	14.4	15.5	2.4//	1.2

注：//—外场平行于生长方向；⊥—外场垂直于生长方向。

3.1.6 其他复合材料

3.1.6.1 记录磁性材料

磁性材料在信息存储领域内的作用越来越重要，例如磁带，计算机软盘和硬盘等都是靠磁性材料来记录信息。从磁盘或磁带上读数据或在它们上面写数据，都是通过一个由线圈缠绕的软磁性材料读写头来完成。数据（写）由线圈中的电信号引入，并通过磁头的磁隙在磁记录介质的一个很小区域产生磁场，使磁记录介质磁化，从而记录信息。作为记录介质的强磁性材料，主要性能指标是矫顽力 H_c 和剩余磁化强度 M_r 的大小。这两个性能指标不仅受磁性材料种类的影响，也受颗粒的大小和形状的影响。

磁记录机是具有空气缝隙的环形记录磁头。环是铁铝合金片或锰锌铁氧体等磁性材料制成。缝隙很小，小于0.001英寸。记录用磁带是用极细小颗粒的磁性材料和一种非磁性材料的黏和剂混合后涂敷在带机而成。输入讯号加到线圈形成的磁通进入到磁带内，造成磁性颗粒的磁化，把信息保留在带内。显然，磁记录必须是硬磁材料。讯号读出时，从记录带中磁偶极子发出的磁通沿磁阻小的磁头磁芯进入，在线圈中感应出电讯号而读出。所以对磁记录介质的磁性材料有类似永磁体的性质，要求高的剩磁、矫顽力和 H_m 值。当然为了能记录短波长，无规则噪声要最低，磁畴要小，并且它能够做成高强度，柔顺而光滑的薄层。记录磁性材料可分为磁头材料和磁记录介质材料。磁头材料（Material for magnetic head）是磁头铁芯用的高密度软磁材料，用它做成记录（写入）或重放（读出）信息的换能器件，要求有较高的能量转换效率。资料显示，对磁头材料有以下具体要求：(1) 最大磁导率 μ_m 和饱和磁化强度 B_s 要高，以实现高效率记录；(2) 矫顽力 H_c 和剩余磁化强度 B_r 要低，以减少磁头的磁损耗和剩磁，降低剩磁引起的噪声与非线性；(3) 电阻率 ρ 要高，以降低损耗，改善高频记录的频率响应特性；(4) 起始磁导率 μ_i 要高，以提高重放磁头的灵敏度；(5) 磁导率的截止频率 f_r 要高，以利于高频高速记录，提高使用频率上限；(6) 耐磨损、抗剥落、机械加工性好。磁头材料又分为金属磁头材料、铁氧体磁头材料、非晶材料三类。金属磁头材料主要有坡莫合金、铁铝合金、铁硅铝合金和非晶态钴基合金等，它们的优点是 μ_m 和 B_s 值高，H_c 低。缺点是 ρ 值和硬度值低，使用寿命不如铁氧体。在坡莫合金中加入少量的铌（3% ~8%）、钛、铝等可提高其硬度和电阻率，并获得较高的磁导率。例如加铌的79Ni-2Mo-7Nb-0.5Al-Fe合金（即硬坡莫合金）性能为：初始磁导率小 $\mu_i = 50$mH/M，最大磁导率 $\mu_m = 225$mH/M，H_c 为0.8A/m，B_s 为0.5T，硬度为HB270，电阻率提高到88μΩ·m。铁硅铝合金和非晶态钴基软磁合金的电阻率和硬度优于坡莫合金，但铁硅铝加工性能很差，限制了应用。铁氧体单晶或多晶磁头，热压制备，如 $(Mn、Zn)Fe_2O_4$、$(Ni、Zn)Fe_2O_4$ 等都具有高磁导率，无磁晶各向异性、无晶粒晶界。从磁性能看，Fe-B系的饱和磁化强度高，Fe-Ni系的磁导率高，Fe-Co-B系的磁导率高，磁滞伸缩系数低，Fe-Co-Ni-Zn系等，电阻高，无磁晶各向异性，无晶粒间界，但磁性能各有差异；Fe-B系饱和磁化强度高，Fe-Ni系的磁导率高，Fe-Co-B系磁导率高，且磁滞伸缩系数低，而Fe-Co-Ni-Zn系的饱和磁化强度和剩磁比高。

磁记录介质材料（Magnetic recording material）是涂敷在磁带、磁盘和磁鼓上面用于记录和存储信息的磁性材料，要使记录和存储的信息稳定可靠，要求记录介质为矩形好的永磁材料。资料提出如下磁性能要求：（1）矫顽力 H_c 要适当高（16 ~ 80kA/m），以便有效地存储信息，抵抗环境干扰，减少剩磁状态的自退磁效应，提高记录密度；（2）磁滞回线矩形比高，即 B_r/B_s、H_c/B_r 要高。磁滞回线陡直近于矩形，以减少自退磁效应，使介质中保留较高的剩磁，提高记录信息的密度和分辨力，从而提高信号的记录效率；（3）饱和磁化强度 B_s 要高，以获得高的输出信号，提高单位体积的磁能积，提高各向异性导致的矫顽力；（4）温度稳定性好，老化效应小，以保证在宽温长期条件下稳定存储；（5）用于垂直记录的介质，其垂直磁各向异性系数要高。磁记录介质常用的有如下几种：1）γ-Fe_2O_3 是一种具有尖晶石立方晶体结构的氧化物介质材料。它是由磁铁矿在温度约200℃和有水蒸气的存在时氧化而制成的。γ-Fe_2O_3 粉末的基本磁性质为：B_s 为0.14T，H_c 为 24 ~ 32kA/m，居里温度 T_c 为385℃，并且有好的温度稳定性。它主要用于录音带、录像带和磁盘。2）钡和锶铁氧体有较高的矫顽力和磁能积，抗氧化能力强，成为广泛应用的永磁材料。钡铁气体磁粉是六角形平板结构，其易磁化轴垂直于C平面，适合作垂直磁记录介质。钡铁氧体的各向异性常数为 3.3×10^{-1}cm，由各向异性引起的矫顽力为2kA/m。CrO_2 是一种强磁性氧化物，属亚稳铁磁材料。3）CrO_2 的结构为四方晶系，具有单轴各向异性，各向异性常数为 3.0×10^{-2} J/cm。CrO_2 的 H_c 值为 31.8kA/m，若加入（Te + Sn）、(Te + Sb)等复合物，H_c 可达 59.7kA/m。CrO_2 主要用于高级录音带及录像带。4）金属磁粉包括 Fe-Co-Ni 和 Co-Ni-P 合金粉、Fe 粉、Fe-Co 合金粉。其特点是 B_s 和 H_c 都较高，并且有高的灵敏度和分辨率。B_s 值高可以使材料在薄层内得到较大的读出信号，H_c 高使记录介质能承受较大的退磁作用，达到高密度记录。5）金属薄膜材料是利用制膜工艺在基带上形成一种很薄的金属膜。常用的制膜工艺有化学镀、电镀、离子喷镀、溅射、真空蒸镀等。金属薄膜材料包括 Fe-Co-Ni 和 Co-Ni-P 等合金材料，其特点是磁性能好、分辨率高。这种材料生成的合金颗粒在几百埃的数量级上，其厚度仅有十分之几甚至百分之几微米，特别适用于高密度记录。钴铬膜的垂直各向异性系数最高。表 3-7 列出了目前使用的磁记录介质材料的磁特性。

表 3-7 粉末特性

磁性材料	M_r/T	H_c/A · m^{-1}
γ-Fe_2O_3	$(1400\sim1800)\times10^{-4}$	$(15.92\sim31.83)\times10^3$
Co-γ-Fe_2O_3	$(1400\sim1800)\times10^{-4}$	$(47.75\sim71.62)\times10^3$
金属 Fe	$(2300\sim2900)\times10^{-4}$	$(111.41\sim127.33)\times10^3$
Co-Ni 合金	$(11000\sim12000)\times10^{-4}$	$(55.71\sim59.69)\times10^3$

在现有材料基础上，为了进一步提高记录密度，就应考虑在叠层复合结构上的优化。一般对于粉状磁性材料，先制造以适当高分子为黏结剂的涂料，然后把该涂料用适当的方法进行涂敷、干燥，制造出如图3-27所示的一种层压薄片，这就是记录磁带。显然，它属于叠层型的功能复合材料。有人尝试把单一磁性层变成双磁性层的尝试是采用上层使用高矫顽力的微颗粒金属磁性材料，厚度为0.4μm，下层使用低矫顽力的钴改性的氧化铁磁性材料，厚度为2.5μm。这样，上层能够高效率地记录高频和较强磁场记录的亮度信号。

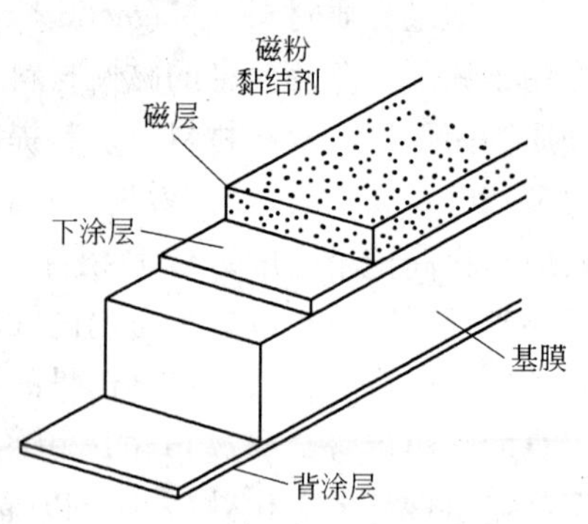

图3-27　记录磁带的结构

到目前为止，为提高涂敷型磁带的性能采取了下面一些措施：（1）提高磁性层中磁性材料的填充率；（2）尽可能缩小磁性材料的颗粒；（3）缩小磁头与磁带间的空隙，防止磁损失。上面这些都是能够提高磁带记录密度的措施。但是，这些改进都是有限度的，超过一定极限值会导致一些负面作用出现。因此，为了进一步改善记录密度，就需要有新的叠层构思和技术，即要创造出以复合技术为中心的新功能。目前，研究者对此进行两种尝试。一是尝试把现在单一的磁性层变成双磁性层。二是依靠真空镀敷Co/Ni合金薄膜的方法，而不是用涂敷磁性粉末和黏结剂混合成的涂料的方法来制造磁性层，而来制造磁带。把单一磁性层变成双磁性层的尝试是采用上层使用高矫顽力的微颗粒金属磁性材料，厚度为0.4μm，下层使用低矫顽力的钴改性的氧化铁磁性材料，厚度为2.5μm。这样，上层能够高效率地记录高频和较强磁场记录的亮度信号。另一方面，因为色调信号和声音信号是低频，在磁性层深部才变弱。所以适当地搭配上层与下层的厚度及矫顽力可得到比只使用一种磁性材料的磁性层更高的输出功率。这样，不同波长都提高了输出功率，可获得更清晰的图像和声音。然而这种双层结构给涂敷技术提出更高的要求，不是常规涂敷方法能实现的。Co-Ni合金薄膜磁带是基于将来需记录信号的波长可能向短波长方向发展的角度出发而设计和构思的。短波长的磁场由于波及的深度浅，考虑到厚度损失的问题，那么0.2μm程度的超薄膜是最理想的。要制造这样的超薄膜，真空蒸镀法是适合的。此外，磁性材料具有较好的性能，本身就可以提高记录密度。各种磁性粉末的特性如表3-7所示。由表3-7可见，剩磁最大的是Co-Ni合金，如果镀成薄膜，磁性材料的填充率几乎接近100%。无论是剩磁大，还是填充率大都对提高输出功率有好处。

3.1.6.2 复合磁流体

磁流体是强磁性（铁磁性和亚铁磁性）细微颗粒与一种液体均匀混合而成的胶状液体。它既具有强磁性材料的多种磁特性，又具有液体的特性。

磁性液体由强磁性单畴颗粒（磁粉）、基质液体（基液）和分散剂（表面活性剂）组成。资料显示，为了防止磁粉沉淀和凝聚，使磁性液体稳定，必须选择适当的磁粉粒径、分散剂物性参量和用量以及基液物性参量，使磁粉磁偶极矩间作用力和热作用力的综合效应产生势垒，以利于磁性液体稳定。组成中的磁粉采用金属或非金属强磁材料，通过化学沉淀法、热分解法、机械研磨法、电解等方法制成，粒径约1~100nm的单畴颗粒。基质液体的种类很多，常根据用途选用。目前多采用非金属基液，主要有六种。水是一种常用和经济的基液，可在较宽范围内调节pH值；但容易蒸发，适于制备在选矿和磁印刷等方面应用的磁性液体。酯类和二酯类的蒸气压低，黏滞性适当，润滑性好，适于制备在真空密封和阻尼系统中应用的磁性液体。烃类的黏度较低，电阻率和介电常数较高，适于制备在要求电绝缘好、黏滞性低的情况下应用的磁性液体。氯碳类的适用温度范围宽，对氯气等稳定性高，不溶于其他液体，适于制备在温度变化大和有氯气的恶劣条件下应用的磁性液体。聚苯醚类的蒸气压低，抗辐射性好，适于制备在高真空或辐照环境中应用的磁性液体。水银和低熔点金属合金的导热性和导电性高，适于制备在需要高传热或导电的情况下应用的磁性液体。分散剂使磁粉表面吸附一层长链分子，构成缓冲层，并使磁粉在磁场和电场作用下不会凝聚。因此，要求分散剂的分子链一端吸附在磁粉表面，另一端与基液胶溶吸附；另外，还要求分子链有一定链长，以获得有效的防凝聚作用。

资料显示，分散剂主要有阴离子分散剂、阳离子分散剂、两性分散剂和中性（非离子）分散剂。分散剂用量一般约为磁粉重量的5%~10%。根据组成、特性和应用要求，磁性液体可分为三类：（1）非金属磁（粉）性液体：以非金属磁粉（目前主要为Fe_3O_4磁粉）与非金属基液均匀混合成的胶状液体，是目前应用最多的一类。（2）金属磁（粉）性液体：以铁(Fe)、钴(Co)或其合金磁粉与非金属基液均匀混合成的胶状液体，其磁化强度高，磁性强。目前尚处于研究阶段。（3）纯金属磁性液体：以金属磁粉和金属基液均匀混合成的胶状液体。其磁性、导热性和导电性好，适于制造一些特殊装置如磁流体发电机。目前多处于研究阶段，应用较少。

磁性液体与固态磁性材料相比具有以下四个方面的特点：（1）高度的稳定性。能长期保持均匀状态，在磁场和重力场中不会发生凝聚和成团现象；（2）可控的黏滞性。可由外加磁场控制其黏度，并使黏度对磁场表现各向异性；（3）典型的超顺磁性。无磁滞回线现象，即剩磁和矫顽力都为零；（4）可调节的磁浮力。即可用外加磁场改变磁性液体的表观密度和浮力。由于磁性液体兼有强磁性和液态性质，因而在电子、电机、仪表、石油化工和科学研究中得到应用。如用于运动部件的阻尼、润滑和密封，不同密度物体的分选和分离，失重状态下用的磁性燃料和磁性笔，磁控印刷，磁控染色，由磁性液体作为工作物质的陀螺、声换能器、磁流体电机和磁芯等。

3.1.6.3 纳米晶软磁材料和纳米软磁复合材料

A 纳米晶磁粉芯

由于纳米微粒尺寸小、比表面积大，表面原子数、表面能和表面张力随粒径的下降而急剧增大，表现出小尺寸效应、表面效应、量子尺寸效应和宏观量子隧道效应等特点，从而使纳米粒子出现了许多不同于常规固体的新奇特性，展示了广阔的应用前景。同时，它也为常规的复合材料的研究增添了新的内容。含有纳米单元相的复合材料通常以实际应用为直接目标，是纳米材料工程的重要组成部分，正成为当前纳米材料发展的新动向。

由于 Finemet 纳米晶合金很脆，故通过碾磨薄带，很容易制成尺寸在 20μm 以下的粉体。资料显示，纳米晶化可使非晶相十分稳定，因此，纳米结构无明显的变化。用树脂或焊接玻璃使片状粒子加压成形，这些鳞片最终会沿磁场定向。成形制品的磁性能与气隙的分布有关，可以用鳞片尺寸和成形压力的大小加以控制，并且重复率很好。加 5% 焊接玻璃热压大鳞片（1mm）后，获得最高的磁导率（6000），但截止频率很低（10kHz）。反之，加 50% 树脂冷压 20μm 鳞片，得到最低的磁导率（7 ~ 10），而截止频率最高（100MHz）。作为此种用途，Finemet 大概是最好的合金，因为 Nanoperm 的电阻率较低，碾磨的稳定性也不如 Finemet。还有 Hitperm $(FeCo)_{88}Zr_7B_4Cu$，应当用在高温环境中。采用平面流铸法可以制备一些脆性的亚稳态金属间化合物，然后把薄带制成粉体，保持其由快淬获得的纳米结构。譬如，可以把富硅铁合金薄带粉碎成具有纳米晶结构的微尺寸粒子。特别有意义的 Fe_2Si，其高度无序的 B2 亚稳态纳米结构（晶粒尺寸≈50nm），使得电阻率高达 220μΩ · cm。它的磁极化强度相对低一些（0.6T），但作为高频应用，这个值也足够了。

B 纳米粒子基复合磁芯

惰性气体冷凝法，是制备纳米尺度粒子用得最多的一种技术。资料显示，它是在低压惰性气体，如纯氦气中蒸发原料，蒸气冷凝成纳米尺度的粒子，聚集在液氮冷却旋转圆筒的表面上。气体的密度小而金属的熔点高时，粒子的尺寸就变小。把近似球形的粒子刮进漏斗，最后将其压实，装在真空箱内。常采用两步压制，第二步的压力约为 1GPa。压件的特征形状为毫米厚的圆片，最大直径 15mm。最终的相对密度在 70% ~97% 之间，它取决于金属的延展性；粒子尺寸在 2 ~100nm 内。因为用这项技术可以避免污染，故适合于对物理性能的基础研究。按照随机各向异性模型（RAM），如果晶粒尺寸小于各向异性交换长度，就可以降低有效各向异性。用机械合金法，可以制得多种具有纳米尺度微晶结构的亚稳态合金，粉末粒子尺寸仍在微米级之上。相反，球磨四氧化三铁或铁红等氧化物，则可得到纳米粒子。据此，用氢还原法得到了纯铁纳米粒子。当熔融金属与低温液体接触时，表面会生成气态膜，金属蒸气便冷凝成超精细粒子，其尺寸与蒸气压力有很大关系。低温液体（氩或氮）产生的气体，把粒子输送到帆布滤器里。为了有足够的蒸气压力，必须把金属加热到超过熔化温度数百度的温度（对 Fe，Ni，Co，要超过2000℃）。因此，不能够在陶瓷坩埚里低温熔化铁磁金属，它们会在这些条件下发生反应。浮熔法将采用射频感应加热器，这会在金属中感生涡流，使金属悬浮被加热。

有人在实践中，把金属棒滑进反应器中，在边缘生成熔融金属滴，落到感应加热线圈上，在那里被浮起，完全变成纳米粒子。生产以大约150g/h 的速度连续进行。在最好的情况下，制备纯铁纳米粉为球形，平均直径32nm（78%粒子小于20nm）。用近1nm厚的氧化物层钝化之后，这些粒子不再会自燃，并可以在空气中操作。30nm 纯铁粒子的 $177Am^2/kg$ 测试磁化强度，显示其值比块状材料下降20%，和用莫斯堡尔谱估算的14%氧化物百分数一致。Beke 证明，它们的磁矩与块状值一样。在 FeCo35% 纳米粒子中获得类似的结果，在其中观测到磁化强度有5%的下降率。

C 纳米磁性复合材料的高频磁性能

有人用类似 MnZn 铁氧体的计算证明，粒子由 FMR 或畴壁共振引起的频率极限，其尺寸分别小于或大于 10μm。复数磁导率测量，在 10kHz 以下用 EG&G5210 型锁定放大器测量，在 10kHz ~ 500MHz 以内用 HP4394A 型阻抗分析仪，在500MHz 以上用 HP4291B 型材料分析仪完成。应力退火和复合 Finemet 的磁导率显示出所期望的那样，材料的带通与静态起始磁导率有关。其结果可以和羰基铁、坡莫合金磁粉芯或有相同磁导率的 NiZn 铁氧体媲美。由此看来（低场性能），应力退火 Finemet 并无相关的优点。反之，在较高的磁感应强度下（10mT 或更高），Finemet 复合材料由于比其他任何材料的电阻率都高，矫顽力低，因此在宽的频带内显示出低1个数量级的损耗。显然，应力退火和粉体 Finemet 的 μ_f 积有相同的最高值 3.3GHz。

资料显示，纳米晶熔体快淬 Fe_2Si 即使在薄带淬火态也有高的电阻率，故对其高频性能很感兴趣，到10MHz 可保持恒定的磁导率250。不过，为了用退火消除内应力而又不使其亚稳态结构分解成稳定的 $Fe_3Si + Fe_5Si_3$ 相，还要做些工作。制作成磁粉芯用到100MHz，认为是可行的。通过溅射 Fe-M-O 玻璃已制出了绝缘的 Fe 纳米粒子。纳米晶 $Fe_{61}Hf_{13}O_{26}$ 合金，是由埋入 Hf 和富 O 非晶母体中的 Fe 粒子（10μm）构成的。有趣的是，高的磁导率揭示交换传输可以通过非晶氧化物隔离层进行。在磁导率和频率方面的结果，与上述理论分析明显一致。用纳米粉制备的复合材料，才开始研究。干压烧结钝化 Fe 纳米粒子得到的纳米晶复合物，正如上面预测的那样，它们并未表现出高频特性。其截止频率低，大概是由于粒子间的绝缘差而产生的涡流所致。有一种解释认为，可能是在制备过程中发生了氧化铁偏析，从而导致电渗滤。在涂覆氧化物的FeCo粒子中看到了类似的结果，看来它的电阻率只增加了 1 个数量级。

在用纳米尺度粉末制备的纳米复合材料中，在交换软化的必要条件上会出现一些问题，因为它们的矫顽力依然高。应当说明的是，对铁磁性纳米粒子的研究主要是在它们的超顺磁状态下进行的，而不是在高密堆积和粒子相互作用的情况下进行的。其中，晶间本体的作用尚不清楚。晶粒间的绝缘仍是个难题，因为只有通过烧结才能获得高的磁性能，而烧结又会引起晶粒长大和氧化物团的形成。此外，为了制得在高频下有良好软磁性能的高密度纳米复合材料，必须研究压制技术。由 Fe 合金（Fe 与 Co，Ni，Al，Mo，Si 等合金化）制成很多的低各向异性纳米粒子，还没有去研究。

D 具有核/壳结构的复合纳米材料

这种材料兼有外壳层和内核材料的性能，由于其结构和组成能够在 nm 尺度上进行设计和剪裁，因而具有许多独特的光、电、磁、催化等物理与化学性质。南京大学研究了过渡金属纳米复合高频软磁材料：绝缘壳层（如 SiO_2、Al_2O_3、C-SiO_2 等）复合材料，能显著改善过渡金属纳米颗粒的热温度性，有效防止氧化和团聚，具有饱和磁化强度高、高频软磁性能优异的特点；半导体壳层（如 ZnO）复合材料，研究了材料的光致发光性能，观测到在 ZnO 材料中较少出现的 700nm 发光峰；螺旋碳纳米管与 Fe 组成的复合材料，实验结果表明该复合材料具有良好的高频吸波性能，有望成为新一代轻质高频吸波材料。

3.2 永磁复合材料

3.2.1 永磁复合材料基础

3.2.1.1 基本要求

硬磁材料也称为永磁材料，是指材料在磁场充磁后，当磁场去除时其磁性仍能长时间被保留的一类磁功能材料。应用在两个方面：一是利用硬磁合金产生的磁场；二是利用硬磁合金的磁滞特性产生转动力矩，使电能转化为机械能，如磁滞电动机。主要用于磁路系统中作永磁以产生恒稳磁场，如扬声器、微音器、拾音器、助听器、录音磁头、电视聚焦器、各种磁电式仪表、磁通计、磁强计、示波器以及各种控制设备。

永磁材料的主要特点是矫顽力高和磁能积大。剩磁 B_r 大，这样保存的磁能就多，而且矫顽力 H_c 也大，才不容易退磁，否则留下的磁能也不易保存。另外，用最大磁能积$(BH)_{max}$就可以全面地反映硬磁材料储有磁能的能力；最大磁能积$(BH)_{max}$越大，则在外磁场撤去后，单位面积所储存的磁能也越大，性能也越好。此外对温度、时间、振动和其他干扰的稳定性也好。

评价有发展前途的永磁材料有以下几个判据，即磁性能、温度稳定性、时间稳定性和制造成本。提高硬磁性能包括最大磁能积、剩余磁化强度和内禀矫顽力。从技术应用角度出发，常关注材料的 B-H 特性。从 B-H 磁滞回线上可以方便地得到这样一些参量。

剩余磁感应强度 B_r（简称剩磁），其意义在于磁性材料被饱和磁化后，材料内部磁化场下降到零时，材料内所保存的磁感应强度值，通常 $M_r < B_r$。矫顽力 BH_c，它是指磁性材料 B-H 退磁曲线 $B=0$ 处的磁场强度，其意义是对磁性材料反向磁化过程中，使 $B=0$ 的反向磁场大小。内禀矫顽力 MH_c 为从磁性体的饱和磁化状态使磁化强度 M 减小到0的磁场强度。通常 $BH_c < MH_c$。另外，温度稳定性和时间稳定性，包括各种磁性能的温度系数和居里温度 T_c；制造成本，包括原材料是否丰富，工艺是否简单可行。温度稳定性和时间稳定性，包括各种磁性能的温度系数和居里温度。制造成本包括原材料是否丰富，工艺是否简单可行。提高硬磁性能、改善稳定性、降低材料成本及简化制造工艺一直是永磁材料研究者努力奋斗的目标。

A　最大磁能积$(BH)_{max}$

永磁材料磁性的优劣主要由最大磁能积$(BH)_{max}$判定，而$(BH)_{max}$又取决于 B_r、H_c 及隆起度 γ_w。一般 B_r 变化范围小，如由0.2至1.5T，仅相差约8倍；而 H_c 变化范围大，如由 4×10^3 至 8×10^3A/m，相差2倍，γ_w 可在0.025～0.85间变化。永磁体的基本设计原则是尽可能充分地发挥材料的最大磁能积$(BH)_{max}$的潜力。最大磁能积是磁性材料单位体积存储和可利用的最大磁能密度的量度。可以根据$(BH)_{max}$确定各种永磁体的最佳形状。在最佳形状下，再根据能获得磁场的大小来比较不同永磁体的强度。即，$(BH)_{max}$最高的磁体，产生同样磁场所需的体积最小；而在相同体积下，$(BH)_{max}$最高的磁体获得的磁场最强。因此，$(BH)_{max}$是评价永磁体强度的最主要指标。

$$(BH)_{max} = J_s/2 \cdot J_s/2\mu_0 = J_s/4\mu_0 \tag{3-72}$$

根据磁体的形状与尺寸确定了 B/H 值，即可在材料的退磁曲线选择磁体的工作点。如某磁体的 $B/H=10$，将 $B=0$，$H=0$ 点与 $B/H=10$ 点相连，连线与退磁曲线的交点 A 即为磁体的工作点。由 A 点作与 H 轴和 B 轴平行的直线 AB_{m1} 和 AH_{m1}，例如可确定磁体的磁通密度 $B_{m1}=0.6$T，磁化强度 $H_{m1}=47.7$kA/m，磁体的工作点确定为 $BH_{max}=28.8$kJ/m^3。

γ_w 是组织敏感参数，是永磁材料的晶体织构和磁结构程度的外观表现。可利用定向结晶，磁场及应力热处理等方法来提高 γ_w。

B　矫顽力

按高矫顽力机理分：永磁材料分为单畴型、成核型及钉扎型。

（1）单畴型永磁材料的矫顽力（RCo5、R2Co17 等六角晶系）。单畴型永磁材料（立方晶系单畴颗粒）的矫顽力为

$$H_{CJ} = -\frac{4}{3} \cdot \frac{K_1}{\mu_0 M_s} \quad (K_1 < 0,\ \theta = 180°) \tag{3-73}$$

（2）成核型永磁材料的矫顽力。成核型永磁材料的矫顽力为

$$H_{CJ} = \overline{H}_s = \overline{H}_0 + \frac{5\pi\gamma}{8\mu_0 M_s} \cdot \frac{1}{d_0} \tag{3-74}$$

（3）钉扎型永磁材料的矫顽力。钉扎型永磁材料是指在材料反磁化过程中，当反向磁场低于某一钉扎场 H_p 时，畴壁基本上固定不动。只有当反向磁场超过钉扎场 H_p 时，畴壁才能挣脱束缚，开始发生不可逆位移。点缺陷、位错、晶界、堆垛、层错等有关的局域性交换作用和局域性各向异性起伏等都可以是畴壁钉扎点的重要来源。

点缺陷钉扎的矫顽力为

$$H_{CJ} = (0.40 \pm 0.05) \frac{\rho^{2/3} E_0^{4/3}}{\gamma^{1/3} L_z^{2/3} \mu_0 M_s \delta_0} \tag{3-75}$$

式中　ρ——点缺陷密度；

E_0——与畴壁的相互作用能；

γ——畴壁能密度；

L_z——畴壁在 Z 方向的尺度；

δ_0——畴壁基本厚度。

缺陷越多，与畴壁的相互作用能越大、畴壁越窄，其 H_c 越高。

面缺陷钉扎的矫顽力为

$$H_{CJ} = \frac{2K}{\mu_0 M_s}(1 - pq) \frac{(1 - \sqrt{mp})^2}{(1 - mp)^2} \tag{3-76}$$

式中　$P = A/A'$；

$q = K/K'$；

$m = M_s M_2$；

$A,\ K,\ M_s$——均匀区的磁参数；

$A',\ K',\ M_2$——缺陷区的磁参数。

面缺陷的钉扎作用和点缺陷类似，是通过交换作用能、磁晶各向异性能、磁弹性能等的综合作用，而形成面缺陷与畴壁的相互作用能，使畴壁能最低。

C 磁各向异性

磁各向异性是完全由物质本身决定的“先天的”性质，即物质固有的磁各向异性。与之相对，还有“后天的”磁各向异性，其中包括形状磁各向异性、诱导磁各向异性及应力磁各向异性（应变磁各向异性）。这与软磁材料相同。这些磁各向异性在磁性材料的实际应用中非常重要。称容易磁化的方向为易磁化方向。Ni 中的［111］、$MnFe_2O_4$ 中的［111］就属于此。为使磁矩向易磁化方向集中，需要能量，称此能量各向异性能。若实际的磁化方向与易磁化方向的夹角为 θ，设各向异性常数为 K_u，则各向异性能可近似表示为

$$E_a = K_{u1}\sin^2\theta + K_{u2}\sin^4\theta \tag{3-77}$$

诱导磁各向异性是通过外部磁场及加工、热处理、晶体生长方式等，使材料产生的磁各向异性，它贯穿在实际磁性材料的整个制造过程中，是必须考虑的极为重要的性质。

应力磁各向异性，源于下述的磁致伸缩现象。一般说来，铁磁体经磁化其尺寸、形状往往会发生一些变化，这种现象即为磁致伸缩。磁致伸缩也会显示出各向异性，用磁致伸缩率 λ 表示，而磁致伸缩率在强磁场下达到饱和的值 λ。称为磁致伸缩常数，作为铁磁体的特性参数经常使用。铁磁材料的这种磁致伸缩，是由于自发磁化时导致物质的晶格结构改变，使原子间距发生变化而产生的现象。

D 弛豫型能量损耗

资料表明，相对于磁场变化，当磁化旋转、畴壁移动以及杂质等引起的非各向同性弹性应变场的变化产生滞后时，会产生磁余效以及共振等。由磁余效引起的能量损耗称为弛豫型能量损耗。例如，当 Fe 中固溶 C、N 等间隙原子时，在其周围会产生弹性应变场。设该应变场在交变外力的作用下，产生的应变为 S，则 S 可由下面的运动方程式及其解表示，这种现象称为拟弹性。

$$\begin{cases} A\sigma + B\dfrac{\mathrm{d}\sigma}{\mathrm{d}t} = aS + b\dfrac{\mathrm{d}S}{\mathrm{d}t}\text{（运动方程式）} \\ S = S_0\exp(-t/\tau_s)\text{（方程式的解）} \end{cases} \tag{3-78}$$

式中 t——时间；

A，B，a，σ——常数；

τ_s——弛豫时间，当缓和足够长的时间后应变为 S。

上述弛豫现象伴随有能量损失，该能量损失可由应力与应变间产生的位相差表示为

$$\text{能量损失系数} = \tan\delta$$

除铁磁体的铁损、铁电体的铁电损失之外，物理现象中由弛豫和共振引起的损失都可以由上述 $\tan\delta$（称为损耗角正切）表示。

3.2.1.2　永磁材料性能测试

永磁材料标准样品检定装置主要包括：强磁场磁导计、直流电源、冲击电流计、标准互感器和电流表。其基本原理采用的是闭磁路中的冲击感应法。剩磁 B_r、矫顽力 H_c、最大磁能积 $(BH)_{max}$ 测量值的相对误差计算公式如下

$$E_{B_r}=\frac{B_r-B_{r0}}{B_{r0}}\times 100\%$$

$$E_{H_c}=\frac{H_c-H_{c0}}{H_{c0}}\times 100\%$$

$$E_{(BH)_{max}}=\frac{(BH)_{max}-(BH)_{max0}}{(BH)_{max0}}\times 100\% \tag{3-79}$$

式中　B_r——剩磁的测量值；

B_{r0}——剩磁的标准值；

H_c——矫顽力的测量值；

H_{c0}——矫顽力的标准值；

$(BH)_{max}$——最大磁能积的测量值；

$(BH)_{max0}$——最大磁能积的标准值。

磁导计由磁轭、磁极、磁化绕组三部分组成。磁极在水平方向或上下方向上左右或上下移动，以保证和样品紧密接触（见图 3-28）。棒状样品，长度不小于 50mm。

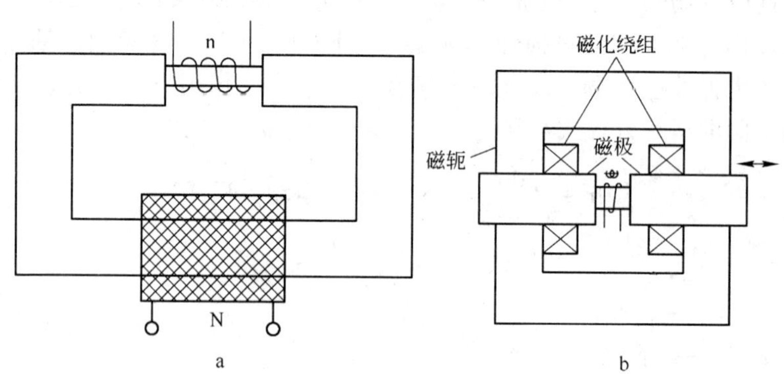

图 3-28　永磁材料性能测试

a—强磁场测试装置；b—磁导计

磁轭和极头由矫顽力小于 100A/m 的软磁材料制成。极间距连续可调，两极面平行且与磁场方向垂直，极面应为平面，其光洁度不低于 ▽6 。磁化绕组的位置尽量靠近试样，并相互对称，其轴线与磁极轴线一致。电源功率必须满足磁化

场的要求，测量时磁化电流的变化每分钟不超过0.01%，磁化电流连续可调，并能经受大电流反向冲击。冲击电流计是用来测量短时间脉冲电流所迁移的电量，这里用来测量与磁有关的磁通量。冲击电流计的自由振动周期小于18s，冲击常数不大于10^{-6}Wb/mm。冲击电流计应安装在远离电磁场干扰的地方，也不应受任何机械作用力的影响。冲击电流计的放置必须调节到严格水平，其镜面应该与读数标尺面保持平行。测定剩磁B_r时，电流从最大跃变到零，此时对应磁通密度变化量ΔB_r根据电流偏转α_r进行计算

$$\Delta B_r = \frac{C_B\alpha_r}{N_B A_0} \tag{3-80}$$

而剩磁B_r按下式进行计算

$$B_r = B_m - \Delta B_r = \frac{C_B}{N_B A_0}\left(\frac{\alpha_m}{2} - \alpha_r\right) \tag{3-81}$$

测量剩磁时，电流为零时的磁场值不应超过0.2kA/m，若剩磁场太大，电流调到一个负值使磁场不超过0.1kA/m，同时允许用极限磁滞回线上两点的线性内插确定剩磁。

试样在H_m下进行磁锻炼，并切断磁化电流，使磁通密度回到B_r点，然后施加一反向磁化电流，使磁场为H_A，测量所对应的磁通密度变化量ΔB_A，按下式计算ΔB_A值

$$\Delta B_A = \frac{C_B\alpha_A}{N_B A_0} \tag{3-82}$$

此时A点所对应的磁通密度值B_A由下式计算

$$B_A = B_r - \Delta B_A = \frac{C_B}{N_A A_0}\left(\frac{\alpha_m}{2} - \alpha_r - \alpha_A\right) \tag{3-83}$$

同理依次可以测量退磁曲线上任一点的磁通密度值。

退磁曲线上任一点的数值根据接入磁场测量线圈的电流计偏转而定，计算公式如下

$$H = \frac{C_H\alpha_H}{(NA)_H\mu_0} \tag{3-84}$$

调节电流使对应磁通密度的电流计偏转$\alpha_B = \alpha_m/2$，此时所测的磁场值即为矫顽力H_c。一般磁性材料的退磁曲线在H_c附近很陡，要找到$\alpha_m/2$偏转比较困难，为此矫顽力的确定可以根据退磁曲线与H轴的内插决定，测量时选取两点，使对应磁通密度的偏转$\alpha_1 < \alpha_m/2$，$\alpha_2 > \alpha_m/2$，并且α_1与α_2的值越接近$\alpha_m/2$越好。然后按式3-83和式3-84求出B_1、B_2以及H_1、H_2之值，代入下式可求出

H_c 值

$$H_c = H_1 + \frac{B_1}{B_1 + B_2}(H_2 - H_1)$$

$$= \frac{C_H}{(NA)_H}\left[\alpha'_H + \frac{\frac{1}{2}\alpha_m - \alpha_r - \alpha_1}{\alpha_2 - \alpha_1}(\alpha''_H - \alpha'_H)\right] \tag{3-85}$$

式中　α'_H、α''_H——分别为第一点和第二点对应磁场的电流计偏转；

α_1、α_2——分别为第一点和第二点对应磁通密度的电流计偏转。

最大磁能积 $(BH)_{max}$ 是退磁曲线上相应每一点磁通密度与磁场强度乘积的最大值，测出退磁曲线后即可求出 $(BH)_{max}$ 之值。

由居里温度的定义知，要测定铁磁材料的居里温度，从测量原理上来讲，其测定装置必须具备 4 个功能：提供使样品磁化的磁场；改变铁磁物质温度的温控装置；判断铁磁物质磁性是否消失的判断装置；测量铁磁物质磁性消失时所对应温度的测温装置。JLD-Ⅱ居里点温度测试仪是通过如图 3-29 所示的系统装置来实现以上 4 个功能的。待测样品为一环形铁磁材料，其上绕有两个线圈 L_1 和 L_2，其中 L_1 为励磁线圈，给其中通入交变电流，提供使环形样品磁化的磁场。将绕有线圈的环形样品置于温度可控的加热炉中以改变样品的温度。将集成温度传感器置于样品旁边以测定样品的温度。该装置可通过两种途径来判断样品的铁磁性消失。一是通过观察样品的磁滞回线是否消失来判断。铁磁物质最大的特点是当它被外磁场磁化时，其磁感应强度 B 和磁场强度 H 的关系是非线性的，也不是单值的，而且磁化的情况还与它以前的磁化历史有关，即 B-H 曲线为一闭合曲线。当铁磁性消失时，相应的磁滞回线也就消失（变成一条直线）。因此，测出对应于磁滞回线消失时的温度，就是居里温度。为了获得样品的磁滞回线，可在励磁线圈回路中串联一个采样电阻 R。由于样品中的磁场强度 H 正比于励磁线圈中通过的电流 I，而电阻 R 两端的电压 U 也正比于电流 I，因此可用 U 代表磁场强度 H，将其放大后送入示波器的 X 轴。样品上的线圈 L_2 中会产生感应电动势，

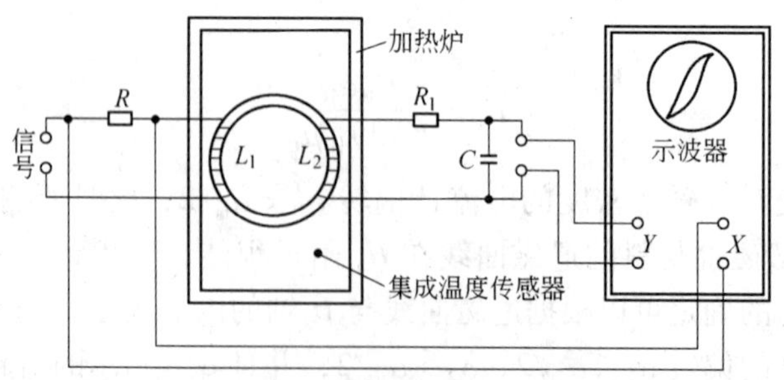

图 3-29　JLD-Ⅱ居里温度测试仪

由法拉第电磁感应定律知，感应电动势的大小为

$$\varepsilon = -\frac{\mathrm{d}\phi}{\mathrm{d}t} = -k\frac{\mathrm{d}B}{\mathrm{d}t} \tag{3-86}$$

式中 k——比例系数，与线圈的匝数和截面积有关。

将式 3-86 积分得

$$B = -\frac{1}{k}\int\varepsilon\mathrm{d}t \tag{3-87}$$

可见，样品的磁感应强度 B 与 L_2 上的感应电动势的积分成正比。因此，将 L_2 上感应电动势经过 R_1C 积分电路积分并加以放大处理后送入示波器的 Y 轴，这样在示波器的荧光屏上即可观察到样品的磁滞回线（示波器用 X—Y 工作方式）。

资料表明，可以通过测定磁感应强度随温度变化的曲线来推断。一般自发磁化强度 M_s（任何区域的平均磁矩）称为自发磁化强度，与饱和磁化强度 M（不随外磁场变化时的磁化强度）很接近，可用饱和磁化强度近似代替自发磁化强度，并根据饱和磁化强度随温度变化的特性来判断居里温度。用 JLD-Ⅱ装置无法直接测定 M，但由电磁学理论知道，当铁磁性物质的温度达到居里温度时，其 M(T)的变化曲线与 B(T)曲线很相似，因此在测量精度要求不高的情况下，可通过测定 B(T)曲线来推断居里温度。即测出感应电动势随温度 T 变化的曲线，并在其斜率最大处作切线，切线与横坐标（温度）的交点即为样品的居里温度，如图 3-30 所示。

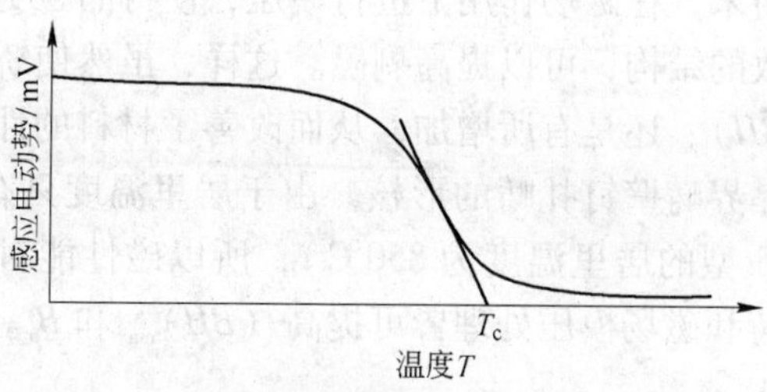

图 3-30 感应电动势-温度曲线

3.2.1.3 磁性材料的类型

硬磁材料的磁滞回线宽肥，它具有高的剩磁、高矫顽力和高饱和磁感应强度。磁化后可长久保持很强磁性，难退磁，适于制成永久磁铁。因此，除高矫顽力外，磁滞回线包容的面积，即磁能积（BH）对硬磁材料而言也是重要的参数。用最大磁能积（BH）$_{max}$ 可以全面地反映硬磁材料储有磁能的能力。最大磁能积（BH）$_{max}$ 越大，则在外磁场撤去后，单位面积所储存的磁能也越大，性能也越好。

H_c 是衡量硬磁材料抵抗退磁的能力，一般 $H_c>103A/m$。B_r 值要求也要大一些，一般不得小于 10～1T。此外对温度、时间、振动和其他干扰的稳定性也要好。硬磁性材料也可分为金属硬磁材料和硬磁铁氧体两大类。金属硬磁性材料按照生产方法的不同，可以再细分为铸造合金、粉末合金、微粉合金、变形合金和稀土合金等。也可以按照化学成分或其他方法来分类。典型的永磁材料包括永磁铁氧体、铝镍钴以及稀土永磁材料。

A　硬磁铁氧体

硬磁铁氧体是 $CoFeO_4$ 与 Fe_3O_4 粉末烧结并经磁场热处理而成。虽然出现很早，但由于性能差，且制造成本高，而应用不广。到20世纪50年代，钡铁氧体（$BaFe_{12}O_{19}$）出现，才使硬磁铁氧体的应用领域得到了扩展。钡铁氧体是用 $BaCO_3$ 相 Fe_3O_4 合成的，工艺简单。成本低；后来用 Sr 代 Ba 得到锶铁氧体，其 $(BH)_{max}$ 值提高很多。由于铁氧体磁性材料是以陶瓷技术生产，所以常称为陶瓷磁体。硬磁铁氧体具有六方晶体结构，其磁晶各向异性常数高（$K_1=0.3MJ/m^3$）低的饱和磁化强度（$M_s=0.47T$），高的矫顽力。最重要的铁氧体硬磁材料是钡恒磁 $BaFe_{12}O_{19}$，它与金属硬磁材料相比的优点是电阻大、涡流损失小、成本低。磁化过程包括畴壁移动和磁畴转向两个过程，如果晶粒小到全部都只包括一个磁畴（单畴），则不可能发生畴壁移动而只有畴转过程，这就可以提高矫顽力。因此在生产铁氧体的工艺过程中，通过延长球磨时间，使粒子小于单畴的临界尺寸，适当提高烧成温度（但不能太高，否则使晶粒由于重结晶而重新长大），可以比较有效地提高矫顽力。另外，用磁致晶粒取向法，即把已经过高温合成和通过球磨的钡铁氧体粉末，在磁场作用下进行模压，使得晶粒更好地择优取向，形成与外磁场基本一致的结构，可以提高剩磁。这样，虽然使矫顽力稍有降低，但总的最大磁能积 $(BH)_{max}$ 还是有所增加，从而改善了材料的性能。磁化强度反向转换的机制可能是晶界畴壁钉扎畴的形核。由于居里温度只有 450℃，远低于铝镍钴材料（铝镍钴 5 型的居里温度为 850℃），所以磁性能对温度十分敏感。减小粒子尺寸形成单畴和磁场模压处理皆可提高 $(BH)_{max}$ 和 B_r。

B　AlNiCo 合金

AlNiCo 合金是含有 Al、Ni、Co 加上 3% Cu 的铁基系合金，具有高的磁能积 $(BH)_{max}=40\sim70kJ/m^3$，高剩余磁感应强度（$B_r=0.7\sim1.35T$），适中的矫顽力（$H_c=40\sim160kA/m$）。Al-Ni-Co 永磁材料为析出硬化型永磁材料（又称沉淀硬化型磁钢），其矫顽力是在合金冷却过程中获得的，通过失稳分解沉淀出近似单畴大小的伸长形磁性相弥散分布于弱磁性相中，利用磁性相的形状各向异性，其反磁化依靠磁矩的非均匀转动。H_c 是由畴转过程决定的，则磁畴在不可逆转动过程中受到的阻力就是 H_c 值的度量。这时依赖于造成单畴粒子或弥散的单畴脱溶相及其三种各向异性（磁晶、应力及形状）来增加畴转的阻力，从而获得高的

H_c 值。

AlNiCo1 ~4 型是各向同性的，而 AlNiCo5 型以上的型号是通过磁场热处理可得到各向异性的硬磁材料。由于适中的价格和实用的 $(BH)_{max}$，使 AlNiCo5 型成为该合金系中使用最广泛的合金。铝镍钴是脆性的，可以用粉末冶金方法生产。AlNiCo 合金属于析出（沉淀）强化型磁体。当由高温冷却时，从体心立方变为在弱磁基或非铁磁的 Ni-Al 富 α′相，属于 Fe-Co 系，这是调幅分解。α′趋于形成像针状，在〈100〉方向直径约 10nm，长度约 100nm。如果分解发生在居里温度以下（各向异性铝镍钴），所加磁场有利于〈100〉方向 α′相的生长，则可增加 $(BH)_{max}$。在这方面钴起着关键作用，因为提高了合金的居里温度，以至于使各向异性分解发生在磁场退火条件下，通过定向凝固，称为柱状铝镍钴。通过增加 Co 含量或增加 Ti 或 Nb，矫顽力可以增加到典型值的 3 倍，如 AlNiCo8 ~9 型。AlNiCo 系合金广泛用于电机器件上，例如，发电机、电动机、继电器和磁电机；电子行业中的应用如扬声器、行波管、电话耳机和受话器。此外，还可用于各种夹持装置。由于与铁氧体比较，价格较高，因此市场上自 20 世纪 70 年代中期起已逐渐被铁氧体代替。

AlNiCo 合金的制备工艺主要包括配料、熔炼、固溶化处理、热处理等。配料：进行成分优化设计，在合金中添加 Nb(0.5% ~1%)，B(0.05%)元素可提高密度和磁性能，添加 S（<0.5%）、Hf（0.5%）元素可减低合金脆性，改善加工性能，添加 Si(<1%)、Bi(0.13%)和 Te(0.5% ~3.0%)元素则可促进柱状晶长大，磁性能提高；熔炼：均匀化；固溶化处理：形成单相固溶体 α；磁场热处理：发生失稳分解（α_1、α_2），同时形成磁性织构

$$\alpha(\text{Fe-Ni-Al}) \longrightarrow \alpha_1(\text{Fe 或 FeCo}) + \alpha_2(\text{NiAl}) \tag{3-88}$$

时效处理调整两相间化学成分的浓度，提高永磁性能。在实际应用中，AlNiCo合金有 AlNiCo5 和 AlNiCo8 两种，AlNiCo5 的成分为（原子分数）14.5% Ni8% Al24% Co3% Cu 余 Fe，AlNiCo8 的成分为 14% ~15% Ni7% ~8% Al34% Co3% Cu5% Ti 余 Fe 合金从高温冷却到 900℃附近时，为 α 单相固溶体，继续冷却并适当控制冷速的情况下，于 850℃以下发生失稳分解，分解为两相 $\alpha_1+\alpha_2$，其析出相 α_1 和基体相 α_2 是共晶格的，分解初期没有明显的相界面，α_1 和 α_2 两相均仍属体心立方，其晶格常数 a 都为 0.287nm(2.87Å)左右，合金内部形成组元浓度周期性起伏的调幅结构。当于 600℃进行回火时，合金中不仅发生 α_1 相长大（呈伸长形），同时由于 α_2 相中过溶的 Fe 和 Co 在回火温度下容易向 α_1 相中扩散，即发生回溶现象，另一方面，α_1 相又将过溶的 Ni 和 Al 扩散到 α_2 相，发生 Ni、Al 的脱溶，使合金中 α_1 和 α_2 相之间的成分和磁化强度差别增大，从而导致合金获得良好的永磁性能。研究表明，高温固溶后的 AlNiCo 合金在 900 ~780℃的控速冷却过程中，如果对合金外加磁场，即进行磁场热处理，则合金的

磁滞回线将发生显著的变化，尤其是退磁曲线的凸出系数明显提高，这是由于合金中形成了磁性织构的缘故，α_1 相的长轴顺着磁场方向排列，具有感生单轴各向异性，影响磁场热处理效果的因素有3个：(1) 磁场热处理的有效温度范围；(2) 冷却速度；(3) 外加磁场大小。各向异性铝镍钴永磁体的制备工艺如下：

铸型、配料⟶熔炼、铸锭⟶固溶化处理⟶

磁场中冷却⟶时效处理⟶加工处理⟶检验出厂

C　金属硬磁材料

金属硬磁材料历史悠久，古代指南针就是用这种材料制成的。碳钢通过热处理形成细化马氏体，是一种性能较差的硬磁材料；添加合金元素 Cr、Co、V 等后，磁性能优越得多。同时，还有一个大的优点就是成形性能特别好，可以进行冲、压、弯、钻等切削加工，材料可制成片、丝、管、棒，使用方便，价格又低。对于那些精细零件常常用这种磁材。这类材料中，铁基合金的磁能积一般在 $8kJ/m^3$ 左右；冷轧回火后的 Fe-Mn-Ti 合金性能与低钴钢相当；性能较好的要数 38Fe-52Co-10V，回火前必须冷变形，且变形越大，性能就越好；含 V 越高，性能就越佳；延伸性能较好，能压成薄片使用。

金属硬磁材料分为淬火硬化型磁钢、析出硬化型磁钢和时效硬化型磁钢。淬火硬化型磁钢主要包括碳钢、钨钢、钴钢和铝钢等；矫顽力主要通过高温淬火手段，这类材料已很少使用。析出硬化型磁钢主要包括 Fe-Cu、Fe-Co 和 Al-Ni-Co 三类；Fe-Cu 主要用于铁簧继电器等方面；Fe-Co 主要用于某些存储单元；Al-Ni-Co 系在20世纪70年代几乎成了永磁材料的代名词。析出硬化型永磁材料，又称沉淀硬化型磁钢，其矫顽力是在合金冷却过程中获得的，通过失稳分解沉淀出近似单畴大小的伸长形磁性相弥散分布于弱磁性相中，利用磁性相的形状各向异性，其反磁化依靠磁矩的非均匀转动。H_c 是由畴转过程决定的，则磁畴在不可逆转动过程中受到的阻力就是 H_c 值的度量。这时依赖于造成单畴粒子或弥散的单畴脱溶相及其三种各向异性（磁晶、应力及形状）来增加畴转的阻力，从而获得高的 H_c 值。AlNiFe 系合金主要成分为（原子分数）Fe 55% ~70%，Ni 20% ~35%，Al 10% ~16%，还可添加少量其他元素。含有 50% ~60% Fe 的 AlNiFe 三元合金在 1000℃ 以上是单相的 α 固溶体，晶体结构为体心立方结构，$a = 0.287nm(2.87Å)$；在 900℃ 以下时，分解为两相 $\alpha_1 + \alpha_2$，其中铁磁性相 α_1 颗粒尺寸很小，近似单畴尺寸，且具有形状各向异性，α_1 相均匀弥散分布于弱磁性 α_2 相基体中，由 α_2 相将 α_1 相分割包围，使得磁化和反磁化过程只有通过磁化矢量的转动来实现，故而获得高矫顽力。特别注意的是，在 AlNiFe 系合金的制造工艺中，可以通过控制冷却速度来实现 $\alpha \rightarrow \alpha_1 + \alpha_2$ 析出或分解过程的控制，而获得最佳永磁特性的冷却速度称为临界冷却速度，它与 α 相分解的相变温度和合金成分两个因素有关。时效硬化型永磁合金力学性能好，可通过冲压、轧制、车削等手段加工成各种带材、片材和板材。A-铁基合金，包括钴钼、铁钨钴和铁钼钴等合金，其磁能积较低，用在电话接收机中。铁锰钛和铁钴钒合金主要用于指南针和仪表零件；铜基合金，主要有铜镍铁和铜镍钴，可用于测速仪和转速计。Fe-Cr-Co 系合金冷热塑性变形比较好，磁性能可以与 AlNiCo5 媲美，成本只有 AlNiCo5 的 1/3 ~ 1/5，可取代 AlNiCo 系合金。其永磁性能类似于 AlNiCo 永磁合金，主要用于扬声器、电度表、转速表、陀螺仪、空气滤波器和磁显示器等方面。有序硬化型永磁合金包括银锰铝、钴铂、铁铂、锰铝和锰铝碳合金。这类合金的显著特点是在高温下处于无序状态，经过适当的淬火和回火后，由无序相中析出弥散分布的有序相，从而提高了合金的矫顽力。这类合金一般用来制造磁性弹簧、小型仪表元件和小型磁力马达的磁系统等。

D　稀土永磁材料

稀土永磁材料是稀土元素（用 R 表示）与过渡族金属 Fe，Co，Cu，Zr 等或非金属元素 B，C，N 等组成的金属间化合物。自 20 世纪 60 年代开始至今，稀土永磁材料的研究与开发经历了 4 个阶段：

第一代是 20 世纪 60 年代开发的 RCo5 型合金（1∶5）型。这种类型的合金分单相和多相两种，单相是指从磁学原理上为单一化合物的 RCo5 永磁体，如 SmCo5，(SmPr)Co5 烧结永磁体；多相是指以 1∶5 相为基体，有少量 2∶17 型沉淀相的 1∶5 型永磁体。第一代稀土永磁合金于 20 世纪 70 年初投入生产。这类稀土永磁中最先出现的是 SmCo5，其永磁性能优良，但由于其中含稀缺、昂贵的 Sm 和 Co，造成 SmCo5 价格较高，故而人们努力用储量较多的富稀土元素取代 Sm，用 Cu、Fe 等取代 Co，因此又相继发展了 PrCo5、(SmPr)Co5 以及 Ce(Co、Cu、Fe)5 等永磁材料。RCo5 型稀土永磁材料具有 CaCu5 型晶体结构，属六角晶系。由 Co 原子层和 Co、R 混合原子层相间重叠而成，其 C 轴为易磁化轴；在 RCo5 型中，SmCo5 具有最高的磁晶各向异性常数，$K = (15 \sim 19) \times 10^3 \mathrm{kJ \cdot m^{-3}}$，$H_A = 31840 \mathrm{kA \cdot m^{-1}}$，$T_c = 740℃$，$M_s = 890 \mathrm{kA \cdot m^{-1}}$。SmCo5 永磁性能：$B_r = 1.07\mathrm{T}$，$BH_c = 851.7 \mathrm{kA \cdot m^{-1}}$、$MH_c = 1273.6 \mathrm{kA \cdot m^{-1}}$，$(BH)_{max} = 227.6 \mathrm{kJ \cdot m^{-3}}$，可在 −50 ~ 150℃范围内工作。SmCo5 永磁矫顽力机理认为是由于第二相（如沉淀相 Sm2Co7）成为反磁化核，故而材料的 MH_c 由反磁化畴的形核与长大的临界场决定，计算得知沉淀相的形核场 H_n 大约为 $796 \mathrm{k \cdot m^{-1}}$，这与实验值吻合很好，由此看来，反磁化核主要在沉淀相的相界面形成。单畴颗粒和磁化强度可近似看做均匀转动，它的 H_{cj} 和 K_u 成正比。实际情况这类合金的矫顽力比理论值低得多（十分之一）。SmCo5 单畴临界尺寸为 $d_0 = 0.3 \sim 1.6\mu\mathrm{m}$，而实际获得最高矫顽力的颗粒尺寸 $D = 5 \sim 20\mu\mathrm{m}$。且 H_{cj} 和 K_u 不成正比。晶界、晶体缺陷和第二相对畴壁的钉扎效应。制造方法有粉末冶金法和还原扩散法。粉末冶金法：配料→熔炼→磨粉→磁场成形→烧结→热处理→磨加工→检验。还原扩散法：原料准备→混料→还原扩散→去除钙和氧化钙→磨料→干燥→磁场成形→烧结→热处理→磨加工→检验。由于稀土元素容易挥发和氧化，在配方时应补足可能发生的损失量，以免成分偏析；制粉应在介质（如甲苯、航空汽油等）保护下进行振动球磨；烧结中应按质量分数添加适量的液相合金（如60% Sm + 40% Co）并注意控制烧结温度和降温模式。1150℃烧结时，材料磁性能最好；SmCo5 永磁在 500 ~ 800℃范围内回火或在此区间缓慢冷却，其矫顽力大幅度降低，这称为“750℃回火效应”，若再在 900 ~ 950℃加热并淬火时，其矫顽力又可部分或全部回复，这一现象在其他 RCo5 永磁中也存在。

第二代稀土永磁合金为 R2TM17 型（2∶17 型，TM 代表过渡族金属）。以 Sm-Co-Cu 三元系为基础发展起来的 2∶17 型稀土永磁，是时效硬化型材料，其中，Sm-Co-Cu-Fe-M 系 2∶17 型永磁，代表第二代稀土永磁。第二代产品大约 1978 年投入生产，已在工业上得到广泛应用。其中起主要作用的金属间化合物的组成比例是 2∶17（R/TM 原子数比），亦有单相和多相之分。R2TM17 多数属于菱方晶系；Sm2Co 17是稀土永磁合金中磁稳定性最好的一种，居里温度很高，T_c =926℃，对于高温下的应用具有重要的意义。单相型 R2（Co、Fe）17 永磁的矫顽力由反磁化畴的形核、长大的临界场决定，其性能不高，工艺不易控制。其中 Sm2(Co、Cu、Fe、Zr)17合金的磁性能最好，并已商品化。目前普遍认为，Sm2(Co、Cu、Fe、Zr)17型稀土永磁合金的矫顽力是沉淀相对畴壁的钉扎来决定的。这种合金的成分可表达为：Smz(Co1-*u*-*v*-*w*Cu*u*Fe*v*M*w*，其中：z = 7.0 ~ 8.3，w = 0.01 ~ 0.03，u = 0.05 ~ 0.08，v = 0.15 ~ 0.30，M = Zr、Hf、Ti、Ni 等金属原子）。Sm 含量对合金的矫顽力影响很大，同时也影响退磁曲线的方形度。随 Fe 含量的增加，合金的 B_s 迅速提高；同时 Fe 有促进胞状组织形成的作用，随 Fe 含量的增加，H_{cj}也提高。随 Cu 含量的增加，合金的 H_{cj}迅速提高；而 B_r 和 K 下降。Zr 含量对提高 H_{cj}和退磁曲线方形度起关键作用。同时含 Zr 的合金的矫顽力对热处理工艺十分敏感；Zr 的加入，可使合金中 Fe 含量增加，使 Cu 和 Sm 含量减少。Sm2(Co、Cu、Fe、Zr)17合金磁性能最好，B_r 0.9 ~ 1.197T、BH_c 493.5 ~ 796kA · m^{-1}、MH_c 525.3 ~ 2388kA · m^{-1}、$(BH)_{max}$ 175.1 ~ 251.5kJ · m^{-3}，T_c 840 ~ 870℃，αB_r = −0.002% ℃$^{-1}$，可在 −60 ~ +350℃范围工作，其缺点是 Sm 和 Co 的含量仍然较高，并且工艺复杂。目前普遍认为，Sm2(Co、Cu、Fe、Zr)17型稀土永磁合金的矫顽力是沉淀相对畴壁的钉扎来决定的。Sm2(Co、Cu、Fe、Zr)17永磁合金的热处理的工艺为：1190 ~ 1220℃/烧结 1 ~ 2h；1130 ~ 1175℃/固溶处理 0.5 ~ 2h 后快冷；750 ~ 850℃/等温时效 0.5 ~ 10h，分级时效或控速冷却。表 3-8 为 25.5Sm-50Co-8Cu-15Fe-1.5Zr 合金磁性能随时效处理的变化。

表 3-8 25.5Sm-50Co-8Cu-15Fe-1.5Zr 合金磁性能随时效处理的变化

热处理工艺 / 合金磁性能	1 号	2 号	3 号	4 号	5 号
	830℃ 0.5h	1 号 +700℃ 0.5h	2 号 +600℃ 1h	3 号 +500℃ 2h	4 号 +400℃ 10h
B_r/T	1.18	1.17	1.16	1.15	1.15
BH_c/kA · m^{-1}	222.8	342.3	382.0	413.9	429.8
$(BH)_{max}$/kJ · m^{-3}	159.9	191.0	206.9	214.9	222.8

第三代为 Nd-Fe-B 合金，于 1983 年研制成功，第二年投入生产。烧结NdFeB的磁性能为永磁铁氧体的 12 倍，它制成的器件具有性能优异、质量轻、体积小、能量大、节能、增效等一系列优点。因此，在相似的情况下，体积、质量均将大为减小，从而可实现高效、低能的目的。Nd-Fe-B 永磁的成分 Nd11.76 + xFe82.35 − x − yB5.88 + y，大约为 Nd15Fe77B8，以 Nd2Fe14B 化合物为基，并富 B 和富 Nd。该材料由 Nd2Fe14B 相、富 Nd 相和富 B 相组成。Nd2Fe14B 化合物一个单胞中由 4 个分子组成，有 68 个原子；它们构成四方结构，易磁化轴为 c 轴，属铁磁性。富 Nd 相，沿晶粒边界分布，其能助熔促进烧结，使磁体致密化，B_r 提高沿晶界分布，有利于矫顽力的提高，易氧化，抗蚀性差。富 B 相，大部分沿晶界分布。B 为四方相形成的关键，但过多会使合金的 B_r 下降。矫顽力形成普遍认为由于畴壁位移机理引起的。但到底是成核型硬化还是钉扎型硬化，目前尚有争论。多数人认为成核型，且与温度范围有关；对于烧结型 NdFeB，370K 以下为成核型，370K 以上为钉扎型；快淬型 NdFeB，520K 以下为成核型，520K 以上为钉扎型；显微结构、相结构、磁结构等是重要的影响因素。目前，R-Fe-B 系合金的缺点是磁稳定性差，Nd-Fe-B 三元系永磁材料在 20 ~ 100 范围内，磁感温度系数为 Sm-Co 合金的 3 ~ 5 倍，矫顽力温度系数为 Sm-Co 合金的 2 ~ 3 倍。原因一是合金的居里温度不高；二是 Nd 和 Fe 都比较易氧化和腐蚀。添加 Al、Nb、Ga、Dy 等元素，减缓氧化速度，提高矫顽力；添加 Co 以提高 T_c，可减少原料中和氯离子。

目前国内外正在进行第四代稀土永磁材料的研究与开发，主要是 R-Fe-C 系与 R-Fe-N 系。纳米复合双相稀土永磁材料适用于制备微型、异型电机，是稀土永磁材料研究与应用中的重要方向。各类型稀土永磁材料性能如图 3-31 和表 3-9 所示。

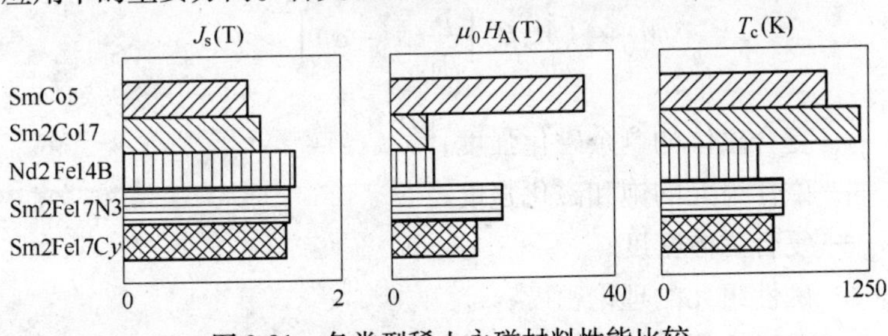

图 3-31 各类型稀土永磁材料性能比较

表 3-9　各类型稀土永磁材料性能比较

性能		第一代 1∶5 型 (RCo5)		第二代 2∶17 型 (R2TM17)		第三代 Nd-Fe-B
		A	B	A	B	
剩磁 B_r/T		0.74 ~ 0.78	0.88 ~ 0.92	0.92 ~ 0.98	1.08 ~ 1.12	1.18 ~ 1.25
矫顽力	H_{cb}/kA · m^{-1}	520 ~ 576	680 ~ 720	560 ~ 720	480 ~ 544	760 ~ 920
	H_{cj}/kA · m^{-1}	600 ~ 760	960 ~ 1280	>800	496 ~ 560	800 ~ 1040
最大磁能积 $(BH)_{max}$/kJ · m^{-3}		104 ~ 120	152 ~ 168	160 ~ 192	232 ~ 248	264 ~ 288
电阻率 ρ/Ω · m		6×10^{-3}	5×10^{-3}	9×10^{-3}	9×10^{-3}	14.4×10^{-3}

E　硬磁复合材料

一般情况下，永磁材料的密度较高，脆而硬，不易加工成复杂的形状。但是，制成高聚物基或软金属基复合材料后，上述难加工的缺点可得到克服。永磁复合材料的功能组元是磁性粉末，高聚物和软金属起到黏结剂的作用。其中，高聚物使用较为普遍，常用的有环氧树脂、尼龙和橡胶等材料。永磁复合材料的制造方法常采用模压、注塑、挤压等工艺技术。磁性复合材料是以高聚物或软金属为基体与磁性材料复合而成的一类材料。由于磁性材料有软磁和硬磁之分，因此也有相应的软磁和硬磁复合材料。此外，强磁性（铁磁性和亚铁磁性）细微颗粒涂覆在高聚物材料带上或金属盘上形成磁带或磁盘用于磁记录，也是一类非常重要的磁性复合材料，又如与液体混合形成磁流体等。

与高密度的金属磁体或陶瓷磁体（铁氧体）相比，复合磁体的优良加工性能是以牺牲一部分磁性能为代价的。非磁性基体及非磁性相的比例直接影响到材料的饱和磁化强度及剩余磁化强度，它可用下述关系式来表达

$$M_r \propto (M_s\beta)\left[\frac{\rho}{\rho_0}(1-\alpha)\right]^{2/3}\times f \tag{3-89}$$

式中　M_r——复合磁体的剩余磁化强度；

M_s——磁性组元的饱和磁化强度；

ρ——复合磁体密度；

ρ_0——磁性组元的理论密度；

α——非磁性相基体的体积分数；

β——非磁性相体积分数；

f——铁磁性相在外磁场方向的取向度。

由于复合永磁材料的易成形和良好加工性能，因此常用来制作薄壁的微型电机使用的环状定子，例如计算机主轴电机，钟表步进电机等。复合永磁材料的良好成形性，使其适用于制作体积小、形状复杂的永磁体。如汽车仪表用磁体、磁推轴承及各类蜂鸣器等。复合永磁材料的功能体可看作是各类磁体粉末（如铁氧体、铝镍钴、Sm-Co、NdFeB 等）制成的黏结磁体。也可以选用两种或两种以上的不同磁粉与高分子材料复合，以便得到更宽范围的实用性能。

3.2.2 纳米相永磁复合材料

3.2.2.1 纳米相永磁复合材料的类型

A 类型

硬磁和软磁材料对矫顽力 H_c 的要求相反。硬磁材料要求矫顽力越高越好，即要有尽可能高的磁晶各向异性；而软磁材料则要求矫顽力越低越好。硬磁要求有尽可能大的磁晶各向异性，而软磁则要求尽可能小的磁晶各向异性。但也有共同点，如都要求有尽可能高的饱和磁化强度 M_s。一般硬磁材料如 $Nd_2Fe_{14}B$ 的 M_s $(1.25\times10^5 A/m)$ 比软磁材料如 α-Fe 的 $M_s(1.7\times10^6 A/m)$ 低，如果在硬磁材料中含有软磁相，则其 M_s 可以得到提高。永磁材料不仅要求要有高的矫顽力还要求高的饱和磁化强度以获得高的磁能积。然而硬磁相 Nd2Fe14B 等虽然具有高的矫顽力和高的磁晶各向异性，但饱和磁化强度却很低；而软磁相如 α-Fe 和 Fe3B 等虽然具有高的饱和磁化强度但矫顽力却很低。

如果把高矫顽力和高饱和磁化强度两类材料结合起来，取长补短，就有可能得到 $(BH)_{max}$ 更高的材料，这就是发展复合材料。永磁复合材料是由软磁相（SMP）与硬磁相（HMP）组合在一起。为获得高的永磁性能，硬磁相应有尽可能高的磁晶各向异性，而软磁相应有尽可能高的饱和磁化强度。

复合纳米晶稀土永磁的诸多优点：(1)理论磁能积高达 $960kJ/m^3$(120MGOe)；(2)由于含铁量高，成本相对较低；(3)有更好的加工性能；(4)有更好的抗腐蚀性能。因此，这种材料已被世界市场所接受，目前正在扩大其应用范围，它可以取代高钕含量的黏结磁体。该材料可广泛应用于工业、医疗、办公自动化、家用电器等方面。正在开发的新产品包括小磁盘和数字录像盘，可望成为黏结磁体的主要市场。这类产品的应用中还包括汽车和主要器具等最大的潜在市场。

纳米晶双相复合永磁合金，从相的组成来划分，大致可分为三种：一是以硬磁相 Nd2Fe14B 为基体，另外有少量的软磁相 α-Fe，即 Nd2Fe14B/α-Fe 型；二是以软磁相 Fe3B 为基体，另外有少量的 Nd2Fe14B 硬磁相，即 Fe3B/Nd2Fe14B 型；

三是以软磁相 α-Fe 为基体，另外有少量的硬磁相 Nd2Fe14B，即 α-Fe/Nd2Fe14B 型。在上述三种材料中，Nd2Fe14B/α-Fe 型永磁合金的矫顽力最高，剩磁增强效应比较明显，综合性能最好。双相纳米永磁的饱和磁化强度为

$$M_3 = fM_3^2 + (1-f)M_3^4 \tag{3-90}$$

式中　f——软磁相的体积分数；

M_3^2，M_3^4——分别为软磁相和硬磁相的饱和磁化强度。

但复相纳米永磁中晶粒尺寸、分布等微结构因素对硬磁相和软磁相的饱和磁化强度也有影响。

Fe3B/Nd2Fe14B 型纳米晶双相复合永磁合金是以软磁相 Fe3B 为基体，Nd2Fe14B 硬磁相晶粒弥散分布其中，同时可能有很少量的 α-Fe 晶粒。由于其硬磁相 Nd2Fe14B 的相对含量很少，则这种磁体具有剩磁较高、成本低及抗腐蚀性能好的特点，但是矫顽力不高，这也就限制了它的使用范围。快淬 Nd415Fe77B1815 合金，在 943K 温度下短暂退火后，其黏结磁体的磁性能为：$H_{ci}=230\text{kA/m}$，$B_r=1126\text{T}$，$(BH)_{max}=106\text{kJ/m}^3$，$M_r/M_s=0.18$。

日本在 SPRAX2 纳米复合永磁粉基础上采用控制相生成技术又研制出 SPRAX20 粉，其矫顽力（H_{cj}）与目前的各向同性 Nd2Fe14B 永磁体相当。该粉末特点为：这种粉末是软磁相和硬磁相混合的纳米复合材料，由于添加了新的元素生成了 Fe3B/Nd2Fe14B 复合结构，扩大了 Nd 的浓度，因 Nd2Fe14B 相体积率增加，所以矫顽力提高。SPRAX2 中在 Nd2Fe14B 微晶相（10～20mm）的周围存在 Fe2B 化合物薄层。这种纳米复合体抑制了软磁相 Fe3B 磁化转动，因此对实现高磁性能起到了有利作用。其结果 H_{cj} 从 450kA/m 提高到 1100kA/m，而且改善了材料的耐热性、耐去磁性。SPRAX2 也可采用超急冷工艺制备。该工艺方法是把在坩埚中熔化的合金倒入中间包，然后再注射到旋转的辊面上从而制成带材，这样就能实现高效率的生产。由于纳米复合组织中，Nd 的浓度为 Nd2Fe14B 单相系黏结永磁体所用粉的 1/2～2/3，这样耐蚀性就显著提高，不会着火、爆炸等，使用更加安全。把溶体旋淬制成的 11mm 厚的带经粉碎、热处理得到等轴块状的磁粉，不仅可以压缩成黏结磁体而且也可以注射成黏结磁体及柔软的橡胶薄片，这些永磁体具有优异的成形性及高的磁粉填充率。

α-Fe/Nd2Fe14B 型纳米晶双相复合永磁体与上两种均有相同和不同的地方，与第一种永磁合金相同的是合金均是由 α-Fe/Nd2Fe14B 两相组成，不同的是这里以软磁相 α-Fe 为基体，硬磁相 Nd2Fe14B 晶粒则弥散分布在该基体上；与第二种合金相同的是均以软磁相为基体的，硬磁相弥散分布于其中，不同的是基体分别为 α-Fe 和 Fe3B。此类合金的 Fe 含量高达 88%～90%，快淬非晶带经适当温度和时间的退火后，就可以得到 α-Fe 为基体 Nd2Fe14B 相为弥散相的微观组织，且在两相之间有一层非晶相存在。这层非晶膜不仅不会阻隔交换耦合作用，反而

充当交换耦合的媒介。此类合金由于其硬磁相含量很少，所以其矫顽力不高，但含铁量高，剩磁高，饱和磁化强度高，且成本低廉。居里温度是指铁磁材料的自发磁化消失所对应的温度。纳米复相永磁的居里温度为自发磁化消失温度最低的相对应的温度。对于通常的 Nd2Fe14B/α-Fe 双相纳米永磁，其中 Nd2Fe14B 的自发磁化消失温度低，故为复相材料的居里温度。硬软磁相的交换耦合作用显著增强居里温度。

B 耦合理论

在 NdFeB 纳米晶双相复合永磁合金中，软硬磁相在晶体学上是共格的，而且两相晶粒间不存在界相，软硬磁两相晶粒直接接触，原子间存在着交换耦合作用。所谓交换耦合作用是指在硬磁相晶粒内部，磁极化强度受各向异性能的影响平行于易磁化轴，而在晶粒的边界处有一层“交换耦合区域”，在该区域内磁极化强度受到周围晶粒的影响偏离了易磁化轴，呈现磁紊乱状态。在剩磁状态下，必然会有一些晶粒的易磁化轴与原外加磁场方向一致。这些晶粒中的磁极化强度会使得周围晶粒中交换耦合区域内的磁极化强度也大致停留在剩磁方向上，从而使得剩余磁极化强度有了明显的提高。也就是说界面处不同取向的磁矩产生交换作用阻止其磁矩沿各自的易磁化方向取向。因此当硬磁相晶粒的磁矩沿其易磁化方向时，由于软磁相晶粒的磁晶各向异性很低，在交换耦合作用下，硬磁相迫使与其直接接触的软磁相的磁矩偏转到硬磁相的易磁化方向上，即晶界两侧的磁矩趋向于平行方向。在有外磁场作用时，软磁相的磁矩要随硬磁相的磁矩同步转动，因此这种磁体的磁化和反磁化具有单一铁磁性相的特征；在剩磁状态下，软磁相的磁矩将停留在硬磁相磁矩的平均方向上，进而各向同性的双相复合永磁体具有剩磁增强效应。要求磁体内两相界面处共格，两相从同一母相中产生出来。剩磁增强效应和光滑的退磁曲线既是复合磁体的两个基本特征，也是判断交换耦合作用强弱的重要依据。根据 Stoner-Wohlfarth 模型，对于由单轴磁各向异性的单畴粒子组成的各向同性的磁体，其剩磁比（剩磁 M_r/饱和磁化强度 M_s）的最大值为 0.5。

到目前为止，所有大晶粒各向同性磁体的剩磁都没有超越上述界限，但在复相纳米永磁中，剩磁通常大于 $M_s/2$，这就是“剩磁增强”现象（Remanence enhancement）。有人认为 $M_r/M_s>0.5$ 作为复相纳米永磁材料产生剩磁增强的标准，这是不准确的。0.5 作为评判标准只适合构成复相纳米永磁的各个相都具有单轴磁晶各向异性的情形，而目前几乎所有被研究的复相纳米永磁系都不具备这一特征。实际上对于三轴晶系的各向同性多晶体（如 α-Fe），按 Stoner-Wlhlfarth 模型，其最大剩磁为 $0.832M_s$，因此对 Nd2Fe14B/α-Fe 双相纳米系，剩磁增强的判据应为

$$M_1 = 0.832f M_2^2 + 0.5(1-f)M_2^4 \tag{3-91}$$

这种材料与传统永磁材料内禀磁性的差别，是传统的“内禀磁性”仅依赖

于材料成分和晶体结构。在纳米复相永磁中，由于晶粒细化引起的各种交换作用的改变，一些内禀磁性已不再完全由成分和晶体结构决定，而依赖于晶粒尺寸、形状和分布。这是因为交换耦合作用是近距离作用，其临界尺寸与硬磁相的布洛赫壁厚（约5nm）的两倍相当，所以只有晶粒尺寸小于20nm时，其剩磁增强效应才显著。如果永磁体中晶粒尺寸过大，则交换耦合区域所占的体积分数太小，交换耦合作用不甚明显。只有在纳米尺度内，一般认为小于30nm，这种交换耦合作用才能真正起作用。另外，晶粒边界处不能有过多的界面相，否则这些界面相会削弱交换耦合作用。

晶粒的均匀程度对交换耦合作用也有很大的影响，若晶粒大小不均匀，则在不均匀区域有利于反向畴形核，因而使其矫顽力偏低。当晶粒尺寸小于20nm且大小均匀时，模拟计算证明，软、硬磁相之间的交换耦合作用不仅能增强剩磁B_r，且能提高矫顽力H_{ci}，从而获得较高的磁能积。通常的反磁化过程可分为形核型和钉扎型两类，它们在热退磁状态后的磁化曲线和磁滞回线上表现出不同的特征。以形核为主的磁化曲线上升很快，起始磁导率较高，用不大的外场就能达到饱和，其矫顽力通常随外磁场的增大而增大；以钉扎为主的磁化曲线起始磁导率低，只有当外磁场达到矫顽力时才增大，其矫顽力与外磁场无关。按目前的理论，软磁相在复相纳米永磁中充当反磁化形核，反磁化过程受形核控制。而实际上硬磁相与软磁相的交换作用阻碍着反磁化畴的扩张，对反磁化畴起着钉扎作用。Nd2Fe14B/α-Fe双相纳米永磁的起始磁化曲线之所以表现出既不同于单一的钉扎型，又不同于单一的形核的特征，原因可能就是这个。对于特定晶体结构的材料，其反磁化机理会受到材料微组织形态或元素的添加/取代的影响。如传统的快淬NdFeB磁体（微晶结构）的反磁化过程受形核控制，而纳米晶Nd2Fe14B则受钉扎控制。通过调整微结构和元素添加/取代是目前提高复相纳米永磁矫顽力的两个努力方向。在理想条件下，即两相结晶连续，尺寸在10nm左右，两相之间无非磁性相存在，且完全耦合，Skomsky和Coey建立的模型所计算出Nd2Fe14B/α-Fe型各向异性复合磁体的理论磁能积$(BH)_{max}$可达到662kJPm^3。交换耦合区域在整体材料中所占的体积含量越大，则交换耦合作用越明显，剩磁增强效应就越突出。

目前研究主要集中在各向同性的纳米晶复合永磁材料，实验结果与理论预期值还存在很大的差距。原因是纳米尺寸也达不到理论要求，也不能实现晶体的取向。在目前的文献报道中，快淬法所得到的NdFeB纳米晶双相复合永磁材料的最高磁性能是Baur等人的实验指出的在纳米晶双相Nd2Fe14B/α-Fe型永磁材料中，当软磁相α-Fe成分达到30%时，其剩磁$J_r=1125$T，矫顽力$H_c=422$kA/m，磁能积185kJ/m^3。在双相复合磁体中，有三种交换耦合作用，即硬磁相与硬磁相之间的作用、硬磁相与软磁相之间的作用和软磁相与软磁相之间的作用。其中，以硬磁相与软磁相之间的作用最为重要。很多学者运用微磁学理论结合有限元方法分别研究了这种纳米双相复合磁体的一维模型、二维各向同性模型、三维各向同性和各向异性模型。

纳米晶复合永磁材料的制备方法主要有：快淬法、HDDR 法、机械合金法和薄膜技术。资料表明，真正受交换耦合作用影响的磁极化强度是那些处于晶粒边界交换耦合区域内的磁极化强度。交换耦合区域在整体材料中所占的体积含量越大，则交换耦合作用越明显，剩磁增强效应就越突出。基于这一因素考虑，细化晶粒就成为提高材料磁性能的最直接、最有效的手段。合金化是改善材料的微观结构、提高材料性能的最常用方法。在快淬 NdFeB 永磁材料中，添加元素主要起两种作用：一是添加元素原子直接进入 Nd2Fe14B 相的四方晶体结构，形成了 Nd2(Fe, M)14B 相，改变了其内禀磁学性质。二是添加元素起到细化晶粒，调整晶化相分布形态的作用。磁控溅射是制备交换耦合 Nd2Fe14B/α-Fe 多层膜所通常采用的一种方法。近年来，交换耦合 Nd2Fe14B/α-Fe 多层膜技术受到广泛重视，它可以人为控制软硬磁相膜层的厚度，如通过调整工艺参数使磁体内相呈取向生长，则有可能制备出性能极高的各向异性纳米晶复合永磁材料。其工艺为：分别用纯 Fe 靶和化学计量的 Nd2Fe14B 合金靶作阴极，用玻璃等材料作基底，在高压下，使磁控溅射室内的氩气发生电离，形成氩离子和电子组成的等离子体，其中氩离子在高压电场的作用下，高速轰击 Fe 靶或 Nd2Fe14B 合金靶，使靶材溅射到基体上，形成纳米晶薄膜或非晶薄膜，然后晶化成纳米晶薄膜。表 3-10 为各类 NdFeB 材料的比较。

表 3-10 各类 NdFeB 材料的比较

制备工艺	快 淬	氢化（HDDR）	烧 结
微观结构	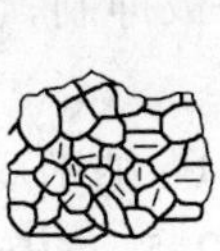	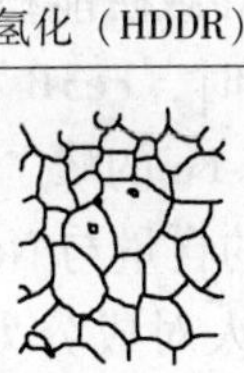	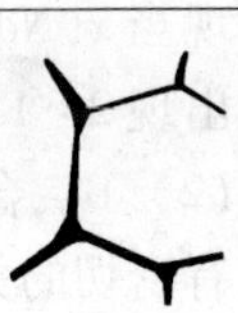
Nd2Fe14B 晶粒尺寸/μm	10^{-2}	10^{-1}	10^{1}
晶间相	非 晶	极薄的富 Nd 相	富 Nd 相
备 注	纳米晶	亚微晶	微 晶

3.2.2.2 合金化理论

微合金化是提高双相纳米复合稀土永磁材料的有效途径，但添加元素通过哪种方式起作用，晶化过程中不同原子的扩散存在什么差别，这些都是常规方法所检验不出来的。三维原子探针技术（3DAP）的出现解决了这一问题，利用它可以研究纳米尺度内不同元素原子分布特征，是研究非晶晶化过程的有效手段。用

3DAP 分析获得的图像，可以直接看出某一原子在纳米尺度的三维空间中的分布。

近年来，许多研究者为提高 NdFeB 纳米晶双相复合永磁材料的性能，从添加元素和成分优化入手，取得了非常明显的效果。通过添加替代元素可以改变软磁相或硬磁相的本征磁参数（居里温度、饱和磁极化强度、各向异性常数等）。对于纳米晶复合 Nd-Fe-B 永磁合金，替代元素通常是替代 Nd、Fe、B 在 α-Fe、Fe3B、Nd2Fe14B 相中的原子占位，从而改变硬磁性相或软磁性相的内禀磁性能，最终改变了纳米复合磁体的磁性能。

添加元素大致可以分为四类：一是添加 Ca，Al，V，Cu 等元素形成晶间相隔的软/硬磁相晶粒，以提高矫顽力；二是添加 Mo，Nb 等元素在晶间形成析出物，抑制晶粒长大，从而达到细化晶粒增加交换耦合作用的目的；三是添加 Co，Si 等元素以提高居里温度、抗氧化能力和耐蚀性；四是为提高材料的矫顽力和温度系数而添加 Dy 等。

A　基础元素

（1）Nd。随着合金中 Nd 含量的增加，矫顽力明显增加，而剩磁缓慢减小。最大磁能积（BH）$_{max}$ 先增加后又减小，当 x(Nd) 为 8% 时，材料的（BH）$_{max}$ 最大。实验结果表明，基本组元 Nd 含量与材料磁性能有密切的关系。主要由于 Nd 含量对于形成软磁性相体积分数有直接关系。随着 Nd 含量的增加，材料中形成的 Nd2Fe14B 相体积分数增加（α-Fe 相相对减少），从而矫顽力显著增大，剩磁减小；当 x(Nd) 小于 8% 时，由于矫顽力增大的幅度大于剩磁减小的幅度，所以磁能积随着 Nd 含量的增加而增加，但当 x(Nd) 大于 8% 时，尽管矫顽力还在增大剩磁却明显的减小，导致磁能积缓慢减小。当 x(Nd) 为 8% 时磁性能最佳。有人发现当 x(Nd) 达 11% 时，Fe3B 相的析出将被抑制，热磁分析（TMA）曲线上将只出现 2∶14∶1 和 α-Fe 的峰。

（2）B。合金中硼的含量与 Nd2Fe14B/α-Fe 纳米双相复合稀土永磁体的磁性能也有密切的关系。有人对成分为 Nd7.5Fe92.5 − xBx（x 的原子分数为 4.5%，5.5%，6.5%，7.5%）合金的最佳快淬薄带室温下磁性能的测量分析，表明：当含量 x 的原子分数为 6.5% 时，合金薄带处于最佳磁性能。

B　添加元素

（1）Cr。Cr 是 Fe3B 稳定化元素，用 3DAP 可明显地看出 Cr 在 Fe3B 相中的偏聚。有人研究了掺杂 Cr 对 Fe3B/Nd2Fe14B 非晶合金晶化的影响，在 x(Nd) 大约为 5% 时，NdxFe82 − xB18 和 NdxFe79 − xCr3B18 的晶化过程有很大差异，两者首先都从非晶中析出亚稳相 Nd2Fe23B3 和软磁相 Fe3B，随后后者中的亚稳相分解为 Nd2Fe14B + α-Fe + Fe3B，而前者中的亚稳相却分解为 NdFe4B4 + α-Fe。

（2）Si，V。添加少量的 Si 和 V，使 Fe3B 基相和硬磁相 Fe23B6 稳定，同时阻止了对磁性没有明显影响的 Fe3B 和 α-Fe 的过早生成。在最佳状态（715℃退火 10min）时合金 B 的磁性为

$$\mu_0 M_s \approx 1.7\text{T};\ m_Y = M_Y/M_s = 0.76;\ H_{cm} = 290\text{kA/m};$$
$$H_{cb} = 250\text{kA/m};\ (BH)_{max} = 105\text{kJ/m}^3 \tag{3-92}$$

（3）Dy。对于含 B 较高的 NdFeB 合金，当用 Dy 代替部分 Nd 时，晶化温度对成分和退火条件非常敏感，虽然合金中 x(B)达到 18.5%，但最终晶化相除了 Fe3B 和 Nd2Fe14B 两相以外，还存在少量的 α-Fe，而且，α-Fe 随着 Dy 含量的增加而增加，由于 α-Fe 的饱和磁化强度和磁晶各向异性常数都比 Fe3B 高，因此磁性能有所提高。

（4）Co，Ga。少量 Al-Cr、Cr、Zr、Mo、V 可细化组织，提高 H_{ci} 和改善磁滞回线形状，Co 可提高 T_c 并降低剩磁和矫顽力的温度系数从而提高高温稳定性。有人对 Nd4.8Fe77.5B17.7 和添加 Dy，Co，Ga 的合金 Nd3.5Dy1.0Fe72CO3Ga1.0B18.5 进行了研究，发现淬过（轮速 22m/s）的条带经 700℃ ×5min 退火后的微结构由三相组成，其中 Nd2Fe14B 占 30%，Fe3B 占 65%，α-Fe 占 5%。所有相的晶粒都呈球形，晶粒直径约 30 ~ 50nm。最佳磁性为 $H_{cm} = 320\text{kA/m}$；$B_r = 1.15\text{T}$；$(BH)_{max} = 115.4\text{kJ/m}^3$，$m_e = 0.79$。

研究发现，加入 Co 后，每一相的晶化温度都有所降低，尤其是 Pr2(Fe,Co)14B 相的析出温度，从 1060K 降到了 960K，这样使得软磁性相和硬磁性相的晶化温度差别减小，从而有利于晶粒（尤其是软磁性相晶粒）的细化。有人研究添加剂对 Nd5Fe75.5Co5B18.5M 合金（M = Al，Si，Ga，Ag，Au 等）的影响。发现 Co 和 Ga 等添加可以使晶粒尺寸明显减小，如 Nd5Fe75.5B18.5 在最佳状态的晶粒直径约 40 ~ 50nm，而 Nd5Fe73Co3Ga1B18.5 减小为 10 ~ 20nm。

有人使用熔体快淬法制备了 Nd4.5Fe76.5 − xGaX − Co1.0B18（x 的原子分数为 0 ~ 0.5%）磁体。研究表明，添加 Co 可能同时取代硬磁相和软磁相中 Fe，得到（Fe，Co)3B/Nd2/(Fe，Co）14B 复合磁体，使磁体的居里温度、各向异性和矫顽力同时增强。当联合添加 0.2% Ga 和 0.2% Co（原子分数）后，使晶粒细化到 20 ~ 30nm，磁体的综合性能提高。其原因是，Ga 和 Co 在（Fe，Co)3B/Nd2/(Fe，Co)14B 非晶带的晶化初期，富集在 Fe3B 非晶母体的界面，或在晶粒边界形成含 Ga 富 Nd 相，有效地控制着 Fe3B 相的生长，并阻止 α-Fe 的过早析出，使晶粒细化。

与添加 Zr，Nb 的作用不同，Ga 元素的添加有利于纳米晶快淬带晶粒的择优取向。复合添加 Zr + Ga 或 Nb + Ga 仍能获得较好的磁性能，并且增强了快淬带晶粒的择优取向能力。有人通过快淬 Nd815Fe78Co5Nb1B615 合金、

Nd11Fe72Co8V115B715 合金和 Nd815Fe75Co5Zr3Nb1B615 合金，分别得到黏结磁体的磁性能分别为：$B_r = 0.74T$，$H_{ci} = 421.7kA/m$，$(BH)_{max} = 64kJ/m^3$；$B_r = 0.66T$，$H_{ci} = 780kA/m$，$(BH)_{max} = 69kJ/m$ 和 $B_r = 0.68T$，$H_{ci} = 620.3kA/m$，$(BH)_{max} = 74kJ/m^3$。通过以上数据可以发现添加 Co、Nb、V、Zr 等元素可以细化晶粒、提高矫顽力和增强交换耦合作用，同时磁体具有较高的抗氧化性能。

（5）Nb。Nb 的加入稳定了 Fe23B6，并阻止 Nd2Fe23B3 相的析出。Nb 在已部分晶化的样品晶化处理时可以起到细化晶粒的作用，而对完全为非晶态的样品晶化后的微观结构却几乎没有影响。有人研究了合金成分为 Nd8Dy1Fe85 - xNbxB6（x 的原子分数为 0，0.5%，1%，1.5%）最佳快淬薄带在室温下的磁性能（M_r，H_c）随合金中 Nb 含量的变化关系。随 Nb 含量的增加，矫顽力和剩磁都在明显的变化，都是先增加后减小。当 Nb 含量 $x = 1$ 时得到最佳磁性能合金薄带。随着 Nb 元素含量 x 的增加，平均晶粒尺寸减小。可能是 Nb 元素的添加使材料中出现了一种常温下为非磁性的新相 NbFe 相。在成分为 Nd22Fe71B7 的烧结合金中添加一定量的 Nb，发现有新相 NbFe 出现，新相以颗粒或杆状形式存在基体相之间。正是由于 NbFe 相钉扎在晶界的存在方式，阻碍晶粒的长大，使晶粒细化。适量（原子分数为 0.5% ~1%）Nb 元素的添加使合金薄带的磁性能（M_r，H_c）明显改善，这是由于 Nb 元素的添加使晶粒尺寸减小，而晶粒尺寸的减小会增强软硬磁性相晶粒间的交换耦合作用，最终使磁体的磁性能改善。但是过量 Nb 元素的添加（原子分数为 1.5%）不但不会使磁性能改善，而且使磁性能大幅度下降，这可能是由于形成 NbFe 非磁性相过多，阻碍软硬磁性相间交换耦合作用，导致磁性能明显下降。

（6）Zr 和 Ga。与 Nb 相似，Zr 也有利于细化晶粒，但加入原子分数为 0.1% ~0.5% Zr 后，Nd2Fe14B 相的晶化温度有所提高。有人研究发现，Zr 和 Ga 可以改善该磁体的磁性能以及细化晶粒。熔体快淬 Nd8Fe85B5Zr2，经 770℃，3min 的退火晶化处理，得到的磁性能 $B_r = 1.074T$，$H_c = 496kA/m$，$(BH)_{max} = 13J/m^3$。

（7）In。有人发现 In 微量元素的添入不仅改变了磁性性能，矫顽力和剩磁比分别从不含 In 磁体的 400kA/m 和 0.71 增至含 In 磁体的 464kA/m 和 0.86，而且很明显地改善了磁滞回线的方形度。这些性能的改善最终使得磁体的最大磁能积大幅度地由 96kA/m 上升至 124kA/m。研究认为其改善的原因在于晶界性质的变化使得磁性能发生了改变。

（8）Cu，Mo。有人研究了 Nd4Fe85.5B10.5 中以 Cu，Mo 置换部分 Fe 后的性能变化。以 Cu，Mo 置换部分 Fe 后材料的组分为 Nd4Fe82B10Cu1Mo3。他们发现在最佳退火状态下它们的结构都是 Nd2Fe14B + α-Fe 两相结构，但后者的矫顽力为 2071kA/m，远大于前者的 95.5kA/m。矫顽力提高的原因是 Cu 和 Mo 的加入使得晶粒得以细化。由于 Cu 和 Mo 的加入减少了材料中的磁性元素的含量，使得其饱和磁化强度和 Nd4Fe85.5B10.5 相比稍微降低一点，但二者的剩磁差别不大，这样就由于矫顽力的提高使得材料的最大磁能积得到很大的提高，从而改善了材料的硬磁性能。

(9) Al。加入 Al 稍微提高样品的矫顽力，Hf 和 Ti 不仅大幅度地提高了磁体的矫顽力，而且显著地提高磁能积。分析认为性能的提高主要归因于晶粒的细化和交换耦合作用的增强。

(10) Ti 和 C。添加合金元素是提高 NdFeB 永磁材料磁性能最常用的手段。在双相纳米复合永磁材料的研究过程中，加入合金元素有利于控制软、硬磁相的晶粒尺寸及晶化过程。添加化合物 TiC 以及 Ti，C 等元素影响合金的晶化过程和磁性能，添加这些物质会在样品晶化处理初期形成一些稳定的碳化物或硼化物，如 Ti_2B，TiC 和 NdC_2 等，这些稳定的化合物为随后的晶化提供形核中心，从而提高形核率，使晶化组织细化。日本学者在研究 Fe3B/Nd2Fe14 基纳米复合材料时发现添加 Ti、C 等元素可改善其磁性能，从而开发出一种新的纳米复合永磁合金 Nd9Fe73B14 - *x*C*x*Ti4。该永磁合金是采用熔体旋淬技术制成的。原料合金在石英坩埚内高频加热熔解，熔体合金从坩埚底部的喷口喷注到旋转铜辊面制成。已知 Ti 可以抑制 Nd2Fe14B 单相附近的 α-Fe 相生成，α-Fe 相在约 910℃ 转变为 α-Fe，添加 Ti 量达 15% 时，生成微量的 TiB_2 相。

3.2.3 黏结钕铁硼永磁复合材料

黏结磁体大约出现在 20 世纪 70 年代，当时的 SmCo 已经达到商品化。自 80 年代中期问世以来，人们已研究了各种非磁性高分子如环氧树脂、尼龙、聚苯硫醚、聚乙烯、橡胶等，低熔点金属 Bi、Sn、Pb、Zn、Al 等作为黏结剂来制备生产黏结永磁材料，并投入实际使用。热固性环氧树脂种类繁多，选择的标准主要是考虑其黏合强度与耐温强度，二者与磁体的温度稳定性直接相关。如树脂的黏合强度或耐温性差，包围磁粉的树脂均易受到破坏，从而造成磁粉易被氧化。一般来说，环氧树脂越高黏结性也就越佳。黏结钕铁硼永磁是将黏结剂与钕铁硼永磁粉复合而获得的一种新型的磁功能复合材料，有着广阔的应用前景。烧结永磁体的市场情况很好，但难于精密加工成特殊形状，而且在加工过程中易出现开裂、破损、掉边、掉角等问题，另外还不易装配，从而使其应用受到限制。为解决这一问题，将永磁体粉碎，与塑料混合，在磁场中压制成形，这大概是黏结磁体最原始的制造方法。黏结 NdFeB 磁体由于成本低、尺寸精度高、形状自由度大、机械强度好、密度小等优点而得到广泛应用，年增长率达 35%。自 NdFeB 永磁粉末出现以后，由于其具有高的磁性能，所以柔性黏结磁体取得了迅速的发展。黏结剂除对磁体的物理，力学性能有相当影响外，更对磁体的化学稳定性，包括抗氧化性、耐蚀性、耐热性等都有显著影响。因此，对供 Nd-Fe-B 磁粉用的黏结剂有更多的限制和更为严格的要求。所以，黏结 Nd-Fe-B 磁体所用黏结剂的选择原则应根据磁体成形方法的不同要求而定。由于压缩成形工艺是根据产品形状尺寸，加工压制模具，把粉料加入模腔后在油压机上加压，使粉料受压达到相对致密成形。这种工艺要求选用热固性（热硬化型）环氧树脂作为黏结剂。具体的选用还要视磁体的强度要求和成本而定。根据磁性物理学，黏结磁体的剩磁可表达为

$$B_r = (1-\omega)d/d_0\cos\theta B_r(p) \tag{3-93}$$

式中 B_r——磁性粉末的剩磁；

$\cos\theta$——磁性粉末颗粒晶体的取向因子；

d——黏结剂磁体的实际密度；

d_0——黏结剂磁体的理论密度；

ω——黏结剂和添加剂的体积分数。

$B_r(p)$ 与合金磁粉的成分、制造方法、磁粉颗粒显微结构有关。对于单轴各向异性的磁性粉末来说，当粉末颗粒易磁化轴混乱取向时，$\cos\theta = 0.5$，各向同性黏结磁体便是如此。当粉末颗粒为单轴单晶体，且易磁化轴沿磁场取向方向完全取向时，$\cos\theta = 1.0$。当粉末颗粒的易磁化轴部分取向时，$\cos\theta$ 可在 0.5 ~ 1.0 范围内变化，取向因子 $\cos\theta$ 的高低与粉末颗粒尺寸、形状、取向的强度、成形方法等因素有关。黏结剂磁体的实际密度 d，与成形时压力的大小有关。通常总是 $d < d_0$，因此相对密度 d/d_0 总是小于 1.0。资料表明，黏结剂磁体的理论密度可用下式计算：

$$d_0 = d'_0(1-\omega) + d''_0 \tag{3-94}$$

式中 d''_0——黏结剂和添加剂的理论密度，与黏结剂类型有关；

ω——黏结剂和添加剂的体积分数。

由此可看出，ω 是使黏结磁体的磁性能比磁粉低的主要参量。使用环氧树脂作黏结剂，体积分数 ω 一般约 14% ~ 15%（质量分数约 2.5% ~ 3.0%）。图3-32 到图 3-35 为本书作者的工作。磁体的制备黏结磁体是由永磁体粉末与可挠性好的橡胶或质硬量轻的塑料、橡胶等黏结材料相混合，按用户需求直接成形为各种形状的永磁部件。但同时由于黏结剂的加入永磁体的最大磁能积和磁化强度等出现一定程度的下降。黏结磁体的磁粉通常通过熔体快淬的方法制备。磁粉粒度、黏结剂的添加量、成形压力和固化温度等都是影响磁体最终性能的重要因素。图 3-32 为磁粉含量与 Nd-Fe-B 黏结磁体矫顽力的关系。图 3-33 为磁粉含量与 Nd-Fe-B 黏结磁体密度的关系。可以看出，磁粉含量的增加不仅可以获得较好的矫顽力，还可以大大提高磁体的密度。黏结磁体的黏结剂对磁性能影响较大，因为黏结剂是非磁性物质，对磁粉起到稀释作用，相当于一种掺杂。因此，黏结剂含量不宜过多。但含量太少时，黏结磁体的机械强度不够。所以磁体的最终性能，

包括磁性能和力学强度，都与黏结剂的添加量直接相关。图3-34给出了Nd-Fe-B永磁材料磁粉含量与抗压强度的关系。可以看出，在高含量磁粉（>94%）时，随黏结剂含量的减少，磁体的抗压强度降低，黏结效果变差。图3-35为磁粉含量与Nd-Fe-B黏结磁体 B_r 和 $(BH)_{max}$ 的关系。可以看出，磁粉含量越大，磁能积和剩磁越高。图3-36为熔化炉，各类型稀土永磁材料生产的工艺流程见表3-11。

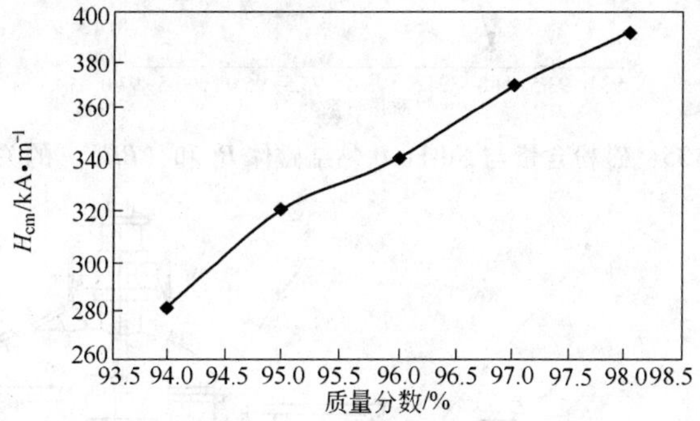

图3-32　磁粉含量与Nd-Fe-B黏结磁体矫顽力的关系

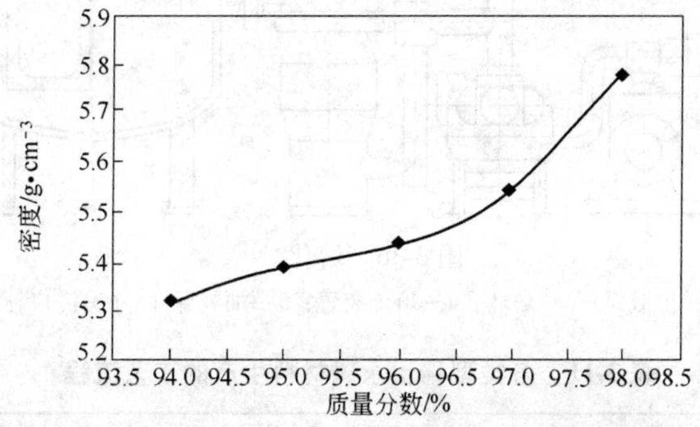

图3-33　磁粉含量与Nd-Fe-B黏结磁体密度的关系

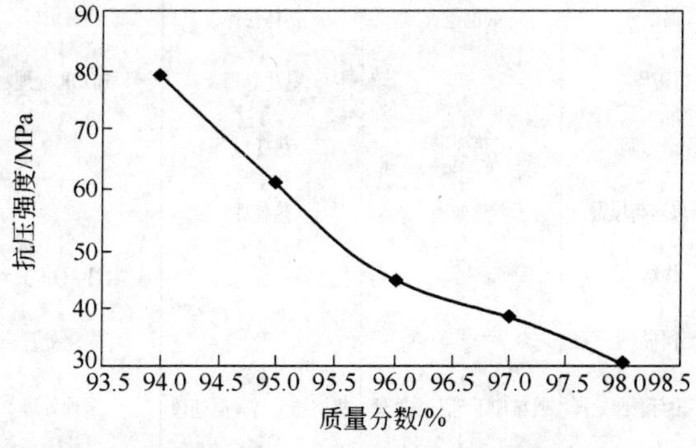

图3-34　磁粉含量与Nd-Fe-B黏结磁体抗压强度的关系

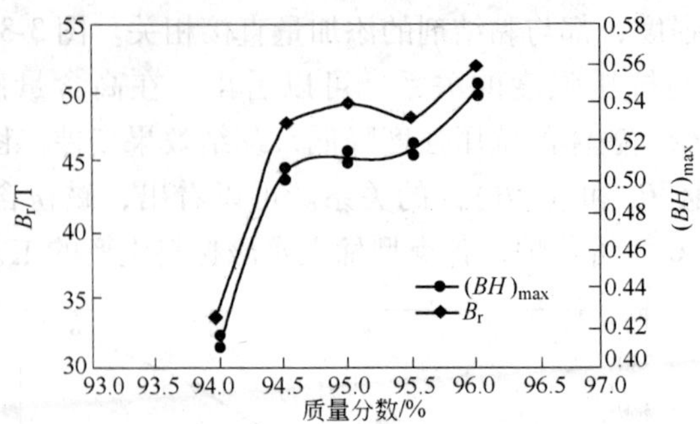

图 3-35 磁粉含量与 Nd-Fe-B 黏结磁体 B_r 和 $(BH)_{max}$ 的关系

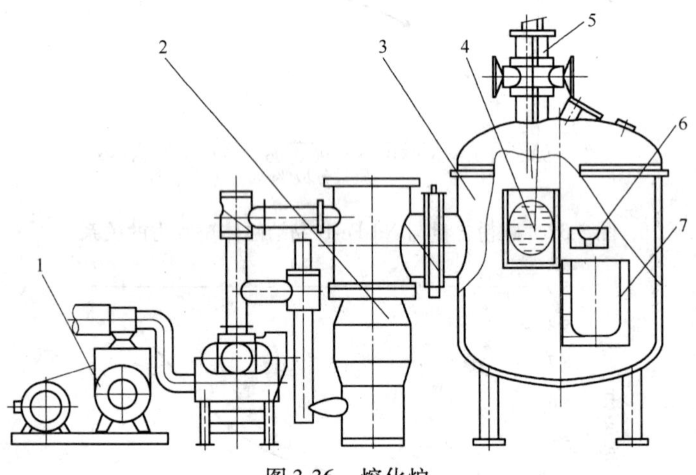

图 3-36 熔化炉

1—真空泵；2—扩散泵；3—炉体；4—熔炼装置；5—加料漏斗；6—浇口杯；7—浇铸模

表 3-11 各类型稀土永磁材料生产的工艺流程

烧结永磁材料（各向异性）		热变形永磁材料（各向异性）		黏结永磁材料（各向异性/同性）	
冶炼与铸锭	冶炼与铸锭	冶炼与铸锭	冶炼与铸锭	冶炼与铸锭	冶炼与铸锭
↓	高温退火	高温退火	熔体快淬	高温退火	熔体快淬
粗破碎	粗破碎	↓	晶化处理	HDDR 处理	晶化处理
制粉	细破碎与制粉	热变形	热变形	制粉	制粉
↓	↓	↓	↓	↓ ←添加剂	→↓
磁场取向与压型	磁场取向与压型	热处理	热处理	混合	混合
烧结	烧结	↓	↓	成型(H=0或H≠0)	成型（H=0）
回火	回火	↓	↓	固化处理	固化处理
机械加工与表面处理	机械加工与表面处理	机械加工与表面处理	机械加工与表面处理	表面处理	表面处理
性能检测	性能检测	性能检测	性能检测	性能检测	性能检测

3.3 电磁和磁电效应复合材料

3.3.1 磁电效应复合材料

3.3.1.1 *磁和电的作用效应*

磁电效应包括电流磁效应和狭义的磁电效应。电流磁效应是指磁场对通有电流的物体引起的电效应，如磁阻效应和霍尔效应。狭义的磁电效应是指物体由电场作用产生的磁化效应或由磁场作用产生的电极化效应，如电致磁电效应或磁致磁电效应。1894 年，Curie 预言了磁电效应的存在，而 Astrov 等人于 1961 年成功地观测到了这种磁电效应。

一般讲，在一些磁性物质内，可能产生与外加电场 E 成正比的磁化强度 M 或与外加磁场 H 成正比的电极化强度 P。前者称作电致磁电效应，后者称作磁致磁电效应。材料在外加磁场 δH 的作用下，由于铁磁相的变形产生电极化 δP 的现象，或者在外加电场作用下产生诱导磁化的现象，可以表达为

$$\delta P = \alpha\delta H \tag{3-95}$$

式中 α——磁电耦合系数。

如果定义 $\alpha E = \Delta E/\delta H$ 为磁电电压系数（E 为感生电场强度），则 $\alpha = \varepsilon_0\varepsilon_r\alpha_E$（$\varepsilon_0$ 为真空介电常数，α_E 为相对介电常数）。α 及 α_E 是表征磁电转化效应大小的重要物理量。

磁电效应是一种乘积效应，在铁电/铁磁复合材料中是通过铁电相的压电效应和铁磁相的磁致伸缩效应的乘积特性来实现磁电性能转化的，如下式所示

$$ME = \lambda \times d \tag{3-96}$$

式中 λ——磁致伸缩系数；

d——压电系数。

因此，要获得较大的磁电耦合系数，必须保证铁电相具有高压电常数和铁磁相具有大磁致伸缩系数，然后通过有效的应力将耦合进行传递以使复合材料表现出较高的耦合系数。

资料表明，影响磁电效应的因素很多，两相之间的界面、应力边界条件、混合比等都会对磁电效应产生一定的影响。目前，在铁电/铁磁复合材料中研究最多的铁磁材料是 LSMO、$NiFe_2O_4$、$CoFe_2O_4$、$CuFe_2O_4$、Ni_2MnGa、Ni(Co, Mn)Fe_2O_4 以及 Terfenol2D(Tb12XDyXFe2)等；研究最多的铁电材料是 $BaTiO_3$，PZT，P(VDF-TrFE)和 PVDF 聚合物、PZN2PT 单晶、(BaSr)Nb_2O_6 陶瓷等。关于磁电耦合的理论研究已有很多报道，同时，人们应用不同方法制备了铁电/铁磁复合材料，并研究了磁电耦合性能。就铁电/铁磁复合材料的形式来讲，可能主要可分为复合薄膜和复合材料块材两种情况。

将一个载电流的导体或半导体放到磁场中，出现的电现象和热现象称为磁场电效应。这些效应来源于磁场或自发磁化（对磁化序材料而言）对固体中载流子输运过程的影响。

3.3.1.2　*磁阻效应*

A　*磁阻效应的概念*

磁阻效应是指某些金属或半导体的电阻值随外加磁场变化而变化的现象。同霍尔效应一样，磁阻效应也是由于载流子在磁场中受到洛伦兹力而产生的。在达到稳态时，某一速度的载流子所受到的电场力与洛伦兹力相等，载流子在两端聚集产生霍尔电场，比该速度慢的载流子将向电场力方向偏转，比该速度快的载流子则向洛伦兹力方向偏转。这种偏转导致载流子的漂移路径增加。或者说，沿外加电场方向运动的载流子数减少，从而使电阻增加。这种现象称为磁阻效应。若外加磁场与外加电场垂直，称为横向磁阻效应；若外加磁场与外加电场平行，称为纵向磁阻效应。磁电阻效应按磁电阻值的大小和产生机理的不同可分为：正常磁电阻效应（OMR）、各向异性磁电阻效应（AMR）、巨磁电阻效应（GMR）和超巨磁电阻效应（CMR）等。一般情况下，载流子的有效质量的弛豫时间与方向无关，则纵向磁感强度不引起载流子偏移，因而无纵向磁阻效应。资料表明，许多金属、合金及金属化合物材料处于磁场中时，传导电子受到强烈磁散射作用，使材料的电阻显著增大。通常以电阻率的相对改变量来表示磁阻，即

$$MR=\frac{\Delta\rho}{\rho}=\frac{\rho_{B}-\rho_{0}}{\rho_{0}}$$

或

$$MR=\frac{R_{H}-R_{0}}{R_{0}}\text{或}\frac{R_{H}-R_{0}}{R_{H}} \tag{3-97}$$

式中　ρ_B、ρ_0——分别为有磁场和无磁场时的电阻率；

R_H——在磁场为 H 时的电阻；

R_0——未知磁场的电阻。

由洛伦兹力引起的正常磁电阻为正值，普通存在于金属中，其数值很小，一般只能在低温下的纯金属中观察到。1988 年发现金属磁性 Fe/Cr 超晶格样品的电阻率随磁场增加而下降，这一负的磁电阻效应称为巨磁电阻效应。1993 年发现，在具有钙钛石结构的 $LaMnO_3$ 离子氧化物中，如用二价的 Ca，Ba，Sr，Pb 等离子取代三价的 La 离子，可以得到巨大的负磁电阻变化率。例如 La-Ca-Mn-O 薄膜在温度 77K 时，在 6T 的磁场中，其电阻的变化率 $\frac{\Delta}{R_H}=\frac{R_H-R_0}{R_H}=-127000\%$ 。氧化物材料的巨磁电阻效应机制与金属超晶格不同。氧化物材料的 CMR 效应引起了人们的极大兴趣，对这种材料的研究已成为最近凝聚态物理最活跃的领域之一。

B 磁阻效应及类型

材料电阻的变化，可以是材料电学性质的改变引起的，或是材料几何尺寸引起的。因此，可以分为两类，一类是物理磁阻效应，一类是几何磁阻效应。

a 正常和异常磁致电阻效应

如图 3-37 所示的长方形 n 型半导体薄片。施加直流恒定电流，当放置于图示方向的磁场 B 中，半导体内的载流子将受到洛伦兹力的作用而发生偏转，在 a、b 端产生电荷积聚，因而产生霍尔电场。如果霍尔电场作用和某一速度的载流子的洛伦兹力作用刚好抵消，那么小于或等于该速度的载流子将发生偏转，因而沿外加电场方向运动的载流子数目将减少，使该方向的电阻增大，表现横向磁阻效应。如果将 a、b 端短接，霍尔电场将不存在，所有电子将向 b 端偏转，使电阻变得更大，因而磁阻效应加强。因此，霍尔效应比较明显的样品，磁阻效应就小；霍尔效应比较小的，磁阻效应就大。

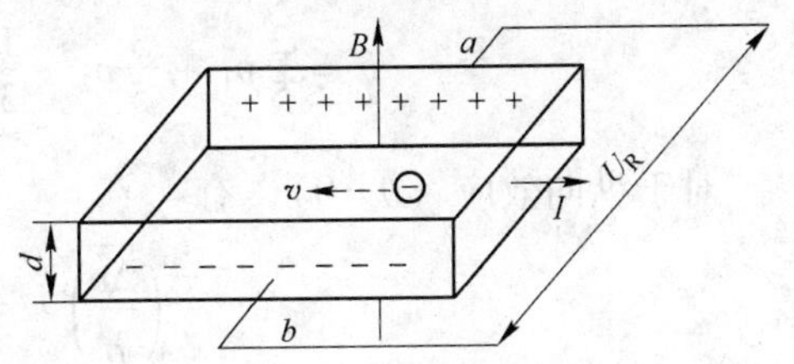

图 3-37 磁阻效应原理

(1) 正常磁致电阻效应。对于非铁磁体可以观察到纵向和横向磁电阻效应。即在磁场 H 与电场平 V 行（纵向）或垂直（横向）时，材料的电阻率 ρ 随磁场而变化。资料表明，当磁场不太强时，多数情况下，电阻率的相对变化满足如下

$$\frac{\Delta\rho}{\rho} \propto H^2 \tag{3-98}$$

在金属中，磁致电阻效应可以用磁场对电子的洛伦兹力作用来解释。对于单晶体，磁致电阻效应是各向异性的。

(2) 异常磁致电阻效应。资料表明，在铁磁单晶体中，磁致电阻效应类似于磁致伸缩效应等磁场的偶效应，遵从阿库洛夫各向异性定律

$$\begin{aligned}\frac{\Delta\rho}{\rho} = & p_1\left(a_1^2\beta_1^2 + a_3^2\beta_3^2 - \frac{1}{3}\right) + 2p_2(a_1a_2\beta_1\beta_2 + a_3a_1\beta_3\beta_1) + \\ & p_3\left(S - \frac{1}{3}\right) + p_4\left(a_1{}^2\beta_1{}^2 + a_3{}^2\beta_3{}^2 + \frac{2}{3}S - \frac{1}{3}\right) + \\ & 2p_5(a_1a_2\beta_1\beta_2a_3^2 + a_2a_3\beta_2\beta_3a_1^2 + a_3a_1\beta_3\beta_1a_2^2)\end{aligned} \tag{3-99}$$

式中，$S = a_1^2a_2^2 + a_2^2a_3^2 + a_3^2a_1^2$。对于铁，$p_3$ 的因子仅为 S。a_1、a_2、a_3 及 β_1、β_2、β_3 分别为磁化强度及电流方向的方向余弦。p_i 为磁致电阻系数。对于多晶体，按角平均后，有

$$\overline{\left(\frac{\Delta\rho}{\rho}\right)} = a + b\cos^2\theta \tag{3-100}$$

式中

$$a = -\frac{2}{15}p_1 - \frac{p_2}{5} - \frac{2}{15}p_3 - \frac{4}{35}p_4 - \frac{1}{35}p_5$$

$$b = \frac{2}{5}p_1 + \frac{3}{5}p_2 + \frac{12}{35}p_4 + \frac{3}{35}p_5$$

对于纵向效应（$\theta = 0$），有

$$\left(\frac{\overline{\Delta\rho}}{\rho}\right)_{/\!/} = a + b \tag{3-101}$$

对于横向效应 $\left(\theta = \frac{\pi}{2}\right)$，有

$$\left(\frac{\overline{\Delta\rho}}{\rho}\right)_{\perp} = a \tag{3-102}$$

磁致电阻效应与技术磁化过程相联系。当磁化达到饱和时，磁致电阻也达到饱和。磁致电阻也表现出磁滞现象，但它像磁致伸缩效应一样，也是偶效应。资料表明，铁磁金属的电阻机制除具有金属材料的共性——晶格散射与杂质散射而外，还由于 s-d 或 s-f 交换作用而发生“磁散射”。例如，对于过渡金属，由于 s 带与 d 带的部分重叠，s 带电子被散射后可能落入 d 带，因此它们的电阻率比其他金属电阻率大。在居里点以下，d 带中自旋向上和向下的两个次能带填满的程度不同，只有自旋方向一致的电子态才有可能由 s 带跃迁至 d 带。因而，电子由 s 带到 d 带的散射几率相应减少。这就是在居里点以下铁磁金属比非铁磁金属的电阻率小的原因。

b　几何磁阻效应

几何磁阻效应与样品的形状有关，不同几何形状的样品，在同样大小的磁场作用下，其电阻变化不同，此现象称为几何磁阻效应。在实际测量中，常用磁阻器件的磁电阻相对改变量 $\Delta R/R$ 来研究磁阻效应，由于 $\Delta R/R \propto \Delta\rho/\rho$，$\Delta R = R(B) - R(0)$，则

$$\frac{\Delta R}{R} = \frac{R(B) - R(0)}{R(0)} \tag{3-103}$$

式中　$R(B)$——磁场为 B 时的磁电阻；

　　$R(0)$——零磁场时的磁电阻。

理论和实验都证明，在弱磁场中时 $\Delta R/R$ 正比于磁感应强度 B 的平方，而在强磁场中时与 B 呈线性关系。

c　磁阻传感器

如果半导体磁阻传感器处于角频率为 ω 的弱正弦波交流磁场中，由于磁阻相对变化量 $\Delta R/R(0)$ 正比于 B^2，则磁阻传感器的电阻值将随角频率 2ω 作周期性变化，即在弱正弦波交流磁场中，磁阻传感器具有交流电倍频性能（图 3-38）。资料表明，若外界交流磁场的磁感应强度 B 为

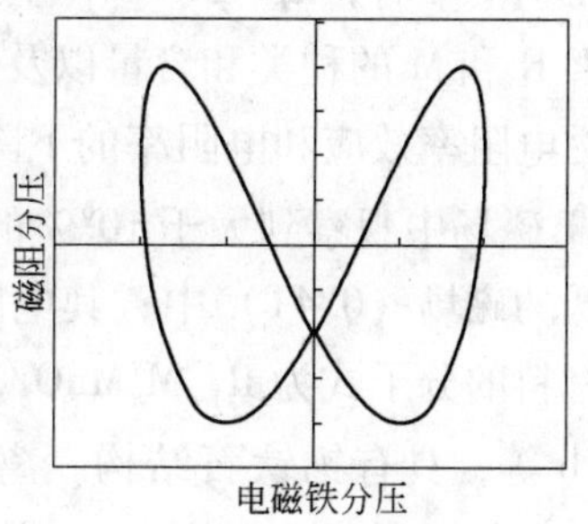

图 3-38　倍频特性

$$B = B_0\cos\omega t \tag{3-104}$$

式中　B_0——磁感应强度的振幅；

ω——角频率；

t——时间。

设在弱磁场中有

$$\Delta R/R(0) = KB^2 \tag{3-105}$$

式中　K——常量。

由式 3-104 和式 3-105 可得

$$\begin{aligned} R(B) &= R(0) + \Delta R = R(0) + R(0) \times KB^2 \\ &= R(0) + R(0) \times KB_0^2\cos^2\omega t \\ &= R(0) + \frac{1}{2}R(0)KB_0^2 + \frac{1}{2}R(0)KB_0^2\cos 2\omega t \end{aligned} \tag{3-106}$$

式中，$R(0) + \frac{1}{2}R(0)KB_0^2$ 为电阻值常量，而 $\frac{1}{2}R(0)KB_0^2\cos 2\omega t$ 为以角频率 2ω 作余弦变化的电阻值。因此，磁阻传感器的电阻值在弱正弦波交流磁场中，将产生倍频交流电阻值变化。

C　复合材料

a　NiFe/Cu/NiFe 三层薄膜复合材料

金属多层磁性薄膜是由金属磁性材料（铁、钴、镍及其合金等）和金属非磁性材料（铜、铬、银和金等）构成的金属超晶格材料。磁性多层膜巨磁电阻特点是数值远比 AMR 大得多；随磁场增加呈现负电阻值变化；磁电阻效应各向同性，只与铁磁层间磁矩的相对取向有关；磁电阻效应的大小随非磁性层厚度而发生周期性的振荡变化。GMR 出现的必要条件是：电子自旋要“识别”铁磁层间磁矩是平行排列还是反平行排列，这就要求多层膜的“周期”厚度 FM + NM 远小于 Mean Free Path（电子平均自由程）。如果非磁层厚度过大，影响到上述条件，则 GMR 衰减。

b　复合氧化物巨磁电阻材料

氧化物巨磁电阻材料的电阻-温度曲线上出现电阻率（ρ）的极大值所对应的温度称为峰值温度 T_P。当温度 $T > T_P$ 时，有 $\Delta\rho/\Delta T < 0$，类似半导体的电阻行为，

在 $T<T_P$ 时，$\Delta\rho/\Delta T>0$，呈现出金属性导电行为。峰值温度 T_P 与材料中所含元素 R 和 M 的种类和含量以及氧含量有关。在温度 T_P 附近，样品呈现出很大的巨磁电阻率效应和电阻率的下降。例如在 $Nd_{0.7}Sr_{0.3}MnO_3$ 外延薄膜中在温度 60K 和 8T 磁场中观察到大于 $10^6\%$ 的巨磁电阻比率。$(NdSm)_{0.5}Sr_{0.5}MnO_3$ 单晶样在比较低的磁场（0.4T）中，其电阻率下降了三个数量级。常用复合氧化物巨磁电阻材料的分子式为 $R_{1-x}M_xMnO_3$，其中 R 为 La，Y 和稀土元素，M 为 Ca，Sr，Ba 和 Pb 等，具有钙钛石结构。离子半径较大的金属离子 R^{3+}，Ca^{2+}，Sr^{2+}，Ba^{2+} 和 Pb^{2+} 等，这些离子处于立方体的顶角上。离子半径较小的金属离子如 Mn^{3+}，Mn^{4+}，Cr^{3+} 和 Fe^{3+} 等，它们分布在立方体的中心。O 为 O^{2-} 氧离子，处于面心。

20 世纪五六十年代提出的双交换作用模型可以定性地解释氧化物巨磁电阻材料的磁性转变和电阻率下降现象，但不能对与巨磁电阻效应有关的实验结果给予完满解释。目前人们在从理论和实验两方面的深入研究中对氧化物材料的巨磁电阻行为提出一些新的解释。由于在氧化物巨磁电阻材料中存在一些无序势，离子价态的无序分布形成的无序势场可以使样品中的电子局域化，样品的电导机制可能来源于局域电子的跳跃。电子能带结构的计算结果表明，晶体结构和磁矩有序对氧化物巨磁电阻材料的电输运性质有相当大的影响。因此，在用双交换作用模型讨论氧化物的巨磁电阻行为时，必须考虑 Jahn-Teller 效应。光电子能谱实验及理论计算指出，在氧化物巨磁电阻材料中可能存在由于掺杂引起的新的能隙填充态，它们直接影响样品的导电行为。理论和实验研究都表明，影响氧化物巨磁电阻行为的因素很多，目前还没有一个模型能比较完满的解释它。

c　C/C 磁电阻复合材料

有人研究了 C/C 复合材料样品在外加磁场下的磁电阻特性，见图 3-39 和图 3-40。图 3-39 是在 77K 下测得的各样品磁电阻-外加磁场强度关系曲线，磁场由 0T 升至 7T。由他们的试验曲线可以看出，在不同磁场强度下，随石墨化度的提

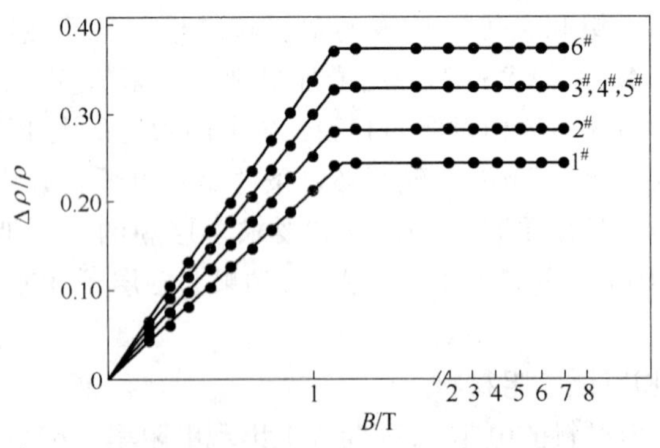

图 3-39　77K 下各样品的磁电阻与外加磁场的关系

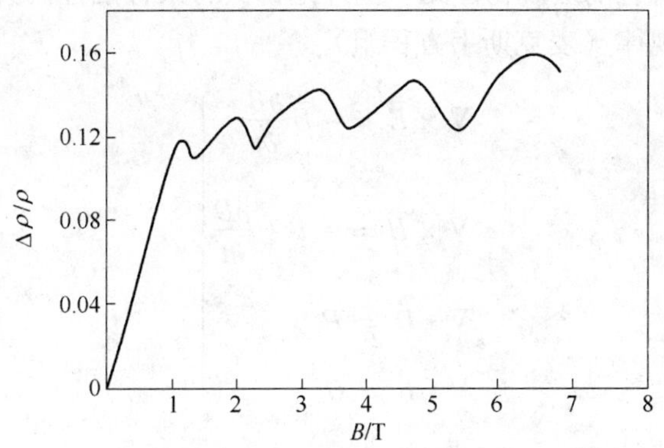

图 3-40 4.2K 下磁电阻-外加磁场关系

高，磁电阻也增大，在固定温度下磁电阻随外加磁场的增大而增大，且其变化可分为两个区间：在磁场强度约小于 1.2T 时，磁电阻对磁场强度的变化率较大，可以看作为线性变化。当磁场强度约大于 1.2T 时，随磁场的增大，材料的磁电阻基本不变化。图 3-40 为 4.2K 下对样品进行磁电阻-磁场关系测试结果。发现在 C/C 复合材料中也出现了 Kaburagi 研究石墨材料在 4.2K 下磁电阻特性所提到的量子化平台。测量温度高于 5K，外加磁场小于 1.2T 时，磁电阻随磁场强度的增大而线性增大，场强高于 1.2T 后，磁电阻不再随磁场强度的增加而变化；测量温度在 4.2K 时，磁电阻随外加磁场的变化会出现量子化平台。

3.3.2 电磁屏蔽复合材料

3.3.2.1 电磁辐射的屏蔽的概念

A 电磁效应

电磁场在导电介质中传播时，其场量（E 和 H）的振幅随距离的增加而按指数规律衰减。从能量的观点看，电磁波在导电介质中传播时有能量损耗，因此，表现为场量振幅的减小。导体表面的场量最大，愈深入导体内部，场量愈小。这种现象也称为趋肤效应。资料表明，利用趋肤效应可以阻止高频电磁波透入良导体而作成电磁屏蔽装置。它比静电、静磁屏蔽更具有普遍意义。电磁屏蔽是抑制干扰，增强设备的可靠性及提高产品质量的有效手段。合理地使用电磁屏蔽，可以抑制外来高频电磁波的干扰，也可以避免作为干扰源去影响其他设备。如在收音机中，用空芯铝壳罩在线圈外面，使它不受外界时变场的干扰从而避免杂音。音频馈线用屏蔽线也是这个道理。示波管用铁皮包着，也是为了使杂散电磁场不影响电子射线的扫描。在金属屏蔽壳内部的元件或设备所产生的高频电磁波也透不出金属壳而不致影响外部设备。

资料表明，所有的宏观物体无一例外地都具有某种磁性。其在电磁场中的行为遵从一般运动规律（麦克斯韦方程组）

$$\left.\begin{aligned}\nabla\times\vec{E} &= -\vec{E}\frac{\partial\vec{B}}{\partial t}\\ \nabla\times\vec{H} &= -\vec{i}+\frac{\partial\vec{D}}{\partial t}\\ \nabla\cdot\vec{D} &= P\\ \nabla\cdot\vec{B} &= O\end{aligned}\right\}\qquad(3\text{-}107)$$

及状态议程

$$\left.\begin{aligned}\vec{D} &= \varepsilon_0\overset{\leftrightarrow}{\varepsilon}\cdot\vec{E} = \varepsilon_0(\vec{E}+\vec{P})\text{ 或 }\vec{p} = \overset{\leftrightarrow}{k}\cdot\vec{E}\\ \vec{B} &= \mu_0\overset{\leftrightarrow}{\mu}\cdot\vec{H} = \varepsilon_0(\vec{H}+\vec{M})\text{ 或 }\vec{M} = \overset{\leftrightarrow}{\chi}\cdot\vec{H}\\ \vec{j} &= \sigma\vec{E}\end{aligned}\right\}\qquad(3\text{-}108)$$

式中　$\vec{E}$——电场强度；

$\vec{B}$——磁感应强度或磁通密度 $\vec{H}$ 为磁场强度；

$\vec{j}$——电流密度；

$\vec{D}$——电通量密度；

P——电荷密度；

ε_0——真空中的介电常数；

$\overset{\leftrightarrow}{\varepsilon}$——介电常数张量；

$\vec{P}$——电极化强度；

$\overset{\leftrightarrow}{k}$——电极化率张量；

μ_0——真空中的磁导率；

$\overset{\leftrightarrow}{\mu}$——磁导率张量；

$\vec{M}$——磁化强度；

$\overset{\leftrightarrow}{\chi}$——磁化率张量；

σ——电导率。

真空中的 μ_0、ε_0 值为

$$\left.\begin{aligned}\mu_0 &= 4\pi\times10^{-7} = 1.26\times10^{-6}\text{H/m}\\ \varepsilon_0 &= \frac{10^7}{4\pi c^2} = 8.85\times10^{-12}\text{F/m}\end{aligned}\right\}$$

在式3-107和式3-108中的磁场 $\vec{H}$ 包括外磁场 $\vec{H}_e$ 和物体的退磁场 $\vec{H}_d$。它们的关系是

$$\vec{H} = \vec{H}_e + \vec{H}_d \tag{3-109}$$

对于均匀磁化的椭球体

$$\vec{H}_d = \vec{D} \cdot \vec{M} \tag{3-110}$$

式中，$\vec{D}$ 为退磁因子张量，它与样品的几何形状有关，当从标轴与椭球样品的主轴重合时，$\vec{D}$ 仅有对角化分量

$$\vec{D} = (D_0^{11} D_{22} D_{22}^0) \tag{3-111}$$

当电场和磁场为恒稳值时，式3-111中，样品的磁导率（磁化率）及介电常数（电极化率）均为实数；当 $\vec{E}$ 及 $\vec{H}$ 为变场时，它们为复数

$$\left.\begin{aligned} \mu &= \mu' - j\mu''(x = x' - jx'') \\ \varepsilon &= \varepsilon' - j\varepsilon''(k = k' - jk'') \end{aligned}\right\} \tag{3-112}$$

当同时给样品加直流磁场及交变磁场时，磁导率及磁化率为张量。

B　电磁屏蔽及度量

电磁屏蔽是指电磁波的能量被材料吸收或反射后所造成的衰减，通常以屏蔽效能（SE）表示。屏蔽效能是指未加屏蔽时某一观测点的电磁波功率密度与经屏蔽后同一观测点的电磁波功率密度之比，即屏蔽材料对电磁波的衰减值为

$$SE = 20\lg(P_i/P_0) \quad (\text{dB}) \tag{3-113}$$

式中　P_i，P_0——分别表示入射和透射电磁波的功率密度；屏蔽效能的单位为dB。

电磁波有很多分类方法，但在设计屏蔽时，将电磁波按其波阻分为电场波、磁场波和平面波。电磁波的波阻抗 Z_w 定义为电磁波中的电场分量 E 与磁场分量 H 的比值，即

$$Z_w = E/H \tag{3-114}$$

屏蔽体的有效性用屏蔽效能来度量。屏蔽效能的定义为

$$SE = 20\lg(E_1/E_2) \quad (\text{dB}) \tag{3-115}$$

式中　E_1——没有屏蔽时的场强；

E_2——有屏蔽时的场强。

衰减值越大，表明屏蔽效果越好。资料表明，屏蔽效能的具体分类为：0～10dB几乎没有屏蔽作用；10～30dB有较小的屏蔽作用；3～60dB为中等屏蔽效能，可用于一般工业或商业用电子产品；60～90dB则屏蔽效能较高，可用于航空航天及军用仪器设备的屏蔽；90dB以上的屏蔽材料则具有最佳屏蔽效能，适用要求苛刻的高精度、高敏感度产品。根据实用需要，对于大多数电子产品的屏蔽材料，在30～1000MHz频率范围内，其 SE 至少达到35dB以上（相对应的体

积电阻率 ρ_v 在 $10\Omega \cdot cm$ 以下）就认为是有效的屏蔽，如表 3-12 所示。电磁波向大块金属透入时将不断衰减，直到衰减为零。衰减的程度随着材料的电导率、磁导率及电磁波频率的增加而加大。屏蔽的要求较高时往往采用多层屏蔽。例如有时采用铸铁、坡莫合金、电解铜三种材料制成多层复合屏蔽结构，以满足导电、导磁等要求。但是实现完全的屏蔽是很难办到的，因为被屏蔽的区域与其余区域之间往往仍需要有电路的连接，引线与引线、引线与外壳之间总存在着绝缘间隙，仍然为电磁波提供通道。即使对于完全封闭的金属壳，在频率极低的外部电磁场作用下，理论上内部的磁通密度并不为零。一般认为对于大多数电子产品的屏蔽材料在 30～1000MHz 频率范围内其 *SE* 至少达到 35dB 以上（相对应的体积电阻率 ρ_i 在 $1\Omega \cdot cm$ 以下即为有效的屏蔽）。

表 3-12　电磁屏蔽效果的分级标准

项　目	屏蔽效能/dB					
	0	<10	10～30	30～60	60～90	>90
屏蔽效果	无	差	较　差	中　等	良　好	优

C　屏蔽效能的计算

同一个屏蔽体对于不同性质的电磁波，其屏蔽性能是不同的。因此，在考虑电磁屏蔽问题时，要对电磁的种类有基本的认识。电磁波在穿过屏蔽体时发生衰减是因为能量有了损耗，这种损耗可以分为两部分：反射和吸收损耗。实际上为了限制从屏蔽材料的一侧空间向另一侧空间传递电磁能量。电磁波传播到达屏蔽材料表面时，通常有 3 种不同机理进行衰减：一是在入射表面的反射衰减；二是未被反射而进入屏蔽体的电磁波被材料吸收的衰减；三是在屏蔽体内部的多次反射衰减。资料表明，反射损耗是当电磁波入射到不同媒质分界面时，就会发生反射，使穿过界面的电磁能量减弱。由于反射现象而造成的电磁能量损失称为反射损耗，用字母 R 表示．当电磁波穿过一层屏蔽体时要经过两个界面，因此要发生两次反射。因此，电磁波穿过屏蔽体时的反射损耗等于两个界面上的反射损耗的总和。返回原传播空间损耗，同入射波源有关，在平面波时的反射损耗的计算公式如下

$$R = 168.2 + \lg \frac{\sigma}{f \cdot \mu} \tag{3-116}$$

如果屏蔽设计中使用的是磁场强度，则称为磁场屏蔽效能；如果计算中使用的是电场强度，则称为电场屏蔽效能。在磁场波时计算公式为

$$R = 20\lg\left[5.35\sqrt{\frac{f\sigma}{\mu}} + 0.354 + 1.17 \times 10^{-2}\frac{\mu}{f \cdot \sigma \cdot r}\right] \tag{3-117}$$

在电场波时计算公式为

$$R = 3.217 + 10\lg\left[\frac{\sigma}{f \cdot r^2 \cdot \mu}\right] \tag{3-118}$$

式中 f——入射电磁波的频率；

μ——相对磁导率；

σ——相对电导率；

r——离屏蔽点的距离。

资料表明，吸收损耗也称电磁波在屏蔽材料中传播时，会有一部分能量转换成热量，导致电磁能量损失，损失的这部分能量称为屏蔽吸收，用字母 A 表示，计算公式为

$$A = 3.34t\sqrt{f\mu\sigma} \tag{3-119}$$

式中 t——屏蔽体的厚度。

电磁波在屏蔽体的第二个界面（穿出屏蔽体的界面）发生反射后，会再次传输到第一个界面，在第一个界面发生再次反射，而再次到达第二个界面，在这个界面会有一部分能量穿透界面，泄漏到空间。这部分是额外泄漏的，应该考虑进入屏蔽效能的计算。这就是多次反射修正因子，用字母 B 表示，即

$$B = 10\lg[1 - 2 \times 10^{-0.1A}\cos 0.23A + 10^{-0.2A}] \tag{3-120}$$

图 3-41 为金属板内部多重反射损耗 B 与吸收损耗 A 的关系，当 $A > 10$dB 时，可以从图中得出 B 近似为 0。在对屏蔽的计算要求不是太精确的情况下，B 都可以忽略。

根据 Schelkunoff 理论，电磁波通过屏蔽材料的总屏蔽效果可按下式计算

$$SE = R + A + B \tag{3-121}$$

式中，SE 为电磁屏蔽效果，dB；R 为表面单次反射衰减，它不仅与材料的表面阻抗有关，同时还与辐射源的类型及屏蔽材料到辐射源的距离有关；A 为吸收衰减，与电磁波的类型无关，只要电磁波通过屏蔽材料就有吸收，并与材料的厚度呈线性增加。还与材料的电导率和磁导率有关，电导率和磁导率大的材料吸收衰减大，材料越厚，磁导率越大，吸收衰减也就越大；B 为内部多次反射衰减（只在 $A < 15$dB 情况下才有意义）在高频下 A 的值很大，B 可以忽略不计；

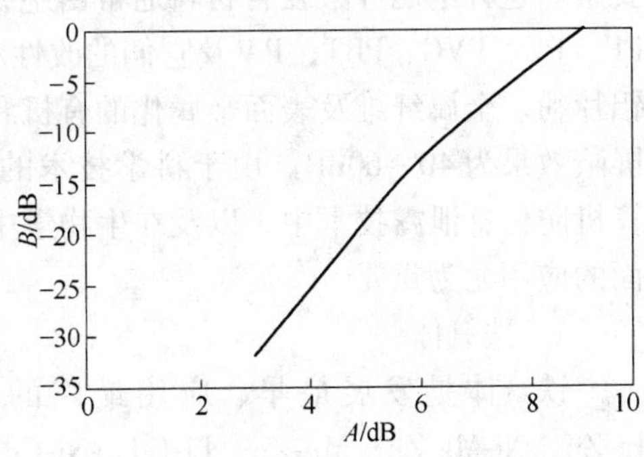

图 3-41 B 与 A 的关系

但在低频下 A 的值很小，B 不能忽略。一般来说，电屏蔽材料衰减的是高阻抗的电场，屏蔽作用主要由表面反射 R 来决定，吸收衰减 A 则不是主要的。所以，电屏蔽可以用比较薄的金属材料制作。而磁屏蔽体的衰减主要由吸收衰减 A 决定，反射衰减 R 不是主要的。图 3-42 为电磁场屏蔽机理。

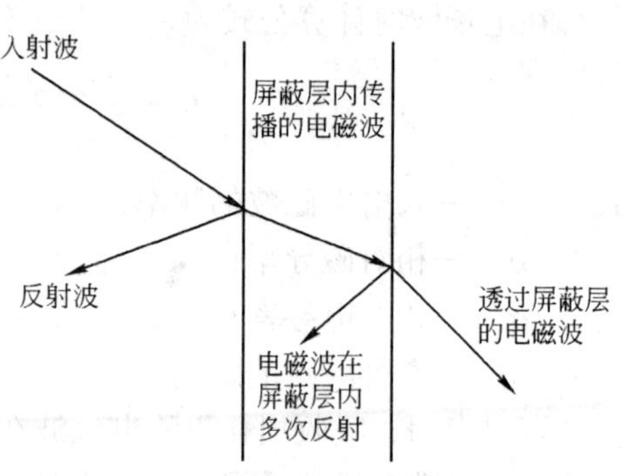

图 3-42 电磁场屏蔽机理

3.3.2.2 电磁屏蔽复合材料

解决电磁干扰、射频干扰和信息防窃的复合材料称为电磁屏蔽复合材料。通常的办法是用金属网或者金属壳将产生电磁波的区域与需防止侵入的区域隔开。例如某些仪器或仪表常安装在金属箱中，又如高电压实验室的墙壁内及室顶中常埋设有金属的屏蔽网，以防止或减少它所受到的干扰及它对其余区域的干扰。常选择有较高的电导率和磁导率的导体作为屏蔽物的材料。因为高导电性材料在电磁波的作用下将产生较大的感应电流。这些电流按照楞次定律将削弱电磁波的透入。采用的金属网孔愈密，直到采用整体的金属壳，屏蔽的效果愈好，但所费材料愈多。高导磁性的材料可以引导磁力线较多地通过这些材料，而减少被屏蔽区域中的磁力线。屏蔽物通常是接地的，以免积累电荷的影响。由于电磁波吸收率依赖于材料的电导率（见式 3-119），因此，利用具有一定导电性的复合材料可满足电磁屏蔽的需要。电磁屏蔽复合材料有两种类型：一种是结构型；另一种是涂料型。

A 高分子结构型复合材料

以高分了材料为基体，填充导电材料可构成适合用于电磁屏蔽的复合材料。由于电磁屏蔽的复合材料具有性能好、成本低、成形工艺简单的优点，因此成为国际上电子材料研究的热点。其中，填料形成的导电网络是提供屏蔽功能的基本要素。这种电磁屏蔽复合材料通常由绝缘性良好的热塑性高分子（如 ABS、PC、PP、PE、PVC、PBT、PA 及它们的改性和共混的树脂）和导电性填料（如炭黑、铝片粉、金属纤维及表面金属化的有机和无机纤维）及其他填加物复合而成，其屏蔽效果为 40 ~ 60dB。由于科学技术的迅猛发展，在武器的隐身技术和电子计算机防信息泄露技术中，以及在生物学中的热效应方面，铁氧体作为吸波材料方面的应用尤为重要。

a 铁氧体

铁氧体是发展最早、应用最广的吸波材料，它的品种较多，有 Ni-Zn、Li-Zn、Ni-Mg-Zn、Mn-Zn、Li-Cd、Ni-Cd、Co-Ni-Zn、Mg-Cu-Zn 铁氧体等。铁氧体吸波材料通常分为尖晶石型铁氧体与六角晶系铁氧体两种类型，其中尖晶石型铁氧体应用历史最长，但尖晶石型铁氧体的电磁参数（介电参数和磁导率）都比较小，而且难以满足相对介电参数和相对磁导率尽可能接近的原则。因此，单一铁氧体难以满足吸收频带宽、厚度薄和面密度小的要求，所以近年来研究者主要集中研究复合铁氧体材料以及纳米尺寸的铁氧体来控制其电磁参数。吸波材料的基本物理原理是材料对入射电磁波实现有效吸收，将电磁波能量转换为热能或其他形式的能量而耗散掉。该材料应具备两个特性即波阻抗匹配特性和衰减特性。资料表明，阻抗匹配特性是创造特殊的边界条件使入射电磁波在材料介质表面的振幅反射率 ρ 最小（理想情况 $\rho=0$）从而尽可能地从表面进入介质内部。最简单的情况是电磁波从自由空间垂直射到介质表面，此时

$$\rho = (\eta - \eta_0)/(\eta + \eta_0)\text{；}\rho = (Z_n - \eta_0)/(Z_n + \eta_0)\eta \tag{3-122}$$

式中 ρ——电磁波在涂层表面的振幅反射率；

η——涂层的相对本性阻抗；

η_0——自由空间的相对本性阻抗；

Z_n——n 层的表面相对阻抗。

欲使 $\rho=0$，则 $\eta=\eta_0$。

而

$$\eta_0 = (\mu_0/\varepsilon_0)^{1/2}$$

$$\eta = (\mu/\varepsilon)^{1/2} \tag{3-123}$$

式中 μ_0，ε_0——自由空间的相对磁导率、相对介电常数，均为1；

μ，ε——涂层的相对磁导率、相对介电常数。

当介质有损耗时，相对磁导率 μ 和相对介电常数 ε 应为复数

$$(\mu = \mu' - j\mu''、\varepsilon = \varepsilon' - j\varepsilon'') \tag{3-124}$$

所以可得

$$\varepsilon = \mu \tag{3-125}$$

可见，要使直射电磁波完全进入涂层，阻抗需要完全匹配，涂层的相对磁导率和相对介电常数要相等。事实上还没有这种电磁参数的涂料，因此只能尽可能的使之匹配。资料表明，衰减特性是指进入材料内部的电磁波因损耗而迅速地被吸收。损耗大小可用电损耗因子 $\tan\delta_e=\varepsilon''/\varepsilon'$ 和磁损耗因子 $\tan\delta_m=\mu''/\mu'$ 来表征。δ_e、δ_m 分别称为电损耗角和磁损耗角。在满足阻抗匹配的条件下，复介电常数虚部 ε'' 和复磁导率虚部 μ'' 越大，损耗越大，越利于电磁波的吸收。不同的吸波材料对于电磁波的损耗形式是不同的，针对不同材料分别讨论各种损耗机制。（1）电阻型损耗，即交变电磁场作用下的“漏电”损耗和交变磁场作用下的“涡流”损耗，相当于电磁波能量衰减在电阻上；（2）与反复极化有关的介电损耗，极化过程包括电子云位移极化、离子位移极化、极性介质电矩转向极化、铁电体电

畴转向极化及畴壁位移、高分子中原子团局部电矩转向极化、缺陷偶极子转向极化等；（3）与反复磁化有关的磁损耗，主要来源有[7]磁滞、磁畴转向、畴壁位移、磁畴自然共振等。

目前铁氧体材料仍是研制薄层宽带吸波材料的主体。主要有六角晶系铁氧体和尖晶石型铁氧体。资料表明，铁氧体材料在高频下具有较高的磁导率，且其电阻率亦高（108～1012Ω·cm），电磁波易于进入并得到有效的衰减，但它有密度大（4.9～5.3g/cm^3）、高温特性差的缺点。资料研究表明，当温度由25℃变化至100℃时，铁氧体吸波材料的吸波性呈下降趋势，而高速飞行器（如“米格”飞机），要求吸波材料在600℃以上工作。铁氧体吸波材料已广泛应用于隐身技术，如B-2隐身轰炸机的机身和机翼蒙皮最外层涂敷有镍钴铁氧体吸波材料，TR-1高空侦察机上也使用了铁氧体吸波涂层。国内研究铁氧体吸波材料，当其面密度约5kg/m^2、厚度约2mm时，铁氧体吸波材料在8～18GHz频带内吸收率均可低于－10dB。日本在研制铁氧体吸波材料方面处于世界领先地位，研制出一种由阻抗变换层和低阻抗谐振层组成的双层结构宽频高效吸波涂料，可吸收1～2GHz的雷达波，吸收率为20dB，这是迄今为止最好的吸波涂料。资料表明，铁氧体纳米磁性材料作为微波的吸收体，纳米级的微粒材料的比表面积比常规粗粉大3～4个数量级，吸收率高，一方面，它能吸收空气中的游离的分子或介质中其他分子通过成键方式连接在一起，造成各向异性的改变。另一方面，在微波场中，活性原子及电子运动加剧，促使磁化，最终将电磁能转化为热能，从而增加吸收体的吸波能力。

b　导电塑料

导电塑料可以在成形加工过程中复合进入导电填料，这就使成形加工与屏蔽一次完成，便于大量生产，不会像导电膜那样一旦有一处破损，其屏蔽效果便会受到影响。影响导电高分子材料屏蔽效果的因素比较复杂，导电填料本身和基质的性质、形态，导电填料在聚合物基体中的填充量和分散程度等，均与导电高分子材料的屏蔽效果密切相关。导电炭黑导电性能优良、成本低，同时又是一种耐热性抗氧剂和光屏蔽剂，对防止高分子材料老化有利。环氧树脂（EP）具有优良的耐腐蚀性及力学性能，是树脂基复合材料中使用最广泛的基体树脂之一。有人将炭黑与EP复合制备了EP/炭黑导电复合材料。经研究发现，在10～1000MHz范围内厚度2mm、炭黑含量为25%的EP/炭黑板材的屏蔽效能在30dB以上，可以满足一般屏蔽电磁波的要求。从图3-43中还可以看出N234/ABS的导电性最好，导电炭黑/ABS次之，N326/ABS的较差。从图3-43中不难看出，炭黑/聚合物基复合材料导电性能的一般规律：导电性并不是随着炭黑含量的增加而成比例的升高，随着炭黑增加，复合材料的体积电阻率起初会稍微有一些下降，这时的曲线比较平坦，即曲线*A-B*段；当炭黑含量超过某一个临界值之后体积电阻率会急剧下降，这时曲线上出现一个突变区域，即曲线 *B-C* 段，在此区域内，炭黑含量的细微变化都会导致体积电阻率的显著变化，这种现象通常称为“渗滤效应”。炭黑含量的临界值称为“渗滤阈值”；在突变区域之后，曲线又变得较为平坦，即曲线 *C-D* 段，这时再增加炭黑含量导电性也不会有明显的变化。

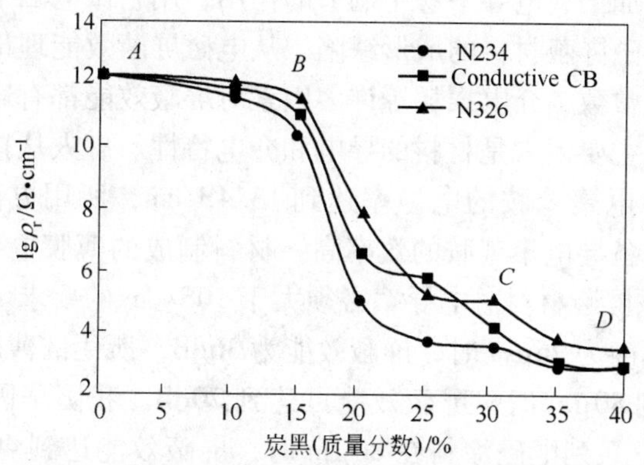

图 3-43 炭黑含量和种类对导电性能的影响

目前，国外开发的有代表性的导电塑料如表 3-13 所示。用金属丝与无机或有机纤维的混纺纱制成织物可作电磁波反射体。这种反射型复合材料主要用于无线通信天线的电磁波反射装置，但也可作计算机、复印机、传真机等电子设备的电磁波屏蔽板。

表 3-13 导电塑料及其电磁屏蔽性能

导电填料	塑 料	屏蔽性能/dB	生产厂家
Al	聚碳酸酯，ABS 混料	45 ~ 65(0.5 ~ 960MHz)	美国 MobayChemical
Fe 纤维	尼龙 6，聚丙烯，PP	60 ~ 80	日本钟纺公司
不锈钢纤维	聚氯乙烯	40	美 国
Cu 纤维	聚苯乙烯	67(100MHz)	日本日立化成
镀镍石墨纤维	ABS 树脂	80(1000MHz)	美国氰胺公司
超细炭黑	PP	40(1000MHz)	日本三菱人造丝公司

采用熔融共混技术可以将导电高分子聚苯胺填充到聚苯乙烯（PS）中制成导电复合材料。有人研究了用对甲基苯磺酸和十二烷基苯磺酸掺杂的聚苯胺填充 PS 导电复合材料的电磁屏蔽性能，结果表明，在 101GHz、聚苯胺含量为 2% ~50% 范围内，所制导电复合材料的电磁屏蔽效能随着聚苯胺含量的增加而增大，当其含量为 50% 时的屏蔽效能为 58dB，同时具有一定的拉伸强度。Pant

R. P. 等人在聚乙烯醇中掺入聚苯胺并在其中加入 0.5mL 铁磁流体制成导电高分子材料，并在没有外加磁场和有外加磁场（约为 500GHz）的条件下分别对其电磁屏蔽性能进行了测试。结果表明，相对屏蔽效能在未加磁场时为 1.12dB，外加磁场后为 1.30dB。这说明外加磁场时的取向可使材料的电磁屏蔽性能提高。资料研究表明，典型本征导电聚合物中的聚苯胺（PANI）由于起结构多样化、环境稳定性好、易加工、电导率易于调节的作用，用它做电磁干扰屏蔽材料可以弥补典型金属型电磁屏蔽材料的成形缺陷。从电磁屏蔽效能理论来讲，材料的厚度、电导率、介电常数、介电损耗等许多因素对屏蔽效能都有影响，而影响导电聚合物屏蔽效能的主要因素是材料的导电和介电特性。有人从掺杂工艺出发，结合机械研磨，使导电聚苯胺的电导率达到 13.4S/cm，所用方法可节省掺杂剂，使用溶剂较少，制备导电聚苯胺的效率高，材料制成的薄膜电导率可高达 370S/cm，完全满足电磁屏蔽材料对电导率必须大于 10S/cm 的要求。对于有机硫酸掺杂的聚苯胺，当厚度为 26μm 时，屏蔽效能为 36dB，所用的薄膜电导率为 150S/cm；当厚度增加到 80μm 时，屏蔽效能可达到 70dB。我国华因科技有限公司所研制的屏蔽（PB）系列电磁涂料在 80μm 时，屏蔽效能达到 40～60dB，但由于其中掺有金属粉末，因而密度较大（2.1g/cm^3），而在应用过程中，总是希望材料越薄越轻越好。在 101GHz 时用聚苯胺与 ABS 共混制备的导电复合材料，其屏蔽效能随着聚苯胺含量增加而增大，当聚苯胺含量达到 50% 时其屏蔽效能大于 60dB。这种新型的聚苯胺薄膜的密度约为 1.2g/cm^3，比掺有金属粉末的复合型电磁涂料的密度小，因此将更有应用前景。

有人将乙烯/乙酸乙烯酯共聚物（E/VAC）和聚吡咯熔融共混制备了具有良好力学性能和电磁屏蔽性能的胶黏剂。该胶黏剂在 300MHz 的近场屏蔽效能可以达到 30dB，在 1～300MHz 的远场屏蔽效能为 22～30dB，满足了一般的商用要求。有人研究了将聚 32 辛基噻吩分别与 PS、聚氯乙烯（PVC）和聚乙烯醇共混所得导电复合材料的电磁屏蔽性能，发现在 100MHz 下这些导电复合材料的近场屏蔽效能只有常规镍系涂料体系的 50%。有人采用溶液法分别制备出发泡 PS 与聚吡咯或聚噻吩的导电复合材料。其中 PS/聚噻吩导电复合材料的环境稳定性较好，在 1～2GHz 范围内屏蔽效能可以达到 23dB。

有人借助于树脂转换模型合成技术结合非晶态合金 Fe40Ni38Mo4B18 带材和铁磁性粉末制成了更好功效的阴极射线管漏斗形屏蔽装置。通过使用不同厚度的非晶带材和改变铁磁性粉末的重量百分比可以达到提高屏蔽效能的目的。对于一个含六层非晶带的装置，在 2Oe（直流和交流 60Hz）的应用磁场下获得约 25～27dB的最大屏蔽效果，增加铁磁性粉末后，屏蔽因子可以提高到 27～30dB；非晶带材场退火处理后，屏蔽效能提高，在 0.2Oe 的应用磁场下最大值可达到 35～40dB。对于 10kHz～18GHz 的宽频谱范围内的屏蔽因子在 50～80dB 范围内，该屏蔽装置不仅对直流地磁场，而且对低频磁场和高频电场也有较好的屏蔽效果。俄罗斯中央黑色冶金研究院进行了一系列非晶软磁合金电磁屏蔽材料的研究工作。采用非晶态合金71KHCP（CoNiFeBSi系）纤维与铝屑或铝箔，以聚乙烯为基体用热压法制成多层复合材料，该复合物具有立体网状结构，在厚度为1～2mm的条件下，在10～30MHz频率范围内，磁场衰变不少于60dB。同时研究了用等离子喷涂法制得的厚非晶态涂层复合板的屏蔽性能。实验采用等离子喷涂法在80HXC合金和钢10895表面以及铝合金表面上喷涂71KHCP型非晶合金涂层（厚度100μm），制成复合材料，有可能用作适合低频范围的屏蔽材料，可使磁场减弱至少50dB。

B 包覆型导电纤维复合材料

苯胺和吡咯在绝缘的聚酯布上可以发生氧化聚合反应。有人研究了这种导电复合材料的电磁屏蔽性能，发现在100～1000MHz范围内其屏蔽效能为30～40dB；在101GHz下的屏蔽效能为35.61dB；在一般的工业应用中，材料的电磁屏蔽效能达到30dB后就可防止99.9%的电磁波辐射。

Kim M. S. 等人分别用化学和电化学的方法制备了聚吡咯包覆的聚对苯二甲酸乙二酯（PET）纤维。在50MHz～1.5GHz范围内其屏蔽效能从13dB增加到26dB。Kim S. H. 等研究了在PA6纤维表面分别通过化学和电化学聚合制备的聚吡咯包覆纤维导电型复合材料的电磁屏蔽性能。结果表明，其屏蔽效能随着包覆层厚度的增加而增大。对于厚度和电导率相同的薄膜，多层复合导电薄膜优于单层膜，这种多层复合导电薄膜的最大屏蔽效能约为40dB。

导电高分子电磁屏蔽材料在电子工业和航空工业中的地位将越来越重要。预计今后的发展趋势为：（1）揭示导电高分子材料的结构和组成与屏蔽性能之间的关系，进一步提高其电磁屏蔽性能；（2）降低导电高分子电磁屏蔽材料的成本，扩大其应用领域，如汽车和印刷等领域；（3）开发更宽频率的导电高分子屏蔽材料；（4）开发能适应苛刻环境，如耐高温和耐腐蚀等领域的导电高分子电磁屏蔽材料。有资料研究表明，填料长径比越大，屏蔽性也越大，从另一角度看，长径比也影响着最佳体积填充量。通常长径比越大，最佳体积填充分数越低。电磁屏蔽材料多用于电子设备的屏蔽，由于近代电子设备的数据传输多采用电视显示方式，如计算机终端显示器、监视器、仪表的图显和数显，都要求既透明，又能阻隔电磁波的材料。从这个角度上看，复合材料中最佳体积填充分数为较低数值是理想的。

C 高分子涂层型复合材料

a 复合膜

从20世纪80年代开始，表面导电膜屏蔽材料在美国、日本等发达国家发展较快，有许多专利技术出现，在我国则刚刚起步。涂料由黏结剂、填料、改性剂和稀释剂等组成。黏结剂可以是有机树脂，也可以是无机胶黏剂。填料是调节涂层与电磁波、声波相互作用特性的关键性粉末状原料。金属、半导体、陶瓷等不同类型的粉末可以作为填料使用，由于它们在能带结构上的差别，可针对不同的探测装置进行隐身。由于探测技术不断提高，隐身涂层也向具有多功能的多层涂层及多层复合膜方向发展。由于涂料型隐身材料存在质量、厚度、黏结力等问题，在使用范围上受到了一定限制；因此兼具隐身和承载双重功能的结构型隐身材料应运而生。电磁波在材料中传播的衰减特性是复合材料吸波的关键。塑料壳体表面上覆一层导电膜的方式在包括金属喷镀、溅射镀、贴金属箔、化学镀或电镀等，通常需要特殊的工艺设备；目前有代表性的表面导电膜屏蔽材料的性能特点如表3-14所示，其中磁控溅射Cu/Ni膜的屏蔽值是在10～1000kHz范围内测得的，用其余的工艺方法得到的导电膜的屏蔽值是在30～1000MHz范围内测得的。纳米涂层材料的设计与合成研究聚集在功能涂层上，包括传统材料表面的涂层、纤维涂层和颗粒涂层，在这一方面美国进展很快，80nm的二氧化锡及40nm的二氧化铍、20nm的三氧化二铬与树脂复合可以作为静电屏蔽的涂层，80nm的$BaTiO_3$可以作为高介电绝缘涂层，40nm的Fe_3O_4可以作为磁性涂层，80nm的Y_2O_3可以作为红外屏蔽涂层，反射热的效率很高，用于红外窗口材料。

表3-14 表面导电膜屏蔽材料的性能特点

工艺方法	膜厚/mm	屏蔽值/dB
磁控溅射 Cu/N_2 膜	1.00～4.00	80～110
喷镀金属锌	50.80	60～120
双面化学镀 Cu/N_2 膜	1.27	60～120
真空镀 Al	0.50～1.30	50～70
贴金属箔	35.00	70以上

b 导电涂料

导电涂料是目前应用较多的复合型屏蔽材料。导电涂料由合成树脂、导电填料和溶剂配制而成。它用作电磁屏蔽材料的最大优点是成本低、简单实用、且适用面广，使用最多的是银系导电涂料。银系涂料性能稳定，屏蔽效能极佳（可达65dB以上），但其成本太高。镍系涂料价格适中，屏蔽效果好，抗氧化能力比铜强，其涂层厚度为50～70μm时的屏蔽效能可以达到30～60dB（500～1000MHz），但镍系涂料在低频区（小于30MHz）的屏蔽效果不如铜系涂料。铜系涂料虽然屏蔽效果好，但抗氧化性差。日本昭和电工公司开发了丙烯酸树脂/铜粉导电涂料，由于对铜粉进行了特殊处理，其导电性能较稳定，该涂料用量仅为镍系涂料的1/2，且价格较低，因此可以作为一般工业用电磁屏蔽材料。近年来国外正致力于发展用于导电涂料的导电填料。这种导电填料以一种价廉、质轻的材料（如云母等）为基材，在其表面包覆一层或几层化学稳定性好、耐腐性强、且电导率高的物质所构成，其涂层厚度为50μm时对50~1000MHz范围内的电磁波屏蔽效能为30~50dB。

D 电磁屏蔽木基复合材料

电磁屏蔽木基复合材料的研究涉及木材科学、材料科学、电磁场理论、电磁波吸收理论、生态学、环境理论、数学等，目前的研究主要集中在把这些相关学科引入到电磁屏蔽木基复合材料的设计工作中。有人总结电磁屏蔽木基复合材料主要有两大类：一是复合型，包括表面导电型和填充型；二是高温炭化型。如有人采用滴注电镀液的方式，使木刨花上形成导电的镍层，制得的刨花板具有较低的表面电阻率和体积电阻率，在10~600MHz的范围内，板材的屏蔽效能（SE）值大于30dB，并随着镀镍刨花含量和单位压力的增大而提高填充型通常将导电材料通过胶黏剂与木质单元实现黏结，然后热压或冷压制成。有人采用意杨单板为原料，将三种导电填料施加到UF胶中压制胶合板，结果发现，三种介质都能有效地提高胶合板的导电性，使胶合板的胶层面积电阻率降到100Ω以下。有人以铜纤维为导电填料，加入UF树脂胶中压制落叶松胶合板，结果发现铜类纤维（长度9~10mm）施加量为120g/m^2、涂胶量为250和300g/m^{2}时，胶合板的*SE*值能达到35dB，已初具实用价值。有人采用不锈钢纤维与木纤维复合压制MDF，结果表明：不锈钢纤维的施加比率及其在MDF中的复合位置，对复合MDF的SE值影响显著；当钢/木纤维混合比率为3∶1，并复合在MDF的双侧表面时，MDF的*SE*值可达55dB以上。

3.3.2.3 影响屏蔽效能的因素

影响屏蔽效能的因素由资料提供如下：

（1）材料的导电性和导磁性越好，屏蔽效能越高。但实际的金属材料不可能兼顾这两方面。例如：铜的导电性很好，但是导磁性很差；铁的导磁性很好，但导电性较差。

（2）频率较低的时候，吸收损耗很小，反射损耗是屏蔽效能的主要机理，要尽量提高反射损耗。

（3）反射损耗与辐射源的特性有关，对于电场辐射源，反射损耗很大；对于磁场辐射源，反射损耗很小。因此，对于磁场辐射源的屏蔽主要依靠材料的吸收损耗，应该选用磁导率较高的材料做屏蔽材料。

（4）反射损耗与屏蔽体到辐射源的距离有关，对于电场辐射源，距离越近，则反射损耗越大，对于磁场辐射源，距离越近，则反射损耗越小。

（5）频率较高时，吸收损耗是主要的屏蔽机理，这时与辐射源是电场辐射源还是磁场辐射源关系不大。

（6）电场波是最容易屏蔽的，平面波其次，磁场波是最难屏蔽的。尤其是低频（1kHz 以下）磁场，很难屏蔽。对于低频磁场，要采用高导磁性材料，甚至采用高导电性材料和高导磁性材料复合起来的材料。

如果在母体金属的原子结构中含有未成对电子，则这种金属具有铁磁性，将其制成泡沫金属后这种性质不会随结构不同而改变，因此泡沫金属具有电磁屏蔽性能。有人研究表明，泡沫金属是一种吸声型的电磁屏蔽材料，其屏蔽性能远高于导电性涂料与导电性材料，特别是对高频电磁波。图 3-44 表示的是泡沫镍的电磁屏蔽规律（图中的曲线 1、2 分别是孔径为 0.31mm 和 0.51mm 的规律），可以看出，在 0.014 ~ 10MHz 频率范围内，具有 77dB 以上的屏蔽效果，在 10 ~ 500MHz 频率范围内，具有 90dB 以上的屏蔽效果。通常泡沫金属的电磁屏蔽性能在一定数值以上不受表观密度的影响，但受孔径大小的影响。由于泡沫金属对电磁波有良好的屏蔽性能，所以在建造电子装备室、电子设备等中可利用它来降低外界电磁波的干扰，是一种理想的电磁屏蔽材料。资料表明，未来电磁屏蔽复合材料的主要研究趋势有：1）宽频吸收型，现阶段研究的电磁屏蔽复合材料主要是反射型屏蔽材料，通过对电磁波的反射来达到屏蔽目的，涉及频带很窄。电磁兼容设计对屏蔽材料有两个基本要求：无反射（即完全吸收）和屏蔽频带尽可能宽。到目前为止，虽然屏蔽材料的种类较多，但是仍然无法做到无反射吸收，因此对宽频吸收型屏蔽材料的研究尤为重要。2）纳米材料是物质从宏观到微观的过渡，物质的表面态超过体内态，量子效应十分显著，纳米材料的特殊结构导致特殊的表面效应和体积效应，使其具有特殊的微波吸收性能，同时还具有吸收频带宽的特点。将多种材料在纳米尺寸上结合，制得具有屏蔽功能的材料，这种复合技术将成为未来电磁屏蔽木基复合材料的一个重要方向。3）单层屏蔽材料通常只在某些频段有较好的屏蔽效能，无法满足一些特殊场合要求。根据电磁波理论及材料与电磁波的交互作用原理，引入多元复合思路，设计出具有高吸收、低反射电磁波能力的电磁屏蔽材料，将是新型电磁屏蔽材料的一个研究趋势。

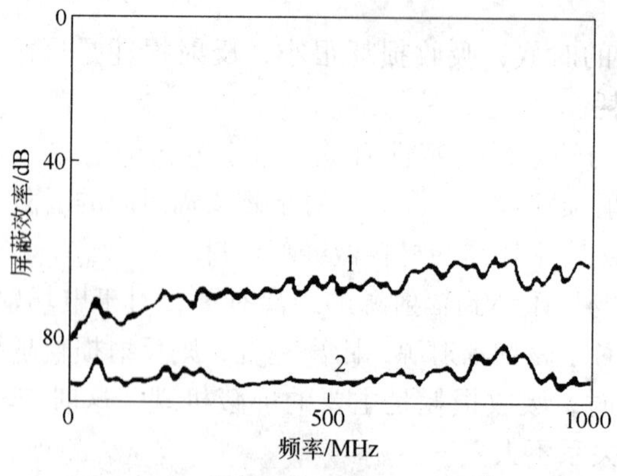

图 3-44　泡沫镍的电磁屏蔽规律曲线

4 光学和声学复合材料

4.1 光波与材料的作用

4.1.1 光波和波谱学

光是由可见光和不可见光组成的。光波之所以被称为电磁波，是因为光波可以用一个振荡电场和磁场来描述。波谱学涉及电磁辐射与物质量子化的能态间的相互作用。电磁辐射就其能量高低可分为 γ 射线区、X 射线区、远紫外、紫外、可见光区、近红外、红外、远红外光区、微波区和射频区。爱因斯坦(Einsten)的光电效应方程把光的粒子性(particle nature)和波动性(wave nature)联系起来，即光的波粒二象性。例如，γ 射线是改变原子核结构产生的，具有很高的能量。X 射线、紫外辐射、可见光谱都是与原子的电子结构改变相关的。红外线、微波和无线电波是由原子振动或晶格结构改变引起的低能、长波辐射。光的波动性主要表现在它有干涉、衍射及偏振等特性。

由于光是一种电磁波，所以根据麦克斯韦尔电磁波理论，光在介质中的传播速度应为

$$V = \frac{C}{\sqrt{\varepsilon\mu}} \tag{4-1}$$

式中 C——真空中的光速；

ε——介质的介电常数；

μ——介质的磁导率。

根据式 4-1 可得

$$n = \frac{C}{v_{材料}} = \frac{C}{\frac{C}{\sqrt{\varepsilon\mu}}} = \sqrt{\varepsilon\mu} \tag{4-2}$$

由于在无机材料这样的电介质中，$\mu = 1$，$\varepsilon \neq 1$

因此有

$$n = \sqrt{\varepsilon} \tag{4-3}$$

也就是介质的折射率随介质的介电常数 ε 的增大而增大。ε 与介质的极化现

象有关。

电磁辐射是高速通过空间传播的光子流。Planck 量子理论认为，辐射能的发射或吸收是不连续的，而是量子化的。

光子的能量（E）与频率（ν）及波长（λ）之间的关系为

$$E = h\nu = h\frac{c}{\lambda} \tag{4-4}$$

式中　h——普朗克常数，6.626×10^{-34} J · s；

c——光速，2.998×10^{10} cm · s。

光子的波长越短，其能量越大。式 4-4 中的光速可通过光拍频法测量。图 4-1为传播的简谐波。根据振动叠加原理，频差较小，速度相同的两列同向传播的简谐波叠加即形成拍。若有振幅相同为 E_0、圆频率分别为 ω_1 和 ω_2（频差 $\Delta\omega = \omega_1 - \omega_2$ 较小）的二光束

$$E_1 = E_0\cos(\omega_1 t - k_1 x + \varphi_1) \tag{4-5}$$

$$E_2 = E_0\cos(\omega_2 t - k_2 x + \varphi_2) \tag{4-6}$$

式中，$k_1 = 2\pi/\lambda_1$，$k_2 = \pi/\lambda_2$ 为圆波数，φ_1 和 φ_2 分别为两列波在坐标原点的初位相。若这两列光波的偏振方向相同，则叠加后的总场为

$$E = E_1 + E_2 = 2E_0\cos\left[\frac{\omega_1 - \omega_2}{2}\left(t - \frac{x}{c}\right) + \frac{\varphi_1 - \varphi_2}{2}\right] \times \cos\left[\frac{\omega_1 + \omega_2}{2}\left(t - \frac{x}{c}\right) + \frac{\varphi_1 + \varphi_2}{2}\right] \tag{4-7}$$

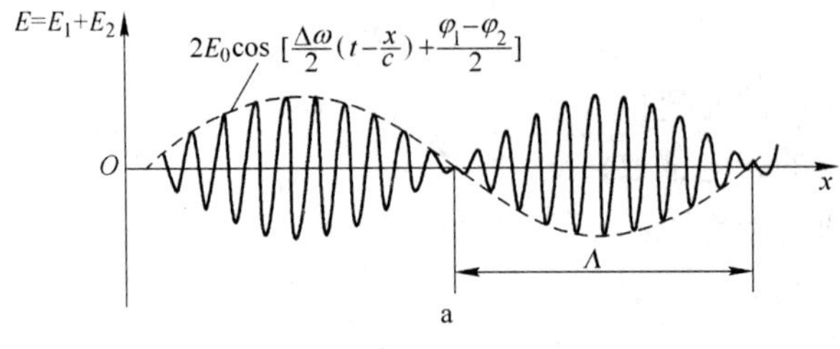

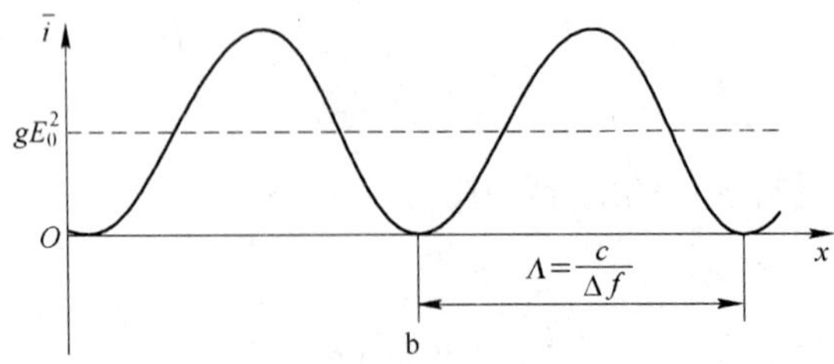

图 4-1　传播的简谐波

该式是沿 x 轴方向的前进波，其圆频率为 $(\omega_1+\omega_2)/2$，振幅为 $2E_0\cos\left[\frac{\Delta\omega}{2}\left(t-\frac{x}{c}\right)+\frac{\varphi_1-\varphi_2}{2}\right]$，因为振幅以频率为 $\Delta f=\Delta\omega/4\pi$ 周期性地变化，所以被称为拍频波，Δf 称为拍频。如果将光频波分为两路，使其通过不同光程后入射同一光电探测器，则该探测器所输出的两个光拍信号的位相差 $\Delta\varphi$ 与两路光的光程差 ΔL 之间的关系仍由上式确定。当 $\Delta\varphi=2\pi$ 时，$\Delta L=\Lambda$，恰为光拍波长，此时上式简化为

$$C=\Delta f\cdot\Lambda$$

可见，只要测定了 Λ 和 Δf，即可确定光速 C。

4.1.2 光波与材料的作用的微观分析

介质中的各种光学现象本质上是光和物质相互作用的结果。当光从一种介质进入另一种介质时，例如从空气进入固体中，一部分透过介质，一部分被吸收，一部分在两种介质的界面上被反射。还有一部分被散射。设入射到材料表面的光辐射能流率为 φ_0，透过、吸收、反射和散射的光辐射能流率分别为 φ_τ、φ_A、φ_R、φ_σ，则

$$\varphi_0=\varphi_\tau+\varphi_A+\varphi_R+\varphi_\sigma \tag{4-8}$$

光辐射能流率的单位为 W/m^2，表示单位时间内通过单位面积（与光传播方向垂直的面积）的能量。若用 φ_0 除式 4-8 的等式两边，则得

$$T+\alpha+R+\sigma=1 \tag{4-9}$$

式中 T——透射系数；

α——吸收系数；

R——反射系数；

σ——散射系数。

从经典电子模型出发，研究光和物质相互作用的微观过程，是讨论介质中光的折射、散射、吸收和色散等常见线性光学现象物理本质的基础。一般说来，当带电粒子加速运动时就会产生电磁波辐射。光波的辐射主要是原子最外层电子或弱束缚电子的加速运动产生的，因而原子的电偶极矩便是这种光辐射的主要波源。了解电偶极子辐射场的基本性质对用经典理论处理光和物质相互作用的问题极为重要。

资料表明，从微观上分析，光子与固体材料相互作用，实际上是光子与固体材料中的原子、离子、电子等的相互作用，出现以下的两种重要结果。

一是电子极化：电磁辐射的电场分量，在可见光频率范围内，电场分量与传播过程中的每一个原子都发生作用，引起电子极化，即造成电子云和原子核电荷

重心发生相对位移，形成电偶极子。其结果是，当光线通过介质时，一部分能量被吸收，同时光波速度被减小，导致折射产生。

电偶极子是一对等值异号的电荷相距一定距离配置的体系，而原子中的外层电子与原子核即可等效成这样的电偶极子，当这对电荷交替变化时，即形成一个交变的电偶极子，电偶极子在它的周围产生交变电场，交变电场又产生交变磁场，交变磁场再产生交变电场，如此不断地继续下去，于是，在电偶极子周围空间便产生由近及远的电磁波动。因此，交变电偶极子向空间发射电磁波。根据电磁场理论和麦克斯韦尔方程可知这种电磁波是一种横波，其电矢量 $\boldsymbol{E}$ 和磁矢量 $\boldsymbol{H}$ 的振动方向互相垂直，等相位面为球面，故称为横球面波。按照经典的观点，光和物质相互作用的过程可以看做是组成物质的原子或分子体系在入射光波电场的作用下，正负电荷发生相反方向的位移，并跟随光波的频率作受迫振动，产生感生电偶极矩，进而产生电磁波辐射的过程。这一过程也为发射次波的过程。根据经典原子模型，原子内部电子的运动可用简谐振动规律的电偶极子描述，称为简谐振子。因为交变电偶极子辐射电磁波，而辐射场必然对电子产生反作用，即辐射阻尼，这种辐射阻尼的阻力与位移速度 $\mathrm{d}x/\mathrm{d}t$ 成正比。因此原子内部电子按固有频率的振动是衰减振动，其振幅随时间不断减小，即为阻尼振动。

二是电子能态转变：光子被吸收和发射，都可能涉及到固体材料中电子能态的转变。该原子吸收了光子能量后，可能将 E2 能级上的电子激发到能量更高的 E4 空能级上，电子发生的能量变化 ΔE 与电磁波的频率有关

$$\Delta E = h\nu_{42} \tag{4-10}$$

式中　h——普朗克常量；

ν_{42}——入射光子的频率。

注意原子中电子能级是分立的，能级间存在特定的 ΔE。因此，只有能量为 ΔE 的光子才能被该原子通过电子能态转变而吸收。其次，受激电子不可能无限长时间地保持在激发状态，经过一个短时期后，它又会衰变回基态，同时发射出电磁波。衰变的途径不同，发射出的电磁波频率就不同。

4.2　非线性光学和激光复合材料

4.2.1　光非线性复合材料

4.2.1.1　基本概念

20 世纪 60 年代激光产生后，其相干电磁场功率密度可达 $10^{12}\,\mathrm{W/cm^2}$，相应的电场强度可与原子的库仑场强（约 $3\times10^{8}\,\mathrm{V/m}$）相比较，因此其极化强度 P 与电场的二次、三次甚至更高次幂相关。实验证明，那些过去被认为与光强无关的光学效应或参量几乎都与光强密切相关。正是由于光波通过介质时极化率的非线

性响应，引起了对于光波的反作用，产生了和频、差频等谐波。这种与光强有关，不同于线性光学现象的效应称非线性光学效应(non-liner optical effect)。电磁辐射在介质中传播规律的麦克斯韦尔方程中的电极化强度矢量 **P** 仅与场强 E 的一次项有关，即

$$\boldsymbol{P} = \chi E \tag{4-11}$$

式中，χ 为介质的线性极化率。但是激光是强度高、单色性和相干性好的光源，介质在这种强激光场作用下产生的极化强度与入射场强之间不再是简单的线性关系，而是与场强的二次、三次以至更高次项有关，即

$$\boldsymbol{P} = \chi(1)E + \chi(2)EE + \chi(3)EEE \tag{4-12}$$

式中，**P** 为光电场强度矢量，$\chi(1)$，$\chi(2)$，$\chi(3)$ 为介质的线性、二阶、三阶电极化率，E，EE 及 EEE 分别为二阶、三阶和四阶张量，这就是非线性光学的研究范畴。

具有非线性光学效应的材料则称为非线性光学材料。所谓的非线性光学材料就是光在物质中穿过时与物质发生相互作用，与光电场的 2 次方、3 次方等响应的效应。从 2 次方（2 次效应）项中发现了使入射光的波长变为 1/2 波长的波长变换，由于电压折射率发生变化的波克尔斯效应。从 3 次方（3 次效应）项中发现了使入射光向 1/3 波长变换及折射率随光强度变化的克尔效应。这是支撑新一代光技术的核心功能。非线性光学材料在光学信息处理、全光开关、光计算、光通讯等方面具有重要的应用价值，一直受到人们的重视。

非线性光学材料的主要应用是激光频率转换。按其转换功能可以分为倍频晶体、频率上转换晶体、频率下转换晶体、参数放大或参量振荡晶体材料。按其应用激光的特性又可分高强功率(大于 $10GW/cm^2$)、中功率、低功率激光频率转换晶体。

红外非线性光学晶体是非线性光学效应的重要载体。半导体非线性光学晶体有很多可以用于远红外波段。例如单质的 Se、Te 用于红外倍频的半导体型非线性光学晶体，它们是正光性单轴晶体。CdSe 正光性单轴晶体是当前国际上重要的激子非线性多量子阱材料，具有很强的非线性，透光波段为 0.75 ~ 20μm，可对不同波段激光的倍频、和频实现相位匹配。

实际应用的非线性光学晶体，好多都是电光晶体材料，例如磷酸盐类的磷酸二氢钾 KDP、磷酸二氘钾 DKDP、磷酸钛氧钾 KTP，还有 $LiNbO_3$(LN)和 $KNbO_3$(KN)等。当前优良的非线性晶体多集中于紫外、可见及近红外区域。在长波 5μm 的远红外波段的优良非线性晶体材料较少。

磷酸二氢钾 KDP 及磷酸二氘钾 DKDP 一直是最早备受重视的功能晶体，透过波段为 178nm ~ 1.45μm，是负光性单轴晶，其非线性光学系数 d35 = 0.39pM/

V(1.064μm)，常作为标准与其他晶体比较。KDP 晶体最早作为频率晶体(1.04μm) 实现二、三、四倍倍频及染料激光实现倍频而被广泛应用。它还可以制造 Q 开关。特别是特大功率激光在受控热核反应、核爆模拟的应用方面，大尺寸 KDP 是唯一已经采用的倍频材料，其转换效率高达 80% 以上。虽有新材料出现，但特大晶体的综合性能，仍以 KDP 为最优。

三硼酸锂 LiB_3O_5(LBO)是一种新型紫外倍频晶体，是透光波段为 160nm ~ 2.6μm 负光双轴晶，有效倍频系数为 KDP 的 d 的 3 倍。LBO 晶体有很高的光伤阈值，有良好的化学稳定性和抗潮性，加工性能也好，广泛应用于高功率倍频、三倍频、四倍频及和频、差频等方面。在参量振荡、参量放大、光波导及光电效应方面也打下良好的应用前景。

4.2.1.2　高分子非线性光学复合材料

光电场的变化非常快，为 $10^{14} \sim 10^{15} s^{-1}$，所以只有电子能与之响应。二系有机物质大多数为不受原子核束缚的二电子，因此依靠光电场产生大的极化。因为对光电场的 2 次方、3 次方响应的成分也大，所以，高分子有机材料特别受到关注。

A　高分子和低分子的混合系材料

2 次效应不光与一个分子的性质有关，而且与分子集合状态的结构也有关系。因而，需要对分子和分子集合状态（高次结构）进行设计。有人提出了一种高分子和低分子的混合系材料。这种情况，为了控制对称性，需要施加高电压，使偶极子取向。但是，被取向的低分子随着时间变化而变缓和。

图 4-2 示出了资料提供的主要的侧链式(a、b)及主链式(c、d)高分子。图中 d_{33} 为非线性光学常数，单位为 10^{-12}m/V。c、d 的主链式高分子了被称为 Λ 型高分

a　$d_{33} = 31$pm/V

b　$d_{33} = 44$pm/V

c　$d_{33} = 3$pm/V

d　$d_{33} = 12$pm/V

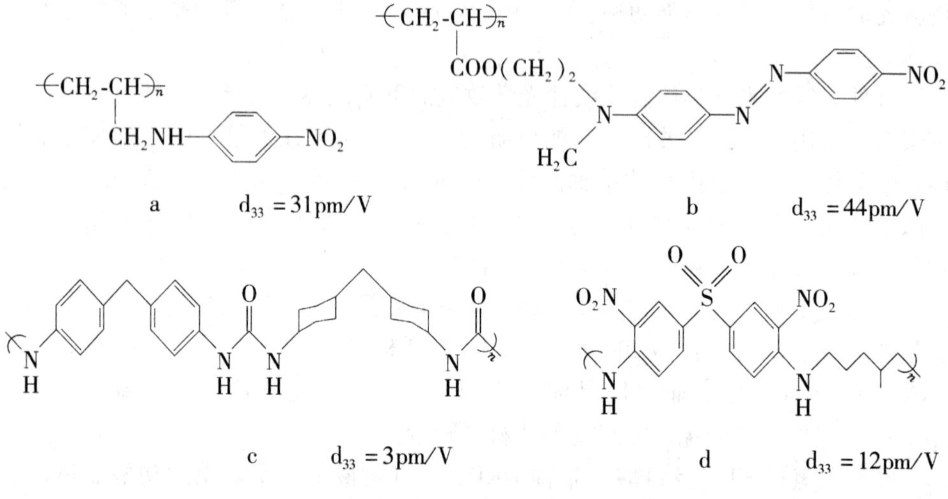

图 4-2　侧链式(a、b)及主链式(c、d)高分子

子，适当地控制Λ的顶角，可以使主链方向和与其垂直方向的折射率自由地变化。延伸Λ型高分子，再还原。即使是非晶，也能像单晶那样在空间上排列控制各原子。这样，控制了高次结构的薄膜就可以进行与单晶同样的波长变换和制作光调制元件。这些元件的功能利用波导光路和其他方法也能完成。

B 共轭型有机非线性光学材料

由于共轭型有机非线性光学材料具有大的非线性光学系数和快的非线性响应，近年来越来越引起人们广泛的兴趣。许多共轭型有机非线性材料如偶氮苯、卟啉、酞菁、聚二炔和聚炔等已被合成出来。有人合成了一种新的非线性光学材料，先将对溴苯胺和取代苯胺进行重氮-偶联反应得到偶氮苯衍生物。然后采用PdCl2（PPh3）2/CuI 为催化剂进行 Sonoga-shina 反应得到目标化合物。化合物的合成路线见图 4-3。该化合物在 $2210cm^{-1}$ 处都显示了特征的弱的 C≡C 收缩振动峰。且在 $1600cm^{-1}$ 和 $1510cm^{-1}$，$910cm^{-1}$ 和 $848cm^{-1}$ 的吸收峰对应于对位取代苯环上的 C═C 收缩振动和 C—H 面外弯曲振动。该化合物在 $3800cm^{-1}$ 和 $3100cm^{-1}$ 之间没有吸收。资料研究结果表明该化合物具有很大的非线性吸收，但非线性折射很小（可以忽略不计），因此，它三阶非线性系数主要来自于非线性吸收这部分的贡献。对实验数据进行拟合并计算得到该化合物的三阶非线性系数分别为 6.2×10^{-12}（esu）。研究该化合物的分子结构和三阶非线性系数的关系发现，三阶非线性系数主要来自长的 π 共轭结构和偶氮苯的 J-type 聚集。

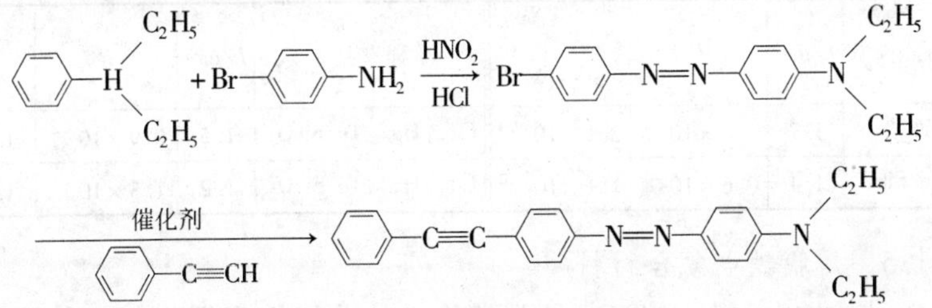

C_2H_5 H C_2H_5 + Br—⟨苯⟩—NH_2 $\xrightarrow[HCl]{HNO_2}$ Br—⟨苯⟩—N═N—⟨苯⟩—N(C_2H_5)(C_2H_5)

$\xrightarrow[\text{苯}-C\equiv CH]{\text{催化剂}}$ ⟨苯⟩—C≡C—⟨苯⟩—N═N—⟨苯⟩—N(C_2H_5)(C_2H_5)

图 4-3 化合物的合成路线

4.2.1.3 纳米颗粒复合材料

纳米颗粒复合材料作为一种重要的非线性光学材料，可灵活地调控纳米粒大小、纳米粒之间及其与骨架之间的相互作用，具有很好的可操作性，能得到兼有光控、压控、热控以及其他响应性质的智能复合材料。如在沸石分子筛中（具有纳米级空笼和孔道）组装半导体纳米材料（如 7nS，PDS）可做光电控元件，组装纳米光学材料，可做光控元件。

不少工作研究集中于绝缘体中掺杂金属纳米颗粒构成的复合材料的光学非线性特性。1983 年 Jain 和 Lind 发现在掺有 Cd(S,Se)的玻璃有较高的三阶非线性光学系数和高的响应速度。Cd(S,Se)的尺寸被估计为 10 ~ 100nm。日本的 Nagomi

等研究了 CdS、PbS、CuCl、CdTe 等分散在 SiO_2 凝胶玻璃中的量子尺寸效应和吸收光谱由于金属颗粒表面等离子体共振和复合材料内部局域电场的不均匀性，相对于金属组分，整体材料的有效三阶光学非线性极化率能够得到极大的增强。这种增强可以达到 3 ~4 个量级。

0-3 型纳米复合材料是各向同性材料，即$\chi(2)=0$，$\chi(3)=0$。由于纳米材料具有很高的三阶非线性光学系数，因而在非线性光学中可以起到极大的作用。另外由于纳米材料具有高的响应速度，因而在计算机信息处理速度上得到改进，成为下一代全光计算机的核心材料。

4.2.1.4　无机复合材料

有人将正硅酸乙酯、去离子水、乙醇和盐酸按一定的摩尔比混合搅拌均匀，再将活性物质（含有锡、锌、汞和硒、碲的可溶性盐）溶于水和乙醇的混合溶液中。加入到正硅酸乙酯、去离子水、乙醇的混合物中，加入催化剂，调节溶胶的酸碱性，再搅拌一段时间致混合均匀，取出放置在培养皿中，经过溶胶-凝胶转变、老化、干燥，大约 1.5 ~2 个月后得到干凝胶。干凝胶经热处理除去有机物，最后与氢气或硫化氢气体进行气固反应得到半导体微晶复合材料。表 4-1 为复合材料用简并四波混频 DFWM 测得的三阶非线性极化率和共轭反射率 R。

表 4-1　Cd_x-Hg_{1-x}Te 掺杂玻璃的共轭反射率 R 和三阶非线性极化率 χ

（含量为 1% 通氢气反应时间 5h）

样　品	L/mm	R	$\chi^{(3)}$ /$m^2 \cdot W^{-1}$	样　品	L/mm	R	$\chi^{(3)}$ /$m^2 \cdot W^{-1}$
CdTe/SiO_2	1.7	1.2×10^{-4}	2.1×10^{-20}	$Cd_{0.8}Hg_{0.2}Te/SieO_2$	1.5	0.9×10^{-4}	1.3×10^{-20}
$Cd_{0.9}Hg_{0.1}Te/SieO_2$	1.4	0.6×10^{-4}	1.1×10^{-20}	$Cd_{0.7}Hg_{0.3}Te/SieO_2$	1.2	1.3×10^{-4}	1.9×10^{-20}

4.2.1.5　薄膜铁电复合材料

钙钛矿结构铁电材料 $BaTiO_3$ 是非常优良的非线性光学材料，其性质研究取得了很大的发展，比如在高真空下制备的 $BaTiO_2$ 薄膜二阶非线性光学特性得到大的增强。掺入少量 Ce 的 $BaTiO_3$ 量子点的薄膜以及 Ag: $BaTiO_3$ 薄膜材料均表现出很强的三阶非线性光学性质。

4.2.1.6　半导体/绝缘体复合材料

有人研究了具有各向异性微结构的半导体-绝缘体复合材料的光学非线性增强效应。材料的构成是将许多长直的半导体柱体相互平行地掺杂在绝缘体基体中。柱体横截面的形状为椭圆形并在基体中排列成长方点阵，椭圆的主轴方向与点阵的基矢方向一致。当研究该复合材料在垂直柱体方向上的介电性质和非线性光学性质时，由于对称性，可以把材料作为一个二维系统来研究。一般情况下，该复合系统的有效三阶光学非线性极化率是一个二阶张量。半导体和绝缘体的物性都是各向同性的情况。按点阵的基矢方向取坐标轴，这样材料的有效三阶光学非线性极化率退化成二阶对角张量。

有人计算了该复合系统有效三阶非线性极化率的频率关系并研究了材料微结构的各向异性对整体材料的光学非线性增强的影响。在计算中，半导体介质的电极化响应取谐振模型，即将介质中粒子在电场作用下的运动看成是束缚电荷在平衡位置附近做强迫振动。此时半导体介电常数的形式可以表示为

$$\varepsilon_1 = \varepsilon_\infty + \frac{\omega_0^2}{\omega_1^2 - \omega^2 - i\gamma\omega} \tag{4-13}$$

式中 ε_∞——$\varepsilon\to\infty$ 时半导体的介电常数；

ω_1——振子的固有频率；

γ——阻尼系数；

$\omega_0 = \sqrt{Nq/(\varepsilon_0 m)}$，其中 N 为粒子数密度；

q——束缚电荷；

m——粒子质量；

ε_0——真空介电常数。

计算中这些参数分别取为 $\omega_0=1$，$\omega_1=0.5$，$\gamma=0.08$ 和 $\varepsilon_\infty=9$，这使得 ε_1 约为 GaAs 的复介电常数。绝缘体为线性材料，其非线性极化率为零，其介电常数 ε_2 与频率无关取为 25。半导体的三阶非线性极化率取为 1。

4.2.2 可调谐染料激光器复合材料

激光器可将普通的光线变成一道集中的强光。激光器的中心可能装有类似红宝石一样的水晶，接触到光时，水晶就会呈现多次反射，最后累积集中成一道强光。具体讲，如果把一段激活物质放在两个互相平行的反射镜（其中至少有一个是部分透射的）构成的光学谐振腔中，处于高能级的粒子会产生各种方向的自发发射。其中，非轴向传播的光波很快逸出谐振腔外，轴向传播的光波却能在腔内往返传播。当它在激光物质中传播时，光强不断增长。如果谐振腔内单程小信号增益 G01 大于单程损耗 δ（G01 是小信号增益系数），则可产生自激振荡。原子的运动状态可以分为不同的能级，当原子从高能级向低能级跃迁时，会释放出相应能量的光子（所谓自发辐射）。同样的，当一个光子入射到一个能级系统并为之吸收的话，会导致原子从低能级向高能级跃迁（所谓受激吸收）；然后，部分跃迁到高能级的原子又会跃迁到低能级并释放出光子（所谓受激辐射）。这些运动不是孤立的，而往往是同时进行的。当我们创造一种条件，譬如采用适当的媒质、共振腔、足够的外部电场，受激辐射得到放大从而比受激吸收要多，那么总体而言，就会有光子射出，从而产生激光。图 4-4 为激光器结构原理图。

激光材料主要是凝聚态物质，以固体激光物质为主，也有液态。激光器材料是把各种泵浦（电、光、射线）能量转换成激光的材料。目前从晶体、玻璃体、气体、半导体和液体中都已获得了激光，其谐振范围可以从远红外到紫外。主要的气体激光器有 He-Ne 激光器、氩离子激光器、He-Cd 激光器和 CO_2 激光器。对于固体激光器来说除了光泵、聚光冷却系统、谐振腔和电源以外，最主要部分就是激光工作物质。

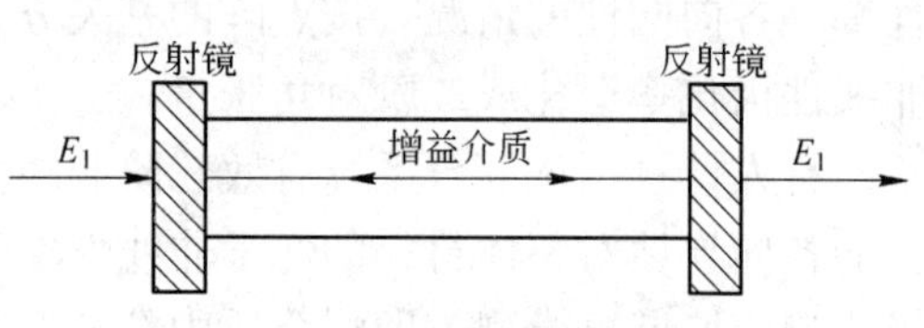

图 4-4　激光器结构原理图

固体激光材料分为两类。一类是以电激励为主的半导体激光材料，一般采用异质结构，由半导体薄膜组成，用外延方法和气相沉积方法制得。根据激光波长的不同，采用不同掺杂半导体材料。通常在可见光区域，以族化合物半导体为主；在近红外区域，以族化合物半导体为主；在中红外区域以Ⅳ-Ⅵ族化合物半导体为主。另一类是通过分立发光中心吸收光泵能量后转换成激光输出的发光材料。这类材料以固体电介质为基质，分为晶体和非晶态玻璃两种。激光晶体中的激活离子处于有序结构的晶格中，玻璃中的激活离子处于无序结构的网络中。常用的这类激光材料以氧化物和氟化物为主，如硅酸盐玻璃、磷酸盐玻璃、氟化物玻璃、氧化铝晶体、钇铝石榴石晶体、氟化钇锂等。氧化物材料具有良好的物理性质，如高的硬度、机械强度和良好的化学稳定性；氟化物材料具有低的声子频率、宽的光谱透过范围和高的发光量子效率。常用固体激光工作物质有激光晶体、激光玻璃和半导体材料。表 4-2 列出了几种主要的固体激光器及其应用情况。

表 4-2　固体激光器的种类和应用

种　类		主要波长/μm	特　征	输出功率	应　用	正在开发的应用
固体激光器	红宝石激光器	0.69（红）	（1）高能脉冲 （2）高功率脉冲输出（Q 开关控制）	1～100J 1MW～1W	测距，激光雷达，打孔，焊接	等离子测定，高速全息照相
	玻璃激光器	1.06（红外）	（1）高能脉冲 （2）大功率脉冲（Q 开关控制）	约 1000J 约 1kW	加工	物性研究，引发等离子体
	钇铝石榴石激光器	1.06（红外）	（1）连续高功率输出 （2）高速反复操作的 Q 开关 （3）第二调制波输出	连续 1～1000W 交变 5～10kW	（1）集成电路画线，修整红宝石； （2）激光雷达	染料激光器光源，拉曼分光计光源程序
半导体激光器		0.9（红外）	功率高，效率高	脉冲约 10W 连续约几毫瓦	游戏用光源	通信情报处理、测距

染料激光器的工作物质是有机染料，其能级由单重态（S）和三重态（T）组成。S和T又分裂成许多振动-转动能态，在溶液中这些能态还要明显加宽，因此能发出很宽的荧光。一般染料激光器的结构简单、价廉，输出功率和转换效率都比较高。环形染料激光器的结构比较复杂，但性能优越，可以输出稳定的单纵模激光。有机激光染料的耐温性差。为了扩展染料激光器的应用领域，需要克服现有液态染料激光器的缺点，发展新型的染料激光介质。为此，材料科学家和激光器件学家在染料激光介质的固态化方面做了大量工作。无机/有机复合光功能材料最有希望率先实现实用化的无机基复合固态可调谐染料激光介质。与有机高聚物相比，无机凝胶玻璃具有紫外和近红外波段透光性好、高的激光破坏阈值和热、光稳定性、优良的光、热、化学和力学性能，应该是有机染料的良好基质。两者的温度匹配问题却很难解决。

在两类染料即在二禁嵌苯类染料(perylene family)和吡咯甲叉类染料(pyrromethene family)中，前者具有较好的光学稳定性，后者具有较高的斜坡效率。将二禁嵌苯红(perylene red)染料掺于 SiO_2 凝胶玻璃中，其寿命比同条件的 R6G 高 10 倍。将它掺入 SiO_2 凝胶玻璃/PMMA 的复合材料中，用 Nd：YAG 二倍频激光、2mJ/pulse 激发，可获得斜坡效率 1.7% 和寿命 50 万个脉冲数。将二禁嵌苯类染料掺入同一材料中，在 5mJ/pulse 激发下，获得斜坡效率 3.5% 和寿命 100 万个脉冲数。由于这类染料存在较大的激发态吸收，斜坡效率较低 $C<7s$，但光学稳定性好。此外，复合固态染料激光器原型器件的研究也得到人们的重视。除了研究谐振腔的参数对激光输出特性的影响以外，为了获得短脉冲、窄线宽的相干光源，采用分布反馈系统，改善了激光输出特性。

4.3 发光复合材料

按光显示的形式发光材料可分成两类：主动式显示用发光材料和被动显示用发光材料两种。主动式显示用发光材料是指在某种方式激发下的发光材料。例如：阴极射线发光材料、电致发光材料、光致发光材料。被动式显示用发光材料是在电场等作用下不能发光，但能形成着色中心，再在可见光照射下能够着色从而显示出来，这类材料包括：液晶、电着色材料、电泳材料。

4.3.1 电致发光材料

4.3.1.1 电致发光

电致发光是将电直接转换成光能的一种物理现象。电致发光（英文 electroluminescent），简称 EL，是通过加在两电极的电压产生电场，被电场激发的电子碰击发光中心，而引致电子解级的跃进、变化、复合导致发光的一种物理现象。

由于电致发光是电子和空穴结合而发光的过程，如果在直流正向电压的作用下，分别从正极注入空穴和从负极注入电子致发光层中（半导体的价带和导带中），则由于库仑引力而形成激子，激子可以复合发光，即为电致发光。利用共轭导电聚合物的电致发光效应来制作电致发光元件，是一个自20世纪90年代初才开始开拓的崭新领域。1990年，英国剑桥大学Cavendish实验室的J H Burroughes等人首次报道了用聚对苯乙炔制备的聚合物薄膜电致发光器件，得到了直流偏压驱动小于14V的蓝绿光输出，其量子效率为0.05%。该领域的发展十分迅速，目前高聚物发光材料的发光范围已覆盖了整个可见光区，其制备的发光器件的各项性能已接近商业化水平。

电致发光按激发过程不同可分为两大类：注入式电致发光和本征电致发光。

注入电致发光是在半导体PN结加正偏压时产生少数载流子注入，与多数载流子复合发光；注入式电致发光的基本结构是结型二极管（LED）。

本征电致发光又分高场电致发光与低能电致发光。其中低能电致发光是指某些高电导荧光粉在低能电子注入时的激励发光现象。高场电致发光是荧光粉中的电子或由电极注入的电子在外加强电场的作用下在晶体内部加速，碰撞发光中心并使其激发或离化，电子在回复基态时辐射发光。高场电致发光又分交流和直流两种，如粉末型交流电致发光与粉末型直流电致发光。

4.3.1.2　高场电致发光

高场电致发光显示有交流薄膜电致发光显示（ACTFEL）和交流粉末电致发光显示。如图4-5为交流薄膜电致发光显示。交流粉末电致发光板的发光粉用铜、铝等激活的硫化锌（ZnS：Cu，Al或ZnS：Pb，Cu，Al）与树脂等透明有机介质混合后，涂布在两个电极中间，厚度为10～100μm，电极之一为透明的，这就构成了电致发光板，大量的发光粉晶体悬浮在绝缘介质中，小晶粒线度为几微米到几十微米，由于发光层中介质是绝缘的，防止了发光材料与电极直接接触，当外加电压后，通过容性电流时，发现晶粒内呈线状发光，这与光致发光与阴极射线发光时荧光粉晶体发光不同，线状发光在多数情况下呈现尾对尾的慧星形。线对的两头间的距离对多晶粉末为1～10μm，对单晶可大于100μm，甚至达到毫米

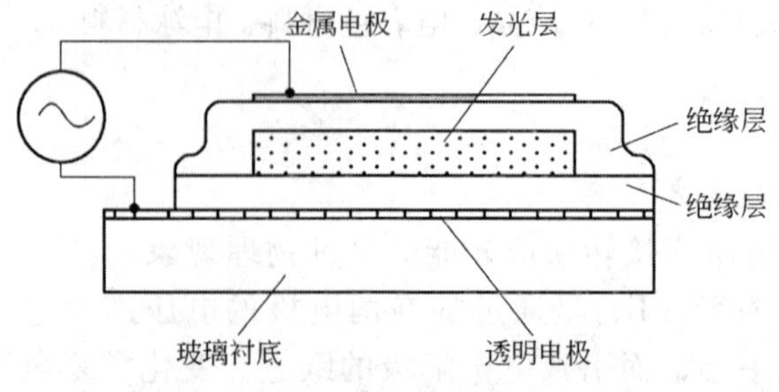

图4-5　交流薄膜电致发光显示

量级，发光线直径小于0.1μm，亮度可高达3×10^5cd/m^2，发光线对的两部分在交变电场作用下交替发光，而场强总是从其头部指向尾部，发光线长度随电场在线方向的分量增强而变长，但线对的头之间距离保持不变。

有人制备出了一类新型铁电体基纳米复合材料即铁电体半导体量子点复合材料 $BaTiO_3$/CdS，并对这类材料的光致发光性质进行了初步研究，同时提出了利用这类材料构造新型电致发光元件的设想。

从 $BaTiO_3$/CdS 复合材料及与其对应的 CdS 前驱体谱图可以看出，复合材料的发射光谱由两部分构成：一部分是峰值波长在465nm 左右，与 CdS 胶体的主发射带相近，它来自 CdS 的带间跃迁；另一部分是波长分布于550～650nm 之间的发光带，来自量子点的界面态，其波长及相对强度与材料的制备条件密切相关。值得注意的是，比较两种量子点体系的光谱可以看出，量子点进入 $BaTiO_3$ 基体后，发射峰明显向短波方向移动。

这类新型材料的一个潜在应用领域是实现超低驱动电压下的/高场电致发光（ACEL)。高场电致发光是通过高交流电场下过热电子的碰撞离化或隧穿效应激发的一类电致发光过程．由于这类发光需要由一个较高的电场来激发，因此一般器件的驱动电压通常需要几百至上千伏，因此较难于与半导体电路相集成。可以利用铁电体-量子点复合材料构造新型电致发光元件。由于一般铁电体（$BaTiO_3$）具有相当高的介电常数，只要在铁电体-半导体量子点复合薄膜上施加一个很低的交流电压，就能够在半导体量子点内部产生足够高的局域交流电场，使其得到激发。该器件可望在平板显示及光电集成等领域获得应用。

4.3.1.3 发光二极管

发光二极管 LED，是一种固态的半导体器件，它可以直接把电转化为光。LED 的心脏是一个半导体的晶片，晶片的一端附在一个支架上，一端是负极，另一端连接电源的正极，使整个晶片被环氧树脂封装起来。发光二极管（Light E-mitting Diode，简称 LED）是注入电致发光显示器件的代表。资料显示，美国的 UNIX 公司1992 年报道了可弯曲的柔韧的发光二极管（LED)，该二极管使用聚苯胺作阳极，但其导电性不如导电玻璃。发光二极管是利用少数载流子流入 PN 结直接将电能转换为光能的半导体发光元件。LED 构造的核心是用磷化镓或砷化镓等半导体发光材料晶片做成的 PN 结，晶片的大小约0.3mm×0.3mm×0.2mm，晶片外用透明度高和折射率高的材料（一般用环氧树脂）包封，树脂外观视应用要求做成各种形式。也可以在 LED 的底座上安置两枚或两枚以上晶片，各晶片材料不同，发出不同的色光，当各晶片发不同强度的光时，它们将产生不同混色，使发光二极管显示不同色光。半导体晶片由三部分组成，一部分是 P 型半导体，在它里面空穴占主导地位，另一端是 N 型半导体，在这边主要是电子，中间通常是1～5个周期的量子阱。当电流通过导线作用于这个晶片时，电子和空穴就会被推向量子阱，在量子阱内电子跟空穴复合，然后就会以光子的形式发出能量。在p-n结中，如果让p型半导体与外电场的正极连接，n型半导体与外电插的负极连接，即给p-n结加上正向偏压。在正向偏压的作用下，势垒降低，势垒区内冀电场也相应减弱，载流子也会在正向偏压的作用下发生扩散。n型半导体区内的多数载流子电子扩散到p型半导体区，同时p型半导体区内的一多数载流子空穴扩散到n型半导体区。这些注入p区的载流子电子和注入n区的载流子空穴都是非平衡的少数载流子。这些非平衡的少数载流子不断与多数载流子复合而发光，这就是半导体p-n结发光的原理。几乎所有的p-n结都会出现这种发光现象。除了可以在导带与价带这样的带与带之间（称为本征跃迁）发生外，还可以在杂质能级与带之间、杂质能级之间发生。导带与价带之间的直接跃迁的能量最大，与禁带宽度相等。导带上的电子还会以热量的形式释放出一部分能量后掉入杂质能级，然后再向价带跃迁。这种跃迁称为间接跃迁，其能量小于禁带宽度。这就是LED发光的原理。

而光的波长也就是光的颜色，是由形成p-n结的材料决定的。它是一种通过控制半导体发光二极管的显示方式，用来显示文字、图形、图像、动画、行情、视频、录像信号等各种信息的显示屏幕。由于具有容易控制、低压直流驱动、组合后色彩表现丰富、使用寿命长等优点，广泛应用于城市各工程中、大屏幕显示系统。LED可以作为显示屏，在计算机控制下，显示色彩变化万千的视频和图片。LED是一种能够将电能转化为可见光的半导体。

资料报道，在目前商品化LED之材料及其外延技术中，红色及绿色发光二极管之外延技术大多以液相外延成长法为主，而黄色、橙色发光二极管目前仍以气相外延成长法成长磷砷化镓GaAsP材料为主。一般来说，GaN的成长需要很高的温度来打断 NH_3 之N-H的键解，另外一方面由动力学仿真也得知 NH_3 和MoGaS会进行反应产生没有挥发性的副产物。LED外延片工艺流程如下：衬底──→结构设计──→缓冲层生长──→N型GaN层生长──→多量子阱发光层生──→P型GaN层生长──→退火──→检测（光荧光、X射线）──→外延片──→设计、加工掩模版──→光刻──→离子刻蚀──→N型电极（镀膜、退火、刻蚀）──→P型电极（镀膜、退火、刻蚀）──→划片──→芯片分拣、分级。具体介绍如下：固定——将单晶硅棒固定在加工台上。切片——将单晶硅棒切成具有精确几何尺寸的薄硅片。此过程中产生的硅粉采用水淋，产生废水和硅渣。退火——双工位热氧化炉经氮气吹扫后，用红外加热至300～500℃，硅片表面和氧气发生反应，使硅片表面形成二氧化硅保护层。倒角——将退火的硅片进行修整成圆弧形，防止硅片边缘破裂及晶格缺陷产生，增加磊晶层及光阻层的平坦度。此过程中产生的硅粉采用水淋，产生废水和硅渣。分档检测——为保证硅片的规格和质量，对其进行检测。此处会产生废品。研磨——用磨片剂除去切片和轮磨所造成的锯痕及表面损伤层，有效改善单晶硅片的曲度、平坦度与平行度，达到一个抛光过程可以处理的规格。此过程产生废磨片剂。清洗——通过有机溶剂的溶解作用，结合超声波清洗技术去除硅片表面的有机杂质。此工序产生有机废气和废有机溶剂。RCA 清洗——通过多道清洗去除硅片表面的颗粒物质和金属离子。具体工艺流程如下：SPM 清洗——用 H_2SO_4 溶液和 H_2O_2 溶液按比例配成 SPM 溶液，SPM 溶液具有很强的氧化能力，可将金属氧化后溶于清洗液，并将有机污染物氧化成 CO_2 和 H_2O。用 SPM 清洗硅片可去除硅片表面的有机污物和部分金属。此工序会产生硫酸雾和废硫酸。DHF 清洗——用一定浓度的氢氟酸去除硅片表面的自然氧化膜，而附着在自然氧化膜上的金属也被溶解到清洗液中，同时 DHF 抑制了氧化膜的形成。此过程产生氟化氢和废氢氟酸。APM 清洗——APM 溶液由一定比例的 NH_4OH 溶液、H_2O_2 溶液组成，硅片表面由于 H_2O_2 氧化作用生成氧化膜（约 6nm 呈亲水性），该氧化膜又被 NH_4OH 腐蚀，腐蚀后立即又发生氧化，氧化和腐蚀反复进行，因此附着在硅片表面的颗粒和金属也随腐蚀层而落入清洗液内。此处产生氨气和废氨水。HPM 清洗——由 HCl 溶液和 H_2O_2 溶液按一定比例组成的 HPM，用于去除硅表面的钠、铁、镁和锌等金属污染物。此工序产生氯化氢和废盐酸。DHF 清洗——去除上一道工序在硅表面产生的氧化膜。磨片检测——检测经过研磨、RCA 清洗后的硅片的质量，不符合要求的则重新进行研磨和 RCA 清洗。腐蚀 A/B——经切片及研磨等机械加工后，晶片表面受加工应力而形成的损伤层，通常采用化学腐蚀去除。腐蚀 A 是酸性腐蚀，用混酸溶液去除损伤层，产生氟化氢、NO_x 和废混酸；腐蚀 B 是碱性腐蚀，用氢氧化钠溶液去除损伤层，产生废碱液。

有人将无机半导体 CdSe 纳米颗粒与导电聚合物聚苯撑乙烯（PPV）相结合，制成了 ITO/CdSe/PPV/Mg 发光二极管。由于量子尺寸效应，CdSe 纳米颗粒尺寸减小，带隙能增大，发光颜色可从红色变到黄色，出现蓝移现象。而且由于 CdSe 的电子亲和能较高，该二极管驱动电压较低，仅为 4V。但发光效率较低，仅为 0.001% ~0.01%。

4.3.1.4 固体发光电池（LEC）

用聚合物二极管替代传统彩色液晶制作显示屏，其制造过程简单，可视角为 180°，响应速度在纳秒数量级，显示屏轻而薄。聚合物发光二极管的应用前景极其广阔，增加其稳定性是解决其商业化的主要任务。1994 年，有人发明了共轭聚合物固体发光电池（LEC）。有人使用发光聚合物 MEH-PPV 与四丁基对甲苯磺酸铵直接复合，制备出具有 LEC 发光特性的聚合物发光器件。LEC 是与 LED 相似的光电转换装置，可以替代 LED 应用于相似领域，它除了具有聚合物 LED 的优点外，还具有激发电压低、发光亮度大、不使用活泼金属负极、电极可采用同种电极材料制成和加工简便等优点，是一种极有潜力的电致发光器件。

4.3.1.5　多孔硅（PS）复合材料

多孔硅（PS）具有发射可见光的能力，这引起了人们的兴趣并试图将其应用于光电子领域。1992 年制备出了第一个 PS 基的发光二极管，但是单纯用 PS 制备发光二极管存在诸多缺点，如电致发光效率极低、发光寿命很短等。科学家尝试用各种物质与 PS 接触以实现其电致发光，主要有 PS 与液体电解质的接触、PS 与无机固体材料的接触，但是这些接触使复合后的 PS 基二极管的工作电压很高。近年来，很多科学家尝试 PS 与有机材料复合等。有机材料一个很大的优点是：它可以进入到 PS 的孔中，和 PS 实现很好的接触，从而降低 PS 基发光二极管的工作电压。但是 PS 与有机发光材料复合体系的光学和电学特性的研究较少，尤其是电学性能的研究。PS 的激发过程发生在 PS 的晶粒内部，而复合过程则多发生在晶粒表面，所以它的载流子是可以转移的，因而表面态对 PS 的载流子复合过程的影响很大。

PS 与聚乙烯咔唑 PVK 复合后，可以把 PVK 看做是特殊的表面态，为载流子的复合提供了新的场所。即载流子在 PS 的晶粒内部被激发后，转移到 PVK 的表面，然后复合发光，从而可能产生 485nm 的新峰。随着 PVK 溶液浓度的变化，峰的位置是不会变化的，这说明 PVK 提供了一种固定的表面态。但是随着 PVK 浓度的变小，该峰的强度变小。这是由于随着 PVK 浓度的降低，它可提供的表面态随之变少，峰的强度也就变小。表 4-3 为材料的激光特性。表 4-4 为材料的应用。

表 4-3　不同基质中有机染料材料的激光特性

染　料	基　质	调谐范围/nm	脉冲数	斜坡效率/%	激光阈值	参考文献
R6G	改性 PMMA		300	50		8
CF_3-香豆素	PMMA		<1000			10
R6G	ORMOSIL	557～598	5300	30		16，17
磺化罗丹明 640	SiO_2 凝胶玻璃	600～650	2600	10.5	60μJ	18，19
BASF241	溶胶-凝胶玻璃/PMMA	570～590	$>10^6$	3.5	60μJ	15，20
RPD	溶胶-凝胶玻璃/PMMA	605～630	500000	1.7	90μJ	21
RB	ORMOSIL		4500	39	0.4mJ	3
R6G	乙　醇		850	5	1.2J	22
RB	三氟乙醇		1250	5	1.5J	22

表 4-4 溶胶-凝胶工艺制备的无机基有机复合固态光功能材料

光功能效应	应用	复合材料组成	形状	参考文献
非线性光学效应	光开关、光集成、短波光调制器	SiO_2：有机分子，SiO_2/PMMA：有机分子	涂层	30，31
发光	可调谐激光器	SiO_2：有机染料，SiO_2/PMMA：有机染料，Al_2O_3：有机染料	块材，涂层	30，32，33，34~36
	太阳能浓集器	SiO_2：有机染料	涂层	37
光化学烧孔	存储	SiO_2：有机染料	块材	38
光致变色	显示、记录	SiO_2：螺吡喃 SiO_2/PMMA：螺吡喃	块材，涂层	39

4.3.1.6 显示材料

利用几种有机物组合出一种全新的显示复合材料，只需要微弱电流的驱动就能发出足够亮度的光，并显示出清晰的图像，由 8000 多个面积不到笔尖大小的有机发光器件构成。由于这些微小的发光器件是由三层不同的有机物叠加而成，因此被人们形象地称为能发光的三明治。通过对每个发光器件的有效控制，最终组合出相应的图像。这种有机发光材料的发光效率不低于其他显示材料，并且还具备了有机材料诸多独特的优良特性。有机材料显示屏是靠材料自身发光来显示图像，因而不再需要阴极射线管为它输送电子。传统电视包括阴极射线管的 2/3 部分将被彻底抛弃，电视的整体体积得以大幅压缩。1987 年柯达公司提出了制作具有叠层膜结构的有机电发光元件，这种有机 EL 元件采用低电压驱动显示高发光亮度，使状况有了很大改观。这种结构由荧光性金属络合物分子和空穴输送性二胺系分子两层薄膜构成。空穴注入电极采用 ITO，电子注入电极采用 Mg-Ag 合金和 Al。

4.3.2 光致发光材料

4.3.2.1 光致发光概念

物体依赖外界光源进行照射，从而获得能量，产生激发导致发光的现象，如磷光与荧光、紫外辐射、可见光及红外辐射均可引起光致发光。光致发光（PL）就是利用光产生同样的激励发光。因而两者的发光光谱相类似。价带的电子受到入射光子的激发后，会跃过禁带进入导带。如果导带上的这些被激发的电子又跃迁回到价带时，会以放出光子的形式来释放能量，这就是光致发光效应，也称为荧光效应。

光致发光现象不会在金属中产生。因为在金属中，价带没有充满电子，低能级的电子只会激发到同一价带的高能级。在同一价带内，电子从高能级跃迁回到低能级，所释放的能量太小，产生的光子的波长太长，远远超过可见光的波长。

值得注意的是，能级跃迁所产生的光子并不能够全部传到半导体材料的外部来。因为从发光区发出的光子不仅在通过半导体材料时有可能被再吸收，而且在半导体的表面处很可能发生全反射而返回到半导体材料内部。为了避免这种现象，可以将半导体材料表面制成球面，并使发光区域处于球心位置。

4.3.2.2　光致发光复合材料

A　共轭导电聚合物光致发光材料

共轭导电聚合物中均存在由碳原子等的 pz 轨道相互重叠形成的大 π 键。量子力学计算表明，当反式聚乙炔的大 π 键达到 8 个以上碳原子链长时即具有电子导电性。这种长链共轭体系不稳定，会发生 Peierls 相变导致能带分裂，形成由正键 π 轨道构成的价带，反键 π 轨道构成的导带以及成键与反键轨道间的能隙构成的禁带。因此，共轭导电聚合物的能带结构与无机半导体相似。当以能量大于导带与价带之间的能量差（即禁带宽度）的入射光照射半导体时，其价带中的电子可以吸收光能而被激发进入导带，从而在导带中形成自由电子，在价带中产生空穴。处于导带中的激发态电子不稳定，会自发向基态弛豫，与价带中的空穴复合，将所吸收的光能重新释放出来，从而产生光致发光。

B　多孔氧化铝模板中制备 CdS 纳米线阵列复合材料

有人采用直流电沉积的方法在多孔氧化铝模板中制备 CdS 纳米线阵列，用 SEM 和 XRD 进行形貌和结构的表征，对 CdS 纳米线阵列的光致发光进行研究。采用两步法制备了孔径为 20nm 和 60nm 的多孔氧化铝模板。用饱和 $HgCl_2$ 溶液除去没有氧化的金属铝，接着用 5% H_3PO_4 除去孔洞底部的阻挡层，最后在模板的一面沉积一层金膜以提供导电接触。电沉积在含有 0.055mol/L $CdCl_2$ 和 0.19mol/L S 的二甲亚砜（DMSO）的电解液中进行。沉积温度为 110℃，直流电流密度为 $2.5mA/cm^2$。用直流电沉积法在多孔氧化铝模板中制备了尺寸均匀、高度有序的 CdS 纳米线阵列。制得的 CdS 有六方纤锌矿结构，Cd 和 S 的化学计量比为 1∶1。CdS 纳米线阵列的光致发光研究表明，在 AAO 中形成 CdS 后，出现了一个强的 PL 峰和一个肩峰，与 AO 模板相比，峰位发生了红移。光致发光光谱中的电子能级与 AAO 模板的空间限域作用有关。作为重要的宽禁带Ⅱ-Ⅵ族半导体之一的 CdS 在光发射二极管、太阳能电池或其他光电器件上有许多有前途的应用。到目前为止，在以多孔氧化铝为模板合成 CdS 纳米线方面，已经发展的制备方法有交流电化学沉积、直流电化学沉积和化学沉积等。

C　长余辉效应复合材料

蓄能发光新材料又称为光致光超长余辉蓄光材料、非放射性蓄光材料、无电源自发光材料等。该材料主动吸蓄日光、灯光、紫外光、杂散光等可见光 5 ~ 10min 后，就可在黑暗中持续发光 12h 以上，并可根据实际需要，使其发出红、绿、蓝、黄、紫等多种彩色光。余辉效应是入射光引起的半导体发光现象，而发光二极管则是电场引起的半导体发光现象。

长余辉发光材料指在外界光源激发下，能吸收光能并存储起来，再将能量以光的形式向外缓慢释放的一种材料。通过研究光致发光材料中陷阱能级的规律，可以制造出具有长余辉效应的发光材料。余辉时间特别长的荧光材料可以用作夜光材料，可以将白天受的光储存起来用于夜晚显示。一般认为，长余辉发光材料的余辉衰减过程可以用下面的公式来描述

$$I = I_0 + A_1\exp(-t/\tau_1) + A_2\exp(-t/\tau_2) \tag{4-14}$$

式中 I——荧光光强；

A_1，A_2——常数；

t——时间；

τ_1，τ_2——分别为快衰减和慢衰减过程的衰减时间因子。

最早研究的长余辉材料是硫化物系列，是 1866 年法国人 Sidot 制备的 ZnS：Cu，它是第一个具有实际应用意义的长余辉发光材料。长期以来，人们使用的蓄能发光材料是由硫化锌晶体组成的。因其中加入了少量铜或放射性元素镭、钷和钴等同位素，该类材料不仅化学稳定性差、发光亮度低、发光时间短，而且对环境、人体有很大的危害性。在 ZnS：Cu 基础上，为提高亮度及余辉时间，人们又研制了 ZnS：Cu，Co、CaS：Bi 及 CaSrS：Bi 等性能更好的材料。

近十年来，长余辉发光材料的研究有了大的发展，稀土铕激活的铝酸盐材料因为其优良的发光特性受到普遍关注。这类材料主要是以稀土离子为激活剂，碱土金属铝酸盐为基质的无机发光体系。一种发绿光的长余辉材料 $SrAl_2O_4$；Eu，Dy，它的余辉时间可达十几小时，不再需要添加放射性元素就可以用作夜光材料。除了 $SrAl_2O_4$：Eu，Dy 外，现在还发现了发蓝光的 $CaAl_2O_4$：Eu,Nd，但是寻找能够发红光的具有类似长余辉效应的材料是当前该研究领域亟待解决的问题。

有人研究一种 Eu^{3+} 激活的 Gd_2O_2S 长余辉发光材料。该材料过去一般作为光致发光材料使用，在长余辉方面的报道很少。研究中通过固相合成获得单相 Gd_2O_2S 粉体，发现掺杂一定共激发剂后具有很好的长余辉性能。通过对材料热释光谱的研究，比较了不同共激发剂对粉体长余辉特性的影响，揭示了材料具有不同余辉特征的原因。

采用固相合成技术合成 Gd_2O_3S：Eu^{3+} ++ 系列长余辉发光材料。使用的实验原料均为分析纯化学试剂。为了获得合适的长余辉效果，使用的共激发离子为 Ti^{4+} 和 Mg^{2+}，助熔剂 Li_2CO_3，Na_2CO_3，获得一系列的橙红色长余辉发光材料，具体配料组成列于表 4-5。该材料属于六方晶系，P3m1 空间结构。而掺杂的激发

离子以取代的方式固溶进入 Gd_2O_2S 晶格，它们对晶体结构的影响微乎其微。

表 4-5　长余辉发光材料的配料组成

硫化物	化学成分/g						
	Gd_2O_3	S	Na_2CO_3	Li_2O_3	$Mg(OH)_2(MgCO_3)_2H_2O$	TiO_2	Eu_2O_3
Gd_2O_2S：Eu,Mg	17.885	3.4	3.4844	0.584	0.243	—	0.521
Gd_2O_2S：Eu,Ti	17.885	3.4	3.4844	0.584	—	0.0599	0.521
Gd_2O_2S：Eu,Mg,Ti	17.885	3.4	3.4844	0.584	0.243	0.0599	0.521

获得的几种 Eu^{3+} 激发的 Gd_2O_2S 材料在紫外线下均显示了明显的光致发光行为。它们的激发光谱与发射光谱基本相同。从激发谱上可见，Gd_2O_3S：Eu^{3+}，Mg^{3+}，Ti^{4+} + 材料在紫外光波段存在较强的吸收，在 200～450nm 范围内有多个吸收峰，而在 243nm 处的吸收最为强烈，表明该波长是 Gd_2O_3S：Eu^{3+} + 系列材料的最佳激发波长。而在发射谱中，400～650nm 存在着多个发射峰，它们对应着 Eu^{3+} 的不同能级跃迁。其中 620nm 是材料的最强的发射，因此，人眼观察到的材料的发光颜色为红色。当然，该红色发光并不是某一个跃迁的发光，而是所有这些不同能级跃迁的共同作用的结果，只是 620nm 的发光较强，导致人眼观察到红色发光。根据相关文献报道，这些波长对应的能级跃迁列于表 4-6。

表 4-6　波长对应的能级跃迁

波长/nm	466	489	506	538	582	622
转　换	$^5D_2 \to {}^7F_8$	$^5D_2 \to {}^7F_2$	$^5D_2 \to {}^7F_3$	$^5D_2 \to {}^7F_1$	$^5D_8 \to {}^7F_1$	$^5D_8 \to {}^7F_2$

我国某发光材料技术开发单位经多年研究，以碱土金属铝酸盐为基质，掺入稀土金属及其他元素经高温反应而制成的特殊晶体，不仅其发光亮度、发光持续时间远远超过硫化锌发光材料，而且其发光使用寿命更可长达 30 年以上，可用于制造发光涂料（油漆）、发光油墨、发光釉料、发光塑料、发光橡胶、发光皮革、发光玻璃、发光陶瓷、发光装饰石、发光铝塑复合板、发光工艺品等。其所特有的高亮度、快吸光、长蓄光、化学稳定性好及耐候性强等优良理化性能，使其可广泛应用于建筑装饰、交通运输、消防安全、电子通信、电力电器、仪器仪表、石油化工、地铁隧道、印刷印染、广告牌匾、珠宝首饰等各个领域。

4.4　光波导复合材料

4.4.1　光波导基础

光波导由光透明介质（如石英玻璃）构成的传输光频电磁波的导波结构。光波导的传输原理是在不同折射率的介质分界面上，电磁波的全反射现象使光波局限在波导及其周围有限区域内传播。现代应用的光频的波长介于0.8～1.6μm之间。实用光波导有光导纤维、薄膜波导、带状波导3类。光导纤维的一个传输特性是衰减很小、频带很宽、抗电磁干扰，主要用于通信；光导纤维的另一传输特性是对外界的温度和压力等因素敏感，因而可制成光导纤维传感器，用于测量温度、压力、声场等物理量。薄膜波导与带状波导主要用于制作有源和无源的光波导元件，如激光器、调制器和光耦合器等。它们采用半导体薄膜工艺，适合于制成平面结构的集成光路（即光集成部件）。

4.4.1.1 光复合导纤维

激光的方向性强、频率高，是进行光纤通讯的理想光源。光纤通讯与电波通讯相比，光纤通讯能提供更多的通讯通路，可满足大容量通讯系统的需要。

光导纤维是由两种或两种以上折射率不同的透明材料通过特殊复合技术制成的复合纤维。从高纯度的二氧化硅或称石英玻璃熔融体中，拉出直径约100μm的细丝，称为石英玻璃纤维。玻璃可以透光，但在传输过程中光损耗很大，用石英玻璃纤维光损耗大为降低，故这种纤维称为光导纤维，是精细陶瓷中的一种。光导纤维一般由两层组成，里面一层称为内芯，直径几十微米；外面一层称包层。一般要求芯料的透光率高，而涂层材料要求折射率低，并且要求芯料和涂料的折射率相差越大越好。在热性能方面，要求两种材料的线膨胀系数相接近，若相差较大，则形成的光导纤维产生内应力，使透光率和纤维强度降低。另外，要求两种材料的软化点和高温下的黏度都要相接近。

依据光纤材料可将光纤分为石英系列和非石英系列光纤。除此以外，又可将光纤依据其折射率和模式分布进行分类，各种不同类型的光纤其制备工艺是不相同的。最初的光纤多采用“直接拉丝”工艺加以制备，这种工艺是直接用纤芯和包层材料来拉制光纤。通常运用棒管法来拉制光纤。棒管法是一种最原始也最简单的光纤拉制工艺。这种工艺是将纤芯材料制成玻璃棒，再将包层材料制成玻璃管，经过表面清洗和抛光以后，将玻璃棒插入玻璃管之中然后置于中空的圆形坩埚中加热，即可拉成合适尺寸的光纤。由于棒管法虽能制成价格便宜的高数值孔径光纤，但由于气泡和杂质可能会掺进纤芯和包层之间的夹层，从而引起较大的损耗。后来人们又发展了“双坩埚法”，其原理是将纤芯材料和包层材料分别装入两个同心的坩埚之内，而这两个坩埚被一熔炉加热，使材料软化后从喷嘴中流出而制成光纤。这种方法都用于制备多组分玻璃光纤和光纤束。经过十几年的摸索，现在的方法是将提纯的光纤原材料先制成光纤预制棒（而不用棒管法），然后制成光缆（即光纤），其整套工艺流程，已日趋成熟。

纤芯的作用是将入射端的光线传输到接受端。纤芯和包层的交界面是折射率差的界面。该界面不使光线透过构成光壁以保证纤芯的导光。为了使光线在芯部正常导光，就必须使光线在光壁上产生全反射。图4-6就表示了这一原理，图中

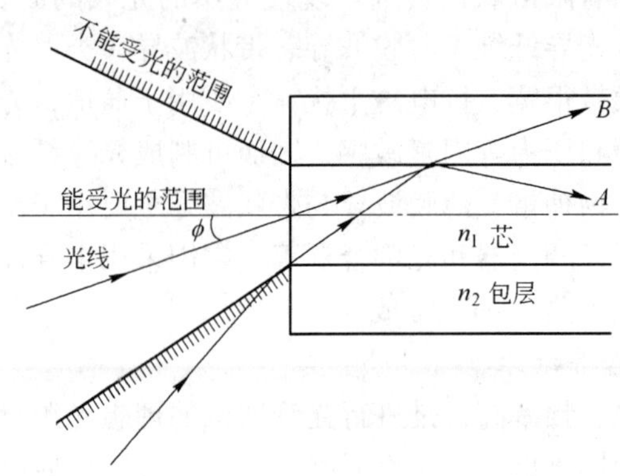

图 4-6 光导纤维接受与传输光线原理示意图

B（入射光线）与纤芯所成角度 ϕ 大于光导纤维可接受光的最大受光角 ϕ_c 时就发生光的散射，无法实现光导。入射角必须小于 ϕ_c，也就是如图中 A 那样才能在芯部正常导光。根据纤芯和包层界面的全反射条件可以求得

$$\phi_c = \arcsin\sqrt{n_1^2 - n_2^2} \approx \sqrt{2n_1(n_1 - n_2)} \tag{4-15}$$

式4-15 中 n_1 和 n_2 分别为纤芯和包层的折射率。要使光传导过程中的损耗尽可能的低，纤芯的透光性能应尽可能的好。

从光导纤维一端入射的光线，经内芯反复折射而传到末端，由于两层折射率的差别，使进入内芯的光始终保持在内芯中传输着。光的传输距离与光导纤维的光损耗大小有关，光损耗小，传输距离就长，否则就需要用中继器把衰减的信号放大。如果光导纤维的光损耗为0.15dB/km，传输距离可达500km；如降到10^{-4} dB/km时，则可传输2500km。用最新的氟玻璃制成的光导纤维，可以把光信号传输到太平洋彼岸而不需任何中继站。

4.4.1.2 光在光纤端头和光纤内的传播

光的传播满足如下条件

$$n_0\sin\phi_0 = n_1\sin\phi_1 \overset{\phi_1 + \theta_1 = 90°}{=} n_1\cos\theta_1 \tag{4-16}$$

式中，ϕ_1 为入射角；θ_1 及 ϕ_0 分别为折射角和反射角，

即

$$\cos\theta_1 = \sqrt{1 - \sin^2\theta_1} < \sqrt{1 - \left(\frac{n_2}{n_1}\right)^2}$$

所以

$$\sin\phi_0 = \frac{n_1\cos\theta_1}{n_0} < \frac{\sqrt{n_1^2 - n_2^2}}{n_0} \tag{4-17}$$

光纤数值孔径为

$$NA = \sin\phi_c = \frac{\sqrt{n_1^2 - n_2^2}}{n_0} \tag{4-18}$$

全反射要求为

$$\phi_0 < \phi_c = \sin^{-1}(NA) \tag{4-19}$$

在满足全反射条件下（$\phi_0 < \phi_c$ 或 $\theta_1 > \theta_c$），光线就能在纤芯和包层的界面上不断地产生全反射，呈锯齿形路线在芯内向前传播，从光纤的一端以光速传播到另一端，这就是光纤传光原理。

在弯曲光纤条件下，设 R 为弯曲光纤曲率半径，d 为光纤直径。当 $R \gg 4d$ 时，仍满足全反射条件，光纤传输损耗很小。$R < 4d$ 时，不满足全反射条件，光纤传输损耗很大。

4.4.1.3 光学损耗

资料表明，光导纤维传输图像时的损耗，来源于各个纤维之间的接触点，发生纤维之间同种材料的透射，对图像起模糊作用；此外，纤维表面的划痕、油污和尘粒，均会导致散射损耗。这个问题可以通过在纤维表面包覆一层折射率较低的玻璃来解决。在这种情况下，反射主要发生在由包覆层保护的纤维与包覆层的界面上，而不是在包覆层的外表面上，因此，包覆层的厚度大约是光波长的两倍左右以避免损耗。对纤维及包覆层的物理性能要求是相对热膨胀与黏性流动行为、相对软化点与光学性能的匹配。这种纤维的直径一般约为50μm。由之组成的纤维束内的包覆玻璃可在高温下熔融，并加以真空密封，以提高器件效能，构成整体的纤维光导组件。太阳辐射光谱中紫外光、可见光、红外光的能量占太阳总辐射能的比例约为9%、40%和51%，即红外光的能量约占太阳总辐射能的一半以上，玻璃光纤由于吸收损耗很难传输红外光；塑料光纤又承受不了太阳能产生的高温，寻求一种耐热温度高、传输效率高的传能光纤，已成为传输太阳能的关键问题。近年来，用复合材料（有机聚合物改性硅酸盐,）制备集成光学器件引起了人们很大的兴趣。其中用于通讯和光传感器的光波导研究的很大精力是集中在如何降低光学损耗。

当光线在玻璃纤维内部传播时，遇到纤维的表面，出射到空气中时，产生光的折射。改变光的入射角 i，折射角 r 也跟着改变。当 r 大于90°时，光线全部向玻璃内部反射回来。对于典型玻璃，$n = 1.50$，按照公式

$$\sin i_{\text{erit}} = 1/n \tag{4-20}$$

临界入射角 i_{erit} 约为42°。也就是说，在光导纤维内传播的光线，其方向与纤维表面的法向所成夹角，如果大于42°，则光线全部内反射，无折射能量损失。

因而一玻璃纤维能围绕各个弯曲之处传递光线而不必顾虑能量损失。

对于石英光纤的损耗通常是以 dB/km 为单位来表示的，即

$$损耗 = \frac{10}{L}\lg(I_0/I) \tag{4-21}$$

式中，L 是以 km 为单位的光纤长度，而强度为 I_0 的光经过 L 的光学纤维后衰减到强度为 I 时，把比值 I_0/I 的对数值的 10 倍作为损耗。

然而，从纤维一端射入的图像，在另一端仅看到近于均匀光强的整个面积。如采用一束细纤维，则每根纤维只传递入射到它上面的光线，集合起来，一个图像就能以具有等于单根纤维直径那样的清晰度被传递过去。

4.4.2　光波导复合材料

有机-无机复合光波导在光通信领域具有重要的应用价值，是目前的研究热点之一。有人采用溶胶-凝胶法分别制备了膜厚达 13μm 的光滑平整的 PMMA 膜和具有紫外感光性的膜厚为 1.76μm 的 SiO_2/ZrO_2 凝胶膜，研究了 SiO_2/ZrO_2 凝胶膜的感光性及紫外光照对两种薄膜折射率的影响。在此基础上，以 PMMA 膜为包层膜，SiO_2/ZrO_2 凝胶膜为芯层膜，实现了光波导的包芯层复合。利用 SiO_2/ZrO_2 凝胶膜的感光性，结合紫外掩模技术，制备了条形的有机-无机复合光波导。理论分析表明，该复合条形光波导能够实现入射波长为 1.31μm，模数为 0，1 的传输。

薄膜光波导是集成光学的基本组成部分，复合光波导更是目前的研究热点。复合光波导一般由满足一定折射率差的包层和芯层组成，其中包层材料主要是低折射率材料如二氧化硅，而芯层材料则是具有较高折射率的材料，如铌酸锂镀钛，InGaAsP/InP 等。有人提出了应用甩膜和提拉膜的湿化学制备技术，制备基于一厚导波层夹在一过渡层和一保护层之间的无机/有机复合波导材料。其中过渡层起到隔离波导层与基板（一般为 Si）的作用，以防止基板对导波性能的影响。导波层含有可光聚合的有机物，可用紫外光（UV）局部聚合（依据曝光时间，聚合后的折射率变化在 0.005 ~0.02 之间）；保护层要能透 UV，主要起防止擦伤的作用。如导波层的厚度接近光纤的直径，可使耦合损耗降到低于 0.5dB。而这种三明治式夹层结构可将 1.55Lm 光波传导损耗降到 0.1dB/cm。用这种方法还可以制备多层堆积波导结构，每一层都可集成多种功能性器件。这为提高集成密度，发展高质量的被动光学器件，如耦合器、滤波器、波分复用器等提供了可能。

有人研究在导波层中掺入铒配合物、有机激光染料以制备有源集成光学器件，如薄膜激光器、光放大器等。但是，如果在这种材料中出现 OH 基，对荧光

现象是非常有害的（尽管 OH 基的出现不足以增加无源波导中 1.55Lm 光波传导损耗），会抑制光学增益。因此人们正在努力降低材料中的 OH 基含量。除了适当提高陈化温度，使缩聚反应更完整外，一般还可增加水解先驱物的低温聚合程度（高温时易使复合材料中的有机物分解），使用能聚合的无机先驱物，以免引进水或是应用憎水的有机改性无机先驱物（含有机基团和可在 UV 聚合的有机物）。

4.5 光存储复合材料

随着材料科学、光存储技术的发展，国内外对光存储介质研究不断深入。

4.5.1 光存储原理及一般光存储介质

4.5.1.1 卤化银胶片光存储原理

卤化银胶片，即摄影胶片，是图像存储常用介质之一，通常由三醋酸纤维酯安全片基上涂布一层或多层感光乳剂形成。感光乳剂中分布着大量卤化银微粒，曝光时，一些卤化银微粒吸收光能后被还原为银原子。对显影后的胶片进行定影处理时，未发生变化的卤化银微粒被去除，剩下的金属银颗粒不能透过可见光，其密度决定了曝光后胶片的透射率分布。

数字影像技术的发展，使传统的卤化银成像体系受到了前所未有的挑战，但包括多波长光存储在内的数字存储技术的发展，却为卤化银胶片的应用开辟了新的途径。目前的研究结果有：彩色胶片的感光乳剂层分别对三原色敏感；乳胶层更多时，有可能记录更多信息。

4.5.1.2 全息材料光存储原理

全息存储是依据全息学原理，完整记录物光的强度和位相分布的存储方法。如图 4-7 所示。

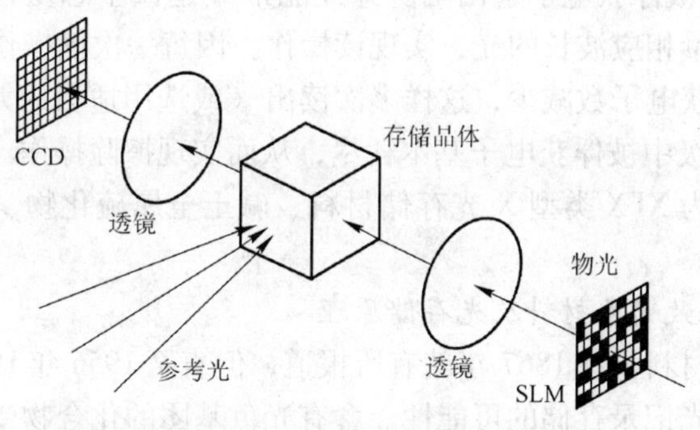

图 4-7 全息存储示意图

全息存储用所需记录的图像对物光进行调制，被调制的物光与参考光在存储介质内相交，在全息记录介质上的交点处相遇的两束激光产生干涉而形成亮、暗图样，全息记录介质在经曝光和处理后，形成与原来亮、暗图样对应的全息图。改变激光束波长或介质上激光束相交的角度，在同一部位可记录不同的全息图。全息存储记录材料包括银盐乳胶、光敏抗蚀剂、光导热塑料、半导体材料、光折变晶体、光敏聚合物等。其中光折变晶体、光折变聚合物较有希望投入高密度光存储实际应用。

4.5.1.3　光谱孔材料光存储原理

固体基质中的掺杂分子由于局域环境的差异出现能级的非均匀加宽。当用窄频带激光照射后，在掺杂分子吸收带内，在激光频率处出现吸收的减小，这种现象称为光谱烧孔（PSHB）。该烧孔可以用相同频率的激光读出。由于可以通过改变激光频率在吸收带内烧出多个孔，即利用频率维来记录信息，从而可在一个光斑存储多个信息。光谱烧孔包括单光子光谱烧孔和双光子光谱烧孔（光子选通光谱烧孔）。

单光子烧孔，不稳定。因此，目前研究中一般采用双光子光谱烧孔（光子选通光谱烧孔）。光子选通 PSHB 中，第一个光子用来选频，第二个光子用来选通。只有两个光子同时作用才能完成烧孔，这样只用选频光多次读出信息时就不会破坏写入的信息。

4.5.1.4　电子俘获材料光存储原理

电子俘获光存储是利用电子俘获材料（ETM）的光谱特性，通过使用不同波长的低能量激光俘获、释放光盘特定斑点处的电子来实现光信息的写、读、擦过程。当写入光辐照 ETM 时，其基态电子激发到能带 E 中，被俘获能级 T 处的陷阱俘获，实现写操作。由于 ETM 中俘获能级 T 位于相互作用能带 E 下约 1eV，远大于常温下热激发对它的作用，因此，写入光中断后，陷阱 T 中被俘获电子不可能在常温下通过热效应自由地返回基态复合，存入信息得到长期保存。当读出光辐射 ETM 时，被俘获电子逸出陷阱并经能带 E 返回基态复合，同时发射出与跃迁过程损失能量相应波长的光，实现读操作。因每一次读操作都会使存储单元局域位置中被俘获电子数减少，这样多次读出（或选用适当的大功率激光一次读出）会使俘获能级中被俘获电子基本耗尽，从而实现擦除操作。电子俘获材料按读出光波长可分为 XFX 类型 X 光存储材料、碱土金属硫化物、碱金属卤化物及其掺杂物等类型。

4.5.1.5　光致变色材料及光存储原理

光致变色的材料早在 1867 年就有所报道，但直至 1956 年 Hirshberg 提出光致变色材料应用于光记录存储的可能性。含有光色基团的化合物受一定波长的光照射时发生颜色变化，而在另一些光和热作用下又回复到原来的颜色，这种可逆现象叫光色互变，或光致变色。在外界激发源的作用下，一种物质或一个体系发生颜色明显变化。不同类型化合物的变色机理是不同的，光致变色高分子的变色机理一般分为七类：键的异裂、键的均裂、顺反互变异构、氢转移互变异构、价键互变异构、氧化还原光反应、三线态——三线态吸收。

光致变色是指某一化合物或络合物 A 在一定波长的光照射下，形成结构不同的另一化合物 B；如果用另一波长的光照射或加热时，又恢复到原来的结构，即

$$A \underset{h\nu_2 \text{ 或 } \triangle}{\overset{h\nu_1}{\rightleftharpoons}} B \tag{4-22}$$

式中　h——普朗克常数；

ν_1，ν_2——光频率；

$\triangle$——热量。

光致变色是指一种化合物 A 受到一定波长的光照射时，可发生光化学反应得到产物 B，A 和 B 的颜色（即对光的吸收）明显不同。B 在另外一束光的照射下或经加热又可恢复到原来的形式 A。光致变色是一种可逆的化学反应，这是一个重要的判断标准。在光作用下发生的不可逆反应，也可导致颜色的变化，只属于一般的光化学范畴，而不属于光致变色范畴。

光致变色现象指的是化合物在受光照射后，其吸收光谱发生改变的可逆过程，具有这种性质的物质称为光致变色材料或光致变色色素。人们最熟知的就是通常感光照相使用的卤化银体系，分散在玻璃或胶片中的银微晶在紫外光照下成黑色，但在黑暗下加热又逆转，变成无色状态。目前，对光致变色的研究大都集中在二芳基乙烯、俘精酸酐、螺吡喃、螺恶嗪、偶氮类以及相关的杂环化合物上，同时也在继续探索和发现新的光致变色体系。研究光致变色材料最多的国家是美国、日本、法国等。日本在民用行业上开发比较早。将光致变色色素加入透明树脂中，制成光变色材料，可以用于太阳眼镜片，国内在变色眼镜方面已开始应用。将光致变色色素与高聚物连接在一起，可以制成具有光变色性能的材料，在光电技术和光控装置中很有应用前景。用光致变色材料的涂料可以制作成各种日用品、服装、玩具、装饰品、童车或涂布到内外墙上、公路标牌和建筑物等的各种标示、图案，在光照下会呈现出色彩丰富、艳丽的图案或花纹，美化人们的生活及环境；可以做成透明塑料薄膜，贴到或嵌入汽车玻璃或窗玻璃上，日光照射马上变色，使日光不刺眼，保护视力，保证安全，并可起到调节室内和汽车内温度的作用；还可以溶入或混入塑料薄膜中，用作农业大棚农膜，增加农产品、蔬菜、水果等的产量。另一个重要的用途是用作军事上的隐蔽材料，例如军事人员的服装和战斗武器的外罩等。近年来，将光致变色材料用于光信息存储、光调控、光开关、光学器件材料、光信息基因材料、修饰基因芯片材料等领域受到全

球范围内的广泛关注。我国研究者利用新型热稳定螺恶嗪类材料进行可擦除高密度光学信息存储研究方面取得新进展。他们设计合成了一种具有良好开环体热稳定性的新型螺恶嗪分子 SOFC。这类新型光致变色材料用于信息存储表现出良好的稳定性，而且可以进行信息的反复写入和擦除，并可应用于基于双光子技术的多层三维高密度光学信息存储，表现出很强的应用前景。

多波长光存储一般以光致变色材料为基础。有人研究存储密度更高、性能更稳定的光致变色材料。如图 4-8 所示，A 和 B 的吸收谱完全不同。光致变色记录即是根据这一光化学现象，以这两种稳定状态来表示数字“0”和“1”，从而实现数字式数据存储。光致变色材料作记录介质时，其具体记录过程是：首先用波长 λ_1 的光（擦除光）照射，将存储介质由状态 A_0 转变到状态 B_0 记录时，通过波长为 λ_2 的光（写入光）作二进制编码的信息写入，使被 λ_2 的光照射到的区域内的材料由状态 B 转变到状态 A 而记录了二进制编码的“1”；未被 λ_2 的光照射的区域内的材料仍为状态 B，它对应于二进制编码的“0”。信息的读出可以用读出透射率变化的方法，也可以用读出折射率变化的方法。读出透射率变化是利用波长 λ_2 的光照射，测量其透射率变化而读出信息的。当 λ_2 光照射到编码为“0”处（状态 B）时，因状态 B 对 λ_2 光的吸收大而透射率很小；当 λ_2 的光照射到编码为“1”处（状态 A）时，因状态 A 对 λ_2 无吸收而透射率大。从而根据透射率的大小能够测得已记录二进制信息。

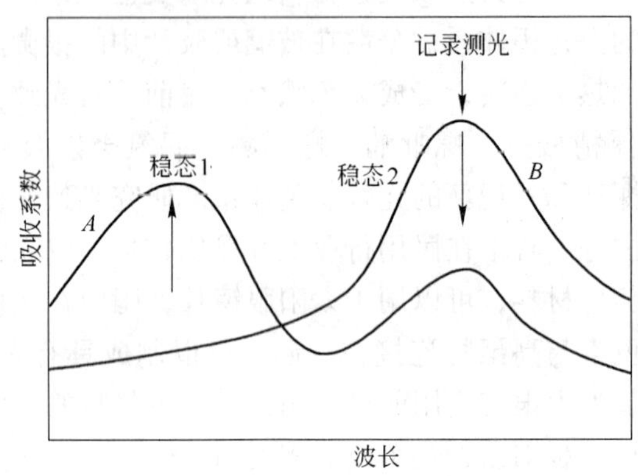

图 4-8　多波长光致变色材料吸收谱

资料表明，理想的光色过程由如下两步组成：（1）激活反应，即显色反应，是指化合物经一定波长的光照射后显色和变色的过程；（2）消色反应，有两种途径：1）热消色反应，是指化合物通过加热恢复到原来的颜色；2）光消色反应，是指化合物通过另一波长的光照射后恢复到原来的颜色。光致变色聚合物有无机和有机化合物。将光色基团导入聚合物侧链中就制得了光致变色聚合物。无机变色材料包括碲、锗及其合金以及氧化钼（MoO_3）等材料。碲、锗及其合金靠添加在化合物中的金属（主要是过渡周期重金属）离子化合价的变价，以及化合物分解和再化合来实现颜色变化，通常可以分为金属离子变价型和卤化物分解化合型两种。氧化钼具有光致变色特性，但由于其薄膜中相当一部分光生载流子被复合，其参与变色反应的利用率很低，导致其薄膜变色效率较低。如果将GaP和GaAs混合制成混晶，则可以改变混晶体的能带结构。当w(P)大于0.45%后，直接跃迁就会转变为间接跃迁。为了能够显示彩色画面，需要有能够发出三基色（红、绿、蓝）的发光二极管。但是能够发蓝光的发光二极管的研究却一直进展比较缓慢，最近，终于利用有机金属物质的气体进行气相沉积(MOCVD)，制备出了GaN半导体，能够发出蓝光。

有机变色材料一般是靠有机化合物的键的断裂（包括均裂和异裂）、键的重组以及构像的变化而产生颜色变化。资料显示的常见用于存储的有机光致变色化合物可分为以下几类：（1）螺吡喃、螺恶嗪化合物。利用键的异裂，发生分子内的周环反应。螺吡喃具有较好的光致变色特性，其缺点是开环有色体的稳定性较差，且开环体最大吸收波长一般都小于600nm。螺恶嗪的热稳定性和抗疲劳性都较好，其开环体最大吸收波长比螺吡喃长，具有潜在的应用价值。螺恶嗪(spirooxazine，缩写为SO）是一种重要的具有光致变色特性的有机物，它在365nm的UV光辐照下，可从无色的闭环结构变为蓝色的开环分子，若移去UV光，则在热作用下，又可回到无色的闭环结构。染料的辐射着色、热退色效应的响应速度很快。开环形式的SO分子可能与其环境（溶剂、基质）产生作用，从而影响它的光致变色特性。（2）俘精酸酐类化合物。俘精酸酐是芳取代的二亚甲基丁二酸酐化合物的统称，可利用价键互变异构发生分子内周环反应。它的稳定性和抗疲劳性都较好，并且克服了以前有色体吸收波长与当前的半导体激光器不匹配的缺点。（3）二芳基乙烯类化合物。二芳基乙烯是一类较早被人们发现的基于顺反异构化基础的光致变色化合物，但变色前后的吸收光谱变化较小，有较大一部分发现吸收光谱的重叠。（4）偶氮化合物。利用键的顺反异构化反应，一般的偶氮化合物吸收波长较短，不能与目前的激光器相匹配，并且变色前后的吸收光谱变化较小，热稳定性差。（5）细菌视紫红质。光敏蛋白质细菌视紫红质存在于嗜盐菌紫膜中。每个分子由248个氨基酸和1个生色团——视黄醛组成。受光照时，分子中生色团迅速发生了从全反到13顺的光异构化，先后形成一系列中间产物。在一定条件下可利用中间态和基态做存储介质。（6）其他有机光致变色化合物。其他有机光致变色化合物还有金属配合物，如MTCNQ与MTNAP、降冰片烯、硫靛蓝等。图4-9为光致变色聚合物分类。前面已述及，不同类型化合物的变色机理是不同的，光致变色高分子变色机理的七类，即键的异裂、键的均裂、顺反互变异构、氢转移互变异构、价键互变异构、氧化还原光反应，三线态——三线态吸收中，以前几种用得较多。

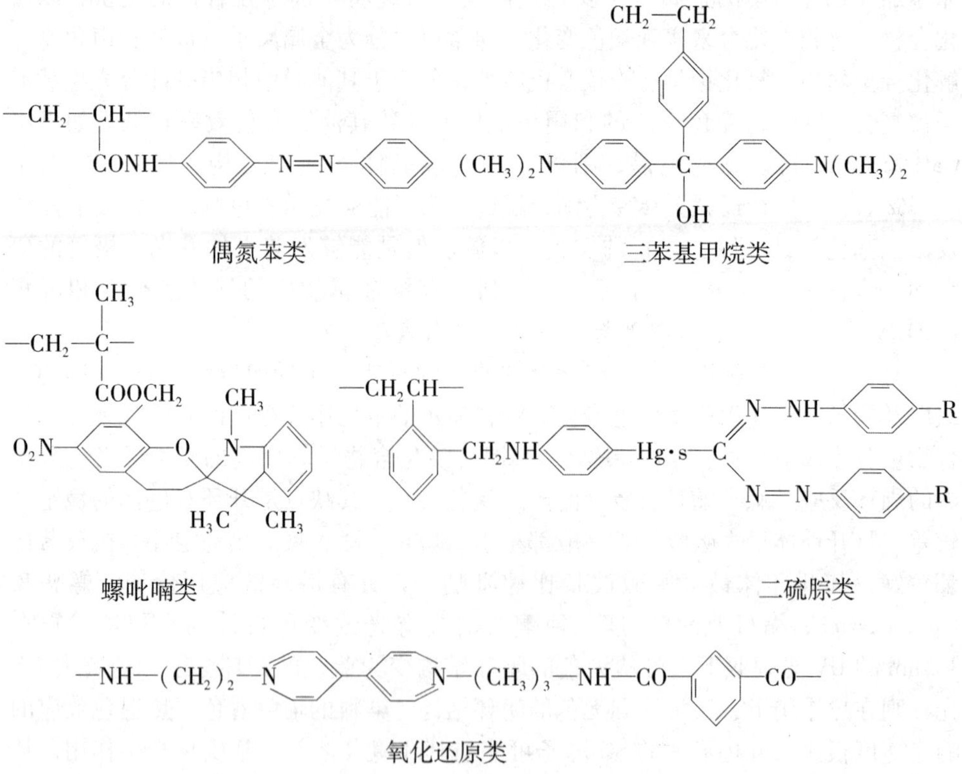

偶氮苯类　　三苯基甲烷类

螺吡喃类　　二硫腙类

氧化还原类

图 4.9　光致变色聚合物分类

4.5.2　光致变色复合材料

4.5.2.1　SO/无机复合物

研究表明，当 SO 分子处于基质的亲水性环境中，如含残余基团（Si-OH 的环境）时，光同质异构产生的蓝色开环结构的两性离子因与孔表面的 Si-OH 形成氢键而稳定性提高，其结果使得材料无需 UV 光辐照即显示颜色，但在可见波段的光辐照下，会发生脱色现象。这种现象称为反光致变色现象。相反，如果 SO 分子处于憎水性的复合材料的网络中，则表现出直接的光致变色现象，即无色的闭环结构是稳定的。无机/有机复合基质中可能同时存在不同的化学环境（亲水的和憎水的），因而可观察到直接和反光致变色现象的出现。

由混合水解先驱物 $(CH_3)HSi(OC_2H_5)_2$(DH) 和 $HSi(OC_2H_5)_3$(TH) 制得的共聚物是由 DH 单元短链和 TH 单元短链交联而成的，这种交联提供了强的憎水性网络结构，从而减少了染料与基质间的相互作用。因此 SO 分子掺在这种基质中时就表现出正常的光致变色现象，即在 UV 光辐照前样品并不显示颜色，而且带色的开环结构的热退化过程符合单指数衰减公式。对掺 SO 分子的 DH70/TH30 膜的研究表明，在 365nm 光的反复作用下，其光致变色现象表现出可逆性，且响应时间非常快（速率常数为 0.2×10^{-4}）。SO 的上述光致变色动力学特性要比 SO 掺在有机聚合物、SiO_2 溶胶-凝胶材料、醇溶液等基质的性能都要好，其原因可能是由于 DH 和 TH 混合先驱液的水解-缩聚反应较完全，给 SO 提供了强憎水性的掺杂环境。

4.5.2.2 水杨酸/无机复合材料

水杨酸在 SiO_2 凝胶玻璃中也表现出光同质异构现象，且其特性决定于凝胶玻璃的微结构及其组成的极性。水杨酸的光同质异构现象最早是由 Weller 发现的，在极性溶剂中，由水杨酸分子在最低激发单重态发生分子内光同质异构化而生成的两性离子的辐射跃迁产生了 442nm 附近的荧光发射，而在烃类溶剂中除产生 442nm 的发射外，还出现了短波段的由中性水杨酸分子的辐射跃迁产生的荧光发射。将水杨酸分子均匀分散在 SiO_2 凝胶玻璃中，只出现中心位于 440nm 附近的两性离子的宽带发射。经处理后，除存在 440nm 附近的宽带发射外，还出现了中心位于 370nm 附近的由中性水杨酸分子产生的宽带发射，且随着热处理温度升高，该发射带强度增加。由于中性水杨酸分子的发射只发生在非极性或极性很弱的溶剂中，故在尚含有水、乙醇溶剂的未经热处理的掺水杨酸凝胶玻璃中，不出现该发射带。经处理后，随着水、乙醇溶剂的逸出，水杨酸分子逐渐进入微环境极性很弱的 SiO_2 网络间隙或吸附于低极性的 SiO_2 表面。因此两性离子的发射强度下降而中性分子发射强度增大。

4.5.2.3 二芳基乙烯衍生物在无机/有机复合材料基质中的光致变色特性

二芳基乙烯衍生物在无机/有机复合基质中的光致变色特性研究也引起了人们的兴趣。这类衍生物表现出不同于 SO 的光致变色特性，即它们在室温下并不表现出热退色的现象，但可在 UV 和可见光的交替辐照下发生光同质异构反应，并显示出不同的颜色。由于这类染料的光致变色现象是热稳定的且不产生光化学副反应，因此特别适宜用作光开关和光信息存储。

有人采用成核/晶化隔离法（SNAS）制备了晶体结构完整、晶相单一的纳米量级 NiAl-NO_3-LDHs 水滑石类层状化合物。使 NiAl-NO_3-LDHs 与 LDPE 在双辊炼塑机上进行充分混合制备了 NiAl-NO_3-LDHs/LDPE 复合材料，在紫外光照射下复合材料颜色发生了明显变化，由照射前的橄榄绿色变成青灰色，80℃加热后又恢复到橄榄绿色。考察了 NiAl-NO_3-LDHs 的添加量和光照时间等因素对复合材料光致变色性能的影响，结果表明，随 NiAl-NO_3-LDHs 加入量的增加复合材料光致变色现象趋于明显，当加入量达到 5% 时，复合材料表现出良好的光致变色性能；

紫外光照射 20min 后颜色变化达到最大值；将 NiAl-NO_3-LDHs 和 LDPE 进行复合，可以显著提高 NiAl-NO_3-LDHs 的光致变色稳定性，复合材料光致变色性能表现出良好的重复性。加入纳米量级的 NiAl-NO_3-LDHs，对复合材料的力学性能也起到了一定程度的改善作用。

4.6 光电复合材料

4.6.1 光电材料基础

当金属或半导体受到光照射时，其表面和体内的电子因吸收光子能量而被激发，如果被激发的电子具有足够的能量，足以克服表面势垒而从表面离开。被光逸出的电子称为光电子（photoelectron）。光波长小于某一临界值时方能发射电子，即极限波长，对应的光的频率叫做极限频率。光电效应由德国物理学家赫兹于 1887 年发现，对发展量子理论起了根本性作用。在光的照射下，使物体中的电子脱出的现象叫做光电效应（Photoelectric effect）。光电效应分为光电子发射、光电导效应和光生伏打效应。

4.6.1.1 外光电转换效应

光子入射非金属时可以使电子由价带跃迁到导带，这种情形同样可发生在半导体中，使它产生电流，即光电转换。这种在光线照射下，物体内的电子逸出物体表面的现象称为外光电效应或光电发射效应。光电效应方程为

$$hf = \frac{1}{2}mv^2 + A \tag{4-23}$$

式中 hf——每个光子的能量；

A——逸出功；

m——电子质量；

v——电子逸出物体表面时初速度。

红限频率为

$$f_0 = A/h \tag{4-24}$$

入射光的频率高于红限频率 $f > f_0$，光电流与入射光强度成正比关系。

4.6.1.2 光电导

光电导是指物质受光激发后产生电子和空穴载流子，它们在外电场的作用下移动，在外电路中有电流通过的现象。这种半导体吸收光子后，引起载流子激发，增加了电导率的现象又称为半导体的内光电效应。定态光电导是指恒定光照下的光电导数值。硅，氧化亚铜和其他一些半导体材料，在光强较低时，定态光电导同光强有线性关系。在定态情况下，附加载流子的产生率和复合率必须相等。总之，光电导过程可以分解为：（1）激发过程，入射光子被光生材料吸收

同时使分子处于激发态，形成激子；（2）光生过程，激子在外场或其他分子（给体或受体）作用下解离，产生自由载流子；（3）载流子传输过程，即光生载流子在外电场的作用下定向迁移。

4.6.1.3 光生伏特效应

在光的照射下，半导体 p-n 结的两端产生电位差的现象，称为光生伏特效应。半导体吸收光子后，产生了附加的电子和空穴，这些自由载流子在半导体中的局部电场作用下会各自在运动到一定的区域积累起来，形成净空间电荷而产生电位差。

当半导体材料形成 p-n 结时，由于载流子存在浓度差，n 区的电子向 p 区扩散，而 p 区的空穴向 n 区扩散，结果在 p-n 结附近 p 区一侧出现了负电荷区，而 n 区一侧出现了正电荷区，称为空间电荷区。空间电荷的存在形成了一个自建电场，电场方向由 n 区指向 p 区。虽然自建电场分别阻止电子由 n 区向 p 区、空穴由 p 区向 n 区进一步扩散，但它却能推动 n 区空穴和 p 区电子分别向对方运动。当光子入射到 p-n 结时，如果光子能量 $h\nu > Eg$，在 p-n 结附近激发出电子空穴对。在自建电场的作用下，n 区的光生空穴被拉向 p 区，p 区的光生电子被拉向 n 区，结果 n 区积累了负电荷，p 区积累了正电荷，产生光生电动势。若将外电路接通，则有电流由 p 区流经外电路至 n 区，这种效应就是光生伏特效应。

根据光生伏特原理，半导体光电材料能将太阳能直接转换成电能。已使用的光电转换材料以单晶硅、多晶硅和非晶硅为主。此外，碲化镉（CdTe）和铜铟硒（$CuInSe_2$）被认为是两种非常有前途的光伏材料，目前研究已经取得一定的进展，但是距离大规模生产尚有差距。在光电池性能的研究中，发现产生光电流 I_φ 的大小与半导体的有关特性，特别是与禁带宽度有关。为寻找效率较高的光电转换材料，首先从选择具有合适禁带宽度的材料开始。对于不同禁带宽度的半导体，只能吸收一部分波长的辐射能量以产生电子空穴对。以太阳辐射为例，材料的禁带宽度 Eg 愈小，太阳光谱的可利用部分愈大，同时在太阳光谱峰值附近被浪费的能量也越大。只有选择具有合适 Eg 值的材料，才能更有效地利用太阳光谱，研究表明 Eg 在 0.9 ~ 1.5eV 范围内效果较好。

4.6.2 聚合物基光电复合材料

4.6.2.1 聚合物复合光导体

聚合物光导体是由 Hogel H. 在 1958 年提出的用聚乙烯咔唑（PVK）制造的静电照相版。大多数共轭导电聚合物具有光电导性质。当物质中含有共轭性很好的骨架时，它的光电导性就大。据报道，在光激发下，聚-2，4-已二烯-1，

6-双（对苯二甲酸酯）的载流子迁移率值达到了 $\mu = 2.8cm^2/(V \cdot s)$（电子、空穴之和），聚-1，6-双（N-咔唑基）-2，4-己二烯的载流子迁移率值高达 $2800cm^2/(V \cdot s)$。聚苯胺是一种 P 型半导体，在 8000nm 的聚苯胺薄膜下可记录到 0.15 ~ 0.25μA/cm^2 的光电流。此外，Burroughes J. H. 对聚乙炔的光电导也进行了研究，并采用反式聚乙炔制成了电光调制器。目前，对于共轭导电聚合物这一特性的主要兴趣在于研制电子照相用感光材料和太阳能电池。

不同的酞菁共混复合后，可以形成酞菁共晶体。适当的酞菁共晶体用适当的溶剂处理，可以得到光敏性较好的材料。有人利用球磨的方法，制成了酞菁亚铁和酞菁铜的复合光敏材料，发现其光敏性能得到了大幅度的提高，并通过红外和 X 射线衍射发现它们共混复合后形成了新的复合物，首次提出酞菁类光敏材料的复合是改善该类材料光敏性能的有效途径。接着，作者又采用球磨法和溶液共沉淀法对一系列的酞菁/酞菁二元共混复合材料进行了广泛的研究，并采用 TiOPc 和 NiPc 的共混复合材料，制成了激光打印双层光导鼓，显示了优越的打印效果。还有人用溶剂共沉淀法制成了酞菁氧钛和酞菁氧钒的共晶体，发现其光敏性有了较大的提高。通过不同偶氮材料之间的共混复合，可以改善材料的光敏性，也可以拓宽其光谱响应范围。金属酞菁和金属卟啉衍生物分子中既拥有提供 π-π 跃迁和电荷转移的平面大环体系，又具有可以与 π 轨道发生相互作用的 d 轨道。对于单色光而言，复合材料中 VOTPP 与 TiOPc 的光激发与单组分相同。VOTPP/TiOPc 复合光生材料在 454nm 的单色光激发下表现出明显的光敏性协同增强现象。

有人用球磨法制备了双偶氮和三偶氮（特征吸收波长在 700nm 以上）的共混复合材料，发现它在可见光及近红外区均有很高的光敏性，在 780nm 处 $E1/2$ 约为 0.50 ~ 0.70Lx · s。有人把两种不同的双偶氮进行层状复合，得到了多层结构的光导体，发现在全光谱区域均有较好的光敏性，在可见光区 $E1/2$ 为 1.8Lx · s，在 780nm 处 $E1/2$ 为 15Lx · s。Gerardus 等人合成了多种芜的化合物，并采用真空共沉降法和溶剂共沉淀法对它们之间的复合材料进行了研究。结果发现在恰当的配比情况下，含芜化合物之间的复合不但可以提高光敏性，而且还可以拓宽光谱的响应范围。

4.6.2.2　染料敏化太阳能电池

此类太阳能电池源自 19 世纪照相技术的概念。直到 1991 年瑞士科学家 Gratzel 采用纳米结构的电极材料，配以适当的染料，做出了光电转换效率大于 7% 的太阳能电池，此后该领域的开发研究才引起人们的关注。由于高的光电转换效率及循环周期，作为传统的硅光电池的替代物，廉价的染料敏化光电池日益受到人们的关注。有机染料与配合物相比有较大的吸收系数，可以减少染料的用量与半导体层的厚度。更重要的是有机染料可以大量的制备，并且大大降低成本。

这种概念的太阳能电池完全不同于传统的半导体光伏发电原理。其原理是借助于染料作为吸光材料，染料中的价电子受光激发跃迁到高能态，进而传导到纳米多孔二氧化钛半导体电极上，经由电路引至外部。失去电子的染料则经由电池中的电解质获得电子，电解质是含碘的有机溶剂。这类电池的结构一般有两种，实验室制备的通常为三明治结构，上下均为玻璃，玻璃内侧涂有透明导电薄膜（TCO），当中包括含有染料的二氧化钛以及电解质。这是第三代太阳能电池。

在有机染料中，由于苝四酸二酐有机衍生物具有强的吸收及荧光特性，热稳定性，化学及光化学稳定性，被用于电子及生物高新技术领域中，如光电转换激光与DNA/RNA探针中等。由于其强的吸电子性、电子传导性，显示出n型半导体的性质，并成功地用于异质结二极管中。

4.6.2.3 有机薄膜太阳能电池

有机薄膜太阳能电池是把两层有机半导体薄膜结合在一起，其光电转换效率约为1%。近期日本产业技术综合研究所宣布已开发出一种新型的有机薄膜太阳能电池，即在原有的二层构造中间加入一种混合薄膜变成三层结构，这样就增加了产生电能的分子之间的接触面积，从而大大提高了太阳能电池的转换效率，达到4%，比原来二层结构的转换效率提高了4倍。有机薄膜太阳能电池使用塑料等质轻柔软的材料为基板，有机小分子光电转换材料本身具有低成本，可以加工成大面积，合成、表征相对简单，化学结构容易修饰，可根据需要增减功能基团，可通过不同的方式互相组合，以达到不同的目的。最近有人提出充分利用有机材料和无机材料的优点制备有机/无机材料的复合器件，成为当前研究的一个新热点。

4.6.3 陶瓷基光电复合材料

4.6.3.1 金属/无机物复合材料

A 金属纳米粒子/(复化钡)介质复合薄膜（复化钡）

掺杂稀土可以有效地提高金属纳米粒子-介质复合薄膜（BaO）的光电发射能力，掺La和Nd可提高幅度达近40%。其机理是稀土细化、球化、均匀、密集了BaO薄膜中光电发射的主体纯纳米粒子。使得其在光作用下，光电子更容易通过隧道效应穿过界面势垒逸出，导致光电发射能力增强。此外，由于稀土具有独特4f电子结构，存在亚稳态，存在能量传递效应，即稀土原子吸收光子能量传递给光电子发射体，增强其光电发射。

B 金属纳米微粒/二氧化钛复合薄膜

纳米二氧化钛导带边缘低于许多染料的激发能级，这样使染料分子将电子注入二氧化钛半导体中，从而形成二氧化钛纳米光电化学太阳电池，但其光电转换效率一直小于10%。利用稀土细化把金属纳米微粒镶嵌到二氧化钛薄膜中，这样更多的金属纳米微粒中的电子也会注入二氧化钛半导体中，在稀土增强其光电发射电流的作用下，其光电转换效率也会得到提高。把金属纳米微粒/二氧化钛复合薄膜作为太阳能电池薄膜是一新的发现，其是否具有多相光催化的作用有待进一步研究，对开拓新的太阳能利用方法和有机污染物进行光催化降解有重要的意义。

C　纳米相/半导体复合薄膜材料

人们将金属纳米镶嵌到介质（石英、玻璃）中，由于它们具有超快非线性时间响应，被用来作为光学开关材料。颗粒膜材料是指将颗粒嵌于薄膜中所生成的复合薄膜。纳米复合薄膜由于具有传统复合材料和现代纳米材料两者的优越性，正成为纳米材料的重要分支而越来越引起广泛的重视和深入的研究。目前对于金属纳米半导体薄膜的研究主要集中在其飞秒数量级的光电瞬态响应时间，用它们来探测超短光（飞秒数量级）。如：Ag/BaO 复合薄膜，Au/SiO_2 复合薄膜，Cu/Al_2O_3 复合薄膜。

Ag/CsO 是金属纳米-半导体复合薄膜材料中最早应用于光电阴极的材料。1979 年吴全德院士提出固溶胶理论推导了下面的公式用来描述 Ag/CsO 薄膜的长波光电发射的情况：

$$J(h\nu)=A_2\frac{h\nu}{[(h\nu_r)^2-(h\nu)^2]^2+(h\Delta\omega_{1/2})^2(h\nu)^2}\times$$

$$\int_{E_\tau-E_\nu}^{\infty}\frac{[E+(E_\nu-h\nu)]^{1/2}}{[E+(E_\nu-E_c)]^{1/2}}\times\frac{E}{\exp[(E-E_m)/KT]+1}\mathrm{d}E \quad (4\text{-}25)$$

式中　$J(h\nu)$——光电发射电流；

$h\nu$——入射光子能量；

E_ν——真空能级；

E_τ——氧化铯半导体导带顶能级；

E_c——银纳米粒子和氧化铯半导体之间界面等效势垒高度；

E——光电子逸出后的能量费米能级；

$\Delta\omega_{1/2}$——银纳米粒子吸收谱半宽；

$E_m=(h\nu-1.3)(\mathrm{eV})$；

$h\nu_r=1.4\mathrm{eV}$。

从式 4-25 可以看到光电发射电流主要是来源于两部分：电子传输（积分项）和 Ag 纳米粒子的光学吸收（积分前项）。

在纳米粒子内部有一个较大的局域电场。金属纳米微粒是指直径 1 ~ 100nm 的粒子，由于界面作用和量子尺寸效应的影响，使金属纳米微粒具有特殊的光学、电学和光电特性。1980 年 Schmitt 对 Ag 纳米粒子的光电阀附近的光电发射进行了研究，结果发现它的量子产额（产生的电子数/入射光子数）要比其块体的量子产额值大很多，主要原因是金属纳米粒子表面等离子激元对光波有强的选择吸收，而这种吸收在块体中非常小。1995 年 Ichiro Tanahashi 等人指出：随着银纳米尺寸增加，吸收峰也在增加，而吸收半宽变窄。当 Ag 纳米粒子的尺寸大于 55nm 时，Ag 纳米粒子的光学吸收峰出现两个，且随着 Ag 纳米粒子尺寸增加，两个峰的距离也在增加。

有人计算 Ag(纳米粒子小于 55.5nm)/CsO 薄膜的光电发射和量子产额，发现其具有较高的光电转换效率。当 Ag 纳米粒子增大时，光电发射电流有非常强的选择性（仅在波长为 506μm 附近有较大电流）。光电发射电流峰值随尺寸增大成倍增大，光电量子产额也成倍增大，当采用内场助方法，降低银纳米粒子和氧化铯半导体之间界面的势垒高度后，银在小于 4.0nm 范围内，光电发射电流峰值不仅发生红移现象，而且光电阈值向长波移动、光电发射电流也在增加。前已述及掺杂稀土可以有效地提高金属纳米粒子-介质复合薄膜 Ag/BaO 的光电发射能力，掺 La 和 Nd 可提高幅度达近 40%。原因是稀土细化、球化、均匀、密集了 Ag/BaO 薄膜中光电发射的主体 Ag 纳米粒子。在光作用下，光电子更容易通过隧道效应穿过界面势垒逸出，导致光电发射能力增强。另外由于稀土具有独特 4f 电子结构，存在亚稳态，存在能量传递效应。

4.6.3.2　无机物/无机物复合材料

A　铜铟硒太阳能电池

由于镓比较稀缺，砷有毒，制造成本高，此种太阳能电池的发展受到影响。铜铟硒太阳能电池是以铜、铟、硒三元化合物半导体为基本材料制成的太阳能电池。它是一种多晶薄膜结构，一般采用真空镀膜、电沉积、电泳法或化学气相沉积法等工艺来制备，材料消耗少，成本低，性能稳定，光电转换效率在 10% 以上。因此是一种可与非晶硅薄膜太阳能电池相竞争的新型太阳能电池。

硅的 Eg 为 1.07eV，是太阳能电池较理想的材料；比较好的薄膜太阳能电池有硫化镉、碲化镉和砷化镓；此外，CdS 陶瓷太阳能电池制备简单，成本低，但稳定性较差；$CuInSe_2$/CdS，InS/CdS 等制成的 p-n 异质结太阳能电池，由于异质结两边的材料禁带宽度不同，因此可在太阳光谱分布较宽的范围内产生光激发，具有更广泛的光谱频带，能提高太阳能电池的效率，所以其转换效率较高，但其工艺复杂。表 4-7 列出了部分太阳能电池的有关参数。近来还发展用铜铟硒薄膜加在非晶硅薄膜之上，组成叠层太阳能电池的可能，借此提高太阳能电池的效率，并克服非晶硅光电效率的衰降。

表 4-7　一些太阳能电池的性能和参数

材　料	禁带宽度/eV	截止波长/μm	材料所吸收的总太阳能/%	理论转换效率/%	实际达到的转换效率/%
Si	1.07	1.10	76	22	18
InP	1.25	0.97	69	25	6
GaAs	1.35	0.90	65	26	11
GdTe	1.45	0.84	61	27	5
CdS	2.40	0.50	24	18	8

B　微（多）晶硅薄膜太阳能电池

现有的非晶硅薄膜太阳能电池的光致不稳定性是由非晶硅材料微结构的亚稳态属性所决定的，不易完全克服。为了提高效率及其稳定性，近年来又出现了微晶硅（μc-Si）薄膜电池和多晶硅（poly-Si）薄膜电池。实验证明用微晶硅和多晶硅薄膜来替代非晶硅薄膜制作太阳能电池的有源层，在长期强光照射下没有任何衰退现象。（LPCVD）是一种直接生成多晶硅的方法。该法生长的多晶硅薄膜，晶粒具有择优取向，形貌呈 V 形，内含高密度的微孪晶缺陷，且晶粒尺寸小，载流子迁移率不够大，使其在器件应用方面受到一定限制。虽然减少硅烷压力有助于增大晶粒尺寸，但往往伴随着表面粗糙度的增加，对载流子的迁移率与器件的电学稳定性产生不利影响。

固相晶化是一种间接生成多晶硅的方法，使用这种方法，多晶硅薄膜的晶粒大小依赖于薄膜的厚度和结晶温度。经大量研究表明，利用该方法制得的多晶硅晶粒尺寸还与初始薄膜样品的无序程度密切相关，初始材料越无序，固相晶化过程中成核速率越低，晶粒尺寸越大。由于在结晶过程中晶核的形成是自发的，因此，SPC 多晶硅薄膜晶粒的晶面取向是随机的。相邻晶粒晶面取向不同将形成较高的势垒，需要进行氢化处理来提高 SPC 多晶硅的性能。这种技术的优点是能制备大面积的薄膜，晶粒尺寸大于直接沉积的多晶硅，可进行原位掺杂。

C　氮化硅薄膜/硅复合结构

氮化硅薄膜因为具有良好的减反射性质和钝化作用，已经越来越广泛地应用于晶硅太阳能电池的制造工艺中。本书作者用等离子体化学气相沉积（PECVD）法，通过改变的流量比、气体总量及基底温度等工艺参数沉积 SiN 薄膜。研究了不同硅烷和氨气配比条件、沉积温度以及热处理对在多晶硅太阳能电池上所沉积的氮化硅薄膜性能的影响，比较沉积前后电池的各项性能，优化工艺方案。图 4-10 为不同的沉积温度的电池转换效率。气体的等离子体在基片表面沉积和挥发两种机制同时进行。随着温度的升高，表面沉积量和挥发量都会升高。但是当温度升高到一定值后，挥发量与表面沉积量之间的平衡被打破，挥发量大于表面沉

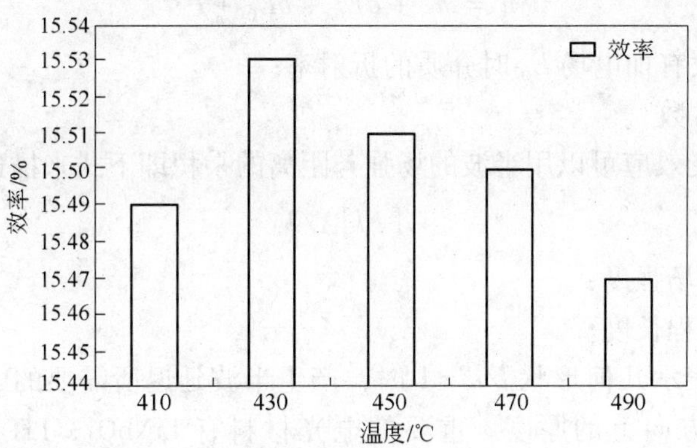

图 4-10 不同的沉积温度的电池转换效率

积量，所以最终淀积到基片表面的速率会下降。随着温度升高，分子具有较高的能量，能运动到基片上合适的位置，使氮化硅薄膜变得更致密。温度升高时，氮化硅薄膜的生长速度减慢，致密度增大。较低温度生长的氮化硅薄膜的晶粒较大，而较高温度生长的氮化硅薄膜，晶粒较小，较致密。

4.6.4 电光效应及电光材料

4.6.4.1 电光效应和电光晶体

当外加电场引起光学介电性能的改变时，产生电光效应。外加电场可能是静电场、微波电场或者是光学电磁场。有些晶体中，电光作用基本上来源于电子；在其他晶体中，电光作用主要与振荡模式有关。有些情况下，电光效应随着外加电场而线性地变化。如用单独的电子振子来描述折射率，则低频电场 E 的作用改变特征频率从 v_0 到 v

$$v^2 - v_0^2 = \frac{2ve(\varepsilon_0 + 2)E}{3mv_0^2} \tag{4-26}$$

式中 v——非谐力常数；

e——电子电荷；

m——电子质量；

ε_0——低频介电常数。

折射率 n 随 $(v^2 - v_0^2)^{-1}$ 而变化，因此，式 4-26 直接表示折射率随电场呈线性变化。

另外一些情况下，它随场强的二次方变化。假设极化强度 P 与所加电场有线性关系，但这是一级近似。事实上电场与材料的介电常量，对于光频场，也就是材料折射率 n，有如下关系

$$n = n^0 + aE_0 + bE_0^2 + \cdots \tag{4-27}$$

式中　n^0——没有加电场 E_0 时介质的折射率；

a，b——常数。

主要的电光效应可以用半波的场强与距离的乘积即下式来描述

$$[El]\lambda/2$$

式中　E——电场强度；

l——光程长度。

这个乘积表示几何形状 $l/d=1$ 时，产生半波延迟所需要的电压，这里 d 是晶体在外电场方向上的厚度。重要的电光材料有 $LiNbO_3$，$LiTaO_3$，$Ca_2Nb_2O_7$，$Sr_xBa_{1-x}Nb_2O_6$，KH_2PO_4，$K(Ta_xNb_{1-x})O_3$ 及 $BaNaNb_5O_{15}$。在这些晶体中，其基本结构单元是 Nb 或 Ta 离子由氧离子八面体配位。由于折射率随电场而变，电光晶体可以应用在光学振荡器、频率倍增器、激光频振腔中的电压控制开关以及用在光学通讯系统中的调制器。

这种由于外加电场所引起的材料折射率的变化效应，称为电光效应。由式 4-27可见，等式右边第二项 aE_0 与 n 为线性关系，称为线性电光效应或称泡克耳斯（Pockels）效应；第三项为二次电光效应，也称克尔（Kerr）电光效应。

电光材料要求质量高，在使用波长范围内对光的吸收和散射要小，而折射率随温度的变化不能太大，电光系数、折射率要大，电阻率要大而介电损耗角要小。工程上，线性电光材料常用的参量是半波电压 V_π，它表示当所加电压使诱发的寻常光和非寻常光的相位差达 180°时的电压值。透明的单晶铁电材料，如磷酸二氢钾（KDP）、磷酸二氧胺、$BaTiO_3$ 和 $Gd(MoO_4)_3$ 晶体长期以来一直被认为是很好的电光材料，但是由于单晶生长慢，成本很高，KDP 对潮湿敏感，限制它更广泛的应用。20 世纪 60 年代出现的透明铁电陶瓷，成功地制成了电光器件。其中的掺镧锆钛酸铅 $Pb_{1-x}La_x(Zr_yTi_{1-y})_{1-x}/4O3$（PLZT）是一种透明铁电陶瓷。PLZT 的 La^{3+} 离子代替了 Pb^{2+} 离子在 ABO_3 钙铁矿晶格中的 A 位置。由 A^{2+} 位置或 B^{4+} 位置产生空位来维持电中性。表 4-8 为一些电光晶体及其主要参量。电光晶体广泛地应用于纵向 KDP 光调制器、电光陶瓷光快门等领域，还可应用于制造眼睛防护器，避免焊接或原子弹爆炸等强光辐射，制造颜色过滤器、显示器及信息存储等。

没有对称中心的晶体，如水晶、钛酸钡等，外加电场与 n 的关系具有一次电光效应。水晶是具有圆球的（光各向同性）折射率体，在电场作用下，产生了双折射，折射率体成为旋转椭球体，即成为单轴晶体。同样，单轴晶体加上电场后，变旋转椭球体的光折射率体成为三轴椭球光折射率体。对于电光陶瓷，由于电场诱发的双折射的折射率差为

$$\Delta n = \frac{1}{2} n^3 r_c E \tag{4-28}$$

式中 r_c——电光陶瓷的电光系数；

n——折射率；

E——所加电场。

表 4-8 一些电光晶体及其主要参量

晶体种类		居里点/K	折射率 n_0	相对介电常数	半波电压/V
KDP 型晶体	KH_2PO_4	123	1.51	21	7650
	$NH_4H_2PO_4$	148	1.53	15	9600
	$NH_4H_2AsO_4$	216		14	13000
立方钙钛矿型晶体	$BaTiO_3$	393	2.40		310
	$Pb_3MgNb_2O_3$	265	2.56	约 104	约 1250
	$SrTiO_3$	33	2.38		
铁电性钙钛矿型晶体	$KTa_xNb_{1-x}O_3$	约 283	2.318		约 90
	$LiTaO_3$	933	2.176	$\varepsilon_a = 98$	2840
	$LiNbO_3$	1483	2.286	$\varepsilon_c = 51.5$	2940
闪锌矿型晶体	ZnS		2.36	8.3	10400
	GaAs		3.60	11.2	约 5600
	CuCl		2.00	7.5	6200
钨青铜型晶体	$Sr_{0.75}Ba_{0.25}Nb_2O_5$	333	2.31	6500	37
	$K_3Li_2Nb_5O_{15}$	693	2.28	100	330
	$Ba_2NaNb_5O_{15}$	833	2.37	51	1720

对于有中心对称或结构任意混乱的介质，它们不具有一次电光效应，只具有二次电光效应。这是 1870 年克尔在玻璃上实验发现的。对于光各向同性的材料，在加上外加电场后，由于二次电光效应诱发的双折射的折射率差为

$$\Delta n = n_e - n_0 = k\lambda E^2 \tag{4-29}$$

式中 k——电光克尔常数；

λ——入射光真空波长；

E——外加电场强度。

成分为 12La-40Zr-60Ti 的电光陶瓷主要用来产生线性双折射效应，成分为 9La-35Zr-65Ti 的电光陶瓷主要用来产生电光二次效应。由电场极化使光各向同性的立方相成为光的单轴菱方相或四方相，这种应用十分广泛。

4.6.4.2 *电光效应调制材料*

有人将单一材料和聚甲基丙烯酸甲酯（PMMA）或无定型聚碳酸酯（APC）掺杂，制备出优质光学质量的电光聚合物薄膜，并采用原子力显微镜（AFM）对薄膜表面的微观形貌进行了研究。使用这些材料成功制备出衰减全反射型

（ATR）电光调制器原型器件，并研究了调制器的调制性能。实验证明，经化学改性的发色团 B1 和 C1 在聚合物基质中的溶解度得到显著提高。在掺杂浓度为 20% 的 APC 和 PMMA 薄膜中未观察到相分离；薄膜膜面平整，透明性良好，没有针孔、弹坑、颗粒和橘皮等缺陷。此外，把化合物 A 及 B1、C1 分别以 15% 重量比掺杂到 PMMA 中作为电光聚合物复合材料，成功制备出衰减全反射（ATR）电光调制器原型器件。

4.7　其他光学复合材料

4.7.1　光催化复合材料

4.7.1.1　聚合物/半导体纳米微粒复合材料

光触媒[PHOTOCATALYSIS]是光[Photo = Light] + 触媒（催化剂）[catalyst]的合成词。光触媒是一种在光的照射下，自身不起变化，却可以促进化学反应的物质，光触媒是利用自然界存在的光能转换成为化学反应所需的能量，来产生催化作用，使周围之氧气及水分子激发成极具氧化力的自由负离子。几乎可分解所有对人体和环境有害的有机物质及部分无机物质，不仅能加速反应，也能运用自然界的定律，不造成资源浪费与附加污染形成。以半导体纳米微粒进行光催化反应研究主要集中在：光解水、光催化降解污染物、CO_2、N_2 还原固定化及催化有机合成等方向。纳米半导体微粒催化剂普遍表现出优于体相半导体的光催化性能。

半导体光催化剂大多是硫族化合物半导体（当前以 TiO_2 使用最广泛）都具有区别于金属或绝缘物质的特别的能带结构，即在价带（ValenceBand，VB）和导带（ConductionBand，CB）之间存在一个禁带（ForbiddenBand，BandGap）。由于半导体的光吸收阈值与带隙具有式 $K = 1240/E_g(\mathrm{eV})$ 的关系，因此常用的宽带隙半导体的吸收波长阈值大都在紫外区域。当光子能量高于半导体吸收阈值的光照射半导体时，半导体的价带电子发生带间跃迁，即从价带跃迁到导带，从而产生光生电子（e－）和空穴（h＋）。此时吸附在纳米颗粒表面的溶解氧俘获电子形成超氧负离子，而空穴将吸附在催化剂表面的氢氧根离子和水氧化成氢氧自由基。而超氧负离子和氢氧自由基具有很强的氧化性，能将绝大多数的有机物氧化至最终产物 CO_2 和 H_2O，甚至对一些无机物也能彻底分解。

资料表明，聚合物/半导体微粒纳米复合材料作催化剂的优点为：（1）聚合物可以控制合成纳米半导体颗粒的直径，从而改变半导体催化剂的能带能级及使其带隙能增大；同时降低光生电子或空穴扩散到表面的平均时间，减小了电子与空穴的复合几率；（2）半导体微粒与有机组分的相互作用可起到稳定纳米颗粒、防止其发生团聚或光腐蚀分解的作用。1998 年，有人用反向胶束法合成纳米 CdS

颗粒，以己硫醇表面修饰并加热回流除去吸附于 CdS 颗粒的水。以氧化 42 氯苯酚实验研究其光催化性能与稳定性，结果表明：硫醇表面修饰的 CdS 颗粒具有较高的催化活性而且十分稳定。而未经表面修饰的 CdS 颗粒溶液在光照下很快由淡黄色褪为无色，并出现白色 CdO/CdS 沉淀。因而，选择适当有机组分合成纳米复合催化剂可稳定催化剂活性组分防止催化剂失活；（3）纳米半导体颗粒催化剂回收极为困难，以聚合物/半导体微粒复合材料作催化剂可解决这一问题，而且操作上可采取循环流动作业；（4）最重要的一点，聚合物并非只是简单地充当载体，其结构、吸脱附性质、电荷传输性质等都会影响到复合催化剂的催化性能。纳米粒子的粒径极为微细，具有极大的比表面积，且随着粒径的减少，表面原子百分比提高。在表面上由于大量原子配位的不完全而引起高表面能的现象。表面能量占全能量的比例大幅提高，使纳米材料具吸附、光吸收、熔点变化等特性。利用纳米超微粒子技术与特性，研发出材料本身在反应时完全不参与作用，却可促进并提高反应能量，以催化目标反应的触媒技术已运用于环境清洁作用上，促使有害或有毒物质加速反应成为稳定而无害物质，达到环保效果。

4.7.1.2 金属纳米微粒/二氧化钛薄膜

TiO_2 作为一种光催化剂。利用 TiO_2 等半导体对有机污染物进行光催化降解，最终生成无毒无味的 CO_2、H_2O 及一些简单的无机物，正逐渐成为工业化技术，这为治理环境污染开辟了广阔的前景。目前，国际上把金属纳米微粒生长在二氧化钛薄膜上，如 Cr，Fe，Cu，Hf，Pt 和 Au 生长在二氧化钛薄膜上都有报道。这些报道来自化学、物理、材料等领域的学者围绕太阳能的转化、储存、材料的光伏特性、光化学合成，探索多相光催化过程的原理，致力于提高光催化的效率和光电转换效率。

4.7.2 透光和不透光材料

4.7.2.1 透光无机复合材料

A 无机材料透光性成因

资料表明，无机材料是一种多晶多相体系，内含杂质、气孔、晶界、微裂等缺陷，光通过无机材料时会遇到一系列的阻碍，所以无机材料不像晶体、玻璃体那样透光。多数无机材料看上去是不透明的。这主要是由于散射引起的。图 4-11 所示为光通过厚度为 x 的透明陶瓷片时各种光能的损失。强度为 I_0 的光束垂直地入射到陶瓷左表面。由于陶瓷片与左侧空间介质之间存在相对折射率 n_{21}，因而在表面上有反射损失为

$$L_1 = mI_0 = \left(\frac{n-1}{n+1}\right)^2 I_0 \tag{4-30}$$

式中 m——反射率。

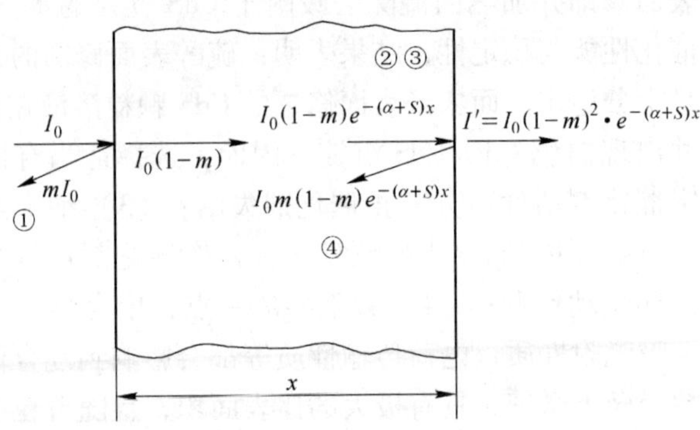

图 4-11　光能的损失

此时，透进材料中的光强度为 $I_0(1-m)$。一部分光能穿过厚度为 x 的材料后，又消耗于吸收损失和散射损失。到达材料右表面时，光强度剩下，$I_0(1-m)e^{-(\alpha+S)x}$。再经过表面，一部分光能反射进材料内部，其数量为

$$L_{④} = I_0(1-m)e^{-(\alpha+S)x} \tag{4-31}$$

另一部分传至右侧空间,其光强度为

$$I = I_0(1-m)^2e^{-(\alpha+S)x} \tag{4-32}$$

显然 I/I_0 才是真正的透光率。式 4-32 中所得的 I 中并未包括 $L_{④}$反射回去的光能。再经左右表面，进行二三次反射之后，仍然会有从右侧表面传出的那一部分光能。这部分光能显然与材料的吸收系数、散射系数有密切的关系，也和材料的表面粗糙度、材料的厚度以及光束入射角有关。影响因素复杂，无法具体算出数据。资料表明，如果考虑这部分透光，将会使整个透光率提高。实验观测结果往往偏高就是这个原因。

吸收系数影响透光。对于陶瓷、玻璃等电介质材料，材料的吸收率或吸收系数在可见光范围内是比较低的。所以陶瓷材料的可见光吸收损失相对来说是比较小的，在影响透光率的因素中不占主要地位。材料对周围环境的相对折射率大，反射损失也大。另一方面，材料表面的粗糙度也影响透光性能。散射系数是最影响陶瓷材料的透光率。材料中的夹杂物、掺杂、晶界等对光的折射性能与主晶相不同，因而在不均匀界面上形成相对折射率。此值越大则反射系数（在界面上的，不是指材料表面的）越大，散射因子也越大，因而散射系数变大。

资料表明，与晶轴成不同角度方向上的折射率均不相同。这样，由多晶材料组成的无机材料，晶粒与晶粒之间，结晶的取向不见得都一致。因此，晶粒之间产生折射率的差别，引起晶界处的反射及散射损失。图 4-12 所示为一个典型的双折射引起的不同晶粒取向的晶界损失。图中两个相邻晶粒的光轴互相垂直。设

光线沿左晶粒的光轴方向射入，则在左晶粒中只存在常光折射率 n_0。右晶粒的光轴垂直于左晶粒的光轴，也就垂直于晶界处的入射光。由于此晶体有双折射现象，因而不但有常光折射率 n_0，还有非常光折射率 n_e。左晶粒的 n_0 和右晶粒的 n_e 相对折射率为 $n_0/n_e=1$，$m=0$，无反射损失。但一般而言左晶粒的 n_0 与右晶粒的 n_e 形成相对折射率 $n_0/n_e \neq 1$。此值导致反射系数和散射系数，亦即引起相当可观的晶界散射损失。因此图 4-12 说明，对多晶无机材料来说，影响透光率的主要因素在于组成材料的晶体的双折射率。

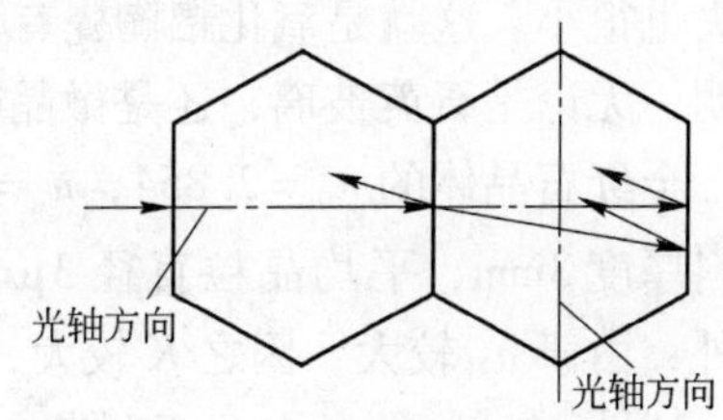

图 4-12 双折射引起的不同晶粒取向的晶界损失

如果材料不是各向同性的立方晶体或玻璃态，则存在有双折射问题。通过改变入射光束的方向，可以找到在晶体中存在一些特殊的方向，沿着这些方向传播的光并不发生双折射，这些特殊的方向称为晶体的光轴。应该注意，光轴所标志的是一定的方向，而不限于某条具体的直线。有些晶体，例如方解石、石英等，只有一个光轴，称为单轴晶体；例如云母、硫黄等晶体，具有两个光轴的晶体称为双轴晶体。方解石（$CaCO_3$）晶体是各向异性较明显的单轴晶体，属于六角晶系，其光轴可以从外形认定。天然的方解石晶体呈平行六面体形状。其 6 个表面（解理面）均为平行四边形，四边形的一对锐角为 78°，一对钝角为 120°，在方解石的 8 个顶点中有两个顶点由 3 个钝角所形成的。适当选择解理面，使晶体的各个边长相等，就得到一个特殊的平行六面体，它的 3 个面角均为钝角，两个顶点间的连线方向就是方解石晶体的光轴。将这两个顶点磨成两个光学平面，使两个光学平面垂直于光轴，则当一束平行光垂直地入射到磨出的光学平面上并进入晶体后，光将沿着光轴方向传播，不发生双折射现象。利用检偏器观察发现寻常光及非常光都是线偏振光，不过它们的电矢量振动方向不同。寻常光的振动方向垂直于主截面（光软和传播方向构成的平面），而非常光的振动方向平行于主截面（不一定都平行于光轴）。

资料表明，α-Al_2O_3 晶体的 $n_0=1.760$，$n_e=1.768$。假设相邻晶粒的取向彼此垂直，则晶界面的反射系数 $m=\left(\frac{1.768/1.760-1}{1.768/1.760+1}\right)^2=5.14\times10^{-6}$，数值虽不大，但许多晶粒之间经多次反射损失之后，光能仍有积累起来的可观损失。譬如材料厚 2mm，晶粒平均直径 10μm，理论上具有 200 个晶界，则除去晶界反射损失后，剩余光强占 $(1-m)^{200}=0.99897$，损失并不大。从散射损失来分析，设入射光为可见光，$\lambda=0.39\sim0.77\mu m$。若平均直径 $d=10\mu m \gg \lambda$，采用 $S=3K\times 3V/4R$ 计算，现在 $n_{21}=1.768/1.60\approx1$，所以 $K\approx0$，则 $S\approx0$。也就是说，散射

损失也很小。这就是氧化铝陶瓷有可能制成透光率很高的灯管的原因。同样可以证明，无论是石英玻璃，还是微晶玻璃，透光率都是很高的。

金红石晶体的 $n_0 = 2.854$，$n_e = 2.567$，因而其反射系数 $m = 2.8 \times 10^{-3}$。如材料厚度 3mm，平均晶粒直径 3μm，则剩余光能只剩下 $(1-m)^{1000} = 0.06$ 了。此外，由于 n_{21} 较大，因之 K 较大，S 也大，散射损失较大，故金红石瓷不透光。

MgO，Y_2O_3 等立方晶系材料，没有双折射现象，本身透明度较高。如果使晶界玻璃相的折射率与主晶相的折射率相差不大，可望得知透明度较好的透明陶瓷材料，但这是相当不容易做到的。

资料表明，多晶陶瓷的透光率远不如同成分的玻璃大，因为相对来说，玻璃内不存在晶界反射和散射这两种损失。计算散射损失时应采用公式

$$S = K \times 3V/4R \tag{4-33}$$

散射因子 K 与相对折射率 n_{21} 有关。存在于晶粒之间的以及晶界玻璃相内的气孔、孔洞，从光学上讲构成了第二相。其折射率 n_1 可视为 1，与基体材料的 n_2 相差较大，所以相对折射率 $n_{21} = n_2$ 也较大。由此引起的反射损失、散射损失远较杂质、不等向晶粒排列等因素引起的损失为大。气孔的体积含量 V 越大，散射损失越大。如一材料含气孔 0.2%（体积），平均直径 $d = 2\mu m$，试验所得散射因子 $K = 2 \sim 4$。若取 $K = 2$，则散射系数为

$$S = K \times \frac{3V}{4R} = 2 \times \frac{3 \times 0.002}{4 \times 0.002} = 1.5\text{mm}^{-1} \tag{4-34}$$

剩余光能只为 1% 左右，可见气孔对透光率影响之大。一般陶瓷材料的气孔直径大约在 1μm，均大于可见光的波长（$\lambda = 0.39 \sim 0.79\mu m$）上面已经说过，气孔与陶瓷材料的相对折射率几乎等于材料的折射率 n_2，数值较大，所以 K 值也较大。气孔尺寸小，散射损失较小。所以，可以采用真空干压成形等静压工艺消除较大的气孔。假如上例中只剩下平均直径 $d = 0.01\mu m$ 的微小气孔，情况就有根本的变化。此时，Al_2O_3 陶瓷的平均直径 $d < \lambda/3$（λ 设为可见光的波长），符合瑞利散射条件。此时，即使气孔体积分数高达 0.63%，陶瓷也是透光的。利用式4-33有

$$S = \frac{32\pi^4 (0.005 \times 0.001)^3 \times 0.0063}{(0.6 \times 0.001)^4}\left(\frac{1.76^2 - 1}{1.76^2 + 2}\right)^2$$

$$= 0.0032\text{mm}^{-1}$$

如果材料厚为 3mm，$I = I_0 e^{-1.5\times 3} = 0.011 I_0$。如果陶瓷材料厚 2mm，$I = I_0 e^{-0.0032\times 2} = 0.994 I_0$，散射损失不大，仍是透光性材料。

资料表明，在材料中杂质形成的异相，其折射率与基体不同，等于在基体中

形成分散的散射中心，使 S 提高。杂质的颗粒大小影响到 S 的数值，尤其当其尺度与光的波长相近时，S 达到峰值。所以杂质浓度以及与基体之间的相对折射率都会影响到散射系数的大小。

从材料的吸收损失角度，不但对基体材料，而且对杂质的成分也要求在使用光的波段范围内，吸收系数 α 不得出现峰值。这是因为不同波长的光，对材料及杂质的 α 值均有显著影响。特别是在紫外波段，吸收率 k 有一峰值，正像前面所述，要求材料及杂质具有尽可能大的禁带宽度 E_g，这样可使吸收峰处的光的波长尽可能短一些，因而不受吸收影响的光的频带宽度可放宽。

散射系数与散射质点的大小、数量及散射质点与基体的相对折射率等因素有关。例如光波觉察不出晶体结构的电子分布不均匀性，而用 X 射线就能产生出一种特殊形式的散射即衍射。弹性散射光的强度与波长的关系可因散射中心尺度 d 与波长 λ 的相对大小而具有不同的规律。σ 与散射中心尺度 d 和波长 λ 的相对大小有关。当 $d \gg \lambda$ 时，$\sigma \to 0$，即当散射中心的尺度远大于光波的波长时，散射光强与入射光波长无关。诸如粉笔灰、白云等对白光中的所有单色成分都有相同的散射能力，因此看起来都是白色的，这就是廷德尔（Tyndall）散射。当 $d \sim \lambda$ 时，即散射中心的尺度与入射光波的波长可比拟时，σ 在 0 ~ 4 之间，具体数值与二者的相对大小有关，这一散射为米氏（Mie）散射。当 $d \ll \lambda$ 时，$\sigma = 4$，即当散射中心的尺度远小于光波的波长时，假定异相的密度大于介质的密度，则前者由于光波的作用而产生的电偶极矩大于后者，即前者的电偶极子大于后者，因此散射就是这些异相区域多出的电偶极子受光波的强迫振动而发出的二次光波。而微粒中多出的电偶极矩的总和可以比作一个电偶极子的振动。按照光的电磁理论，电偶极子所发射出光波的振幅是和电子加速度成正比，也是电子有加速度运动时才会产生变化的电磁场和出现电磁波。电子在光波的作用下的运动遵守简谐运动 $S = a\sin\omega t$，电子的加速度为 $-a\omega^2\sin\omega t$，因此二次光波的振幅是和它的振动频率的平方成正比，而强度又和振幅的平方成正比，或者说，散射强度和波长的四次方成反比。散射光强与入射光波长的 4 次方成反比，这就是瑞利（Rayleigh）散射。故当白光通过含有微小微粒的混浊体时，散射光呈淡蓝色，因为波长较短的蓝色比黄光和红光散射强烈。通过混浊体后的白光呈浅红色，因为它由于散射短波长光的缘故。

资料表总结出影响折射率的因素有：

（1）构成材料元素的离子半径。材料的折射率为

$$n = \sqrt{\varepsilon_r \mu_r} \tag{4-35}$$

式中 ε_r，μ_r——分别为材料的相对介电常数和相对磁导率。

因陶瓷等无机材料 $\mu_r \approx 1$，因此材料的折射率随介电常数增大而增大，而介

电常数与介质的极化有关。当电磁辐射作用到介质上时，其原子受到电磁辐射的电场作用，使原子的正、负电荷重心发生相对位移，正是由于电磁辐射与原子的相互作用，使光子速度减弱。由此可以推论，大离子可以构成高折射率的材料，如 PbS，其 $n = 3.912$，而小离子可以构成低折射率的材料。如 $SiCl_4$，其 $n = 1.412$。

（2）材料的结构、晶型。折射率不仅与构成材料的离子半径有关，还与它们在晶胞中的排列有关。根据光线通过材料的表现，把介质分为均质介质和非均质介质。非晶态（无定型体）和立方晶体结构，当光线通过时光速不因入射方向而改变。故材料只有一个折射率，此乃为均质介质。除立方晶体外的其他晶型都属于非均质介质。其特点是光进入介质时产生双折射现象。

（3）材料存在的内应力。有内应力的透明材料，垂直于存在主应力方向的 n 值大，平行于主应力方向的 n 值小。

（4）同质异构体。在同质异构材料中，高温时的晶型折射率较低，低温时存在的晶型折射率较高。例如：常温下的石英玻璃 $n = 1.46$，常温下的石英晶体，$n = 1.55$；高温时，鳞石英 $n = 1.47$，方石英 $n = 1.49$。可见常温下的石英晶体 n 最大。

B　掺杂透光无机复合材料

掺外加剂的目的是降低材料的气孔率，特别是降低材料烧成时的闭孔。表面看起来，掺加主成分以外的其他成分，虽然掺量很少，也会显著地影响材料的透光率，因为这些杂质质点，会大幅度地提高散射损失。但是，正如前面分析的那样，影响材料透光性的主要因素是材料中所含的气孔。气孔由于相对折射率的关系，其影响程度远大于杂质等其他结构因素。此处所说的掺加外加剂，目的是降低材料的气孔率，特别是降低材料烧成时的闭孔（大尺寸的闭孔称为孔洞）这是提高透光率的有力措施。

闭孔的生成是在烧结阶段。成瓷或烧结后晶粒长大，把坯体中的气孔赶至晶界，成为存在于晶界玻璃相中的气孔和相界面上的孔洞。这些气孔很难逸出。另外，在晶粒内部还有一个个的圆形闭孔，与外界隔绝得很好。这些小气孔虽然对材料强度无多大影响，但对其光学性能特别是透光率影响颇大。

资料表明，在 Al_2O_3 中加入少量 MgO 来抑制晶粒长大，在新生成晶粒表面形成一层黏度较低的 $MgO \cdot Al_2O_3$ 尖晶石，一方面，在烧结后期阻碍 Al_2O_3 晶粒的迅速长大；另一方面，又使气泡有充分时间逸出，从而使透明度增大。但是新生成的尖晶石的折射率 $n = 1.72$，比 Al_2O_3 的折射率（1.76）小，使 Al_2O_3 与尖晶石的相界面上产生的相对折射率不等于1，从而增加了反射和散射。所以 MgO 虽有排除气孔的作用，掺得过多也会引起透光率下降。适宜的掺量一般约为 Al_2O_3 总质量的 0.05% ~0.5%。

为了进一步提高 Al_2O_3 陶瓷的透光性，近年来，除了加入 MgO 以外，还加入 Y_2O_3、La_2O_3 等外加剂。这些氧化物溶于尖晶石中，形成固溶体。根据 Lorentz-Lorenz 公式，离子半径越大的元素，电子位移极化率越大，因而折射率也越大。上述氧化物中，Mg^{2+} 的半径为 0.065nm（0.65Å），Y^{3+} 的为 0.093nm（0.93Å），La^{3+} 的为 0.115nm（1.15Å）。由 MgO 及 Al_2O_3 组成的尖晶石的折射率（1.72）偏离了 Al_2O_3 和 MgO 的折射率。将 Y_2O_3 固溶于尖晶石后，将使尖晶石的折射率接近于主晶相的折射率（1.76），从而减少了晶界的界面反射和散射。

4.7.2.2 聚合物基透光/高强度复合功能材料

高聚物重要而实用的光学性能有吸收、透明度、折射、双折射、反射、内反射和散射等。它们是入射光的电磁场与高聚物相互作用的结果。高聚物光学材料具有透明、不易破碎、加工成形简便和廉价等优点，可制作镜片、导光管和导光纤维等；可利用光学性能的测定研究高聚物的结构，如聚合物种类、分子取向、结晶等；用有双折射现象的高聚物作光弹性材料；可进行应力分析；可利用界面散射现象制备彩色高聚物薄膜等。

当光线垂直地射向非晶态高聚物时，除了一小部分在高聚物—空气的界面反射外，大部分进入高聚物。高聚物内部疵痕、裂纹、杂质或少量结晶的存在会使光线产生不同程度的反射或散射，产生光雾，减少光的透过量，使透明度降低。非晶高聚物的分子链是无规线团，其所含各键的排列在各方向上的统计数量都一样，所以折射是各向同性的。但非晶高聚物经取向制成的取向高聚物，其分子内键的排列在各个方向上统计数量就不同，光线经过它时会变成传播方向和振动相位不同的两束折射光，即产生双折射现象。例如，用环氧树脂的透明浇铸块做结构件的力学模型，当在模型上加以预定的负荷后，环氧树脂的分子链在应力作用下发生取向，即从各向同性变成各向异性而产生双折射现象；在光弹性仪上用偏振光照射，利用双折射现象和光的干涉原理对结构材料进行应力分析，即可以所得到的光弹性照片为依据做出结构设计。

在多相高聚物中，要使两种不同成分的聚合物成为透明度高的物质，则这两种成分的折射率要相同或差异很小。缩小结构的体积尺寸，对增加高聚物的透明度更为重要。例如，聚乙烯是结晶体，当其超分子结构的尺寸大于入射光的波长时，光大部分被散射掉；而聚乙烯薄膜是在一定条件下经拉伸和取向而制成的，其超分子结构尺寸小，光的散射就小，因而是一种较透明的薄膜。

未经改性的玻璃材料在许多应用场合是不适用，在实际中大都采用透明的聚合物材料。但是如何在增强其力学性能的同时又不影响其透光性，是有待解决的问题。有人发明一种以透光聚合物为基体，以共轴复合纳米纤维或微米纤维为增强材料，经复合加工而成的复合透光材料，使之既具有光学性能又有良好的力学性能。它由芯质和表层材料经同轴共纺而成。芯质部分提供增强或者改性功能，表层材料与基体材料相同或者有相似的分子结构，便于纤维和基体之间形成强黏结。采用凝胶法或热固成形方式制备。采用凝胶法制备，就是将共轴复合纳米纤维或微米纤维织成的纤维结构与透光聚合物树脂基浸胶后，在室温、高温或低温条件下凝胶固化而得。采用热固成形方式复合，就是将若干层共轴复合纳米纤维或微米纤维结构置于热压机下加热、压制，再冷却成形。该材料的芯质直径小于可见光的波长 360nm，因而新的复合透光材料的透光性不受影响。材料的抗冲击性等力学性能比原来的透光聚合物有显著增强。

4.7.2.3　金属基透明导电复合功能材料

传统透明导电材料是以 ITO(In_2O_3BSn)、AZO(ZnOBAl)为代表的透明导电氧化物（TCO）。近年随着大屏幕、高清晰显示器的迅猛发展，对透明导电材料提出了新的要求，比如电阻低、响应快和低电耗及低的驱动电压等，这样使研究转向了金属基复合透明导电多层膜。

金属基复合透明导电多层膜从电学性能来讲，希望金属膜越厚越好，但从光学的角度考虑，金属膜的厚度不能超过一定的临界值（约 20nm）。利用诱导透射定理，通过选择适当的介质材料使金属膜在可见光（380 ~ 780nm）波段有最佳透过率，并通过金属材料的合理设计获得最大的红外反射性能，这样就满足了光学设计的要求。与此同时，要获得低的电阻值，必须保证金属膜有良好的导电性能。因为银在可见光区吸收最小，红外反射性能好，导电性能好，所以银常被作为复合多层膜的金属层材料。根据介质材料的不同，透明导电多层膜主要分为电介质/金属/电介质（D/M/D）和透明导电氧化物/金属/透明导电氧化物（TCO/M/TCO）复合多层膜。有时，根据实际需要，可以进行多层设计，如采用双金属层来获得更低的电阻值。一般的金属基复合透明导电膜主体采用外增透三层结构模式。实际生产中为了提高膜系的稳定性和持久性往往会添加一些辅助层，有时为了获得超低电阻，而膜厚受透光率的限制，也采用双金属层。

资料表明，在多层膜的设计和制备过程中，因为金属与电介质或氧化物可以看做是并联式结构，因此增加金属层在降低电阻率的同时也增加了界面，光容易在界面处发生散射，从而导致透射率下降。由于界面的增加，其间的互扩散影响多层膜的热稳定性。ZnS/Ag/ZnS 膜系的银层扩散进入 ZnS 层后会降低 ZnS 的折射率，使整个膜系的光电性能降低。此外，当金属层的膜厚与电子的自由程可比拟时，界面粗糙会引起电子在金属表面的漫散射，进而导致电阻率的增大，从而影响其实际应用。真空蒸镀沉积的银膜为纳米晶体，采用较低的衬底温度和较高的沉积速率，这样就可以提高银的形核率，同时，由于较大的相变过冷，也抑制了银的横向扩散，从而保证形成较为明晰的界面。

4.7.2.4 掺杂不透明性材料

陶瓷坯体有气孔，而且色泽不均匀，颜色较深，缺乏光泽，因此常用釉加以覆盖。搪瓷珐琅也是要求具有不透明性，否则底层的铁皮就要显露出来。釉的主体为玻璃相有较高的表面光泽和不透明性。对于艺术玻璃和器皿玻璃要求光线柔和，因而也要求具有不透明性。釉、搪瓷、乳白玻璃和瓷器是由玻璃相和微小晶相组成的，因此，它们的外貌除了表面与光的反射性和透过性等有关外，还受到内部由于分布的微粒引起的强烈影响。

要获得高度乳浊（不透明性）和覆盖能力，就要求光在达到具有不同光学特性的底层之前被漫反射掉。与此相对应，优良的半透明性是指光被散射了，甚至大部分入射光到达界面不是直接透过而是通过散射光透过的，即具有较大的漫透射率。

资料表明，影响两相系统乳浊性的总散射系数的主要因素是颗粒尺寸、相对折射率和第二相颗粒的体积分数。为了得到最大的散射效果，颗粒及基体材料的折射率相差要大，颗粒尺寸应当和入射波长略相等，并且颗粒体积分数要高。

构成釉和搪瓷的主要成分的硅酸盐玻璃，其折射率限定在1.49~1.65。要达到乳浊的效果，须引进能够在玻璃基体中形成折射率显著不同的小颗粒。即加进玻璃内的乳浊剂必须具有和上述数值显著不同的折射率，此外，乳浊剂还必须能够在硅酸盐玻璃基体中形成小颗粒。

乳浊剂可以是与玻璃相完全不起反应的材料，它们是在熔制时形成的惰性产物，或者是在冷却或再加热时从熔体中析出来的微晶。后者是经常使用的，是获得所希望颗粒尺寸的最有效方法。例如常将釉和珐琅中的部分原料熔融淬冷，制成熔块，再湿磨成浆，施于器物表面再焙烧，因而颗粒与空气充分接触，有许多的界面，晶核容易在两相界面生成，有利于晶核的生成，这样从熔体中析出细小且尺寸一致的微晶粒。析出的小晶粒的大小与光波波长接近，散射强烈，因而有更良好的乳浊效果。如果用生料配置釉和珐琅，则基本上是乳浊剂的粗大的残余颗粒，只有少数的微晶析出。对于等量的乳浊剂，均匀的小晶粒的数量当然比残余颗粒的量要多很多，散射更强。

入射光被反射、吸收和透射所占的分数取决于釉层的厚度、釉的散射和吸收特性。资料表明，吸收分为选择吸收和均匀吸收。例如石英在整个可见光波段都很透明，且吸收系数几乎不变，这种现象称为“一般吸收”。但是，在3.5~5.0μm的红外线区，石英表现为强烈吸收，且吸收率随波长剧烈变化，这种同一物质对某一种波长的吸收系数可以非常大，而对另一种波长的吸收系数可以非常小的现象称为“选择吸收”。任何物质都有这两种形式的吸收，只是出现的波长范围不同而已。透明材料的选择吸收使其呈不同的颜色。如果介质在可见光范围对各种波长的吸收程度相同，则称为均匀吸收。在此情况下，随着吸收程度的增加，颜色从灰变到黑。将能发射连续光谱的白光源（例如卤钨灯）所发的光经过分光仪器（如单色仪、分光光度计等）分解出单色光束，并使之相继通过待测材料，可以测量吸收系数与波长的关系，得到吸收光谱。

研究物质的吸收特性发现，任何物质都只对特定的波长范围表现为透明，而对另一些波长范围则不透明。金属对光能吸收很强烈。这是因为金属的价电子处于未满带，吸收光子后即呈激发态，用不着跃迁到导带即能发生碰撞而发热。在电磁波谱的可见光区，金属和半导体的吸收系数都是很大的。但是电介质材料、包括玻璃、陶瓷等无机材料的大部分在这个波谱区内都有良好的透过性，也就是说吸收系数很小。这是因为电介质材料的价电子所处的能带是填满了的。它不能吸收光子而自由运动，而光子的能量又不足以使价电子跃迁到导带，所以在一定的波长范围内，吸收系数很小。

对可见光区（400～760nm），若材料对可见光各波长的吸收是相等的，光线通过玻璃后，光谱组成无变化，白光仍是白光，只是减弱了它的强度而已。如果材料对光谱内各波长的光吸收不等，有选择性，则由玻璃出来的光线必定改变了原来的光谱组成，就获得了有颜色的光。资料表明，材料对光的吸收是基于原子中电子（主要是价电子）接受光能后，由带能级（E_1）向高能级（E_2）跃迁（即从基态向激发态）。当两个能级的能量差（$E_2 - E_1 = h\nu = E_g$，h 为普朗克常数，ν 为频率）等于可见光的能量时，相应的波长的光就被吸收，从而呈现颜色。E_g 越小，吸收的光的波长愈长，呈现的颜色愈深（显示的颜色为低波长段的颜色）；反之，能级差 E_g 愈大，吸收光的波长愈短，则呈现的颜色愈浅。

对紫外区（10～400nm），对于一般无色透明的材料（如玻璃）的紫外吸收现象比较特殊，不同于离子着色，并不出现吸收峰，而是一个连续的吸收区。资料表明，透光区与吸收区之间有一条坡度很陡的分界线，通常称为吸收极限（也称紫外吸收极限或紫外吸收端），小于吸收极限的波长完全吸收，大于吸收极限的波长则全部透过。这是因为波长愈短，光子能量越来越大。当光子能量达到禁带宽度时，电子就会吸收光子能量从满带（基态）跃迁到导带（激发态），此时吸收系数将骤然增大。此紫外吸收端相应的波长可根据材料的禁带宽度 E_g 求得

$$E_g = h\nu = h \times \frac{c}{\lambda} \tag{4-36}$$

$$\lambda = \frac{hc}{E_g} \tag{4-37}$$

式中　h——普朗克常数，$h = 6.63 \times 10^{-34}\,\mathrm{J \cdot s}$；

　　c——光速。

从式 4-37 中可见，禁带宽度（E_g）大的材料，紫外吸收端的波长比较小。

若希望材料在电磁波谱的可见光区的透过范围大，这就希望紫外吸收端的波长要小，因此要求 E_g 大。如果 E_g 小，甚至可能在可见区也会被吸收而不透明。常见材料的禁带宽度变化较大，如硅的 $E_g=1.2\text{eV}$，锗的 $E_g=0.75\text{eV}$，其他半导体材料的 E_g 约为 1.0eV。电介质材料的 E_g 一般在 10eV 左右。

对红外区（$760\sim10^6\text{nm}$），一般认为在红外区的吸收是属于分子光谱。资料研究表明，吸收主要是由于红外光（电磁波）的频率与材料中分子振子（或相当于分子大小的原子团）的本征频率相近或相同引起共振消耗能量所致。即书上所说的：在红外区的吸收峰是因为离子的弹性振动与光子辐射发生谐振消耗能量所致。要使谐振点的波长尽可能远离可见光区，即吸收峰处的频率尽可能小（波长尽可能长），则需选择较小的材料热振频率 γ。此频率 γ 与材料其他常数呈下列关系

$$\gamma^2 = 2\beta\left(\frac{1}{M_c}+\frac{1}{M_a}\right) \tag{4-38}$$

式中 β——与力有关的常数，由离子间结合力决定；

M_c，M_a——分别为阳离子和阴离子质量。

所以，为了有较宽的透明频率范围，最好有高的电子能隙值和弱的原子间结合力以及大的离子质量。对于高原子量的一价碱金属卤化物，这些条件都是最优的。对于玻璃形成氧化物，如 SiO_2，B_2O_3，P_2O_5 等原子量均较小，力常数 β 较大，因此，γ（本征频率）大，所以只能透近红外，而不能透中、远红外。

资料表明，对于无限厚的釉层，其反射率 m_∞ 等于釉层的总反射（入射光被漫反射和镜面反射）的分数（即总是小于 1）。对于没有光吸收的釉层，$m_\infty=1$。吸收系数大的材料，其反射率低。好的乳浊剂必须具有低的吸收系数，亦即在微观尺度上，具有良好的透射特性。m_∞ 决定于吸收系数和散射系数之比

$$m_\infty = 1+\frac{\alpha}{S}-\left(\frac{\alpha^2}{S^2}+\frac{2\alpha}{S}\right)^{1/2} \tag{4-39}$$

也就是说，釉层的反射同等程度地由吸收系数和散射系数所决定。但是，在实际的釉、搪瓷的应用中，釉层厚度是有限的。釉层底部与基底材料的界面，也会有反射上来的光线增加到总反射率中去。下面分两种情况分析：（1）设釉层与底材之间的反射率 $m=0$，（底材为一种完全吸收或完全透过入射光的材料），则釉层表面的反射率为 m_0；（2）与反射率为 m' 的底材相接触的釉层的表面光反射率 m'_R 由 R. Kubclka 和 F. Munk 给出的公式计算

$$m'_R = \frac{(1-m_\infty)(m'-m_\infty)-m_\infty(m'-1/m_\infty)\exp[S_x(1/m_\infty-m_\infty)]}{(m'-m_\infty)-(m'-1/m_\infty)\exp[S_x(1/m_\infty-m_\infty)]} \tag{4-40}$$

这个方程的求解是困难的，但它表明，当底材的反射率、散射系数、釉层厚

度以及釉层反射率增加时，实际反射率也增加。釉层的覆盖能力和 m_0 与 m'_R 的比值有关。$C'_R = m_0/m'_R$ 称为对比度或乳浊能力。取基底的反射率 $m' = 0.80$ 比较方便，这样式 4-40 变为

$$C'_{0.80} = m_0/m_{0.80} \tag{4-41}$$

式中，$m_{0.80}$ 是指基底反射率为 0.80 时，釉层表面的反射率。用高的反射率、厚的釉层和高的散射系数或它们的某些结合，可以得到良好的乳浊效果。

常见的乳浊剂有：（1）TiO_2（用于搪瓷）。它能够成核并结晶成非常细小的颗粒，折射率显著高于玻璃折射率的晶体。尽管 TiO_2 的折射率特别高，但在釉和玻璃中都没有用作乳浊剂，这是由于高温，特别是在还原气氛下，会使釉着色。但在搪瓷中，TiO_2 却是良好的乳浊剂。由于烧搪瓷的温度仅为 973 ~ 1073K 的低温范围，不会出现变色情况，因而在搪瓷工业中 TiO_2 是一种有良好遮盖能力的乳浊剂。（2）氟化物。氟化物的折射率较低，但比起玻璃的折射率又不会低得太多。（3）磷酸盐。折射率与玻璃的相近，这两者多与其他乳浊剂合用才有较好的乳浊效果。但在玻璃中的乳浊机理有些不同，其中所含的氟或磷酐有促进其他晶体在玻璃中析出的作用，因而显示乳浊效果，所以在乳浊玻璃中常用。（4）含锌的釉也有达到较好乳浊效果的，可能是析出了锌铝尖晶石的晶粒。由于含锌化合物在釉中溶解度高，即使有乳浊作用，烧成温度范围也是窄的。（5）CeO。CeO 也是良好的乳浊剂，效果很好，但由于 CeO 稀有而昂贵，限制了它的推广使用。（6）ZnS。ZnS 在高温时易溶于玻璃中，降温时从玻璃中析出微小的 ZnS 结晶而具乳浊效果，在某些乳白玻璃中常有使用。（7）Sb_2O_3。在釉和玻璃中有较大的溶解度，一般也不作为它们的乳浊剂，但却是搪瓷的主要乳浊剂之一。（8）SnO_2。SnO_2 是另一种广泛使用的优质乳浊剂，在釉及珐琅中普遍使用，已有几十年的历史。在多种不同组成的釉中，含量一定的 SnO_2 能保证良好的乳浊效果。其缺点是烧成时如遇还原气氛则还原成 SnO 而溶于釉中，乳浊效果消失。并且 SnO_2 比较稀少，价格较贵，使得它的应用受到一定限制。由于含锌化合物在釉中溶解度高，即使有乳浊作用，烧成温度范围也是窄的。近年较深入地研究了锆化合物乳浊，推广使用效果很好。它的优点是乳浊效果稳定，不受气氛影响。常使用天然的锆英石（$ZrSiO_4$）而不用它的加工制品 ZrO_2，这样成本要低得多。

4.7.2.5　掺杂半透明性材料

乳白玻璃和半透明瓷器（包括半透明釉）的一个重要光学性质是半透明性。即除了由玻璃内部散射所引起的漫反射以外，入射光中漫透射的分数对于材料的半透明性起着决定作用。

A　乳白玻璃

资料表明，对于乳白玻璃来说，达到漫透射的方法是：具有明显的散射而吸

收最小，这样就会有最大的漫透射。例如，含氟乳白玻璃中析出的主要晶相是方石英，有时也会有失透石（$Na_2O \cdot 3CaO \cdot 6SiO_2$）和硅灰石。这些颗粒细小的析晶起着乳浊作用。有时在使用氟化物乳浊剂的同时，其组成中应增加 Al_2O_3 等的含量，目的是提高熔体的高温黏度，在析晶过程中生成大量的晶核，使得分散相的尺寸得以控制，从而获得良好的乳浊效果。乳白玻璃的结晶相和基质玻璃相的折射率差不要求大，如一般使用乳浊剂 NaF 和 CaF_2。这两种乳化剂的主要作用不是乳化剂本身的析出，而是起矿化作用，促使其他晶体从熔体中析出。

B 氧化物陶瓷

许多陶瓷的美学价值是用半透明性判断的。例如半透明性是骨灰瓷和硬质瓷主要的鉴定指标。要求它们不仅具有优良的半透明性而且还有较好的力学性能。它们的主要原料是长石、石英和高岭土，因此其微观结构很致密而且玻璃化。在玻璃相基质中尚残留有未完全融化好的石英颗粒，细的针状莫来石分布在其中。玻璃相的折射率一般为1.5左右，莫来石的折射率 $n_D = 1.64$，石英的 $n_D = 1.55$。而且石英颗粒较大，针状莫来石约微米大小，由于莫来石的大小接近光波，而折射率又和玻璃相相差较大，因此散射主要来自莫来石相。它的增多就会减小半透明性。提高半透明性的重要方法是：增多玻璃相和减少莫来石相。可通过增加长石量来实现。一些熔块瓷和齿用瓷含长石量高，也是这个道理。但对于其他目的，这样做是有害的，因为莫来石相量的减少会降低瓷体的强度。例如，氧化铝瓷的折射率比较高，而气相的折射率接近1，相对折射率 $n_{21} \approx 1.80$。气孔的尺寸通常和原料的原始颗粒尺寸相当，一般是0.5～2.0μm，接近于入射光的波长，所以散射最大。因此，当气孔率增加到3%左右时，透射率将降低到0.01%；而当气孔率降低到0.3%时，透射率仍然只有完全致密试件的10%。这就是说，对于含有小气孔率的高密度单相陶瓷，半透明度是衡量残留气孔率的一种敏感的尺度，因而也是瓷品的一种良好的质量标志。

获得高度半透明体的另一个方法是调整各个相的折射率使之有较好的匹配。但由于石英和莫来石的折射率相差较大，改变由这两种成分组成的瓷的配方效果不大。有人改变玻璃的折射率使之接近细颗粒的莫来石的折射率。有一种骨灰瓷，含有折射率约为1.56的液相，其折射率几乎等于所出现的晶相的数值。利用这一措施，并结合低气孔率，使骨灰瓷具有良好的半透明性。

4.7.3 磁光效应及相应复合材料

4.7.3.1 *磁光效应及相应复合材料*

磁光效应。光属于电磁波，其电场、磁场和传播方向相互垂直，因此在光通过透明的铁磁性材料时，由于光与自发磁化相互作用，会出现特异的光学现象，称此现象为磁光效应。目前已知的磁光效应有下列几种：

（1）塞曼效应。磁光效应不是指磁场对光的直接作用，而是通过磁场对正在吸收或发射光的物质的作用而产生的一些光学现象。对发光物质施加磁场，光谱发生分裂的现象称为塞曼效应。塞曼效应就是一种基本的磁光效应。将发光光源置于磁场中，由于磁场引起的超精细能级分裂使产生的光谱线分裂。反之，将吸收光的物质放入磁场时，也会发生吸收谱线的分裂。

（2）法拉第效应。当一些透明物质（如 $Y_3Fe_5O_{12}$）透过直线偏光时，若同时施加与入射光平行的磁场，在透射光射出时，其偏振面将旋转一定的角度。称此现象为法拉第效应。法拉第效应是光与原子磁矩相互作用而产生的现象。设沿 z 方向射入物体的线偏振光（即线偏振平面电磁波）为

$$E_z = E_{0x}\cos\omega t,\ E_y = 0 \tag{4-42}$$

它可以分解为两个圆偏振波，即

$$E_z = \frac{1}{2}E_{0x}\cos\omega t + \frac{1}{2}E_{0x}\cos\omega t$$

$$E_z = \frac{1}{2}E_{0x}\cos\omega t - \frac{1}{2}E_{0x}\sin\omega t \tag{4-43}$$

上两式的右端第一项组成左旋圆偏振波，后两项组成右旋圆偏振波，它们的振幅相等。

对于沿 z 轴加均匀恒磁场的物质，解麦克斯韦方程可以得到：由于同时在直流磁场和交变场同时作用下，物质的磁导率和介电常数均为张量，因此，左旋和左旋圆偏振波具有不同的传播速度 v_+ 和 v_-，即不同的折射率 $n_+ = \frac{c}{v_+}$，$n_- = \frac{c}{v_-}$ 代入式 4-43，得到该物质中圆偏振波为

$$E_z = \frac{1}{2}E_{0x}\cos\left(\omega t - \frac{2\pi n + z}{\lambda}\right) + \frac{1}{2}E_{0x}\cos\left(\omega t - \frac{2\pi n - z}{\lambda}\right) \tag{4-44}$$

$$E_y = \frac{1}{2}E_{0x}\sin\left(\omega t - \frac{2\pi n + z}{\lambda}\right) + \frac{1}{2}E_{0x}\sin\left(\omega t - \frac{2\pi n - z}{\lambda}\right) \tag{4-45}$$

若物体长度为 $z = 1$，光从物体中出来后仍为线偏振光

$$E_z = E_{0x}\cos\frac{\pi l}{\lambda}(n_- - n_+)\cos\left(\omega t - \frac{\pi(n_+ + n_-)l}{\lambda}\right)$$

$$E_y = E_{0x}\sin\frac{\pi l}{\lambda}(n_- - n_+)\cos\left(\omega t - \frac{\pi(n_+ + n_-)l}{\lambda}\right) \tag{4-46}$$

矢量 $\boldsymbol{E}$ 的振动方向相对于 X 转过一个角度

$$\alpha = \arctan\frac{E_y}{E_x} = \frac{\pi l}{\lambda}(n_- - n_+) \tag{4-47}$$

式中 α——法拉第旋转角。

如果考虑到在物体中光的吸收，即$\overleftrightarrow{\varepsilon}$和$\overleftrightarrow{\mu}$每个分量的组元都是复数，则从物体中射出的两个圆偏振光具有不同的振幅，是椭圆偏振光。

（3）科顿-冒顿效应。当作用于物质上的均匀磁场加在垂直于光传播的方向上时，发生与在光学晶体中类似的双折射现象。这就是科顿-冒顿（Cotton-Mouton）效应。

产生磁光双折射的原因是由于物质的介电常数及磁导率都是张量，入射光中振动方向与恒磁场平行的线偏振波和振动方向垂直于恒磁场的线偏振波具有不同的传播速度 $v_{/\!/}$ 及 $v_{\perp}$，亦即具有不同的折射率 $n_{/\!/}$ 及 $n_{\perp}$，而且它们与恒磁场的强度有关。这两个线偏振波的相位差与磁场强度的平方成正比：

$$\delta = \frac{2\pi l}{\lambda}(n_{/\!/} - n_{\perp}) \propto H^2 \tag{4-48}$$

一般情况下，若入射光为振动方向与恒磁场成$\frac{\pi}{4}$的线偏振光，则从物体中射出的光为一椭圆偏振光，其椭圆率及主轴方向与相关 δ 及这两束光的振幅衰减有关。

资料表明，法拉第效应与磁光双折射效应是光通过波磁化物体时产生的磁光效应。当线偏振光从波磁化的物体表面反射时，光的偏振光从被磁化的物体表面反射时，光的偏振面将发生旋转，磁化强度与线偏振面的相对位置有以下三种情况：（1）纵向效应；（2）横向效应；（3）极化效应。由于光的偏振面旋转方向与物体磁化强度的方向有关，其旋转角度与磁化强度成正比。于是可以利用克尔效应来观察磁性材料，特别是金属磁性材料的表面磁畴结构。

当光入射到被磁化的材料，或入射到外磁场作用下的物质表面时，其反射光的偏振面发生旋转的现象称为克尔效应，其所旋转的角度为克尔旋转角 θ_k。光盘就是利用了克尔效应而进行磁记录。

铁磁性材料的法拉第旋转角 θ_F 由下式表示

$$\theta_F = FL(M/M_s) \tag{4-49}$$

式中 F——法拉第旋转系数(°)/cm；

L——材料的长度；

M_s——饱和磁化强度；

M——沿入射光方向的磁化强度。

任何透明的物质都会产生法拉第效应，而已知的法拉第旋转系数大的磁性材料主要是稀土石榴石系材料。作为实用法拉第器件应满足的基本条件是：（1）法拉第系数要大，而与温度的相关性要小；（2）从透光性考虑，吸收系数 α 要小（F/α 要大），作为使用的标准，一般要求 $F/\alpha \geqslant 200$；（3）居里温度 T_c 应在室温以上；(4) 光学各向同性；(5) 对于铁磁性材料来说，其饱和磁化强度要小。

一些稀土元素掺入光学玻璃化合物晶体、合金薄膜等光学材料之中，会显现出强磁光效应。磁光的应用涉及激光、光电子学、光信息、激光陀螺、磁光盘等许多新技术领域。随着稀土磁光材料研究开发和应用向深度和广度发展，不断涌现出各种新的磁光器件。以 YIG（钇铁石榴石）单晶片，或掺 Bi 的稀土石榴石（如 $(TmBi)_3(FeGa)_5O_{12}$）单晶薄膜作为磁光介质可制成不同波长的磁光调制器。磁光调制器有广泛的应用，可用于红外检测器的斩波器、红外辐射高温计，高灵敏度偏振计，测距装置等各种光学检测和传输系统中。以稀土铋铁石榴石单晶薄膜为磁光介质可制成磁光传感器，用来检测磁场或电流的强弱及状态的变化，可用于高压网络的检测和监控，用于精密测量和遥控，遥测及自动控制系统。以 YIG 为磁光介质制成的磁光隔离器，能使正向传输的光无阻挡地通过，而将来自激光源等的杂散光全部阻挡。用稀土—铁族金属如 Tb-Fe-Co 非晶态薄膜作磁光存储介质可制成可读写的磁光盘。磁光盘兼有磁存储的可擦写、重现和光存储的高密度、非接触、长寿命的优点。利用近场光学原理实施磁光纳米存储，存储密度大幅度提高，可达到 $100Gb/in^2$。

有人研究了磁性液体复合体的磁光效应。磁性液体复合体是在磁性液体中加入适量的半径约为几个微米的非磁性小球而构成的系统，当复合体在外场下磁化时，非磁性小球将成为磁性液体中的“空穴”，即形成磁矩方向与磁性液体磁化方向相反的磁偶极子。小球之间，依赖于这些磁偶极子相互作用，在不同的磁场条件下，形成不同的排列结构。磁性液体的磁光特性包括法拉第效应、圆双色性、双折射效应和线二向色性。他们测量了磁性液体复合体的双折射效应和线二向色性，并与相应的磁性液体的结果做比较，得到了磁性液体复合体的这些效应与纯磁性液体有显著的差异。他们的研究结果表明，对于纯磁性液体而言，其中磁性颗粒 Fe_3O_4 在外磁场中的排列方向决定了纯磁性体的磁光效应。对于磁性液体复合体，其磁光效应是由非磁性的聚苯乙烯小球链与磁性颗粒链共同作用的结果。

4.7.3.2　*光磁效应及相应的材料*

在光辐射情况下，物质磁性会发生变化的现象称为光磁效应，亦称光诱导磁效应。光磁效应是磁光效应的一种逆效应。它包含有这样一些内容：(1) 光磁各向异性和光磁效应的可逆特性；(2) 光磁电流和光磁电阻；(3) 分子基磁体中的光磁效应及其形成机制。1967 年第一次报道在 Si∶YIG 中观察到光磁效应，之后又在其他许多材料，例如 $ErCrO_3$、掺 Ga 的 $CdCr_2Se_4$、$FeBO_3$、铁磁体/半导体混合物、普鲁士蓝类化合物、金属氰化物和其他一些掺杂磁性石榴石材料中陆续发现。有人总结不同光磁材料有一些共同的特性：首先，对于大多数光磁现象、磁性离子，即激活中心，可以处于物质中的不同价态。例如，在掺杂 YIG 中，如果掺的杂质是 Si，在这种材料中的激活中心是 Fe^{2+} 离子($Fe^{2+}\backslash Fe^{3+}$)，如果掺的杂质是 Ca 或者 Pb，则为 Fe^{4+} 离子($Fe^{4+}\backslash Fe^{3+}$)，如果掺的杂质是 Co 和 V，那么，其激活中心是 Co^{2+} 离子($Co^{2+}\backslash Co^{3+}$)。在这些材料中，首先，光吸收可以导致磁性离子与其他离子之间的电荷转移。电荷转移的结果可以使激活中心移动到其他位置上，或者引起激活中心浓度的变化，最终可以导致材料物理性质的变化。其次，在光诱导过程中，物体通常处于非平衡状态，这就是说，在上述各种现象中，光诱导电荷转移始终与热平衡处于竞争状态。光诱导电荷转移和热平衡都可以造成一个或多个方向上的电荷分布的变化，但光诱导电荷转移还可以增强或者加速自发变化过程。从中也可以看出，光磁效应始终与温度密切相关。迄今为止，观察光磁效应大都是在低温下进行的。第三，在磁性石榴石和 Ni-GaAs 等磁性半导体材料中，当光照的强度变化时，实验上已经观察到两种情况，一种是（磁性）对称性发生变化的情形，另一种是（磁性）对称性不发生变化的情形。在各向异性条件下光照物体时，例如，用线偏振光照射，或者当磁场加到物体的任意一个方向上并同时用非偏振光照射时，对称性可能会发生变化，此时可以观察到光诱导单轴各向异性、磁化强度换向、二向色性和应变等现象。光照过程中，有些光磁材料的磁导率、矫顽力、畴壁、磁滞回线和有关性质会发生变化或移动，这些属于对称性不变化的情形。目前光磁效应的研究着重在如下四个方面：一是继续探索光磁效应的来源；二是发现各种新的光磁效应；三是研制具有高居里温度 T_c 的光磁材料；四是开发具有实用价值的光磁功能材料。

4.7.4 液晶材料

被动式显示用发光材料是在电场等作用下不能发光，但能形成着色中心，再在可见光照射下能够着色从而显示出来。液晶是处于固态和液态之间具有一定有序性的有机物质，具有光电动态散射特性；它有多种液晶相态，例如胆甾相，各种近晶相，向列相等。根据其材料性质不同，各种相态的液晶材料大都已开发用于平板显示器件中，现已开发的有各种向列相液晶、聚合物分散液晶、双（多）稳态液晶、铁电液晶和反铁电液晶显示器等，其中开发最成功的、市场占有量最大、发展最快的是向列相液晶显示器。液晶显示（LCD）模式有很多，仅向列相显示就有 TN（扭曲向列相）模式、HTN（高扭曲向列相）模式、STN（超扭曲向列相）模式、TFT-AM（薄膜晶体管—有源矩阵）模式、PDLC（聚合物分散液晶）模式以及反射式双（多）稳态模式等，其中 TFT-AM 模式是近十年开发出来的也是发展最快的显示模式。

LCD 发展促使液晶材料的迅速发展。资料表明，显示用液晶材料是由多种小分子有机化合物组成的，这些小分子的主要结构特征是棒状分子结构。现已发展成很多种类，例如各种联苯腈、酯类、环己基（联）苯类，含氧杂环苯类、嘧啶环类、二苯乙炔类、乙基桥键类和烯端基类以及各种含氟苯环类等等。随着LCD的迅速发展，人们对开发和研究液晶材料的兴趣越来越大。近几年还研究开发出多氟或全氟芳环以及全氟端基液晶化合物。许多化学家们已合成出了性能优良的液晶材料。截至1998年，大约有7万~7.5万多个液晶化合物合成出来，并以每年3000~4000个新液晶化合物出现的速度向前发展，尤其是日本每年都有大量新液晶材料方面的专利文献出现，以满足各种显示器的使用要求，但真正只有四五千种液晶化合物具有实用价值，能用在LCD中。

液晶聚合物是介于固体结晶和液体之间的中间状态的聚合物，其分子排列的有序性虽不如固体结晶那样有序，但也不如液体那样无序，而是具有一定（一维或二维）的有序性。当加工这种聚合物时，如纺丝或注射成形时，其分子发生取向。这种分子取向一旦冷却，即被固定下来，具有不同寻常的力学性能。

液晶高分子当前的发展趋势是：降低成本；发展液晶高分子原位复合材料；开发新的成形加工技术和新品种；发展功能液晶高分子材料。

将液晶高分子与聚烯烃等热塑性材料熔融条件下复合，熔融状态下的共混物熔体在加工剪切应力下注射或挤出成形时，液晶微区取向成微纤维结构，并在制品冷却过程中被有效固定下来。液晶高分子起到增强和加工流动改性剂的作用，降低加工成本和加工能耗。

目前，关于热致液晶高分子的原位复合是液晶高分子复合领域的一大热点。具有高模量、高强度和优异的加工性能的热致液晶聚合物（TLCP）的出现，给高分子材料的发展注入了新的活力，TLCP与热塑性聚合物（TP）的原位复合成为一个新的课题。资料表明，原位复合是指在复合体系中起增强作用的增强相不是在加工前就有的，而是在加工过程中本体产生的。原位复合材料的加工实际上是对两种热塑性树脂组成的共混体的加工，它所采用的加工方法与通常加工热塑性树脂及其共混物合金的加工方法相同，对加工设备的要求也是相同的。与传统的玻璃纤维、碳纤维增强复合材料相比，TLCP原位复合具有以下几个特点：(1) 明显地降低体系的熔体黏度，从而降低能耗，提高效率，方便加工；(2) 材料具有可再加工性、可循环使用、可重复熔融和制作；(3) 可采用传统的加工设备成形，加工设备成本低，易于工业化生产液晶聚合物，在熔融加工过程中，刚性棒状分子容易沿受力方向取向形成足够长径比的微纤。一方面，这些微纤的直径小，比表面积大，可均匀地包络在基体中，形成增强骨架。这些骨架类似于混凝土中的钢筋，玻璃钢中的玻璃纤维，能像钢筋一样起承受应力和分散应力的作用。宏观纤维与树脂基体混合不均匀，而且相容性差，易分层，存在界面缺陷。从这层意义上，原位复合对基体的增强效果大大优于宏观纤维。另一方面，微纤可以是结晶聚合物的成核剂，诱发基体聚合物在微纤表面成核、生长，最后形成横穿晶。横穿晶的存在既有利于界面应力的分散、传递，又有利于共混体系整体强度的提高。

液晶高分子材料与热塑性高分子材料的复合，由于微纤的直径小，比表面积大，与基体接触面积大，增强效果显著，是应用于高技术领域的一类新材料，但是并非所有的复合体系都能够形成微纤结构，因此研究成纤的因素、成纤过程机理、液晶高分子结构和加工方法等对液晶高分子复合有影响的因素，成为液晶高分子复合材料研究领域所面临的热点。

4.7.5 着色复合材料

4.7.5.1 着色的成因

硅酸盐工业中，陶瓷、玻璃、搪瓷、水泥的使用中都离不开颜料，如玻璃工业中的彩色玻璃和物理脱色剂，搪瓷上用的彩色平均珐琅罩粉和水泥生产中的彩色水泥。陶瓷使用颜料的范围最广，色釉、色料和色坯中都要使用颜料。

低温颜料色彩丰富。高温颜料受到温度高的限制，因为高温下稳定的着色化合物不太多，故色彩比较单调。在陶瓷坯釉中起着色作用的有着色化合物（简单离子着色或复合离子着色）、胶体粒子，形成色心也能着色，但是色心的出现不是我们所希望的（如黏土中作为杂质的氧化钛）。用作陶瓷颜料的有分子（离子）着色剂与胶态着色剂两大类。其显色的原因和普通的颜料、染料一样，是由于着色剂对光的选择性吸收而引起选择性反射或选择性透射，从而显现颜色。

从本质上说，某种物质对光的选择性吸收，是吸收了连续光谱中特定波长的光量子，以激发吸收物质本身原子的电子跃迁。当然，在固体状态下，由于原子的相互作用、能级分裂，发射光谱谱线变宽。同样道理，吸收光谱的谱线也要加宽，成为吸收带或有较宽的吸收区域。这样，剩下的就是较窄的（即色调较纯的）反射或透射光。在分子着色剂中，主要起作用的是其中的离子，或是简单离子本身可着色，或是复合离子才可以着色。

4.7.5.2 类型

根据材料中离子的光吸收、价态等与电子层结构的关系，资料把常见离子大致划分为如下几种类型。

A 惰性气体阳离子着色剂

惰性气体阳离子电子层结构与周期表中邻近的惰性气体相似。这一类离子中的电子自旋总和等于零。量子力学表明，这类离子中电子状态比较稳定，因此需要较大的能量才能激发电子进上层轨道，可见光的能量不足以使其激发，这就需要吸收波长较短的量子来激发外层电子，因而造成了紫外区的选择性吸收，对可见光则无影响，因此往往是无色的。

B　过渡金属离子

化合物着色的最重要的来源是过渡族元素（V，Cr，Mn，Fe，Co，Ni）或稀土元素离子（钕、铒、钬等），它们或出现于固溶体中，或以晶体的固有阳离子存在。这些元素在电子占据轨道方面不同于主族元素。对于过渡族元素，主要涉及能量很相近的部分添满的3d 轨道（简并能级）。当 d 轨道上的电子数少时，按照洪德规则，过渡族元素的原子或离子中有许多未完全充满的能级，因而电子在 d 轨道能级间跃迁就有可能。但是在能级完全充满的情况下，则不存在这种可能性。如果未充满的 d 轨道（或 f）轨道间的能量间隔处在相当于可见光的能量范围内，因而电子在这些轨道间跃迁时吸收光子而产生带色的透射光。

过渡族原子或离子的电子结构及吸收可见光的变化除了单个离子和它的氧化状态以外，很大程度上取决于这些离子环境的变化。例如六个配位体的 Ti^{3+} 阳离子，Ti^{3+} 的 3d 轨道上有一个不成对的电子，即具有非键合电子组态。无外电场时，即孤立离子时，所有 5 个 3d 轨道上的能量实际上是等同的。当 Ti^{3+} 阳离子与 6 个配位体形成八面体络合物时，Ti^{3+} 的电子与配位体的 6 个负电荷出现静电相互作用。在晶体或玻璃体中，每个离子都发生极化，这对外层电子的能量分布有重大的影响。这些就是有助于在过渡元素中形成颜色的电子能级，同时这些材料的颜色显著地受配位数的变化和相邻离子的性质的影响。这些变化导致把颜色看成是由产生特定吸收效果的特殊的发色团——复杂离子所引起的。相反，依靠内部 f 壳层中的电子跃迁而着色的稀土元素则很少受环境变化的影响。

过渡元素的次外层有未成对的 d 电子，即具有 $d^x s^0 p^0$ 或 $d^{10} s^0 p^0$ 结构的离子，外层电子充满，次外层不饱和。其中 $x=1\sim5$ 或 $6\sim9$ 时，在 3d 亚层上都有未配对的电子，所以不稳定。电子跃迁所需要的能量 E_g 较小，可见光谱范围内的能量足够，故显色。当 $x=5$ 时，半充满，色弱；$x=0$、$x=10$ 时，全空，或全充满时，无色。

C　稀土元素（镧系元素）

镧系元素的第三外层含未成对的 f 电子，即具有 $f^x d^0 s^0 p^0$ 结构，在 4f 层有未充满（即不配对）的电子，所以也是着色离子。它们较不稳定，能量较高，需要较少的能量即可激发，故能选择吸收可见光。

D　外层具有 18 或 18 +2 电子的阳离子

这类离子极化率大，但从电子分布来看，每个轨道上也都有两个电子，所以相对较稳定，但不及惰性气体型离子。它们的特点是极化率大、变价，所以本身不着色。但其化合物在近紫外的光谱上有所吸收。这种离子易被还原，如 Au、Ag、Cu。

常见的例子是过渡元素 Co^{2+}，吸收橙、黄和部分绿光，呈带紫的蓝色；Cu^{2+} 吸收红、橙、黄及紫光，让蓝、绿光通过；Cr^{2+} 着黄色；Cr^{3+} 吸收橙、黄，着成鲜艳的紫色。锕系与镧系相同，系放射性元素，如铀 U^{6+}，吸收紫、蓝光，着成带绿荧光的黄绿色。复合离子如其中有显色的简单离子则会显色；如全为无色离子，但互作用强烈，产生较大的极化，也会由于轨道变形，而激发吸收可见光。如 V^{5+}，Cr^{6+}，Mn^{7+}，O^{2-} 均无色，但 VO_3^- 显黄色，CrO_4^{2-} 也呈黄色，MnO_4^- 显紫色。

复合离子如其中有显色的简单离子则会显色；如全为无色离子，但互作用强烈，产生较大的极化，也会由于轨道变形，而激发吸收可见光。如 V^{5+}，Cr^{6+}，Mn^{7+}，O^{2-} 均无色，但 VO_3^- 显黄色，CrO_4^{2-} 也呈黄色，MnO_4^- 呈紫色。化合物的颜色多取决于离子的颜色。离子有色则化合物必然有色。通常为使高温色料（如釉下彩料等）的颜色稳定，一般都将显色离子合成到人造矿物中去。最常见的是形成尖晶石 $AO \cdot B_2O_3$，这里 A 是二价离子，B 是三价离子。因此只要离子的尺寸合适，则二价三价离子均可固溶进去。由于堆积紧密，结构稳定，所制成的色料稳定度高，在基质中不溶解。一般用于 750 ~ 850℃ 温度范围内进行烧成的搪瓷中。此外，也有以钙钛矿型矿物为载体，把发色离子固溶进去而制成高温色料的。

限制色料的晶粒大小是很重要的，因为晶体和熔体对光的相对折射率不同，所以光散射在很大程度上依赖于着色晶粒的大小，通过该方法可以得到范围较为广泛的颜色。本方法只能用于低温着色涂层类。因为在高温下，许多着色晶体溶解于熔体中，因此，玻璃和瓷釉的着色是溶解的离子来获得。对于更高温度烧成的坯体，如 1000 ~ 1250℃，广泛应用 ZrO_2 和 $ZrSiO_4$ 作载体。这些色料提高了对抗玻璃相腐蚀的能力，在这些色料中所采用的掺杂剂有钒（蓝色）、镨（黄色）和铁（粉红色）。

E 胶态粒子着色剂

胶态着色剂最常见的有胶体金（红）、银（黄）、铜（红）以及硫硒化镉等几种。但金属与非金属胶体粒子有完全不同的表现。金属胶体粒子的着色是由于胶体粒子对光的散射而引起选择性吸收引起的，决定于粒子的大小。而非金属胶体粒子的着色主要决定于它的化学组成，粒子尺寸的影响很小。如硫硒化镉胶粒的着色有两种观点，一种是与 CdS、CdSe 的半导特性有关。根据半导体的能带理论，硒原子中满带的电子比硫原子容易激发到导带。所以在基体中形成的 $CdS_x \cdot CdSe_{(1-x)}$ 微晶体的禁带宽度随 CdSe 相对含量的增大而逐渐下降，导致其吸收极限逐渐向长波方向移动，颜色由黄到橙、红、深红转变，这一观点在国际上受到重视。另一观点是光吸收都是由于一定能量的光激发阴离子（O^{2-}，S^{2-}，Se^{2-}，Te^{2-}）上的价电子到激发态所致。它们的亲电子势的大小为 $O^{2-} > S^{2-} > Se^{2-} > Te^{2-}$，故能量较小的光就能激发它们的价电子到激发态，使其短波极限进入可见光区，而导致着色。短波极限波长的位置随它们的亲电子势减小逐渐向长波转移。因此随着 CdS/CdSe 比值的减小，吸收波向长波方向移动。

有人以胶态金属的水溶液做实验，$d \approx 20 \sim 50$nm 时，是强烈的红色。这是最好的粒度。当 $d < 20$nm 时，溶液逐渐变成接近金盐溶液的弱黄色，而 $d \approx 50 \sim 100$nm 时，则依次从红变到紫红再变到蓝色，$d \approx 100 \sim 150$nm 时，透射呈蓝色，反射呈棕色，以接近金的颜色。说明这时已经形成晶态金的颗粒。因此，以金属胶态着色剂着色的玻璃和釉，它的色调决定于胶体粒子的大小，而颜色的深浅则决定于粒子的浓度。但在非金属胶态溶液，如金属硫化物中，则颗粒尺寸的增大对颜色的影响很小，而当粒子尺寸达到100nm 或以上时，溶液开始浑浊，但颜色仍然不变。在玻璃中的情况也完全相同，最好的例子就是以硫硒化铬胶体着色的著名的硒红宝石，总能得到色调相同、颜色鲜艳的大红玻璃。但当颗粒的尺寸增大至100nm 或以上时，玻璃开始失去透明。通常含胶态着色剂的玻璃要在较低的温度下以一定的制度进行热处理显色，使胶体粒子形成所需要的大小和数量，才能出现预期的颜色。假如冷却太快，则制品将是无色的，必须经过再一次的热处理，方能显现出应有的颜色。

4.7.5.3　影响色料颜色的因素

资料表明，陶瓷坯釉、色料等的颜色，除主要决定于高温下形成的着色化合物的颜色外，还与下列因素有关。加入的某些无色化合物如 ZnO，Al_2O_3 等对色调的改变也有作用。烧成温度的高低，通常制品只有正烧的条件下才能得到预期的颜色效果，生烧往往颜色浅淡，而过烧则颜色昏暗。成套餐具、成套彩色卫生洁具、锦砖等产品出现的色差，往往是烧成时的温差引起的。这种色差会影响配套。气氛对色料颜色的关系很大。某些色料应在规定的气氛下才能产生指定的色调，否则将变成另外的颜色。如钧红釉是我国一种著名的传统铜红釉，在强还原气氛下烧成，便能获得由于金属铜胶体粒子析出而着成的红色。但控制不好，还原不够或重新氧化，偶尔也会出现红蓝相间，杂以多种中间色调的“窑变”制品，绚丽斑斓，异彩多姿，其装饰效果反而超过原来单纯的红色。温度的高低反而对颜料所显颜色的色调影响不大，但与浓淡、深浅则直接有关。

4.8　声学功能复合材料

4.8.1　隔声复合材料

4.8.1.1　噪声和材料隔声原理

A　噪声污染

噪声是干扰人类生活和工作的声音。噪声污染是当代环境保护中主要问题之一。噪声污染的防治与控制已成为目前全球关注的亟待解决的一个重大课题。为了有效地防治噪声及控制噪声，应考虑由声源、传播途径和接受者三个环节组成的声学系统。由于第一和第三个环节属于客观存在，所以人们主要着重于噪声的传播途径及其防治与控制方面的研究。噪声还可以用声强级、声功率级来描述。

响度级是根据人耳听觉特性而提出的一种评定环境噪声的方法。通常人耳听到的声频范围在 20 ~ 20000Hz，高于 20kHz 则为超声，低于 20Hz 的称为次声。人耳对声音的感受不仅和声压有关，也和频率有关，声压级相同而频率不同的声音，听起来高频音要比低频音响得多。如果所测声音与基准声——频率为 1000Hz 的纯音对比，听起来同样的响，则此基准声的声压级（dB），就称为该所测声音的响度级，其单位为方（phon）。按此与基准声对比的方法，可以得到整个可测范围的纯音响度级。

B 隔声

目前，常用的控制噪声的方法是吸声和隔声，即：（1）采取吸声材料、吸声结构降低反射引起的混响声，从而达到控制噪声的目的；（2）利用隔声材料制成隔声装置把噪声与其他环境隔离开以达到噪声的防治及控制。所谓隔声就是利用隔声材料或隔声结构隔离或阻挡声能的传播，把噪声源引起的吵闹环境限制在局部区域内或者在吵闹的环境中营造出一个安静的场所。

实际上，隔声也包括吸声部分，即吸声的同时有利于隔声。材料的吸声原理主要是通过声波在材料中传播引起黏性流动损失及材料的分子间相对运动引起的内摩擦将声能转化成热能散失掉，从而达到吸声和隔声效果。但是，隔声原理与吸声原理是不同的：隔声是另一环境相对噪声源环境而言的，而吸声则是对同一环境而言的。当声波入射到隔声材料上，一部分声波被材料吸收，一部分被反射出去。

图 4-13 为隔声示意图，若把入射声波的能量定义为 E_0、透射声能为 E_1、反射声能为 E_r、吸收声能为 E_a，则隔声效果的好坏可以用透射声能 E_1，与入射声能 E_0 之比即透射系数 τ_1 来表示：

$$\tau_1 = \frac{E_1}{E_0} = \frac{E_0 - E_r - E_a}{E_0} \tag{4-50}$$

式中，E_a，E_0，E_r 的单位均为 J。从式 4-50 可知，材料的吸收声能 E_a 越大，则透射系数 τ 将越小，从而隔声效果会相应提高。当然，就隔声材料而言，若反射声能 E_r 越大，则透射系数 τ 越小，越有利于隔声。由此可见，隔声与吸声的要求及机理都是不

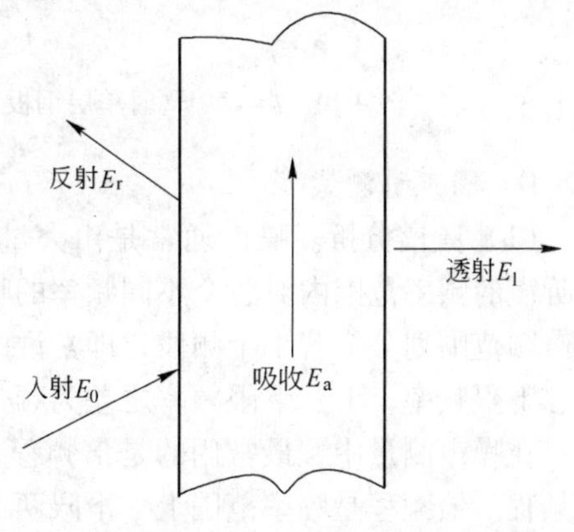

图 4-13 隔声示意图

同的。

C 单层均质的隔声度量

理论分析和试验研究表明，单层均质的隔声构件（砖墙、金属板、木板等）其隔声性能主要是随着构件的面密度和声波的频率不同而变化的。对于单相均质材料，其隔声效果服从质量定律。通常，可用经验公式估算隔声量（R）

$$R = 18\lg\rho + 12\lg f - 25 \tag{4-51}$$

式中 R——隔声量；

ρ——隔声构件的面密度；

f——入射声波的频率。

图 4-14 是资料显示的是当 $f = 250\text{Hz}$ 时，单层钢板和木板的隔声量与面密度的关系。从图 4-14 可看出，对于木板而言，隔声量随着面密度的增加而迅速提高；而钢板的隔声量随面密度增加的幅度小于前者，尤其是当面密度大于 25kg/m^2 后，隔声量对面密度的依赖性明显减弱。在传统隔声工程中，通常采用高密度材料和大厚度构件来提高隔声效果，但给实际应用带来许多不便，且造价昂贵。

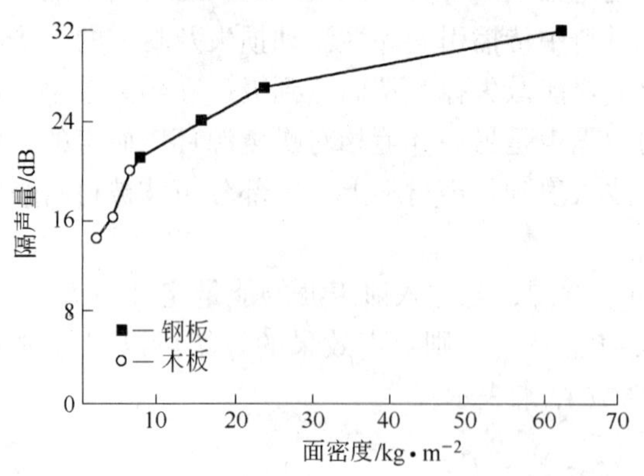

图 4-14 $f = 250\text{Hz}$ 时单层钢板和木板的隔声量与面密度的关系

D 隔声量测试

（1）频谱分析。噪声通常是由大量不同频率的声音复合而成，要想在人耳可听声的频率范围内对各个不同频率的噪声逐一进行测量很困难，在实用上，常把声频范围划分为若干个频段，即常说的频段或频程。每个频程各有中心频率和上、下限频率，上、下限频率之差为频带宽度。

在噪声测量中，最常用的是倍频程（中心频率和频率范围见表 4-9）和 1/3 倍频程。倍频程是频率范围上、下限两个频率之比为 2∶1 的频程，1/3 倍频程是把上述一个频程再分成 3 份后得到的更详细的频程。以所选用的倍频程或 1/3 倍频程的中心频率为横坐标，以声压级（或声强级、声功率级）为纵坐标，作出噪声测量图形，即频谱图，可了解频带声压级在不同频率范围内的分布情况，并据此判断出噪声的成分和性质，这就是频谱分析。

表 4-9 倍频程频率范围

中心频率	31.5	63	125	250	500	1000	2000	4000	8000	16
频率范围	22~45	45~90	90~180	180~355	355~710	710~1400	1400~2800	2800~5600	5600~11200	112

（2）隔声量。隔声试验按照《建筑隔声测量规范》设计，使用混响室法测试层和复合材料的隔声量。隔声实验室为两相连的混响室，声源室内放置扬声器，体积取 $60m^3$，受声室体积取 $50m^3$，测试层合复合材料板的隔声量时，选取上述试件的尺寸为 1.5m×2.4m 的矩形板（相当于声源室与受声室之间的连通面积），将试件固定于声源室和受声室之间。假设稳态均匀，测得声源室声压级为 P_a，受声室声压级为 P_b，试件面积为 S，受声室的吸声量为 A，则试件的隔声量 R 为

$$R = P_a - P_b + 10\lg\frac{S}{A} \tag{4-52}$$

测试系统如图 4-15 所示，其中测点 1~4 布置在受声室内。资料表明，测试系统成直线等间距排列，相邻测点相距 50cm，测点与试件之间垂直距离为 120cm，传声器距地面高度为 100cm。测点 5~8 布置在声源室内，其中测点 5 位于试件的中垂面上并距试件 120cm，其他 3 个测点均匀分布在距测点 5 为 50cm 的圆周上。同样，声源室的 4 个测点距地面的高度也为 100cm。

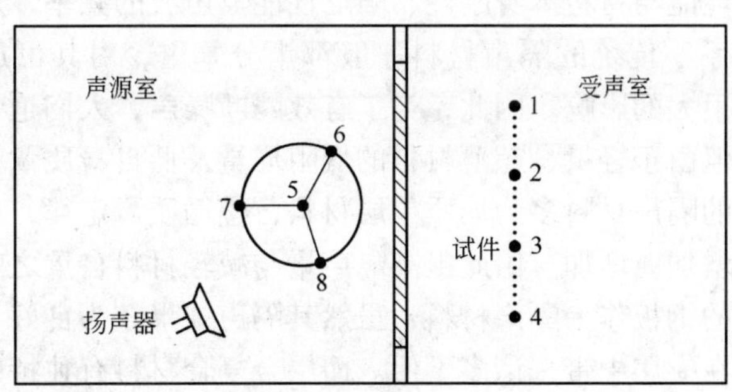

图 4-15 隔声的测试系统

测试系统的输入部分构成是：由信号发生器产生一噪声信号，经倍频程滤波器，通过功率放大器放大后，送入扬声器激励声源室声场；输出部分的构成是：从各传声器输出的信号送入八通道信号分析仪，实时分析并记录。系统测试前首先测试了本底噪声，测试结果表明信噪比超过 20dB。满足了测试要求。

4.8.1.2　隔声和吸声作用复合材料

A　多层板复合材料

a　多层壁的隔声度量

当采用隔声罩和隔声室等隔声设施时，比较方便的方法是用插入损失（*IL*）来表示其隔声效果，它较易于现场测试，插入损失是指录得的置于隔声罩（室）内的噪声源的声级，与隔声罩（室）外侧某一位置上的声级之差，其表达式为

$$TL = 10\lg(1 + \alpha 10^{0.1TL}) \tag{4-53}$$

式中，*TL* 为插入损失；α 为内壁材料的吸声系数。由式 4-53 可知，要得到一个大的插入损失，则需要一个大的吸声系数。

声波在消声片内传输的模型在采用阻性片式消声结构时，消声片的结构和材料对声波的传输影响很大。声波通过片式消声结构时，不仅在片间传输，同时也在片内传输。由于声波遇到板片会反射，板片的声阻抗要远远大于空气或吸声材料的声阻抗，这种阻抗相差越大，反射的声能就越多。根据边界上的声压和质点运动速度的连续条件，列出连续方程组，并可解出声强的透射系数 τ_1 为

$$\tau_1 = 1/[1 + 0.25(R_2^2/R_1^2)\sin K_2 L] \tag{4-54}$$

因而传声损失 *TL* 为

$$TL = 10\lg(1/\tau_1) \tag{4-55}$$

式中，R_1，R_2 分别为第一和第二种介质的声阻抗，等于介质的密度与介质中声速的乘积。

b　层状复合材料的隔声结构

材料的隔声性能与材料本身刚性、阻尼性能及声波的频率、声源的位置和性质等有很大的关系。传统的隔声材料一般都十分笨重，对其可加工性、使用范围、成本等都有很大的影响。因此，为了有效隔断噪声，人们迫切期待轻量、超薄的隔声材料。但由于轻量、超薄材料的低阻尼量及低自身质量，又会使其隔声性能下降。传统的隔声材料多为均质单层材料，遵循质量定律，单层材料的隔声量随其面密度的增加而增加。由此提高隔声量与减轻材料自重之间总是存在着冲突。譬如说常用的钢板作为隔声材料，虽然其隔声效果较为良好，但由于其有很大的密度，所以在应用中带来诸多不便。而层合复合材料有独特的力学和阻尼性能，能够突破质量定律，而能够形成质量轻、降噪性能良好的隔声材料。多层复合板隔声结构利用声波在不同介质的多个分界面上产生反射的原理，只要面层与弹性层选择得当，在获得同样隔声量的情况下，其结构比单层均质板结构要轻得多。

有人采用轻质复合结构是用金属或非金属的坚实薄板作面层，内侧覆盖阻尼层或夹入吸声材料或空气层等组成。因分层材料阻抗各不相同，即阻抗不相匹

配，故声波在分层界面上将产生反射。阻抗相差越大，反射声能也越多。此外，这种复合结构的弯曲劲度随频率而变化，随频率的增高，弯曲劲度会变小，使临界吻合频率相应提高，因而提高隔声能力。这不仅对隔声技术是有利的，同样用在消声结构中也是有效的。

资料表明，轻质复合结构是由几层轻薄以及密度不同的材料组成的隔声构件。这种结构因质轻且隔声性能良好，被广泛应用于噪声控制中。轻质复合结构是用金属或非金属的坚实薄板作面层，内侧覆盖阻尼层或夹入吸声材料或空气层等组成。

B 压电吸声复合材料

压电导电复合材料是将压电材料、导电材料复合于聚合物基体材料中，并构成导电回路。当入射声波作用于该材料时会使材料产生相应的振动，其中的压电材料产生相应的极化电荷（电场），在导电回路中产生电流并以热的形式输出。振动越强，产生的电场越强，发热也越多。通过上述能量的传递与转换，达到吸声耗能的效果。

钛酸钡是首先发展起来的压电陶瓷。由于它的机电耦合系数较高，化学性质稳定，有较大的工作温度范围。因而应用广泛。早在20世纪40年代末已在拾音器、换能器、滤波器等方面得到应用，后来的大量试验工作是掺杂改性，以改变其居里点，提高温度稳定性。钛酸铅的结构与钛酸钡相类似，其居里温度为495℃，居里温度下为四方晶系。其压电性能较低，纯钛酸铅陶瓷很难烧结，当冷却通过居里点时，就会碎裂成为粉末，因此目前测量只能用不纯的样品。少量添加物可抑制开裂。例如含 Nb^{5+} 4%（原子）的材料，d_{33} 可达 40×10^{-12} C/N。锆酸铅为反铁电体，具有双电滞回线。居里温度230℃，居里点以下为斜方晶系。在以后的介绍中将会看到，$PbTiO_3$ 和 $PbZrO_3$ 的固溶体陶瓷具有优良的压电性能。20世纪60年代以来，人们对复合钙钛矿型化合物进行了系统的研究，这对压电材料的发展起了积极作用。PZT为二元系压电陶瓷，$Pb(Ti,Zr)O_3$ 压电陶瓷在四方晶相（富钛边）和菱形晶相（富锆一边）的相界附近，其耦合系数和介电常数是最高的。这是因为在相界附近，极化时更容易重新取向。相界大约在 $Pb(Ti_{0.465}Zr_{0.535})O_3$。的地方，其组成的机电耦合系数 k_{33} 可到0.6，d_{33} 可到 200×10^{-12} C/N。为了满足不同的使用要求，在PZT中添加某些元素，可达到改性的目的，比如添加物La，Nd，Bi，Nb等，属“软性”添加物，它们可使陶瓷弹性柔顺常数增高，矫顽场降低，k_p 增大；添加物Fe，Co，Mn，Ni等，属“硬性”添加物，它们可使陶瓷性能向“硬”的方面变化，即矫顽场增大，k_p 下降，同时介质损耗降低。为了进一步改性，在PZT陶瓷中掺入铌镁酸铅制成三元系压电陶瓷（简称PCM）。该三元系陶瓷具有可以广泛调节压电性能的特点。其他还有钨青铜型、含铋层状化合物、焦绿石型和钛铁矿型等非钙钛矿压电材料。这些材料具有很大的潜力。此外硫化镉、氧化锌、氮化铝等压电半导体薄膜也得到了研究与发展，20 世纪 70 年代以来，为了满足光电子学发展需要又研制出掺镧锆钛酸铅（PLZT）透明铁电陶瓷，用它制成各种光电器件。

颗粒填充型压电导电复合材料已经被广泛地研究。有人以聚氯乙烯为基体材料，以锆钛酸铅为压电相，以炭黑为导电相制备了一种新型压电吸声复合材料，分析讨论了导电相的加入对复合材料性能的影响，以期为压电吸声材料的研究和应用提供试验依据。图 4-16 为他们的研究结果。从图 4-16a 可以看出，压电材料经电场极化后的吸声系数大于其极化前的数值，表明压电性能对吸声性能起促进作用。图 4-16b 表示极化后，CB 含量对复合材料体系吸声性能的影响。从图中可以看出，吸声系数随炭黑含量先增大后减小，在 125 ~ 500Hz 的中低频率段里，炭黑含量 4% 的复合材料吸声系数最高；大于 500Hz 后，复合材料体系的吸声系数趋于一致。由于复合材料被极化后，压电相 PZT 具有了压电活性，对声波振动刺激产生的响应增强，而中低频处接近高分子基体的共振频率，因此引起的形变易将一部分机械能转变为电能。当导电相含量较低时，无法及时导出压电颗粒产生的电荷（相当于断路）；当导电相含量较高时，虽然容易导出电荷（相当于短路），但这时产生的电能并没有消失，而不可避免地产生逆压电效应和二次压电效应，导致了压电吸声性能的下降。虽然具有一定黏弹阻尼性能的高分子基体最终将电能通过摩擦转变为热能，但能量转换效率很低。因此只有当导电相含量适当时，复合材料内形成了一定的导电网络，但又未完全导通，产生的电能才能通过具有一定阻尼网络迅速转换成热能而消耗掉，有利于压电合材料的吸声性能。

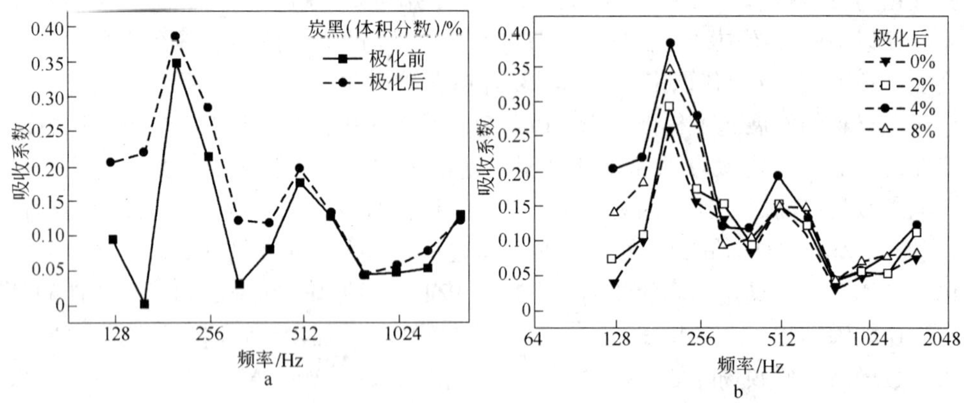

图 4-16　导电相的加入对复合材料性能的影响

对于聚合物压电吸声材料，当受到外界声波作用时，主要有 3 个耗能途径：（1）通过高分子黏弹性产生的力学损耗作用，将振动能转变为热能，即内阻尼；

(2) 通过聚合物与压电材料、导电材料的相互摩擦消耗一部分能量，并转化成热能；(3) 通过压电阻尼效应，将机械能转化为电能，电能再由导电材料转化为热能。

C 泡体复合材料

由于泡沫金属是一种多孔结构材料，当声波传入泡沫金属的孔中时，会引起孔骨架的振动，从而将声能转变为机械能，最后转化为热能，并以热的形式释放出来，从而降低声波的传播能量；其次孔内的空气在声波作用下产生周期性的振动而与孔壁摩擦，形成摩擦热也可以消耗一部分声波传播能量；另外，孔道中的空气在声波的作用下还会发生压缩-膨胀形变，在此过程中也有一部分声能变为热能，这种能量转换是不可逆的，对消声也起重要作用。同时由于泡沫材料具有的特殊结构，使其具有改变声源特性的功效，可以使难以消除的中低频段噪声峰值移向高频段，这些特征均为采用常规手段进一步降低气流噪声提供了有利条件。由此看来泡沫金属具有很高的吸声能力，吸声效率可高达 90% 以上。泡沫金属对声波的吸收能力受孔结构的影响较大，而且不同孔结构的泡沫金属对不同频率的声波吸收能力不同。孔径越多吸声性越好，孔径越小吸收效率越高。最小孔径的泡沫镍对声波有最好的吸收能力，而对于泡沫铝来讲，频率在 1 ~ 3kHz 区间的声波能够被较大幅度地吸收。

与其他的消声材料相比，泡沫金属具有其他材料无法比拟的优良性能。一是泡沫金属材料可耐高达 780℃的高温，且受热时也不会释放有毒物质，非常有利于环境保护；二是它的刚性相当大，可制成独立的消声板材；三是不受潮，不易污染，即可恢复原貌；四是回收再生性强，对资源的有效利用与保护环境极为有利，且由于它是一种超轻型材料，便于运输和施工与装配。利用这些性能特点可以制作各种环保消声材料，如工厂防声墙、音响室等需要降低噪声的场合使用的材料。

按照现代声学理论的声学晶体吸隔声原理，在聚合物基体中，周期性分布功能粒子（微共振单元），能完全反射某一频段声波。如果在声学晶体中引入多种共振单元，甚至可以屏蔽人类可感知的所有噪声。聚合物基泡体复合材料是使用空心玻璃微珠填充树脂复合而成，由于空心玻璃微珠密度小、强度高等特点使聚合物在各种性能得到了很大的提高，聚合物基泡体复合材料的优越隔声性能也主要与该材料的组成和结构有着密切的关系。虽然聚合物基复合材料的隔声机理较为复杂，影响因素也较多，但仍可根据其结构特点就声波在材料内部传播的入射、散射、折射、衍射等几个方面进行分析探讨，从而定性地评价其隔声性能。一般说来，入射的声波在材料的内部将发生反射、散射、折射和衍射。对于聚合物基复合材料，由于树脂基体与填充料之间密度的差异，当声波遇到填充颗粒时将发生多次折射及散射使得传播路径增大、声能消耗将增多；同时，声波在树脂基体中传播碰到这些颗粒时相当于遇到障碍物，必须绕过填充颗粒发生衍射，从而也使声波的传播路径加长而消耗掉声能。对于聚合物基泡体复合材料，泡体内的气体增加了材料的吸声效果，从而改善了复合材料的隔声性能。另一方面，当在树脂中加入填充物后，限制了树脂大分子链的运动。应变、应力的增加相对滞后，材料的模量和黏度明显地提高，其介质损耗和玻璃化转变温度也相应地发生改变。当声波入射时，在材料中传播要克服更大的阻力，使得声能消耗越大，达到吸声的效果。

有人选用空心玻球、蛭石粉、粉末橡胶、有机蒙脱土和铅粉作为可供选择的功能粒子，与聚氨酯杂化复合以研制杂化复合型声学材料，并对其泡孔结构和性能进行了研究，如图 4-17 至图 4-21 所示。图 4-17 吸隔声性能的测定结果表明，当泡沫厚度为 25mm 时，在 125 ~ 4000Hz 范围内的平均吸声系数为 0. 12、平均隔

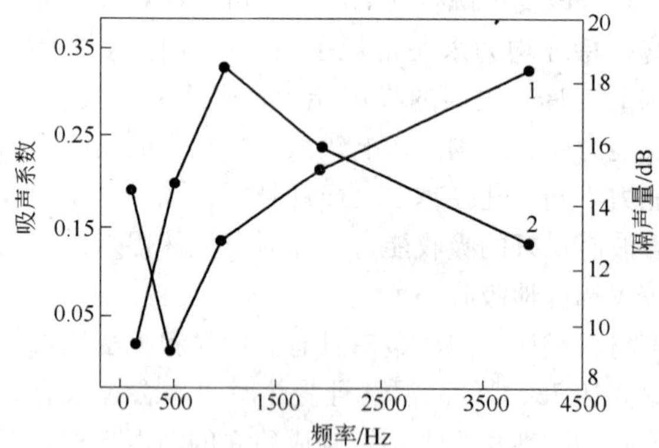

图 4-17　空心玻球/PU 复合泡沫的吸隔声性能
1—隔声量；2—吸声系数

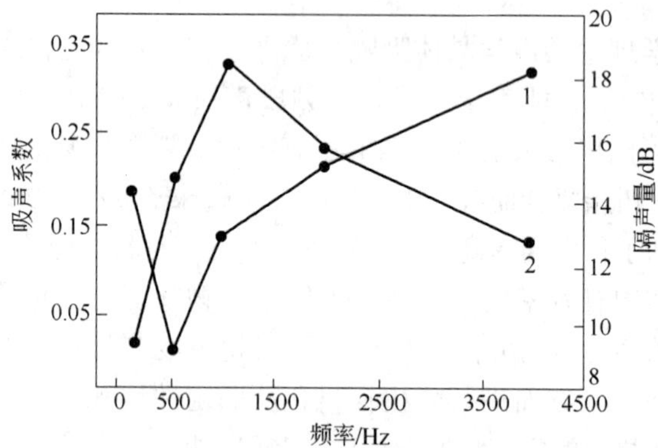

图 4-18　蛭石粉/PU 复合泡沫的吸隔声性能
1—隔声量；2—吸声系数

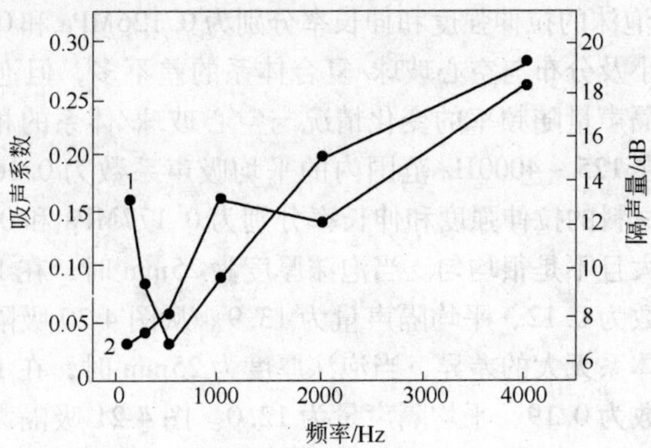

图 4-19 粉末橡胶/PU 复合泡沫的吸隔声性能

1—隔声量；2—吸声系数

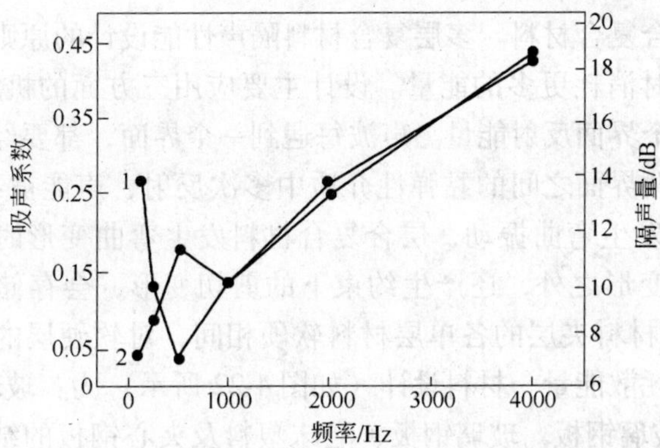

图 4-20 有机蒙脱土/PU 复合泡沫的吸隔声性能

1—隔声量；2—吸声系数

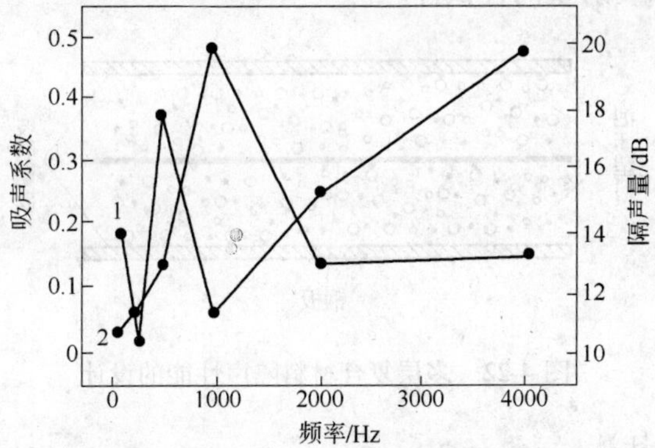

图 4-21 铅粉/PU 复合泡沫的吸隔声性能

1—隔声量；2—吸声系数

声量为13.0。且泡沫的拉伸强度和伸长率分别为0.126MPa和0.56%。由图4-18可知，其泡孔大小及分布与空心玻球/复合体系的差不多，但泡孔几乎都呈圆形的。吸声系数和隔声量随频率的变化情况与空心玻球/体系的相类似。当泡沫厚度为25mm时，在125～4000Hz范围内的平均吸声系数为0.16，平均隔声量为13.6。同时测得材料的拉伸强度和伸长率分别为0.177MPa和0.19%。由图4-19可知，泡孔较粗大且不是很均匀。当泡沫厚度为25mm时，在125～4000Hz范围内的平均吸声系数为0.12，平均隔声量为13.9。从图4-20吸隔声性能的测定结果来看，与其他体系无大的差异，当泡沫厚度为25mm时，在125～4000Hz范围内的平均吸声系数为0.19，平均隔声量为12.0。图4-21吸隔声性能测试结果表明，泡沫材料厚度为25mm的样品，在125～4000Hz范围内时的平均吸声系数为0.16，平均隔声量为13.0。

D　颗粒层合复合材料

一种新型层合复合材料。多层复合材料隔声性能设计的原则是尽力设法使声波穿过复合材料时消耗更多的能量。设计主要应用三方面的机理：（1）利用层合复合材料的多个界面反射能量。声波每遇到一个界面，都要经历一次反射和透射。反射波又在两界面之间的黏弹性介质中多次反射，声能被黏弹性材料吸收。（2）声波使材料发生弯曲振动，层合复合材料发生弯曲变形时，芯层材料除了发生拉伸和压缩变形之外，还产生约束下的剪切变形，会存储和耗散更多的能量。（3）使复合材料夹层的各单层材料软硬相间，对软硬层的模量进行优化匹配以消除共振、耗散能量。材料设计（如图4-22所示）为：玻璃钢板-泡沫塑料-钢板-泡沫塑料-玻璃钢板。玻璃钢板、泡沫塑料及夹心钢板的结合既可以采取黏结方式，也可以直接在泡沫塑料上喷射成形面板。其中直接在泡沫上喷射成形会增大树脂向泡沫孔隙中的渗透量而使泡沫密度增大。我们根据不同的结合方式分别制作了黏结型和喷射型两种试件。

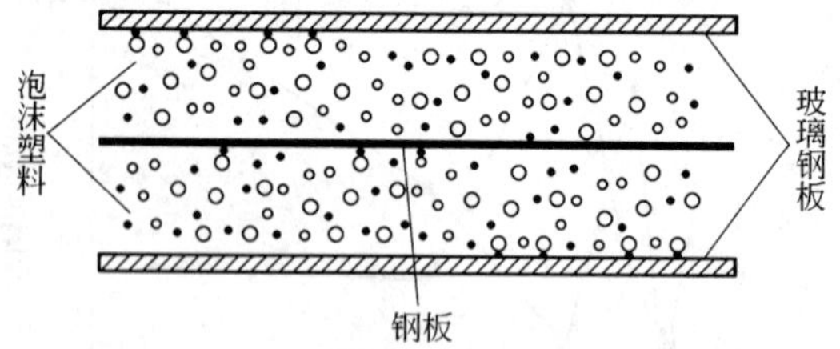

图4-22　多层复合材料隔声性能的设计

E　晶须复合材料

有人研究$SiC_w/6061Al$复合材料中的超声波衰减系数，如图4-23所示。从图4-23可以看出，$SiC_w/6061Al$复合材料中的超声波衰减系数随SiC_w体积分数的增

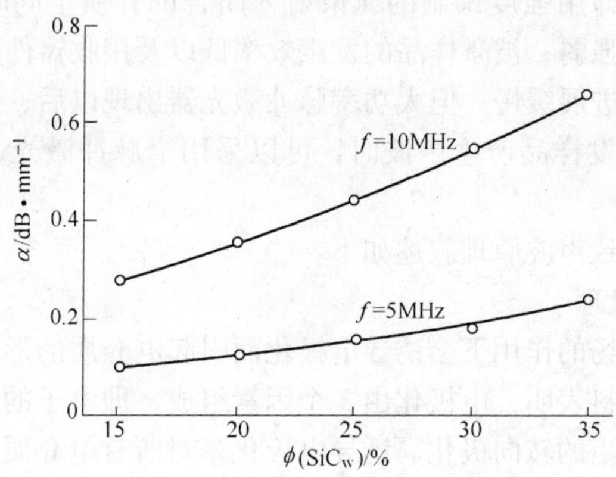

图 4-23 超声波衰减系数 α 与 SiC_w 体积分数的关系

加而增大。超声波衰减系数的这种变化规律，与复合材料中增强体与基体之间存在的界面有关。

随着增强体的体积分数增加，复合材料中的界面增多，导致超声波的散射系数增大。另外，复合材料通常在高温下制备，在材料冷却的过程中因增强体与基体线膨胀系数不同，在增强体与基体之间的界面附近造成较大的热错配应力，其中部分应力被松弛，并产生高密度位错，增大了超声波的吸收系数。复合材料中增强体的体积分数越高，增强体与基体的热错配应力越大。界面附近的位错密度越高，超声波的吸收系数越大。复合材料中超声波的散射系数及吸收系数增大，也就是其衰减系数增大。

4.8.2 光声效应和声光效应复合材料

4.8.2.1 光声效应复合材料

A 光声效应原理

当物质受到光照射时，物质因吸收光能而受激发，然后通过非辐射消除激发的过程使吸收的光能（全部或部分）转变为热。资料表明，如果照射的光束经过周期性的强度调制，则在物质内产生周期性的温度变化，使这部分物质及其邻近媒质热胀冷缩而产生应力（或压力）的周期性变化，因而产生声信号，此种信号称光声信号。光声信号的频率与光调制频率相同，其强度和相位则决定于物质的光学、热学、弹性和几何的特性。光声信号可以用传声器或压电换能器进行接收，前者适用于检测密闭容器内的气体或固体样品产生的声频光声信号；后者还可适用于检测液体或固体样品的光声信号，检测频率可以从声频扩展到微波频段。光致声波是近几年来发展起来的产生声波的一种新技术。在 20 世纪末，有人发现光声效应，即用强度调制的光束射入闭合的介质空间时会产生声波的效应。早期激发的光强弱，被激样品的发声效率低以及接收器件的灵敏度低等多种原因，使这项技术进展缓慢。但大功率脉冲激光器出现以后，形成了激光超声技术。由于用激光激发样品产生声波时，可以采用窄脉冲激光，所以声波也是窄脉冲。

资料总结的光致声波原理叙述如下。

a　电致伸缩机理

电介质在外电场的作用下会诱导电极化而引起电介质的形变，这种现象称为电致伸缩效应。资料表明，电极化由3个因素组成，即电子的位移极化、离子的位移极化和固有电矩的转向极化。诱导电极化是对所有电介质而言，即无论是晶态物质还是非晶态物质，也无论是中心对称性的晶体还是极性体乃至液体，它们都具有电致伸缩效应。光波是电磁波，而且是波长极短的电磁波。介质在强光能量的作用下，诱导电极化引起形变产生声波，其形变与电极化强度平方成比例。一般情况下，由于电极化强度很小，因此电致伸缩效应引起的形变是微小的。

b　热膨胀机理

光致声波的效率一般非常低。资料表明，为了获取较高的声能，大多采用脉冲宽度极窄的高能量密度光束入射介质。对于不透明介质，在脉冲光照下，部分光能被浅表层吸收，一部分被反射。吸收光能的浅表部分，温度上升，随之这部分介质发生膨胀，受热膨胀后介质发生形变。其形变的大小与入射到介质上的光能量成正比。由于入射的光波是脉动的，浅表部分的周期性形变在周围介质中激发声波。激光射入样品，不仅能产生声波，而且样品在强激光作用下，在其周围几百微米范围内，由于样品局部很快受热膨胀产生冲击波，但这个冲击波随距离增大而急剧衰减成为声波。

c　气化发声机理

对于液体介质，吸收光能后产生热弹膨胀。若这时光能量继续增加，足以使介质中被光作用的区域内的温度达到沸点，直至气化。在气化的初级阶段为弱气化。资料表明，光能量再增加，被光作用的部分沸腾。形成气化的高级阶段，也称气化阶段。此时，介质的光辐照区聚集大量的蒸气，这些蒸气在脉动光源照射下产生涨缩形成声波。介质从受热膨胀到气化是一个相变过程。

d　介质的光击穿机理

介质的光击穿一般是对流体而言。当入射到液体中的光能量密度很高时，在液体中，在光束聚集的圆柱体内会发生光击穿。这时，在圆柱体内有微气泡，并且有发光的等离子体。这些等离子体吸收光能量，使腔体膨胀产生声波。介质的光击穿机理在四种发声机理中，是光声转换效率最高的一种。光在介质中产生声波，其声压振幅和介质的光吸收系数成正比。

e 热弹膨胀机理

材料在低强度激光照射下产生光声效应的主要机理是热弹膨胀。激光强度较高时，照射到固体材料表面，会产生蒸发、光击穿，从而产生等离子体。被蒸发的物质以一定的上升速度离开固体材料表面时所产生的反冲压力作用，以及在这个作用下所产生的脉冲声信号。

一维情况下光声信号所满足的波动方程为

$$\frac{\partial u(x,t)}{\partial x^2}=-\frac{1}{c_L}\frac{\partial u(x,t)}{\partial t^2} \tag{4-56}$$

式中 $u(x,t)$——材料质点的位移；

c_L——材料中纵波声速；

t——时间；

x——位置。

B 光声效应复合材料

复合材料界面吸收光转变热使界面部分物质发生相变产生反冲压力，形成声波。对激光入射来说，近乎透明，界面所受的反冲压力为

$$p_0=\frac{(\gamma-1)B_2B^{1/2}(1-\phi)q_0}{\gamma u^{1/2}}[B_1-\ln(\eta/\alpha_1)]^{1/2} \tag{4-57}$$

式中 γ——比热容；

ϕ——激光在金属表面的反射系数；

$\alpha_1=A/\rho_0$；

A——常数；

ρ_0——蒸气密度；

u——升华能；

q_0——激光功率密度；

η——转换效率。

4.8.2.2 声光效应复合材料

A 声光效应和声光晶体

除外加电场以外，晶体的折射率还可以由应变引起变化。如超声波在介质中传播时，将引起介质的弹性应变作时间上和空间上的周期性的变化，并且导致介质的折射率也发生相应的变化。当光束通过有超声波的介质后就会产生衍射现象，这就是声光效应。应变的作用是改变晶格的内部势能，这就使得约束弱的电子轨道的形状和尺寸发生变化，因而引起极化率及折射率的变化。应变对晶体折

射率的影响取决于应变轴的方向以及光学极化相对于晶轴的方向。

声光效应就是研究光通过声波扰动的介质时发生散射或衍射的现象。由于声光效应，当超声纵波以行波形式在介质中传播时会使介质折射率产生正弦或余弦规律变化，并随超声波一起传播，当激光通过此介质时，就会发生光的衍射，即声光衍射。衍射光的强度、频率、方向等都随着超声波场而变化。其中衍射光偏转角随超声波频率的变化现象称为声光偏转；衍射光强度随超声波功率而变化的现象称为声光调制。

当在晶体中激发一平面弹性波时，产生一种周期性的应变模式，其间距等于声波长。应变模式引起折射率的声光变化，它相当于体积衍射光栅。声光设备是根据光线以适当的角度入射到声光光栅时，发生部分衍射这一现象制成的。

根据物理学理论，设声光介质中的超声行波是沿 y 方向传播的平面纵波，其角频率为 ω，波长为 λ_s，波矢为 k_s。入射光为沿 x 方向传播的平面波，其角频率为 ω，在介质中的波长为 K，波矢为 k。介质内的弹性应变也以行波形式随声波一起传播。由于光速大约是声波的 10^5 倍，所以在光波通过的时间内介质在空间上的周期变化可看成是固定的。由于应变而引起的介质折射率的变化由下式决定

$$\Delta\left(\frac{1}{n^2}\right)PS \tag{4-58}$$

式中　n——介质折射率；

S——应变；

P——光弹系数。

通常，P 和 S 为二阶张量。当声波在各向同性介质中传播时，P 和 S 可作为标量处理，如前所述，应变也以行波形式传播，所以可写成

$$S = S_0\sin(\omega t - k_s y)$$

当应变较小时,折射率作为 y 和 t 的函数可写作：

$$n(y,t) = n_0 + \Delta n\sin(\omega t - k_s y) \tag{4-59}$$

式中　n_0——无超声波时的介质折射率；

Δn——声波折射率变化的幅值。

当超声波通过某些晶体时，晶体内会产生弹性应力，使晶体折射率发生周期性变化，形成超声光栅，光通过时就会发生衍射，此种晶体叫声光晶体。声光晶体的最大特点是光学和声学的各向异性。由于各向异性使声光晶体在声光效应中具有反常布拉格衍射效应，从而开发出宽带、快速的反常布拉格衍射声光调制器

和声光滤波器。声光晶体的各向异性，又使其可能在某些方向获得很小的声速和高的品质因子。此外，晶格的长程有序排列，又使声光晶体一般具有较小的声损耗，从而可以增大声光器件的带宽。常用的声光晶体有：（1）立方晶类声光晶体。主要有石榴石型晶体、BSO 和 BGO 晶体。一般有比较成熟的生长工艺，易于获得较大尺寸的单晶。其弹光系数小，品质因子较低，但其声光损耗小，可制作宽带的声光器件。（2）光学单轴声光晶体。一种应用最广的声光晶体，主要有二氧化碲、钼酸铅、氯化亚汞等。较容易生长，不易获得大尺寸，弹光系数较大，折射率和品质因子高。（3）光学双轴声光晶体。在这类设备中晶体的应用一般取决于压电耦合性、超声衰减以及各种声光系数。重要的声光晶体有 $LiNbO_3$、$LiTaO_3$、$PbNbO_3$ 以及 $PbMoO_5$。所有这些晶体的折射率都在 2.2 左右，而且在可见光区都是高度透明的。

利用声光晶体可以制作声光偏转器、声光调制器、声光滤波器等，声光器件在信息处理方面也有重要应用，如脉冲压缩、光学相关器和射频频谱分析等。金刚石是比较好的声光晶体，但因价格昂贵，使用较少。目前所用的声光晶体中最重要的是 TeO_2 和 $PbMoO_4$，激光打印机中用于偏转激光束的晶体使用的就是 TeO_2。TeO_2 晶体是一种具有高品质因数的声光材料。有良好的双折射和旋光性能，沿［110］方向传播的声速慢；若在相同通光孔径下，用 TeO_2 单晶制作的声光器件的分辨率可有数量级的提高，响应速度快，驱动功率小，衍射效率高，性能稳定可靠等优点。它是制作声光偏转器、调制器、谐振器、可调滤光器等各类声光器件的理想单晶材料。TeO_2 可制成各种声光器件，如声光偏转器、声光调 Q 开关、声表面波器件等，从而把这些晶体广泛地用于激光雷达、电视及大屏幕显示器的扫描、光子计算机的光存储器及激光通信等方面。

B　声光效应复合结构

有人实验用声光器件的结构由声光介质、压电换能器和吸声材料组成（见图 4-24）。采用的声光器件中的声光介质为钼酸铅，吸声材料的作用是吸收通过介质传播到端面的超声波以建立超声行波。将介质的端面磨成斜面成牛角状，也可达到吸声的作用。压电换能器又称超声发生器，由铌酸锂晶体或其他压电材料制成。它的作用是将电功率换成声功率，并在声光介质中建立起超声场。压电换能器既是一个机械振动系统，又是一个与功率信号源相联系的电振动系统，或者说是功率信号源的负载。为了获得最佳的电声能量转换效率，换能器的阻抗与信号源内阻应当匹配。

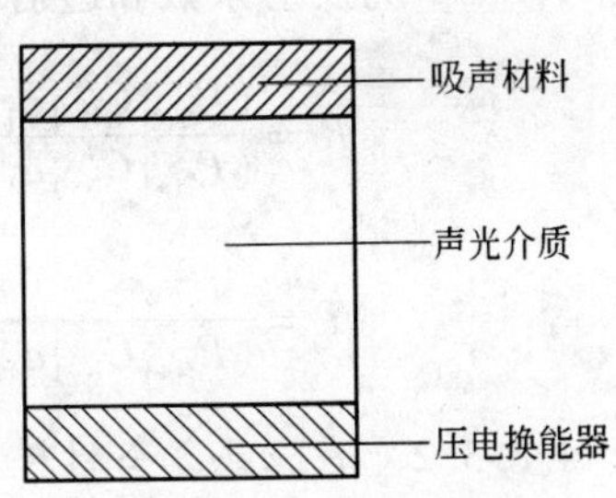

图 4-24　声光器件

4.8.3 声隐蔽复合材料

4.8.3.1 声隐蔽效应

声隐蔽效应就是对声的折射和反射效应。资料表明，当平面波垂直入射混杂复合材料两层结构的表面，则单层介质的传递矩阵为 $[A_1]$

$$[A_1] = \begin{pmatrix} \cos(kh) & -ip c\sin(kh) \\ -i\sin(kh)/\rho c & \cos(kh) \end{pmatrix} \tag{4-60}$$

式中 ρ——层的密度；

c——层中的复数声速；

h——层厚度；

k——复数波数。

各层传递矩阵相连得到两层复合材料的声波传递矩阵 $[A]$

$$[A] = [A_1]\cdot[A_2] = \begin{pmatrix} a_{11} & a_{12} \\ a_{21} & a_{22} \end{pmatrix} \tag{4-61}$$

分层结构两边的声压和质点振动速度之间的关系为

$$\begin{bmatrix} P_0 \\ u_0 \end{bmatrix} = \begin{pmatrix} a_{11} & a_{12} \\ a_{21} & a_{22} \end{pmatrix}\begin{bmatrix} P_{N+1} \\ u_{N+1} \end{bmatrix} \tag{4-62}$$

设入射声压、反射声压和透射声压分别为

$$P_{入} = e^{ik_0Z}, P_{反} = Re^{-ik_0Z}, P_{透} = Te^{-ik_{N+1}} \tag{4-63}$$

式中，R、T 为反射系数和透射系数。利用边界条件的声压、速度相等，求得

$$R = \frac{(P_{N+1}C_{N+1}a_{11} + a_{12}) - P_0C_0(P_{N+1}C_{N+1}a_{21} + a_{22})}{(P_{N+1}C_{N+1}a_{11} + a_{12}) + P_0C_0(P_{N+1}C_{N+1}a_{21} + a_{22})} \tag{4-64}$$

$$T = \frac{2P_{N+1}C_{N+1}e^{-ik_{N+1}h}}{(P_{N+1}C_{N+1}a_{11} + a_{12}) + P_0C_0(P_{N+1}C_{N+1}a_{21} + a_{22})} \tag{4-65}$$

4.8.3.2 声隐蔽复合材料

声隐蔽纤维增强的复合材料常用的增强纤维主要有玻璃纤维 GF、碳纤维 CF、芳纶纤维 KF 和超高强聚乙烯纤维（见表 4-10）。从声学的角度讲，材料的声阻抗的排序是海水 $<$ UHMPEFRP $<$ KFRP $<$ CFRP $<$ GRP 不锈钢。与钢材料的声阻抗 $45.8\times10^5\text{kg}/(\text{m}^2\cdot\text{s})$ 相比，4 种纤维增强的复合材料声阻抗都很小，所以其声隐身能力远优于钢。其中，复合材料与海水的阻抗 $1.54\times10^5\text{kg}/(\text{m}^2\cdot\text{s})$ 最为接近，可获得最好的声学阻抗匹配。

表 4-10 几种纤维增强的复合材料声阻抗

增强纤维	拉伸强度/MPa	拉伸弹性模量/GPa	密度 ρ/g·mm^{-3}	复合材料的声阻抗 ρ_c/kg·(m^2·s)$^{-1}$
CF	3530	230	1.44	3.18×10^5
KF	2900	60	1.44	3.01×10^5
SGF	2764	86	2.49	4.31×10^5
UH MPEF	770	8.6	0.98	2.06×10^5

有人由传递矩阵法计算混杂纤维复合材料板的水中声反射系数和透射系数。不同混杂纤维复合材料板的反射系数和透射系数，如图 4-25 所示。由图 4-25 可见，CF/UHMPEF 增强乙烯基酯复合材料声反射系数最小，其次是 CF/KF 增强乙烯基酯复合材料，再次是 CF/GF 增强乙烯基酯复合材料，这主要是由各种纤维与水的密度的接近程度所决定。与海水的密度越接近，声学阻抗的匹配性越好，声反射降低。

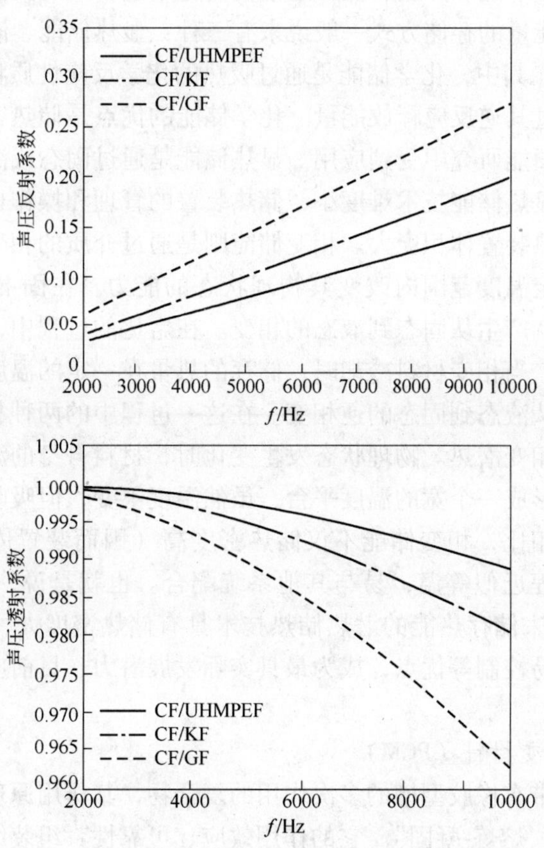

图 4-25 10mm 厚复合材料板的声压反射系数和声压透射系数

5　热学功能复合材料

5.1　相变储热复合材料

5.1.1　储热材料基础

5.1.1.1　储热

环境污染、能源危机、人口爆炸、粮食短缺等等，都是人类目前和将来所面临的严峻性。尤其在20世纪70年代先后爆发的石油危机，使人们认识到能源问题的严重，因此，节能和开发新能源逐渐受到越来越多人的关注。

资料显示，能量的存储方式一般说来有三种：显热储能、潜热储能（相变储能）和化学储能。其中，化学储能是通过吸热的化学反应性质将热能变为化学能储存起来，再通过其逆反应释放能量。化学储能的优点是储热密度大，但较为复杂，目前仅在太阳能研究中受到应用。显热储能是通过固态或液态介质温度的升高来储存能量。显热储能技术难度小，储热装置的管理和操作也较方便，但储热密度低，致使储热装置体积庞大。相变储能则是通过介质的相变来储存能量。相变材料具有在一定温度范围内改变其物理状态的能力。在固-液相变中，在加热到熔化温度时，就产生从固态到液态的相变。在熔化的过程中，相变材料吸收并储存大量的潜热；当相变材料冷却时，储存的热量在一定的温度范围内要散发到环境中去，进行从液态到固态的逆相变。在这一过程中的两种相变中，所储存或释放的能量称为相变潜热。物理状态发生变化时，材料自身的温度在相变完成前几乎维持不变，形成一个宽的温度平台，虽然温度不变，但吸收或释放的潜热却相当大。与显热相比，相变储能不仅储热密度高（因而装置体积小，质量轻），而且储、释热过程近似等温，易与其他系统配合。也就是说，相变材料的固-液或固-固相变潜热来储存热能的潜热储热技术具有储热密度大、储（放）热过程近似等温、过程易控制等优点，成为最具实际发展潜力、目前应用最多和最重要的储热方式。

5.1.1.2　相变材料（PCM）

储热材料是带有橡胶型槽的多次作用的复合物，其作用原理是基于在填料中的高焓相位转换“熔炼-凝固”。它的作用效应、可靠性、组装维护和运行的简单性，都超过了传统的冷却系统。

相变储能是通过材料的相变来储能的。相变材料主要包括无机 PCM、有机 PCM 和复合 PCM 三类。其中，无机类 PCM 主要有结晶水合盐类、熔融盐类、金属或合金类等；有机类 PCM 主要包括石蜡、醋酸和其他有机物。按化学成分不同，PCM 分类的框架为：

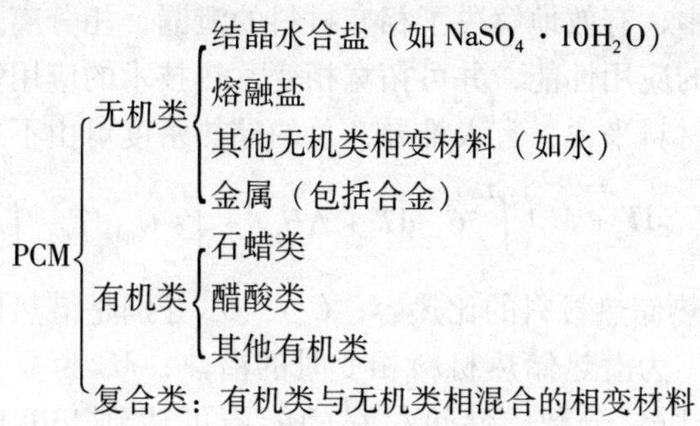

相变过程一般可分为以下四类：（1）固—固相变；（2）固—液相变；（3）液—汽相变；（4）固—汽相变。实际中常采用（1）、（2）类相变形式，因为尽管（3）、（4）类具有更大的储热密度，但相变过程中有大量气体产生，相变物质的体积变化太大，对容器会有较高要求。

在设计过程中，选取合适的 PCM 是设计储能系统的关键。资料表明，良好的 PCM 应具有以下性质：（1）热性质。有合适的相变温度，高的转变焓，良好的传热性等；（2）物理性质。有利的相平衡，低的蒸汽压，密度高，体积变化小等；（3）动力学性质。不过冷，有适当的结晶速度；（4）化学性质。具有长期的化学稳定性，无毒，不易燃，无污染；（5）经济性。原料丰富易得，成本低。此外，腐蚀性和材料的相容性也应考虑。

5.1.2 相变储热复合材料基础

5.1.2.1 复合储热密度和热容的关系

近年来，复合相变储热材料应运而生，它既能有效克服单一的无机物或有机物相变储热材料存在的缺点，又可以改善相变材料的应用效果以及拓展其应用范围。因此，研制复合相变储热材料已成为储热材料领域的热点研究课题。但是复合相变材料也可能会带来相变潜热下降，或在长期的相变过程中容易变性等缺点。

资料表明，材料的复合化可将各种材料的优点集合在一起，制备复合相变材料是潜热蓄热材料的一种必然的发展趋势。目前研制所用的支撑材料主要有膨胀石墨、陶瓷、膨润土、微胶囊等。膨胀石墨是由石墨微晶构成的疏松多孔的蠕虫状物质，它除了保留了鳞片石墨良好的导热性外，还具有良好的吸附性。陶瓷材料有耐高温、抗氧化、耐化学腐蚀等优点，被大量地选做工业蓄热体。主要的陶瓷材质有石英砂、碳化硅、刚玉、莫来石质、锆英石质和堇青石质等。膨润土有独特的纳米层间结构，采用“插层法”将有机相变材料嵌入其层状空间，制备有机/无机纳米复合材料，是开发新型纳米功能材料的有效途径。微胶囊相变材料是用微胶囊技术制备出的复合相变材料。在微胶囊相变材料中发生相变的物质被封闭在球形胶囊中，有效地解决了相变材料的泄漏、相分离及腐蚀等问题，有利于改善相变材料的应用性能，并可拓宽相变蓄热技术的应用领域。

对于复合储热材料来说，有人推导，总的储热密度可由下式算出

$$Q = \int_{T_0}^{T_e} C_{ss}\mathrm{d}T + M_r\left(\int_{T_0}^{T_{ef}} C_{ms}\mathrm{d}T + \Delta H_{mf} + \int_{T_{ef}}^{T_s} C_{ml}\mathrm{d}T - \int_{T_0}^{T_s} C_{ss}\mathrm{d}T\right) \quad (5\text{-}1)$$

式中，C_{ss}为固体显热储热材料的比热容；C_{ms}、C_{ml}分别是潜热储热材料固相和液相时的比热容；ΔH_{mf}为潜热储热材料相变时的潜热；M_r 为复合储热材料中熔融盐材料（PCM）的质量分数。储热材料的能容可达到 130kJ/kg。稳定温度为 -10℃～+250℃。计算得出 Na_2SO_4/SiO_2 的储热密度介于 180～210kJ/kg 之间。

5.1.2.2　输出功率和热容的关系

目前对一级相变材料的研究更多些，两级相变材料的理论研究则刚刚开始。资料表明，单级相变材料系统的运行包括一个无限短储能（熔化）和相变的无限短复原（固化）的过程。有人对最大输出功率做了推导。热机的稳态冷却效应可用两种方式表达

$$Q = hA(T_{out} - T_e) \quad (5\text{-}2)$$

$$Q = mc_p(T_\infty - T_{out}) \quad (5\text{-}3)$$

联立方程 5-2 和方程 5-3 消去 T_{out}得

$$Q_m = mc_p\frac{N}{N+1}(T_\infty - T_m) \quad (5\text{-}4)$$

式中　Q_m——相变材料吸收的热量；
N——传热表面热单元数，$N = hA/mc_p$；
m——质量流量，kg/s；
T_∞——初始温度，K；
T_m——相变温度，K；
h——传热系数（常数），J·s·m/K；
T_{out}——换热器充分作用后的输出温度；
T_e——热流返回环境时的温度。

在 T_m 和 T_e 之间，热机提供的冷却效应使刚熔化的相变材料恢复到原来状态。假定热机完全可逆，则有

$$W_1 = Q_m(1 - T_e/T_m) \quad (5\text{-}5)$$

式中 W_1——单级相变材料体系的输出功率。

将式 5-4 代入式 5-5 得

$$W_1 = mc_p \frac{N}{N+1}(T_\infty - T_m)\left[1 - \frac{T_e}{T_m}\right] \tag{5-6}$$

将式 5-6 对 T_m 求最大值，可得到最佳相变温度为

$$T_{m,opt} = (T_\infty T_e)^{1/2} \tag{5-7}$$

式中 $T_{m,opt}$——单级相变材料体系的最佳相变温度。

则对应的最大输出功率为

$$\frac{W_{1,max}}{mc_p T_\infty} = \frac{N}{N+1}\left[1 - \left[\frac{T_e}{T_\infty}\right]^{1/2}\right]^2 \tag{5-8}$$

式中 $W_{1,max}$——单级相变材料体系的最大输出功率，Js。

5.1.2.3 输出功率系数和热容的关系

可用相变体系输出功率系数来表示相变系统隔热降温效能的优劣。有人认为，提高单级相变装置功率的一种可能途径是再增加一级相变材料。其中，各相变的主要参数同单级相变材料装置。但两种相变材料是不同的，相变温度分别为 T_{m1}、T_{m2}，导热系数分别为 h_{A1}、h_{A2}。导热体系表面上的气体温度分别为 T_1、T_2。输出功率为

$$W_2 = Q_{m,1}\left[1-\frac{T_e}{T_{m,1}}\right] + Q_{m,2}\left[1-\frac{T_e}{T_{m,2}}\right] mc_p \frac{N_1}{N_1+1}(T_\infty - T_{m,1})\left[1-\frac{T_e}{T_{m,1}}\right] +$$
$$mc_p \frac{N_2}{N_2+1}(T_1 - T_{m,2})\left[1-\frac{T_e}{T_{m,2}}\right] \tag{5-9}$$

有人设计了两单元相变材料复合体系，实验装置由防辐射材料、隔热材料、第一单元相变材料、第二单元相变材料及外层隔热材料串联制成。通过实验获得了数据，分析了复合体系中各层温度随时间的变化关系，并获得了良好的隔热降温效果。从无机水合盐中选择了四水合硝酸钙作为第一单元相变储能材料，十水合碳酸钠作为第二单元相变储能材料。这两种水合盐的共同特点是性质稳定、无毒、价廉易得，但它们均存在过冷现象和分层问题。人们经多次实验，解决了过冷和分层问题。确定了第一单元相变材料的配方为 $Ca(NO_3)_2 \cdot 4H_2O + 4.7\% A + 1.9\%$，第二单元相变材料配方为 $Ca_2CO_3 \cdot 10H_2O + 6\% A_2 + 4.5\% B$。用 PERKIN-ELMER7 型热分析仪测定了它们的相变温度和相变焓：前者相变温度为 42.41℃，相变焓为 134.75kJ/kg；后者分别为 33.38℃和 249.59kJ/kg。当外界温度为 52℃时，经两单元复合体系隔热降温，可使环境温度维持 28.1℃以下达 6.6h。研究工作者在相同条件下，对一单元相变材料体系进行了测试，实验证明：两单元复合体系的隔热降温效果明显优于一单元体系。根据一单元和两单元体稳态操作模

型，可以导出一单元体系的输出功率、最佳相变温度与最大输出功率关系式，以及两单元体系输出功率关系式。人们结合实验数据计算出两单元体系的输出功率为一单元体系的 1.59 倍。一单元实验装置的输出功率系数 $\eta_{w(1)}$ 为 0.685，两单元实验装置的 $\eta_{w(2)}$ 为 1.09。两单元体系的输出功率系数 $\eta_{w(2)}$ 为无因次参数 N、X、Y、τ_1 及 τ_2 的函数，即

$$\eta_{w(2)} = \frac{X(1+N)}{1+XN} \cdot \frac{(1-Y\tau_2)(1-Y/\tau_2)}{(1-Y)^2} + \frac{(1-X)(1+N)}{1+(1-Y)N} \times \frac{(1-Y)/\tau_2}{(1-Y)^2}\left(\frac{1+XNY\tau_2}{1+XN} - Y\tau_2\right) \tag{5-10}$$

按上式计算所得 $\eta_{w(2)}$ 为 1.19，与前述实验结果基本相符。

5.1.2.4　材料的热容

根据前面的讨论已知,无论是相变输出功率还是最大输出功率均和热容有关。

A　复合材料和化合物的热容

a　化合物的热容

化合物分子热容等于构成此化合物各元素原子热容之和，即为柯普定律。

根据晶格振动理论，一个摩尔固体中有 N 个原子，总能量为

$$E = 3NkT = 3RT \tag{5-11}$$

式中　N——阿佛伽德罗常数；

T——绝对温度，K；

k——玻耳兹曼常数，$R = 8.314\mathrm{J/(mol \cdot K)}$ 为气体普适常数。

按热容的定义，为

$$C_V = \left(\frac{\partial E}{\partial T}\right)_V = \left[\frac{\partial(3NkT)}{\partial T}\right]_V = 3Nk = 3R \approx 25\mathrm{J/(mol \cdot K)} \tag{5-12}$$

这是杜隆-珀替定律。固体中原子原本在其常规位置上做高频率小振幅的振动，吸收热能则使这种振动增大。图 5-1 和图 5-2 是几种材料的热容-温度曲线。

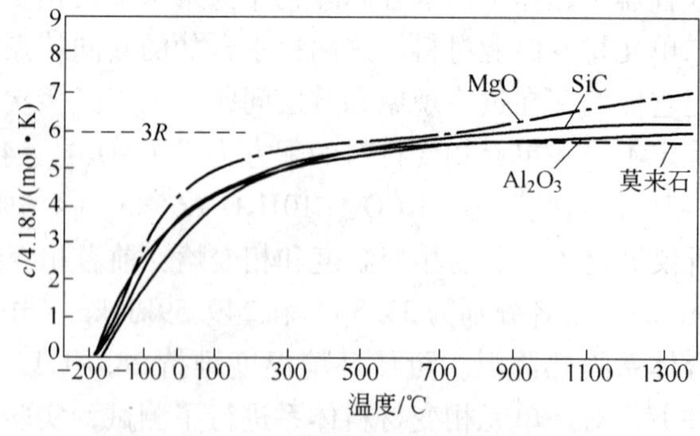

图 5-1　几种材料的热容-温度曲线

资料表明，这些材料的德拜温度 θ_D 约为熔点（热力学温度）的 0.2 ~ 0.5 倍。对于绝大多数氧化物、碳化物，热容都是从低温时的一个低的数值增加到 1273K 左右的近似于 25J/(mol·K)的数值。温度进一步增加，热容基本上没有什么变化。所以图中几条曲线不仅形状相似，而且数值也很接近，高温时式 5-12 成立。材料热容与温度关系应由实验精确测定。在较高温度下，固体摩尔比热容大约等于构成该化合物各元素原子热容的总和

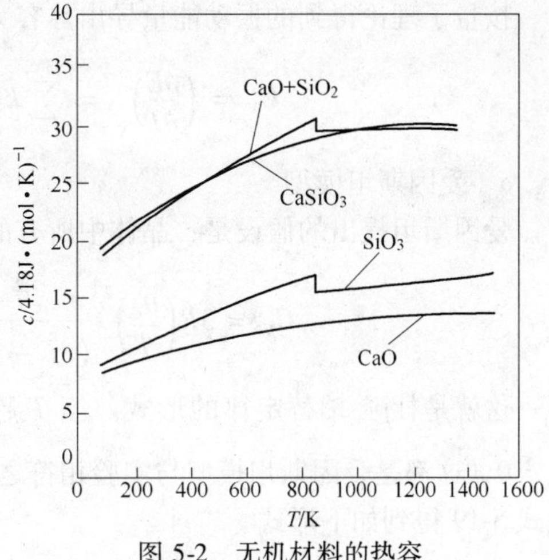

图 5-2 无机材料的热容

$$c = \sum n_i c_i \tag{5-13}$$

式中 n_i——化合物中元素 i 的原子数；

c_i——化合物中元素 i 的摩尔热容。

式 5-13 对于计算大多数氧化物和硅酸盐化合物在 573K 以上的热容有较好的结果。

b 复合材料的比热容

复合材料比热容的计算式为

$$c = \sum g_i c_i \tag{5-14}$$

式中 g_i——材料中第 i 种组成的质量分数；

c_i——材料中第 i 种组成的比热容。

B 热容量的量子理论意义

根据量子理论，谐振子的振动能量可以表示为

$$E_i = \left(n + \frac{1}{2}\right) h v_i \tag{5-15}$$

谐振子的平均能量

$$\overline{\varepsilon}_i = \frac{\sum\limits_{n=0} \left(n + \frac{1}{2}\right) h v_i \cdot C' e^{\frac{-\left(n+\frac{1}{2}\right) h v_i}{kT}}}{\sum\limits_{n=0}^{\infty} C' e^{\frac{-\left(n+\frac{1}{2}\right) h v_i}{kT}}} \tag{5-16}$$

振动的总能量为

$$E = \sum_{i=1}^{3N} \overline{\varepsilon}_i = \sum_{i=1}^{3N} \left(\frac{h v_i}{e^{\frac{h v_i}{kT}} - 1} + \frac{1}{2} h v_i \right) \tag{5-17}$$

按量子理论得到的振动能量导出热容为

$$C_V = \left(\frac{\partial E}{\partial T}\right)_V = \sum_{i=1}^{3N} k\left(\frac{hv_i}{kT}\right)^2 \frac{e^{\frac{hv_i}{kT}}}{(e^{\frac{hv_i}{kT}} - 1)^2} \tag{5-18}$$

a　爱因斯坦模型

爱因斯坦提出的假设是：晶体中所有的原子都以相同的频率振动

$$C_V = 3R\left(\frac{\theta_E}{T}\right)^2 \frac{e^{\frac{\theta_E}{T}}}{(e^{\frac{\theta}{T}} - 1)^2} = 3Re^{\frac{\theta_E}{T}} \approx 3R \tag{5-19}$$

这就是杜隆-珀替定律的形式。当 T 趋于零时，C_V 逐渐减小；当 $T=0$ 时，$C_V=0$，这都是爱因斯坦模型与实验相符之处，但是，在低温下，$T \ll \theta_E$，$e^{\frac{\theta_E}{T}} \gg 1$，故式 5-19 得到如下形式

$$C_V = 3R\left(\frac{\theta_E}{T}\right)^2 e^{\frac{-\theta_e}{T}} \tag{5-20}$$

这样 C_V 依指数律随温度而变化，这比实验测定的曲线下降得更快些，导致不同的原因是爱因斯坦采用了过于简化的假设，实际晶体中各原子的振动不是彼此独立地以单一的频率振动着的，原子振动间有着耦合作用，而当温度很低时，这一效应尤其显著。

b　德拜的比热容模型

德拜考虑到了晶体中原子的相互作用，得

$$C_V = 3Rf_D\left(\frac{\theta_D}{T}\right) \tag{5-21}$$

式中，$\theta_D = \frac{hv_{max}}{k} \approx 4.8 \times 10^{-11} v_{max}$为德拜特征温度，德拜与 T 的关系如下

$$f_D\left(\frac{\theta_D}{T}\right) = 3\left(\frac{T}{\theta_D}\right)^3 \int_0^{\frac{\theta_D}{T}} \frac{e^x x^4}{(e^x - 1)^2} dx \tag{5-22}$$

该式称为德拜比热函数，式中 $x = \frac{hv}{kT}$。

当温度较高时，即 $T \gg \theta_D$，$C_V \approx 3R$ 这即是杜隆-珀替定律。当温度很低时，即 $T \ll \theta_D$，则经计算，有

$$C_V = \frac{12\pi^4 R}{5}\left(\frac{T}{\theta_D}\right)^3 \tag{5-23}$$

这表明了当 T 趋于 0K 时，C_V 与 T^3 成比例地趋于零，这也就是著名的德拜 T 立方定律。

C 影响材料热容的基本因素

a 热容与材料结构的关系

有人认为无机材料的热容与材料结构的关系不大，即无机材料的热容对材料的结构不敏感。混合物与同组成单一化合物的热容基本相同。CaO 和 SiO_2 为 1∶1 的混合物与 $CaSiO_3$ 的热容-温度曲线基本重合。相变时（包括其他所有晶体在多晶转化、铁电转变、有序-无序转变等相变），由于热量的不连续变化，所以热容也会出现突变，如图 5-2 中 α 型石英转化为 β 型时所出现的明显变化。虽然固体材料的摩尔热容不是结构敏感的，但是单位体积的热容却与气孔率有关。多孔材料因为质量轻，所以热容小。

对金属材料，在低温下几乎所有的化合物、固溶体和中间相的热容为

$$C_V = C_V^l + C_V^e = \alpha T^3 + \gamma T \tag{5-24}$$

在极低或极高温度下，电子热容的贡献不可忽略。热容系数 α、γ 由低温热容实验测定。合金的热容是每个组元热容与其质量分数的乘积之和即奈曼-考普（Neuman-Kopp）定律

$$C = x_1 C_1 + x_2 C_2 + \cdots + x_n C_n \tag{5-25}$$

相变材料主要由有机和无机非金属材料构成，包括金属材料的中间相。

b 比热容与温度关系

材料比热容与温度关系应由实验来精确测定，根据某些实验结果加以整理可得如下的经验公式

$$c_p = a + bT + cT^{-2} + \cdots\cdots \tag{5-26}$$

式中，c_p 的单位为 4.18J/(mol · K) 或 J/(kg · K)。较高温度下固体的比热容具有加和性，即物质的摩尔热容等于构成该化合物各元素原子热容的总和，如下式

$$c = \sum n_i c_i \tag{5-27}$$

式中 n_i——化合物中元素 i 的原子数；

c_i——化合物中元素 i 的摩尔热容。

无机材料在高于德拜温度 θ_D 时，比热容趋于常数 25J/(mol · K)，而低于 θ_D 时与 T^3 成正比的变化。相变时，由于热量的不连续变化，所以比热容也出现了突变。

高温下该定律具有普遍性，适用于金属化合物、金属与非金属化合物、中间相和固溶体。热处理能改变合金的组织，但对合金高温下的比热容没有明显影响。该定律对铁磁合金不适用。

c 相变对比热容影响

相变对比热容的影响表现在以下几个方面：

（1）熔化和凝固。熔点 T_m，$C_{液态} > C_{固态}$。

（2）一级相变。在恒温恒压下，除有体积变化外，H 和 Q 发生突变，伴随相变潜热发生。c_p 热容无限大。如纯金属的三态变化、同素异构转变、共晶、包晶转变、固态的共析转变等。

（3）二级相变。相变在一个有限的温度范围内逐渐变化，焓也变化，但不突变。热容在转变温度附近也有剧烈变化，但为有限值。这类相变包括磁性转变，部分材料的有序无序转变（有人认为部分转变属于一级相变）、超导转变。

（4）亚稳态组织转变。亚稳态转变为稳态时要放出热量，从而导致热容曲线向下拐折（不可逆转变，如金属材料中的过饱和固溶体的时效、马氏体和残余奥氏体回火转变、形变金属的回复与再结晶等）。

5.1.3　相变储热复合材料

5.1.3.1　高分子复合材料

资料认为传统的固液相变储能材料在实际应用中都需用容器封装，这样便增加了传热时相变材料与外部传热介质间的热阻，降低了传热效率，且增加了封装成本。定形相变材料是由相变材料和高分子支撑和封装材料组成的复合储能材料，由于高分子囊材的微封装和支撑作用，作为芯材的相变材料发生固液相变时不会流出，且整个复合材料即使在芯材熔化后也能保持原来的形状不变并且有一定的强度。该类材料的优点是：无需封装，不泄漏，从而减小了封装成本和难度，并减小了相变材料和传热流体间热阻。该类材料在建筑暖通空调领域及建筑材料领域有着较为广阔的应用前景。

定形相变材料研制中多以高密度聚乙烯、SBS 或石墨为支撑材料，石蜡为相变材料，对定形相变材料的均匀性分析不够，对支撑材料类型及石蜡掺混比对定形相变材料性能的影响讨论不够充分。有人研究了高密度聚乙烯和熔点 54℃的石蜡体系混成的定形相变材料的热物理性质，石蜡掺混比例为 74%（质量分数）。有资料也对石蜡和高密度聚乙烯组成的定形相变材料进行了研究，用几种高密度聚乙烯和熔点在 58℃左右的精炼和半精炼石蜡作为原料，石蜡在定形相变材料中所占比例为 75%（质量分数）。有人应用不同熔点的石蜡和一些高压聚乙烯、低压聚乙烯、聚丙烯及橡胶做原料，研制出一些定形相变材料。对材料的均匀性进行了分析，并对相变材料的掺混比进行了讨论。用 DSC 差示扫描量热仪和电子扫描显微镜等仪器对材料进行一些结构和热性能方面的分析研究，其中应用低压聚乙烯和石蜡共混，石蜡所占比例最高达到 90%（质量分数）。所用实验试剂有：切片石蜡，熔点 48 ~ 50℃；半精炼石蜡，熔点 56 ~ 58℃、58 ~ 60℃、60 ~ 62℃；精炼石蜡，58 ~ 60℃；低压聚乙烯，J-0；高压聚乙烯 1L2A；高压聚乙烯，1F7B。法国的 Xavier Py 等人制备了石蜡-膨胀石墨定形相变材料，并研究了体系的热物理性能，石蜡掺混比例为 65% ~95%（质量分数）。华南理工大学研究了石蜡和热塑弹性体 SBS 组成的复合相变材料在加入石墨后热传导性能的提高，他们加入的石蜡含量在 20% ~80%（质量分数）范围内。

5.1.3.2 SiO_2 相变复合材料

A 硬脂酸/二氧化硅复合相变储热材料

资料认为，有机相变物/二氧化硅纳米复合储热材料的制备可采用溶胶-凝胶工艺将有机相变材料嵌入到二氧化硅的三维纳米网络内。通过对以正硅酸乙酯为前驱体，硬脂酸为有机相变物来制备硬脂酸/二氧化硅纳米复合储热材料的研究表明，硬脂酸/二氧化硅复合相变储热材料的相变温度低于硬脂酸的相变温度，复合储热材料中单位质量硬脂酸的相变焓大于纯硬脂酸的相变焓，这表明纳米复合效应对复合材料储热性能有影响。另外，纳米复合储热材料的热导率比硬脂酸提高了 1 倍左右。采用溶胶-凝胶工艺制备的有机相变物/二氧化硅纳米复合相变储热材料具有无毒、无腐蚀性、可选择的有机相变材料多等特点，因而相变温度范围广，实用性强。硬脂酸在二氧化硅凝胶团聚的过程中，被裹入凝胶簇的间隙，在随后的陈化过程中，凝胶间隙逐渐收缩而成为具有一定结构和尺寸的孔。硬脂酸进入这种结构的孔中，就很难再逸出。此外，凝胶孔大量地以闭合孔形式存在，硬脂酸处于化学惰性的封闭孔中。因此，这种复合材料的稳定性和抗老化性能很高。资料表明，即使将制得的硬脂酸/二氧化硅复合相变储热材料加热到硬脂酸熔点温度以上（即发生了固-液相变后），复合材料表面也未见湿润。从降低成本的角度来看，可采用水玻璃代替本实验用的正硅酸四乙酯作为前驱体制备二氧化硅溶胶，这方面的技术也较成熟。

另外，有人采用溶胶-凝胶工艺制备出具有不同硬脂酸质量分数的硬脂酸/二氧化硅复合相变储热材料。以正硅酸四乙酯为前驱体，乙醇作溶剂，盐酸为催化剂。按一定比例取 TEOS、乙醇、水若干毫升，置于烧杯中，搅拌混合均匀；加入盐酸调节混合液的值，在 60℃ 恒温下，搅拌 90min，得到透明的硅溶胶备用。称取一定量的硬脂酸，使之熔融后，加入到恒温 60℃ 的硅溶胶中，不断搅拌，混合均匀，形成含有机相变物的硅溶胶；将硅溶胶在 80℃ 下进行陈化，约 3 ~4h 后形成凝胶；8 ~9h 后得到干凝胶，碾碎后即得硬脂酸/二氧化硅复合相变储热材料。为考察硬脂酸/二氧化硅复合相变储热材料的导热性能，测定了硬脂酸质量分数为 75% 的复合相变储热材料的导热系数。其热导率在 25℃ 为 0.348 W/(m·K)，55℃ 为 0.453W/(m·K)。而在相同条件下纯硬脂酸的热导率分别为 0.162W/(m·K) 和 0.231W/(m·K)。可见，因与导热性能较好的无机物二氧化硅的复合，硬脂酸/二氧化硅复合相变储热材料的热导率较纯硬脂酸的热导率有显著提高。

B Na_2SO_4/SiO_2 复合储热材料

Na_2SO_4/SiO_2 复合储热材料是由多微孔陶瓷基体（SiO_2）和分布在基体微孔网络中的相变材料（Na_2SO_4）复合而成，由于毛细管作用，无机盐熔化后保留在基体内不流出来。它的制备类似于陶瓷材料的制备，较实用的工艺流程为：备料（无机盐和陶瓷体）-粉碎-烘干-成形-烧结。有人在试验室制备了 30mm × 30mm 和 200mm × 100mm × 80mm 两种试样。Na_2SO_4/SiO_2 体系的熔化和凝固区间几乎相同，约为 880 ~ 885℃，加热和冷却过程中均出现明显的温度变化平台。复合储热材料冷却凝固时没有过冷现象出现，这不但可以保证蓄放热恒温进行，而且无机盐的寿命较长。第 1 次和第 10 次热循环曲线基本吻合，表明 Na_2SO_4/SiO_2 的熔化-凝固特性历经 10 次循环后没有发生变化。在有限次的寿命试验中，他们尚未发现 Na_2SO_4/SiO_2 储热性能发生明显的衰减。对于 Na_2SO_4/SiO_2 这种复合储热材料来说，陶瓷材料和熔融盐相变材料经过复合过程形成复合材料，两者在复合过程中及日后使用过程中不发生化学反应。故复合储热材料相变潜热可用下式计算

$$\Delta H = W_R \Delta H_R \tag{5-28}$$

式中 ΔH——复合材料潜热值；

W_R——Na_2SO_4 质量分数；

ΔH_R——纯 Na_2SO_4 潜热值（纯 Na_2SO_4 潜热值为 169.51J/g）。

从式 5-28 可以看出，复合储热材料的潜热大小与相变无机盐的含量成正比。

资料表明，烧结温度和时间对潜热也有很大影响，当温度高于 Na_2SO_4 熔点时，由于其蒸汽压的提高，少量 Na_2SO_4 会因气相的产生而损失掉。随着烧结温度的提高和烧结时间的延长，Na_2SO_4 的损失量有所增加，从而导致其相变潜热的降低。所以在制备时烧结温度不应过高，烧结时间不宜过长，一般选择 950℃，1h 为好。由 Na_2SO_4 和 SiO_2 以一定的质量比，按特定工艺制备的共混物就是一种定形相变材料。在使用过程中，只要未达到 SiO_2 的软化温度，它在 Na_2SO_4 熔解成液态时就可起到支撑作用。定形相变 Na_2SO_4 在宏观上不发生由固态向液态的转变，从而保持其原有形状，可与相容性换热流体直接接触换热，避免了传统高温相变材料的封装问题。

C 乙酰胺/SiO_2 复合储热材料

作者利用溶胶-凝胶法制备乙酰胺/SiO_2 复合相变储热材料。纯乙酰胺的熔点为 80.5℃，而实验中制备的复合相变材料的相变温度仅为 27℃左右，比纯乙酰胺低了 53.5℃左右。接近室温，满足相变材料在建筑应用中对温度的要求，因此可以探讨其在建筑材料中的应用。而查询有关资料得到乙酰胺含量为 21.5% 的复合材料相变温度仅 23.2℃，而储热能力可达 116.7J/g，是纯乙酰胺的 2.16 倍。

这说明乙酰胺与二氧化硅复合后降低了相变温度却提高了其单位储热量。此外该复合相变储热材料的稳定性很好，在相变材料发生熔化时仍保持固态，没有液体出现，消除了对容器的腐蚀性。

先把实验中制备的二氧化硅做了X射线衍射分析，如图5-3所示，发现实验中制备的二氧化硅与标准纯二氧化硅图谱吻合。接着又把含量为5g乙酰胺的复合材料做了X射线衍射分析，如图5-4所示。可见复合材料的衍射数据与二氧化硅和乙酰胺的衍射数据的叠加值较满意地吻合，由于二氧化硅为非晶态物质，复合材料的衍射峰主要是乙酰胺的贡献。由此可知，复合材料中并没有生成新的物质，乙酰胺与二氧化硅仅是嵌合关系。衍射谱图并没有明显的杂峰，显示复合材料中没有明显杂质。接着又把含量为10g乙酰胺的复合材料做了X射线衍射分析，如图5-5所示，可见复合材料的衍射数据与二氧化硅和乙酰胺的衍射数据的叠加值较满意地吻合，由于二氧化硅为非晶态物质，复合材料的衍射峰主要是乙

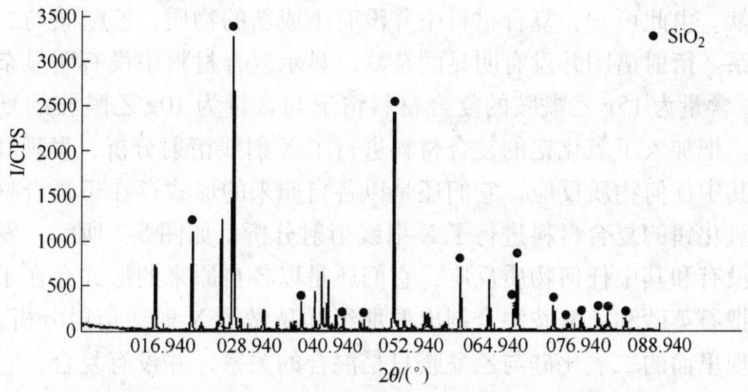

图 5-3　SiO_2 X 射线

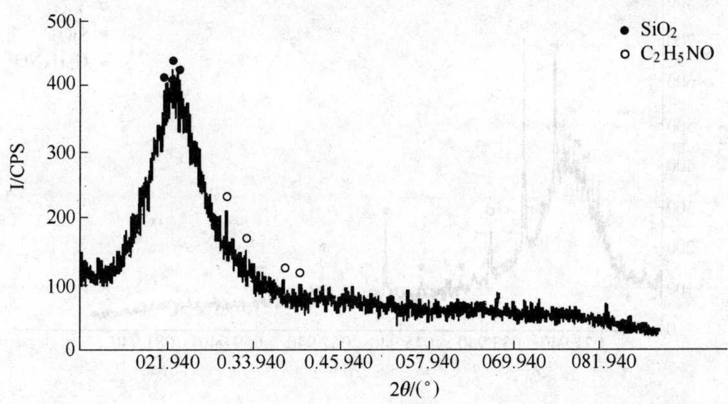

图 5-4　5g 乙酰胺复合材料 X 射线

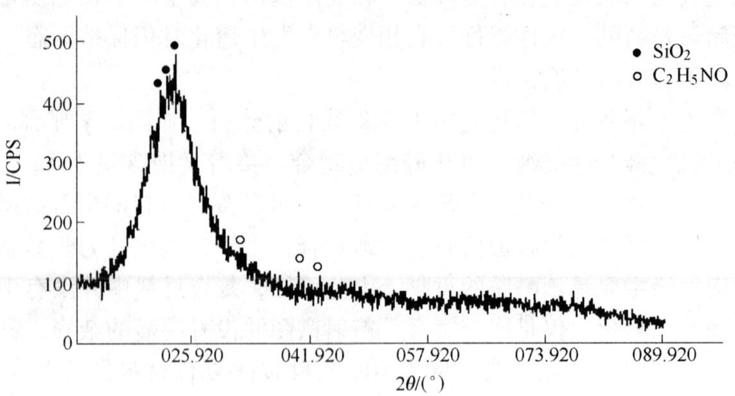

图 5-5　10g 乙酰胺复合材料 X 射线

酰胺的贡献。由此可知，复合材料中并没有生成新的物质，乙酰胺与二氧化硅仅是嵌合关系。衍射谱图并没有明显的杂峰，显示复合材料中没有明显杂质。由图 5-6 可知，含量为 15g 乙酰胺的复合材料情况与含量为 10g 乙酰胺的复合材料情况差不多。把加入了氧化钇的复合材料进行了 X 射线衍射分析，发现其中氧化钇并没有和其中任何物质反应，它们还是以各自原来的形式存在于复合材料中。又把加入了氧化铒的复合材料进行了 X 射线衍射分析，如图 5-7 所示，发现其中氧化铒也并没有和其中任何物质反应，它们还是以各自原来的形式存在于复合材料中。最后把石英砂和乙酰胺混合制出的那组样品做了 X 射线衍射分析，如图 5-8 所示，发现里面的二氧化硅与乙酰胺只是混合的关系，并没有复合，它们以各自的形态存在。

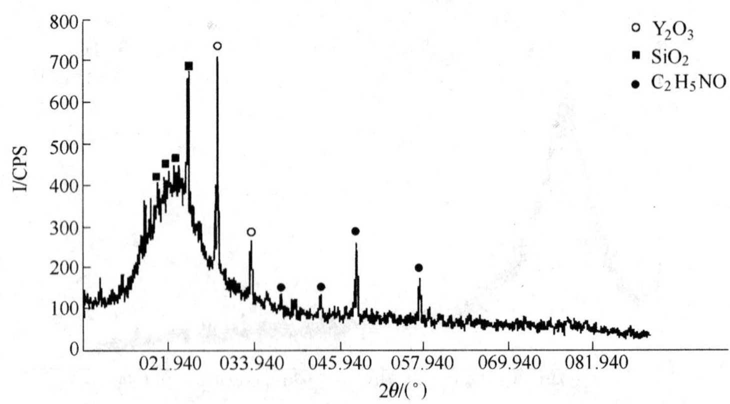

图 5-6　15g 乙酰胺复合材料 X 射线

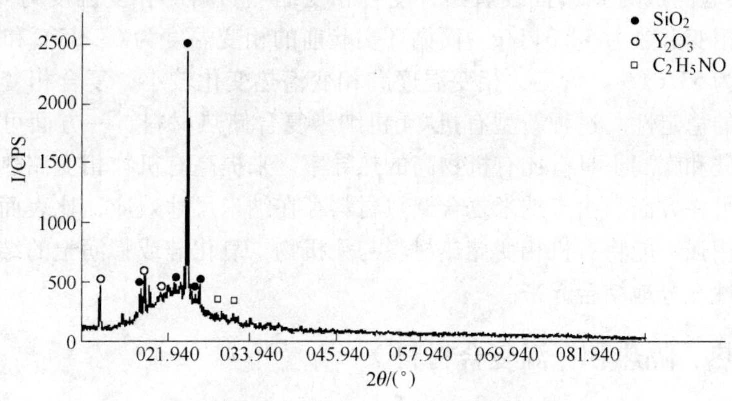

图 5-7 加氧化钇复合材料 X 射线

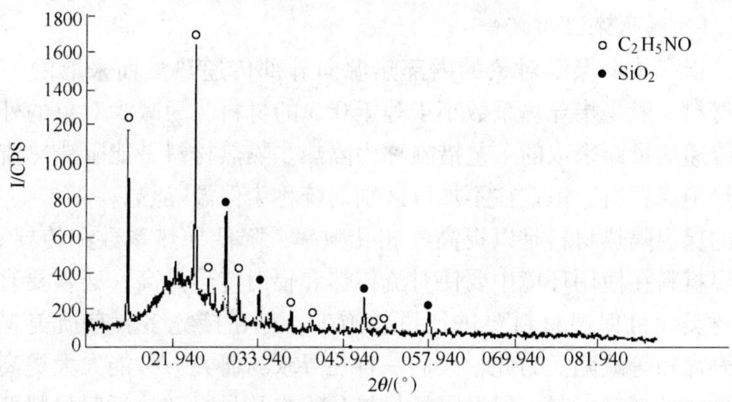

图 5-8 石英砂/乙酰胺 X 射线

5.1.3.3 膨润土纳米复合储热材料

有机相变物/膨润土纳米复合储热材料的制备，是利用膨润土的层间阳离子易被交换的特点，采取一定的方法，使有机相变储热材料嵌入到膨润土的纳米层间。采用熔融法将新戊二醇在熔融条件下嵌入到蒙脱石层间制备出了新戊二醇/蒙脱石复合相变储热材料，但也有研究表明，熔融法仅适用于蒸气压较高易升华挥发的多元醇类相变材料。选用液相插层法，将经过插层处理的改性膨润土分散于液相介质中，溶解于液相介质中的有机相变物在一定条件下嵌入到膨润土的纳米层间，制得有机相变物/膨润土纳米复合储热材料。通过采用液相插层法制备新戊二醇/膨润土纳米复合储热材料的研究得出，这种液相插层工艺是可行的，制备出的纳米复合储热材料的相变温度高于新戊二醇的相变温度。

研究了有机相变物/膨润土纳米复合相变储热材料。研究结果表明：复合相变储热材料的储、放热速率都明显高于纯的硬脂酸，具有更高的传热性能。由储热/放热实验测试的 DSC 曲线看出，复合相变储热材料的相变温度为 64.13℃和 81.5℃，相变潜热为 50.31J/g。而循环实验前的相变温度为 63.05℃和 78.67℃，相变潜热为 53.6J/g。可见，相变温度和相变潜热变化较小，复合相变储热材料具有很好的稳定性。这种新型有机/无机纳米复合储热材料，一方面可利用无机物二氧化硅和膨润土具有比有机物高的热导率，来提高有机物相变储热材料的导热性能；另一方面，由于纳米复合储热材料存在纳米尺寸效应，比表面积大，界面相互作用强，能将有机相变储热材料与无机物二氧化硅或膨润土的结构、物理和化学特性充分地结合起来。

5.2 导热、隔热和保温复合材料

5.2.1 隔热保温材料基础

5.2.1.1 隔热保温的概念

保温是指为减少保温对象的内部热源向外部传递热量而采取的一种工艺措施。保温材料一般是指导热系数小于等于 0.3 的材料。为减少对象的外部热源向对象内部传递热量而采取的工艺措施称为隔热。隔热材料是能阻滞热流传递的材料，又称热绝缘材料。但往往不加以区别而统称为保温隔热。

传统的保温隔热材料是以提高气相孔隙率，降低导热系数和传导系数为主。纤维类保温材料在使用环境中要使对流传热和辐射传热升高，必须要有较厚的覆层；而型材类无机保温材料要进行拼装施工，存在接缝多、有损美观、防水性差、使用寿命短等缺陷。为此，人们一直在寻求与研究一种能大大提高保温材料隔热反射性能的新型材料。保温隔热材料分为多孔材料和热反射材料两类。前者利用材料本身所含的孔隙隔热，因为孔隙内的空气或惰性气体的导热系数很低，如泡沫材料、纤维材料等；后一种材料具有很高的反射系数，能将热量反射出去，如金、银、镍、铝箔或镀金属的聚酯、聚酰亚胺薄膜等。

保温隔热材料应用的一个主要领域是航空航天工业。这是因为航空航天工业对所用隔热材料的重量和体积要求较为苛刻，往往还要求它兼有隔音、减振、防腐蚀等性能。各种飞行器对隔热材料的需要不尽相同。飞机座舱和驾驶舱内常用泡沫塑料、超细玻璃棉、高硅氧棉来隔热。导弹头部用的隔热材料早期是酚醛泡沫塑料，随着耐温性好的聚氨酯泡沫塑料的应用，又将单一的隔热材料发展为夹层结构。导弹仪器舱的隔热方式是在舱体外蒙皮上涂一层数毫米厚的发泡涂料，在常温下作为防腐蚀涂层，当气动加热达到 200°C 以上时，便均匀发泡而起隔热作用。某些航天器件须使用高反射性能的多层隔热材料，一般是由几十层镀铝薄膜、镀铝聚酯薄膜、镀铝聚酰亚胺薄膜组成。另外，表面隔热瓦的研制成功解决了航天飞机的隔热问题，同时也标志着隔热材料发展的更高水平。

5.2.1.2 隔热保温的热学基础

隔热保温和材料的热导率有关。材料传导热量的性能称作导热性。在金属中银和铜的导热性最好。它反映了材料在加热和冷却时的导热能力。第一章已经提到稳定传热的概念。资料表明，不稳定传热是指传热过程中物体内各处的温度随时间而变化。设一个本身存在温度梯度的物体，与外界无热交换，随着时间的推移温度梯度趋于零。于是，就存在热端温度不断降低和冷端温度不断升高，最终达到一致的平衡温度。那么，该物体内单位面积上温度随时间的变化率为

$$\frac{\partial T}{\partial t} = \frac{\lambda}{\rho c_p} \times \frac{\partial^2 T}{\partial x^2} \tag{5-29}$$

式中 ρ——密度；

c_p——质量定压比热容；

λ——热导率。

工程上还可用导温系数表示材料的传热能力

$$\alpha = \lambda / dc \tag{5-30}$$

式中 d——材料密度；

c——等压比热容；

α——热扩散率，也称导温系数。

它的物理意义是与不稳定导热过程相联系的。不稳定导热过程是物体一方面有热量传导变化，同时又有温度变化，热扩散率正是把两者联系起来的物理量。它标志温度变化的速度。在相同加热和冷却条件下，α 愈大，物体各处温差愈小。

工程上经常要处理选择保温材料或热交换材料的问题，热导率、导温系数是选择依据的参量之一。除了上述两个参量之外，还有一个热学参量就是热阻 R。热阻的倒数 $1/R$ 为热导，常用 G 表示。热阻的物理意义顾名思义就是热量传递所受阻力，更深层次的意义在于使热传导的微观机制会更加清楚。

物质的热传导过程就是能量载运者的输运过程。热传导的机制主要可分为三种，即由自由电子的传导（金属）、晶格振动的传导（具有离子键或共价键的晶体）、光子传导和分子或链段的传导（高分子材料）等。

在固体中，能量载运者可以是自由电子，晶格振动波（声子）和电磁辐射（光子）。据量子理论，一个谐振子的能量是不连续的，能量的变化不能取任意值，而只能是最小能量单元（量子）的整数倍，一个量子的能量为 $h\nu$。因晶格热振动近似为简谐振动，晶格振动的能量同样也应该是量子化的。声频支格波被看成是一种弹性波，类似于在固体中传播的声波，因此把声频波的量子称为声子(phonons)。它所具有的能量仍应是 $h\nu$，通常用 $\hbar\omega$ 来表示 $h\nu$，$\omega = 2\pi\nu$ 为格波的

角频率。因此固体导热包括电子热声子导热和光子导热。在绝缘体内，几乎只存在电子导热一种形式，对纯金属来说，电子导热是主要的传热机制，在合金中除了电子导热以外，晶格导热也起一定的作用。固体中的导热主要是由晶格振动的格波和自由电子的运动来实现，在非金属晶体如一般离子晶体的晶格中，自由电子极少，所以晶格振动是它们的主要导热机制。热量是依晶格振动的格波来传递的。

5.2.1.3　复合材料的导热性

保温复合材料常见的典型微观结构类型，是有一分散相均匀地分散在一连续相中，例如晶相分散在连续的玻璃相中，对于这些类型的陶瓷材料的热导率可按下式计算

$$\lambda = \lambda_0 \frac{1 + 2\nu_d\left(1 - \frac{\lambda_c}{\lambda_d}\right)\left(\frac{2\lambda_c}{\lambda_d} + 1\right)}{1 - \nu_d\left(1 - \frac{\lambda_c}{\lambda_d}\right)\left(\frac{\lambda_c}{\lambda_d} + 1\right)} \tag{5-31}$$

式中　λ_c，λ_d——分别为连续相和分散相物质的热导率；

ν_d——分散相的体积分数。

5.2.1.4　金属的传热能力

对于纯金属，导热主要靠自由电子，而合金导热就要同时考虑声子导热的贡献。由自由电子论知，金属中大量的自由电子可视为自由电子气，那么，借用理想气体的热导率公式来描述自由电子热导率，是一种合理的近似。

A　导热系数的表达式

资料表明，按照气体分子运动论并采用某些近似，可以计算出气体导热系数的表达式。如果分子的浓度为 n，它们在 x 方向的速度为 v_x，则在 x 方向上粒子流的通量为$\frac{1}{2}n < |v_x| >$（$<\cdots>$代表平均值），这里的$\frac{1}{2}$是由于平衡时粒子流在两个相反方向上有同样大小的通量。设 c 为一个粒子的比热容，则粒子从局部温度 $t+\Delta t$ 的区域向局部温度为 t 的区域运动时，放出的能量为 $C\Delta t$。粒子自由程两端点之间的温差 Δt 可表示为

$$\Delta t = \frac{dt}{dx}l = \frac{dt}{dx}v_x r \tag{5-32}$$

式中　r——两次碰撞之间的平均时间间隔；

l——平均自由程。

因此由两个方向上粒子流给出的净能量流密度为

$$q = -n < |Zv_x| > C$$

$$\Delta t = -n < v_x^2 > C_r \frac{dt}{dx} = -\frac{1}{3} n < v^2 > C_r \frac{dt}{dx}$$

式中 v——粒子速度。

如果 v 为常数，则上式可写成

$$q = -\frac{1}{3} C_u l \frac{dt}{dx} \tag{5-33}$$

式中 C_u——每单位体积的热容。

因此可以得出气体热导率的表达式为

$$\lambda = \frac{1}{3} \sum_{j}^{0} C_j v_j l_j \tag{5-34}$$

式中的脚标 j 表示载热体的类型。C_j 和 l_j 代表 j 型载热体每单位体积的热容和平均自由程。V_j 是 j 型载热体的速度，如果载热体是晶格波，则 V_j 相应地为格波群体的速度。

对于理想气体，导热系数的表达式为

$$\lambda = \frac{1}{3} C_V \bar{v} l \tag{5-35}$$

式中 C_V——单位体积气体比热容；

$\bar{v}$——分子平均运动速度；

l——分子运动平均自由程。

将自由电子气的相关数据代入式 5-35，即可求得自由电子的导热系数 λ_e。可以看出影响导热系数的因素有热容、分子平均运动速度和分子运动平均自由程。

B 热容的贡献

金属内部有大量的自由电子，在温度很低时自由电子对比热容的贡献不可忽略。根据固体物理理论，若系统共有 N 个电子，则根据热容的定义式 $C_V = \left(\frac{\partial \overline{E}}{\partial T}\right)_V$，即可给出系统的电子比热容

$$C_V = \frac{\pi^2}{2} kn \frac{kT}{E_F^\circ}$$

或

$$C_V^e = \frac{\pi^2}{2} N k_B \left(\frac{k_B T}{E_F^\circ}\right) = \gamma T \tag{5-36}$$

式中，$\gamma = \frac{\pi^2 N}{2E_F^\circ} k_B^2$ 称为金属的电子比热容。式 5-36 表明，电子的比热容与温度成

正比，但由于 $k_B T \ll E_F^\circ$，所以，电子气的比热容 C_V^e 是比较小的。这个结果与经典理论的结果 $C_V^e = \frac{3}{2} N k_B$ 大不相同，原因在于电子气服从费米分布。金属中虽有许多自由电子，但只有能量在费米能附近的状态中的电子才能被热激发到能量较高的状态中去，所以，电子系统的比热容是很小的。

当温度 $T \ll \theta_D$ 时，晶格振动的热容由式 5-36 给出，即

$$C_V^a = \frac{12\pi^4}{5} N k_B \left(\frac{T}{\theta_D}\right)^3 = bT^3 \tag{5-37}$$

式中，$b = \frac{12\pi^4}{5\theta_D^3} N k_B$。由此得到

$$\frac{C_V^e}{C_V^a} = \frac{5}{24\pi^2} \frac{k_B T}{E_F^\circ} \left(\frac{\theta_D}{T}\right)^3 \tag{5-38}$$

上式表明，随着温度下降，比值 C_V^e / C_V^a 增加，即电子气对晶体热容的贡献只有在低温度时才是重要的。在液氦温度下 C_V^e 与 C_V^a 大小可以相比。

实际上，当温度很低时，即 $T \ll \theta_D$ 和 $T \ll T_F$（$T_F = \frac{E_F^\circ}{k}$ 称为费米温度）时，金属热容需同时考虑晶格振动和自由电子两部分对热容的贡献，即金属热容与温度的关系表达式为

$$C_V = C_V^e + C_V^a = \gamma T + bT^3 \tag{5-39}$$

或

$$C_{v,m} = AT^3 + BT \tag{5-40}$$

式中　b，γ 或 A，B——材料的标识特征常数。

式 5-39 可改写为

$$\frac{C_V}{T} = \gamma + bT^2 \tag{5-41}$$

也就是说，只要从实验上测定不同温度下的比热容，作出 $C_V / T \sim T^2$ 的关系图（这是一条直线），从直线的斜率就可以确定系数 b，并将直线延伸到 $T = 0\text{K}$ 的范围，则直线的截距就是 γ。实验已经证明，在温度低于 5K 以下，比热容以电子贡献为主，即热容与温度的关系为直线关系（$C_{v,m} \propto T$）。

正是由于金属中存在的大量的自由电子，使得金属的热容随温度变化的曲线不同于其他键合晶体材料，特别是在高温和低温的情况下。图 5-9 提供资料所提供的铜的热容随温度变化的曲线。可以看出，曲线可分成 4 个区间。第Ⅰ区（Ⅰ区已被放大），温度范围为 0～5K，$C_{v,m} \propto T$。第Ⅱ区，温度区间很大，$C_{v,m} \propto T^3$。第Ⅲ区，温度在德拜温度 θ_D 附近，比热容趋于一常数，即 $3R$ J/(K · mol)。第Ⅳ区，当温度

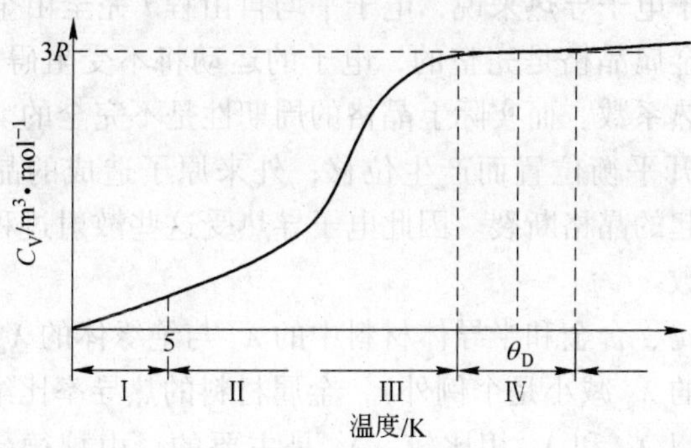

图 5-9 金属铜的恒容摩尔热容随温度变化曲线

远高于德拜温度 θ_D 时，热容曲线呈平缓上升趋势。其增加部分主要是金属中自由电子比热容的贡献。设单位体积内自由电子数为 n，那么单位体积电子热容为 $C_V=\frac{\pi^2}{2}k\cdot n\frac{kT}{E_F^{\circ}}$；由于 E_F° 随温度变化不大，则用 E_F 代替 E_F°；自由电子运动速度为 v_F，代入到式 5-35 得

$$\lambda_e=\frac{1}{3}\left(\frac{\pi^2}{2}nk^2\cdot\frac{T}{E_F}\right)v_F l_F \tag{5-42}$$

考虑到 $E_F=\frac{1}{2}mv_F^2$，$\frac{l_F}{v_F}=\tau_F$（自由电子弛豫时间），则有

$$\lambda_e=\frac{\pi^2 nk^2 T}{3m}\tau_F \tag{5-43}$$

C 平均自由程的贡献

资料表明，对于晶格导热来说，格波的非谐振性、晶格的缺陷、杂质原子的存在等方面因素所引起的散射机制，使晶格导热变得十分复杂。平均自由程又受到各种散射机制的限制，因此对每种载热体来说，具有以下的叠加形式

$$\frac{1}{l}=\sum_{(a)}\frac{1}{l(a)}$$

式中，a 代表了各种散射机制。以后各节将分别说明各种散射机制对金属导热的影响。

在金属内，电子对声子的散射通常在低温下起主要作用，这一作用与格波对电子的散射过程十分相似，这些交互作用限制了声子的平均自由程，可以得出

$$\frac{1}{l_{pe}(\omega)}\propto\omega \tag{5-44}$$

式中，ω 为格波的角频率，其中的平均自由程 $l(\omega)$ 中必须考虑一项散射影响。

资料表明，对于电子导热来说，电子平均自由程 l 完全由金属中电子的散射过程所决定。如果金属晶格是完整的，电子的运动将不受阻碍，l 是无限的，将会出现无限大的导热系数。而实际上晶格的周期性是不完全的。这是由于热运动使格点上的原子离开平衡位置而产生位移；外来原子造成的晶格弹性畸变；位错、晶粒间界等引起的晶格断裂。因此电子导热受这些散射过程所控制，不可能有无限大的导热系数。

一般认为，金属、合金和半导体材料中的 λ_g 与绝缘体的 λ_g 大小相仿（只有在极低温度下金属的 λ_g 减小是个例外），金属材料的热导率比绝缘体的热导率一般大两个数量级，以 λ_e 和 λ_g 相比较，λ_e 是主要的。由魏德曼-弗仑兹定律知，金属的热导率与导电系数成正比，因此，与前面三种材料的热导率相比，纯金属最高，合金次之，半导体最低。特鲁多的金属自由电子理论，通过简单的模型可以解释魏德曼-弗仑兹定律。但是，这个理论在解释常温下金属导电率与温度成反比的关系时发生了困难。洛伦兹的自由电子理论比特鲁多的理论作了进一步的改善，他所得到的结果仍然能够解释魏德曼-弗仑兹定律，但在解释电子比热容时发生了困难。这些困难只有在量子理论发展后才得到了解释。索末菲用量子力学处理自由运动的电子，设想电子的速度分布满足计入了泡利不相容原理的费密-狄拉克统计规律，求出了不同温度时电子的能量分布，从而获得了一些半定量的结果。

资料分析表明，因为晶格热振动对电子的散射正比于 $<\varepsilon^2>$。利用这一点，可以通过室温下的热振动来估算点缺陷对电子散射的数量级。也就是说由室温下的 ρ_i 和 W_i 的值来估算的值。在大部分固体中，室温下 $<\varepsilon^2>$ 的大约为 0.01 $<\varepsilon^2>$ 的数值决定于原子体积和弹性常数，但变化是不大的。可以得出

$$\rho_o \approx (\rho_i)_{RT}C, W_oT \approx (W_i)_{RT}CT_{RT} \tag{5-45}$$

式中　$(\rho_i)_{RT}$，$(W_i)_{RT}$——分别为室温下的本征电阻率和热阻率；

C——点缺陷的浓度，%；

T_{RT}——温度大约为 300K。

电子对电子的散射对能级密度很高的金属，例如过渡族金属，是相对重要的，这种情况下电阻率和热阻率有以下的形式

$$\rho_{ee} \approx BT^2, W^{ee} \approx DT \tag{5-46}$$

人们认为，这种影响在低温下（并非是极低温）是重要的，因为对于很纯的样品 ρ_o 和 W_o 不起主要的作用，由于 $\rho_i \propto T^5$，$W_i \propto T^2$，显然 ρ_{ee} 和 W_{ee} 所起的作用有超过 ρ_i 和 W_i 的趋势，因此，对于过渡族金属，在许多场合必须考虑 ρ_{ee} 和 W_{ee} 的影响。

这种散射机制使金属中的比具有同样弹性性能的绝缘体中的要小，后者的

$\lambda_g \propto T^2$。如前分析，高温下非谐振动的热阻占主导地位，即 $\lambda_g \propto \frac{1}{T}$。因此，$\lambda_g$ 从低温到高温的变化，在中等温度下会有一个极大值。通常金属的这个极大值比绝缘晶体的要小。

式5-35基于一个假设，即电子具有较长的平均自由程 l'，它比格波的波长要大，即 $l' > \lambda$，这样声子可以同单个电子起作用。在合金内，l'受到限制。若杂质元素含量为1%时，典型的情况下 l' 为 $100a$（a 为原子体积），波长 $\lambda \approx \frac{1}{3}a(\theta_D/T)$，这时 $l' > \lambda$ 仍能满足。若合金元素含量增加，就会出现 $l < \lambda$ 的情况，这时声子不再与单个电子起作用，而是同作为一个整体的电子气起作用。其散射作用变为

$$\frac{1}{lpe(\omega)} \propto \omega^2 \tag{5-47}$$

并且，$\lambda_g \propto T$。还有一种情况，即使合金成分不高，但是当格波波长增加很快时，电子对声子的散射作用仍然是很明显的。

D 总导热系数

金属的导热载体主要是自由电子，晶格波也起一定的作用，因此它的总导热系数可写成

$$\lambda = \lambda_e + \lambda_g \tag{5-48}$$

式中 λ_e——电子导热系数；

λ_g——晶格波导热系数。

E 影响因素

在低温时，热导率随温度升高而不断增大，并达到最大值；随后，热导率在一小段温度范围内基本保持不变；升高到某一温度后，热导率随温度升高急剧下降；温度升高到某一定值后，热导率随温度升高而缓慢下降（基本趋于定值），并在熔点处达到最低值。

固溶体的情况与金属固体的类似，即固溶体的形成降低热导率，且取代元素的质量和大小与基质元素相差愈大，取代后结合力改变愈大，对热导率的影响愈大。这种影响在低温时随温度升高而加剧。当 $T \geqslant \theta_D/2$ 时，与温度无关。这是因为温度较低时，声子传导的平均波长远大于线缺陷的线度，所以并不引起散射。随着温度升高，平均波长减小，在接近点缺陷线度后散射达到最大值，此后温度升高，散射效应也不变化，从而与温度无关。在取代元素浓度较低时，热阻率随取代元素的体积分数增加而线性增加，表明浓度低时，杂质对热导率的影响较显著；不同温度下的直线是平行的，表明在较高温度下，杂质效应与温度无关。观察可看出，在靠近纯组成点处，杂质含量稍有增加，热导率迅速下降；

当杂质含量稍高时，热导率随杂质含量增加而下降的趋势逐渐减弱。另外，还可看出，200℃时的杂质效应比1000℃时的强，若温度低于室温，杂质效应会更强烈。

一般情况是晶粒粗大，热导率高；晶粒愈小，热导率愈低。立方晶系的热导率与晶向无关；非立方晶系晶体热导率表现出各向异性。两种金属构成连续无序固溶体时，热导率随溶质组元浓度增加而降低，热导率最小值靠近组分浓度50%处。钢中的合金元素、杂质及组织状态都影响其热导率。钢中各组织的热导率从低到高排列顺序为：奥氏体、淬火马氏体、回火马氏体、珠光体（索氏体、屈氏体）。

5.2.1.5　无机非金属材料的导热

A　无机非金属材料的导热机理

当非金属晶体材料中存在温度梯度时，处于温度较高处的质点热振动较强、振幅较大，由于其和处于温度较低处振动弱的质点具有相互作用，带动振动弱的相邻质点，使相邻质点振动加剧，热运动能量增加。这样，热量就能转移和传递，使整个晶体中热量从高温处传向低温处，产生热传导现象。若系统对环境是绝热的，振动较强的质点受到邻近较弱质点的牵制，振动减弱下来，使整个晶体最终趋于平衡状态。可见对于非金属晶体，热量是由晶格振动的格波来传递的。而格波可分为声频支和光频支两类。因光频支格波的能量在温度不太高时很微弱，因而这时的导热过程，主要是声频支格波有贡献。

在固体物理学中，如果把晶格热振动看成是简谐振动，那么晶格上各质点就按各自的频率独立地作简谐振动（即格波间没有相互作用，各频率互不干扰），若没有声子与声子碰撞，就没有能量转移，声子在晶格中畅通无阻，这时热阻为0，热量以声子的速度在晶体中传播。显然这是不符合实际的。实际上，晶体中热量的传递速度很缓慢。这是因为：晶格的热振动是非线性的，晶格间有着一定的耦合作用，声子间会产生碰撞，使声子的平均自由程减小，热导率降低。格波间相互作用力愈强，声子间碰撞的几率也愈大，相应的平均自由程愈小，热导率也就愈低。因此，这种声子间碰撞引起的散射是晶格中热阻的主要来源。同时，我们也看到声子间碰撞引起的散射使平均自由程减小。

这样，格波在晶体中传播时遇到的散射可看作是声子和质点的碰撞；理想晶体中的热阻可归结为声子与声子的碰撞。因此，可用气体中热传导概念来处理声子热传导问题。气体热传导是气体分子碰撞的结果，声子热传导是声子碰撞的结果。

B　导热公式

根据气体分子运动理论，理想气体的导热公式为

$$\lambda = \frac{1}{3}Cvl \tag{5-49}$$

式中 C——气体容积热容；

v——气体分子平均速度；

l——气体分子平均自由程。

但对于晶体而言 C 是声子的热容，v 是声子的速度，l 是声子的平均自由程。对于声频支来讲，声子的速度可以看做是仅与晶体的密度 ρ 和弹性力学性质有关，即

$$V = \sqrt{\frac{E}{\rho}} \tag{5-50}$$

式中，E 为弹性模量，它与角频率 ω 无关。但是热容 C 和自由程 l 都是声子振动频率 v 的函数。所以固体热导率的普遍形式可写成

$$\lambda = \frac{1}{3}\int C(v)Vl(v)\mathrm{d}v \tag{5-51}$$

C 平均自由程

在高温下，相邻原子位置上的热应变几乎彼此无关，正比于 $<\varepsilon^2>$，也就是说正比于温度 T。因此本征的平均自由程与电子的平均自由程相类似，即

$$l_i \propto \frac{1}{T} \tag{5-52}$$

佩尔斯（Peierls）建立了一个非谐交互作用的理论，详尽地处理了三声子过程，并作了某些假定，导出了一个关系式

$$\frac{1}{l_i} \propto \omega^2 T \tag{5-53}$$

声子的平均自由程 l 受到如下几个因素的影响，从而影响声子的热导率：(1) 晶体中热量传递速度很迟缓，因为晶格热振动并非线性的，格波间有着一定的耦合作用，声子间会产生碰撞，使声子的平均自由程减小。格波间相互作用愈强，也即声子间碰撞几率愈大，相应的平均自由程愈小，热导率也就愈低。因此，声子间碰撞引起的散射是晶体中热阻的主要来源。(2) 晶体中的各种缺陷、杂质以及晶界都会引起格波的散射，等效于声子平均自由程的减小，从而降低 λ。(3) 平均自由程还与声子的振动频率 v 有关。振动 v 不同，波长不同。波长的格波易绕过缺陷，使自由程加大，散射小，因此热导率 λ 大。(4) 平均自由程 L 还与温度 T 有关。温度升高，振动能量加大，振动频率 v 加快，声子间的碰撞增多，故平均自由程 L 减小。但其减小有一定的限度，在高温下，最小的平均自由程等于几个晶格间距；反之，在低温时，最长的平均自由程长达晶粒的尺度。

D 本征热阻率

对本征热阻率作出的粗略估计为

$$W_u \approx U\left(\frac{h}{K}\right)^3 \cdot \frac{\gamma^3}{M_a} \cdot \frac{T}{\theta_D^3} \tag{5-54}$$

式中 M_a——相对原子质量；

K^3——原子体积；

U——系数，决定于晶体结构，典型值 $U=\frac{1}{3}$；

γ——与非谐振动有关的参量；

h——普朗克常数。

由式 5-54 看出，决定本征热阻率的因素是德拜温度 θ_D，一般来说德拜温度愈高，声子导热 λ_g 也愈高。根据佩尔斯（Peierls）的理论，三声子过程分为正规过程和倒逆过程两种。在高温下，声子碰撞的大部分倒逆过程，正像前面分析的那样，热阻率$\propto T$，导热系数$\propto \frac{1}{T}$。

在低温下，能达到产生倒逆过程的声子按照 $e^{-\theta/bT}$ 的关系变化，因此，热阻率按指数规律变化，即 $W_u \propto e^{-\theta/bT}$，这里的 b 是与晶体结构有关的常数，这种变化规律与实验数据吻合得很好。

E　影响因素

图 5-10 所示为某些材料的热导率，其中石墨和 BeO 具有最高的热导率，低温时接近金属铂的热导率。致密稳定的 ZrO_2 是良好的高温耐火材料，它的热导

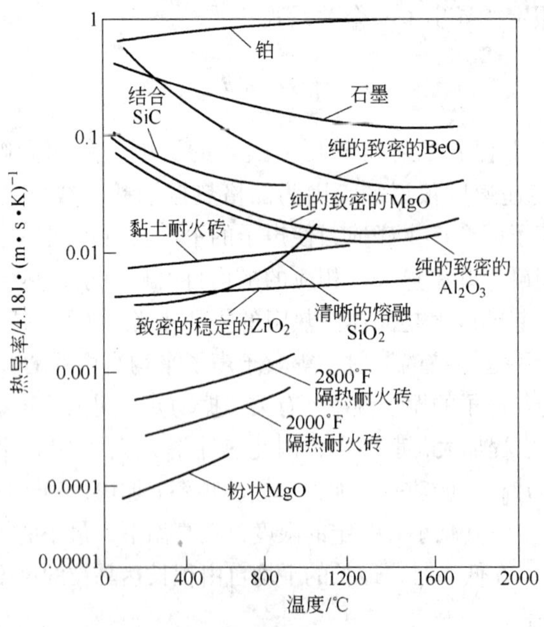

图 5-10　某些材料的热导率

率相当低。气孔率大的保温砖具有更低的热导率。粉状材料的热导率极低，具有最好的保温性能。

通常，低温时有较高热导率的材料，随着温度升高，热导率降低。而低热导率的材料正相反。前者如 Al_2O_3、BeO 和 MgO 等，它们的热导率随 T 变化的规律相似。根据实验结果，可整理出以下的经验公式

$$\lambda = \frac{A}{T - 125} + 5.8 \times 10^{-36} T^{10} \tag{5-55}$$

式中 T——热力学温度，K；

A——常数。

对于 Al_2O_3、MgO 和 BeO，A 分别为 16.2、18.8 和 55.4。

式 5-55 适用的温度范围，对 Al_2O_3 和 MgO 是室温到 2073K，对于 BeO 是 1273 ~ 2073K。玻璃体的热导率随温度的升高而缓慢增大。高于 773K，由于辐射传热的效应使热导率有较快的上升，其经验方程式为

$$\lambda = cT + d \tag{5-56}$$

式中 c，d——常数。

不密实的耐火材料，随温度升高，λ 略有增大（因气孔导热占一定分量）。气体热导率 λ 随温度 T 升高而增大，这是由于温度升高，气体的平均速度 $\bar{v}$ 大大加大，而自由程 L 略有减小，即气体的热导率主要是平均速度 $\bar{v}$ 起影响作用。耐火氧化物多晶材料，在实用的温度范围内，随温度升高，热导率 λ 下降。某些建筑材料、黏土质耐火砖以及保温砖等，其热导率随温度升高线性增大。一般的经验方程式为

$$\lambda = \lambda_0 (1 + bt) \tag{5-57}$$

温度不太高的范围内，主要是声子传导，$\lambda = \frac{1}{3} C_V \bar{v} L$。其中，平均速度 $\bar{v}$ 通常可看作常数，仅在温度较高时，由于介质的结构松弛而蠕变，使材料的弹性模量迅速下降，平均速度减小，如一些多晶氧化物在温度高于 973 ~ 1273K 时就出现这一效应。比热容 C_V 在低温时与 T_3 成正比，当 $T \geqslant \theta_D$ 时，C_V 趋于恒定值。自由程 L 随温度升高而下降，但实验证明其随温度变化有极限值。即低温时，自由程 L 的上限为晶粒线度；高温时，自由程 L 的下限为几个晶格间距。

在温度很低时，声子的平均自由程基本上无多大变化，处于上限值，为晶粒尺寸。这时主要是比热容 C_V 对热导率 λ 的贡献，C_V 与 T_3 成正比，因而 λ 也近似地随 T_3 而变化。随温度升高，热导率迅速增大，然而温度继续升高，平均自由程 L 要减小，比热容 C_V 也不再是随 T_3 增加，而是随温度 T 升高而缓慢增大并在德拜温度 θ_D 左右趋于一定值，这时平均自由程 L 成了影响热容的主要因素，

因而，热导率 λ 随温度 T 升高而迅速减小。这样在某个低温处（约为 40K），热导率 λ 出现极大值。在更高的温度，由于比热容 C_V 已基本无变化，而平均自由程 L 也逐渐趋于下限值，所以随温度 T 变化热导率 λ 变得缓和了。在温度高达 1600K 后由于光子热导的贡献使热导率又有回升。

不同组成的晶体，热导率往往有很大的差异。这是因为构成晶体的质点的大小、性质不同，它们的晶格振动状态不同，传导热量的能力也就不同。对于无机非金属材料来说，构成材料质点的相对原子质量愈小、密度愈小，杨氏模量愈大，德拜温度愈高，热导率愈大。因而，轻元素的固体和结合能大的固体热导率较大。如金刚石的热导率为 1.7×10^{-2} W/(m · K)，比较重的硅、锗的热导率大（硅、锗的热导率分别为 1.0×10^{-2} W/(m · K) 和 0.5×10^{-2} W/(m · K)），但无金属固体的热导率高，这是由于导热机构不同。

声子传导与晶格振动的非线性有关。晶体结构愈复杂，晶格振动的非线性程度愈大，格波受到的散射愈大，声子的平均自由程就愈小，热导率就较低。例如，镁铝尖晶石的热导率比 MgO 或 Al_2O_3 的热导率低；莫来石的结构更复杂，其热导率比尖晶石的还要低。

非等轴晶系的晶体热导率呈各向异性。石英、金红石、石墨等都是在膨胀系数低的方向热导率最大。温度升高时，不同方向的热导率差异减小。这是因为温度升高，晶体的结构总是趋于更好的对称。

同一种物质，多晶体的热导率总是比单晶的小。这是因为多晶体中晶粒尺寸小、晶界多、缺陷多，晶界处杂质也多，声子更易受到散射，因而它的平均自由程小得多，所以热导率小。还可以看出，低温时二者平均热导率一致，随着温度升高，差异迅速变大。这主要是因为在较高温度下晶界、缺陷等对声子传导有更大的阻碍作用，同时，也是单晶比多晶在温度升高后在光子传导方面有更明显的效应。

晶体中声子的平均自由程由低温下的晶粒直径大小变化到高温下的几个晶格间距的大小。因此，对于晶粒极细的玻璃来说，它的声子平均自由程在不同温度下将基本上是常数，其值近似等于几个晶格间距。这样，玻璃的热导率在较高温度下主要由热容 C_V 与温度 T 的关系决定，高温下则需考虑光子导热的贡献。

将晶体和非晶体热导率曲线进行比较，可看出二者的变化规律存在明显的差别，表现在：（1）在不考虑光子导热的贡献的任何温度下，非晶体的热导率都小于晶体的热导率（λ 非晶体 $<\lambda$ 晶体）。其原因是在该温度范围内，非晶体声子的平均自由程比晶体的平均自由程小得多（L 非晶体 $\ll L$ 晶体）。（2）高温时，非晶体的热导率与晶体的热导率比较接近。这是因为，当温度升到 c 点或 g 点时，晶体的平均自由程 L 已经减小到下限值，像非晶体声子平均自由程那样，等于几个晶格间距的大小。而晶体的声子的热容也接近为常数 $3nR$。光子导热还没

有明显的贡献，故二者较接近。（3）两者的 λ-T 曲线的重大区别在于非晶体的 λ-T 曲线无 λ 的峰值点 m。在无机材料中，有许多材料往往是晶体和非晶体同时存在。对于这种材料，λ-T 变化规律，仍可用前面讨论的晶体和非晶体 λ-T 变化规律进行预测和解释。玻璃中组分对热导率的影响要比晶体中组分对热导率的影响小。这主要是由于玻璃等非晶体材料的无序结构所决定的，在这种结构中，声子的平均自由程被限制在几个晶格间距的数量级。实际上，玻璃组分中含有较多的重金属离子，将使玻璃的热导率降低。在无机材料中，往往是晶体和非晶体同时存在。一般情况下，晶体和非晶体共存材料的热导率曲线，往往介于晶体和非晶体之间。可以出现以下三种情况：（1）材料中所含有的晶相比非晶相多。在一般温度以上，材料的热导率将随温度升高而稍有下降；而在高温下，热导率基本上不随温度变化。（2）材料中所含的非晶相比晶相多。这种材料的热导率通常随温度升高而增大。（3）材料中的晶相与非晶相含量为某一适当比例。这种材料的热导率可以在一个相当大的温度范围内保持常数。

5.2.1.6 高分子材料的导热性

保温隔热材料的可选择性很大，很多保温材料（如较为常用的聚氯乙烯，聚苯乙烯，较新的环戊烷泡沫）都具有比较低的热导率，因而具有良好的保温性能。提高材料的保温隔热性能首先要研究材料的结构、复合结构和材料孔的结构以及孔的状态。

固体的导热性与其内部的自由电子、原子和分子的热运动有关。高分子材料内部无自由电子，且分子链相互缠绕在一起，受热时不易运动，故导热性差，约为金属材料导热性的百分之一到千分之一。作为绝热材料时，要求高聚物的热导率低；而在用升温方法加工成形高聚物制品时，要求在适当时间内能把物料内部加热到加工温度和冷却到环境温度，也与热导率大小有关。热导率越小的高聚物，其绝热隔音性能越好。高聚物发泡材料可作为优良的绝热隔音材料，在相同孔隙率下，闭孔的发泡材料比开孔的绝热隔音效果更好。常用的制品有脲醛树脂、酚醛树脂、聚苯乙烯、橡胶和聚氨酯类发泡材料，后二者为弹性体，兼有良好的消振作用。

高分子隔热材料中各原子以共价键结合，分子以四面体或六方紧密堆积组成固体物质，因此，其中各分子内的原子只能进行振动或转动而无平动，进行热传导的方式只能是原子间的转-振辐射，当振-转热平衡之后，对热扩散就形成热垒，分子间主要以辐射传递能量，形成缓慢的热传递，这样从管壁到保温层表面形成温度梯度，只要中心温度不变，这个温度梯度也就较为稳定，这就是该材料隔热保温机理的理论基础。保温材料的热导率应该低。

5.2.1.7 热导率的测定

测量固体材料热导率的方法很多，对不同的测量温度和不同的热导率范围，往往需要采用不同的测量方法。很难找到一种方法能适应各种材料和各个温区的测量要求。采用什么样的测试方法往往要从材料的热导率范围、样品可能做成的几何形状、数据所需的准确度、测量周期和所需费用等一系列因素综合考虑后来确定。

测量的方法可以分为两大类：稳态法和瞬态法。按照美国热物理性能研究中心（TPRC）的分类，测量导热系统的稳态法包括纵向热流法（棒状法、分割式棒状法）、福培斯（Fobes）法、径向热流法（圆柱法、圆球和椭圆法）、直接通电法（圆柱棒状法、矩形棒状法）及热比较仪法。

纵向热流法是测量金属和合金热导率最常用的一种方法。按照傅里叶定律的数学表达式

$$q = -\lambda \mathrm{grad}t \tag{5-58}$$

如果在一根棒状试样内建立起一个稳态热流，棒的周围的热损失热增益减至最小，则按式可以写出它的热导率公式为：

$$q = -\frac{Q\Delta x}{A\Delta t} \tag{5-59}$$

式中 Q——热流速率；

A——试样截面积；

Δt——两个测温点之间的温差，$\Delta t = t_1 - t_2$；

Δx——两个测温点之间的距离；

λ——在平均温度为$\frac{1}{2}(t_1 + t_2)$时的导热系数。

采用这种测量方法一般要注意以下几点：（1）试样的长度与面积之比 L/A 要足够大，以便得到较大的足以精确测量误差。试样的侧面积要小，以减少侧面热损。因此，试样总是做成细长的棒状，经综合考虑后确定试样尺寸。（2）试样上温差测量如用热电偶，一般采用直接形式直接读出温度差，以减小读数误差。（3）测量热电势时，通过无电势接触开关再联到电位差计上，以防止电势的虚假性。热导率测量的计算模型如图 5-11 所示。

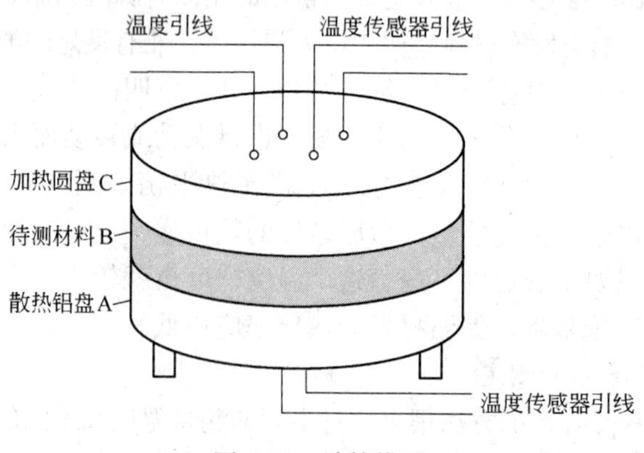

图 5-11 计算模型

当物体内部有温度梯度存在时，就有热量从高温处传递到低温处，这种现象被称为热传导。傅里叶指出，在 dt 时间内通过 ds 面积的热量 dQ，正比于物体内的温度梯度，其比例系数是导热系数，即

$$\frac{\mathrm{d}Q}{\mathrm{d}t} = -\lambda \frac{\mathrm{d}T}{\mathrm{d}x}\mathrm{d}s \tag{5-60}$$

式中，$\frac{\mathrm{d}Q}{\mathrm{d}t}$为传热速率；$\frac{\mathrm{d}T}{\mathrm{d}x}$为与面积 d$s$ 相垂直的方向上的温度梯度，“-”号表示热量从高温区域传向低温区域；λ 为导热系数，表示物体导热能力的大小，在 SI 中 λ 的单位是 $\mathrm{W \cdot m^{-1} \cdot K^{-1}}$。对于各向异性材料，各个方向的导热系数是不同的（常用张量来表示）。

如图 5-11 所示，设样品为一平板，则维持上下平面有稳定的 T_1 和 T_2（侧面近似绝热），即稳态时通过样品的传热速率为

$$\frac{\mathrm{d}Q}{\mathrm{d}t} = \lambda \frac{T_1 - T_2}{h_{\mathrm{B}}} S_{\mathrm{B}} \tag{5-61}$$

式中，h_{B} 为样品厚度，$S_{\mathrm{B}} = \pi R_{\mathrm{B}}^2$ 为上表面的面积，$T_1 - T_2$ 为上下表面的温度差，λ 为导热系数。在实验中，要降低侧面散热的影响，就要减小 h。因为待测平板上下表面的温度 T_1 和 T_2 是用加热圆盘 C 的底部和散热铝盘 A 的温度来代表，所以就必须保证样品与圆盘 C 的底部和铝盘 A 的上表面密切接触。实验时，在稳定导热的条件下（T_1 和 T_2 值恒定不变），可以认为通过待测样品 B 盘的传热速率与铝盘 A 向周围环境散热的速率相等。因此可以通过 A 盘在稳定温度 T_2 附近的散热速率$\frac{\mathrm{d}T}{\mathrm{d}t}$，求出样品的传热速率$\frac{\mathrm{d}Q_{加}}{\mathrm{d}t}$。

资料表明了图 5-12 的计算模型。在读取稳态时的 T_1 和 T_2 之后，拿走样品 B，让 A 盘直接与加热盘 C 底部的下表面接触，加热铝盘 A，使 A 盘温度上升到比 T_2 高 6℃左右，再移去加热盘 C，让铝盘 A 通过外表面直接向环境散热（自然冷却），当 T_{a} 降至比 T_2 高 5℃时止，然后以时间为横坐标，以 T_{a} 为纵坐标，做 A 的冷却曲线如图 5-13 所示，过曲线上的点（t_2，T_{a}）做切线，则次切线的 h_{A} 率

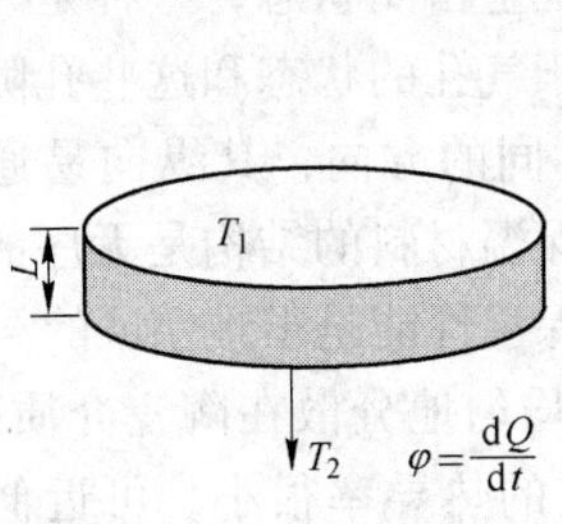

图 5-12 计算模型

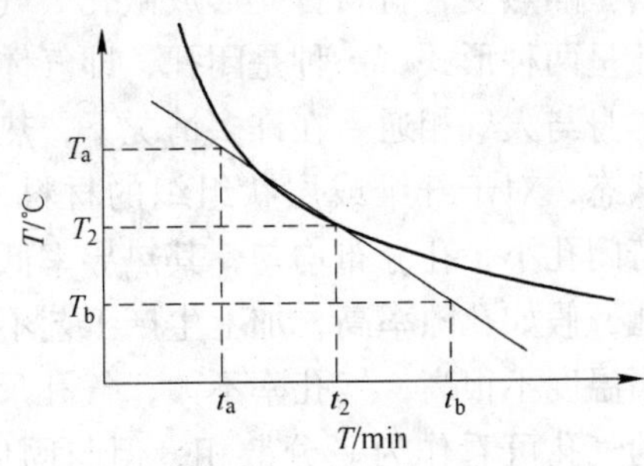

图 5-13 冷却曲线

就是 A 在 T_2 的自然冷却速率$\frac{dT}{dt}=\frac{T_a-T_b}{t_a-t_b}$。

对于铝盘 A，在稳态传热时，其散热的外表面积为 $\pi R_A^2+2\pi R_A h_A$，移去加热盘 C 后，A 盘的散热外表面积为 $2\pi R_A^2+2\pi R_A h=2\pi R_A(R_A+h_A)$，考虑到物体的散热速率与它的散热面积成正比，所以有

$$\frac{dQ}{dt}=\frac{\pi R_A(R_A+2h_A)}{2\pi R_A(R_A+h_A)}\times\frac{dQ_{加}}{dt}=\frac{R_A+2h_A}{2R_A+2h_A}\times\frac{dQ_{加}}{dt} \tag{5-62}$$

式中，R_A，h_A 分别为 A 盘的半径和厚度。

根据热容的定义，对温度均匀的物体，有

$$\frac{dQ_{加}}{dt}=mc\frac{dT}{dt} \tag{5-63}$$

对应铝盘 A，就有$\frac{dQ_{加}}{dt}=m_{铝}c_{铝}\frac{dT}{dt}$，$m_{铝}$和 $c_{铝}$分别为 A 盘的质量和比热容，将此式代入式 5-63 中，有

$$\frac{dQ}{dt}=m_{铝}c_{铝}\frac{R_A+2h_A}{2(R_A+h_A)}\times\frac{dT}{dt} \tag{5-64}$$

比较式 5-62 和式 5-60，便得出导热系数和公式

$$\lambda=\frac{m_{铝}c_{铝}h_B(R_A+2h_A)}{2\pi R_B^2(T_1-T_2)(R_A+h_A)}\times\frac{dT}{dt} \tag{5-65}$$

$m_{铝}$、$c_{铝}$、R_B、h_A、T_1和 T_2都可以由实验测量出准确值，$c_{铝}$ 为已知常数，$c_{铝}=0.904J/(g\cdot℃)$，因此，只要求出$\frac{dT}{dt}$，就可求出热导率 λ。

5.2.2　隔热保温块体复合材料

5.2.2.1　多孔整体材料

新型隔热复合材料首先形成微孔。气孔的数量愈多，热导率愈小。这些形成的气孔呈两种形式。一种是闭孔，即气体本身与大气呈密闭状态；一种是开孔即气体本身与大气相通。在许多情况下，热导率取决于气孔的状态和这些孔隙内的空气状态，对于纤维或层状组织的材料，有纵横不同的方向，其纵向易通过热流。若闭孔小，孔分布均匀，其热导率低。而传统保温材料的结构是无序的，多为开孔，假如孔隙率高，加上生产工艺不规范，其保温性能是很难保证的。

当温度不很高，气孔率不大，气孔尺寸很小又均匀地分散在陶瓷介质中时，这样的气孔可看作为一分散相，但与固体相比，它的热导率很小，可近似看作为零。

当 $\lambda_{pore}(=\lambda_d)\approx 0$ 和 $Q=\lambda_c/\lambda_d$ 很大时，有孔材料的热导率为

$$\lambda=\lambda_S\times\frac{1+2V_d\times\dfrac{1-Q}{2Q+1}}{1-V_d\times\dfrac{1-Q}{2Q+1}}$$

$$=\lambda_S\times\frac{2Q(1-V_d)}{2Q\left(1+\dfrac{1}{2}V_d\right)}$$

$$\approx\lambda_S(1-V_d)=\lambda_s(1-p) \tag{5-66}$$

式中 λ_s——固体的热导率；

p——气孔率。

有人在式5-66的基础上，考虑了气孔的辐射传热，导出了更为精确的计算公式

$$\lambda=\lambda_c(1-A_p)+\frac{A_p}{\dfrac{1}{\lambda_c}(1-p_L)+\dfrac{p_L}{4G\varepsilon\sigma dT^3}} \tag{5-67}$$

式中 A_p——气孔的面积分数；

p_L——气孔的长度分数；

ε——辐射面的热发射率；

d——气孔的最大尺寸；

G——几何因子，对于顺向长条气孔，$G=1$；横向圆柱形气孔，$G=\pi/4$；球形气孔，$G=2/3$。

式5-67是在热发射率 ε 较大或温度高于500℃时使用，当热发射率 ε 较小或温度低于500℃时，可直接使用式5-66。在不改变结构状态的情况下，气孔率的增大，总是使 λ 降低。这就是多孔、泡沫硅酸盐、纤维制品、粉末和空心球状轻质陶瓷制品的保温原理。从构造上看，最好是均匀分散的封闭孔，如是大尺寸的孔洞，且有一定贯穿性，则易发生对流传热，就不能用式5-66单纯计算。

A 微珠保温材料

微珠保温材料是另一种新型的保温材料，它是一种以电厂粉煤灰微珠和膨胀珍珠岩为基料，配以专用黏结剂，经高温烧结后制成的轻质成形料。据近年来国内外文献报道，粉煤灰中的一种空心微珠是在粉煤燃烧时，在炉温超过1350～1500℃的高温区域内产生的一种中空球形圆珠，其内部包含有氮和二氧化碳等气体，其表面耐磨性好，压强高，并有很好的耐酸性。经试验研究表明，空心微珠具有颗粒小、质轻、中空、隔音、隔热、耐高温、绝缘、耐低温、耐磨、强度高等优异的多功能特性。

微珠的化学成分主要是硅和铝的氧化物（SiO_2 为50%～60%，Al_2O_3 为20%～40%），此外含有 Fe_2O_3、CaO、TiO_2 以及少量 Mg、K、Na 的氧化物组成。就其成分来看均由高熔点组分组成。据美国明尼苏达州大学的试验，用干法提选的空心微珠，抗压强度超过 $7000kg/cm^3$，其粒径均为 2μm，壁厚为其直径的30%，而一般的空心微珠抗压强度也在 1400～$7000kg/cm^3$。

表 5-1 中给出了轻质微珠制品与传统保温材料性能的比较。可以看出，轻质微珠制品与水泥蛭石相比，尽管后者价格便宜，但其最高使用温度高。而蛭石允许值较低，机械强度差，寿命较短。与微孔硅酸钙相比，仅仅热导率次于之。微孔硅酸钙有一致命弱点，就是材料中含有石棉成分，而石棉是一致癌物质，在国际上已属禁止生产的产品，且该材料较易吸水，在施工过程中机械强度会大大降低，从而寿命较短。

表 5-1　微珠制品与传统保温材料性能的比较

保温材料	密度/$kg \cdot m^{-3}$	常温导热系数 /$W \cdot (m \cdot K)^{-1}$	使用温度 /℃	抗压强度 /kPa(kg/cm^2)	吸水率/%
轻质微珠保温制品	250～300	0.07	最高为 900～1000	490（5）	
水泥蛭石制品	450～500	0.093～0.116	<600	294～588（3～6）	≥90
水泥珍珠岩制品	350～400	0.070～0.084	<600	≥392（≥4）	150～250
泡沫石棉	50～70（生产密度）	0.044～0.052	500	49～98（0.5～1）（抗拉）	
微孔硅酸钙	200～250	0.059～0.06	600	≥490（≥5）	390
岩棉保温板（半硬质）	100～200（生产密度）	0.47～0.043	−268～350	≥245（≥2.5）（抗弯）	
陶瓷纤维	155	0.07（900℃）	1000		

轻质微珠保温材料热导率小，密度小，价格便宜，有一定的机械强度，是工业锅炉保温层的较理想的保温材料。同时，它又是粉煤灰的高层次利用，起着化废为宝，改善环境的作用。所以，开发微珠保温材料具有经济和社会双重效益。另外，作为一种理想的制造耐高温的保温或耐火材料的原料，空心微珠还可推广到其他产品上，如工业窑炉，蒸汽管道，高温化工管道，电站锅炉的保温层，各种加热电炉的保温材料等都可以用微珠保温材料取代之。

有人通过对超细微珠表面采用自行研发的改性处理剂和复合工艺、方法，使空心微珠能均匀分散在聚合物基体中，微珠与基体具有良好的界面结合，从而可以获得综合性能高的超细空心微珠/聚合物复合材料。利用粉煤灰中的超细空心微珠改性聚合物，一方面发挥空心微珠的特性，使聚合物的力学性能、耐磨性、隔热、绝缘性能等得到大幅提高，获得高性能聚合物新材料；另一方面，通过大填充量的空心微珠来降低成本，变废为宝，既节省了宝贵的资源，又减轻了对环境的污染，具有很大的经济效益和社会效益。

B　防火隔音隔热吸音棉

汽车隔音隔热材料是一种可以消除车内噪音和热量的阻隔杂音最强的闭孔橡胶环保发泡棉材料，是一种永不固化的天然橡胶合成产品。施工前将粘贴部位的灰尘清洗干净即可粘贴。用手压平、压稳均可，无需加热。

C　复合硅酸盐绝热保温材料

复合硅酸盐绝热保温材料，是一种微孔网状结构的静电型无机保温隔热材料，其主要原料采用一种含铝镁硅酸盐的特种非金属矿，掺和一定数量的辅助原料和填充料，再加入适量的化学添加剂，可取代蛭石、珍珠岩、矿（岩）棉、泡沫石棉等传统保温材料。其特点为：（1）密度小，封闭性能好，热导率低，因而保温效果比传统材料明显增强；（2）用材厚度小，可减轻设备的荷重，而且有利于设备探伤和减少工程造价；（3）耐热温度高，适用于表面温度800℃内热设备，且不开裂，不变形，不粉化，耐酸碱；（4）黏结强度好，能很好地与热金属表面吸附贴合，当设备热胀冷缩时不易脱落；（5）由自身理化性能决定无粉尘，无毒，无刺激性，不污染环境，不伤害人体，不腐蚀设备。表5-2为几种复合硅酸盐制品的特性参数。

表5-2　几种复合硅酸盐制品的特性参数

<table>
<tr><th>保温材料</th><th>干密度/kg·m^{-3}</th><th>常温热导率/W·(m·K)$^{-1}$</th><th>使用温度/℃</th><th>抗压强度/MPa</th><th>吸水率/%</th></tr>
<tr><td>JGC-700复合硅酸盐绝热保温材料</td><td>110~150</td><td>0.035</td><td>-40~800</td><td></td><td></td></tr>
<tr><td rowspan="2">FGB-800复合硅酸盐绝热保温材料</td><td rowspan="2">≤180</td><td>（膏体）
0.055~0.075</td><td rowspan="2">-50~800</td><td rowspan="2"></td><td rowspan="2"></td></tr>
<tr><td>（板材）
0.039~0.055</td></tr>
<tr><td rowspan="2">BW-(N)-1208
新型可注超轻耐热保温材料</td><td rowspan="2">≤450</td><td rowspan="2">0.14</td><td>短期最高
1158</td><td>1.4
(110℃)</td><td rowspan="2"></td></tr>
<tr><td>长期工作
1000</td><td>0.72
(1000℃)</td></tr>
</table>

D　复合泡沫聚苯外保温板

复合外保温系统是国内外使用最普遍、技术上最成熟的外保温系统。虽然聚苯保温板外保温系统技术成熟，但聚苯保温板导热系数低、热阻大，其热惰性指标和蓄热系数差，延迟时间短，在夏季太阳辐射时，引起保温材料外表面温度急剧升高，由此会引起：(1) D 值小，导致围护结构内表面温度波幅过大影响房屋居住舒适度。(2) 表面吸收的太阳辐射热不能传入墙体，导致夏季阳光下表面温度可高达 80℃，如果突降暴雨，温度会急剧下降，温度变化幅度可达 50℃以上，剧烈温差极易引发墙体表面装饰层的变化。因此，在做墙体外保温设计时，既要考虑保温又要兼顾隔热。目前，复合外保温墙体做法最普遍的是外贴聚苯保温板，是当前较为成熟的外保温技术之一。其工艺是将裁切好的泡沫聚苯板用专用黏结砂浆粘贴在外墙表面，并加尼龙锚栓固定，然后在保温板表面抹聚合物水泥砂浆，压入耐碱涂塑玻纤网格布，最后在表面抹弹性抗裂腻子和涂料。

E　泡沫塑料

硬质聚氨酯泡沫塑料是一种保温与防腐的优质材料，可制成硬质聚氨酯直埋管道，具有抗拉和抗压强度高、导热系数小、湿热老化年限长、施工工期短、使用方便、综合经济效益好的优点，适用于作输送各种冷热水、天然气、液化气、油品等介质的埋地管道。

聚氨酯直埋管是由钢管（有缝或无缝钢管）经水压试验无渗漏后，进行除锈，脱脂（对于有油污的管道进行的处理工作），再裹覆氰凝、硬质聚氨酯泡沫塑料和玻璃钢而成的保温复合管道。其结构特点是：紧贴切钢管外壁的为防锈防腐层，采用的是高效防水防腐化学材料氰凝；中层为保温层，采用导热系数小、吸湿性小和机械强度高的硬质聚氨酯泡沫塑料；外层为保护层，同样具有防水作用，采用的是高强度，抗剪切，耐腐蚀的玻璃钢。正是由于聚氨酯直埋管具有以上这些特性，因此，可广泛用于国防、石油、化工、市政建设、冶金、热网工程、地热工程、工业与民用建筑等领域的管道地下直埋敷设，输送各种冷热蒸汽。然而，硬质聚氨酯直埋管的使用只是解决了 120℃以内管道保温的工艺问题。为了提高热效率（增加供热面积），以进一步节能，还需要一种能够在更高温度下稳定的材料。

聚异氰脲酸酯硬泡就是目前较为理想的材料，无论是它的分解温度和闪点温度都大大高于普通的聚氨酯泡沫，而其施工工艺又与后者很相似，从系统上并不影响一般的工艺设计。表 5-3 中给出了硬质聚氨酯泡沫塑料与聚异氰脲酸酯硬泡的一些物性参数。

表 5-3　硬质聚氨酯泡沫塑料与聚异氰脲酸酯硬泡物性参数

保温材料	干密度/kg·m^{-3}	常温热导率/W·(m·K)$^{-1}$	使用温度/℃	抗压强度/MPa	吸水率/%
硬质聚氨酯泡沫塑料	30～60	0.023～0.029	-80～100	≥0.3	0.02～0.03
聚异氰脲酸酯硬泡	56	0.0204	≤150	0.34	

F　泡沫金属

泡沫金属的隔热性能较实体金属要优越得多，它的导热性随孔隙率的增加而呈指数下降趋势，一般的金属或合金的导热系数为 40～1200kJ/(m·h·K)，而多孔泡沫金属材料的表观导热系数为金属或合金的 0.1～0.01 倍。这足可以与一些常用的绝热材料相抗衡。一些研究人员在通孔泡沫铝的导热性能方面所做的测试数据反映这种材料有较低的热导率。实验表明：密度为母体金属 4% 的泡沫镍，在 400K 时的热导率仅为 1.68kJ/(m·h·K)，约为金属镍的 1%；密度为 0.46g/cm^3 的泡沫铝的热导率为 4.2kJ/(m·h·K)，而母体铝的导热系数是 824kJ/(m·h·K)。典型轻质隔热材料的物性参数见表 5-4。

表 5-4　典型轻质隔热材料的物性参数

材　料	密度/kg·m^{-3}	使用温度/℃	材　料	密度/kg·m^{-3}	使用温度/℃
硅酸铝纤维	(0.64～0.16)×10^3	20～1260	石英纤维	(0.048～0.192)×10^3	20～1370
蜂窝状泡沫玻璃	(0.08～0.16)×10^3	-185～420	二氧化硅气凝胶	(0.064～0.096)×10^3	-273～700
玻璃纤维加黏结剂	(0.016～0.048)×10^3	-185～120	熔融石英	0.64×10^3	20～1260
硼硅玻璃纤维	(0.032～0.16)×10^3	20～820	二氧化硅长纤维	(0.048～0.016)×10^3	-185～1100

5.2.2.2　纤维整体材料

A　海泡石复合硅酸盐隔热材料

海泡石复合硅酸盐隔热材料是以纤维状的非金属矿石棉绒为主要原料，以其他轻质硅酸盐辅助材料（如膨胀珍珠岩等）作为填充物，以耐高温的水溶性胶为粘接材料，并加入适量的化学添加剂（如渗透剂），经一系列加工工艺而制成的一种灰白色的膏状材料。它可以涂抹到任意形状的设备及管道外壁上作隔热保温层，干燥成形后形成一种白色的固体基质连接的封闭微孔的网状体。根据隔热层的表面鼓泡现象，可以准确地发现隔热层设备及管道的渗漏情况。

B　硅质复合隔热保温材料

目前建筑屋面的隔热保温多采用在崖顶作架空隔热或是填铺烧结枯土脚粒、煤渣等材料的做法。以烧结黏土大阶砖和水泥珍珠岩复合架空砖的架空隔热较为常见，这些做法是因为其强度低，易破损，或是因为架空高度不够，造成效果不理想。而如果采用填铺陶粒、煤渣类材料的隔热方法，往往会增大屋面的荷载，而且造价也较高。针对以上材料所存在的问题，开发研制了一种新型硅质复合屋面隔热保温材料。它以镁、铝、钙硅酸盐矿物为基料，加入一些轻质填料、黏结剂和助剂，经加工配制而成。具有不燃、防火、不污染环境、耐酸碱、保温性能好、施工简便、密度小、涂层薄等特点，是目前市场上一种性能优异的新型屋面隔热保温材料。原料为硅酸盐水泥、膨胀珍珠岩、聚苯乙烯泡沫塑料（其质量应达到国标 10801—1989 隔热用聚苯乙烯泡沫塑料的有关要求）及一些轻质松散型低导热系数材料、填料、黏结材料以及适量外加剂。

某保温材料厂研制生产的复合硅酸盐保温隔热材料是一种固体基质联结的封闭撇孔网状结构材料，由专用的矿物材料和多种轻质非金属材料运用静电原理和湿法工艺复合制成。主要技术参数检测结果见表5-5。

表5-5　产品主要技术参数

序 号	检测项目	单　位	检测结果	备　注
1	膏状物密度	t/m^3	0.78～0.83	—
2	板材密度	t/m^3	0.11～0.14	—
3	热导率	W/(m·K)	0.034～0.035	—
4	收缩率	%	≤35	膏状涂料干燥后
5	抗折强度	MPa	0.2	按GB8932.3测试
6	抗压强度	MPa	0.6	按GB8932.3测试
7	黏结强度	MPa	0.03	按GB5024.4测试
8	耐热性	—	不粉化、不变形	800℃、3h
9	不燃性	—	不燃	—
10	耐酸、碱	—	不溶、不变形、不裂	8% HCl、3% KOH浸泡48h
11	抗冻性	—	水不冻	-30℃、80h
12	pH值	—	7～8	按GB8077测试
13	气孔率	%	80～88	按GB8932.2测试
14	吸潮率	%	7.97	—
15	色泽	—	灰白	—

C　氧化铝隔热材料

资料报道新开发的氧化铝隔热材料Al-25/1700，由高纯多晶氧化铝纤维、耐火填充料和无机陶瓷结合剂的复合体，其化学组成是：$Al_2O_3$80%；$SiO_2$20%。可用作快速加热实验炉及生产用炉的隔热材料，隔热效果好，成本低，持续使用温度可达1700℃。

5.2.3　隔热保温涂层材料

5.2.3.1　无机涂料

A　涂料的类型及隔热机理

建筑隔热涂料产品能够降低冬季采暖能耗，兼顾降低夏季降温能耗，大幅度降低外墙传热系数，使当前新旧建筑物均能达到政府的节能要求。根据建筑隔热涂料隔热机理和隔热方式的不同，可分为阻隔性隔热涂料、反射隔热涂料及辐射隔热涂料三类。反射隔热涂料的特点是节能高；辐射隔热涂料的特点是降温快；

阻隔性隔热涂料是通过热传递的显著阻抗性来实现隔热的涂料。

近年来，国内外纷纷展开薄层隔热保温涂料的研究，美国已有多家公司生产这种绝热瓷层涂料，如美国的SPM Thermo-Shield、Thermal Protective Systems推出的Ceramic-Cover、J. H. International的Therma-Cover等产品。这种太空绝热瓷层是根据美国航空和航天宇宙航行局NASA控制航天飞机热传导的工作原理研制而成的，适用于高压喷涂、无污染，具有良好的抗热辐射、薄层隔热、防水防腐蚀等性能。目前，该材料已转向一般工业及民用隔热保温。而国内也有多家企业在研发该类材料，如薄层隔热反射涂料、太阳热反射隔热涂料、水性反射隔热涂料、隔热防晒涂料、陶瓷绝热涂料等。主要是采用耐候性好、耐水性强、耐老化性强、有较强黏结力和弹性的、且能与保温填料、反射填料相溶性好的成膜材料，选择质轻中空、耐高温、热阻大、并具有良好反射性和辐射性的填料，折光系数高、表面粗糙度低、热反射率及辐射率高的超细粉料适合作为反射填料，与成膜基料一起构成低辐射传热层，可有效隔断热量的传递。这种薄层隔热反射涂料与多孔材料复合使用可用于建筑物、车船、石化油罐设备、粮库、冷库、集装箱、管道等不同场所涂装。

根据涂层在使用中的变化可将隔热涂层分为两大类，一类是低热导率的固定涂层，另一类是受热后燃烧、挥发的有机烧蚀涂层。这两类隔热涂层用于航天器顶部和涡轮发动机上，所经受的温度在800℃甚至1000~2000℃。有机烧蚀涂层一般是由树脂加玻璃纤维或碳纤维构成，通过高温分解过程消耗热量，并阻止热量继续传导到更深层而起到热防护作用。所用树脂一般为酚醛、环氧、硅氧烷等。从涂层与基体的黏接倾向来说，用有机烧蚀涂层较为有利，而且价格低、密度小。

B 硅酸盐类复合涂料

应用最广泛的阻隔性隔热涂料是硅酸盐类复合涂料。这类涂料是20世纪80年代末发展起来的一类隔热材料。主要由海泡石、蛭石、珍珠岩粉等无机隔热骨料、无机及有机黏结剂及引气剂等助剂组成。经过机械打浆、发泡、搅拌等工艺制成膏状保温涂料。目前这类涂料正在经历一场由工业隔热保温向建筑隔热保温的转变。但由于存在自身材料结构带来的缺陷，如干燥周期长，施工受季节和气候影响大，抗冲击能力弱，干燥收缩大，吸湿率大，对墙体的黏结强度偏低以及装饰性有待进一步改善等，故这类隔热涂料较少用于外墙涂装。选择耐候性好、韧性好、耐温较高、成膜性好的基料，加入轻质、孔隙率高、热绝缘系数大的绝缘填料及反射率高、表面光洁的反射填料，并辅以合适的分散剂、阻燃剂、成膜助剂等，研制成的薄层隔热反射涂料的热反射率可达85%以上，可用于成品油罐及低温容器的隔热保温。

辐射隔热涂料是通过辐射的形式把建筑物吸收的日照光线和热量以一定的波

长发射到空气中，从而达到良好隔热降温效果的涂料。其中的关键技术是制备具有高热发射率的涂料组分。辐射热传导和光子热传导有关。固体中除了声子的热传导外，还有光子的热传导（即固体中除了振动能以外，还有一部分是由较高频率的电磁波所引起的）。低温时，这部分能量所占总能量的比例很小，可以忽略不计，但高温下，它就显得很重要。当固体中分子、原子和电子的振动、转动等运动状态发生改变时，会辐射出频率较高的电磁波。这类电磁波覆盖了一较宽的频谱。其中具有较强热效应的是波长在0.4～40μm间的可见光与部分近红外光的区域。这部分辐射线就称为热射线。由于热射线都在光频范围内，其传播过程和光在介质（透明材料、气体介质）中传播的现象类似，也有光的散射、衍射、吸收和反射、折射，所以可以把它们的导热过程看作是光子在介质中传播的导热过程。

在热稳定状态，介质中任一体积元平均辐射的能量与平均吸收的能量相同，以保持各点温度不随时间改变。当相邻体积元间存在温度梯度时，温度高的体积元辐射出的能量多，吸收的能量少；温度低的体积元能量变化情况正好相反，吸收能量多于辐射的能量。因此，能量便从高温处向低温处转移。描述这种介质中辐射能传递能力的便是辐射热导率 λ_r。辐射热导率 λ_r 仍与体积热容、光子传递速度、平均自由程相关。不过当温度不太高时，固体中的电磁辐射能很微弱，因为辐射能 E_r 与温度的四次方成正比。材料中的辐射导热机制主要发生在透明材料中，此时光子有高的平均自由程，热阻很小。对于热辐射不完全透明的材料，平均自由程很小，对于完全不透明的材料，平均自由程为0，故在这种材料中热辐射传热可以忽略。

在温度不太高时，固体中电磁辐射能很微弱，但在高温时就明显了。辐射能量与温度的四次方成正比。例如，在温度 T 时黑体单位容积的辐射能 E_r 为

$$E_r = 4\sigma n^3 T^4/v \tag{5-68}$$

式中　σ——斯忒蕃-玻耳兹曼常数(5.67×10^{-6}W/(m^2·K^4))；

n——折射率；

v——光速（3×10^{10}cm/s）。

由于辐射传热中，容积比热容相当于提高辐射温度所需的能量，所以

$$C_R = \frac{\partial E}{\partial T} = \frac{16\sigma n^3 T^3}{v} \tag{5-69}$$

由于辐射线在介质中的速度 $v_r = v/n$，以此式代入得到辐射能的传导率 λ_r

$$\lambda_r = \frac{16}{3}\sigma n^2 T^3 L_r \tag{5-70}$$

L_r 是辐射线光子的平均自由程。实际上，光子传导的 c_R 和 L_r 都依赖于频率，所以更一般的形式应为

$$\lambda = \frac{1}{3}\int c(v)vl(v)\mathrm{d}v \tag{5-71}$$

辐射能的传导率 λ_r 极关键地取决于辐射能传播过程中光子的平均自由程 L_r。透明介质（对于热射线）：热阻很小，L_r 较大，辐射传热大；不透明的介质：L_r 很小，辐射传热小；完全不透明的介质：$L_r=0$，在这种介质中，辐射传热可以忽略。对于频率在可见光和近红外光的光子，其吸收和散射也很重要。例如：吸收和散射小的透明材料，L_r 大，当温度为几百度（℃）时，光辐射也是主要的；吸收系数大的不透明材料，L_r 小，即使在高温时，光子传导也不重要。在无机材料中，主要是光子的散射问题，这使得 L_r 比玻璃和单晶都小，只是在1500℃以上，光子传导才是主要的，因为高温下的陶瓷呈半透明的亮红色。

任何温度下的物体既能辐射出一定频率的射线，同样也能吸收类似的射线。介质中任一体积元平均辐射的能量与平均吸收的能量相等即为热稳定状态；介质中任一体积元平均辐射的能量大于平均吸收的能量即为降温；介质中任一体积元平均辐射的能量小于平均吸收的能量即为升温。

对于两个物体间的传热，高温物体辐射的热量将大于吸收的热量，而低温物体辐射的热量小于吸收的热量，在他们之间产生能量的转移，整个介质中热量从高温处向低温处传递。λ_r 就是描述介质中这种辐射能的传递能力。

研究表明，多种金属氧化物，如 Fe_2O_3、MnO_2、Co_2O_3、CuO 等，具有反型尖晶石结构的掺杂型物质具有热发射率高的特点，因而广泛用作隔热节能涂料的填料。人们详细研究了红外辐射的原理，并通过在硅酸盐结晶相中加入 Al_2O_3、SiO_2 等金属氧化物细粉作为填料而研制出的红外辐射涂料在 5 ~15μm 波段内辐射红外线的能力在85%以上。辐射隔热涂料不同于玻璃棉、泡沫塑料等多孔性低阻隔性隔热材料，因这些材料只能减慢但不能阻挡热能的传递。白天太阳能经过屋顶和墙壁不断传入室内空间及结构，一旦热能传入，就算室外温度减退，热能还是困陷其中。而辐射隔热涂料却能够以热发射的形式将吸收的热量辐射掉，从而促使室内与室外以同样的速率降温。

20世纪90年代，美国国家航空航天局（NASA）的科研人员为解决航天飞行器传热控制问题而研发采用的一种新型太空绝热反射瓷层（Therma-Cover），该材料是由一些悬浮于惰性乳胶中的微小陶瓷颗粒构成的，它具有高反射率、高辐射率、低导热系数、低蓄热系数等热工性能，具有卓越的隔热反射功能。该涂料选用了具有优异耐热、耐候性、耐腐蚀和防水性能的硅丙乳液和水性氟碳乳液为成膜物质，采用被誉为空间时代材料的极细中空陶瓷颗粒为填料，由中空陶粒多组合排列制得的涂膜构成的，它对400 ~1800nm 范围的可见光和近红外区的太

阳热进行高反射，同时在涂膜中引入导热系数极低的空气微孔层来隔绝热能的传递。这样通过强化反射太阳热和对流传递的显著阻抗性，能有效地降低辐射传热和对流传热，从而降低物体表面的热平衡温度，可使屋面温度降低20℃，室内温度降低5～10℃。产品绝热等级达到R-33.3，热反射率为89%，导热系数为0.030W/(m·K)。

隔热保温涂料以水为稀释介质，不含挥发性有机溶剂，对人体及环境无危害；其生产成本仅约为国外同类产品的1/5，而它作为一种新型隔热保温涂料，有着良好的经济效益、节能环保、隔热效果和施工简便等优点越来越受到人们的关注与青睐。且这种太空绝热反射涂料正经历着一场由工业隔热保温向建筑隔热保温为主的方向转变，由厚层向薄层隔热保温的技术转变，这也是今后隔热保温材料主要的发展方向之一。太空反射绝热涂料通过应用陶瓷球形颗粒中空材料在涂层中形成的真空腔体层，构筑有效的热屏障，不仅自身热阻大，热导率低，而且热反射率高，减少建筑物对太阳辐射热的吸收，降低被覆表面和内部空间温度，因此它被行家一致公认为有发展前景的高效节能材料之一。

资料提供一种水基液体涂料，由超细的空心陶瓷微珠经预处理和高品质乳液调配而成。其主要特性是：空心微珠成形于涂料涂层中，使涂层具有极高的热反射率和发射率，从而形成良好的隔热效果，有效的降低建筑物夏季制冷冬季取暖能耗。产品测试表明，产品常规性能、热反射隔热性能均处于国际领先水平。采用陶瓷隔热保温涂料配套外墙保温系统，做外保温装饰层相对于常规装饰涂料来说，其优点是：涂刷有保温隔热建筑涂料的146mm厚的墙体的热导率由0.458W/(m^2·K)下降到0.404W/(m^2·K)，降低了12%。相当于增加板的厚度20mm，可进一步增强外保温效果。对太阳能的反射率为89%，半球发射率为86%。实验说明不仅该涂料的表面可以将89%的太阳能量反射到空间，而且能够将表面吸收能量的86%辐射到涂层外，由此可有效地避免在夏季太阳辐射时，引起保温材料外表面温度的急剧升高，从而阻止因剧烈温差引发的墙体表面装饰层的变化。在夏季太阳直射时，由于能大量的反射太阳辐射热，从而降低空调时的得热量和自然通风时的内表面温度，当无太阳直射时，它又能把围护结构内部在白天所积蓄的太阳辐射热较快地向外辐射出去，从而降低了空调耗电量和改善了无空调时的室内热环境，提高了居住舒适度。

5.2.3.2　*有机涂层材料*

有机树脂涂层用于树脂基复合材料，虽然在耐热性能上不如无机涂层，但是在结合强度、密度和制备工艺上都有优势，若通过掺杂适量无机物，制成有机-无机复合涂层，可在耐热性能上得到提高。

反射隔热涂料（水性）是在铝基反光隔热涂料的基础上发展而成的，通过选择合适的树脂、金属或金属氧化物、填料及生产工艺，制得高反射率涂层，反射太阳光来达到隔热目的。反射隔热涂料采用进口固体丙烯酸树脂作为基料，利用特种材料，如“空心微珠”等组合形成高太阳热反射漆膜，不仅具有工业、建筑涂料的防腐装饰功能，同时起到了极佳的降温隔热作用。空心微珠填料对近红外光的反射比远远高于普通填料。玻璃微珠与陶瓷微珠的反射比相近，但陶瓷微珠的储存稳定性差，空心玻璃微珠保温涂料较稳定。

复合材料壳体的外表面需要热涂层密封进行防护。原材料采用硅树脂为 DC-805；环氧树脂为 E-51；低分子量聚酰胺、催化剂和填料。环氧树脂与硅树脂进行共聚合，使环氧树脂与硅树脂接枝。反应式为

$$\mathrm{-\overset{|}{\underset{|}{Si}}-OR} + \mathrm{HO-\overset{|}{\underset{|}{C}}-} \longrightarrow \mathrm{-\overset{|}{\underset{|}{Si}}-O-\overset{|}{\underset{|}{C}}-} + \mathrm{ROH}$$

$$\mathrm{-\overset{|}{\underset{|}{Si}}-OH} + \mathrm{HO-\overset{|}{\underset{|}{C}}-} \longrightarrow \mathrm{-\overset{|}{\underset{|}{Si}}-O-\overset{|}{\underset{|}{C}}-} + \mathrm{H_2O}$$

一定配比的环氧树脂与硅树脂在 130℃ 共聚合一定时间后，降至 110℃ 并加入一定数量的催化剂，继续反应一定时间后停止加热并降至室温，即得改性树脂。改性后的硅树脂则不会发生预交联现象。较好的储存稳定性来源于硅树脂中的 Si-OH 或 Si-OR 键与环氧树脂发生反应。低分子量聚酰胺作为改性树脂的固化剂。涂层材料的常温热性能数据见表 5-6。由表 5-6 可见，涂层材料具有较低的比热容和热导率。填料的加入起到了良好的隔热作用。可对在高温环境下的复合材料壳体起到有效的隔热保护作用，避免了壳体因受热产生变形。

表 5-6　涂层材料的热性能

编　号	比热容/J·(kg·K)$^{-1}$	热扩散率/cm^2·s^{-1}	热导率/W·(m·K)$^{-1}$
1	3.750×10^3	0.000936	0.362
2	3.554×10^3	0.000964	0.356
3	2.767×10^3	0.000993	0.278
均　值	3.375×10^3	0.000964	0.332
方　差	3.0×10^3	0.000029	0.047
C_V/%	15.5×10^3	3.0	14.1

5.3 膨胀功能复合材料

5.3.1 常用膨胀材料

5.3.1.1 物质的膨胀

A　物质的膨胀机理

工程中，膨胀系数是经常要考虑的物理参数之一。资料表明，热膨胀在实际

应用中相当重要，例如作为尺寸稳定零件的微波设备谐振腔、精密计时器、精密天平、标准尺。电真空技术中为了与玻璃、陶瓷、云母、人造宝石等气密封，按要求用有一定膨胀系数的合金；而用于制造热感敏元件的双金属却要求尽可能高的线膨胀系数。如玻璃陶瓷与金属间的封接，由于高真空的要求，需要在低温和高温下两种材料的 α_T 值相近，否则易漏气。所以高温钠灯所用的透明 Al_2O_3 灯管 $\alpha_T = 8 \times 10/K$，应选用金属铌 $\alpha_T = 7.8 \times 10/K$ 作为封接导电材料。

电子封装材料、印刷版框架材料、用于可控硅和整流器等元件的热沉材料等电子材料，都属于低膨胀高导热材料。其性能要求为：（1）有较高的热导率，散热迅速，以防器件升温过高而失效；（2）一定的热膨胀系数，通常要求线膨胀系数（CTE）匹配，避免器件各组合件因线膨胀系数不同而导致热疲劳失效，对于电子行业，一般要求有与 Si、Ge 等半导体相接近的较低的膨胀系数。同时，依据情况，还可能要求有较好的耐热性、良好的机械强度和机加工成形性、低密度（航空航天）、价格低廉。

根据固体物理理论，固体材料的热膨胀本质是点阵结构中的质点间平均距离随温度升高而增大。导致热膨胀的原因是晶格振动的非线性（作用力并不简单地与位移成正比）。即热振动不是线性振动，而是非线性振动。由图 5-14 可以看到，质点在平衡位置两侧时，受力并不对称。在质点平衡位置 r_0 的两侧，合力曲线的斜率是不等的，原子间斥力随原子间距的变化比引力项变化得快。当 $r < r_0$ 时，曲线的斜率较大。当 $r < r_0$ 时，斥力随位移增大得很快；当 $r > r_0$ 时，斜率较小。当 $r > r_0$ 时，引力随位移的增大要慢一些。结果，使质点振动时的平均位置就不在 r_0 处，而要向右移，即相邻质点间的平均距离增加。温度越高，振幅越大，质点在 r_0 两侧受力不对称情况越显著，平衡位置向右移动越多，相邻质点平均距离就增加得越多，以致晶胞增大，晶体膨胀。

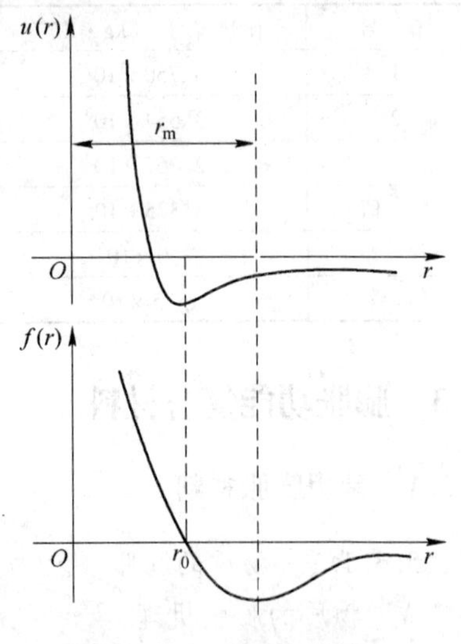

图 5-14　晶格振动

从点阵能曲线的非对称性同样可得到较具体的解释。图 5-14 作平行横轴的平行线，它们与横轴间距分别代表了在温度 T 下质点振动的总能量。当温度为某温度 T 时，质点的振动位置在 r_0 两边变化，相应的总能量也变化。位置在 $r = r_m$ 时，位能最低，动能最大。在 r 达到 r_m 两边某一点时，动能为零，位能等于总能量。r_m 两边的非对称性使得平均位置不在 r_0 处，而在其他处。当温度升高时，同理平均位置移到了另一处。平均位置随温度的不同，沿能量曲线变化。所以，温度越高，平均位置移得越远，引起晶体的膨胀。

由固体物理理论知，在双原子模型中，如果左原子视为不动，则右原子所具有的点阵能 $V(r_0)$ 为最小值，如有伸长量 δ 时，点阵能变为 $V(r_0+\delta)=V(r)$，将此通式展开

$$V(r)=V(r_0+\delta)=V(r_0)+\left(\frac{\partial V}{\partial r}\right)_{r_0}\delta+\frac{1}{2!}\left(\frac{\partial^2 V}{\partial r^2}\right)_{r_0}\delta^2+\frac{1}{3!}\left(\frac{\partial^3 V}{\partial r^3}\right)_{r_0}\delta^3+\cdots \tag{5-72}$$

式中第一项为常数，第二项为零，则

$$V(r)=V(r_0)+\frac{1}{2}\beta\delta^2+\frac{1}{3}\beta'\delta^3+\cdots \tag{5-73}$$

式中

$$\beta=\left(\frac{\partial^2 V}{\partial r^2}\right)_{r_0};\ \beta'=-\frac{1}{2}\left(\frac{\partial^3 V}{\partial r^3}\right)_{r_0}$$

如果只考虑式 5-73 的前两项，则

$$V(r)=V(r_0)+\frac{1}{2}\beta\delta^2 \tag{5-74}$$

点阵能曲线是抛物线，原子间的引力为

$$F=-\frac{\partial V}{\partial T}=-\beta\delta \tag{5-75}$$

式中，β 是微观弹性系数，为线性简谐振动，平衡位置仍在 r_0 处，式 5-75 只适用于热容分析。对于热膨胀问题，如果还只考虑前两项，就会得出所有固体物质均无热膨胀可言。所以必须再考虑第三项。此时点阵能曲线为三次抛物线。也就是说，固体的热振动是非线性振动。用玻耳兹曼统计法，可算出平均位移

$$\bar{\delta}=\frac{\beta' kT}{\beta^2} \tag{5-76}$$

由此得线膨胀系数

$$\alpha=\frac{\mathrm{d}\bar{\delta}}{r_0\mathrm{d}T}=\frac{1}{r_0}\frac{\beta' k}{\beta^2} \tag{5-77}$$

对于给定的点阵能曲线，r_0、β、β' 均为常数，似乎 α 也是常数，但如再多考虑 δ^4、δ^5、…时，则可得 α 随温度而变化的规律。

B 热膨胀和其他因素的关系

由于固体材料的热膨胀与晶体点阵中质点的位能性质有关，而质点的位能性质是由质点间的结合力特性所决定的。质点间结合力越强，则位阱深而窄，升高同样的温度差 Δt，质点振幅增加得较少，故平均位置的位移量增加得较少，因此线膨胀系数较小。

格律乃森提出的固体热膨胀的极限方程

$$T_m\alpha_V = (V_{T_m} - V_0)/V_0 = C$$

式中，V_{T_m} 和 V_0 分别为熔点和 0K 时金属的体积；C 为常数，多数立方和六方晶格金属取 0.06 ~ 0.076。熔点越低，线膨胀系数越大。固态金属的线膨胀极限方程

$$(V_{T_m} - V_0)/V_0 = C \approx 6\% \sim 6.7\%$$

线膨胀系数和熔点的关系可有经验公式

$$\alpha_l T_m \approx 0.022$$

格律乃森（Gruneisen）由晶格热振动理论

$$\alpha_V = rC_V/(E_V V) \tag{5-78}$$

对立方晶系

$$\alpha_l = rC_V/(3E_V V) \tag{5-79}$$

式中，r 为格律乃森常数（r 约在 1.5 ~ 2.5 间）；E_V 为体弹性模量。热膨胀是因为固体材料受热以后晶格振动加剧而引起的容积膨胀。而晶格振动的激化就是热运动能量的增大。升高单位温度时能量的增量也就是热容的定义。所以线膨胀系数显然与热容密切相关而有着相似的规律。线膨胀系数与热容随温度 T 的变化关系定性一致。因温度升高，热振动加剧，升高单位温度的能量也增高。

热膨胀与德拜温度的关系为

$$\alpha_l = b/(V^{2/3}M\theta_D^2) \tag{5-80}$$

原子间结合力与 θ_D^2 成正比，结合力越大，德拜温度越高，膨胀系数越小。热膨胀与原子序数的关系具有一定的周期性。ⅠA 族元素的 α 值随 Z 增加而增大，其余 A 族元素的 α 值则随 Z 增加而减小，这与键有关。碱金属 α 值高，过渡族元素 α 值低，与原子结合力有关。石英玻璃的 α 值约 0.5×10^{-6}/K，而铁的 α 值为 12×10^{-6}/K。

固体材料的热膨胀与点阵中质点的位能有关，而质点的位能是由质点间的结合力特性所决定的。质点间的作用力越强，质点所处的势阱越深，升高同样温度，质点振幅增加得越少，相应的线膨胀系数越小。当晶体结构类型相同时，结合能大的材料的熔点也高，也就是说熔点高的材料线膨胀系数较小。对于单质晶

体，熔点与原子半径之间有一定的关系。单质晶体的原子半径越小，结合能越大，熔点越高，线膨胀系数越小。

对于相同组成的物质，由于结构不同，线膨胀系数也不同。通常结构紧密的晶体，线膨胀系数都较大，而类似于无定形的玻璃，则往往有较小的线膨胀系数。结构紧密的多晶二元化合物都具有比玻璃大的线膨胀系数。原因是因为玻璃的结构较疏松，内部空隙多，这样当温度升高时，原子振幅加大，原子间距离增加时，部分地被结构内部的空隙所容纳，而整个物体宏观的膨胀量就少些。钢的组织中马氏体比容最大，奥氏体最小，铁素体和珠光体居中。而马氏体，珠光体和奥氏体的比容都随含碳量的增加而增大。铁素体和渗碳体的比容有固定值。钢的线膨胀系数则相反，奥氏体最大，铁素体和珠光体次之，马氏体最小。

对于复合体中有多晶转变的组分时，因多晶转化由体积的不均匀变化而导致线膨胀系数的不均匀变化。对于复合体中不同相间或晶粒的不同方向上线膨胀系数差别很大时，则内应力甚至会发展到使坯体产生微裂纹，因此，有时会测得一个多晶聚集体或复合体出现热膨胀的滞后现象。晶体内的微裂纹可以发生在晶粒内和晶界上，但最常见的还是在晶界上，晶界上应力的发展是与晶粒大小有关的，因而晶界裂纹和线膨胀系数滞后主要是发生在大晶粒样品中。

对一级相变，线膨胀系数在相变点突变，变为无穷大。对二级相变，线膨胀系数在相变点出现拐点。金属本身硬度越高，线膨胀系数就越小。

C 复合材料的线膨胀系数计算

属于机械混合物的多相合金，线膨胀系数介于这些相线膨胀系数之间，近似符合直线规律，故可根据各相所占的体积分数（φ）按相加方法粗略地合计多相合金的线膨胀系数。例如合金具有二相组织，当其弹性模量比较接近时，其合金的线膨胀系数 α 为

$$\alpha = \alpha_1\varphi_1 + \alpha_2\varphi_2 \tag{5-81}$$

式中 α_1，α_2——分别为二相的线膨胀系数；

φ_1，φ_2——分别为各相的体积分数，且 $\varphi_1 + \varphi_2 = 100\%$。

若其二相弹性模量相差较大，则计算式为

$$\alpha = \frac{\alpha_1\varphi_1 E_1 + \alpha_2\varphi_2 E_2}{\varphi_1 E_1 + \varphi_2 E_2} \tag{5-82}$$

式中 E_1，E_2——分别为各相的弹性模量。

D 膨胀的测量

膨胀测量是材料热性能研究的一种物理方法。材料的热膨胀特性以它的线膨胀系数表征，通常检测其平均热膨胀，核心在于精确测量在特定温区内的热膨胀量。按原理可分为光学式、电测式和机械式。

光学膨胀仪是物理冶金中常用的膨胀仪。其基本原理是利用光杠杆放大试样的膨胀量，并用标准样的伸长标出温度，然后通过照相方法自动记录膨胀曲线。放大倍数可达200～800倍。通常可分为：（1）普通光学膨胀仪（测定线膨胀系数）；（2）示差光学膨胀仪（灵敏度和精确度更高，适于测定临界点）。标准样的要求是：其膨胀量与温度成正比；在测量范围内无相变，不易氧化；导热系数接近待测样。与试样的形状和尺寸相同，较低温度范围研究有色金属和合金时，常用铜和铝纯金属做标准样；研究钢材时常用钢的标样可采用皮洛斯合金（PYROS alloy）（Ni80%-Cr16%-W4%），稳定性好，1000℃以下无相变，线膨胀系数由$12.27\times10^{-6}/K$均匀增加到$21.24\times10^{-6}/K$。

电测式膨胀仪将膨胀量转换为电讯号，然后进行电讯号的记录、数据处理和画出膨胀曲线。（包括应变电阻式膨胀仪、电容式膨胀仪和电感式膨胀仪）。电感式膨胀仪组成：由初级、次级线圈和磁芯构成。初级和次级线圈绕在同一绝缘管上，次级线圈由两段完全相同的绕组反向的线圈串接而成。它们相对初级线圈完全对称。磁芯处在中间位置时，反接的次级线圈的感生电动势相互抵消。磁芯偏离中间位置差动变压器信号与磁芯偏离量呈线性关系。其原理是采用差动变压器原理将试样的膨胀量转换为电信号（放大倍数可达到6000倍）。其特点是：试样可采用真空高频加热，加热速度可控制在500℃/s以下范围。试样冷却可以选用小电流加热、自然冷却和强力喷气冷却三种冷却方式。加热温度和冷却速度易于自动化和计算机控制和数据处理。近年来，较为先进的全自动快速膨胀仪膨胀量转换采用的就是差动变压器原理。缺点是易受电磁因素的干扰。变压器电源采用200～400Hz以防止工业网的干扰。

5.3.1.2　传统膨胀材料

传统膨胀材料分为三种：低膨胀材料、定膨胀材料和高膨胀材料。常见的低膨胀材料以金属和非金属无机物为主，有机材料则较少。

金属类低膨胀材料主要有因瓦类合金以及一些高熔点金属，如FeNi36、FeNiCo超因瓦合金、可伐合金（Fe-Ni合金）等。因瓦合金（Invar）的$\alpha_l=1.6\times10^{-6}℃^{-1}$，有较好的热尺寸稳定性。Fe-36Ni因瓦合金是一种单相奥氏体组织合金，在作为低膨胀结构材料使用时，往往存在强度低、焊接性能差等问题，开展因瓦合金强化和改善焊接性能的研究就显得十分重要。Ti、Be、Al等元素中，最优先的强化元素是Be，添加0.5%～1%（质量分数）Be的Fe-36Ni因瓦合金在固溶和时效处理后强度大幅提高，并且保持低的线膨胀系数（LTE），在Fe-Ni-Be系合金中。根据碳化物形成理论，析出碳化物能提高合金的一些力学性能，对于Fe-36Ni因瓦合金，碳化物的强化作用并不改变合金的因瓦特性，只是使线膨胀系数略有增加。在陶瓷材料中，石英玻璃的α_l低到$0.4\times10^{-6}℃^{-1}$。所以，尺寸稳定性很高。

资料表明，FeNi36 因瓦合金在居里点以上的热膨胀与一般合金相似，但在居里点以下形成反常热膨胀，为了搞清因瓦合金的机理，科学家们试验表明，其机理与化学成分及磁性有关，它在一定范围的线膨胀系数是由低膨胀和高膨胀两部分组成，含镍量在一定范围内的增减会引起铁、镍合金线膨胀系数的急剧变化。含有 32% ~36% 的镍合金具有很低的线膨胀系数，一般平均线膨胀系数为$\alpha = 1.5 \times 10^{-6}$℃$^{-1}$，当含 Ni 量达到36%时，因瓦合金线膨胀系数最低，达到$\alpha = 1.8 \times 10^{-6}$℃$^{-1}$，从而可获得低到接近零值甚至负值的线膨胀系数。该合金在居里温度以上（230℃），失去了磁性，线膨胀系数变大，而在居里点 T_c 附近线胀系数比正常的系数小，出现所谓的“负反常”现象。科学家根据试验结果，在理论方面对其进行了广泛的研究。研究表明因瓦效应主要是在具有面心立方的 γ-Fe 中出现，在 γ 相和 α 相的相界，当 α 相为零时就出现因瓦效应，像这样关于只在 γ-Fe 系合金中出现因瓦效应的原因，目前有各种解释，但是大多数人认为：(1) 在 fcc 合金中，Fe 具有高自旋和低自旋两种不同的能态，高自旋态使铁磁性稳定并使合金的体积膨胀。这样从居里温度以上的温度区逐渐降低过程中 Fe 从低自旋向高自旋能态过渡，使合金体积逐渐膨胀。但是，随着温度的降低，晶格振动减弱，合金体积也同时缩小，这个效应与 Fe 的磁性膨胀之间发生竞争，结果使实际体积变化减小，产生正的自发体积磁致伸缩，使因瓦合金在居里点附近出现所谓的“负反常”。(2) 因瓦合金的费米能级位于 d 能带低能态密度附近，从而在铁磁性极化的同时，电子动能的增长比普通合金大得多，能带宽度减小（能态密度提高)，使之力图减少动能的增长，而能带宽度的减小相当于晶格膨胀，即磁性膨胀，其结果和上述 (1) 一样，由于晶格膨胀与晶格振动相竞争，于是出现低膨胀特性。考察以上两种见解，可以发现，因瓦效应是由 fcc 立方 Fe 基合金的铁磁性的能态所具有的一种特性引起的，这是上述两种解释都包含的共同概念。根据这个概念，可以设计其他因瓦合金。因瓦合金属于铁基高镍合金，通常含有 32% ~36% 的镍，还含有少量的 S、P、C 等元素，其余为 60% 左右的 Fe，由于镍为扩大奥氏体元素，故高镍使奥氏体转为马氏体的相变降至室温以下，-100 ~ -120℃，因而经退火后，因瓦合金在室温及室温以下一定温度范围内，均具有面心晶格结构的奥氏体组织，也是镍溶于 γ-Fe 中形成的固溶体，因而因瓦合金具有以下性能。因瓦合金平均线膨胀系数一般为 1.5×10^{-6}℃$^{-1}$，含镍量在 36% 时达到 1.8×10^{-8}℃$^{-1}$，且在室温 -80℃ ~ +100℃ 时均不发生变化。因瓦合金含碳量小于 0.05%，硬度和强度不高，抗拉强度在 517MPa 左右，屈服强度在 276MPa 左右，维氏硬度在 160 左右，一般可以通过冷变形来提高强度，在强度提高的同时仍具有良好的塑性。因瓦合金的导热系数为 0.026 ~ 0.032cal/(cm · s · ℃)，仅为 45 号钢热导率的 1/3 ~ 1/4。因瓦合金的伸长率和断面收缩率以及冲击韧性都很高，伸长率 $\delta = 25\% \sim 35\%$，冲击韧性$\alpha_K = 18 \sim 33$kg · m/

cm^2。由于因瓦合金含镍较高，提高了钢的淬透性和可淬性，提高了钢的耐气性、耐蚀性和耐磨性。俄罗斯中央黑色冶金科学研究院进行了 V 改善 Fe-Ni-C 系合金物理和力学性能的研究，研究结果表明：在 Fe-Ni-C 系合金中添加了 V 有可能获得力学性能很高的因瓦合金，$\sigma_{0.2}$ 可达 1000MPa，σ_b 可达 300MPa，并且线膨胀系数保持在较低水平（$<2\times10^{-6}$/K）。

非金属无机物类低膨胀材料很多，常用的有 AlN、SiC、BN、BeO、Al_2O_3 等。无机物的热导率的温度依赖性取决于相应的体积热容、声子自由程以及晶格波的运动速度，但这些参量随温度变化有不同的影响趋势。热膨胀是固体材料受热以后晶格振动加剧而引起的容积膨胀，而晶格振动的激化就是热运动能量的增大。升高单位温度时能量的增量也就是热容的定义，所以线膨胀系数显然与热容关系密切。当热容随温度上升到德拜温度后基本保持常量时，声子的自由程和运动速度却由于非谐波振动上升而下降。在低温时，声子的波长比较大，易于绕过缺陷，实际上没有什么散射。随温度上升，声子密度加大，自由程减小。此时声子在缺陷、杂质、相界处受限散射，而且声子相互碰撞，自由程大大下降。在室温下自由程约为 5nm。随着温度提高，自由程最后达到晶格间距的数量级。因为自由程不能小于结构尺寸，故热导率在此温度以上保持为常量。

高分子材料的线膨胀系数大，为金属材料的 3～10 倍。这是由于受热时，分子间缠绕程度降低，分子间结合力减小，分子链柔性增大，故加热时高分子材料产生明显的体积和尺寸的变化。高聚物线膨胀系数较大时，其制品尺寸稳定性较差，因此在制造高分子复合材料时，两种材料之间的热膨胀性能不应相差太大。

5.3.2 热膨胀复合材料

5.3.2.1 陶瓷复合体

A 上釉陶瓷平板

陶瓷材料是一些多晶体或由几种晶体加上玻璃相组成的复合体。实际上许多材料都是复合体，如无机材料都是一些多晶体或由几种晶体和玻璃相组成的复合体。陶瓷材料在与其他材料复合使用时，陶瓷和金属的线膨胀系数尽可能接近。

对一般陶瓷制品，当选择釉的线膨胀系数适当地小于坯的线膨胀系数时，制品的机械强度得到提高，反之会使强度减弱。釉的线膨胀系数比坯小，则烧成后的制品在冷却过程中，表面釉层的收缩比坯小，所以使釉层中存在着一个压应力，而均匀分布的预压应力，能明显地提高脆性材料的机械强度，同时还认为这一压应力，也抑制了釉层的微裂纹及阻碍其发展，因而使强度提高。反之，当釉层的线膨胀系数比坯大，则在釉层中形成张应力，对强度不利，而且过大的张应力还会使釉层龟裂。同样釉层的线膨胀系数也不能比坯小得太多，否则会使釉层剥落而造成缺陷。

对于无限大的上釉陶瓷平板样品，从应力松弛状态温度 T_0（在釉的软化温度范围内）逐渐降温，釉层和坯体的应力计算式分别为

$$\sigma_{釉} = E(T_0 - T)(\alpha_{釉} - \alpha_{坯})(1 - 3j + 6j^2) \tag{5-83}$$

$$\sigma_{坯} = E(T_0 - T)(\alpha_{坯} - \alpha_{釉})(1 - 3j + 6j^2)j \tag{5-84}$$

式中，j 为釉层对坯体的厚度比。式 5-84 对于一般陶瓷材料都可得到较好的结果。

对于圆柱体薄釉样品，釉层和坯体的应力计算式分别为

$$\sigma_{釉} = \frac{E}{1-\mu}(T_0 - T)(\alpha_{釉} - \alpha_{坯})\frac{A_{坯}}{A} \tag{5-85}$$

$$\sigma_{坯} = \frac{E}{1-\mu}(T_0 - T)(\alpha_{坯} - \alpha_{釉})\frac{A_{釉}}{A} \tag{5-86}$$

式中 A，$A_{釉}$，$A_{坯}$——分别为圆柱体总横截面积、坯体的横截面积、釉层的横截面积。

陶瓷制品的坯体吸湿会导致体积膨胀而降低釉层中的压应力。某些不够致密的制品，时间长了还会使釉层的压应力转化为张应力，甚至造成釉层龟裂。这在某些精陶产品中最易见到。

B 各向同性晶体组成复合材料

各向同性晶体组成的多晶体的线膨胀系数与单晶体相同。各向异性的晶体或各相的线膨胀系数不相同的复合材料，会在烧成后的冷却过程中产生内应力导致热膨胀。假如晶体是各向异性的，或复合材料中各相的线膨胀系数不相同，则它们在烧成后的冷却过程中产生的应力导致了热膨胀。

资料介绍，在一组成都是各向同性的、且均匀分布的复合材料中，由于各组成的线膨胀系数不同，各组分分别存在着内应力，其大小为

$$\sigma_i = K_i(\overline{\alpha}_V - \alpha_i)\Delta T \tag{5-87}$$

式中 σ_i——第 i 部分的应力；

$\overline{\alpha}_V$——复合体的平均体积膨胀系数；

α_i——第 i 部分组成的体积膨胀系数；

ΔT——从应力松弛状态算起的温度变化；

K_i——第 i 组分的体积模量（bulk module），且 $K_i = \dfrac{E_i}{3(1-2\mu_i)}$。

由于材料处于平衡状态，所以整体内应力之和为零，即 $\Sigma\sigma_i V_i = 0$，即

$$\Sigma K_i(\overline{\alpha}_V - \alpha_i)V_i\Delta T = 0 \tag{5-88}$$

又

$$V_i = \frac{G_i}{\rho_i} = \frac{GW_i}{\rho_i} \tag{5-89}$$

式中　G_i——第 i 组分的质量；

ρ_i——第 i 组分的密度；

W_i——i 组分的质量分数，$W_i = G_i/G$。

将式 5-88 代入式 5-89 得

$$\bar{\alpha}_V = \frac{\sum \frac{\alpha_i K_i W_i}{\rho_i}}{\sum \frac{K_i W_i}{\rho_i}} \tag{5-90}$$

由于 $\alpha_V = 3\alpha L$，所以得到线膨胀系数公式

$$\bar{\alpha}_L = \frac{\sum \frac{\alpha_i K_i W_i}{\rho_i}}{3\sum \frac{K_i W_i}{\rho_i}} \tag{5-91}$$

上式是将内应力看成是纯拉应力和压应力，对交界上的剪应力略而不计。若要计入剪应力的影响，情况则复杂得多。对于仅为二相的材料，有如下近似公式

$$\bar{\alpha}_v = \alpha_1 + V_2(\alpha_2 - \alpha_1) \times \frac{K_1(3K_2 + 4G_i)^2 + (K_2 - K_1)(16G_i^2 + 12G_iK_2)}{(3K_2 + 4G_i)[4V_2G_i(K_2 - K_1) + 3K_1K_2 + 4G_iK_1]} \tag{5-92}$$

式中，G_i（i=1、2）为第 i 相的剪切模量。

资料表明，在对多相陶瓷材料或复合材料的线膨胀系数分析时应注意两点：一是组成相中可能发生的多晶转变，因多晶转变的体积不均匀变化，引起线膨胀系数的异常变化。图 5-15 是含方石英的坯体 A 和含石英的坯体 B 的热膨胀曲线。可以看出，A 在 200℃附近由于方石英的晶型转变（β-方石英$\xrightleftharpoons{268℃}$α-方石英）使

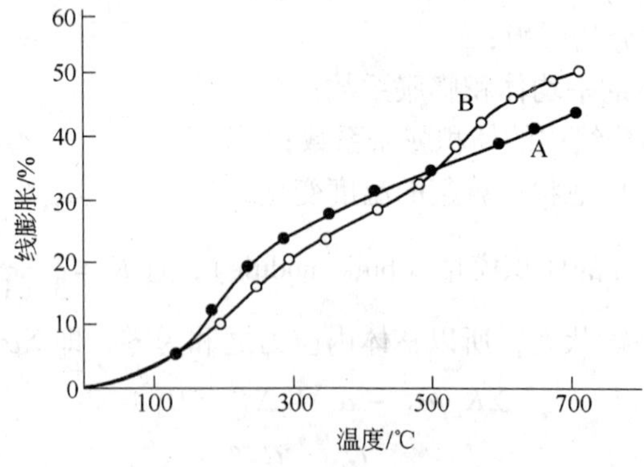

图 5-15　热膨胀曲线

得线膨胀系数出现不均匀变化；而 B 由于在 573℃ 存在石英的晶型转变（β-石英 $\xrightleftharpoons{573℃}$ α-石英）使得线膨胀系数在 500～600℃ 范围内变化很大。二是复合体内的微观裂纹引起线膨胀系数的滞后现象，特别是对大晶粒样品更应注意。如某些含 TiO_2 的复合体或多晶 TiO_2，因在烧成后的冷却过程中，由于不同相或晶粒的不同方向上线膨胀系数差别很大，而产生较大的内应力，使坯体内产生微裂纹，这样，再加热时，这些裂纹趋于愈合。所以在不太高的温度时，可观察到反常低的线膨胀系数。只有到达高温时（1273K 以上），由于微裂纹基本闭合，线膨胀系数与单晶的数值又一致了。晶体内的微裂纹最常见的是发生在晶界上，晶界上应力的发展与晶粒大小有关，因而晶界微裂纹和热膨胀滞后主要发生在大晶粒样品中。

微裂纹带来的影响以石墨为例，其垂直于 c 轴的线膨胀系数约是 1×10^{-6}/K，平行于 c 轴的是 27×10^{-6}/K。而多晶体样品在较低温度下，线膨胀系数只有 $(1\sim3)\times10^{-6}$/K。晶体内的微裂纹可以发生在晶粒内和晶界上，但最常见的还是在晶界上。晶界上应力的发展与晶粒大小有关，因而晶界裂纹和热膨胀滞后主要是发生在大晶粒样品中。材料中均匀分布的气孔也可以看作是复合体的一相。由于空气体积模数非常小，对于线膨胀系数的影响可以忽略。

资料表明，对于复合体中有多晶转变的组分时，因多晶转化由体积的不均匀变化而导致线膨胀系数的不均匀变化。对于复合体中不同相间或晶粒的不同方向上线膨胀系数差别很大时，则内应力甚至会发展到使坯体产生微裂纹，因此有时会测得一个多晶聚集体或复合体出现热膨胀的滞后现象。对于仅为二相材料的情况有如下的近似式

$$\bar{\beta}=\beta_1+V_2(\beta_2-\beta_1)\frac{K_1(3K_2+4G_i)^2+(K_2-K_1)(16G_i^2+12G_iK_2)}{(4G_i+3K_2)[4V_2G_i(K_2-K_1)+3K_1K_2+4G_iK_1]} \tag{5-93}$$

式中，$G_i(i=1、2)$为相 i 的剪切模量。

晶体内的微裂纹可以发生在晶粒内和晶界上，但最常见的还是在晶界上，晶界上应力的发展是与晶粒大小有关的，因而晶界裂纹和热膨胀滞后主要是发生在大晶粒样品中。

最近资料提供一种低热膨胀、高强度的硅质耐火隔热板。它被设计用于受热冲击严重的热压机，作为隔热结构体。该耐火板是一种非晶质石英增强材料和二氧化硅陶瓷基质的复合体，可长期使用在 1100℃ 的温度下。它含 99.7% 的 SiO_2，全部由无机物构成。其体积密度为 2.1g/cm^3，线膨胀系数（室温至 800℃）为 0.3×10^{-6}℃$^{-1}$，耐压强度 48MPa，抗弯强度 30MPa。这些性能和特征，使其具有较高的强度和较好的抗热震性，这是硅酸钙及其他陶瓷基复合材料所不具备

的。该材料一般制成尺寸700mm×915mm。厚度6.35～50.5mm 的标型板，此板很容易用普通的硬质刀具加工成尺寸精确的各种常规形状。

5.3.2.2　低膨胀高导热金属复合材料

从目前情况来看，金属基低膨胀高导热复合材料以基体成分来分类，主要有Cu 基和 Al 基两类；以复合特点来分类，则包括颗粒复合、纤维复合以及特定结构的复合三类，其中以颗粒复合最为常见。

A　Cu 基复合材料

把线膨胀系数不同的两种材料锻压在一起。由于两种材料线膨胀系数不同，随着温度升高，两种材料的伸长长度不同从而向一个方向弯曲。

$$D = \frac{K(T_1 - T_2)l}{h} \tag{5-94}$$

式中　K——线膨胀系数；

$T_1 - T_2$——温度差；

l——长度；

h——宽度。

低线膨胀系数的有镍合金（镍含量越高，线膨胀系数越大），高线膨胀系数的有铜、铜锌。铜基低膨胀高导热复合材料除了添加金刚石、SiC，AlN 外，还可以添加 W、Mo 和低膨胀合金（WC-Co，FeNi）等粉末。由于铜合金线膨胀系数小，为了得到具有同样线膨胀系数的复合材料，可添加较少的颗粒，从而可得到导电和导热性能更好的低膨胀高导热复合材料。这一特点同样适合于 Ag、Au 基低膨胀高导热复合材料，见表 5-7。

表 5-7　Cu、Ag、Al、Au 基低膨胀高导热复合材料的特性

低 CTE 组元	高 TC 组元	金属(V/O)	金属(W/O)	TC/W·(m·K)$^{-1}$	密度/g·cm^{-3}	弹性模量/GPa
AlN	Cu	12.5	28.0	285	6.70	306
	Ag	10.5	27.2	284	4.05	279
	Al	8.6	7.1	267	3.23	286
	Au	14.5	49.8	277	5.61	261
SiC	Cu	18.8	39.3	293	5.61	330
	Ag	16.2	38.8	293	4.28	284
	Al	13.0	11.2	265	3.14	298
	Au	22.8	64.0	281	6.87	258
W	Cu	20.0	10.4	210	17.2	325
	Ag	17.1	10.1	207	17.8	278
	Al	13.9	2.2	182	17.0	290
	Au	24.0	24.0	203	19.3	247

续表 5-7

低 CTE 组元	高 TC 组元	金属(V/O)	金属(W/O)	TC/W·(m·K)$^{-1}$	密度/g·cm^{-3}	弹性模量/GPa
Mo	Cu	14.9	13.3	160	10.0	287
	Ag	12.6	12.9	162	10.2	258
	Al	10.5	3.0	146	9.4	264
	Au	17.5	28.6	162	11.8	240
WC-Co	Cu	21.0	13.7	163	13.7	432
	Ag	18.0	13.3	158	14.2	353
	Al	14.5	3.0	134	13.2	379
	Au	25.0	30.0	157	16.1	302

B Al 基复合材料

Al 基体可以是纯 Al，或 6061，6063，2124 合金，颗粒则有 SiC、AlN、BeO 及 Al_2O_3 等。由于 Al 基合金本身的线膨胀系数较大，为了使其线膨胀系数与 Si、Ge 等半导体材料的相近，常常不得不采用较高含量的低膨胀颗粒进行复合，添加量甚至达到 70%（体积分数）；但如果用作与玻璃相匹配的封装材料，颗粒添加量则可以少一些。

在 Al 基颗粒复合低膨胀高导热材料中，最常见的是 SiCp/Al 系。SiCp/Al 复合材料的优点是价格低廉，可以不经过机加工或稍稍经过机加工即可制备出较复杂的零件，其缺点是随着 SiCp 含量的增加，SiCp/Al 材料断裂韧性、断裂强度下降，同时机加工性能恶化，密封性能变差。

BeO 本身导热较好，因此其复合材料也有更好的导热能力，例如，Al 基合金中加入体积分数为 60% 的 BeO，可制得线膨胀系数（CTE）为 6.1×10^{-6}/K，热导率（TC）为 240W/(m·K)的复合材料。Be 化合物毒性较大，限制了其使用。相对而言，AlN 导热较好，线膨胀系数较低，无毒，价格可以接受。因此，AlN/Al 系复合材料，是较有前途的一种低膨胀高导热复合材料。

由于金刚石具有特别高的热导率（700～2000W/(m·K)），因此也有在 Al 合金中加入金刚石粉末的研究。有人发现，在金刚石质量分数为 50% 的情况下，热导率只有 259W/(m^2·K)，仅比在同样条件下制备的 SiC/Al 稍有改进，在金刚石/Cu 复合材料中也发现了这一情况。研究结果表明，这是由于金刚石与 Cu 或 Al 界面对热传导的阻碍作用所致。为了提高金刚石/Cu 或金刚石/Al 复合材料的热导，要求金刚石有一个最小粒度，对铜和铝而言，分别为约 47μm 和20～25μm。

立方晶体结构的 ZrW_2O_8 具有很强的各向同性的负热膨胀效应 NTE，其负线膨胀系数较高，且基本恒定为 $-8.7\times10^{-6}K^{-1}$ 与一般的热膨胀陶瓷材料，如 Al_2O_3 的正线膨胀系数（$8.8\times10^{-6}K^{-1}$）有相同的数量级，且它的 NTE 响应温度范围宽（分解温度1050℃），是极具应用潜力的结构和功能材料。

将 ZrW_2O_8 粉末与铜或铝粉混合、热压进行复合，以调节材料的热膨胀。但这种复合材料中 ZrW_2O_8 颗粒含量受到限制，致密度低；金属粉末表面存在氧化膜，影响金属颗粒之间以及金属颗粒与 ZrW_2O_8 颗粒之间的结合；过高的热压压力导致 ZrW_2O_8 相变，影响负热膨胀性能，过高的热压温度导致 ZrW_2O_8 分解或与金属颗粒反应。在室温至400℃的各个温度范围内，该材料的线膨胀系数与（$\alpha_{Al}=22.4\times10^{-6}K^{-1}$）铝合金相比大幅度降低。这是由于 ZrW_2O_8 具有很强的负热膨胀效应，其负线膨胀系数 Al 高，而材料要保持连续性，使复合材料的线膨胀系数显著降低。该材料经过4次热循环后，线膨胀系数更趋于稳定，约为 $615\times10^{-6}K^{-1}$。ZrW_2O_8/复合材料在较高温度下制造，由于 ZrW_2O_8 颗粒与铝合金之间线膨胀系数差异很大，当温度降至室温时两相间必然产生较大热残余应力，热残余应力是复合材料的本质特征，它对复合材料物理、力学性能造成不利影响。对复合材料进行热循环处理，可望使热残余应力降低，热循环处理减弱升温与降温中复合材料热膨胀的迟滞现象，热膨胀性能更趋于稳定。将 ZrW_2O_8 与常规的正热膨胀材料按一定的方式配比制成线膨胀系数可精确控制的复合材料，可广泛用于微电子器件材料、精密光学镜面、光纤通讯领域、医用材料、温度补偿器、热传感器及日常生活等。有人综合分析了 ZrW_2O_8 为核心的线膨胀系数可控的复合材料的研究状态。ZrW_2O_8 是一种在很大的温度范围（0.3～1050K）具有各向同性的负线膨胀效应材料，其负线膨胀系数高达 $-9\times10^{-6}K^{-1}$，这一研究自 Sleight 等人在 Science 杂志上发表以来备受关注。负热膨胀材料可与一般正膨胀材料复合制备可控线膨胀系数或零膨胀材料，在航天材料、发动机部件、集成线路板和光学器件等许多领域有广阔的应用前景。负热膨胀材料 ZrW_2O_8 可用作复合材料的一个组元，调节复合材料的线膨胀系数，以期制备出可控热膨胀或零膨胀复合材料。这种复合材料可以是金属基、氧化物陶瓷基、水泥基和聚合物基。ZrW_2O_8 要与其他材料复合实现精确控制线膨胀系数，就必须考虑两种材料相互匹配的多方面性质，如：不影响基体材料的功能性质、力学性质，相互不存在化学反应、热膨胀性质尽量各向同性、线膨胀系数在同一数量级，以避免产生裂纹。

与颗粒增强复合相似，纤维复合的基体也主要是 Al 基和 Cu 基材料，而低膨胀纤维则有 B 纤维、SiO_2 纤维、Al_2O_3 纤维、C 纤维等。最有前途的则是 C 纤维，其轴向导热性能非常好，其中用 CVD 法生产的 C 纤维，热导率可达 2000W/(m · K)，而特制的超高模 Pitch-baseC 纤维，如 Pitch-120，Pitch-130，热导率则分别达到 640W/(m · K)、1100W/(m · K)。这种特优的导热性能为提高复合材料的导热能力提供了极大的可能性。

C　因瓦（invar）合金的改性和复合

Fe-36Ni 型因瓦合金因其具有非常低的线膨胀系数（$<2\times10^{-6}$/K），该合金

的发现已有100年的历史。Fe-36Ni型因瓦合金的研究和应用近年来趋于活跃，取得了很大进展。

对于FeNi（invar）/Cu系低膨胀高导热复合材料，由于FeNi的线膨胀系数和Cu的电导（热导）受微量杂质的影响较大，FeNi与Cu在烧结过程中的互扩散将较大地影响复合材料的导电、导热和低膨胀性能；而FeNi与Ag的互扩散比FeNi与Cu之间的互扩散小，因此在FeNi百分含量相同的情况下，FeNi/Ag复合材料比FeNi/Cu复合材料有大得多的导电（热）性，更低的线膨胀系数。

特定结构的低膨胀高导热复合材料主要是平板型的，即采用低膨胀板材与高导热板材复合制得，可保证沿平面方向有较低的线膨胀系数和较高的电导率、热导率。主要包括CIC（铜—因瓦—铜）和CMC（铜—钼—铜）两类，它们一般为三层平板结构，其芯层为因瓦片，两边则对称覆上厚度相同的高纯度紫铜片。调节低膨胀组元板与高导电、高导热组元板的厚度，可以得到线膨胀系数从3×10^{-6}/K到12×10^{-6}/K（沿平面方向）的复合材料，因而是一种较有前途、能满足表面安装技术的材料。

此外，目前正在积极开发用于电力半导体模块的Cu-AlN-Cu平板结构低膨胀高导热复合材料，并已开始出现产品。由于上述平板型复合材料只能保证平面方向的低膨胀高导热性能，限制了它的使用范围。

5.4 热电和电热复合材料

5.4.1 热电复合材料

5.4.1.1 热电材料概念

热电材料（thermoelectric material）是一种将热能和电能进行转换的功能材料。物质的电阻率随温度而变化的现象称为热电阻效应。在一定的温度范围内，可以通过测量电阻值的变化而进行温度变化的测量。这种采用热电式传感器将温度转换为电学量进行测量的方法属于非电量电测技术。从发现热电现象至今已有100多年，而真正将这一现象发展为有使用意义的能量转换技术与装置是在20世纪50年代。较好的热电材料必须具有较高的Seebeck系数，从而保证有较明显的热电效应，同时应有低的热导率，使热量能保持在接头附近。另外还要求热阻率较小，使产生的焦耳热量小。对于这几个性质的要求可由热电系数值Z描述（$Z=S2\sigma/k$，S是Seebeck系数，σ是电导率，k是热导率）。由于不同环境温度下材料的Z值不同，习惯上人们常用热电系数与温度之积——热电性能指数ZT的大小来描述热电材料性能的好坏。从实用的角度来看，只有那些无量纲优值接近1的材料才被视为热电材料。

热电材料按材质可分为：高纯金属及合金、单晶、多晶和非晶半导体材料，陶瓷、高分子及复合材料；按使用温度可分为高温、中温和低温测温材料；按功能原理可分传感器测温材料和发电材料两大类。传感器测温材料又可分为热膨胀、热电阻、磁性、热电动势等热电式测温材料。

热电式传感器测温材料有热电偶、热电阻和热敏电阻。工业上应用最多的是热电偶和热电阻材料。其中，热敏电阻由半导体材料制成，它的电阻温度系数比金属的大几百倍，有着极其灵敏的电阻温度效应，同时它还具有体积小、反应快等优点。热敏电阻是性能良好的温度传感元件，可以制成半导体温度计、湿度计、气压计、微波功率计等测量仪表，并广泛应用于工业自动控制。热电偶实际上是一种能量转换器，它将热能转换为电能，用所产生的热电势测量温度。利用材料的热膨胀、热电阻和热电动势等特性来制造仪器仪表测温元件的一类材料称为测温材料。

发电材料目前已被广泛应用的主要有三种：适用于普冷温区制冷的 Bi_2Te_3 类材料、适用于中温区温差发电的 PbTe 类材料、适用于高温区温差发电的 SiGe 合金。目前。正在应用以及研究较为成熟的热电材料主要是金属化合物及其固溶体合金，如 PbTe、SiGe、CrSi 等，但这些热电材料具有制备条件要求较高，需在一定的气体保护下进行，不适于在高温下工作以及含有对人体有害的重金属等缺点。20 世纪 90 年代初日本学者发现，在室温下，$NaCo_2O_4$ 具有较高的热电势。同时有低的电阻率和低的晶格热导率。此类热电材料可以在氧化气氛的高温下长期工作，大多数无毒性、无环境污染，且制备简单，制样时在空气中可直接烧结，无需抽真空，成本费用低，因而备受人们的关注。目前此类热电材料以过渡金属氧化物为典型代表。

5.4.1.2 热电偶复合体

热电偶是一种感温元件，是一次仪表，它直接测量温度，并把温度信号转换成热电动势信号，通过电气仪表（二次仪表）转换成被测介质的温度。热电偶测温的基本原理是两种不同成分的材质导体组成闭合回路，当两端存在温度梯度时，回路中就会有电流通过，此时两端之间就存在电动势——热电动势，这就是塞贝克效应。

两种不同成分的导体（称为热电偶丝材或热电极）两端接合成回路，当接合点的温度不同时，在回路中就会产生电动势，这种现象称为热电效应，而这种电动势称为热电势。热电偶就是利用这种原理进行温度测量的，其中，直接用作测量介质温度的一端称为工作端（也称为测量端），另一端称为冷端（也称为补偿端）；冷端与显示仪表或配套仪表连接，显示仪表会指出热电偶所产生的热电势。两种不同成分的均质导体为热电极，温度较高的一端为工作端，温度较低的一端为自由端，自由端通常处于某个恒定的温度下。根据热电动势与温度的函数关系，制成热电偶分度表；分度表是自由端温度在0℃时的条件下得到的，不同的热电偶具有不同的分度表。在热电偶回路中接入第三种金属材料时，只要该材料两个接点的温度相同，热电偶所产生的热电势将保持不变，即不受第三种金属接入回路中的影响。因此，在热电偶测温时，可接入测量仪表，测得热电动势后，即可知道被测介质的温度。

资料表明，温差电偶的温差电动势大小由热端和冷端的温差决定，其极性热端为正极，冷端为负极，其关系为

$$E_t = \alpha(t_1 - t_0) + \frac{1}{2}\beta(t_1 - t_0)^2 + \cdots \tag{5-95}$$

式中 E_t——温差电动势；

t_1——热端温度；

t_0——冷端温度；

α，β——由构成热电偶的金属材料决定的常数。

当冷热端温差不大时，$\alpha \gg \beta$，上式可简化为

$$E_t = \alpha(t_1 - t_0) \tag{5-96}$$

因此温差电动势 E_t 与冷热端温差 $t_1 - t_0$ 呈线性关系。将热电偶、电势差计等其他相关仪器组合在一起便构成了热电偶温度计。当已知冷端温度，并测出其温差电动势后，便可求出热端温度为

$$t_1 = t_0 + \frac{E_t}{\alpha}$$

若 A 和 B 两物质接触。设温差电势为 $e(t,t_0)$，接触电势为 $e_{AB}(t)$。则总电势为

$$E_{AB}(t,t_0) = e_{AB}(t) + e_B(t,t_0) - e_{AB}(t_0) - e_A(t,t_0) \tag{5-97}$$

热电偶中每一种导体都称热电极，其中 t 端为工作端，t_0 端为自由端/参考端。因为接触电势≫温差电势，所以总热电势 $E_{AB}(t,t_0) = e_{AB}(t) - e_{AB}(t_0)$。单一导体的温差电势为

$$E_A(T,T_0) = \int_{T_0}^{T} \sigma_A \mathrm{d}t$$

所以

$$\begin{cases} E_A(T,T_0) = -E_A(T_0,T) \\ E_A(T,T) = 0 \\ E_A(T,T_0) + E_A(T_0,T) = E_A(T,T_0) \end{cases} \tag{5-98}$$

两种导体的接触电势为

$$E_{AB}(T) = \frac{KT}{e} \cdot \ln \frac{N_A}{N_B}$$

$$
所以\quad \begin{cases} E_{AB}(T) = -E_{BA}(T) \\ E_{AB}(T_0) = E_{AC}(T_0) + E_{CB}(T_0) \\ E_{AA}(T_0) = 0 \end{cases} \tag{5-99}
$$

从热端出发沿热电偶回路巡游一周，按照遇到的导体和温度的顺序，依次写出各接触电势和温差电势，并将它们相加起来便是整个回路的总热电势

$$
\begin{aligned} E_{AB}(T,T_0) &= E_{AB}(T) + E_B(T,T_0) + E_{BA}(T_0) + E_A(T_0,T) \\ &= E_{AB}(T) + E_B(T,T_0) - E_{AB}(T_0) - E_A(T,T_0) \\ &= \frac{K}{e}(T - T_0)\ln\frac{N_A}{N_B} + \int_{T_0}^{T}(\sigma_B - \sigma_A)\mathrm{d}T \end{aligned} \tag{5-100}
$$

5.4.1.3　发电合金

资料表明，由于热电材料具有安全、节能、环保等优点，因而具有广泛的研发前景。目前研究较为成熟的发电用热电材料已被用于航天科技及日常生活中。

Bi_2Te_3 化学稳定性较好，是目前 ZT 值最高的半导体热电体材料。一般而言，Pb、Cd、Sn 等杂质的掺杂可形成 p 型材料，而过剩的 Te 或掺入 I、Br、Al、Se、Li 等元素以及卤化物 AgI、CuI、CuBr、BiI_3、SbI_3 则使材料成为 n 型。在室温下，p 型 Bi_2Te_3 晶体的 Seebeck 系数 α 最大值约为 260μV/K，n 型 Bi_2Te_3 晶体的 α 值随电导率的增加而降低，并达到极小值 -270μV/K。Bi_2Te_3 材料具有多能谷结构，通常情况下，其能带形状随温度变化很小，但当载流子浓度很高时，等能面的形状将随载流子的浓度而发生变化。室温下它的禁带宽度为 0.13eV，并随温度的升高而减少。Bi_2Te_3 是典型的低温热电材料，已广泛应用于电子器件的冷却与精密恒温控制等方面。利用半导体材料的热电特性，就能制成一个温度变化范围为 50～80℃，工作容积可大可小，并能实现温度逐点控制的制冷器。尽管它效率较低，能耗大，但是在制冷量小于 20W、温差不超过 50℃时，半导体制冷的效率高于压缩式制冷的效率。因此，在需要外形尺寸小、质量轻、无磨损、无噪声、能平稳调节温度和制冷量，防止制冷剂污染空气等各种领域都得到广泛的应用。有资料对发电材料做了如下的归纳。

PbTe 的化学键属于金属键类型，具有 NaCl 型晶体结构，属面心立方点阵，其熔点较高（1095K），禁带宽度较大（约 0.3eV），是化学稳定性较好的大分子量化合物。通常被用作 300～900K 范围内的温差发电材料，其 Seebeck 系数的最大值处于 600～800K 范围内。PbTe 材料的热电优值的极大值随掺杂浓度的增高向高温区偏移。PbTe 的固溶体合金，如 PbTe 和 PbSe 形成的固溶体合金使热电性能有很大提高，这可能是由于合金中的晶格存在短程无序，增加了短波声子的散射，使晶格热导率明显下降，故使其低温区的优值增加。但在高温区，其 ZT

值没有得到很好的提高，这是由于形成 PbTe-PbSe 合金后，材料的禁带明显变窄，导致少数载流子的影响增加，结果没能引起高温区 ZT 值的提高。例如作为典型的中温用热电材料 PbTe 适用于 400 ~ 800K，在 600 ~ 700K 温区，$ZT \approx 0.8$。此外含 GeTe 约 80%（摩尔分数）的 AgSbFe-Ge 系多元化合物是中温区性能优良的热电材料，已作为宇航用电源。

高温用热电材料的典型合金是 SiGe，适用于 700K 以上高温，在 1200K 时，$ZT \approx 1$，是当前较好的宇航用热电材料。作为耐热耐氧化性热电材料的还有 $CrSi_2$，MnSi1.73，$FeSi_2$ 和 CoSi 等合金，正在研发的氧化物热电材料也是较好的高温材料。美国 1977 年发射的旅行者号飞船中安装了 1200 个热电发电器，用放射性同位素作为热源，它们向无线电信号发射机、计算机、罗盘、科学仪器等设施提供动力源，在长达 2.5 亿小时后无一个报废。最近日本西铁城钟表公司利用人体体温与外部温度之差成功地开发出手表驱动系统。SiGe 合金的 α 值在 Si0.15Ge0.15 达到极大值，其原因是在该组分处合金系统中的状态密度和有效质量达到极大值。但实际常用 Si 含量高的合金来得到较高的优值，Si 含量高有以下好处：降低了晶格热导率；增加了掺杂原子的固溶度；使 SiGe 合金有较大的禁带宽度和较高的熔点，适合于高温下工作；密度小，抗氧化性好，适应于空间应用；同时降低了造价。SiGe 合金是目前较为成熟的一种高温热电材料，适用于制造由放射线同位素供热的温差发电器，并已得到实际应用，1977 年旅行者号太空探测器首次采用 SiGe 合金作为温差发电材料，在此后美国 NASA 的空间计划中，SiGe 差不多完全取代 PbTe 材料。

5.4.1.4 热敏复合材料

A 基本概念

热敏电阻是敏感元件的一类，其电阻值会随着热敏电阻本体温度的变化呈现出阶跃性的变化，具有半导体特性，能直接将温度的变化转化为电流的变化。热敏电阻材料的电阻与温度的关系式也可表示为

$$R_T = Ce^{B/T} \tag{5-101}$$

式中 B，C——与材料物理性质有关的常数；

B——热敏电阻材料常数，一般为 1500 ~ 6000K。

热敏电阻陶瓷材料是指电阻值对温度极为敏感的陶瓷材料，它对温度的灵敏度较高，热惰性较小。一般情况下，电阻率随温度的提高而减小，经过电阻率最小的温度值 T_{min} 后，温度继续升高，达到 T_c 温度时，电阻率急剧增加，如图5-16所示。这是由于材料的微观结构开始产生变化，致使电阻-温度曲线产生转折，即由负温度系数变为正温度系数。

按温度系数分，热敏电阻（Thermistor）材料通常包括三种最基本的类型：(1) 负温度系数热敏电阻 NTC（negative temperature coefficient)，是负温度系数

热敏材料，则具有相反的特性；(2) 正温度系数热敏电阻 PTC (positive temperature coefficient)，为正温度系数热敏材料，它具有电阻率随温度升高而增大的特性；(3) 临界温度系数电阻 CTR。CTR 一般用于开关电路，NTC 和 PTC 非线性关系较严重（使用时一定要对其进行线性化处理）。这三种温度-阻值输入输出关系如图 5-17 所示。

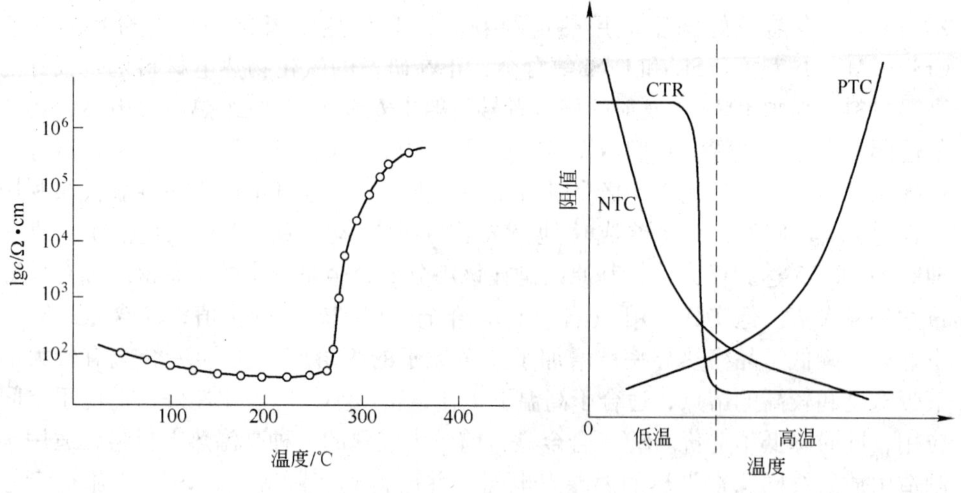

图 5-16　热敏材料的阻温特性曲线　　　图 5-17　三种温度-阻值输入输出关系

PTC 材料的基本特性可用电阻温度特性、伏安特性、电流时间特性和耐压特性来表征，其中电阻温度特性是 PTC 材料最基本的特性。电阻温度特性又称阻温特性，是指在规定电压下 PTC 热敏电阻的零功率电阻值与电阻体温度之间的关系。零功率是指在某一规定温度下测量 PTC 热敏电阻值时，引起电阻值变化不超过 0.1% 的测量功率。当温度在居里温度 T_c 以下其电阻率一般在 $10^2 \Omega \cdot cm$ 以下，而且变化不大。当温度超过居里温度 T_c 后，其电阻就急剧增大约 $10^3 \sim 10^5$ 倍，且呈现强烈的正温度特性。PTC 热敏电阻是以钛酸钡为主要成分的氧化物陶瓷元件，可根据不同的应用场合制成各种形状。PTC 元件的主要性能分为电阻-温度特性、电压-电流特性和电流-时间特性三类。电阻-温度特性表示在规定的电压下 PTC 元件的电阻值的对数与温度之间的关系，按其特性又可分为缓变型（补偿型）和开关型两类。具有缓变型曲线的 PTC 元件，在一定范围内电阻值与温度的关系近似为线性。温度系数在 $(3 \sim 8)\%/℃$，用于温度补偿和温度检测。开关型 PTC 元件有一个突变点，称为居里点。在温度达到居里点前。用于电动机线圈过热保护、电流控制、温度报警和恒温发热等领域。传统的钙钛矿型正温度系数热敏电阻材料主要是指 $BaTiO_3$ 陶瓷及其固溶体，如 $(Ba, Pb)TiO_3$、

$(Sr,Ba)TiO_3$等。主要应用于限流、温度检测、温度补偿、恒温加热器等。近年来还出现了许多新型 PTC 材料，如有机 PTC 材料等。

NTC 热敏电阻是一种典型具有温度敏感性的半导体电阻，它的电阻值随着温度的升高呈阶跃性的减小。传统的负温度系数热敏电阻材料主要是由 Mn、Co、Ni 和 Fe 等过渡金属元素的复合氧化物组成的。大多用于温度补偿、测温度元件、防止开机浪涌电流等。NTC 热敏电阻值 R 随温度 T 变化的规律为

$$R = R_{25}e^{B_n\left(\frac{1}{298}-\frac{1}{T}\right)} \tag{5-102}$$

式中 T——热力学温度；

R_{25}——25℃时的电阻值；

B_n——材料常数。

实验中通过测定两个特定温度下 NTC 的阻值，确定其参数 R_{25}与 B_n。对未知温度即可通过测出其对应的电阻值，然后计算得出。实验中通过测定两个特定温度下 NTC 的阻值，确定其参数 R_{25}与 B_n，那么，对未知温度即可通过测出其对应的电阻值，然后由公式 5-102 计算得出。

复合热敏电阻材料是指材料电阻在一定温度范围内同时具有 NTC（或 CTR）特性和 PTC 特性，并在不同的温度区间表现出来。实现 NTC-PTC 功能复合，可以实现温度调节和过流保护等多重功能，其研究具有重要的实际意义。随着两类材料日益广泛应用，出现了低电阻 PTCR 和较宽温区线性 NTCR 材料的需求，于是出现了$(Sr,Pb)TiO_3$ 系材料，它同时具有 NTC 和 PTC 特性。

B PTC 效应的理论基础

PTC 效应是一种典型的晶界效应，自从 Hayman 在 1955 年报道了 $BaTiO_3$ 样品的正温度系数效应后，人们提出众多的模型对其解释。其中 Heywang 模型是目前最为广泛接受的解释 PTC 材料阻温特性的理论，认为 PTC 效应是由于存在于晶界的 Schottkv 势垒决定的。

长期以来，人们认识到 PTC 效应是一种晶界效应，大家所接受的是 Heywang 晶界 PTC 理论：晶界存在着由表面态引起的 n 型半导体的肖特基势垒层，该势垒层延伸到耗散层，在样品温度高于居里温度时，表面态将产生一较高的势垒在晶界上，势垒产生了高电阻；在样品温度低于居里温度时，由于自发极化导致了屏蔽效应从而消灭了势垒层，产生了低电阻，这样产生了 PTC 现象。由 Heywang 晶界 PTC 理论可以得到样品晶界电阻 R 的表达式为

$$R = R_0\exp(e\varphi_{bi}/kT)$$

式中 R_0——常数，$5.85\times10^{-7}\Omega\cdot cm$；

e——电子电量；

φ_{bi}——势垒高度；

T——样品温度；

k——Boltzmann 常数。

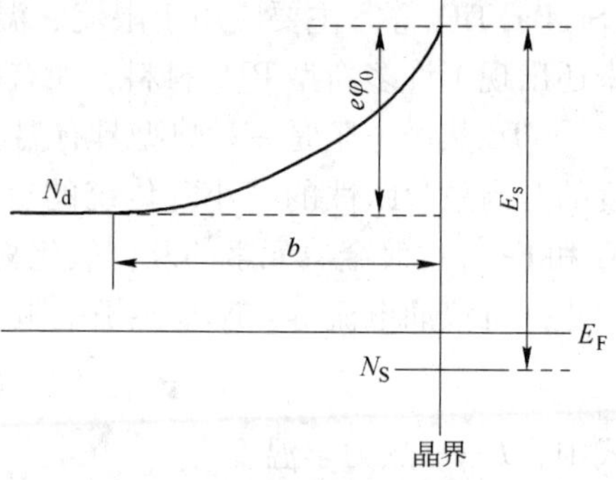

图 5-18 晶界势垒模型能带图

资料表明，在施主掺杂的 $BaTiO_3$ 陶瓷晶粒边界上，由于缺陷与杂质的作用形成二维受主表面，导致晶粒表面的 Schottky 势垒的形成。图 5-18 为晶界表面势垒能带图，图中 Φ_0 为表面势能（J/mol），$\Phi_0 = e\varphi_0$ 为表面势垒高度（eV），E_F 为费米能级（eV），N_S 为受主表面密度(mol/cm^2)，N_d 为载流子浓度(mol/cm^3)，E_s 为受主表面距导带底的能级差（eV），b 为空间电荷层即耗尽层的厚度（cm）。

这是 Heywang 模型的基本假设。在电中性条件下，表面电荷应等于耗尽区的电荷，故 $N_S = 2N_d b$。由泊松方程推出肖特基势垒高度关系式

$$\Phi_0 = \frac{e^2 N_d b^2}{2\varepsilon\varepsilon_0} = \frac{e^2 N_S^2}{8\varepsilon\varepsilon_0 N_d}$$

式中 e——表示一个电子，C；

ε_0——真空介电常数，F/m；

ε——相对介电常数，F/m。

在居里温度以下，ε 高达 10^4 数量级，Φ_0 很低；但在居里温度以上，ε 按居里外斯定律随温度升高下降，因而 Φ_0 在居里温度以上随温度上升而增大。由于材料的有效电阻率 $\rho(\Omega \cdot \text{cm})$ 可近似认为由晶粒电阻率 ρ_V 和晶界表面势垒电阻率 ρ_S 构成，假设载流子通过热激发越过势垒，可得 $\rho_S = \rho_V \alpha \exp(\Phi_0/kT)$，因而材料有效电阻率可表示为

$$\rho = \rho_S + \rho_V = \rho_V(1 + \alpha\exp(\Phi_0/kT)) \tag{5-103}$$

式中 α——几何因子；

k——玻耳兹曼常数，eV/K。

由于 Φ_0 在居里温度以上随温度上升而增大，从而引起有效电阻率增大几个数量级。Heywang 认为，在多晶 $BaTiO_3$ 半导体材料的晶粒边界存在二维受主表面，该受主表面引起表面势垒，势垒高度与相对介电系数 ε 成反比。Heywang 模型比较圆满地解释了 PTC 效应，成为后来 PTC 研究的重要理论基础。

C 热敏电阻主要参数

有关资料总结的热敏电阻主要参数如下。

a 标称电阻值 R_{25}（冷阻）

R_{25}是热敏电阻器在25℃时，采用引起电阻值变化不超过0.1%的测量功率所

测得的电阻值，其阻值大小决定于热敏电阻器的材料和几何尺寸。

如果环境温度不符合（25±0.2）℃而在（23~27）℃之间，则按下列公式换算成25℃时的电阻值

$$R_{25} = \frac{R_T}{1 + \alpha_{25}(T - 298)} \tag{5-104}$$

式中 R_{25}——温度为25℃时的电阻值，Ω；

R_T——温度为 T 时的实际电阻值，Ω；

α_{25}——被测热敏电阻器在25℃时的电阻温度系数。

如果环境温度 T 偏离25℃过大，则按下式换算成25℃时的电阻值

$$R_{25} = R_T \exp B_P(298 - T) \tag{5-105}$$

式中 B_P——正温度系数热敏电阻器的材料常数。

b 电阻温度系数 α_{tn}（%/℃）

在某一温度下，电阻器的电阻值随温度的变化率与它的电阻值之比，温度变化导致的电阻的相对变化。温度系数越大，PTC 热敏电阻对温度变化的反应越灵敏。即

$$\alpha_{tn} = \frac{1}{R_r}\frac{dR_r}{dT} \tag{5-106}$$

α_{tn}决定热敏电阻器在全部工作温度范围内的温度灵敏度，一般来说，电阻率越大，电阻温度系数也越大。也可表示为

$$\alpha = \frac{\lg R_2 - \lg R_1}{T_2 - T_1} \tag{5-107}$$

PTC 热敏电阻器在工作温度范围内的电阻与温度是指数关系，电阻-温度特性可近似用下面的实验公式表示

$$R_T = A_P \exp(B_P T) \tag{5-108}$$

式中 R_T——温度为 T 时的电阻值，Ω；

B_P——正温度系数热敏电阻器的材料物理常数；

A_P——正温度系数热敏电阻器的材料、形状和尺寸参数。

对 A_P 也可以理解为 T 趋于零的电阻值 R_0，R_0 通常也称为条件电阻。这时有

$$R_T = R_0 \exp(B_P T) \tag{5-109}$$

正温度系数热敏电阻器的材料物理常数 B_P 的计算公式为

$$B_P = \frac{\ln R_{r1} - \ln R_{r2}}{T_1 - T_2} = \frac{2.303(\lg R_{r1} - \lg R_{r2})}{T_1 - T_2} \tag{5-110}$$

正温度系数热敏电阻器电阻温度系数 α_{tP}可由微分式直接得到，即

$$\alpha_{tP} = \frac{1}{R_T}\frac{dR_T}{dT} = \frac{B_P R_{T0} \exp B_P(T - T_0)}{R_{T0} \exp B_P(T - T_0)} = B_P \tag{5-111}$$

从式5-111可知，正温度系数热敏电阻器的电阻温度系数α_{tP}正好等于它的材料物理常数B_P值。在工作温度范围内α_{tP}也不是一个严格的常数，而是随温度略有变化。对于不同的正温度热敏材料，其温度系数α_{tP}可以有很大的不同。根据所测数据计算出试样的阻温系数α_{tP}，由式5-111可知，阻温系数α_{tP}等于材料物理常数B_P，代入式5-109，再取居里温度点的阻值代入式5-109中，就可算出R_0，然后就可计算试样在工作温度范围内的电阻。

c 升阻比

在一段温度范围内，电阻器的最大零功率电阻与最小零功率电阻之比，即

$$\sigma = \frac{R_{max}}{R_{min}} \tag{5-112}$$

升阻比越大，则电阻器的PTC效应越好。

D 复合热敏电阻材料

a 金属氧化物复合体系

用金属氧化物半导体材料制成的热敏电阻器，是最常见也是产量最多的一种热敏电阻器，它是将各种氧化物在不同的条件下烧成半导体陶瓷，以获得热敏性。可用Mn_3O_4、CuO，NiO，Co_3O_4、Fe_2O_3，TiO_2，MgO，V_2O_5、ZnO等两种或两种以上的材料，进行混合、成形、烧结、可制成具有负温度系数的热敏电阻器。其电阻率ρ和材料常数B随制备材料的成分比例、烧结温度、烧结气氛和结构状态不同而变化。

b 钛酸钡系复合材料

钛酸钡是一种具有钙钛矿型结构的离子晶体。$BaTiO_3$是一种介电性质与铁磁体的磁学性质相类似的铁电体，由于它具有异常的介电性质，自它被发现以来，无论在理论研究上或技术应用上，均非常引人关注。$BaTiO_3$被广泛应用于电容器、PTC元件、压电换能器等电子元件的制造，是一种需求量大、价值高的粉体体系。根据需要将材料混合，采用一般陶瓷工艺成形，高温烧结可制成具有正温度系数的热敏电阻器（半导体陶瓷烧结体），其温度系数α及居里点温度T_c随组分及烧结条件（尤其是冷却速度）的不同而变化。

资料表明，$BaTiO_3$是典型的钙钛矿型的铁电体，图5-19为$BaTiO_3$的晶体结构。Ba位于原胞的8个顶角上，O位于6个晶面的中心（面心），而Ti位于原胞的中心（体心）。对于钙钛矿型（ABO_3）结构来说，其形成条件为

$$r_A + r_B = t\sqrt{2}(r_B + r_O) \tag{5-113}$$

式中 r_A——A位（如Ba）的离子半径；

r_B——B 位（如 Ti）的离子半径；

r_O——O 位离子的离子半径；

t——容限因数，其值在 0.9～1.1。

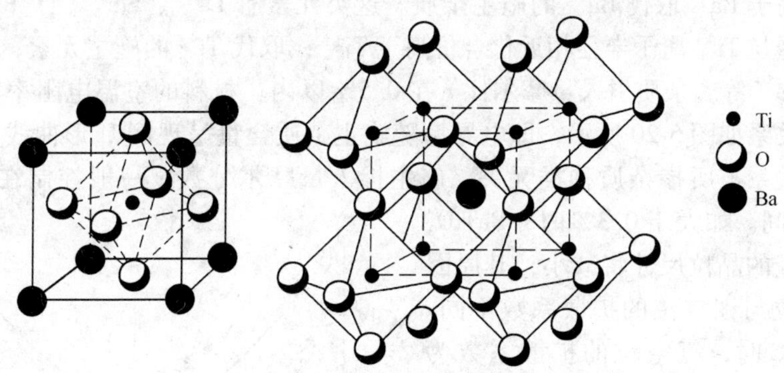

图 5-19 $BaTiO_3$ 晶体结构

当 t 值大于 1.1 时，晶体结构即变为方解石型，t 值更大时将变为霞石型。反之，当 t 小于 0.9 时，则变为刚玉型。只要离子半径匹配，原子价使整体成中性，A，B 离子不一定要同 $BaTiO_3$ 那样，分别为 +2 价和 +4 价，而也可以是 +1 价、+3 价和 +6 价等。在钛酸钡的晶体中，Ti 所占空间还有空隙，因而 Ti 可以偏离中心的位置移动，这时，O 也随之产生相对的位移，在这种情况下，由于两电荷的中心不重叠，因而产生了自发偶极电矩。此外，这种位移还将使晶格发生畸变，使沿 Ti 位移方向（极化方向，也就是 c 轴方向）略有所伸长，而与其垂直的方向上略有缩短。在 120℃以上为正交晶系，在此温度以下则转变为 c 轴比 a 轴略长的四方晶系，而在常温下，c/a 的值约为 1.01，这种晶格畸变正是 $BaTiO_3$的电致伸缩效应的原因。120℃的晶胞变态点称为居里点，在居里点以下，会沿 c 轴的正方向或负方向发生自发极化。也就是说，在 120℃和 0℃之间沿［001］方向极化；在 0℃和 -80℃之间则取［011］方向极化，晶格即变为正交晶系；在 -80℃以下，极化沿［111］方向，晶格结构变为三角晶系。

目前，$BaTiO_3$ 系 PTC 陶瓷材料的研究主要集中在通过添加不同的元素，改进 PTCR 材料性能。用钛酸钡（也可用 Sr 部分置换 Ba 或用 Sn，Zr 部分置换 Ti）添加微量的 Nb、Ta、Bi、Sb 或稀土元素 La、Ce、Bi、Sb 及 W 等。$BaTiO_3$ 陶瓷具有 PTC 效应的先决条件是晶粒半导化和晶界适当绝缘化。目前使 $BaTiO_3$ 陶瓷半导化的常用方法有两种：一为施主掺杂法，即在主晶相组成中加入电价高于 2 价、半径与 Ba^{2+} 相近的离子取代 $BaTiO_3$ 晶格中的 A 位，或者加入电价高于 4 价（一般为 5 价）、半径与 Ti^{4+} 相近的离子取代 $BaTiO_3$ 晶格中的 B 位，使 $BaTiO_3$ 晶体成为 n 型半导体；另一方法是强制还原法，使 Ti^{4+} 转为 Ti^{3+}，同时形成氧空位，电子及氧空位在外场作用下成为载流子，从而得到电阻率很低的 $BaTiO_3$ 半导瓷，但用强制还原法制得的 $BaTiO_3$ 半导瓷不仅晶粒半导，晶界也半导，因而不具有 PTC 特性。一般来说，施主掺杂剂可分为两类：一类是与 Ba^{2+} 半径相近，化合价高于 Ba^{2+} 取代 Ba^{2+} 的施主杂质。这类元素有 La^{3+}、Sm^{3+}、Y^{3+} 等。另一类可选择与 Ti^{4+} 离子半径相近化合价高于 Ti^{4+}，取代 Ti^{4+} 的施主元素，如 Nb^{5+}、Ta^{5+}、Sb^{5+} 等。杂质引入量摩尔比 r 在 0.5% 以内。材料的室温电阻率与施主杂质含量关系如图 5-20 所示，即电导率随施主杂质含量呈现倒 U 形曲线关系，而且这种关系与所掺杂质种类无关。施主掺入量摩尔分数 x 一般控制在 0.2% ~ 0.3% 之间。如大于 0.3% 时，$BaTiO_3$ 半导体瓷的晶粒尺寸将减小，其原因是氧空位与钡空位的扩散系数不同。在 1000℃ 时，氧空位的扩散系数为 $10^{-4}cm^2 \cdot s$，钡空位的扩散系数为 $5\times10^{-12}cm^2 \cdot s$，前者较后者高出 7 ~ 8 个数量级。晶粒的长大，依赖于氧空位的扩散。在高施主掺入的情况下，由于大量钡空位的产生，导致了氧空位浓度的下降，不利于传质过程的进行，致使晶粒生长速度变慢，半导体瓷的晶粒尺寸变小。

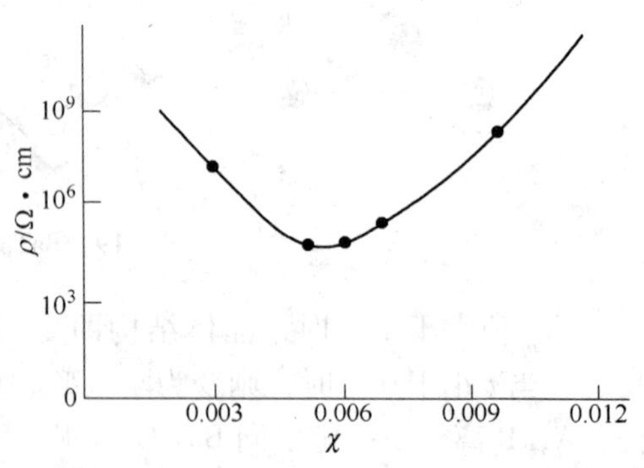

图 5-20　样品室温电阻率与施主掺杂剂的关系

控制居里温度方面的研究已比较成熟，在 50 ~ 340℃ 范围内可以对居里点进行有效的控制。无掺杂的 $BaTiO_3$ 的居里点在 120℃，对其进行等价离子置换，可有效地改变其居里点。

降低室温电阻率可用施主元素，即 3 价或 5 价的稀土元素如 La^{3+}、Ta^{5+}、Nb^{5+} 等，取代 Ba^{2+} 或 Ti^{4+} 的位置。研究表明，双施主的加入物比单一施主加入物更能有效地降低 PTC 材料的常温电阻率。另外，降低电阻率一种较新的方法是在 PTC 材料中掺杂金属单质如 Ni 等，即金属 PTC 复合材料。为了将金属与 $BaTiO_3$ 混合均匀，可采用化学镀的方法或共沉淀的方法。

资料表明，提高升阻比与电阻温度系数可掺杂微量受主元素，如 Mn。受主掺杂是低价离子置换高价离子后，为了保持电价平衡，低价离子周围会产生空穴，在禁带中形成一个附加的受主能级，电子很容易激发到此能级，降低电子载流子的数量，使电阻率上升。受主加入量应严格控制，过量的受主杂质会使材料失去 n 型半导性。本文作者的研究结果见图 5-21 和图 5-22。由于在居里温度附近介电常数增加很快，有时为了在工作情况（室温附近）下使材料的介电常数和温度关系尽可能平缓，即要求居里点远离室温温度，在掺杂了 Sr 后，$BaTiO_3$

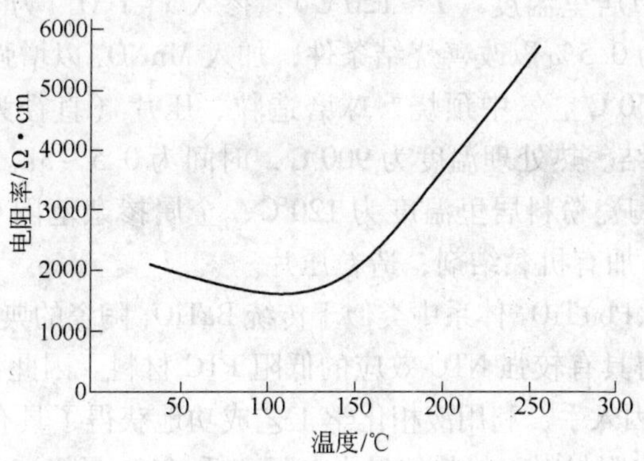

图 5-21 ($Ba_{0.89}Sr_{0.11}$) TiO_3 的阻温曲线

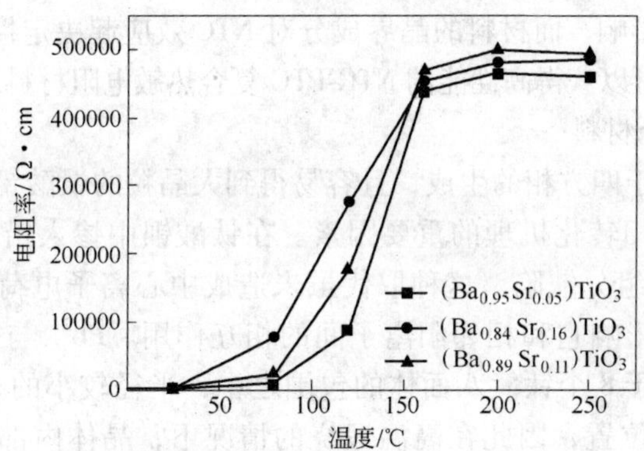

图 5-22 不同 Ba/Sr 比的阻温特性曲线

的居里温度发生了改变，加入一定量 Sr 元素的 $BaTiO_3$ 则成为 ($Ba_{0.89}Sr_{0.11}$) TiO_3，其居里温度在 80℃附近。也就是说，通过给 $BaTiO_3$ 加入 Sr 元素可以降低其居里温度，这一点基本符合了理论计算值。能让 $BaTiO_3$ 产生这种变化主要是因为钛酸钡晶体结构的类型。钛酸钡常温下属四方晶系。晶体结构的特点是由 O^{2-} 离子和 Ba^{2+} 离子共同近似按立方密堆积排列，Ba^{2+} 离子位于 O^{2-} 八面体空隙中；Ti^{4+} 离子的配位数是 6，形成的 [TiO_6] 八面体各以顶角相连，Ba^{2+} 又处于八面体 [TiO_6] 空隙中，Ba^{2+} 的配位数是 12。理想的钙钛矿型结构应为立方晶系，但钛酸钡晶体常温下畸变为四方晶系，当温度高于居里温度时，晶体为立方晶系。钛酸钡是一种典型的位移型铁电体（$P_s > 50$），它在 450℃以上为立方晶系，在 490℃以下晶体结构稍有畸变，为四方结构。正是因为其特有的这种晶体结构，当加入它作为掺杂物时，原物质的性质就会有比较大的变化。其中钛酸钡中铁电活性离子为钡。

有人用标准固态反应制备 PTC 陶瓷基质，基质为 $BaTiO_3$ 和 TiO_3 粉末，掺杂

$CaCO_3$ 和 $SrCO_3$ 调节居里温度（$T\approx120$℃），掺入 $x(Y_2O_3)$ 为 0.5% 以增强半导化，掺入 $x(SiO_2)$ 为 0.5% 以改善烧结条件，加入 $MnNO_3$ 以增强 PTC 效应，粉料经 24h 球磨，在 1150℃空气中预烧，球磨造粒、压片（直径为 10mm 圆形片），在空气中 1360℃烧结。热处理温度为 900℃，时间为 0.5～3h。Fe 粉料掺入 PTC 陶瓷粉料中，PTC 陶瓷粉料居里温度为 120℃，金属掺杂范围 0～25%（摩尔分数），干球磨混匀，加有机黏结剂，造粒压片。

有人发现了 $(Sr,Pb)TiO_3$ 体系中类似于传统 $BaTiO_3$ 陶瓷的典型 PTC 效应，NTC 效应较弱，很难获得具有较强 NTC 效应的低阻 PTC 材料。因此，从分析可能产生较强 NTC 效应的原因入手，利用液相化学工艺成功地获得了具有较强 NTC 效应的 NTC-PTC 复合热敏电阻材料，材料的最小电阻率低（10^2 量级）在保证良好 PTC 效应的前提下，材料的 NTC 系数高达 -3.54%。实验表明，材料的化学不均匀性对 NTC 效应有一定的影响，而材料的晶界成分对 NTC 效应起决定性的作用，通过粉体的表面改性方法可以获得高性能的 NTC-PTC 复合热敏电阻材料。

c　$PbTiO_3$ 复合材料

铅的存在有利于四方相的生成，且容易得到大晶粒的钛酸铅钡单晶，这说明铅是影响钛酸钡晶相转化机理的重要因素。在钛酸钡中掺入铅，实际上是 Pb^{2+} 取代了 Ba^{2+}，生成组分缺陷。这种取代虽未造成中心离子电荷数的变化，但离子半径不同，势必影响它和相邻阳离子间的相互作用。Pb^{2+} 与 Ba^{2+} 周围的环境是相同的，即同处于 8 个钛氧八面体的包围之中，半径较小的 Pb^{2+} 比 Ba^{2+} 更容易迁移而偏离中心位置，因此在高温煅烧的情况下，晶体内部各质点的动能增加，振动频率和振幅均比较大，Pb^{2+} 的迁移更加容易，因此有利于四方相的生成。

1988 年由日本科学家发现了 $(Sr,Pb)TiO_3$ 陶瓷，它是一种新型热敏电材料，这种材料通常显示 NTC 和 PTC 复合的 V 形特性，即材料除了在居里温度以上具有 PTC 效应外，在居里温度以下还具有较强的 NTC 效应。对于 V 形特性 $(Sr,Pb)TiO_3$ 材料，目前就组成、工艺和性能间的关系等已经有所研究。关于 V 形特性 $(Sr,Pb)TiO_3$ 材料的半导化行为，周世平等也已经就 PbO 过量和 SiO_2 含量等影响因素做了研究。近年来，国内外对 V 形 PTCR 进行了大量研究，主要集中在液相法陶瓷原料的制备、掺杂和低温烧结等几个方面。

传统的 $BaTiO_3$ 基 PTCR 材料的烧结温度一般都在 1300℃以上，而化学法制备的 $(Sr,Pb)TiO_3$ 粉末，其烧结温度可以降低至 1100℃以下，这一温度远低于传统的 $BaTiO_3$ 陶瓷，这是 $(Sr,Pb)TiO_3$ 陶瓷作为 PTCR 材料的一个明显优势。这一发现不但为 PTC 材料家族增添了一种具有强劲竞争力的新材料，同时为理论上推翻深能级学说提供了有力的实验证据。本书作者的工作见图 5-23 至图 5-26。图 5-23、图 5-25、图 5-26 分别列出了当 x 分别为 0.9、0.7、0.6 时其阻-温特性曲线图。

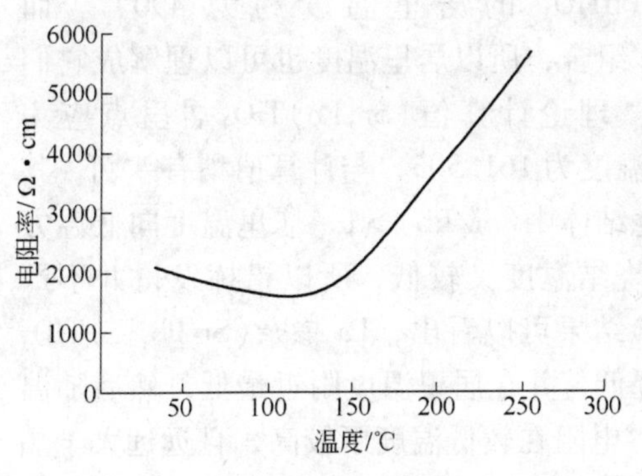

图 5-23 $X=0.9$ 时 $(Sr_xPb_{1-x})TiO_3$ 阻-温特性曲线

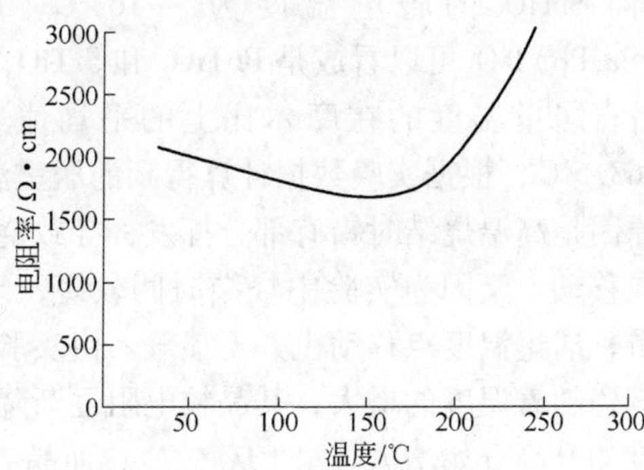

图 5-24 $X=0.7$ 时 $(Sr_xPb_{1-x})TiO_3$ 阻-温特性曲线

由图 5-23 可见，当 $X=0.9$ 时，$(Sr_{0.9}Pb_{0.1})TiO_3$ 具有典型的 NTC 效应和 PTC 效应，居里温度在 160℃附近，由于没有加入 La 元素，所以室温电阻率较高。

由图 5-24 可见，材料具有很典型的 NTC 效应和 PTC 效应，居里温度在 200℃附近，由于没有 La 元素的加入，所以室温电阻较高。

由图 5-25 可见，材料具有很典型的 NTC 效应和 PTC 效应，居里温度在 220℃附近，配方中加入了 0.1%（摩尔分数）的 La 元素，所以室温电阻率不是太高。不同 $m(Sr)/m(Pb)$ 比值的固溶体，其居里温度可以通过 $PbTiO_3$ 和 $SrTiO_3$ 的居里温度的几何平均数求

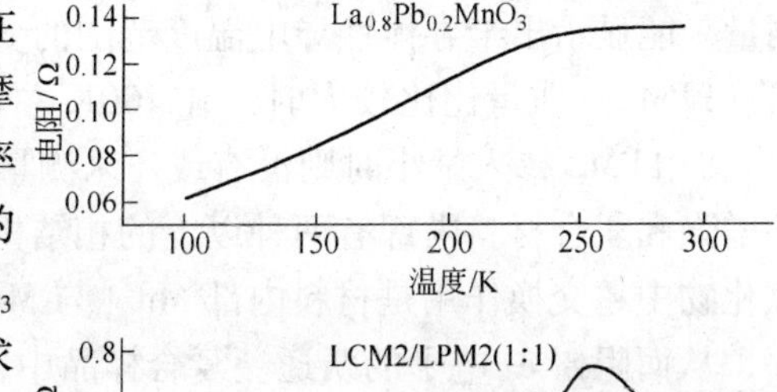

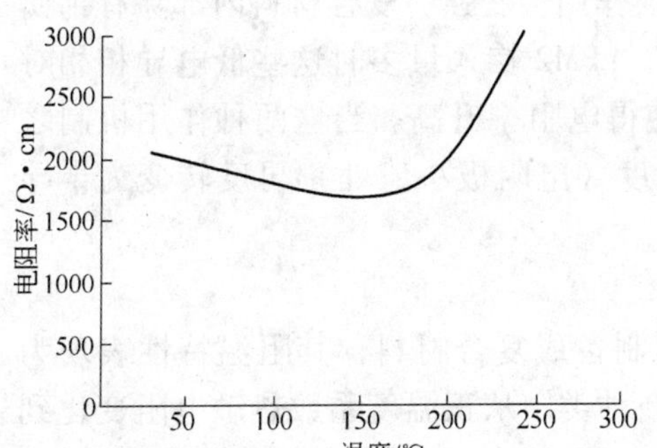

图 5-25 $X=0.6$ 时 $(Sr_xPb_{1-x})TiO_3$ 阻-温特性曲线

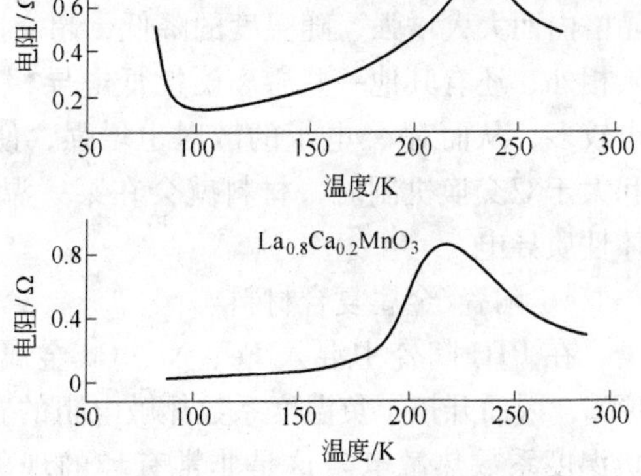

图 5-26 不同质量分数时复合样品电阻值随温度变化曲线

得。$SrTiO_3$ 的居里温度为 -163℃，$PbTiO_3$ 的居里温度约为 490℃。而$(Sr,Pb)TiO_3$可以看成是 $PbTiO_3$ 和 $SrTiO_3$ 组合，所以居里温度也可以理解成它们各自居里温度的在摩尔比上的平均值。理论计算值$(Sr,Pb)TiO_3$居里点应为163.5℃，根据实验数据计算得到的居里温度为161.5℃，与计算值稍有差别。其原因是高温烧结时铅有部分挥发，导致烧结体中$(Sr/Pb)>1$，居里温度向低温方向移动。又因为实验中烧结时间较短，烧结温度又较低，所以铅挥发得并不严重，居里温度点移动也并不显著。由实验结果可以看出，La 掺杂$(Sr_xPb_{1-x})TiO_3$陶瓷随着温度的增大，其晶粒电阻逐渐降低，并在居里温度附近最低，然后随温度的升高开始增大，呈 PTC 效应；而晶界电阻在较低温度下较高，且远远大于晶粒电阻值，但随着温度的升高，晶界电阻急剧连续降低，并逐渐低于晶粒电阻。样品的总电阻是由晶粒电阻和晶界电阻所组成，由于在低温下晶界电阻起主导作用，而在居里温度以上晶界电阻和晶粒电阻的变化规律相一致，因此总电阻的变化规律和晶界电阻的变化规律相一致，样品的 PTC 效应已不存在。

d　$La_{0.8}Ca_{0.2}MnO_3$ 和 $La_{0.8}Pb_{0.2}MnO_{0.3}$组成的复合材料

有人制备出三种由 $La_{0.8}Ca_{0.2}MnO_3$ 和 $La_{0.8}Pb_{0.2}MnO_{0.3}$（LCM2 和 LPM2）以不同质量比配成的复合样品，见图 5-26。图 5-26 示出了样品在低温区的阻温曲线。从图可以看出，样品在测量温区内电阻随温度的变化都呈现出从半导体性导电到金属性导电的转变（S-M），对 $x=0$ 的样品 $La_{0.8}Ca_{0.2}MnO_3$ 由于转变温度点较高，测量未能显示出半导体性导电温度范围的变化。而其他游离相，在图中我们发现当（LPM2）质量比比较大时，在 100K 左右低温时材料又呈现出半导体导电性质，而 LPM2 掺入量小时则没有或还未测量到，这可能与材料内部的超交换作用的增强和复合材料内部有两种以上的相结构有关，是多相复杂竞争结果。稀土锰氧化物中超交换作用是材料内部 Mn^{3+} 与 Mn^{4+} 不通过 O^{2-} 而直接耦合形成反铁磁序，从而阻碍 e_g 电子的跃迁。复合样品中，超交换作用因部分 Mn 离子不在同一晶格内而大大增强，随温度的降低，超交换作用会变强。复合材料内部除有钙钛矿相外，还有其他一些游离磁性低电导相，LPM2 掺入量多时这些低电导相相对也较多，从而对 e_g 电子的散射也增强，使得电阻率升高。当这两种作用机制之和大于双交换机制时，材料就会在某一温度（电阻极小值处）再度转变为半导体性质导电。

e　陶瓷/金属复合材料

在 PTC 陶瓷中混入 Fe、Ni、Co 金属制备成复合材料，其阻温特性表现为 NTC，因而开拓了负温度系数热敏电阻的新种类。从正温度系数热敏电阻变化到负温度系数热敏电阻这是非常有趣的现象。显然海王（Heywang）晶界模型的 PTC 理论忽视了镜像力对晶界势垒的影响，特别是在金属与半导体接触处的肖特基势垒层，镜像力对晶界势垒的影响明显增大，导致 NTC 现象。

金属/PTC 陶瓷复合材料样品电阻随温度增加而减小，表现出 NTC 现象。PTCR 样品随温度增加而增加，表现出 PTC 现象。有人所做工作见图 5-27，在金属/半导体复合材料中，晶界电阻为

$$R = R_1 \exp(e\varphi_{B_0}/kT) \tag{5-114}$$

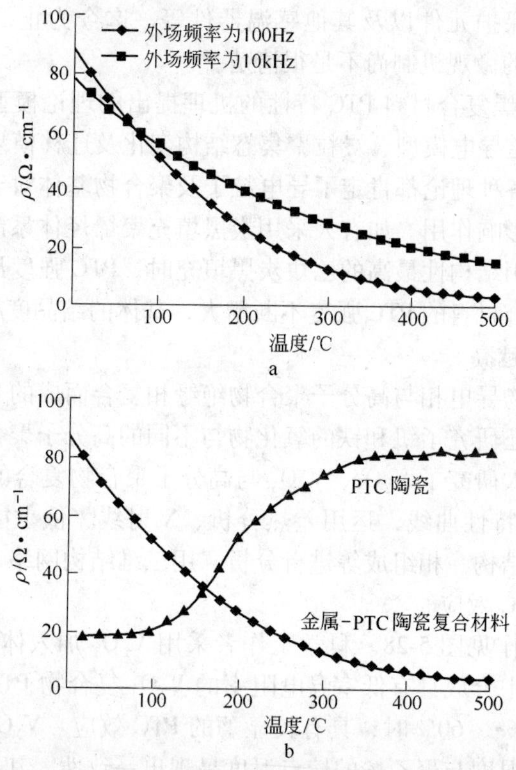

图 5-27　掺铁样品交流电导（a）阻-温特性曲线（b）

在外场偏压下，镜像力将引起肖特基势垒降低 $\Delta\varphi$，肖特基势垒变为 $\varphi_B = \varphi_{B_0} - \Delta\varphi$，晶界电阻表达式为

$$R = R_2 \exp(e\varphi_B/kT) \tag{5-115}$$

在 $\varphi_B < 0$（$\varphi_{B_0} < \Delta\varphi$）时，电阻减小，表现为 NTC 效应，在 $0 < \varphi_B$（$\Delta\varphi < \varphi_{B_0}$）时，电阻增大，表现为 PTC 效应。外场频率的大小对电阻的影响很大，说明外场频率对镜像力有非常明显的依赖关系，外场频率高，镜像力影响势垒较大。

f　高分子基复合材料

高分子 PTC 材料自 20 世纪 80 年代问世以来，因其 ρ_{25} 低、PTC 效应好、NTC

现象可消除、易于制备加工及价格便宜等优点，备受世人的关注，至今仍是PTC材料领域的研究热点之一。高分子PTC是由绝缘的聚合物与导电的无机填料复合而成。聚合物型PTC材料是一类具有正温度系数的热敏电阻材料，主要由聚合物基体混合炭黑、金属等导电粒子构成。这类材料在一定的转变温度下，电阻率能迅速增加至一极限值，发生（半）导体-绝缘体的相互转变，因此可用于制备自限温加热器、过流保护元件以及其他感温器件等。迄今为止，对于聚合物基体PTC产生PTC现象的微观机制尚不是很清楚。

关于聚合物/炭黑复合材料PTC特性的机理提出的理论模型主要有：导电链与热膨胀模型、隧道导电模型、炭粒聚集态结构变化及迁移模型、欧姆导电机理及相变模型等。但各种理论都肯定了导电粒子及聚合物基体对于这类材料的PTC特性具有决定性的影响作用。如有人采用炭黑填充聚烯烃体系制得聚合物基PTC复合材料，发现采用结构性最高的乙炔炭黑填充时，PTC强度最高，而且随着炭黑含量的增大，复合材料的PTC强度不断增大，基体的结晶度越高，所制得的复合材料PTC强度也越高。

过渡金属氧化物导电相与高分子聚合物绝缘相复合而成的PLC材料就是其中的一个例子。有人还研究了钒和铁的氧化物与不同的高分子聚合物复合的PTC材料的温度特性。有人研究了V_2O_3、V_2O_3与高分子聚合物复合的PTC材料，测定了这些材料的阻-温特性曲线，运用差热分析、X射线、俄歇能谱以及电子显微技术对材料的微观结构、相组成等进行分析，用三维结构网络和电子隧道效应理论解释了材料的PTC效应。

有人所做的工作见图5-28。科学工作者采用V_2O_3加入体积分数为4%左右聚乙烯，在实验室中合成具有低室温电阻率的V_2O_3复合物PTC热敏材料。当聚乙烯体积分数为40%～60%时，具有较显著的PTC效应。V_2O_3复合物出现电阻率大幅度上升，且温度与聚乙烯的熔点温度呈现出一致性，其PTC机理是由于体积效应产生。V_2O_3粒度对V_2O_3/聚乙烯复合物的电性能及PTC效应的重现性均

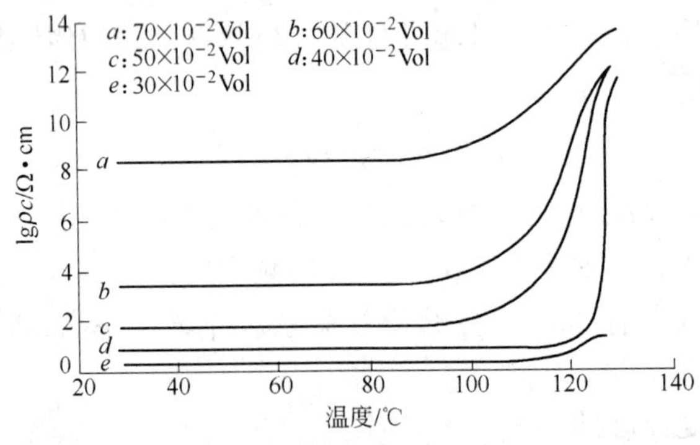

图5-28　不同聚乙烯（PE）添加量的V_2O_3基复合物PTC效应变化

有影响。V_2O_3 颗粒越细，V_2O_3/聚乙烯复合物的室温电阻率越降低，则重现性变好。

有人在导电原位微纤化炭黑（CB）/聚对苯二甲酸乙二醇酯（PET）/聚乙烯（PE）复合材料的研究基础上，研究了隔绝氧气条件下通过多次升降温热循环该复合材料的电阻-温度效应。实验发现，热循环过程中，普通 CB/PE 复合物 PTC 效应保持稳定，而导电原位微纤化复合材料的 PTC 强度却随循环次数的增加逐步衰减。通过对基体 PE 以及导电网络结构的研究发现，该现象是由于原位微纤化复合材料在高温阶段所形成的更为完善的导电网络相比于普通 CB/PE 复合材料受基体结晶影响较小所致。该现象为制备电性能稳定且可回收利用的导电（抗静电）高分子复合材料提供了新的思路，具有理论价值和实际意义。

g 热释电材料和热释电复合材料

热释电效应指的是电介质的极化随温度改变的现象。设想一个单畴化了的铁电体，其中极化的排列使靠近极化矢量两端的表面附近出现束缚电荷。在热平衡状态，这些束缚电荷被来自体内的等量反号的自由电荷所屏蔽，所以铁电体对外界并不显示电的作用。当温度改变时，极化发生变化，原先的自由电荷不能再完全屏蔽束缚电荷，于是表面出现自由电荷，它们在附近的空间形成电场，对带电微粒有吸引或排斥作用。如果与外电路连接，则可在电路中观测到电流，升温和降温两种情况下电流的方向相反。热释电是具有自发极化特性的晶体材料。自发极化是指由于物质本身的结构在某个方向上正负电荷中心不重合而固有的极化。

热释电材料主要可分为单晶材料［（如 TGS（硫酸三甘肽）、DTGS（氘化的 TGS）、CdS、$LiNbO_3$、SBN（铌酸锶钡）、PGO（锗酸铅）、KTN（钽铌酸钾）等］、高分子有机聚合物及复合材料［如 PVF（聚氟乙烯）、PVDF（聚偏二氟乙烯）、P（VDF-TrFE）（偏二氟乙烯三氟乙烯共聚物）、四氟乙烯六氟丙烯共聚物、PVDF-PT（聚偏二氟乙烯与钛酸铅复合）、PVDF-PZT（聚偏二氟乙烯与锆钛酸铅复合）、PT/P（VDF-TrFE）、PVDF-TGS 等］和金属氧化物陶瓷及薄膜材料［如 ZnO、$BaTiO_3$、PMN（镁铌酸铅）、PST（锆钛酸铅）、BST（钛酸锶钡）、$PbTiO_3$、PLT（钛酸铅镧）、PZNFT（$PbZrO_3$-Pb（NbFe）O_3PbTiO_3）等］。晶体的自发极化随温度发生的变化是其热释电效应的来源。

早期的热释电材料是单晶材料。单晶材料探测灵敏度一般都较高，但制备工艺复杂，成本高。现在开发的热释电材料多为陶瓷及薄膜材料和聚合物及其复合材料。高分子有机聚合物材料强度不够，不易与微电子技术兼容。金属氧化物的缺点是其相变温度高于室温，且为一级相变，存在热滞，导致热释电响应的非线性。最早的实用热释电材料是硫酸三甘肽（TGS）类晶体。TGS 晶体具有热释电系数大、介电常数小、光谱响应范围宽、响应灵敏度高和容易从水溶液中培育出高质量的单晶等优点。但它的居里温度较低，易退极化，且能溶于水，易潮解，制成的器件必须适当密封。采用丙氨酸或尿素作为掺杂剂可以改进它的热释电性能。利用三元酸 H_3PO_4 和 H_3AsO_4 对 H_2SO_4 掺杂取代，再掺入少量 L-丙氨酸，培育出的双掺晶体 ATGSP（掺丙氨酸根并以磷酸根取代部分硫酸根）和 ATGSAs（掺丙氨酸根并以砷酸根取代部分硫酸根），热释电品质因数高，不退极化，其热释电性能明显优于 TGS 晶体。SBN 单晶具有显著的热释电效应。通过调整组分能改变热释电系数和居里温度，加入少量的 Pb 或 La、Nd、Sm 等元素能改善其热释电性能。例如 $Sr_{0.5}Ba_{0.5}Nb_2O_6$ 晶体，热释电系数大、热导率低、介电损耗小、性能稳定，且机械强度高，易加工成薄片的热释电红外探测器灵敏元。由于 SBN 晶体介电常数大，不利于高频、大面积情况下使用，但用于低频、小面积热释电红外探测器以及非致冷红外焦平面阵列热像仪却是优良的材料。

高分子有机聚合物材料（如 PVDF），居里度较高，介电常数小，价格便宜，性能柔软，容易制成任何形状，容易制成大面积的薄膜。PVDF 薄膜的热释电系数与晶体材料 $LiNbO_3$ 的比较相近。用 PVDF 薄膜设计制作的辐射探测器，把热释电红外探测器从红外及弱激光的监测发展到强激光、等离子体、微波和 X 射线辐射的测量，并取得了满意的结果。有人采用溶胶-凝胶工艺和微波处理技术在 900℃合成了 $Ba0.65Sr0.35TiO_3$ 粉体颗粒，并将粉体按不同的比例与 PVDF 进行复合，按照流延工艺制作成薄膜样品，对样品进行介电和热释电特性的测试。实验结果表明：复合材料的介电常数远远低于 $Ba0.65Sr0.35TiO_3$ 陶瓷，而热释电系数比 PVDF 材料有大幅度提高，由此计算出复合材料的热释电优值因子比 $Ba0.65Sr0.35TiO_3$ 陶瓷高一个数量级。有人研究了 0-3/1-3 混合连通型铁电陶瓷-铁电聚合物的热释电系数表达式及陶瓷体积分数和陶瓷颗粒粒径与膜厚比(C/t)对复合材料的热释电系数的影响。结果表明：当 $G/t \geqslant 0.5$ 时，不同陶瓷体积分数复合材料的热释电系数均趋向于某个定值，说明此时 G/t 对热释电系数的影响可忽略不计；另外当陶瓷体积分数为 0.1 时，随着 G/t 的增大，p_c/ε_c 出现一个极大值，其中 p_c 为复合材料的热释电系数，ε_c 为复合材料的介电常数。且当 $G/t = 0.9$ 时，p_c/ε_c 比纯 PZT 陶瓷的大 8 倍，表明此条件为最佳工艺条件。而且，在低陶瓷体积分数和低 G/t 比时，理论曲线与实验数据符合较好。

金属氧化物陶瓷热释电材料，不易潮解，能通过调整化学计量比、掺杂和对材料微结构进行控制等，在很宽的范围内调整居里温度和热释电性能，因此备受关注。初期研究的金属氧化物陶瓷热释电材料以各种掺杂改性的 $PbZrO_3$-$PbTiO_3$（PZT）二元系为主。$PbZrO_3$-$PbTiO_3$ 固溶体系 Zr/Ti > 65/15 的铁电-铁电相变材料具有很大的热释电系数，相对介电常数在 200 ~ 500 之间，且相变前后自发极化方向不变，仅是数值改变，介电常数的变化也不大，因此非常适合作热释电材料。

5.4.2 电热材料

5.4.2.1 电热原理

电热材料是电能转为热能的载体。电能转为热能可按焦耳热计算公式

$$Q = U^2Rt \tag{5-116}$$

或者为

$$Q = \frac{4U^2\rho Lt}{\pi d^2} \tag{5-117}$$

式中 Q——发热量；

U——电压；

R——材料的电阻值；

ρ——材料的电阻率；

t——时间；

L——材料的测量长度；

d——材料的直径。

可以看出，一定电压条件下，单位时间内，单位长度、一定直径的材料的焦耳热量与材料本身的电阻率有关。

作为电热材料应具备以下性能：在高温下具有良好的抗氧化性，对氧以外的介质也应具有稳定性；具有高的电阻率和低的电阻温度系数；具有良好的加工工艺性能；具有足够的高温强度；价格低廉。电热器用的电阻材料一般包括工作在1350℃以下的普通中、低温电热合金和在1350℃以上高温使用的贵金属电热合金及陶瓷电热元件。

5.4.2.2 常用材料

电热材料种类很多，直观地按其物理形态划分有电热纤维、电热丝（线）、电热带、电热膜、电热箔、电热片、电热管（棒）、电热板、电热盘、电热圈；如按其化学成分划分有金属材料和非金属材料或有机电热材料和无机电热材料两大类。

按组成材料分可有铁铬铝合金和镍铬合金丝两大类。前者属铁素体组织的合金材料，后者属奥氏体组织的合金材料。此外，还有一些特殊用途的电热合金丝如钨丝、钼丝等。铁铬铝电热合金材料的特点是：（1）使用温度高，如 HRE（重稀土元素）铁铬铝合金丝在大气中的最高使用温度可达1400℃；（2）使用寿命长；（3）允许的表面负荷大；（4）抗氧化性能好，其氧化后生成 Al_2O_3 膜具有良好的抗氧化性和高电阻率；（5）密度小于镍铬合金；（6）电阻率高；（7）抗硫性好；（8）价格明显低于镍铬合金；（9）缺点是随着温度升高，表现

有塑性，高温下的强度低。镍铬电热合金的特点是：（1）高温下的强度高；（2）长期使用后再冷下来，材料不会变脆；（3）充分氧化后的镍铬合金其辐射率比铁铬铝合金高；（4）无磁性；（5）除硫气氛外，有较好的耐腐蚀性。

当使用温度在500℃以下时，可采用康铜等Cu-Ni合金，它具有不大的电阻温度系数和较高的电阻率。工作温度为900~1350℃时一般采用Ni基电热合金和Fe基电热合金。Ni基电热合金随含Cr量的不同，其抗氧化性能也不同；w(Cr)为80%w(Cr)20%合金是综合性能最好的Ni基电热合金，它在高温下不软化、强度高；长时间使用时，永久性伸长很小；高温下N_2气对Ni-Cr合金的氧化膜破坏较小，它适合在N_2气介质中使用；但高温下它会与硫化物反应而受侵蚀，故不宜在含S气氛中使用。Pt等贵金属在空气中最高使用温度为1500℃；Mo、W、石墨、陶瓷等电热元件的温度使用则可在1500℃以上。由于金属Mo和W、石墨只能在还原性气氛中使用，在空气中使用时陶瓷电热元件的成本比贵重金属低得多。

如若从其发热机理上区分，则有电阻发热材料、远红外发热材料、光波发热材料、微波发热和电磁感应发热相关材料。波长在0.76~1000μm的射线称红外线，其中40~1000μm的射线称为远红外线，实际应用的波长范围是2.5μm之间的波长。将电热合金丝穿入陶瓷或石英玻璃等材料制成的管中可以制成远红外加热元件，也可以直接在金属管状电热元件或加热板（盘）表面涂覆和烧结一层具有远红外辐射功能的陶瓷涂料。远红外线辐射的效果取决于材料的性质。远红外线的加热效果又与被加热物体对其选择性吸收的能力有直接的关系。远红外线加热在家用电器产品上多用于取暖器具和厨房器具。前者的典型应用实例是石英管暖风机，后者的典型应用实例是电烤箱。还有一种特种应用实例医疗保健性质家用电器如热敷器等。远红外线加热的优点有：热效率较高；可进行遮断、反射和聚集；易于控制；对人体取暖、保健和食物加工有一种特殊效果。缺点是要靠电热合金等材料加热，石英管加热器有相当部分转化为可见光。电磁感应加热工作原理是通过变换器，将工频交流电变成直流电，经过电压谐振变换成频率为20~40kHz的交流电，高频交流电通过电磁线圈时在其周围产生交变电磁场，将铁磁性锅体等被加热物体置于此磁场内时，就会感应产生涡流使锅体等发热。其主要优点是：无明火，安全；热效率高；清洁卫生，文明；易于控制。电磁感应加热的优点是结构复杂，成本较高，体积较大，对锅体等有要求。有电磁辐射之嫌，须予以屏蔽。微波是指波长在1mm~1m的电磁波，其频率为300MHz~300GHz。家用微波炉使用的微波频率为2450MHz。工作原理是在微波作用下，被加热物质中存在的极性分子如水分子会发生极化，由于分子的摩擦和碰撞而自身发热。其性能特点是：（1）被加热物质内、外同时发热，对食物而言就不会出现通常外部加热的夹生现象；（2）快速省时，热效率高；（3）清洁、卫生、文明；（4）能保持食物的原色和营养；（5）有杀菌、消毒功能；（6）快速解冻功能。微波加热的缺点是结构复杂，成本高，有微波辐射之嫌，必须防止微波泄漏。

电热合金丝是用途最广泛、用量最大的发热材料。它的缺点是工作状态下自身处于很高的温度（炽热状态），在空气中容易发生氧化反应而烧断；从电热能量转换方面来分析，由于产生部分可见光而使能量损耗；电热合金往往以螺旋状态使用，通电时会产生感抗效应。

5.4.2.3　SiC/$MoSi_2$ 复合材料

由于 SiC 基材料具有耐高温、耐腐蚀、电阻 R、塞贝克（Seeback）系数 S 及优值 Z 随着温度升高都升高等优点，因而备受重视。陶瓷加热元件不能像金属那样加工成金属线，但很易加工成管状和棒状。常见的陶瓷类电热材料有碳化硅、硅化钼等。

纯级的碳化硅至少含 99.5% 的 SiC。纯碳化硅是由碳烧结出粗糙的碳化硅到现在已经 100 多年了，SiC 已被广泛用于制作磨料、耐火材料、加热元件和可变电阻器等，它在空气中的最高使用温度达 1650℃。β-SiC 是透明的半导体，它透光时显淡黄色，能隙为 2.2eV。商用 β-SiC 可以是黑色、浅灰色、蓝色、绿色直到淡黄色，这是由于含有 B、Al、N 和 P 等不同杂质的缘故。β-SiC 是共价键晶体，具有六方晶格。

碳化硅可以用烧结法、反应键合法或硅化石墨法制备，不同方法得到的 SiC 的致密度不同。没有加釉保护的碳化硅是靠自身生成固有的硅化物钝化膜来抗氧化的。通常，在强还原性气氛中，由于硅化物保护层会形成易挥发的 SiO，导致碳化硅加热元件易损坏。研究表明，碳化硅约在 600℃ 以下是本征半导体，具有较大的负电阻温度系数；单晶体也没有正电阻温度系数效应，这可能与其晶界效应有关。在低于 600℃ 时，不同方法制备的 SiC 的电阻值变化很大；而在 1000℃ 以上，所制备的 SiC 的电阻值差别已很小，它们的电阻率约为 10Ω·m。

有人为了合成高热电性能的 n 型 SiC 基材料，尝试用过渡塑性相工艺对 SiC 基复合材料进行了 Ti 掺杂的实验。当以纳米级 SiC 为原料，并选择合适的保温时间及温度，室温时功率因子 f_P 可达 $1.5\times10^{-5}\mathrm{W\cdot m\cdot K^{-2}}$，400℃ 时上升至 $1.5\times10^{-4}\mathrm{W\cdot m\cdot K^{-2}}$，与聚碳硅烷浸渍法合成的样品相比，$f_P$ 提高约 100 倍。X 射线衍射谱及扫描电镜结果显示，纳米 SiC 原料与微米原料相比，更易于烧结，Ti 掺杂入 SiC 的浓度更高，因而塞贝克（Seeback）系数有显著提高。在 SiC 中掺入质量分数为 20% 的 B_4C 后，优值 Z 在 600℃ 时可达 $5\times10^{-6}\mathrm{K^{-1}}$，已接近实用水平。

$MoSi_2$ 在空气中使用的最高温度可达 1800℃，如果掺入一些 SiC 使其性能得到改善，则它可用至 1900℃。$MoSi_2$ 在 1900℃ 以下是四方结构，而在 1900～

2030℃的室温电阻率为2.5×10Ω·m，而在1800℃下电阻率增大至4×10Ω·m。实际工程上的二硅化钼加热元件是将体积分数为20%的铝硅酸盐玻璃相和$MoSi_2$粒子黏结在一起的混合物。元件大都由$MoSi_2$细粉与精选的黏土混合，挤压成合适直径的棒区域需要粗些的形状，并与粗大的端部焊在一起。最好的二硅化钼加热元件可以在1800℃下工作。

5.4.2.4　铬酸镧掺杂复合材料

20世纪60年代研制出来的铬酸镧材料主要用于制造磁流体发电机上的电极。$LaCrO_3$属于RTO_3镧钙钛矿，其中R和T分别代表稀土镧和第四周期过渡金属。它属立方结构，R只占据立方晶胞的顶角，T占据立方体的中心，而氧原子则在面心位置。T与R的配位数分别为6和8。在高温下，铬酸镧失去2 -4 +3 +Cr而留下过剩的O。这些过剩电荷由Cr来中和，导致局域化3d态的Cr和4 +4 +Cr离子以“空穴跳跃”方式导电，使$LaCrO_3$成为p型半导体。Cr的浓度可通过加入Sr代替La来增大，如加入xSrO。

铬酸镧的熔点为2500℃，有良好的抗腐蚀性和高的导电性，其在1400℃时的电导率是100S/m，它很适合制成磁流体发电机中的电极。因为在这种发电机中热的导电气体要通过一个跨越强大磁场的槽路，与气流和磁场方向皆成90°直角的感应电动势，在槽路两边相对的电极之间形成一电位差，由于气体温度接近2000℃，且必须用钾来活化它们的导电性，故要求电极材料必须是能抗钾的腐蚀，能在1500℃下工作10000h的导体。$LaCrO_3$电极元件一般由陶瓷制品加工方法制造，烧结温度为1700℃并在还原气氛下进行。加入金属Sr作为烧结添加剂可促进导电性，加入Co则可限制晶粒长大。烧结品还要在氧气中退火以增加导电性。在大气压下，铬酸镧的使用温度可达1800℃，但在0.1Pa低压下，它的上限使用温度只能为1400℃。

5.4.2.5　二氧化锡掺杂复合材料

二氧化锡主要用作高温导体、欧姆电阻器、透明薄膜电极和气体敏感元件等，它的晶体是晶格常数为$a=0.474$nm和$c=0.319$nm的四方金红石结构，能隙在0K时为3.7eV，其满价带中氧2p能级展开与锡的5s能级形成导带。纯化学计量比的氧化锡在室温下是好的绝缘体，它的电阻率约为10Ω·m数量级；但实际存在的SnO_2晶体都是缺氧的非化学计量比化合物，它们在导带下0.1eV造成施主能级而形成n型半导体；如果掺杂五价元素，通常是V族元素锑n型半导体。

掺杂施主Sb的SnO_2晶体是复杂的系统，它的各种性质还远没有被理解。SnO_2本身不能烧结成致密的陶瓷，往往需要加入ZnO和CuO等烧结剂并掺杂V族元素Sb和As以形成半导体，这样可得到致密度为98%的SnO_2陶瓷。SnO_2陶瓷主要用于制作熔融特种玻璃的电极，其室温下的典型电导率为0.1S/m。使用这种电极应先将炉子熔池预热至1000℃，当 SnO_2 有足够高的导电性时，再用它加热玻璃到1300~1600℃的最终温度，加热主要是靠玻璃自身的电阻。

5.4.2.6 碳素晶体热布发热材料

碳素晶体热布发热材料是利用碳素晶体导电性极强的特性，而研制开发的一种材料，它具有较宽的远红外辐射功能，它质量轻、耐高温、发热速度快、辐射功能强、表面温度均匀、功耗小、结构简单、安全可靠、使用方便、寿命长等特点。碳素晶体是短丝碳纤维球磨萃取微粉化改性后与石墨复合而成，其化学组成中碳元素占总量的90%以上。碳素晶体属于高新技术产品，它既具有碳素材料的固有本性，又具有金属材料的导电和导热性，陶瓷材料的耐热和耐腐蚀性，纺织纤维的柔软可编性以及高分子材料的轻质、易加工性，是一材多能和一材多用的功能材料和结构材料。目前几乎没有什么材料具有这样多种特性。它已广泛用于航天、航空、能源、交通、石油、化工、纺织、机械、建筑材料、环保工程、电子工程、医疗卫生、民用等各个领域。

5.4.2.7 复合电热膜

从外观上来分，电热膜有透明电热膜和不透明电热膜，若按其基料划分可分为有机电热膜和无机电热膜。有机电热膜的构成又有聚合物电热膜和添加型电热膜。目前实际应用较多的是在成膜物质中添加炭黑、石墨或二者混合使用。制膜的工艺以涂覆和丝网印刷为常用。无机膜中以透明的二氧化锡电热膜为代表，成膜工艺有热喷、气相沉积和溅射法等。以超细电热合金为基料的无机电热膜可采用丝网印刷工艺制膜。陶瓷电热膜是将导电物如金属细粉或炭粉加入陶瓷或玻璃料中，经烘干法烧成膜。大多数电热膜的成膜和使用需要载体，应用较多的载体材料是玻璃、陶瓷和云母等。电热膜的厚度很薄，例如氧化锡电热膜的厚度只有0.5~1.8μm。电热箔是一种厚度稍厚的电热材料，例如由电热合金制成的电热箔，厚度在10~50μm。将金属箔夹在两层耐热绝缘材料如聚酯薄膜或聚四氟乙烯薄膜中间就构成了一种柔软性的电热材料。也有的将超细的电热合金粉末通过印刷技术印在预选已经过绝缘处理的金属基板上，然后经过高温烧结而成。

电热膜和电热箔具有以下优越性：(1) 面状发热，热效率高；(2) 无明火、安全；(3) 加热均匀性好；(4) 耐腐蚀性好；(5) 升温速度快；(6) 多数电热膜具有自限温特性。通过化学还原反应将多种元素组成的电热膜，置于搪瓷面内作为绝缘材料，也可直接制备像印刷电路一样的电热元件。还有一种称做陶瓷钢的厚膜电热材料，是用薄型电热合金钢片经过涂敷珐琅于高温下烧结而成。电热膜的基本性能以金属氧化物膜为例，列举如下：厚度：2000Å 以上；透光率：60%~90%；硬度：莫氏8级；密度：$7.0g/cm^3$；线膨胀系数：$1\times10^{-6}/℃$；电导率：$5\times10^{-4}\sim1\times10^{3}/\Omega\cdot cm$；负荷密度：$0.1\sim30W/cm^2$。电热膜和电热箔的应用和推广正在进行中，特别是电热膜在家用电器产品尤其是小家电产品上的应用实例很多，但因受到各方面因素的影响和局限，例如载体、产品结构、电的联接及温度限制等。有时必须从家电产品整体设计上予以配合。

5.5　磁热效应的概念

当铁磁物质在绝热条件下被磁化时它的温度升高，这个效应称为磁热效应，也称磁卡效应，或称磁致温差效应，或称磁场热效应。它是指由外加磁场或物质内部磁状态改变引起的该物质热性质（如热导率、温度梯度）或电性质（如温差电势）的变化，或由于热或热流引起的物质磁性的变化。利用这类效应可以研究某些物质的能带结构、传导机制或获得超低温度。该效应有如下一些类型：

（1）厄廷好森-能斯脱效应。当磁场垂直或平行温度梯度方向时，沿温度梯度方向产生电位差。当导体或半导体受到磁场（H_z）和与之垂直的产生热流（I_x）的温度梯度（$\Delta T/\Delta x$）同时作用时，在垂直前两者的方向产生电场（E_y）的现象（图 5-29），其关系为

$$E_y = Q\left(\frac{\partial T}{\partial x}\right)H_z \tag{5-118}$$

式中　Q——厄廷好森-能斯脱系数。

当导体或半导体受到磁场（H_z）和与之垂直的产生热流（I_x）的温度梯度同时作用时，在热流方向产生电场（E_x）的现象（图 5-29b），其关系较为复杂。

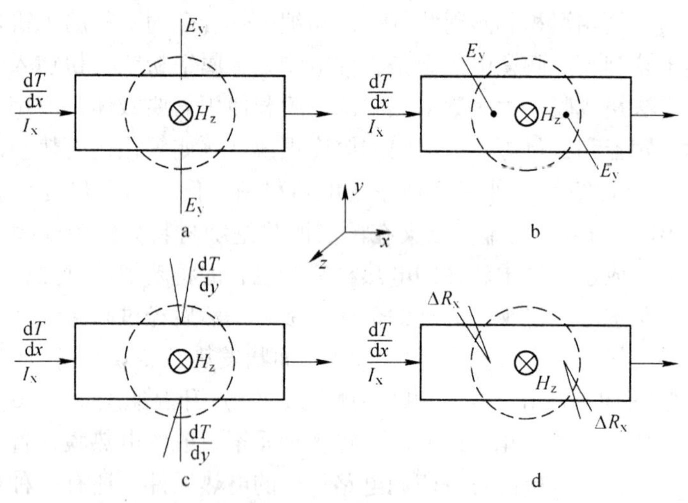

图 5-29　磁热效应

（2）里纪-勒杜克效应。当磁场垂直温度梯度方向时，在垂直温度梯度的两个方向上都产生电位差。当导体或半导体受磁场（H_z）和与之垂直的产生热流（I_x）的温度梯度$\left(\frac{dT}{dx}\right)$同时作用时，在垂直前两者的方向产生温度梯度$\left(\frac{dT}{dy}\right)$的现

象（图 5-29c），其关系为

$$\left(\frac{\mathrm{d}T}{\mathrm{d}y}\right)(\Delta R_{x}) = SI_{x}H_{z} \tag{5-119}$$

式中 S——里纪-勒杜克系数。

当导体或半导体受磁场（H_z）和与之垂直的产生热流（I_x）的温度梯度 $\left(\frac{\mathrm{d}T}{\mathrm{d}x}\right)$ 同时作用时，在热流方向发生热阻改变（ΔR_x）的现象（图 5-29d），其关系较为复杂。

（3）热阻的变化。当磁场垂直或平行于温度梯度方向时，在具有温度梯度的方向上产生附加温差，即产生热阻的变化。上述四种磁热效应与磁场电效应（如霍尔效应、磁致电阻效应）是相似的。也就是讲，上述这些热效应与磁致电阻效应和霍尔效应一样，也是由于磁导播对载流子输运过程的影响而产生的。

资料表明，由热力学可以证明，当磁场绝热变化 ΔH 时，在强磁或顺磁物质中引起的可逆温度变化 ΔT 与这物质的定磁场热容 C_H、定磁场 M 温度系数 $\left(\frac{\partial M}{\partial T}\right)$ 和温度 T 的关系为

$$\left(\frac{\Delta T}{\Delta H}\right)_S = -\frac{T}{C_H}\left(\frac{\partial M}{\partial T}\right)_H \tag{5-120}$$

这一效应是利用顺磁场绝热去磁获得超低温的物理基础。热力学关系为

$$\mathrm{d}U = T\mathrm{d}S + H\mathrm{d}M \tag{5-121}$$

根据热力学关系式 5-118 可以得到

$$T\mathrm{d}S = \left(\frac{\partial U}{\partial T}\right)_m \mathrm{d}T - T\left(\frac{\partial H}{\partial T}\right)_M \mathrm{d}M$$

在绝热变化时，$\mathrm{d}S=0$，由上式可得

$$\left(\frac{\partial U}{\partial T}\right)_m \mathrm{d}T = T\left(\frac{\partial H}{\partial T}\right)_M \mathrm{d}M = T\left(\frac{\partial H}{\partial T}\right)_M \left[\left(\frac{\partial M}{\partial T}\right)_H \mathrm{d}t + \left(\frac{\partial M}{\partial H}\right)_R \mathrm{d}H\right]$$

即

$$\mathrm{d}T = \frac{-T\left(\frac{\partial M}{\partial H}\right)_T\left(\frac{\partial H}{\partial T}\right)_M \mathrm{d}H}{\left(\frac{\partial U}{\partial T}\right)_N - T\left(\frac{\partial H}{\partial T}\right)_M\left(\frac{\partial M}{\partial T}\right)_H} \tag{5-122}$$

根据熵的全微商，有

$$\mathrm{d}S(T,M) = \left(\frac{\partial S}{\partial T}\right)_N \mathrm{d}T + \left(\frac{\partial S}{\partial M}\right)_T \mathrm{d}M$$

$$dS(T,H) = \left(\frac{\partial S}{\partial T}\right)_M dT + \left(\frac{\partial S}{\partial M}\right)_T \left[\left(\frac{\partial M}{\partial T}\right)_H dT + \left(\frac{\partial M}{\partial H}\right)_T dH\right]$$

得到

$$\left(\frac{\partial S}{\partial T}\right)_H = \left(\frac{\partial S}{\partial T}\right)_M + \left(\frac{\partial S}{\partial M}\right)_T \left(\frac{\partial M}{\partial T}\right)_H \tag{5-123}$$

根据热力学关系式

$$C_{\mathrm{H}} = T\left(\frac{\partial S}{\partial T}\right)_H$$

$$C_{\mathrm{M}} = T\left(\frac{\partial S}{\partial T}\right)$$

$$\left(\frac{\partial S}{\partial M}\right)_T = -\left(\frac{\partial H}{\partial T}\right)_M \tag{5-124}$$

$$\left(\frac{\partial S}{\partial H}\right)_T = -\left(\frac{\partial M}{\partial T}\right)_H \tag{5-125}$$

将式 5-125 变成

$$C_{\mathrm{H}} = C_{\mathrm{V}} - T\left(\frac{\partial H}{\partial T}\right)_M \left(\frac{\partial M}{\partial T}\right)_H \tag{5-126}$$

将式 5-126 变成

$$dT = -\frac{T\left(\frac{\partial M}{\partial T}\right)_H}{C_{\mathrm{H}}} dH \tag{5-127}$$

当温度低于居里点时，式中的 M_{S} 实际上是 $\left(\frac{\partial M_{\mathrm{S}}}{\partial T}\right)_H < 0$，当绝热条件下增加磁场时，磁体变热（温度升高 1K 左右）。这是因为在某一温度下增加磁场，使 $M_{\mathrm{S}}(T)$ 增加时，交换能和静磁能都降低。在绝热的情况下，多余的能量转变为铁磁体的热能。同理相反的过程将磁体绝热去磁，则体温度降低，因此可以利用绝热去磁获得极低温。通常用顺磁场，顺磁场在低温下遵从如下居里-外斯定律

$$x = \frac{M}{H} = \frac{C}{T + \Delta} \tag{5-128}$$

即

$$\frac{\partial M}{\partial T} = -\frac{CH}{(T + \Delta)^2} \tag{5-129}$$

将式 5-129 代入式 5-127，则有

$$dT = \frac{TCH}{C_H(T+\Delta)^2}dH \tag{5-130}$$

将上式积分，近似得到

$$\Delta T \approx \frac{CH^2}{2C_H(T+\Delta)^2} \tag{5-131}$$

式中，Δ 为常数。选择 Δ 很小的材料，当起始温度 T 很低，起始磁场 H 很高时，绝热地去掉磁场，可以获得数量级为 10^{-3}K 的低温温度。

有人采用共沉淀法将纳米锰锌铁氧体粒子（$Mn_{0.8}Zn_{0.2}Fe_2O_4$）与镁铝双金属氢氧化物一起进行组装合成了磁性纳米镁铝双金属氢氧化物。该复合材料具有典型的核壳结构，镁铝双金属氢氧化物被赋予磁性后并没有改变其层状结构的典型特征样品的磁学性能和磁热性能。测试结果表明，铁氧体的含量对复合材料的磁性能和磁热效应起着决定性作用，一对铁氧体粒子没有显著的磁屏蔽效应，复合材料的饱和磁化强度与铁氧体的含量呈正线性关系，而复合材料的矫顽力随一含量的增加呈现先减小后增大的趋势，但整体变化幅度很小，同时一对铁氧体粒子磁热效应的影响也极小。实验表明，铁氧体的含量对复合材料的磁热效应有着重要的影响，铁氧体含量越高的样品，其升温的速度和幅度越大，升温量和最终温度也越高，但各自的最终温度都保持一定值。铁氧体在交变磁场作用下发热的原因是其在交变磁场中对电磁能的损耗，包括涡流损耗、磁滞损耗和剩余损耗。

钆镓石榴石（GGG）的居里温度在 1K 左右，钆的磁矩大，因此居里温度下的磁熵变化大，制冷效率也高，可用作低温冷冻机的制冷工质。镝铝石榴石（DAG）的居里温度在 20K 左右，可作为 20K 附近温度的低温冷冻机工质。$ErAl_2$、$HoAl_2$ 和 $(HoDy)Al_2$ 复合材料的制冷工作温度是 15 ~ 77K。$(GdEr)Al_2$ 复合材料磁矩大，居里温度范围大，制冷工作温度可在 15 ~ 164K 内连续变化。在 GGG 中添加钇，则可使居里温度更低，这样可得到更低的温度。一些稀土金属（如金属钆）或稀土金属间化合物（如 Gd_6Fe_{23}，$Dy_{0.5}Er_{0.5}Al_2$）的居里温度是在室温附近。因此室温磁制冷机就成为可能。美国 Lewis 研究中心用稀土磁热材料在 7 特斯拉的磁场下，一次循环的温度变化为 14℃。1997 年美国 Ames 实验室使用 $Gd_5Si_2Ge_2$ 作为制冷工质，磁熵变化比 Gd 工质大 1 倍。室温磁制冷，正一步步走向实用化。

参 考 文 献

[1] 马向东，王振廷. 材料物理性能[M]. 北京：中国矿业大学出版社，2002.

[2] 田莳. 材料物理性能[M]. 北京：北京航空航天大学出版社，2001.

[3] 关振铎，张中太，焦金生. 无机材料物理性能[M]. 北京：清华大学出版社，1998.

[4] 陈騑騢. 材料物理性能[M]. 北京：机械工业出版社，2006.

[5] 方俊鑫，陆栋. 固体物理学[M]. 北京：上海科技出版社，1981.

[6] 基泰尔 C. 杨振华等译. 固体物理导论[M]. 北京：科学出版社，1979.

[7] 伍洪标. 无机非金属材料试验[M]. 北京：化学工业出版社，2002. 6.

[8] 田莳 材料物理性能[M]. 北京：机械工业出版社，2000. 3.

[9] 邱成军等. 材料物理性能[M]. 哈尔滨：哈尔滨工业大学出版社，2003.

[10] 吕文中，汪小红. 电子材料物理. [M]. 北京：电子工业出版社，2002. 11.

[11] 中国材料网(http://www. materials. gov. cn/).

[12] 晶体结构网(http://www. crystalstar. org/).

[13] 连法增. 材料物理性能[M]. 北京：北京大学出版社，2005.

[14] 宋学孟. 金属物理性能分析实验[M]. 北京：机械工业出版社，1991.

[15] 王华馥，白勤. 固体物理实验方法[M]. 北京：高等教育出版社，1990.

[16] www. nanotubes. com. cn/... /.

[17] http://baike. baidu. com/view/3672. html? wtp = tt.

[18] 219. 140. 160. 226/... /陶瓷和玻璃%5C文档资源%5C常用工业玻璃. doc.

[19] http://www. vertinfo. com/autoonline/productdetail. asp? cpid = 21943.

[20] http://www. moqie. com/BusinessView_7057. aspx.

[21] http://www. c-cnc. com/dz/news/news. asp? id = 22068.

[22] http://kbs. cnki. net/forums/19785/ShowThread. aspx.

[23] hi. baidu. com/郭小林.

[24] http://club. k8008. com/showtopic-50102. html.